室内装饰工程施工技术

SHINEI ZHUANGSHI GONGCHENG SHIGONG JISHU

李光耀　主编

陈祖建　陈伟星　何燕丽　副主编

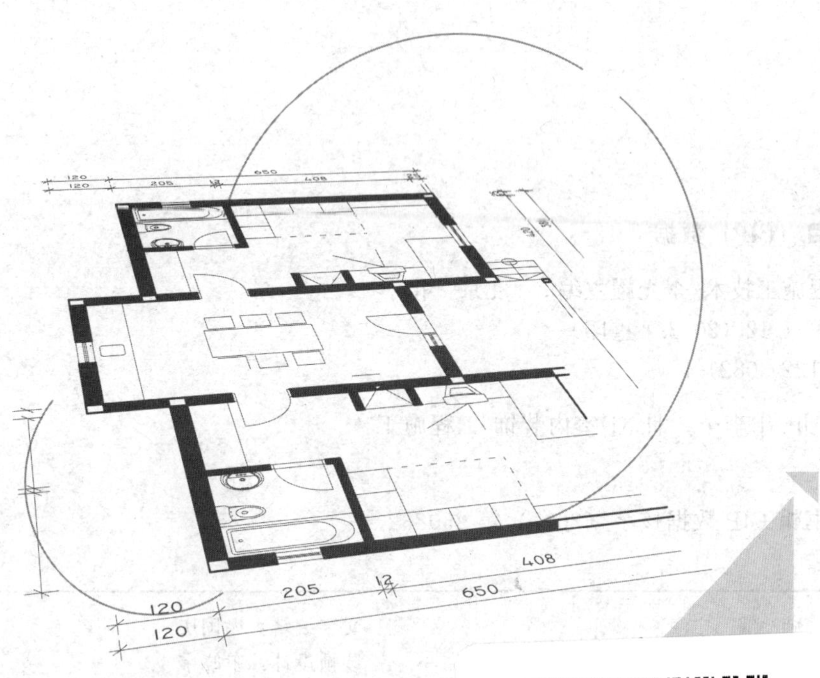

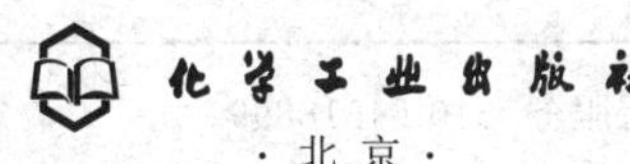

化学工业出版社

·北京·

本书主要介绍了现代装饰工程施工技术，内容包括装饰装修工程基础和施工组织管理，抹灰工程、顶棚工程、楼地面工程、轻质隔墙工程、门窗工程、墙柱面工程、细木工制作工程、涂饰工程等的装饰构造、施工技术、常见质量通病、问题防范措施以及施工实训。本书体系完备、内容翔实、图文并茂，并且应用性突出、可操作性强、通俗易懂。

本书既可作为大中专院校建筑装饰工程技术专业教材，装饰企业管理人员和施工人员在进行施工管理、质量控制、检验时查阅的工具书；也可作为培训从事上述工作人员的系统性教材；还可作为装饰行业、质量管理等部门的管理人员和技术人员学习装饰工程质量管理的参考书。

图书在版编目（CIP）数据

室内装饰工程施工技术/李光耀主编．—北京：化学工业出版社，2017.12（2023.1重印）

ISBN 978-7-122-30821-4

Ⅰ.①室… Ⅱ.①李… Ⅲ.①室内装饰-工程施工 Ⅳ.①TU767

中国版本图书馆CIP数据核字（2017）第250832号

责任编辑：王　斌　邹　宁　　文字编辑：冯国庆

责任校对：宋　夏　　装帧设计：王晓宇

出版发行：化学工业出版社（北京市东城区青年湖南街13号　邮政编码100011）

印　　刷：北京云浩印刷有限责任公司

装　　订：三河市振勇印装有限公司

787mm×1092mm　1/16　印张21¾　字数571千字　2023年1月北京第1版第5次印刷

购书咨询：010-64518888　　售后服务：010-64518899

网　　址：http://www.cip.com.cn

凡购买本书，如有缺损质量问题，本社销售中心负责调换。

定　　价：88.00元

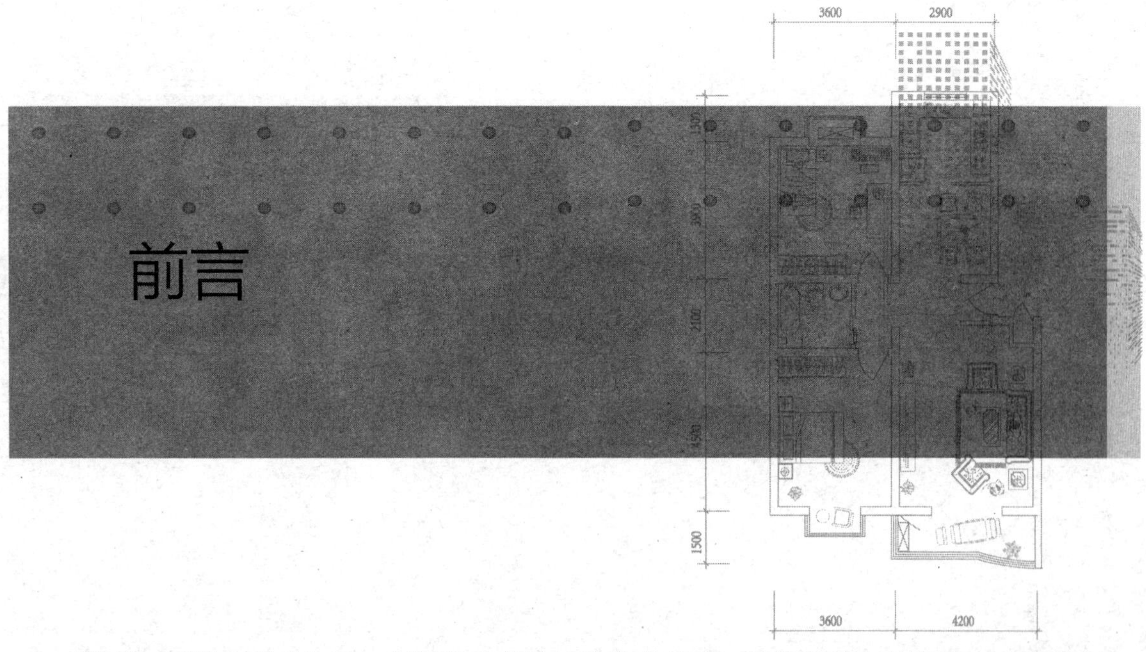

前言

“装饰工程施工技术”是一门研究最有效地装饰建筑物（或构筑物）的理论、方法和有关的施工规律，以求用最少的消耗取得最好的效果，全面而高效地完成装饰工程，以较好的经济效益保证装饰工程如期使用的基本规律的科学。伴随着装饰装修市场的规范化和法制化，装饰装修行业已进入一个新时代，多年来已经习惯遵循和参照的装饰装修工程施工规范、装饰装修工程验收标准及装饰装修工程质量检验评定标准等，均已发生重要变化。本书根据装饰工程施工技术要点与我国现行装饰工程技术规范编写而成，在内容选取和编排上力求应用性突出、可操作性强和通俗易懂。本书系统地介绍了装饰工程构造、施工工艺、操作要点等内容，既包括传统的建筑装饰施工技术，又涵盖现代国内外建筑装饰施工新技术、新工艺、新材料和新成果。因此本书具有体系完备、结构新颖、语言精练、内容翔实、图文并茂、深入浅出、系统性强、可操作性强、适用面广等特点。本书可作为大中专院校建筑装饰专业的教材，以及装饰企业管理人员和施工人员在进行施工管理、质量控制、检验时查阅的工具书；也可作为培训从事上述工作人员的系统性教材；还可作为装饰行业、质量管理等部门的管理人员和技术人员学习装饰工程质量管理的参考书。

本书为浙江省重点规划建设教材，全书由浙江农林大学工程学院李光耀任主编，负责拟定编写大纲、编写一部分内容并统稿、定稿；陈祖建（福建农林大学）、陈伟星（浙江润格木业股份有限公司）、何燕丽（河北农业大学）任副主编；沈利铭、段鹏征（喜临门家具股份有限公司）、沈建忠（浙江喜盈门木业有限公司）、彭仁义（浙江辛乙堂木业有限公司）任参编；浙江农林大学研究生戴靖磊、谢灵芝、赵鹏鸿、陈俊凯研究生参与了本书的编写。本书在编写过程中，还得到了其他许多从事建筑装饰施工、监理、教学工作的同事和专家的大力支持与协助；参考了大量的国内外有关专家、学者的著作和文献，吸收和借鉴了许多比较新的科研成果，限于篇幅，恕未一一标注。在此，一并深表衷心的感谢！

尽管我们做出了很多努力，但是由于水平所限，本书中可能还会有一些疏漏或不足之处，敬请有关专家、学者和广大读者给予批评指正，以便再版时修订完善。

编者
2018 年 1 月

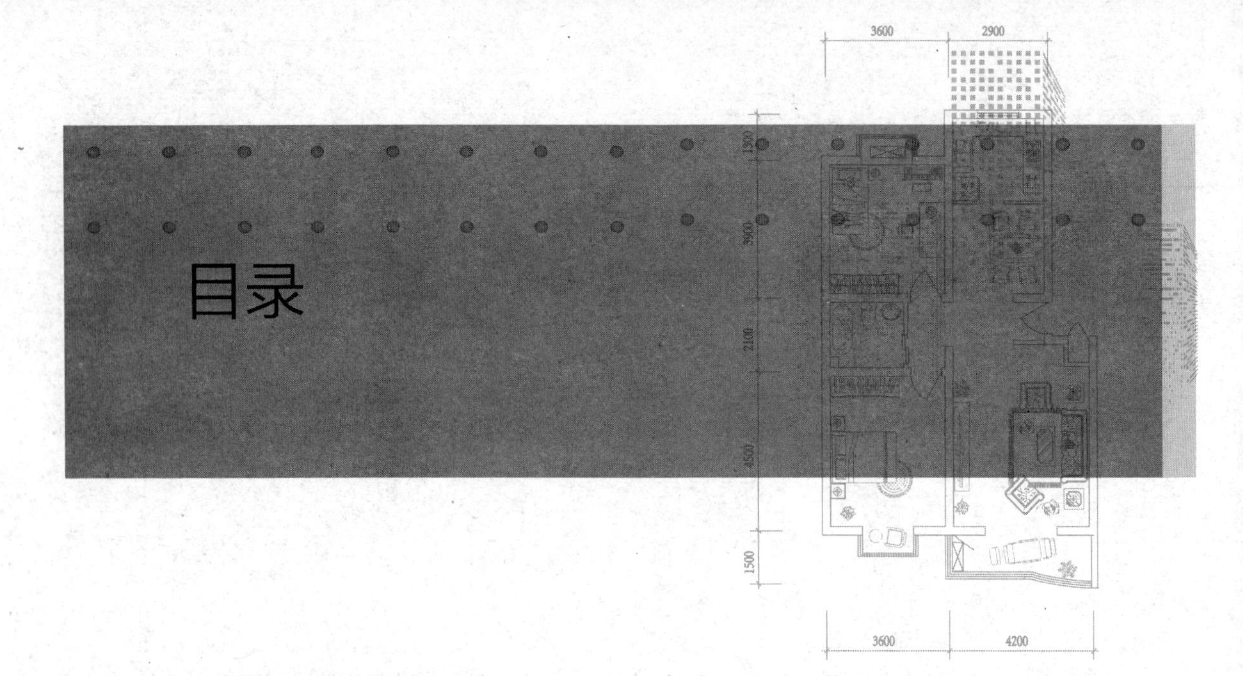

目录

第1章

装饰装修工程基础

1.1 装饰装修工程基本知识

装饰装修工程施工的主要任务是照图施工，即通过装饰构造、材料安装和工艺技术等施工处理以实现装饰设计的方案与意图。设计师将成熟的设计构思反映到图纸上，施工人员则把施工图纸转化为工程实践。但是，在实际的装饰工程中往往不是如此简单。因为装饰施工过程也是一个再创作的过程，是对装饰设计质量的检验与进一步完善的过程。毕竟设计图纸产生于工程施工之前，对于最终的装饰效果缺乏实感，而装饰工程施工的每一道工序都是在检验并完善着设计的科学性、合理性和实践性。由此可知，装饰工程并不是完全被动地接受设计，装饰施工技术人员应该是懂建筑、熟悉图纸、具有较高水平的操作技能并有良好艺术素养的人才。每一个成功的装饰装修工程项目，都应该是设计者与施工人员共同的智慧和劳动的结晶。

1.1.1 装饰装修的作用

装饰装修是环境艺术，建筑及其装饰工程所营造的环境无时无刻不在为人类的生活服务。装饰工程施工与人们的关系日益密切，已深入到所有的建筑空间。随着国民经济的发展及人们生活水平的提高，装饰装修工程的作用和施工范围也在日趋扩大。装饰工程施工的主要作用如下。

(1) 美化环境、满足使用功能要求　装饰装修对于改善建筑内外空间环境具有显著的作用。人们在建筑空间中活动，装饰装修工程每时每刻都在人的视觉、触觉、意识、情感直接感受到的空间范围之内，并且通过装饰装修施工所营造的效果反馈给人们。所以，装饰施工具有综合艺术的特点，其艺术效果和所形成的氛围，强烈而深刻地影响着人们的审美情趣，甚至影响人们的意识和行为。一个成功的装饰，可使建筑获得理想的艺术价值而富有永恒的魅力。装饰装修造型的优美，色彩的华丽或典雅，材料或饰面的独特，质感和纹理、装饰线脚与花饰图案的巧妙处理，细部构件的体形、尺度、比例的协调把握，是构成装饰艺术和美化环境的主要内容，这些都要通过装饰施工去实现。同时，通过装饰施工对建筑空间的合理规划与艺术分隔，配以各类装饰和家具等，可进一步满足使用功能要求。

(2) 保护结构体，延长使用年限　建筑物的损毁主要有两个方面的原因。一是由于自然条件的作用，例如水泥制品会由于大气的作用而变得疏松；钢铁制品会因氧化而被锈蚀；竹木等有机材料会因微生物的侵蚀而腐朽。二是人为的影响，例如在使用过程中由于碰撞、磨损以及因为水、火、酸、碱的作用而造成破坏。装饰工程即是依靠相应的现代装饰材料及科学合理的施工技术，对建筑结构体进行有效的构造与包覆施工，以达到使之避免直接经受风吹雨打、湿气侵袭、有害介质的腐蚀以及机械作用的伤害等保护建筑结构主体的目的，从而保证建筑结构主体的完好以延长其使用寿命。

（3）美化建筑空间，增强艺术效果　建筑是艺术，甚至被称作“艺术之母”，而装饰装修工程施工则是构成建筑艺术特质和环境的重要手段与主要内容。装饰装修处于人们能够直接感受到的空间范围之内，时刻作用着人们的视觉、触觉、意识和情感。建筑及其环境艺术的民族和地域特征、历史和时代特征及思想文化特征等在很大程度上都是通过装饰工程施工所营造的效果而反射给人们的。装饰装修与人类的物质和精神生活息息相关。由于它的构成内涵日益广泛，它的空间容量也日趋博大，它不仅拥有空间序列、比例、尺度、色彩、质感、线型和风格样式等丰富的建筑艺术语言，还能够融合绘画、雕塑、工艺美术、园艺、音响等其他艺术及现代科技成果，所以装饰装修工程具有综合艺术的特点，其艺术效果和所形成的空间艺术氛围，强烈而深刻地影响着人们的审美情操，甚至影响着人们的意志和行动。成功的装饰设计方案，采用优质而美观的装饰材料和规范、精细的装饰施工，使建筑获得理想的艺术价值且富有永恒的魅力。此外，建筑空间环境的认知功能，也主要是依靠装饰工程才得以展现的，比如不同的购物商店、办公场所、幼儿园等各类建筑的外观特征和专业区别，就需要通过装饰工程施工来反映各自的鲜明特色。

（4）综合处理，协调建筑结构与设备之间的关系　现代建筑为满足使用功能的要求，需要大量的构配件和各种设备进行纵横布置与安装组合，致使建筑空间形成管线穿插，设备和设施交错，各局部、各工种之间的关系错综复杂的客观状况。这种现象最有效的理顺方法就是采用装饰施工，通过装饰工程，可以根据功能要求及审美思想的结合处理而协调相互间的矛盾，使之布局合理、穿插有序、隐显有致，既方便使用又美观和谐。例如通过吊顶处理即可综合解决空调送风、灯具照明、音响、消防自动喷洒及烟雾报警等必须由室内上部空间解决的装饰和管线穿插问题。其他如活动地板、局部或满墙护墙板、装饰包柱、暖气柜、门窗包框等处理措施及必要的装饰，均能在满足建筑结构及实用设备要求的同时，将一些不宜明露处做隐蔽处理，满足使用与美观的综合要求。

1.1.2　装饰工程施工的特点

（1）做法的附着性与基体处理的重要性　装饰装修是建筑物整体的重要组成部分，是与基体密不可分的统一体，它不能脱离建筑物基体而单独存在。装饰装修施工是围绕建筑物的墙面、地面、顶棚、梁柱等基体的表面来进行的，它是建筑功能的延伸、补充和完善，并要对结构起到保护作用。因此在装饰装修施工过程中，不能损害建筑结构主体，不能随意凿墙开洞、重锤敲击、肆意砍錾破坏结构，不能影响通风、采光，不能造成安全、消防、卫生等隐患，而要能够与结构及设备、设施良好地结合。这就要求装饰装修施工人员能够在实践中客观地、合理地、综合地处理建筑结构主体、空间环境、使用功能、工程造价、业主要求和施工工艺等各方面的复杂关系，确保装饰装修施工按功能要求高质量地顺利进行。

（2）内容的广泛性与施工的规范性　装饰装修施工需要完成的内容和涉及的领域十分广泛。在施工中应依靠合格的材料与构配件，通过科学合理的构造做法，并由建筑结构主体予以稳固支撑。国家相关部门经过多次的试验和论证，制定了各种操作规程和各项工程的验收规范，一切操作工艺和饰面质量均应满足国家规范的要求，这是保证质量的基本要求。为了提高施工技术水平，降低工程造价，保证工程质量，国家还制定了统一的验收规范《建筑装饰装修工程质量验收规范》（GB 50210—2001），行业制定了工程质量验收等级验评标准。《建筑装饰装修工程质量验收规范》的内容分为抹灰工程、门窗工程、吊顶工程、轻质隔墙工程、饰面板（砖）工程、幕墙工程、涂料工程、裱糊与软包工程、细部工程等。同时还制定了施工操作规程，施工操作规程（规定）比施工验收规范低一个等级，如与施工验收规范相抵触，应以施工验收规范为准。目前，大量装饰装修工程都实行招、投标制；在确认装饰装修施工企业时，注重施工队伍的资质等级、信誉和实际施工能力；在施工过程中由建设单位或建设监理机构予以监督；工程竣工后须通过国家质量监督部门及有关方面组织的严格的检查验收，这些都有利于实现规范化施工。

(3) 质量的严格性与施工的严肃性　装饰装修的产品一般都处于建筑物的表面，许多内容与使用者的工作、生活及日常活动直接关联，要求精心施工，严格地按照施工规程实施操作工艺，以满足质量要求并达到较高的专业水准。装饰装修施工大多是以饰面为最终效果的。许多处于隐蔽部位而对工程质量却起着关键作用的操作工序，很容易被忽略，或是其质量弊病很容易被表面的美化修饰所掩盖。如大量的预埋件、连接件、锚固件、骨架杆件、焊接件、饰面板下部的基体或基层的处理，防潮、防腐、防虫、防火、防水、绝缘、隔声等功能性与安全牢固性的构造和处理，包括钉件质量、规格、螺栓及各种连接紧固件设置的位置、数量及埋入深度等，如果在施工操作时采取应付敷衍的态度、不按操作程序施工、偷工减料、草率作业，势必给工程留下质量隐患和安全隐患。因此，装饰装修施工从业人员应该是经过专业技术培训并接受过职业道德教育的持证上岗人员，其技术人员应具备美学知识、审图能力、专业技能和及时发现问题与及时处理问题的能力，应具有严格执行国家政策和法规的强烈意识，切实保障装饰装修施工的质量和安全。也要求从事装饰装修行业的管理者及每一个职工，都树立起对工程强烈的事业心、责任感和科学严谨的态度。

(4) 装饰工程施工的验证性　装饰工程是建筑的最后一道工序，设计的好坏、施工技术水平的高低直接影响着工程质量，因而必须采用样板来保证装饰效果和工程质量。

实物样板是指在大面积装饰装修施工前所完成的实物样品，即样板或样板间。这种方法在高档装饰装修工程中被普遍采用。通过做实物样品，一是可以检验设计效果，从中发现设计中的问题，从而对原设计进行补充、修改和完善；二是可以通过试做来确定各部位的节点大样和具体构造做法；三是可以根据材料、装饰装修做法、机具等具体情况，检验工艺顺序安排是否合理、工艺操作是否可行。这样，一方面将设计中一些未能明确的构造问题加以确认，从而解决装饰装修设计图样表达深度不一的问题；另一方面，又可以起到统一操作规程，作为控制施工质量的依据和工程验收标准，指导下一阶段大面积施工的作用。因此，在《建筑装饰装修工程质量验收规范》(GB 50210—2001) 中明确规定，装饰装修工程施工前，应预先做样板（样品或标准间），并经有关单位认可后，方可进行施工。

(5) 装饰施工的复杂性和组织管理的严密性　装饰工程中施工内容有抹灰、饰面板（砖）、涂饰、糊裱、吊顶、门窗玻璃、隔墙、水电、细部制作、暖通、警卫、通信、消防、音响、灯光等项目；施工现场的布置内容有平面的，也有立体的，如现场的临时用电、材料及机具仓库、现场的办公用房、生活卫生区、水平垂直运输的途径、各类材料加工及制作场区、消防设施等，这些都反映了装饰施工管理的复杂性。装饰施工一般都是在有限的空间内进行的，其作业场地狭小，施工工期紧。对于新建工程项目，装饰施工是最后一道工序，为了尽快投入使用，发挥投资效益，一般都需要抢工期。对于那些扩建、改建工程，常常是边使用边施工。因为装饰施工工序繁多，施工操作人员的工种也十分复杂，工序之间需要平行、交叉、轮流作业，材料、机具频繁搬动等造成施工现场拥挤滞塞的局面，这样就增加了施工组织管理的难度。要做到施工现场有条不紊，工序与工序之间衔接紧凑，保证施工质量并提高工效，就必须依靠具备专门知识和经验的组织管理人员，并以施工组织设计作为指导性文件和切实可行的科学管理方案，对材料的进场顺序、堆放位置、施工顺序、施工操作方式、工艺检验、质量标准等进行严格控制，随时指挥调度，使装饰施工严密地、有组织地、按计划地顺利进行。

（6）装饰工程施工的技术经济性　装饰工程的工程造价，在很大程度上是受到装饰材料及现代声、光、电及其控制系统等设备制约的。近年来涌现的豪华建筑，其装饰工程费用已超过总投资的一半以上。一座高级酒店的装饰工程所需要的装饰材料，有的多达数千种，一个名贵的灯饰或家具就需要数万元人民币。随着科学技术的进步。新材料、新工艺和新设备的不断发展，装饰工程的造价还会继续提高。

现代建筑及其装饰工程应全面贯彻“适用、安全、经济、美观”的方针，要求选用集材性、工艺与美学为一体的性能优良、模数协调、经济耐用和造型美观的装饰装修材料。在工程实践中，必须做好装饰工程的预算和估价工作，认真研究工程材料、设备及施工艺的经济性、安全牢固性、操作的简易性和装饰质量的耐久性等全面因素，严格控制工程成本，正确使用基本建设投资并发挥其最大效益，加强装饰施工企业的经济管理和经济活动分析，提高经济效益和装饰装修工程质量与水平，以保证我国现代装饰装修业的健康发展。

1.1.3　装饰工程技术特点

（1）施工的独立性　现代装饰施工是独立于土建施工以外的由专业施工队伍进行施工操作的工程活动，它是在土建施工完成后对室内空间环境进行的一种装饰和美化加工的处理。室内空间装饰是千变万化的，对每一个空间进行装饰施工的内容是各不相同的，是独立进行施工的，即使是同一性质的室内空间，也会因环境条件、甲方审美要求等因素而发生变化。因此，室内装饰施工对每一个空间都有着不同的施工规则和要求，在室内装饰装修过程中各工种之间具有相对的独立性，独立制作、独立完成。

（2）施工的流动性　施工的流动性是室内装饰工程的显著特点。因为室内装饰的主体对象是建筑物，所以室内装饰施工的场所就会随着建筑物的地点变化而变化，施工队伍也就随着施工场所的改变而经常搬迁。室内装饰施工的流动性对装饰企业的管理提出了很高的要求，施工企业的管理人员应该根据施工所在地点的具体情况，充分调查研究当地的各种施工资源情况，组织落实好施工人员、施工机具以及装饰材料等问题，高效率地组织施工，按时、优质地完成装饰施工任务。

（3）施工工艺的多样性　室内装饰施工的多样性是指装饰工程的多样性、施工工种的多样性和施工工艺的多样性。一般情况下，一个室内装饰工程都会涉及泥工、木工、油漆工、水电工、架子工等工种来协同完成，而且每一个室内装饰工程由于其使用性质、空间尺度、形状规模等因素的变化都会有不同的要求，使得装饰工程的施工内容及范围也会随之发生变化。施工技术的不断进步，也会引起施工组织、管理发生变化。由于工种较多，造成管理层次较多，这些都决定了装饰施工的多样性。为此，现场施工的管理人员应对每一个施工工种的人员精心组织，安排好施工进度和内容，组织好各工种的协调，避免出现工种交叉阻滞的现象。

（4）施工的再创造性　室内装饰施工一般根据图样要求，通过装饰构造、材料制作、安装和工程技术等施工来实现装饰设计所要求的效果。但是在实际施工中往往不是如此简单，会有很多的具体问题出现，如空间的实际尺寸经过拆除、修整后有很大的变化，还有客户临时提出要求，随意性地变更改动，都会造成设计实施的变化。另外造型上的非标准化，在设计图样上很难标注清楚。因为图样毕竟是产生于施工之前，对于施工中发现的问题，很难一一表达清楚，最终的装饰效果缺乏实际的感觉。装饰工程的设计图样往往没有土建设计图样那么严格，在一定程度上只是起一个参考依据的作用，而装饰施工的每一道工序都是在检验并进一步完善设计的科学性、合理性和实践性。因此，施工人员根据具体的实际情况来创造性地施工，这是室内装饰施工的一大特点。

（5）机械化程度高、装配化程度高、干作业量大

① 机械化程度高　主要是装饰工具的普及程度和应用程度。最近几年，由于各种轻便的手提式工具普及，不少工种已基本被电动工具所代替，这些电动工具不仅解放了劳动力，减轻了劳动强度，而且使工程质量相应提高，以前难以控制质量的工序，用电动工具很容易得到解决。

② 装配化程度高　装饰施工的装配化程度，主要取决于所用的材料。目前，相当一部分材料基本上是装配和半装配的。这种装配化施工，在现场基本做到文明施工，施工速度较快。另外，将一些比较难做的工序或部件通过工厂机械化生产，产品的质量有保证，施工质量就有保证。

③ 干作业量大　目前装饰施工的特点，大部分都可以用干法施工。干作业，可以立体交叉施工，不受湿或泥水的影响，可使不同层次的装饰面施工不受影响。

1.2 装饰工程标准与方法

1.2.1 装饰装修等级及施工标准

（1）装饰装修的等级标准　装饰装修的等级，一般是根据建筑物的类型、性质、使用功能和耐久性等因素综合考虑的，确定其装饰标准，相应定出建筑物的装饰装修等级。通常情况下，建筑物的等级越高，其整体装饰标准和等级也越高。结合我国的国情，考虑到不同建筑类型对装饰装修的不同要求，划分出三个装饰装修等级，见表1-1，可以根据这三个装饰装修等级限定各等级所使用的装饰装修材料和装饰装修标准。

表1-1　装饰装修等级划分

装饰装修等级	建筑物类型
一级	高级宾馆，别墅，纪念性建筑物，交通与体育建筑，行政机关办公楼，高级商场等
二级	科研建筑，高级建筑，交通、体育建筑，广播通信建筑，医疗建筑，商业建筑，旅馆建筑，局级以上的行政办公大楼等
三级	中小学、幼托建筑，生活服务性建筑，普通行政办公楼，普通居民住宅等

（2）装饰装修施工标准　在《建筑装饰装修工程质量验收规范》（GB 50210—2001）中，对于装饰装修工程的各分项工程的施工标准都作了详细规定，对材料的品种、配合比、施工程序、施工质量和质量标准等都作了具体说明，使装饰装修工程具有法规性。

除以上之外，各地区根据地方的特点，还制定了一些地方性的标准。在进行装饰装修施工时，应认真按照国家、行业和地方标准所规定的各项条款进行操作与验收。

1.2.2 装饰施工基本方法

1.2.2.1 装饰施工方法

作为一项装饰工程，影响质量好坏的因素很多。因此，对装饰施工管理最基本的要求，一是对现有材料的了解；二是对施工方法的全面理解与熟悉程度。对于不同的材料的理解，除了应对装饰材料的基本特征具有深刻的理解外，还应该清楚不同材料的施工特性，对具体

的施工过程、施工顺序、施工方法、不同的构造等有全面的认识。随着我国的装饰装修施工技术的快速发展，除了包括对传统施工方法的改进和提高外，新材料的新施工工艺、国外的一些现代新技术等也层出不穷，在装修施工中常用的施工方法有抹、钉、卡等，目前总体可以分为：涂抹法、粘贴法、构筑法、装配法、综合法。

（1）涂抹法　涂抹法就是将一种或几种液体材料用喷涂或抹揩的方法将其装修到建筑物或装饰构造表面的施工方法，这也是装修施工中最常用的施工方法，主要用于对室内外墙面装饰、各种装饰构造表面处理等。涂抹装饰施工的主要特点如下。

① 涂抹材料的黏度和稠度对施工质量的要求较高，一般要求涂料的平流性好。

② 涂抹施工对基层的要求较高，基层是否平整直接决定了表面的施工效果。

③ 施工简单，工效高。

（2）粘贴法　粘贴法是采用一定的胶凝材料将工厂预制的成品和半成品材料附加于另一种材料的表面或建筑物之上的方法。胶凝材料最常用的是水泥和胶黏剂等，它在一定的条件下容易固化。装修施工中，采用此类方法的材料主要有墙纸、面砖、马赛克、微薄木、部分人造石材和木质饰面等。用于此类方法的施工技术有粘、贴、裱糊和镶嵌等。粘贴法施工具有如下特点。

① 一般均为手工操作，无需机械设备。

② 工艺简单，操作方便，工效高。

③ 采用胶粘的方法，可保证饰面表面完整无损，除清洁整理外，无需任何修补工序。

④ 胶黏剂的选择应恰当，胶合表面要洁净，无粉尘杂物、无污染。胶层厚薄要适宜，太厚易变脆、老化，太薄胶合不牢固。

⑤ 通过掺入各种助剂可以改变其原有性能，如加速或延缓固化，增强耐水、耐腐蚀性等。

（3）构筑法　根据装饰装修设计的造型要求，需要在原有室内表面的基体上重新塑造出新造型；原有的建筑结构不能满足饰面的要求，需要建造新的基体。这种改变原有建筑结构、表面和形式并重新加以建造的方法称为构筑法，如龙骨架的制作安装、增设装饰柱、各种花格的制作与安装、门窗套的制作等均属此类。构筑法施工有如下特点。

① 工艺复杂，但能充分体现施工技术水平。

② 对设备、技术水平及加工精度要求高。

③ 结构复杂，操作难度较大。

④ 施工工期相对较长。

（4）装配法　通过合适的连接件和专用配件将各种装饰物成品或半成品、各种材料采用机械定位的手段连接于建筑基体上的方法，称为装配法。装配法施工依赖于各种连接件和专用配件，连接方式有刚性的，也有柔性的，结构形式应是可拆卸的（也有少数是不可拆卸的）。适用于此类方法的如金属板的镶嵌、轻钢龙骨装配式吊顶、T形龙骨板材吊顶等结构，铝合金扣板、压型钢板、异型塑料墙板，以及石膏板、矿棉保温板等安装，也包括一部分石材饰面和木质饰面所用的材料，如复合地板、活动地板。其常用的施工技术有钉、绑、搁、挂、卡等。装配法施工有如下特点。

① 施工精度要求高。

② 操作方便，工作效率高，工时短。

③ 施工制成的成品形状规整，表面无损伤。

④ 施工有较强的顺序性，需制定合理的工艺流程。

⑤ 结构较复杂，技术要求高。

(5) 综合法 综合法就是上述四种方法中的两种或两种以上的混合施工方法，以期能取得某种特定的效果，其施工工艺比较复杂，难度大，技术水平高，要求施工人员配合熟练。如钢骨架钙塑板隔墙的制作，其钢骨架的施工为构筑法，饰面板钙塑板的安装则为装配法。

1.2.2.2 装饰施工方法的选择

(1) 确定装饰装修的功能 在选择施工方法时，应根据建筑物的类型、使用性质、装饰的部位、环境条件以及人的活动与装饰部位间接触的可能性等各种因素来确定饰面处理的方法。例如，外墙面的装饰主面，既要符合城市规划、达到美化环境的目的，还要承担保护墙体、弥补墙体功能不足的要求。室内地面在达到要求时，如果是高级装饰，还应考虑行走舒服、保温等要求。又如在内墙面的装饰中，为了防止人的活动所引起的磨损，通常在一定高度上，要做护壁或墙裙。在离地面200mm的地方，容易碰撞或清理地面时造成污染，一般用踢脚板做护板。有落地镜面的墙面或人可以接触到的大型壁画，为避免接触部位损坏，通常采用水池或花坛等方法划出一定距离作保护。

(2) 确定装饰装修的等级 根据建筑物的使用质量、所处城市规划中的位置及应控制的造价，来确定饰面处理的质量等级。质量等级是由两个方面限定的，即材料的质量等级和装饰施工质量等级。一般来说，在高级装饰工程中，可多选用一些高档装饰材料，并在施工工艺上采用施工质量等级较高的做法。对于同一个高级装饰工程中一些较为次要的部位，或人不可能接近的部位，在不影响装饰效果的前提下，可降低施工质量的等级。例如：体育馆等大型厅堂的顶棚装饰，由于在观众席上根本看不清顶棚的细节，因此可以降低板缝的误差要求。

(3) 确定装饰装修合理的耐久性能 一个建筑物的各个组成部分的耐久性并不一样。对于建筑物的主体结构来说，是很耐久的，基本上不用维修更新。而装饰施工，如屋面防水、门窗油漆、墙纸墙布等都要定期维修或更新，还要考虑合理的耐久性问题。例如外墙饰面，要考虑采用基本上不用维修的饰面做法，因为外墙维修费用大，短期的饰面剥落、污染，将影响整体美观。

(4) 确定装饰装修的施工工法 饰面的施工方法有多种，如现制或预制、机械施工或人工操作，从目前的施工质量来看，用小型机具施工的质量较好。而用预制施工可缩短工期，质量有保证，操作方便，但造价高一些，所以不一定都采用预制施工。

(5) 充分考虑施工的因素 工期长短、施工季节、施工时的温度、施工现场工作面的大小、施工人员的操作熟练程度、管理人员的管理素质、采用机具的情况等因素，都对正确选择饰面做法有一定的影响。

1.2.3 装饰施工要求

为了使装饰装修在一定的条件下取得最好的装饰效果，则要求装饰设计人员对装饰的工艺、构造、材料、机具等有充分了解，施工人员应对装饰设计的一般知识也有所了解，弄懂设计意图，并对设计中所要求的材料性质、来源、配比、施工方法等有较深的了解，精心施工，同时做好施工后服务。

1.2.3.1 对材料质量的要求

装饰装修材料在装饰费用中约占70%，因此，正确合理地使用装饰装修材料和配件是确保工程质量、节约原材料和降低工程成本的关键。由于我国幅员辽阔，装饰装修材料品种繁多，新型材料不断涌现，质量差异很大。所以，施工时应按照设计要求进行选用，材料供应部门必须按设计要求供应，并应附有合格的证明文件。施工单位应加强群众检查与专业检查相结合的材料检验工作，发现质量不合格的，有权拒绝使用。材料在运输、保管和施工过程中，均应采取措施，防止损坏和变质。

1.2.3.2 施工前的检验工作

为了确保工程质量达到国家标准和设计要求，在装饰装修工程施工前，对已完成的部分或单位工程的结构工程质量，必须进行严格检查和验收；如采取主体交叉作业，在装饰装修施工插入早的情况下，应对结构工程分层进行检查验收；对已建的旧建筑进行装饰装修工程施工时，拟进行装饰装修的部位应根据设计要求进行认真的清理和处理。装饰工程应在基体或基层的质量检验合格后，才能进行施工。

1.2.3.3 装饰施工顺序安排

装饰工程由于工序繁多，工程量大，所占工期比较长（一般装饰工程占工程总工期的30%～40%，高级装饰工程甚至占工程总工期的50%～60%），占建筑物总造价的比例较高（一般装饰工程占总造价的30%左右，高级装饰工程占总造价的50%以上），因此，妥善安排装饰装修工程的施工顺序，对加快施工进度、确保工程质量和降低工程成本具有特殊的意义。

根据现代装饰装修的施工经验，一般可按下列的流水顺序进行作业。

（1）按自上而下的流水顺序进行施工　按自上而下的流水顺序进行施工是指待主体工程完成以后，装饰装修工程从顶层开始到底层，依次逐层自上而下进行，这种流水顺序有以下优点。

① 可以在主体工程结构完成后进行，这样有一定的沉降时间，可以减少沉降对装饰工程的损坏。

② 屋面完成防水工程后，可以防止雨水的渗漏，确保装饰装修工程的施工质量。

③ 可以减少主体工程与装饰工程的交叉作业，便于组织施工。

但是，采用这种施工顺序时，必须在主体结构全部完成后，才能进行装饰工程的施工，不能提早插入进行，否则很可能会拖延工期。因此，一般高层建筑在采取一定措施之后，可分段由上而下地进行施工。

（2）按自下而上的流水顺序进行施工　按自下而上的流水顺序进行施工，是在建筑主体结构的施工过程中，装饰装修工程在适当时机插入，与主体结构施工交叉进行，由底层开始逐层向上施工。

为了防止雨水和施工用水渗漏对装饰装修工程的影响，一般要求在上层的地面工程完工后，方可进行下层的装饰装修工程施工。

按自下而上的流水顺序进行施工，在高层建筑中应用较多，其主要优点是：总工期可以缩短，甚至有时高层建筑的下部可以提前投入使用，及早发挥投资效益。但这种流水顺序对成品保护要求较高，否则不能保证工程质量。

（3）室内装饰装修与室外装饰装修施工先后顺序　为了避免因天气原因影响工期，加快脚手架的周转时间，给施工组织安排留有足够的回旋余地，一般采用先做室外装饰装修，后做室内装饰的方法。在冬季施工时，则可先做室内装饰装修，待气温回升后再做室外装饰装修。

1.2.3.4 室内装饰装修工程各分项工程施工顺序

室内装饰装修工程各分项工程施工，原则上应遵循以下顺序。

① 抹灰、饰面、吊顶和隔断等分项工程，应待隔墙、钢木门窗框、暗装的管道、电线

管和预埋件、预制混凝土楼板灌缝等完工后进行。

② 钢门窗、木门窗及其玻璃工程，根据地区气候条件和抹灰工程的要求，可在湿作业前进行；铝合金、塑料、涂色镀锌钢板门窗及其玻璃工程，宜在湿作业完成后进行，如果需要在湿作业前进行，必须加强对成品的保护。

③ 有抹灰基层的饰面板工程、吊顶工程及轻型花饰安装工程，应待抹灰工程完工后进行，以免产生污染。

④ 涂料、刷浆工程以及吊顶、罩面板的安装，应在塑料地板、地毯、硬质纤维板等地面的面层和明装电线施工前、管道设备试压后进行。木地板面层的最后一遍涂料，应待裱糊工程完工后进行。

⑤ 裱糊与软包工程应待顶棚、墙面、门窗及建筑设备的涂料和刷浆工程完工后进行。

1.2.3.5 顶棚、墙面与地面装饰装修工程施工顺序

顶棚、墙面与地面装饰装修工程施工顺序，一般有以下两种做法。

(1) 先做地面，后做墙面和顶棚　这种做法可以大量减少清理用工，并容易保证地面的质量，但应对已完成的地面采取保护措施。

(2) 先做顶棚和墙面，后做地面　这种做法的弊端是基层的落地灰不易清理，地面的抹灰质量不易保证，易产生空鼓、裂缝，并且地面施工时，墙面下部易遭沾污或损坏。

上述两种做法，一般采取先做地面、后做顶棚和墙面的施工顺序，这样有利于保证施工质量。

总之，装饰装修工程的施工应考虑在施工顺序合理的前提下，组织安排各个施工工序之间的先后、平行、搭接，并注意不致被后继工程损坏和沾污，以保证工程施工质量。

1.3 装饰装修构造

装饰装修构造可以划分为饰面构造和配件构造两大类

饰面构造，又称“覆壁式构造”，是指覆盖在建筑构件表面，起保护和美化构件作用的构造。饰面构造主要是处理好面层与基层的连接构造方法，它在装饰构造中占有相当大的比例，是一个普遍性的问题。例如，木墙裙与砖墙的连接、木楼面与钢筋混凝土楼板的连接、悬吊顶棚与结构层之间的连接等，都属于此类问题。

饰面总是附着于建筑主体结构构件的外表面。一方面由于构件的位置、外表面的方向不同，使得饰面具有不同的方向性，构造处理也就随之不同。例如，顶棚处于楼板、屋面板的下部，墙饰面处于墙的内外两侧，因此顶棚、墙面的饰面构造都具有防止脱落伤人的要求；地面饰面铺贴于楼地面结构层的上部，构造处理要求耐磨、易清洁等，如图 1-1 所示。另一方面，由于所处部位的不同，虽然选用相同的材料，但构造处理方法也会不一样。例如，大

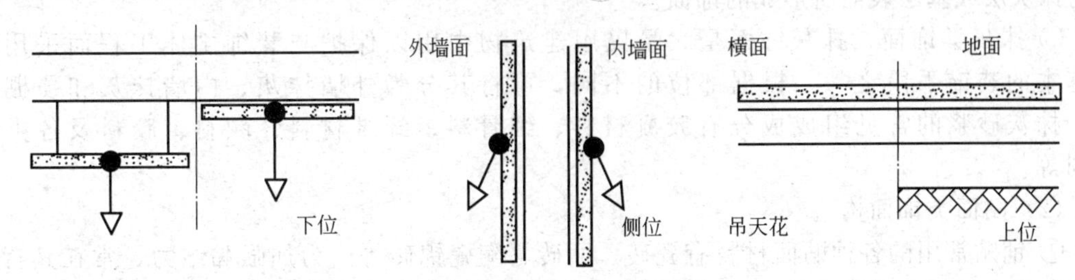

图 1-1　饰面部位和构造要求

理石墙面要求采用钩挂式的构造方法，以保证连接牢靠；大理石楼地面由于处于结构层上部，一般不会构成危险，只要采用铺贴式构造即可。因此，正确处理好饰面构造与位置的关系是至关重要的。

1.3.1 装饰装修构造的要求

1.3.1.1 连接牢靠

饰面层附着于结构层，如果构造措施处理不当，面层材料与基层材料膨胀系数不一，黏结材料的选择不当或受风化，都将会使面层剥落。饰面的剥落不仅影响美观和使用，还有可能伤人。因此，饰面构造首先要求装饰材料在结构层上必须附着牢固、可靠，严防开裂剥落。

大面积现场施工抹灰面，如各种砂浆、水刷石、水磨石、斩假石等，往往会由于材料的干缩或冷缩出现开裂；手工操作，也容易形成色彩不匀、表面不平等缺陷。因此，在进行构造处理时，往往要设缝或加分隔条，使其分为大小合适的若干块，既方便施工，又有利于日后的维修。

1.3.1.2 厚度与分层

饰面构造往往分为若干个层次。由于饰面层的厚度与材料的耐久性、坚固性成正比，因而在构造设计时必须保证它具有相应的厚度。但是，厚度的增加又会带来构造方法与施工技术上的复杂化，这就需要对饰面层进行分层施工或采取其他的构造加固措施。例如，抹灰类墙面，为了保证抹灰牢固，表面平整，避免裂缝、脱落，便于操作，在标准较高的装饰装修中，抹灰分底层抹灰、中层抹灰、面层抹灰三部分。底层抹灰主要起与基层黏结和初步找平的作用；中层抹灰主要起找平及结合的作用；面层抹灰主要起装饰及保护的作用。在大量的民用装饰装修中，一般只做底层抹灰和面层抹灰即可。

1.3.1.3 均匀与平整

饰面的质量标准，除要求附着牢固外，还应该是均匀平整、色泽一致、清晰美观，要达到这些效果，必须从选料到施工，都要严把质量关，严格遵循有关规范条例操作。

根据装饰装修材料的加工性能和饰面部位的不同，饰面构造可分为罩面类饰面构造、贴面类饰面构造和钩挂类饰面构造三大类。

（1）罩面类饰面构造　罩面类饰面构造分为涂刷和抹灰两类。

① 涂刷类饰面　涂刷类饰面又分为涂料饰面与刷浆饰面。涂料饰面是指将建筑涂料涂覆于建筑构件表面，并能与基层材料很好地黏结而形成完整的保护膜（又称“涂层”或“涂膜”）。目前，建筑涂料品种繁多，根据自然状态的不同可将其分为溶剂型涂料、乳液型涂料、水溶性涂料及粉末涂料等几类，在装饰装修工程中，经常需要根据使用部位、基层材质、使用要求、施工周期及涂料特点等因素来分别选用。刷浆类饰面是用水质涂料涂刷到建筑物抹灰层或基层表面所形成的饰面。

② 抹灰类饰面　抹灰饰面是大量民用建筑物中用以保护与装饰主体工程而采用的最基本的装饰手段之一。根据部位的不同，可将其分为外墙抹灰、内墙抹灰和顶棚抹灰。抹灰砂浆的常见组成成分有胶凝材料、细骨料、纤维材料、颜料、胶料及各类掺和剂等。

（2）贴面类饰面构造

① 铺贴常用的各种贴面材料有瓷砖、面砖、陶瓷锦砖等。为加强黏结力，常在其背面开槽，用水泥砂浆粘贴在墙上，地面可用 20mm×20mm 的小瓷砖至 1200mm 见方的大型石

板用水泥砂浆铺贴。

② 裱糊饰面材料呈薄片或卷材状，如粘贴于墙面的塑料壁纸、复合壁纸、墙布、绸缎等。地面粘贴油地毡、橡胶板或各种塑料板等，可直接贴在找平层上。

③ 钉嵌自重轻或厚度小、面积大的板材，如木制品、石棉板、金属板、石膏、矿棉、玻璃等，可直接钉固于基层或借助压条、嵌条、钉头等固定，也可用胶料粘贴。

（3）钩挂类饰面构造　钩挂的方法有系挂和钩挂两种。系挂用于较薄的石材或人造石等材料，厚度为 20～30mm。在板材上方的两侧钻小孔，用铜丝、钢丝或镀锌铁丝将板材与结构层上的预埋铁件连接，板与结构间砂浆固定。花岗石等饰面材料，如果厚度为 40～150mm，常在结构层包砌。块材上口可留槽口，用于结构固定的铁钩在槽内搭住，这种方法称“钩挂”。

1.3.2　装饰装修配件构造

配件构造，又称“装配式构造”“型构造”，是通过各种加工工艺，将装饰装修材料制成装饰配件，然后现场安装，以满足使用和装饰要求的构造。根据装饰装修材料的加工性能，配件的成型方法有以下三种。

（1）塑造与铸造

① 塑造，是指对在常温常压下呈可塑状态的液态材料，经过一定的物理、化学变化过程的处理，使其逐渐失去流动性和可塑性而凝结成固体。

目前，装饰装修上常用的可塑材料有水泥、石灰、石膏等。这类材料取材方便，能在常温下发生物理、化学变化，还可与砂石等材料胶凝成整体。塑造时可根据使用要求做成具有不同强度、不同色彩、不同性能（如防火、防水、吸声等）的预制构件。

② 铸造生铁、铜、铅等可熔金属常采用铸造成型工艺，在工厂制成各种花饰、零件，然后在现场进行安装。

（2）加工与拼装　木材与木制品具有可锯、刨、削、凿等加工性能，还能通过粘、钉、开榫等方法，拼装成各种配件。一些人造材料，如石膏板、碳化板、矿棉板、石棉板等具有与木材相类似的加工性能与拼装性能。金属薄板（铝板、镀锌钢板、各种钢板网等）具有剪、切、割的加工性能，并兼有焊、钉、卷、铆的结合拼装性能。结合是拼装工序中的主要构造方法，常见结合构造方法参见表 1-2。

（3）搁置与砌筑　水泥制品、陶土制品、玻璃制品等，往往通过一些黏结材料，将这些分散的块材相互搁置垒砌，并胶结成完整的砌体。装饰装修上常用搁置与砌筑构造的配件，主要有花格、隔断、窗台、窗套、砖砌壁橱、搁板等。

表 1-2　常见结合构造方法

类别	名称	图形		备注
粘贴	高分子胶		常用高分子胶有环氧树脂、聚氨酯、聚乙烯醇缩甲醛、聚乙酸乙烯等	水泥、白灰等胶凝材料价格便宜，做成砂浆应用最广。各种黏土、水泥制品多采用砂浆结合。有防水要求时，可用沥青、水玻璃结合。目前，高分子胶价格较高，只有在特殊情况下应用
	动物胶		如皮胶、骨胶、血胶	
	植物胶		如橡胶、淀粉、叶胶	
	其他		如沥青、水泥、白灰、石膏等	

续表

类别	名称	图形	备注
钉合	钉	半圆头 沉头 半沉头 方头 圆钉 销钉 骑马钉 油毡钉 石棉板钉 木螺钉	钉合多用于木制品、金属面板等，以及石棉制品、石膏、白灰或塑料制品
	螺栓	螺栓 调节螺栓 没头螺母 铆钉	螺栓常用于结构及建筑构造，可用于固定、调节距离、松紧，其形式、规格、品种繁多
	膨胀螺栓	塑料或尼龙膨胀管 钢制胀管	膨胀螺栓可用在代替预埋件构件上，先打孔，放入膨胀螺栓旋紧时膨胀固定
榫接	平对榫	凹凸榫 对搭榫 销榫 鸽尾榫	榫接多用于木制品，但装修材料如塑料、碳化板、石膏板等也具有木材的可凿、可削、可锯、可钉的性能，可适当采用
	转角顶接		
其他	焊接	V缝 单边V缝 塞焊 单边V缝角接	用于金属、塑料等可熔材料的结合
	卷口	支撑 卧式 立式	用薄钢板、铝皮、铜皮等的结合

1.4 装饰项目质量评定与验收

1.4.1 装饰要素及具体要求

装饰装修的内容和程序很复杂，但它的要素却只有四个，即设计、材料（饰物）、施工、验收。这四个要素对装饰装修来说缺一不可，见表1-3。

表1-3 装饰装修的要素

要素	作用	要素	作用
设计(艺术/技术)	设计方案和施工以及验收的依据	施工	设计方案的实施途径
材料(饰物)	装饰装修工程的物质基础	验收	装饰装修工程质量保证

《装饰装修工程质量验收规范》(GB 50210—2001) 作为国家标准，对装饰装修的要素提出了一系列具体要求，其中强制性条款必须严格遵照执行，见表1-4。

表1-4 《装饰装修工程质量验收规范》对装饰装修要素的具体要求

要素	具体要求
设计	(1)装饰装修工程必须进行设计,并出具完整的施工图设计文件 (2)承担装饰装修工程设计的单位应具备相应的资质,并应建立质量管理体系。由于设计原因造成的质量问题,应由设计单位负责 (3)装饰装修工程的设计,应符合城市规划、消防、环保、节能等有关规定 (4)承担装饰装修工程设计的单位,应对建筑物进行必要的了解和实地勘察,设计深度应满足施工的要求 (5)装饰装修工程的设计必须保证建筑物的结构安全和主要使用功能。当涉及主体和承重结构改动或增加荷载时,必须由原结构设计单位或具有相应资质的设计单位核查有关原始资料,对既有建筑结构的安全性进行核验、确认 (6)装饰装修工程的防火、防雷和抗震设计,应符合国家现行标准的规定 (7)当墙体或吊顶内的管线可能产生冰冻或结露时,应进行防冻或防结露的设计 其中(1)和(5)是国家标准规定的强制性条文,必须严格执行
材料(饰物)	(1)装饰装修工程所用材料的品种、规格和质量,应符合设计要求和国家现行标准的规定。当设计无要求时,应符合国家现行标准的规定。严禁使用国家明令淘汰的材料 (2)装饰装修工程所用材料的燃烧性能,应符合国家现行标准《建筑内部装修设计防火规范》(GB 50222)、《建筑设计防火规范》(GB 50016)和《高层建筑设计防火规范》(GB 50045)的规定 (3)装饰装修工程所用材料应符合国家有关装饰装修材料有害物质限量标准的规定 (4)所有材料进场时都应对品种、规格、外观和尺寸进行验收。材料包装应完好,应有产品合格证书、中文说明及相关性能的检测报告,进口产品应按规定进行商品检验 (5)进场后需要进行复验的材料种类及项目,应符合国家标准的规定。同一厂家生产的同一品种、同一类型的进场材料,应至少抽取一组样品进行复验;当合同另有约定时,应按合同执行 (6)当国家规定或合同约定对材料进行见证检测时,或对材料质量发生争议时,应进行见证检测 (7)承担装饰装修材料检测的单位,应具备相应的资质,并建立质量管理体系 (8)装饰装修工程所使用的材料,在运输、储存和施工过程中必须采取有效措施,防止损坏、变质和污染环境 (9)装饰装修工程所使用的材料,应按设计要求进行防火、防腐和防虫处理 (10)现场配制的材料如砂浆、胶黏剂等,应按照设计要求或产品说明书配制 其中(3)和(9)是国家标准规定的强制性条文,必须严格执行

续表

要素	具体要求
施工	(1)承担装饰装修工程施工的单位,应具备相应的资质,并建立质量管理体系。施工单位应编制施工组织设计并经过审查批准。施工单位应按有关的施工工艺标准或经审定的施工技术方案施工,并对施工全过程实行质量控制 (2)承担装饰装修工程施工的人员,应有相应岗位的资格证书 (3)装饰装修工程的施工质量,应符合设计要求和规范规定;由于违反设计文件和规范的规定施工造成的质量问题,应由施工单位负责 (4)装饰装修工程施工中,严禁违反设计文件,擅自改动建筑主体、承重结构或主要使用功能;严禁未经设计确认和有关部门批准,擅自拆改水、暖、电、燃气和通信等配套设施 (5)施工单位应遵守有关环境保护的法律法规,采取有效措施,控制施工现场的各种粉尘、废气、废弃物、噪声和振动等对周围环境造成的污染及危害 (6)施工单位应遵守有关施工安全、劳动保护、防火和防毒的法律法规,建立相应的管理制度,并配备必要的设备、器具和标识 (7)装饰装修工程应在基体或基层的质量验收合格后施工。在对既有建筑进行装饰装修前,应对基层进行处理并达到规范的要求 (8)装饰装修工程施工前,应有主要材料的样板或做样板间(件),并经有关各方确认 (9)墙面采用保温材料的装饰装修工程,所用保温材料的类型、品种、规格及施工工艺应符合设计要求 (10)管道、设备等的安装及调试,应在装饰装修工程施工前完成;当必须同步进行时,应在饰面层施工前完成。装饰装修工程不得影响管道、设备等的使用和维修。涉及燃气管道的装饰装修工程,必须符合有关安全管理的规定 (11)装饰装修工程的电器安装,应符合设计要求和国家现行标准的规定,严禁不经穿管直接埋设电线 (12)室内外装饰装修工程施工的环境条件,应满足施工工艺的要求。施工环境温度应不低于5℃。当必须在低于5℃温度下施工时,应采取保证工程质量的有效措施 (13)装饰装修工程在施工过程中,应做好半成品、成品的保护,防止污染和损坏 其中(4)和(5)是国家标准规定的强制性条文,必须严格执行

1.4.2 装饰工程施工质量评定验收

1.4.2.1 质量评定

装饰装修分部、分项工程质量评定是先评定分项工程质量，在此基础上采用统计方法评定分部工程质量。分部分项工程的质量等级分为“合格”和“不合格”两级。分项工程按照检验的要求和方法不同，检验项目可分为主控项目和一般项目。质量评定的步骤如下。

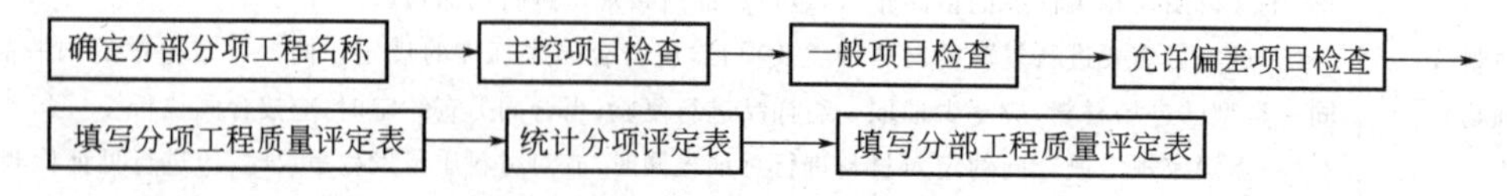

1.4.2.2 装饰装修工程施工质量验收的相关标准和规范

装饰装修工程的质量验收的标准和规范是装饰装修工程施工的技术上和法律上的指南。但由于装饰装修工程施工的复杂性，除了按《建筑装饰装修工程质量验收规范》(GB 50210—2001) 进行的验收以外，政府的有关部门和有些业主还会提出更多内容的验收要求。因此，对装饰装修工程的质量的验收标准也是多方面的，国家先后颁布了一系列的标准和规范，归纳起来有三类，具体的规范和标准包括直接的工程验收规范、专项的工程验收规范、环境保护方面的规范。

除以上规定之外，各地区根据地方的特点，还制定了一些地方性的标准。在进行装饰装修施工时，应认真按照国家、行业和地方的标准所规定的各项条款进行操作与验收。

1.4.2.3 质量验收

质量验收，就是对装饰装修工程产品，对照一定的标准，使用一定的方法，按规定的验收项目和检测方法，进行质量检测和质量等级评定的工作。

（1）质量检测制度　对产品制作过程中工序的质量控制，一般有开始检查、中间检查、最后检查三个步骤。开始检查是在产品制作前，首先对材料、设备、量测器具进行检查，检查其合格性、精确度、使用的可靠性；对制作的工艺方案进行检查，检查其对产品制作方案质量保证的程度；或是检查前次生产的样板、样品，检查其在质量上存在的问题。中间检查是对生产的各个工艺阶段，或生产的中间关键环节，或中途产品进行抽查或全部检查，在确定质量水平达到标准后才可进入下道工序的生产制作。最后检查是指工程产品完成后，对其进行产品整体质量检测，并确定其施工质量等级水平。

对工程产品质量检测的主体有自我检查、相互检查和专人检查三种方式，即产品的主体施工操作者自己直接检查、同事之间相互检查、由专职的检测人员检查。

对于工程项目的施工，由于产品的特点，还应进行工序交接检查、隐蔽工程验收检查、重点部件检查、工程预检、项目验收检查及使用回访检查等工作。

以上的检测或检查必须按照一定的顺序，采用一定的方法，按规范规定的内容和项目进行，并认真填写相应的记录表，履行必要的签字手续，并由监理等有关人员确认。

（2）检测的方法与工具　对于装饰装修工程项目质量检测的方法，主要有以下几种。

① 观察　用眼观看，检查颜色、材质、外形等，直观感觉其好坏，如表面污染、裂缝、色差、纹理等。

② 触摸　用手触摸产品，检查其光洁度、接槎情况、节点连接牢固程度、结构的稳定性等质量情况。

③ 听声　用小锤或手指敲击被测物，听其声音，检查其材质的密实性、内外杆件之间的接合密切程度。

④ 尺量　用钢尺或卷尺等尺具进行量测，检测其实际长度值。尺具的精确度必须符合计量规范标准，尺的数值一般读至mm。

⑤ 塞测　使用楔形塞尺，塞入相应间隙的缝隙中，测定缝隙的宽度。

⑥ 靠测　使用表面平整的靠尺或靠板，贴紧产品的加工被测定面，用塞尺测出两者之间的缝隙宽度，以此反映被测件的平整程度。靠尺与靠板的长度，均有明确的规定。

⑦ 吊线　使用线坠或托线板，测定工程产品的垂直情况，对托线板的长度一般均有明确的规定。对于大型产品的垂直情况，一般使用经纬仪测定。

⑧ 拉线　使用细线（直径一般为1～1.5mm）在被测边线的两端拉紧，用量尺量出边线与细线之间的凹凸数值，检测其平整度。检测中细线的长度有明确的规定。

⑨ 对角线量值　使用量尺测定矩形构件相应两个对角线长度值，通过两对角线的长度差检测其方正性。从理论上讲，矩形的对角线应等长。

⑩ 角度方正性　使用直角卡尺检测构件阴阳角的方正度。卡尺两角翼的长度一般有明确的规定。阴角指凹形角，阳角指凸形角。

1.4.3 装饰工程施工质量验收

装饰工程项目质量验收是对已完工程实体的内在及外观施工质量，按规定程序检查后，确认其是否符合设计及各项验收标准的要求，是否可交付使用的一个重要环节。正确地进行工程项目质量的检查评定和验收，是保证装饰工程质量的重要手段。根据我国《装饰装修工程质量验收规范》(GB 50210—2001)，施工质量验收包括以下项目。

1.4.3.1 施工过程质量验收

根据装饰工程施工质量验收统一标准，施工质量验收分为分项工程、分部（子分部）工程、单位（子单位）工程的质量验收，即把一个单项建筑工程分为10个子分部工程、33个分项工程并规定了与之配合使用的各专业工程施工质量验收规范。在其中每一个专业工程施工质量验收规范中，又明确规定了各分项工程的施工质量的基本要求，规定了分项工程检验批量的抽查办法和抽查数量，规定了分项工程主控项目、一般项目的检查内容和允许偏差，规定了对主控项目、一般项目的检验方法，规定了各分部工程验收的方法和需要的技术资料等。同时，对涉及人民生命财产安全、人身健康、环境保护和公共利益的内容以强制性条文做出规定，要求必须坚决、严格遵照执行。

子分部工程和分项工程是质量验收的基本单元，分部工程是在所含全部分项工程验收的基础上进行验收的，它们是在施工过程中随完工随验收，并留下完整的质量验收记录和资料。单位工程作为具有独立使用功能的完整的建筑产品，进行竣工质量验收。

通过施工过程的质量验收后留下完整的质量验收记录和资料，为工程项目竣工质量验收提供依据。

由监理工程师（建设单位项目技术负责人）组织施工单位项目专业质量（技术）负责人等进行验收。国家标准《装饰装修工程质量验收规范》(GB 50210—2001) 规定：装饰装修工程设计必须保证建筑物的结构安全和主要使用功能，当涉及主体和承重结构改动或增加荷载时，必须由原结构设计单位或具备相应资质的设计单位核查有关原始资料，对既有建筑结构的安全性进行核验、确认。本规范将涉及安全、健康、环保以及主要使用功能方面的要求列为“主控项目”。“一般项目”大部分为外观质量要求，不涉及使用安全。考虑到目前我国装饰装修施工水平参差不齐，而某些外观质量问题返工成本高、效果不理想，故允许有20%以下的抽查样本存在既不影响使用功能也不明显影响装饰效果的缺陷，但是其中有允许偏差的检验项目，其最大偏差不得超过本规范规定允许偏差的1.5倍。

1.4.3.2 分项工程质量验收

按照国家标准《建筑装饰装修工程质量验收规范》(GB 50210—2001) 的规定：分项工程应按主要工种、材料、施工工艺、设备类别等进行划分。

分项工程可由一个或若干个子项目组成。分项工程应由监理工程师（建设单位项目技术负责人）组织施工单位项目专业质量（技术）负责人进行验收。分项工程质量验收合格应符合下列规定。

① 分项工程所含的子项目均应符合合格质量的规定。

② 分项工程所含的子项目的质量验收记录应完整。

1.4.3.3 分部工程质量验收

按照国家标准《装饰装修工程质量验收规范》(GB 50210—2001) 的规定：分部工程的划分应按专业性质、装饰部位确定；当分部工程较大或较复杂时，可按材料种类、施工特点、施工程序、专业系统及类别等分为若干子分部工程。

分部工程应由总监理工程师（建设单位项目负责人）组织施工单位项目负责人和技术、质量负责人等进行验收：装修的主体结构分部工程的勘察，设计单位工程项目负责人和施工单位技术、质量部门负责人也应参加相关分部工程验收。分部（子分部）工程质量验收合格应符合下列规定。

① 所含分项工程的质量均应验收合格。

② 质量控制资料应完整。

③ 抹灰、室内门窗和顶棚工程等子分部工程有关安全及功能的检验和抽样检测结果应符合有关规定。

④ 观感质量验收应符合要求。

必须注意的是，由于子分部工程所含的各分项工程性质不同，因此它并不是在所含分项验收基础上的简单相加，即所有分项验收合格且质量控制资料完整，只是分部工程质量验收的基本条件，还必须在此基础上对涉及安全和使用功能的主体结构、有关安全及重要使用功能的安装分部工程进行见证取样试验或抽样检测。而且需要对其观感质量进行验收，并综合给出质量评价，观感差的检查点应通过返修处理等补救。

1.4.3.4　施工过程质量验收不合格的处理

施工过程的质量验收是以子分部和分项工程的施工质量为基本验收单元。子分部质量不合格可能是由于使用的材料不合格，或施工作业质量不合格、质量控制资料不完整等原因所致，按照《装饰装修工程质量验收规范》（GB 50210—2001）的规定，其处理方法如下。

① 在子分部工程验收时，对严重的缺陷应推倒重来，一般的缺陷通过翻修或更换器具、设备予以解决后重新进行验收。

② 个别子分部工程发现试块强度等不满足要求等难以确定是否验收时，应请有资质的法定检测单位检测鉴定，当鉴定结果能够达到设计要求时，应通过验收。

③ 当检测鉴定达不到设计要求，但经原设计单位核算仍能满足结构安全和使用功能的子分部工程，可予以验收。

④ 严重质量缺陷或超过子分部工程范围内的缺陷，经法定检测单位检测鉴定以后，认为不能满足最低限度的安全和使用功能，则必须进行加固处理，虽然改变外形尺寸，但能满足安全使用要求，可按技术处理方案和协商文件进行验收，责任方应承担经济责任。

⑤ 通过返修或加固处理后仍不能满足安全使用要求的分部工程、单位（子单位）工程，严禁验收。

1.4.3.5　室内装饰工程项目竣工质量验收

（1）装饰工程项目竣工的依据、要求和标准　装饰装修工程项目竣工验收是装饰装修工程项目进行的最后一个阶段，也是保证合同任务完成、提高质量水平的最后一个关口。竣工验收的完成标志着装饰装修工程项目的完成。通过竣工验收，全面综合考虑工程质量，保证交工项目符合设计、标准、规范等规定的质量标准要求：可以促进装饰装修工程项目及时发挥投资效益，对总结投资经验具有重要作用；为使用单位的使用、维护、改造提供依据。国家标准《装饰装修工程质量验收规范》（GB 50210—2001）规定，装饰装修工程施工质量应按表 1-5 所列的要求进行验收。

表 1-5 装饰装修工程项目竣工的依据、要求和标准

验收的依据	验收的要求	验收的标准
①工程施工承包合同 ②工程施工图样 ③工程施工质量验收统一标准 ④专业工程施工质量验收规范 ⑤建设法律、法规管理标准和技术标准	①工程施工质量应符合各类工程质量统一验收标准和相关专业验收规范的规定 ②工程施工应符合工程勘察、设计文件的要求 ③参加工程施工质量验收各方的人员应具备规定的资格 ④验收均应在施工单位自行检查评定的基础上进行 ⑤隐蔽工程在隐蔽前应由施工单位通知有关单位进行验收，并应形成验收文件 ⑥涉及结构安全的试块、试件以及有关材料，应按规定进行见证取样检测 ⑦子分部的质量需按主控项目、一般项目验收 ⑧对涉及结构安全和功能重要的分部工程应进行抽样检测 ⑨承担见证取样及结构安全检测的单位应具有相应资质 ⑩工程的观感质量应由验收人员通过现场检查共同确认	①单位(子单位)工程所含分部(子分部)工程质量验收均应合格 ②质量控制资料完整 ③单位(子单位)工程所含分部工程有关安全和功能的检测资料应完整 ④主要功能项目抽查结果应符合相关专业质量验收规范的规定 ⑤观感质量验收应符合要求

(2) 竣工质量验收的程序　承发包人之间所进行的室内装饰工程项目竣工验收，通常分为验收准备、初步验收和正式验收 3 个环节进行。整个验收过程涉及建设单位、设计单位、监理单位及施工总分包各方的工作，必须按照工程项目质量控制系统的职能分工，以监理工程师为核心进行竣工验收的组织协调。

① 验收准备　施工单位按照合同规定的施工范围和质量标准完成施工任务后，经质量自检并合格后，向现场监理机构（或建设单位）提交工程竣工申请报告，要求组织工程竣工验收。施工单位的竣工验收准备，包括工程实体的验收准备和相关工程档案资料的验收准备，使之达到竣工验收的要求，其中设备及管道安装工程等，应经过试压、试车和系统联动试运行检查记录。

② 初步验收　监理机构收到施工单位的工程竣工申请报告后，应就验收的准备情况和验收条件进行检查。对装饰工程实体质量及档案资料存在的缺陷，及时提出整改意见，并与施工单位协商整改清单，确定整改要求和完成时间。装饰工程竣工验收应具备下列条件。

a. 完成建设工程设计和合同约定的各项内容。

b. 有完整的技术档案和施工管理资料。

c. 有装饰工程使用的主要装饰材料、构配件和设备的进场试验报告。

d. 有装饰工程勘察、设计、施工、工程监理等单位分别签署的质量合格文件。

e. 有装饰施工单位签署的工程保修书。

③ 正式验收　当初步验收检查结果符合竣工验收要求时，监理工程师应将施工单位的竣工申请报告报送建设单位，着手组织勘察、设计、施工、监理等单位和其他方面的专家组成竣工验收小组并制定验收方案。

建设单位应在工程竣工验收前 7 个工作日将验收时间、地点、验收组名单通知该工程的工程质量监督机构，建设单位组织竣工验收会议。正式验收主要包含下列工作。

a. 建设、勘察、设计、施工、监理单位分别汇报工程合同履约情况，工程施工各环节施工满足设计要求的情况，质量符合法律、法规和强制性标准的情况。

b. 检查审核设计、勘察、施工、监理单位的工程档案资料及质量验收资料。

c. 实地检查装饰工程外观质量，对装饰工程的使用功能进行抽查。

d. 对装饰工程施工质量管理各环节工作、装饰工程实体质量及质保资料情况进行全面评价，形成经验收组人员共同确认签署的工程竣工验收意见。

e. 竣工验收合格，建设单位应及时提出工程竣工验收报告。验收报告还应附有工程施工许可证、设计文件审查意见、质量检测功能性试验资料、工程质量保修书等法规所规定的其他文件。

f. 装饰工程质量监督机构应对装饰工程竣工验收工作进行监督。

第2章 抹灰工程

2.1 抹灰工程施工的基本知识

抹灰工程施工方便，操作简单，且造价低廉，取材容易，广泛地运用在建筑装饰施工中。它既可作为建筑物的表面装饰，也可作为建筑装饰的基层；既能起到保护墙体的作用，又能起到装饰作用。内墙抹灰还具有吸声、隔声和保温等功能。

2.1.1 抹灰工程的分类

抹灰按面层不同分为一般抹灰、装饰抹灰和特种砂浆抹灰。

（1）一般抹灰　一般抹灰的面层材料有水泥砂浆、石灰砂浆、水泥混合砂浆、麻刀灰、纸筋灰、石膏灰、聚合物水泥砂浆、膨胀珍珠岩水泥砂浆等。根据房屋的使用标准和质量要求，一般抹灰分为普通抹灰、中级抹灰和高级抹灰三级，见表2-1。

表2-1　一般抹灰的等级、工序要求及适用范围

级别	工序要求	适用范围
普通抹灰	一层底层，一层面层，两遍成活，主要工序有分层赶平、修整和表面压光	一般用于简易住宅、大型设施和非居住房屋的地下室、临时建筑等
中级抹灰	底层、中层、面层三遍成活。要求阳角找方，设置标筋，控制厚度与表面平整度，分层赶平，修整和压光	一般用于普通的居住、公共建筑及工业厂房等
高级抹灰	一层底层，几层中层，一层面层，多遍完成，要求阴阳角找方，设置标筋，分层赶平，修整和压光	一般用于大型公共建筑、纪念性建筑及特殊要求的高级建筑物

（2）装饰抹灰　装饰抹灰是指通过操作工艺及选用材料等方面的改进而使抹灰富于装饰效果。根据其施工工艺的不同，大致分为三种类型。

① 石粒类　水刷石、水磨石、干粘石、斩假石以及机喷石、机喷石屑、机喷砂等。

② 水泥石灰类　拉毛灰、洒毛灰、拉条灰、搓毛灰、扒拉灰、仿石抹灰等。

③ 聚合物水泥砂浆类　喷涂、滚涂和强涂等。

（3）特种砂抹灰　采用保温砂浆、防水砂浆、耐酸砂浆等材料进行的具有特殊要求的抹灰。

2.1.2 抹灰工程的组成

2.1.2.1 抹灰的分层

为了使抹灰层与基层黏结牢固，防止开裂、起鼓，保证工程质量，抹灰一般都分层涂抹，即抹灰由底层抹灰、中层抹灰及面层抹灰组成，如图 2-1 所示。

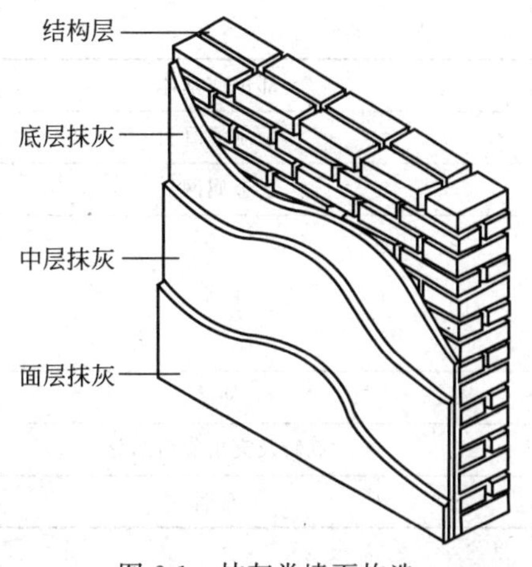

图 2-1 抹灰类墙面构造

（1）底层抹灰 底层抹灰主要的作用是与基层黏结和初步找平。底层砂浆根据基本材料不同和受水浸湿情况来确定，可分别采用石灰砂浆、水泥石灰混合砂浆（简称为“混合砂浆”）或水泥砂浆。

通常，室内砖墙多采用 1∶3 的石灰砂浆，或掺入一些纸筋、麻刀来增强黏结力，防止其开裂；需做涂料墙面时，底灰可用 1∶2∶9 或 1∶1∶6 的水泥石灰混合砂浆；室外或室内有防水、防潮的要求时，要用 1∶3 的水泥砂浆；混凝土墙体应采用混合砂浆或水泥砂浆；加气混凝土墙体内墙可采用石灰砂浆或混合砂浆；外墙应采用混合砂浆。窗套、腰线等线脚可用水泥砂浆。北方地区外墙饰面不应用混合砂浆，通常采用的是 1∶3 的水泥砂浆。底层抹灰的厚度为 5～10mm。

（2）中层抹灰 中层抹灰的主要作用是找平和结合。另外，还可弥补底层抹灰的干缩裂缝。通常，中层抹灰所用材料与底层抹灰基本相同，厚度为 5～12mm。在采用机械喷涂时，底层与中层可以同时进行，但是其厚度不应超过 15mm。

（3）面层抹灰 面层也称“罩面”。面层抹灰的主要作用是装饰与保护。按所选装饰材料与施工方法的不同，可将面层抹灰分为各种不同性质与外观的抹灰。如选用纸筋灰罩面即为纸筋灰抹灰，选用水泥砂浆罩面即为水泥砂浆抹灰，在水泥砂浆中掺入合成材料的罩面即为聚合砂浆抹灰，采用蛭石粉或珍珠岩粉作骨料的罩面即为保温抹灰等。

因施工操作方法的不同，抹灰表面可抹成平面，也可拉毛或用斧斩成假石状，还可以使用细天然骨料或人造骨料，采用手工涂抹或机械喷射成水刷石、干粘石等集石类墙面。

彩色抹灰的做法主要有两种：第一种是在抹灰面层的灰浆中掺入各种颜料，色匀而耐久，但颜料用量比较多，适用于室外；第二种是在做好的面层上，进行罩面喷涂料时加入颜料，这种做法较省颜料，但是易出现色彩不匀或褪色现象，一般用于室内。

2.1.2.2 抹灰层的厚度

抹灰层应采取分层分遍涂抹的施工方法，一次抹得不应太厚，以免由于内外收水快慢不一而出现干裂、起鼓和脱落，同时还会造成材料的浪费。各道抹灰的厚度一般视基层材料、砂浆品种、工程部位、质量标准及各地区气候来确定，见表 2-2。抹灰层的平均总厚度。应根据基体材料、工程部位、抹灰等级等情况确定，见表 2-3。

表 2-2 抹灰层每遍厚度

采用砂浆品种	每遍厚度/mm	采用砂浆品种	每遍厚度/mm
水泥砂浆	5～7	纸筋石灰和石膏灰	≤2
石灰砂浆和水泥混合砂浆	7～9	装饰抹灰用砂浆	应符合设计要求
麻刀石灰	≤3		

表 2-3 抹灰层的总厚度

部位或基体	抹灰层的平均总厚度/mm
顶棚、板条、空心砖、现浇混凝土	15

续表

部位或基体	抹灰层的平均总厚度/mm
预制混凝土	18
金属网	20
内墙	18(普通抹灰)
	20(中级抹灰)
	25(高级抹灰)
外墙	20
勒脚及突出墙面部分	25
石墙	35

2.1.3 材料准备

2.1.3.1 胶结材料

将砂、石等小粒材料或块状材料黏结成一个整体的材料，称为胶结材料。胶结材料分有机材料和无机材料两大类。抹灰工程常用的是无机胶结材料，它又分为气硬性胶结材料和水硬性胶结材料。

(1) 气硬性胶结材料　能在空气中硬化，并能长久保持强度或继续提高强度的材料，称为气硬性胶结材料。

① 石灰膏　经生石灰加水熟化，过滤，并在沉淀池中沉淀而成。常温下其熟化时间不少于 15 天。用于罩面的石灰膏，熟化时间不少于 30 天，在陈伏期间，石灰膏表面应保留一层水，防止其干燥、冻结、风化和污染，否则，不得使用。

② 石膏　将生石膏在 190～300℃的温度下煅烧成熟石膏，经水化成为建筑石膏。石膏与适当的水混合，最初成为可塑的浆体，但凝结很快，终凝时间不超过 30min，各种熟石膏都易受潮变质，建筑石膏储存 3 个月后，其强度会降低 30%左右。因此建筑石膏主要适用于室内装饰以及隔热保温、吸声和防火等饰面。

③ 水玻璃　是钠、钾的硅酸盐水溶液，是一种无色、微黄色或灰白色的黏稠液体，它能溶于水，稠度和密度可根据需要进行调整，但它在空气中硬化较慢。它有良好的黏结能力和耐酸性能力，在抹灰工程中常用来配制各种耐酸、耐热和防水砂浆，也可与水泥等调制成胶黏剂。

(2) 水硬性胶结材料　是指遇水凝结硬化并保持一定强度的材料。在抹灰工程中常用的是一般水泥和装饰水泥。一般水泥包括普通水泥、矿渣水泥、火山灰水泥和粉煤灰水泥；装饰水泥包括白水泥和彩色水泥。

2.1.3.2 骨料

(1) 砂　普通砂按平均粒径分为粗砂（平均粒径不小于 0.5mm）、中砂（平均粒径为 0.35～0.5mm）和细砂（平均粒径为 0.25～0.35mm）。抹灰多用中砂或中砂与粗砂混合掺用，砂在使用时应过筛，不得含有杂质，并要求颗粒坚硬、洁净。

石英砂分为天然石英砂和人造石英砂。人造石英砂是将石英岩加以焙烧再经机械破碎、筛分而成。石英砂在抹灰工程中多用以配制耐腐蚀砂浆。

(2) 石粒　又称石子、石米、色石渣，是由各种天然石材经破碎加工而成。粒径为 2～20mm 不等。它具有各种色泽，可用于水磨石、水刷石、干粘石、斩假石的骨料。

（3）砾石　即豆粒状的细石，是自然风化形成的石子，粒径为 5～12mm，主要用于水刷石面层及楼地面细石混凝土面层等。

2.1.3.3　纤维材料

麻刀、纸筋、玻璃丝和草秸等纤维材料，在抹灰工程中起拉结和骨架作用，可提高抹灰层的抗拉强度，增加弹性和耐久性，使抹灰层不易裂缝和剥落。

2.1.3.4　颜料

颜料分为有机颜料和无机颜料。有机颜料颜色鲜明，有良好的透明度和着色力，耐化学腐蚀性好，但耐热性、耐光性、耐溶性较差，强度不高。无机颜料遮盖力强、密度大，耐热和耐光性好，但颜色不够鲜艳。

2.1.4　常用机具

常用机具见表 2-4。

表 2-4　常用机具

机械设备	砂浆搅拌机	粉碎淋灰机	纸筋灰搅拌机		
主要工具	平头木抹子	圆头木抹子	钢抹子	塑料抹子	压板
	阴角抹子	阳角抹子	圆角阳角抹子	捋角器	刮尺
	铁抹子	圆阴角抹子	挂线板	铍皮	托灰板
	塑料阴角抹子	方尺	大、小鸭嘴	剁斧	

2.1.5 抹灰砂浆的配制

2.1.5.1 一般抹灰砂浆

（1）一般抹灰砂浆的技术要求　由于各层砂浆的作用不同，其成分和稠度也各不相同。底层主要起着与基体黏结的作用，所以要求砂浆有较好的保水性，其稠度较中层和面层要大，砂浆的组成材料要根据基体的种类不同而选用相应的配合比。中层起到找平的作用。砂浆的种类基本与底层相同，只是稠度稍小。面层起到装饰的作用，要求涂抹光滑、洁净，因此要求用较细的砂子，或不用砂子，而掺用麻刀或纸筋。

抹灰砂浆的配合比和稠度应经检查合格后，方可使用，抹灰砂浆的稠度及骨料最大粒径见表 2-5。

表 2-5　抹灰砂浆的稠度及骨料最大粒径

抹灰层	砂浆稠度/cm	骨料最大粒径/mm
底层	10～12	2.8
中层	7～9	2.6
面层	7～8	1.2

一般抹灰砂浆的分层度要求在 1～2cm 之间，分层度过小，砂浆涂抹后易于开裂；分层度过大，则砂浆易离析，操作不便。

（2）一般抹灰砂浆的配制　一般抹灰砂浆应根据工程类别、抹灰部位和设计的要求，通常以体积比进行配制。

由于施工条件不同，抹灰砂浆可采取人工拌制和机械搅拌两种。

无论采取什么方法配制，都要求抹灰砂浆拌制均匀，颜色一致，没有疙瘩。水泥砂浆及掺有水泥或石膏的砂浆要随拌、随运、随用，不得积存过多，应控制在水泥初凝前用完。

① 机械搅拌　机械搅拌水泥砂浆时，应先将配置的水和砂子进行搅拌，然后按配合比加水泥，再继续搅拌均匀，颜色一致，直至稠度合乎要求为止。

搅拌混合砂浆或石灰砂浆时，应先加入少量的水及砂子和全部石灰膏，拌制均匀后，再加入适量的水和砂子，继续拌和，待砂浆颜色一致，稠度合乎要求为止。机械搅拌时间一般应不少于 2min。膨胀珍珠岩水泥砂浆的搅拌，一次不应拌得太多，要随拌随用。砂浆的停放时间不宜超过 20min。搅拌方法与水泥混合砂浆基本相同，稠度宜控制在 8～10cm，搅拌时间不宜过长。

聚合物水泥砂浆的搅拌，一般宜将水泥砂浆搅拌好，然后按配合比规定的数量把聚乙烯醇缩甲醛胶用两倍的水稀释，加入搅拌筒内，继续搅拌至充分混合为止。

② 人工搅拌　人工搅拌水泥混合砂浆或水泥砂浆和石灰砂浆时，应将规定量的砂子和水泥在铁板或水泥地面上先干拌均匀，并将干灰堆成中间有凹坑的圆形，再将定量的水、石灰膏投入坑内，用齿耙把将石灰膏耙碎，再用铁锹和齿耙翻拌数次，待砂浆颜色一致、稠度合适即成。

另一种方法是将一定配量的石灰膏放入灰浆池里，加入适量的水，拌成石灰浆。再与配置的砂子拌和均匀，至稠度合适为止，即为石灰砂浆。如果把规定配量的砂子和水泥先在铁板上干拌均匀，颜色一致后，再加入石灰浆拌和，直到颜色一致，稠度合适，即为水泥混合砂浆。

人工拌和麻刀石灰和纸筋石灰，通常要在铁皮或木制大灰槽中，或在化灰池中进行。抹灰用的纸筋应洁净并用水浸透、捣烂，如用于罩面的纸筋最好用麻刀机碾碎磨细。麻刀应坚韧、干燥，不得含有杂质，并剪成不大于30mm的碎段。

拌制纸筋石灰砂浆，要先将石灰制成石灰浆，将磨细的纸筋投入后，用耙子拉散和充分搅拌，成为纸筋石灰浆，然后存放在储灰池（槽）内，经过20多天，再用于面层抹灰。一般100kg石灰浆中加入5～7kg纸筋。

拌制麻刀石灰砂浆，按100kg石灰膏掺入1.5～2kg麻刀碎段的比例，加入石灰膏中搅拌均匀，即成麻刀石灰砂浆。

石膏灰的拌制，通常在施工前对所用石膏粉先经试验，以确定凝结时间。一般应掺石灰膏拌制，以起到缓凝剂的作用。拌制时，先将石灰膏加水搅拌均匀，再根据石灰膏的凝结时间，确定加入石膏粉的数量，并随加随拌和，拌制石膏灰时应在操作地点用小灰桶随拌随用。

2.1.5.2　装饰抹灰砂浆

（1）装饰抹灰砂浆的技术要求　装饰抹灰砂浆的技术要求与一般抹灰砂浆基本相同。但因其多使用于外饰面，所以，不仅要求其色彩鲜艳不褪色，能抗侵蚀防污染，还要求与基体黏结牢固，具有足够的强度，不开裂和不脱落。

（2）装饰抹灰砂浆的配制　装饰抹灰砂浆的配合比是根据设计要求确定的。常用的装饰抹灰砂浆配合比，主要由五个部分组成。

① 彩色水泥粉　即用不同品种和不同用量的颜料，配出各种深浅色调的彩色水泥粉（简称色粉），加水后成为彩色水泥浆（简称色浆）。色浆中的颜料用量，要通过试验确定。

② 石粒间的比例　有的水刷石和水磨石面层使用两种或两种以上的石粒，这样石粒间的大小、比例搭配，一般应以一种石粒的色调为主，其他色调的石粒为辅，进行配合，起到衬托和提高装饰效果的作用。

③ 色粉与石粒间的比例　色粉与石粒间的比例是否恰当，可通过加水搅拌进行观察（要求坍落度为2～3cm）。装饰面层砂浆色粉与石粒的参考比例见表2-6。

表2-6　装饰面层砂浆色粉与石粒的参考比例

石粒的空隙率/%	＜40	40～45	46～50	＞50
色粉：石粒（质量比）	1：(2.5～3)	1：(2～2.5)	1：(1.5～2)	1：(1～1.5)

④ 用水量的控制　用水量一般没有严格的控制，但要适量。如水磨石面层砂浆，若用水量过多，会降低水磨石的强度和耐磨性。

⑤ 掺量　有机聚合物、分散剂、疏水剂等化学附加剂的掺量要适量。

装饰抹灰砂浆的配制，有质量比和体积比两种，施工实践证明，以按质量比计算为好。如采用体积比，也要将质量比换算为体积比。配制时，要先将水泥与颜料干拌均匀，两种或两种以上石粒也要按比例拌好备用，再加入色粉干拌均匀。一个工程或每种配比，一定要统一干拌均匀后装袋备用，使用时再加水拌和。

采用聚合物水泥砂浆时，要在干拌彩色水泥粉和骨料时，按先后顺序加入化学附加剂、水和聚乙烯醇缩甲醛胶，要避免化学附加剂与聚乙烯醇缩甲醛胶直接混合，以免丧失作用。

2.1.6　基体处理

（1）处理前的检查　抹灰工程施工，必须在结构或基体质量检验合格并进行工序交接后进行。对其他配合工种项目也必须进行检查，这是确保抹灰工程质量和生产进度的关键。抹灰前应对下列项目进行检查。

① 主体结构和水电、暖卫、煤气设备的预埋件，以及消防梯、雨水管管箍、泄水管、阳台栏杆、电线绝缘的托架等安装是否齐全和牢固，各种预埋铁件、木砖位置标高是否正确。

② 门窗框及其他木制品是否安装齐全并校正后固定，是否预留抹灰层厚度，门窗口高低是否符合室内水平线标高。

③ 板条、苇箔或钢丝网吊顶是否牢固，标高是否正确。

④ 水、电管线、配电箱是否安装完毕，有无漏项；水暖管道是否做过压力试验；地漏位置标高是否正确。

(2) 抹灰前对基体表面进行必要处理

① 墙上的脚手眼、各种管道穿越过的墙洞、楼板洞和剔槽等应用 1∶3 的水泥砂浆填嵌密实或堵砌好。散热器和密集管道等背后的墙面抹灰，应在散热器和管道安装前进行，抹灰面接槎应顺平。

② 门窗框与立墙交接处应用水泥砂浆或水泥混合砂浆（加少量麻刀）分层嵌塞密实。

③ 基体表面的灰尘、污垢、油渍、碱膜、沥青渍、粘接砂浆等均应消除干净，并用水喷洒湿润。

④ 混凝土墙、混凝土梁头、砖墙或加气混凝土墙等基体表面的凸凹处，要剔平或用 1∶3 的水泥砂浆分层补齐；模板铁线应剪除。

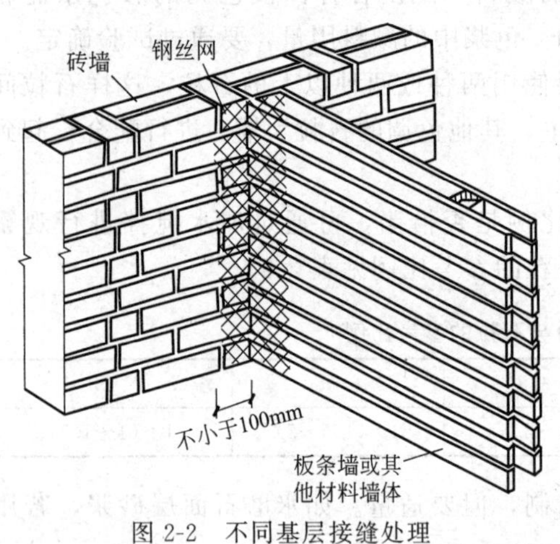

图 2-2　不同基层接缝处理

⑤ 板条墙或顶棚，板条留缝间隙过窄处，应予处理，一般要求达到 7～10mm（单层板条）。

⑥ 金属网应铺钉牢固、平整，不得有翘曲、松动现象。

⑦ 在木结构与砖石结构、木结构与钢筋混凝土结构相接处的基体表面抹灰，应先铺设金属网，并绷紧牢固。金属网与各基体的搭接宽度从缝边起每边不小于 100mm，并应铺钉牢固，不翘曲，如图 2-2 所示。

⑧ 平整光滑的混凝土表面如设计无要求时，可不抹灰，用刮腻子处理。如设计有要求或混凝土表面不平，应进行凿毛，方可抹灰。

⑨ 预制混凝土楼板顶棚，在抹灰前需用 1∶0.3∶3 的水泥石灰砂浆将板缝勾实。

2.2　一般抹灰工程

2.2.1　室内一般抹灰

2.2.1.1　施工准备

(1) 材料准备

① 水泥：选用 PO32.5 级普通硅酸盐水泥；抹灰前须对水泥的凝结时间和安定性进行复试；抹灰水泥要求与原砌筑水泥相同。

② 砂：选用中砂，平均粒径为 0.35～0.5mm，使用前应过 0.5mm 孔径筛子。

③ 建筑胶水：采用 108 胶。

④ 所用材料应有产品合格证书、性能检测报告和复验报告。

(2) 主要机具 砂浆搅拌机、手推车、铁锹、筛子、水桶（大小）、灰槽、灰勺、刮杠（大 2.5m，中 1.5m）、靠尺板（2m）、线坠、钢卷尺、方尺、托灰板、铁抹子、木抹子、八字靠尺、方口尺、阴阳角抹子、捋角器、软水管、钢丝刷、喷壶等。

(3) 现场条件

① 必须经过有关部门进行结构工程质量验收，合格后方可进行抹灰工程，并弹好 50cm 水平线。

② 抹灰前，应检查门窗框位置标高是否正确，与墙连接是否牢固，连接处缝隙应用 1∶3 的水泥砂浆分层嵌塞密实。门口订设板条或铁皮保护。铝合金门窗掺入少量麻刀嵌塞密实，门口订设板条或铁皮保护。铝合金门窗框边缝所用嵌缝材料应符合设计要求，且堵塞密实，并不得撕去保护膜。

③ 管道穿越的墙洞和楼板洞，应及时安装套管，并用 1∶3 的水泥砂浆或豆石混凝土填塞密实；电线管、消火栓箱、配电箱安装完毕后，应将背后露出部分钉好钢丝网；接线盒用纸堵严。

④ 冬季施工应事先对基层采取解冻措施，待其完全解冻后，而且室内温度保持在 5℃以上，方可进行室内墙、顶抹灰，不得在负温度和冻结的墙、顶抹灰。

⑤ 应将混凝土墙、顶板等表面凸出部分剔平，对蜂窝、麻面、露筋等应剔到实处，然后用 1∶3 的水泥砂浆分层补平，把外露钢筋头或铅丝头等事先清除掉。

⑥ 抹灰前用笤帚将混凝土墙、顶板清扫干净，如有油渍或粉状隔离剂，应用 10％的火碱水刷洗，清水冲净，或用钢丝刷子彻底刷干净。

(4) 基层处理

① 混凝土结构抹灰基层处理

a. 将过梁、圈梁、构造柱、混凝土墙、顶板等表面凸出部分、胀模部位剔平；对蜂窝、麻面、露筋等应剔到实处，刷素水泥浆一遍，紧跟着用 1∶3 的水泥砂浆分层补平；混凝土表面有浮灰的部位用钢丝刷彻底刷干净，外露钢筋头、铅丝头等要剔除净。

b. 后浇带部位剔除灌缝混凝土凸出部分及杂物，然后用刷子蘸水把表面残渣和浮尘清理干净，刷掺用水量 50％的 108 胶水泥砂浆一道，紧跟着用 1∶2.5 的水泥砂浆将顶缝抹平，过厚处应分层勾抹，每遍厚度在 5～7mm。

c. 混凝土表面冲洗干净、晾干。然后用 1∶1 的水泥细砂浆掺加水量 50％的 108 胶，均匀甩至光滑混凝土面上，初凝后用水养护，直至水泥砂浆疙瘩粘满混凝土表面并达到较高强度（手掰不掉）为止。

d. 抹灰前将混凝土表面冲洗湿润。

② 砌体结构抹灰基层处理

a. 管道穿越洞和楼板洞应及时安放套管，并用 1∶3 的水泥砂浆或细石混凝土填嵌密实，电线管、消火栓箱、配电箱安装完毕后，并将背后露明部分钉好钢丝网，接线盒用纸堵严；

b. 砌体墙表面的灰尘，污垢和油渍等清除干净，并洒水湿润；

c. 砌体墙与混凝土柱、墙、梁结合处和砖墙与加气砼墙结合处钉铁丝网加强，铁丝网要求平整、固定牢固，加强网在基体接缝两侧搭接宽度各≥100mm，如图 2-3 所示。铁丝网与混凝土结构用射钉固定，与砌体结构用水泥钉或射钉固定。

d. 加气块砼墙体：应在湿润立即涂刷 20％的 108 胶素水泥浆，再抹 M5.0 水泥混合砂浆。

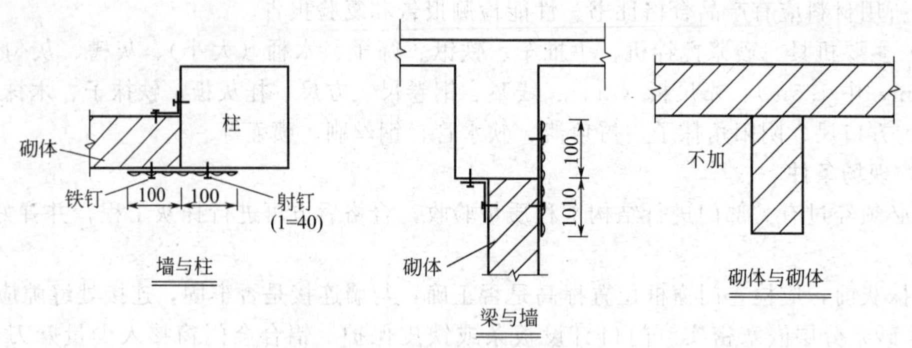

图 2-3 砌体与混凝土构件连接处处理

2.2.1.2 抹灰施工工艺流程

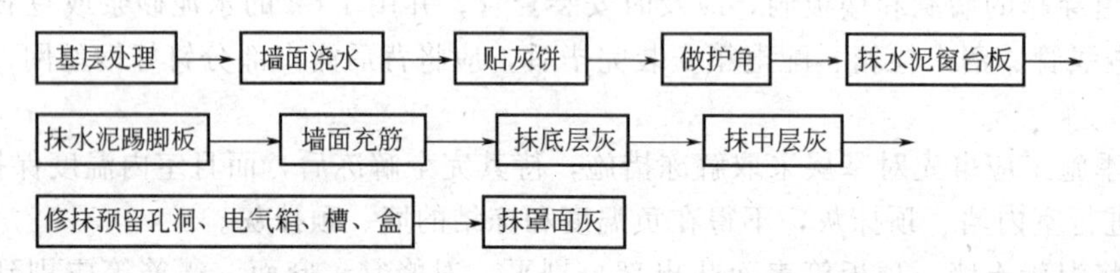

2.2.1.3 室内抹灰施工要点

(1) 基层处理 如前所述。

(2) 洒水湿润 为保证抹灰砂浆与基体表面能够牢固粘接，防止抹灰层空鼓或脱落，在抹灰前，除了必须对抹灰基体表面进行处理以外，还要在基体表面浇水。

内墙抹灰前，要首先把外门窗封闭（安装一层玻璃或满钉一层塑料薄膜）。对于 12cm 以上的砖墙，应在抹灰前一天浇水，12cm 的砖墙浇一遍，24cm 的砖墙浇两遍。应采用的浇水方法是将水管对着砖墙上部缓缓左右移动，使水缓慢从上部沿墙面流下，等到自然流至墙脚为止，一个墙面浇完即为一遍，第二遍是从头再浇一次，使渗水深度达到 8～10mm。如为 6cm 厚的立砖墙抹灰浇水，用喷壶喷水一次即可，但不得使砖墙处于饱水状态。

(3) 找规矩、做灰饼（标志块） 抹灰前，要先找好规矩，四角规方、横线找平、立线吊直，弹出准线和墙裙、踢脚板线。

① 普通抹灰

a. 用托线板检查墙面平整垂直程度，确定抹灰厚度（最薄处一般不小于 7mm）。

b. 在墙的上角各做一个标准灰饼（用打底砂浆或 1∶3 的水泥砂浆，也可用水泥∶石灰膏∶砂＝1∶3∶9 的混合砂浆，遇有门窗口、垛角处要补做灰饼），大小 50mm 见方，厚度以墙面平整垂直度确定，如图 2-4 所示。

c. 根据上面的两个灰饼用托线板或线坠挂垂线做墙面下角两个标准灰饼（高低位置一般在踢脚线上口），厚度以垂线为准。

d. 用钉子钉在左右灰饼附近墙缝里挂通线，并根据通线位置每隔 1.2～1.5m 加做若干标准灰饼。

e. 灰饼稍干后，在上下（或左右）灰饼之间抹上宽约 50mm 的与抹灰层相同的砂浆冲筋，用木杠刮平，厚度与灰饼相平，稍干后可进行底层抹灰。

凡门窗口、垛角处必须做灰饼。当层高大于 3.2m 时，应从顶到底做灰饼标筋，在架子上可由两人同时进行操作，使一个墙面的灰饼标筋出进保持一致，如图 2-5 所示。

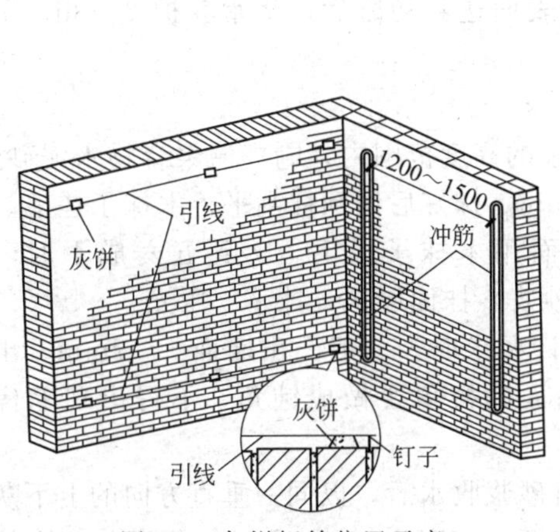

图2-4 灰饼标筋位置示意

图2-5 墙高3.2m以上灰饼的做法

② 高级抹灰

a.将房间规方，小房间可以一面墙做基线，用方尺规方即可。

b.如房间面积较大，应在地面上先弹出十字线，作为墙角抹灰准线，在离墙角约100mm，用线坠吊直，在墙上弹一条立线，再按房间规方地线（十字线）及墙面平整程度向里反线，弹出墙角抹灰准线，在准线上下两端排好通线后做标准灰饼并标筋。

(4) 做护角 室内墙面、柱面的阳角和门洞口的阳角，应做护角，其高度不得小于2m，护角每侧包边的宽度不小于50mm。护角采用1∶1∶6的水泥混合砂浆打底，第二遍用1∶2.5的水泥砂浆（或1∶0.5∶3.5的混合砂浆）与标筋找平。

抹护角时以墙面灰饼为依据，抹灰前在阳角处刷一道聚合物水泥砂浆。首先在阳角正面立上八字靠尺，靠尺突出阳角侧面，突出厚度与成活抹灰面相平。然后在阳角侧面，依靠尺边抹混合砂浆，并用铁抹子将其抹平，按护角的宽度将多余的水泥砂浆铲除。待其稍干后，将八字靠尺移至抹好的护角面上（八字坡向外），在阳角的正面，依靠尺边抹混合砂浆，方法与前面相同。待混合砂浆护角达到五六成干后再用水泥砂浆抹第二遍。抹完后去掉八字靠尺，用素水泥浆涂刷护角尖角处，用捋角器自上而下捋一遍，形成钝角（或小圆角）。

在抹护角的同时，抹好门窗口边及碹脸，若门窗口边宽度小于100mm时，也可在做护角时一次完成（图2-6）。

对于特殊用途房间的墙（柱）阳角部位，其护角可按设计要求在抹灰层中埋设金属护角线，如图2-7所示。高级抹灰的阳角处理，也可在抹灰面层镶贴硬质PVC特制装饰护角条。

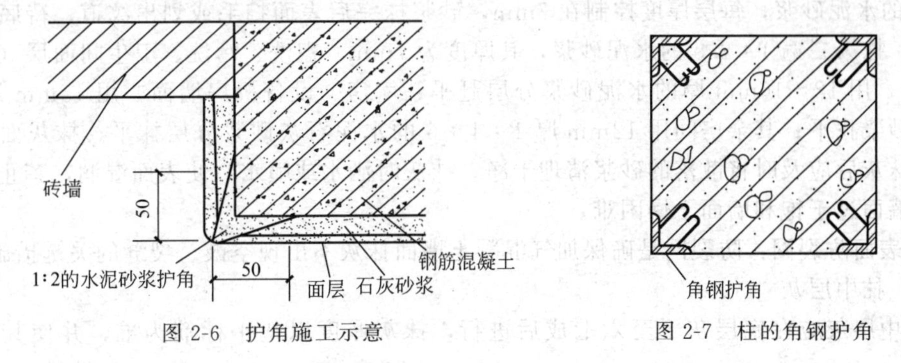

图2-6 护角施工示意

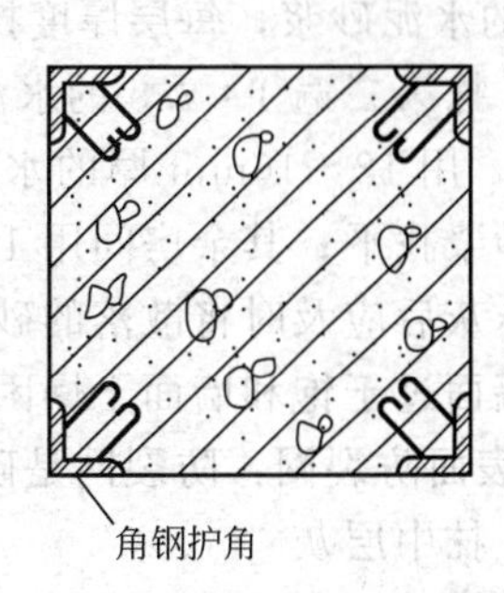

图2-7 柱的角钢护角

（5）抹窗台　先将窗台基层清理干净，把碰坏、松动的砌块修补好。窗台基层用水润透，然后用1∶2∶3的豆石混凝土铺实，厚度不小于25mm，次日刷聚合物水泥砂浆一遍，随后抹1∶2.5的水泥砂浆面层，压实、压光，待表面达到初凝后，浇水养护2～3d，下口要求平直，不得有毛刺。

（6）抹踢脚（或墙裙）

① 根据事先抹好的灰饼、冲筋，在抹混合砂浆的高度范围内，刷一遍聚合物水泥砂浆，随抹1∶1∶6的混合砂浆底灰，每层厚度为5～7mm。抹好后用刮杠刮平，木抹子搓毛。抹完底层灰后随即抹第二遍，与所冲筋抹平，表面用木抹子搓毛。达到五六成干时，用1∶2.5的水泥砂浆（或1∶0.5∶3.5的水泥混合砂浆）抹面层灰，抹平、压光。

② 抹踢脚或墙裙厚度应符合设计要求，无设计要求时，一般凸出墙面5～7mm。出墙厚度应一致，上口平直光滑。踢脚或墙裙凸出墙面的棱角要做成钝角，不得出现毛槎和飞棱。

（7）标筋　标筋也叫冲筋、出柱头，即待灰饼砂浆收水后，以同一垂直方向的上下灰饼为依据，在灰饼之间填充砂浆，抹出一条长梯形灰埂，宽度为10cm左右，厚度与标志块相平，作为墙面抹底子灰填平的标准。其做法是先将墙面浇水润湿，再于两个标志块中间先抹一层，接着抹第二遍凸出成八字形，要比灰饼凸出1cm左右，然后用木杠紧贴灰饼左上右下来回搓，直至把标筋搓得与标志块一样平时为止。同时要将标筋的两边用刮尺修成斜面，使其与抹灰层接槎顺平。标筋用砂浆要与抹灰底层砂浆相同，如吸水快，应少抹几条；如吸水慢，应多抹几条。如一次冲几条筋，应根据天气的情况、室内温度、室外温度及墙面浇水程度而确定。所用木杠应经常用水浸泡，现多采用铝合金管代替木杠，以防单面受潮变形。若有变形应及时修理，以防标筋不平。

图2-8　墙面装档施工示意

（8）抹底层砂浆

① 一般情况下充完筋2h左右就可以抹底灰，底灰采用1∶3的石灰膏砂浆，抹灰时先薄薄地刮一层，接着分层装档，如图2-8所示，找平（上一层灰六七成干后再进行下一层抹灰，每层厚度为7～9mm），用刮杠刮平，用力均匀，由上往下移动。待普遍平直后，用木抹子搓毛，然后全面检查底子灰是否平整，阴阳角是否方正。管道后和阴角交接处，墙顶交接处是否光滑平整，并用靠尺板检查墙面垂直与平整情况。加气混凝土砌块墙体表面干燥，吸水率大，在抹底层砂浆前要满刷一道掺界面剂的水溶液，随即抹第一层1∶2.5的水泥砂浆，每层厚度控制在7mm，砂浆抹完后表面扫毛或划出纹道，待底灰五六成干后，抹第二遍1∶2.5的水泥砂浆，其厚度为7mm。盥洗、污洗、卫生间面层（管井内壁除外），用12～16mm厚的水泥砂浆分层赶平；库房、设备机房墙面，用15mm厚1∶3的水泥砂浆找平；其余房间用12mm厚1∶1∶6的水泥石灰砂浆分层抹平。抹灰面接槎应平顺。抹灰后应及时将散落的砂浆清理干净。抹灰时洒水或喷水，使表面湿润，禁止大量冲水而使墙面过于饱和墙面干燥困难。

② 表面防裂网：防裂网是确保加气混凝土墙面抹灰不出现空鼓、裂缝的关键措施。

（9）抹中层灰

① 中层灰应在底层灰干至六七成后进行，抹灰厚度以垫平标筋为准，并使其稍高于

标筋。

② 中层灰的做法基本与底层灰相同，砖墙可采用麻刀灰、纸筋灰或粉刷石膏。加气混凝土中层灰宜用中砂。

③ 砂浆抹完后，用木杠按标筋刮平，并用木抹子搓压，使表面平整、密实。

④ 在墙的阴角处用方尺上下核对方正，然后用阴角器上下拖动搓平，使室内四角方正。

(10) 修抹墙面上的箱、槽孔洞 当底层砂浆抹完后，应将墙面上的预留孔洞、配电箱(柜)、开关盒等周边 50mm 宽的底层砂浆清除干净，周边用软毛刷蘸水润湿，再用 1∶1∶4 的砂浆补抹平整、压实、赶光，抹灰时比墙面底层砂浆高出一个罩面灰的厚度。

(11) 抹面层砂浆 当底层或中层灰六七成干时，即可开始抹罩面灰（如底灰过干应浇水湿润）。罩面灰应两遍成活，最好两人同时操作，一人先薄薄刮一遍，另一人随即抹平。按先上后下的顺序进行，抹完后赶光压实，先用铁抹子压一遍，然后用塑料抹子压光，最后用毛刷蘸水将罩面灰污染处清刷干净。一般用 1∶2.5 的水泥砂浆罩面；盥洗、污洗、卫生间面层（管井内壁除外）采用 6～8mm 厚 1∶2 的水泥砂浆粘贴层；库房、设备机房墙面采用 10mm 厚 1∶2 的水泥砂浆粘接层；其余房间的面层考虑 5mm 厚 1∶0.3∶3 的水泥石灰砂浆抹光（局部刮腻子）。

(12) 水养护 常温下水泥砂浆抹灰在 12h 后应喷水养护，避免开裂。

2.2.2 室外一般抹灰

外墙抹灰的基本方式与内墙抹灰相同，外墙抹灰一定要在基层处理、四大角（即山墙）与门窗洞口护角线、墙面的灰饼、冲筋等细部抹灰完成后，方可进行。

2.2.2.1 外墙抹灰的操作工艺程序

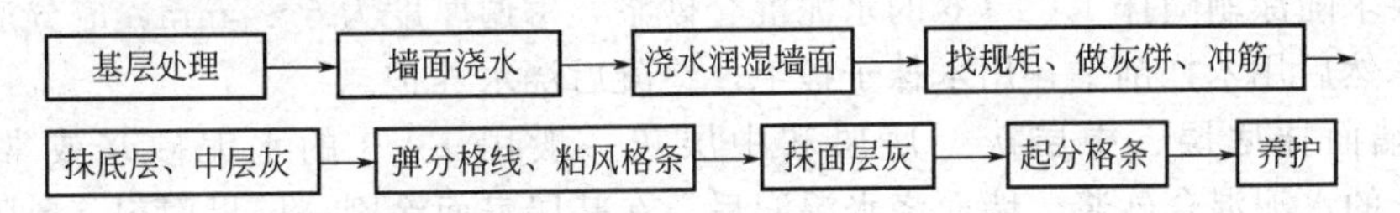

2.2.2.2 外墙抹灰的施工要点

(1) 准备工作

① 外墙所有预埋件、嵌入墙体内的各种管道已安装完毕；屋面防水工程已经完成。

② 门窗安装合格，框与墙体缝隙经清理后用 1∶3 的水泥砂浆或 1∶1∶6 的水泥混合砂浆分层嵌塞严实。

③ 混凝土板墙接缝处防水做完，勾缝后，淋水试验无渗漏。

④ 为使颜色一致，要用同一品种规格的水泥、沙子和灰膏，配合比要一致。带色砂浆要设专人配料，严格掌握配合比。基层的干燥程度应基本一致。

⑤ 砖砌外墙的抹灰层要有一定的防水性能，常用混合砂浆（水泥∶石灰∶砂子＝1∶1∶6）打底和罩面，或打底用 1∶1∶6，罩面用 1∶0.5∶4）。混凝土外墙抹灰底层常采用 1∶3 的水泥砂浆，面层采用 1∶2.5 的水泥砂浆等。

(2) 基层处理

① 基层为混凝土板 将混凝土板表面凸出部分凿平，对蜂窝、麻面、露筋、漏振等处应凿到实处，用 1∶2 的水泥砂浆分层抹干。墙面光滑处凿毛并用钢丝刷满刷墙面。将墙面污物清理干净，板面粉尘扫净，浇水养护。

② 基层为加气混凝土板 用笤帚将板面上的粉尘扫净，浇水，使板湿透，以使水浸入加气板 10mm 为宜。对缺棱掉角的板或板的接缝处高差较大的，可用 1∶1∶6 的水泥混合

砂浆掺20%的107胶水拌和均匀，分层衬平，每遍厚度为5～7mm，待灰层凝固后，用水湿润。用上述同配合比的细砂浆（砂子应用纱绷筛去筛），用机械喷或用笤帚甩在加气混凝土表面，第二天浇水养护，直至砂浆疙瘩凝固，用手掰不动为止。

③ 基层为砖墙　将墙面上残存的砂浆、污垢、灰尘等清理干净，砖墙凹凸处用1∶3的水泥砂浆填平或剔凿平整。用水浇墙，将砖缝中的尘土冲掉，将墙面润湿。

(3) 外墙抹灰顺序　外墙抹灰应先上部后下部，先檐口再墙面（包括门窗周围、窗台、阳台、雨篷等）。墙面底灰抹完后，架子再反上去，再从上往下抹面层灰（应先检查底层灰有无空鼓，如有空鼓，应剔除重新抹灰后，再做面层）。大面积的外墙抹灰可分片同时施工，如一次不能抹完时，可在阴阳角交接处或分格线处间断施工。

(4) 找规矩、做灰饼、冲筋　外墙抹灰找规矩，要在四角先挂好由上至下的垂直通线，应在大角的两侧和阳台、窗台、碹脸两侧弹出抹灰控制线，然后在墙面上部拉水平通线。根据确定的抹灰厚度，做好上面两角的灰饼，再用托线板按灰饼厚度吊垂线，做下面两角的灰饼，然后分别在上部两角及下部两角灰饼间横挂小线，每隔1.2～1.5m做出上下两排灰饼，拉上竖向通线，再按每步脚手架的高度补做竖向灰饼，沿灰饼做出横向或竖向标筋。灰饼与标筋均用1∶3的水泥砂浆抹成，其大小分别为50mm×50mm方块体和50mm宽条状。

门窗口上沿、窗台及柱子均应拉通线，做好灰饼及相应的冲筋或标志。

(5) 抹底层、中层灰

① 混凝土外墙板抹底层砂浆　在处理好的基层面上，先均匀涂刷一层混凝土界面处理剂，随刷随抹1∶3的水泥砂浆，每遍厚度为5～7mm，应分层分遍抹灰并略高于标筋，用大杠刮平找直，用木抹子搓毛。终凝后浇水养护。

② 加气混凝土墙板抹底层、中层灰　在处理好的基层上，满涂刷一层加气混凝土界面处理剂，要求随涂刷随抹1∶1∶6的水泥混合砂浆，每遍厚度为5～7mm，应分遍抹灰并略高于标筋，然后用木杠刮平，用木抹子搓毛。终凝后浇水养护。

③ 砖墙面抹底层、中层灰　底层和中层灰一般用1∶3的水泥砂浆或常温下采用1∶0.5∶4的水泥混合砂浆。墙面浇水湿润后，在基层表面涂刷一层界面剂（要随刷随抹底灰）。先在标筋间薄抹一层，厚5～7mm，用力将砂浆挤入砖缝内，再分层抹中层灰，应略高于标筋，用木刮杠靠着两边的标筋由上向下刮平，并用木抹子搓抹平整，用小竹帚扫毛表面。或用钢抹顺手划毛，以便抹面层灰。终凝后浇水养护。

如在两种不同的基层上抹灰，宜在接头处铺设一层细铁丝网，网边离接头处应大100mm，铁丝网铺在底层灰中间。

(6) 弹线、分格、粘贴分格条、做滴水线（槽）　室外墙面抹水泥砂浆，要进行分格处理，其目的是增加墙面美观，防止罩面砂浆收缩产生裂缝，如图2-9所示。同时既便于抹灰，又能较好地控制墙面抹灰的平整，是保证抹灰质量的一项有益措施。

① 弹线、分格　按施工图纸设计要求的尺寸进行排列分格，用墨斗或粉线进行分格弹线，弹线时竖直方向用线坠或经纬仪来校垂直，在水平方向要以水平线为依据来校正水平。弹线时要按顺序进行，先弹竖向，后弹横向。分格线弹好后，就可粘贴分格条。

② 粘贴分格条　在粘贴分格条前，应提前一天将分格条放在水池中泡透，这样既便于粘贴，又能防止分格条在使用时变形。另外，分格条本身水分的蒸发收缩既利于起出分格条，又能使分格条两侧的分口整齐，从而提高抹灰质量的外观感。

根据分格条线的长度，在分格条上划好尺寸并锯齐，然后用铁抹子将素水泥浆抹在分格条的背面，便可以进行粘贴。

在粘贴时必须注意：竖直方向的分格条要粘贴在垂直线的左侧，水平方向的分格条要粘

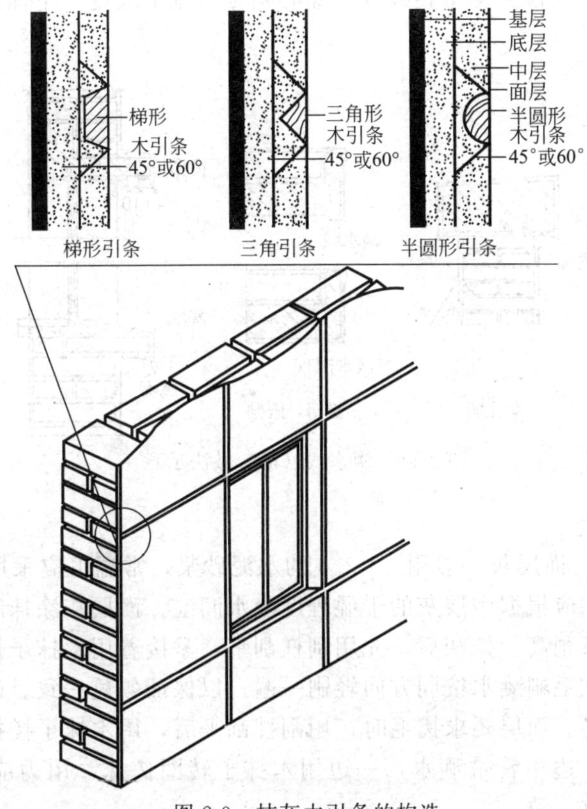

图 2-9　抹灰木引条的构造

贴在水平分格线的下口，这样便于观察和操作。

外墙面采取喷涂、滚涂、喷砂等饰面面层时由于饰面层较薄，对于墙面分格条也可采用粘布条法或划缝法。粘布条的具体做法：根据设计尺寸和水平线弹出分格线后，用聚乙烯醇缩甲醛胶（也可用素水泥浆）粘贴胶布条（也可用绝缘塑料胶条、砂布条等），然后做饰面层，等饰面层初凝时，立即把胶布慢慢扯掉，即露出分格缝。随后修理好分格缝两边的飞边。

采用划缝法分格：具体做法是等做完面层抹灰后待砂浆初凝时，弹出分格线，沿着分格线，用划缝工具（图 2-10）靠尺板边进行划缝，深度为 4～5mm（或露出垫层）。

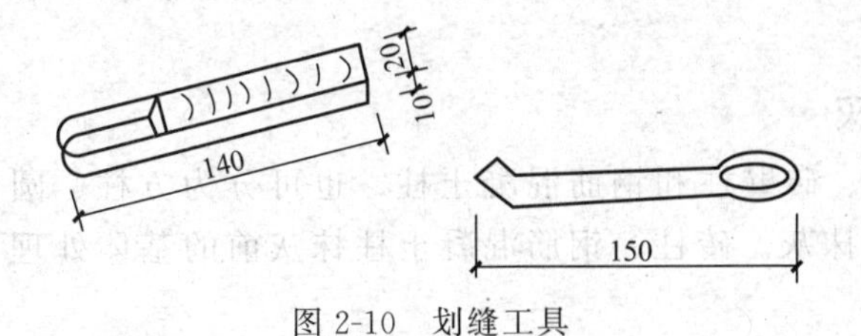

图 2-10　划缝工具

③ 做滴水线（槽）　檐口、窗台、窗楣、雨篷、阳台、压顶和突出墙面等部位的上面应做出流水坡度，下面应做出滴水线（槽）。流水坡度及滴水线（槽）距外表面不应小于 40mm，滴水线（又称鹰嘴）应保证其坡向正确。

具体做法：一般用 1∶2.5 的水泥砂浆两遍成活。抹灰时，各棱角要做成钝角或小圆角，抹灰层应伸入窗框下坎的灰口并填满嵌实，以防窗台渗水，窗台表面抹灰应平整光滑。在外窗台板、雨篷、阳台、压顶、突出腰线等上面必须做出流水坡度，下面应做出滴水线或滴水槽，如图2-11所示。

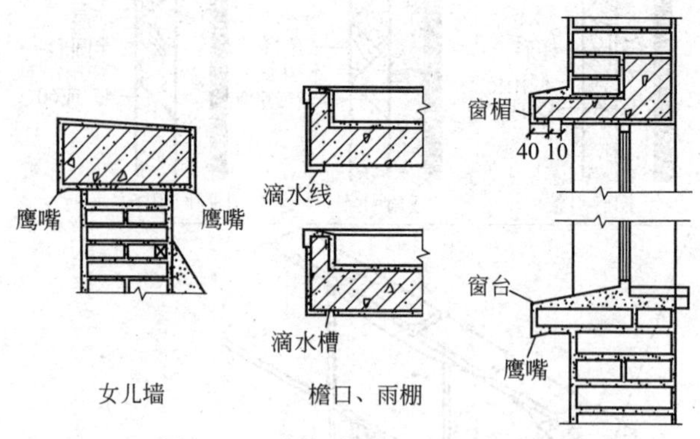

图2-11　滴水线（槽）做法示意

（7）抹灰面层

① 砖墙抹面层灰　面层灰一般用1∶2.5的水泥砂浆，常温下应采用1∶0.5∶3.5的混合砂浆。抹面层灰前，应根据中层灰的干湿程度浇水润湿。面层灰涂抹厚度为5～8mm，分遍抹灰，并应比分格条稍高。抹灰后，先用刮杠刮平，紧接着用木抹子搓平，再用钢抹子初压一遍，待稍干，用软毛刷蘸水按同方向轻刷一遍，以保证颜色一致。砂浆终凝前，再用钢抹子按要求压实、压光。面层要求搓毛时，用刮杠刮平后，用木抹子搓抹出平整、粗糙、均匀的表面。搓抹时，一边用笤帚洒水，一边用木抹子转圈搓抹，用力应轻重一致，方向相同，以达到颜色及抹纹一致。

② 加气混凝土墙板抹面层灰　厚度为5～7mm，面层抹混合砂浆的配比为1∶1∶5（或配合比为1∶0.5∶0.5∶5掺粉煤灰的混合砂浆）。分两次抹，与分格条抹平，再用刮杠横竖刮平，木抹子搓毛，铁抹子压实、压光，待表面无明水后，用刷子蘸水按垂直于地面的方向轻刷一遍，使面层颜色均匀一致。面层也可采用1∶2.5的水泥砂浆。其他操作方法同砖墙抹面层灰。

③ 混凝土外墙板抹面层灰　面层抹灰的过程同砖墙。

（8）拆除分格条、勾缝　面层抹好后，应及时将分格条起出，并用素水泥膏把分格缝勾平整。采用“隔夜条”的罩面层，必须待面层砂浆达到适当强度后方可拆除。

（9）养护　面层抹完24h后，应浇水养护。养护时间应根据天气、气温条件而定，一般应不少于7d。

2.2.2.3　柱面抹灰

柱一般分为砖柱、砖壁柱和钢筋混凝土柱，也可分为方柱、圆柱、多角形柱等。室外柱一般用水泥砂浆抹灰。砖柱、钢筋混凝土柱抹灰前的基体处理与砖墙、混凝土墙基本相同。

（1）方柱

① 找规矩　独立柱应按设计图纸所标示的柱轴线，测量柱子的几何尺寸和位置，在楼地面上弹出两个相互垂直的中心线，并放出抹灰后的柱子边线（注意阳角都要规方）。然后在柱顶垂吊线坠，调整线坠对准地面上的四角边线，检查柱子各面的垂直和平整度。如不超差，在柱四角距地坪和顶棚各150mm左右处做标志块，如果柱面超差，应进行处理，再找规矩，做标志块。

两根或两根以上的柱子，应先根据柱子的间距找出各柱中心线，并用墨斗在柱子的四个立面弹上中心线；然后在一排柱子两侧（即最外边的两个柱子）的正面外边角（距顶棚150mm左右）做标志块；再以标志块为准，垂直挂线做下外边角的标志块；最后上下拉水平通线做所有柱子正面上下两边标志块，每个柱子正面上、下、左、右共做4个。根据正面的标志块用套板套到两端柱子的反面，再做两边上下标志块，如图2-12(a)所示。根据这个标志块，上下拉水平通线，做各柱反面的标志块。正面、反面标志块做完后，用套板中心对准柱子正面或反面中心线，做柱子两侧面标志块，如图2-12(b)所示。

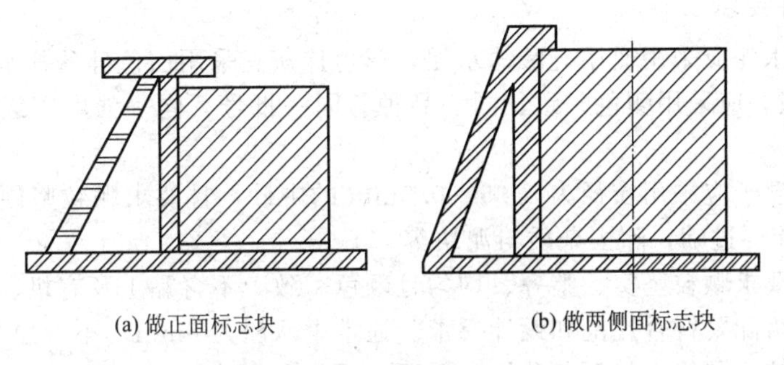

(a) 做正面标志块　　(b) 做两侧面标志块

图2-12　多根柱子找规矩

② 抹灰　柱子四面标志块做好后，应先在侧面卡固八字靠尺，抹正反面，再使八字靠尺卡固正、反面，抹两侧面。其抹灰分层做法与混凝土顶棚相同，但底层和中层抹灰要用短木刮杠刮平，用木抹子搓平，第二天抹面层压光。柱子抹灰时要随时检查柱面上下垂直平整，边角方正，外形整齐一致。柱子抹踢脚线，高度要一致。柱子边角可用铁抹子顺线角轻轻抽拉一下，用手摸不割手。

（2）圆柱

① 找规矩　独立圆柱找规矩，一般应先找出纵横两个方向相互垂直的中心线，并在柱上弹上纵横两个方向四根中心线。按四面中心点，在地面分别弹四个点的切线，形成圆柱的外切四边形。这个四边形各边长就是圆柱的实际直径。然后用缺口木板的方法，沿柱上四根中心线往下吊线坠，检查柱子的垂直度。如不超差，先在地面弹出圆柱抹灰后的外切四边形，并依此制作圆柱抹灰套板。直径较小的圆柱，可做半圆套板；如圆柱直径大，应做1/4圆套板，套板里口可包上铁皮，如图2-13所示。

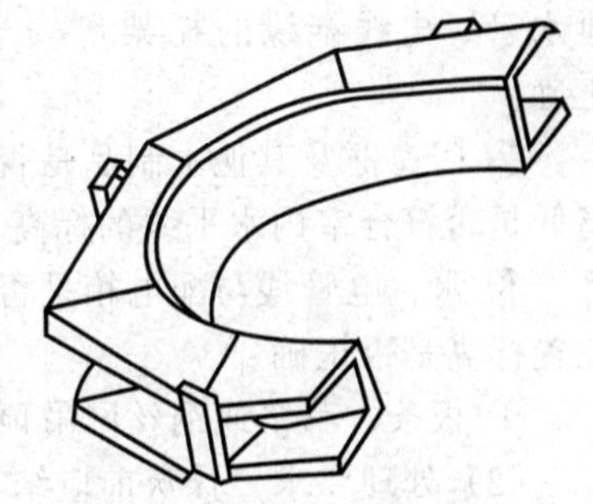

图2-13　圆柱抹灰套板

可以根据地面上放好的线，在柱四面中心线处，先在下面做四个标志块，然后用缺口板挂线坠做柱子上部四个标志块。在上下标志块处挂线，中间每隔1.2m左右再做几个标志块，根据标志块抹标筋。

两根以上或成排圆柱，找规矩的方法与方柱一样。要先找出柱纵、横中心线，并分别弹到柱上，以各柱进出误差的大小及垂直平整误差确定抹灰厚度。然后先按独立圆柱做标志块的方法，做两端头柱子正背面的标志块，并制作圆形抹灰套板，拉通线，做中间各柱正、背面标志块。再将圆柱抹灰套板（柱子直径比较大时，可做一套标准圆形套板，以便做标志块用）卡在柱上，套板中心对准柱中心线，分别做中间各柱侧面上下的标志块，并都抹标筋。

② 抹灰　抹灰分层做法与方柱相同。抹灰时用长木杠随抹随找圆，随时用抹灰圆形套

板核对。当抹面层灰时，应用圆形套板沿柱上下滑动，将抹灰层扯抹成圆形，最后再由上至下滑磨抽平。

2.3 装饰抹灰工程

2.3.1 装饰抹灰工程施工基本要求

2.3.1.1 材料要求

（1）水泥　水泥应采用通用硅酸盐水泥，彩色抹灰宜采用白色硅酸盐水泥。水泥的强度等级应为 42.5 级，应采用颜色一致、同一品种、同一批号、同一强度等级、同一厂家生产的产品。

（2）砂子　砂子应采用粒径为 0.35～0.5mm 的中砂，且要求颗粒坚硬、洁净，含泥量小于 3%。使用前要过筛，除去杂质与泥块等。

（3）石碴　要求颗粒坚实、整齐、均匀且颜色一致，不含黏土及有机、有害物质。所使用的石碴规格、级配要符合规范和设计要求。通常中八厘为 6mm，小八厘为 4mm，使用前要用清水洗净，按不同规格与颜色分堆晾干后，用苫布遮盖或装袋堆放，施工采用彩色石碴时，应采用同一品种、同一产地的产品，一次进货备足。

（4）小豆石　用小豆石做水刷石墙面材料时，以粒径 5～8mm 为宜，其含泥量不得大于 1%，粒径要求坚硬、均匀。使用前应过筛，筛去粉末，清除僵块，用清水洗净，晾干备用。

2.3.1.2 基层处理要求

（1）处理前的检查　抹灰工程施工，必须在结构或基层质量检验合格并进行工序交接后进行。对其他配合工种项目也必须进行检查，这是确保抹灰工程质量和工程进度的关键。抹灰前应对下列项目进行检查。

① 主体结构和水电、暖卫、煤气设备的预埋件，及消防梯、雨水管管箍、阳台栏杆、泄水管、电线绝缘的托架等安装是否齐全、牢固，各种预埋铁件、木砖位置标高是否正确。

② 门窗框及其他木制品是否安装齐全并经校正后固定，是否预留抹灰层厚度，门窗口高低是否符合室内水平线的标高。

③ 水、电管线与配电箱是否安装完毕，有无漏项；水暖管道是否做过压力试验；地漏位置标高是否正确。

④ 板条、苇箔或钢丝网吊顶是否牢固，标高是否正确。

（2）处理要求　抹灰前应结合具体情况对基体表面做必要的处理，具体处理要求同室内一般抹灰施工前几层的处理要求。

2.3.1.3 浇水润墙

为保证抹灰砂浆与基体表面能够牢固地黏结，防止抹灰层空鼓、裂缝及脱落等质量通病，抹灰前，除了必须对基层进行的处理以外，还要对墙体进行浇水湿润。

在刮风季节施工时，为了防止抹灰面层的干裂，在内墙抹灰前，要先把外门窗封闭，对厚度在 12cm 以上的砖墙，应于抹灰前一天浇水，12cm 厚的砖墙浇水一遍，24cm 厚的砖墙浇水 2 遍。混凝土墙体吸水率低，抹灰前浇水可少一些。各种基体浇水程度，还与施工时所处的季节、气候状况以及室内外操作环境相关，应结合实际情况斟酌掌握。

2.3.2　干粘石抹灰施工

2.3.2.1　施工工艺流程

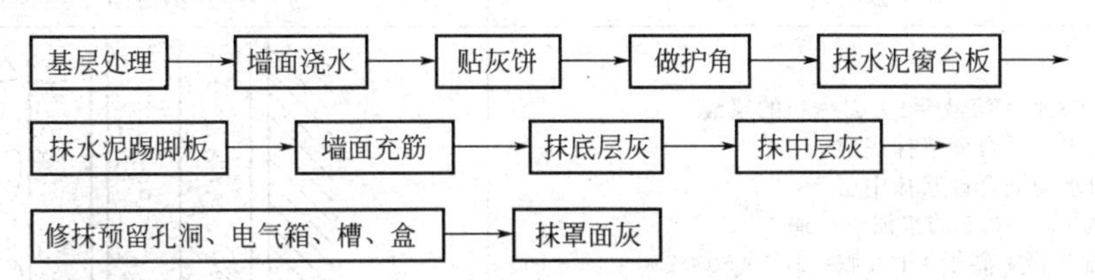

2.3.2.2　施工要求

① 干粘石所用材料的产地、品种与批号要力求一致。同一墙面所用色调的砂浆，应做到统一配料，以保证色泽一致。施工前一次将水泥与颜料拌均匀，并于纸袋中储存，以备用。

② 干粘石面层应做在干硬、平整且粗糙的中层砂浆面层上。

③ 在粘或喷石碴前，中层砂浆表面要先用水进行湿润，并刷水灰比为 0.40～0.50 的水泥浆一遍。随即涂抹水泥石灰膏或水泥石灰混合砂浆黏结层。黏结层砂浆的厚度为石碴粒径的 1～1.2 倍，通常为 4～6mm。砂浆稠度不大于 8cm，石粒嵌入砂浆的深度不得小于石粒粒径的 1/2，以确保石粒能够黏结牢固。

④ 干粘石粘贴于中层砂浆面上，应做到横平竖直，接头严密。分格应宽窄一致，厚薄均匀。

⑤ 建筑物底层或墙裙以下不应采用干粘石，以防碰撞损坏或受到污染。

2.3.2.3　分层做法

（1）砖墙　砖墙的分层做法见表 2-7。

表 2-7　砖墙的分层做法

分层做法	示意图
①1∶3 的水泥砂浆抹底层 ②1∶3 的水泥砂浆抹中层 ③刷水泥比为 0.40～0.50 的水泥浆一遍 ④抹水泥∶石膏∶砂子∶108 胶＝100∶50∶200∶(5～15)的聚合物水泥砂浆黏结层 ⑤4～6mm(中小八厘)彩色石粒	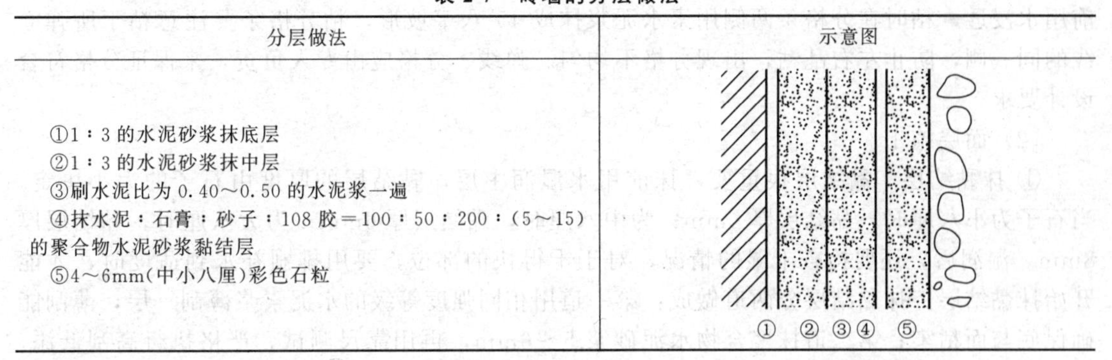

（2）混凝土墙　混凝土墙的分层做法见表 2-8。

表 2-8　混凝土墙的分层做法

分层做法	示意图
①刮水灰比为 0.37～0.40 的水泥砂浆或撒水泥砂浆 ②1∶0.5∶3 的水泥混合砂浆抹底层 ③1∶3 的水泥砂浆抹中层 ④刷水灰比为 0.40～0.50 的水泥浆一遍 ⑤抹水泥∶石灰膏。砂子∶108 胶＝100∶50∶200∶(5～15)的聚合物水泥砂浆黏结层 ⑥4～6mm(中小八厘)彩色石粒	① ② ③ ④ ⑤ ⑥

（3）加气混凝土　加气混凝土的分层做法见表2-9。

表2-9　加气混凝土的分层做法

分层做法	示意图
①涂刷一遍108胶：溶液＝1：（3～4）的浆液 ②2：1：8的水泥混合砂浆抹底层 ③2：1：8的水泥混合砂浆抹中层 ④刷水灰比为0.4～0.5的水泥浆一遍 ⑤抹水泥：石灰膏：砂子：108胶＝100：50：200：（5～15）的聚合物水泥砂浆黏结层 ⑥4～6mm（中小八厘）彩色石粒	①　②③④⑤⑥

2.3.2.4　底、中、面层施工

（1）底、中层施工

① 吊垂直、套方、找规矩　当建筑物为高层时，可用经纬仪利用墙大角、门窗两边打直线找垂直。当建筑为多层时，应从顶层开始用特制大线坠吊垂直，绷铁丝找规矩，横向水平线可按楼层标高（或施工＋50cm线）由水平基准交圈控制。

② 做灰饼、充筋　按垂直线在墙面的阴阳角、窗台两侧、柱及垛等部位做灰饼，并在窗口上下弹水平线，灰饼要横竖垂直交圈，再根据灰饼充筋。

③ 抹底层、中层砂浆　用1：3的水泥砂浆抹底灰，分层抹并与充筋抹平，用刮杠刮平，木抹子压实、搓毛。等到终凝后进行浇水养护。

④ 弹线分格、粘分格条　根据设计图纸的要求弹出分格线，再粘分格条，分格条使用前用水浸透，粘时在分格条两侧用素水泥浆抹成45°八字坡形，粘分格条要注意粘于所弹立线的同一侧，防止左右乱粘，出现分格不均匀。弹线、分格应由专人负责，来保证分格符合设计要求。

（2）面层施工

① 抹黏结层　黏结层很重要，抹前用水湿润中层，黏结层的厚度由石子的大小决定，当石子为小八厘时，黏结层厚4mm；为中八厘时，黏结层厚6mm；为大八厘时，黏结层厚8mm。湿润后，还要检查干湿的情况，对于干得快的部位，要用排刷补水到适度时，才能开始抹黏结层。抹黏结层分两道做成：第一道用相同强度等级的水泥素浆薄刮一层，薄刮能确保底与面粘牢；第二道抹聚合物水泥砂浆5～6mm，再用靠尺测试，严格执行高刮低添，如相反，则不易保护表面平整。黏结层不应上下同一厚度，更不应高于嵌条，通常在下部约1/3的高度范围内应比上面薄些，整个分块表面又要比嵌条面薄1mm左右，撒上石子压实后，不但平整度可靠，条纹整齐，且能避免下部鼓包皱皮的现象发生。

② 甩石子　抹好黏结层后，在干湿情况适宜时，可用手甩石粒。一手拿40cm×35cm×6cm底部钉有16目筛网的木框，内盛洗净晾干的石粒（干粘石通常采用小八厘石碴，过4mm筛子，去掉粉末杂质），一手拿木拍，用木拍铲起石粒，并使石粒均匀分布在木拍上，再反手往墙上甩。甩射面要大，用力要平稳、有劲，能够使石粒均匀地嵌入黏结层砂浆中。若发现有不匀或过稀的现象时，要用抹子与手直接补贴，否则会使墙面出现死坑或裂缝的现象。在黏结砂浆表面均匀地粘上一层石粒后，用抹子（或油印橡胶滚）轻轻压一下，让石粒嵌入砂浆的深度不小于1/2的粒径，拍压后石粒表面要平整、坚实。拍压时用力不要过大，否则易导致翻浆糊面，出现抹子或滚子轴的印迹。阳角处应于角

的两侧同时进行操作，否则当一侧石粒粘上去后，在角边口的砂浆收水，另一侧的石粒就不易粘上去，出现明显的接槎黑边；如采取反贴八字尺也会因 45°处砂浆过薄而产生石粒脱落的现象，如图 2-14 所示。

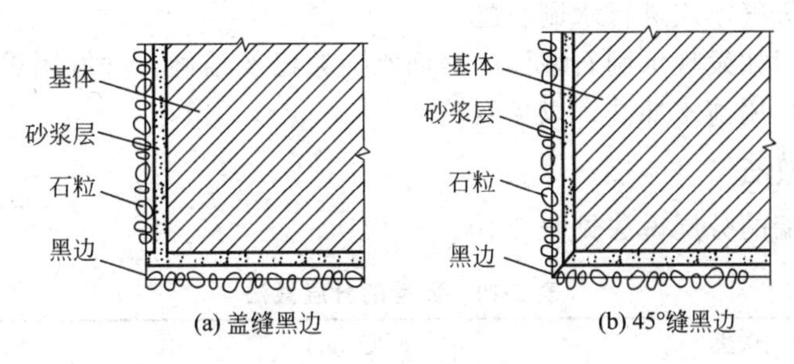

图 2-14　黑边示意

甩石粒时，未粘上墙的石粒到处飞溅会造成浪费。操作时，应用 1000mm×500mm×100mm 木板框下钉 16 目筛网的接料盘，放于操作面下承接散落的石粒。或用 $\phi 6$ 钢筋弯成 4000mm×500mm 长方形框，装上粗布作为盛料盘，直接将石粒装入，紧靠墙边，边甩边接。

③ 起分格条与修整　当干粘石墙面达到表面平整，石粒饱满时，就可将分格条取出。取分格条时要注意不要掉石粒。若局部的石粒不饱满，可立即刷胶黏剂溶液，再甩石粒补齐。将分格条取出后，随手用小溜子、素水泥浆将分格缝修补好，达到顺直清晰。因干粘石表面易挂灰积尘，如果施工不慎，将会产生掉粒，所以目前的干粘石施工，一般采用革新工艺：根据选用的石粒粒径大小可决定黏结层厚度，把石碴甩到墙面上并保持石粒分布密实均匀，用抹子把石粒拍入黏结层，再采取水刷石的冲洗方法，结果外观似水刷石，实际是将干粘石做法进行了革新。

④ 养护和护面　干粘石的面层施工后要加强养护，24d 后，应洒水养护 2～3d。夏季日照强，气温高，要求有适当的遮阳条件，避免阳光直射，使干粘石凝结有一段养护时间，来提高强度。砂浆强度未达到足以抵抗外力时，要注意防止脚手架、工具等撞击、触动，防止石子脱落，还应注意不要让油漆或砂浆等污染墙面。

2.3.3　水刷石抹灰施工

2.3.3.1　施工工艺流程

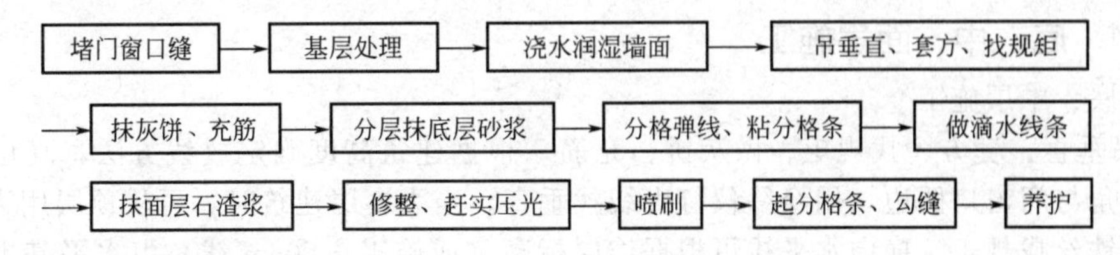

2.3.3.2　施工要求

(1) 水刷石面层应做在已经硬化、平整、粗糙的找平层上，涂抹前应洒水湿润。

(2) 分格条粘贴于找平层上，应保证做到横平竖直，交接严密，在水泥终凝后便可取出。

(3) 涂抹水泥石碴前，应在已浇水湿润的找平层砂浆面上刮一遍水泥浆，其水灰比为 0.37～0.40，加强面层与找平层的黏结。

（4）水刷石面层应分遍拍平压实，石子要分布均匀、紧密。凝固前，要用清水自上而下洗刷，注意不要将面层冲坏。

（5）由于水刷时形成的混浊雾被风刮后污染已刷完的水刷石表面，容易造成大面积花斑，所以，刮大风天气不应进行水刷石施工。

（6）在施工中，如发现水刷石墙面的表面水泥浆已经结硬，洗刷困难时，采用5%稀盐酸溶液进行洗刷，再用清水冲洗，以免发黄。

2.3.3.3　分层做法

（1）砖墙　砖墙的分层做法见表2-10。

表 2-10　砖墙的分层做法

分层做法	厚度/mm	示意图
①1∶3的水泥砂浆抹底层 ②1∶3的水泥砂浆抹中层 ③刮一遍水灰比为0.40～0.50的水泥浆 ④1∶1.25的水泥、6mm石粒浆（1∶0.5∶2水泥石灰膏石粒浆）和1∶1.5的水泥、4mm石粒浆（或水泥∶石灰膏∶石粒浆＝1∶0.5∶2.25）	5～7 5～7 1 15 10	① ② ③ ④

（2）混凝土墙　混凝土墙的分层做法见表2-11。

表 2-11　混凝土墙的分层做法

分层做法	厚度/mm	示意图
①刮水灰比为0.37～0.40的水泥浆或洒水泥浆 ②1∶0.5∶3的水泥混合砂浆抹底层 ③1∶3的水泥砂浆抹中层 ④刮一遍水灰比为0.40～0.50的水泥浆	— 0～7 5～6 1	① ② ③ ④
1∶1.25的水泥、6mm石粒浆（或水泥∶石灰膏∶石粒浆＝1∶0.5∶2）和1∶1.5的水泥、4mm石粒浆（或水泥∶石灰膏∶石粒浆＝1∶0.5∶2.25）	15 10	

2.3.3.4　底、中、面层施工

（1）底、中层施工

① 吊垂直、套方、找规矩、做灰饼、充筋　根据建筑高度确定放线方法，高层建筑可利用墙大角与门窗口两边，用经纬仪打直线找垂直。当为多层建筑时，可从顶层用大线坠吊垂直，绷铁丝找规矩，横向水平线可根据楼层标高（或施工＋50cm线）由水平基准线交圈控制，再按抹灰操作层抹灰饼。做灰饼时要注意考虑横竖交圈，以便于操作。每层抹灰时，应以灰饼做基准充筋，使其横平竖直。

② 弹线分格、粘分格条　根据图纸的要求弹线分格、粘分格条，分格条应采用红松进行制作，粘前要用水充分浸透，粘时在条两侧用素水泥浆抹成45°八字坡形，粘分格条时应注意竖条要粘在所弹立线的同一侧，以防左右乱粘，出现分格不均匀，条粘好后在底层灰达到七八成干可抹面层灰。

③ 分层抹底层砂浆

a.混凝土墙 先刷一道胶黏性素水泥浆，再用1∶3的水泥砂浆分层装档抹与充筋抹平，再用木杠刮平，木抹子搓毛或搓出花纹。

b.砖墙 抹1∶3的水泥砂浆，在常温时用1∶0.5∶4的混合砂浆打底，抹灰时以充筋为准，控制抹灰层的厚度，分层分遍装档与充筋抹平，用木杠刮平，木抹子搓毛或搓出花纹。底层灰完成24h后应进行浇水养护。抹头遍灰时，要用力地将砂浆挤入砖缝内使其黏结牢固。

④ 做滴水线 在抹檐口、窗楣、窗台、阳台、雨篷、压顶和突出墙面的腰线以及装饰凸线等时，要将其上面做成向外的流水坡度，禁止出现倒坡。下面做滴水线（槽）。窗台上面的抹灰层应深入窗框下坎裁口内，并堵密实。流水坡度及滴水线（槽）距外表面不应小于4cm，滴水线深度与宽度通常不小于10mm，应保证其坡度方向的正确。

抹滴水线（槽）要先抹立面，再抹顶面，然后抹底面。分格条在其面层灰抹好后便可拆除。采用“隔夜”拆条法时应待面层砂浆达到适当强度后才可拆除。

（2）面层施工

① 抹水泥石粒浆 在中层砂浆六七成干时，按设计要求弹线分格并粘贴分格条（木分格条应事先在水中浸透），然后根据中层抹灰的干燥的程度浇水湿润。用钢抹子满刮水灰比为0.37～0.40的水泥浆一道，再抹面层水泥石粒浆。面层厚度应结合石粒粒径而定，一般为石粒粒径的2.5倍。水泥石粒浆（或水泥-石灰膏-石粒浆）的稠度为5～7cm。要用钢抹子一次抹平，随抹随用钢抹子压紧并揉平，但不能把石粒压得过紧。每一块分格内应从下边抹起，每抹完一格，用直尺检查其平整度，凹凸处要及时进行修理，并将露出平面的石粒拍平。同一平面的面层应一次完成，不应留有施工缝。若必须留施工缝，要留在分格条的位置上。抹阳角时，先抹的一侧不应使用八字靠尺，应将石粒浆抹过转角，再抹另一侧。抹另一侧时，用八字靠尺将角靠直找齐，这样可避免因两侧都用八字靠尺而造成阳角处出现的明显接槎。

② 修整 罩面后水分稍干，墙面无水光时，要先用钢抹子溜一遍，将小孔洞压实并挤严。分格条边的石粒应略高1～2mm。再用软毛刷蘸水刷去表面灰浆，阳角部位要往外刷，并用抹子轻轻地拍平石粒，再刷一遍，再压。水刷石罩面应分遍拍平、压实，石粒要分布均匀且紧密。

③ 喷刷 冲洗是保证水刷石质量的重要环节，如冲洗不净，将使水刷石表面色泽灰暗或明暗不一致而影响美观。罩面灰浆凝结后，表面略发黑，手指按上去不显指痕，用刷子刷石粒不掉时，便可开始喷刷。喷刷应分两遍进行，第一遍先用软毛刷子蘸水刷掉面层水泥浆，露出石粒；第二遍用手压喷浆机（采用大八厘或中八厘石粒浆时）或喷雾器（采用小八厘石粒浆时），将四周相邻部位喷湿，再由上往下顺序地喷水。喷射应均匀，喷头离墙的距离为10～20cm，将面层表面及石粒间的水泥浆冲出，使石粒露出表面1/2粒径，以达到清晰可见、均匀密布为标准。然后用清水从上往下全部冲净，可采用的工具为3/4in（1in=2.54cm）自来水管或小水壶。喷水的快慢要适度，喷水速度过快会冲不净浑水浆，表面易呈现花斑；喷水速度过慢则易出现塌坠的现象。喷水时，应及时用软毛刷将水吸去，以防石粒脱落。分格缝处应及时吸去滴挂的浮水，以使分格缝保持干净与清晰。若水刷石面层过了喷刷时间而开始硬结，可用3%～5%的盐酸稀释溶液洗刷，然后再用清水冲净，否则，会将面层腐蚀成黄色斑点。冲刷时要做好排水的工作，不得让水直接顺墙面向下流淌。通常是将罩面分为几段，每段均抹上阻水的水泥浆挡水，在水泥浆上粘贴油毡或牛皮纸将水外排，使水不直接往下淌。冲洗大面积墙面时，要采取先罩面先冲洗，

后罩面后冲洗，罩面时自上往下冲洗的方式，这样既能保证上部罩面洗刷方便，也可防止下部罩面受到损坏。

④ 起分格条 喷刷后，可用抹子柄敲击分格条，用小鸭嘴抹子扎入分格条上下活动，将其轻轻起出。再用小溜子找平，用鸡腿刷子刷光理直缝角，并用素灰将缝格修补平直，保证颜色一致。

在高级装饰工程中，常采用白水泥和白石粒水刷石，通常不掺石灰膏。但有时为改善操作的条件，也可掺石灰膏，其掺量不得超过白水泥用量的30%，否则会影响白水泥石粒浆的强度。白水泥水刷石的操作方法与普通水泥水刷石的操作方法相同，但应保证使用工具的洁净，防止其污染。冲刷石子时，水流要比普通水刷石慢些，喷刷更应认真仔细，防止掉粒。最后要用稀草酸溶液洗一遍，再用清水冲净。

水刷石的石粒除了用经破碎而成的彩色石粒以外，还可用小豆石、石屑或粗砂等代替。水刷小豆石可因地制宜地采用河石、海滩白色或浅色豆石，粒径通常为8～12mm。水刷砂一般选用粒径为1.2～2.5mm的粗砂，其面层配合比是水泥：石灰膏：砂＝1：0.2：1.5。砂子要事先过筛洗净，为了防止面层过于灰暗，有的在粗砂中加入30%的白石砂或石英砂。其工艺上的区别是砂子粒径比石粒小很多；刷洗时，易于将砂粒刷掉，所以要使用软毛刷蘸水刷洗，操作应细致，用水量要少。水刷石屑，通常选用加工彩色石粒下脚料，其面层砂浆配合比及其施工方法与水刷砂相同。

⑤ 阳台、雨罩、门窗碹脸部位做法 阳台、雨罩、门窗碹脸等部位水刷石施工时，要先做小面，后做大面，刷石喷水要由外往里喷刷，最后用水壶冲洗，来保证大面的清洁美观。檐口、窗台、阳台、雨罩等底面应做滴水线（槽），滴水线（槽）应做成上宽7mm、下宽10mm、深10mm的木条，便于抹灰时木条易于取出，保持棱角不受损坏。滴水线距外皮不得小于4cm，且应顺直。当大面积墙面做水刷石一天不能完成时，在继续施工冲刷新部位前，要将前面做的刷石用水淋湿，以便于喷刷时粘上水泥浆后方便清洗。为防止对原墙面造成污染，施工槎子要留在分格缝上。

⑥ 养护 水刷石抹完第二天起应经常进行洒水养护，养护时间不得少于7d，在夏季酷热天进行施工时，应考虑搭设临时遮阳棚，防止阳光直接辐射，导致水泥早期脱水影响其强度，削弱黏结力。

2.4 抹灰工程施工质量通病及防治措施

（1）内墙抹灰施工质量通病及防治措施（表2-12）

表2-12 内墙抹灰施工质量通病及防治措施

项次	通病名称	原因分析	防治措施
1	墙体与门框交接处抹灰层空鼓、裂缝、脱落	①基层处理不当 ②操作不当，预埋木砖位置不准，数量不足 ③砂浆品种不当	①不同基层材料交汇处应铺钉钢板网，每边搭接长度应大于10cm ②门洞每侧墙体内木砖预埋不少于三块，木砖尺寸应与标准砖相同，预埋位置正确 ③门窗框塞缝宜采用混合砂浆并专人浇水湿润后填砂浆抹平，缝隙过大时应多次分层嵌缝 ④加气混凝土砌块墙与门框连接时，应先在墙体内钻深10cm的孔，直径4cm左右，再以同尺寸圆木蘸107胶水打入孔内，每侧不少于四处，使门框与墙体连接牢固

续表

项次	通病名称	原因分析	防治措施
2	墙面起泡、开花或有抹纹	①抹完罩面后，砂浆未收水就开始压光，其后产生起泡现象 ②石灰膏熟化时间不够，过火灰没有滤净，抹灰后未完全熟化的石灰颗粒继续熟化，体积膨胀，造成表面麻点和开花 ③底子灰过分干燥，抹罩面灰后水分很快被底层吸收，压光时易出现抹子纹	①待抹灰砂浆收水后终凝前进行压光 ②纸筋石灰罩面时，须待底子灰五六成干后进行 ③石灰膏熟化时间不少于30d，淋灰时用小于3mm×3mm的筛子过滤，采用细磨生石灰粉时最好也提前1～2d化成石灰膏 ④对已开花的墙面一般待未熟化石灰颗粒完全熟化膨胀后再开始处理。处理方法为挖去开花处松散表面，重新用腻子刮平后喷浆 ⑤底层过干应浇水湿润，再薄薄地刷一层纯水泥浆后进行罩面。罩面压光若发现面层灰太干不易压光，应洒水后再压
3	墙裙、踢脚线水泥砂浆空鼓、裂缝	①内墙抹灰常用石灰砂浆，做水泥砂浆墙裙时直接做在石灰砂浆底层上 ②抹石灰砂浆时抹过了墙面线而没清除或清除不净 ③为了赶工，当天打底，当天抹找平层 ④压光面层时间掌握不准 ⑤没有分层	①水泥砂浆抹灰各层必须是相同的砂浆或是水泥用量偏大的混合砂浆 ②铲除底层石灰砂浆层时，应用钢丝刷，边刷边用水冲洗干净 ③底层砂浆在终凝前不允许抢抹第二层砂浆 ④抹面未收水前不允许用抹子搓压，砂浆已硬化时不允许再用抹子用力搓抹，应采取再薄薄地抹一层来弥补表面不平或抹平印痕 ⑤分层抹灰
4	墙面抹灰层空鼓、裂缝	①基层处理不好，清扫不干净，浇水不透 ②墙面平整度偏差太大，一次抹灰太厚 ③砂浆和易性、保水性差、硬化后黏结强度差 ④各层抹灰层配比相差太大 ⑤没有分层抹灰	①抹灰前对凹凸不平的墙面必须剔凿平整，凹陷处用1∶3的水泥砂浆找平 ②基层太光滑则应凿毛或用1∶1的水泥砂浆及10%的107胶先薄薄刷一层 ③墙面脚手架洞和其他孔洞等抹灰前必须用1∶3的水泥砂浆浇水堵严、抹平 ④基层表面污垢、隔离剂等必须清除干净 ⑤砂浆和易性、保水性差时可掺入适量的石灰膏 ⑥加气混凝土基层面抹灰的砂浆不宜过高 ⑦水泥砂浆、混合砂浆、石灰膏等不能覆盖混杂涂抹 ⑧基层抹灰前水要湿透，砖基应浇水两遍以上，混凝土基层应提前浇水 ⑨分层抹灰 ⑩不同基层材料交接处铺钉钢丝网
5	墙面抹灰层析白	水泥在水化过程中产生$Ca(OH)_2$，在砂浆硬化前受水浸泡渗聚到抹灰面与空气中CO_2化合成白色碳酸钙出现在墙面上。在气温低或水灰比大的抹灰时，析白现象更严重	①在保持砂浆流动性状况下加减水剂来减少砂浆用水量，减少砂浆中的游离水，则会减轻氢氧化钙的游离渗至表面 ②加分散剂，使氢氧化钙分散均匀，不会成片出现析白现象，而是出现均匀的轻微析白 ③在低温季节水化过程慢，泌水现象普遍时，适当考虑加入促凝剂以加快硬化速度

（2）装饰抹灰施工质量通病及防治措施（表2-13）

表 2-13 装饰抹灰施工质量通病及防治措施

项次	通病名称	原因分析	防治措施
1	水刷石的石子不匀、颜色不一，或成“大花脸”	①底层灰湿度小，干得太快，不易抹平压实，刷压过程中石子颗粒在水泥浆中不易转动，造成较多石子尖棱朝外，喷洗后显得稀散不匀。不平整，也不清晰 ②喷洗过早，面层很软，石子易掉，喷洗过迟，面层已干，石子遇水易崩掉且喷洗不干净，造成表面污浊 ③使用水泥品种杂乱，选用石子不均，筛选不严，或同一面墙喷洗有早、有迟，造成洗刷不匀，颜色深浅各异 ④水刷工艺不当，以致有颜色的废水流淌，污染墙面，呈“大花脸”	①对水刷石的水泥品种、石子等要求和“水磨石”防治措施相同，宜采用矿物颜料 ②抹上水泥石子浆罩面稍收水后，先用铁抹子把露出的石子尖棱轻轻拍平压光，再用刷子蘸水刷去表面浮浆，拍平压光一遍，再刷再压，须在3次以上，达到石子大面朝外，表面排列紧密均匀 ③开始喷洗时要注意石子浆软硬程度，以手按无痕或用刷子刷石子不掉粒为宜。喷洗时，应从上而下，喷头离墙面10～20mm，喷洗要均匀，洗到石子露出灰浆面1～2mm为宜。喷后用小壶从上而下冲洗，不要过快、过慢或漏冲，防止面层浑浊、有花斑和坠裂 ④刮风天不宜施工，以免浑浊浆雾被风吹到已做好的水刷石墙面上，造成“大花脸” ⑤根据操作时的气量控水灰比，避免撒干水泥粉
2	干粘石饰面空鼓	①砖墙基层面上灰浆、沥青、泥浆等杂物未清理干净，造成底灰与基层黏结不牢 ②混凝土基层表面太光滑，或空鼓硬皮未处理，残留的隔离剂未清理干净 ③加气混凝土本身强度较低，基层表面粉尘等清理不干净或抹灰砂浆强度过高，易将加气混凝土表皮“抓起”而造成空鼓 ④施工前基层浇水过多易流，浇水不足易干，浇水不匀导致干缩不均，或因脱水快而干缩等黏结不牢而产生空鼓 ⑤抹灰层受冻	①带有隔离剂的混凝土制品基层，施工前宜用10%的火碱水溶液将隔离剂清洗干净，表面较光滑的混凝土基层，应用聚合水泥稀液[水泥：砂：107胶=1：1：(0.05～0.15)]均匀刷一遍，并扫毛晾干，混凝土制品表面的空鼓硬皮应敲掉刷毛，基层表面上的粉尘、泥浆等杂物必须清理干净 ②凹凸超过允许偏差的基层，须将凸处剔平，凹处分层修补平整 ③黏结层抹灰前，用107胶水(107胶：水=1：4)均匀涂刷一道，随刷随抹，加气温混凝土表面除按上述要求操作外，还必须采取分层抹灰的办法使其黏结牢固
3	水刷石墙面空鼓	①基层处理不好，清扫不干净，墙面浇水不透或不匀，降低砂浆与基层的黏结强度 ②底层未浇水湿润即刮抹水泥素浆黏结层，抹水泥素浆后没有立即抹水泥石子浆罩面，刮抹不匀或漏抹，影响黏结	①抹灰前应将基层清扫干净，施工前一天应浇水湿透，并修补平整，刷一道1：4的107胶水溶液，再用1：3的水泥砂浆抹平 ②待底灰六、七成干时再薄刮一道素水泥浆，然后抹面层水泥石子浆，随刮随抹，不能间隔，否则素水泥浆凝固后不能起到黏结层的作用，反而造成空鼓
4	干粘石墙面面层滑坠	①底灰凹凸不平，相差大于5mm时，灰层厚的部位易产生滑坠 ②拍打过分，会产生翻浆或灰层收缩裂缝引起滑坠 ③底灰淋雨含水饱和，或施工时底灰浇水过多未经晾干就抹面层灰，容易产生滑坠	①严格控制底灰平坦度，凹凸偏差小于5mm ②根据不同施工季节、温度、不同材质的墙面，分别严格掌握好对基层的浇水量，使湿度均匀、适当 ③灰层终凝前应加强检查，发现收缩裂缝可用刷子蘸点儿水再用抹刀轻轻按平、压实、粘牢，防止灰层出现收缩裂缝

(3) 外墙抹灰施工质量通病及防治措施（表2-14）

表 2-14 外墙抹灰施工质量通病及防治措施

项次	通病名称	原因分析	防治措施
1	外墙抹灰层空鼓、裂缝甚至脱落，窗台处抹灰出现裂缝	①基层处理不好，表面杂质清扫不干净 ②墙面浇水不透影响底层砂浆与基层的黏结 ③一次抹灰太厚或各层抹灰间隔太近 ④夏季施工砂浆失水过快或抹灰后没有适当浇水养护 ⑤抹灰没有分层	①抹灰前，应将基层表面清扫干净，脚手架孔洞填塞堵严，混凝土墙表面凸出较大的地方要事先剔平刷净，蜂窝、凹洼、缺棱掉角处，应先刷一道水泥素浆，再用 1∶3 的水泥砂浆分层修补，加气混凝土墙面缺棱掉角和板缝处宜先刷掺水泥重量 20%的 107 胶的素水泥浆一道，再用 1∶1∶6 的混合砂浆修补抹平 ②基层墙面应在施工前 1 天浇水，要浇透浇匀 ③表面较光滑的混凝土墙面和加气混凝土墙面，抹底灰前应先涂刷一道 107 胶素水泥浆黏结层，以增加与光滑基层的砂浆黏结能力，也可将浮灰事先粘牢于墙面上，避免空鼓和裂缝 ④长度较长（如檐口：勒脚等）和高度较高（如柱子、墙垛、窗间墙等）的室外抹灰，为了不显接槎，防止抹灰砂浆收缩开裂，一般都应设计分格缝 ⑤夏季抹灰应避免在日光曝晒下进行，罩面成活后第二天应浇水养护，并坚持养护 7d 以上 ⑥窗台抹灰开裂，雨水容易从缝隙中渗透，引起抹灰层的空鼓，甚至脱落。要避免窗台抹灰后出现裂缝，除了从设计上做到加强整个基础刚度、逐层设置圈梁等措施以及尽量减少上述沉陷差之外，还应尽可能推迟窗台抹灰的时间，使结构沉降稳定后进行。窗台抹灰后应加强养护，防止砂浆收缩而产生抹灰的裂缝
2	外墙抹灰接槎明显，色泽不均，显抹纹	①墙面没有分格或分格太大，抹灰留槎位置不当 ②没有统一配料，砂浆原材料不同 ③基层或底层浇水不匀，罩面灰压光操作方法不当	①抹面层时应把接槎位置留在分格条处或阴阳角、水落管等处，并注意接搓部位操作，避免发生低水平、色泽不一等现象，阳角抹灰应用反贴八字尺的方法 ②室外抹灰稍有些抹纹在阳光下观看就很明显，影响墙面外观效果，因此室外抹水泥砂浆墙面应做成毛面，用木抹子搓毛面时，要做到轻重一致，先以圆圈形搓抹，然后上下抽拉，方向要一致，以免表面出现色泽深浅不一、起毛纹等问题
3	外墙抹灰后向内渗水	①未抹底层砂浆 ②各层砂浆厚度不够且没有压实 ③未勾缝分格	①必须抹 2～4mm 底子灰 ②中层、面层灰厚度各不小于 8mm ③各层抹灰必须压实 ④分格缝内应润湿后勾缝
4	外墙抹灰分格缝不直不平，缺棱错缝	①没有拉通线，或没有在底灰上统一弹水平和垂直分格线 ②木分格条浸水不透，使用时变形 ③粘贴分格条和起条时操作不当，造成缝口两边错缝或缺棱	①柱子等短向分格缝，对每个柱子要统一找标高，拉通线弹出水平分格线，柱子侧面要用水平尺引过去，保证平整度；窗心墙竖向分格缝，几个层段应统一吊线分块 ②分格条使用前要在水中浸透。水平分格条一般应粘在水平线下边，竖向分格条一般应粘在垂直线左侧，以便于检查其准确度，防止发生错缝不平等现象。分格条两侧抹八字形水泥砂浆作固定时，在水平线处应先抹下侧一面，当天抹罩面灰压光后就可起出分格条，两侧可抹成 45°，如当天不起条的应抹 60°坡，须待面层水泥砂浆达到一定强度后才能起出分格条。面层压光时应将分格条上的水泥砂浆清刷干净，以免起条时损坏墙面

（4）内墙抹灰施工质量通病及防治措施（表 2-15）

表 2-15 内墙抹灰施工质量通病及防治措施

通病名称	原因分析	防治措施
墙体与门框交接处抹灰层空鼓、裂缝脱落	①基层处理不当 ②操作不当；预埋木砖位置不准，数量不足 ③砂浆品种不当	①不同基层材料交汇处应铺钉钢板网，每边搭接长度应大于10cm ②门洞每侧墙体内木砖预埋不少于三块，木砖尺寸应与标准砖相同，预埋位置正确 ③门窗框塞缝宜采用混合砂浆并专人浇水湿润后填砂浆抹平，缝隙过大时应多次分层嵌缝 ④加气混凝土砌块墙与门框连接时，应先在墙体内钻深10cm的孔，直径4cm左右，再以同尺寸圆木蘸107胶水打入孔内，每侧不少于四处，使门框与墙体连接牢固

第3章
楼地面装饰工程

3.1 楼地面装饰工程概述

3.1.1 楼地面的构造层次

（1）结构层（基层） 承受并传递荷载。楼层为楼板，底层为混凝土垫层（刚性和非刚性），包括填充层、隔离层、找平层、垫层和基土等。

（2）中间层 具有一定功能（防潮、防水、管线敷设等），包括功能层、找平层、结合层等。

（3）面层 具有舒适、美观、装饰作用，同时承受各种化学、物理作用。

3.1.2 楼地面饰面的功能

（1）保护楼板或地坪 建筑楼地面的饰面层在一般情况下是不承担保护地面主体材料这一功能的，但在类似加气混凝土楼板以及较为简单的首层地坪做法等情况下，因构成楼地面主体材料的强度比较低，此时有必要依靠面层来解决诸如耐磨损、防磕碰以及防止水渗漏而引起楼板内钢筋锈蚀等问题。

（2）满足正常使用要求

① 基本要求 具有必要的强度，耐磨损、耐磕碰，且表面平整光洁、便于清扫。对于楼面来说，还要有能够防止生活用水渗漏的性能；而对于首层地坪而言，一定的防潮性能也是最基本的要求。当然，上述这些基本要求，因建筑的使用性质、部位不同等会有很大的差异。

② 隔声要求 包括隔绝空气声和隔绝撞击声两个方面。当楼地面的质量比较好时，空气声的隔绝效果较好，且有助于防止因发生共振现象而在低频时产生的吻合效应等。撞击声的隔绝，其途径主要有三个：一是采用浮筑或所谓夹心楼地面的做法；二是脱开面层的做法；三是采用弹性楼地面。前两种做法构造施工都比较复杂，而且效果也不如弹性楼地面。

③ 吸声要求 这个要求对于在标准较高、使用人数较多的公共建筑中有效地控制室内噪声具有积极的功能意义。一般来说，表面致密光滑、刚性较大的楼地面，如大理石地面，对于声波的反射能力较强，基本上没有吸声能力。而各种软质楼地面可以起到比较大的吸声作用，如化纤地毯的平均吸声系数达到55%。

④ 保温性能要求 这个要求涉及材料的热传导性能及人的心理感受两个方面。从材料特性的角度考虑，要注意人会以某种楼地面的导热性能的认识来评价整个建筑空间的保温特

性这一问题。对于楼地面的保温性能的要求，宜结合材料的导热性能、暖气负载与冷气负载相对份额的大小、人的感受以及人在这个空间的活动特性等因素来综合考虑。

⑤ 弹性要求　当一个不太大的力作用于一个刚性较大的物体，如混凝土楼板时，根据作用力与反作用力原理可知，此时楼板将作用于它上面的力全部反作用于施加这个力的物体之上。与此相反，如果是有一定弹性的物体，如橡胶板，则反作用力要小于原来所施加的力。因此，一些装饰标准较高的建筑的室内地面应尽可能采用具有一定弹性的材料作为楼地面的装饰面层。

（3）满足装饰要求　地面的装饰是整个装饰工程的重要组成部分，要结合空间的形态、家具饰品等的布置、人的活动状况及心理感受、色彩环境、图案要求、质感效果和该建筑的使用性质等诸因素予以综合考虑，妥善处理好楼地面的装饰效果和功能要求之间的关系。楼地面因使用上的需要一般不做凹凸质感或线型，铺陶瓷马赛克、水磨石、拼花木地板楼的楼地面或其他软地面，表面光滑平整且都有独特的质感。

3.1.3 楼地面饰面的分类

① 按面层材料分　水泥砂浆、水磨石、大理石、地砖、木地板、地毯等。

② 按构造和施工方式分　整体式、块材式、木地面、人造软质制品铺贴式。

建筑楼地面的构造层次名称及作用见表 3-1。

表 3-1　建筑楼地面的构造层次名称及作用

简图	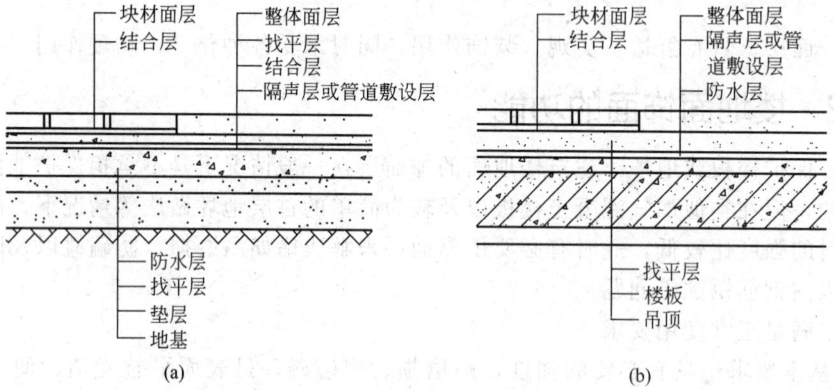 (a) 块材面层；结合层；整体面层；找平层；结合层；隔声层或管道敷设层；防水层；找平层；垫层；地基 (b) 块材面层；结合层；整体面层；隔声层或管道敷设层；防水层；找平层；楼板；吊顶 楼地层构造
构造层次	面层：直接承受各种物理和化学作用的表面层；按其面层名称而定 结合层：面层与下一构造层相连接的中间层，也可作为面层的弹性基层 找平层：在垫层上、楼板上或填充层上起整平、找坡或加强作用的构造层 隔离层：防止建筑地面上各种液体（指水、油、非腐蚀性和腐蚀性液体）浸湿和作用，或防止地下水和潮气渗透地面作用的构造层。仅为防止地下潮气透过地面时，可称为防潮层 填充层：当面层、垫层和基土尚不能满足使用上或构造上的要求时而增设的，在建筑地面上起隔声、保温、找坡或敷设暗管等作用的构造层 垫层：承受并传递地面荷载于基土上的构造层，分刚性和柔性两类垫层 基土：地面垫层下的土层，包括因软弱土质的利用和处理，以及按设计要求进行的地基加固

地面子分部工程、分项工程划分见表 3-2。

表 3-2　地面子分部工程、分项工程划分

分部工程	子分部工程		分项工程
装饰装修工程	地面	基层	基土、灰土垫层、砂垫层和砂石垫层、碎石垫层和碎砖垫层、三合土垫层、炉渣垫层、水泥混凝土垫层、找平层、隔离层、填充层
		整体面层	水泥混凝土面层、水泥砂浆面层、水磨石面层、水泥钢(铁)屑面层、防油渗面层、不发火(防爆的)面层
		板块面层	砖面层(陶瓷、马赛克、缸砖、陶瓷地砖和水泥花砖面层)、大理石面层和花岗石面层、预制板块面层(水泥混凝土板块、水磨石板块面层)、料石面层(条石、块石面层)、塑料板面层、活动地板面层、地毯面层
		竹木面层	实木地板面层(条材、块材面层)、实木复合地板面层(条材、块材面层)、中密度(强化)复合地板面层(条材面层)、竹地板面层

地面工程的重量，实际上包括了楼地面面层及其以下各层的总重量。以下主要叙述整体面层、板块面层和竹木面层等分部工程中分项工程以及上述面层下各类基层的施工工艺标准及施工质量检验标准。

3.1.4　地面工程施工准备

(1) 地面工程施工基本规定

① 地面工程施工企业，应有质量管理体系并遵守相应的施工工艺标准。

② 地面工程采用的材料应按设计要求和国家规范的规定选用，并应符合国家现行标准的规定；进场材料应有中文质量合格证明文件及规格、型号和性能检测报告，对不能进场的保温材料其热导率、密度、抗压强度或压缩强度、燃烧性能应见证取样复验。

③ 地面采用的大理石、花岗石等天然石材必须符合《建筑材料放射性核素限量》(GB 6566—2010) 和《民用建筑工程室内环境污染控制规范》(GB 50325—2010，2013 年版) 中有关材料有害物质限量的规定。进场材料必须具有近期检测报告。

④ 胶黏剂、沥青胶结材料和涂料等材料应按设计要求选用，并应符合《民用建筑工程室内环境污染控制规范》(GB 50325—2010，2013 年版) 的规定。

⑤ 厕浴间和有防滑要求的建筑地面的板块材料应符合设计要求。厕浴间、厨房和有排水 (或其他液体) 要求的地面面层与相连接各类面层的标高差应符合设计要求。

⑥ 地面工程各层铺设前与相关专业的分部分项工程以及设备管道安装工程之间，应进行交接验收，地面工程基层 (各构造层) 和面层的铺设，均应待其下一层检验合格后方可施工上一层。地面工程各层铺设前与相关专业的分部 (子分部) 工程、分项工程以及设备管道安装工程之间，应进行交接检验。

⑦ 铺设有坡度的地面应采用基土高差达到设计要求的坡度；铺设有坡度的楼面 (或架空地面) 应采用在钢筋混凝土板上变更填充层 (或找平层) 铺设的厚度或以结构起坡达到设计要求的坡度。

⑧ 地面工程施工时，各层环境温度的控制应符合下列规定。

a. 采用掺有水泥、石灰的拌合料铺设以及用石油沥青胶结料铺贴时，不应低于 5℃。

b. 采用有机胶黏剂粘贴时，不应低于 10℃；采用砂、石材料铺设时，不应低于 0℃。

⑨ 地面镶边，当设计无要求时，应符合下列规定：

a. 有强烈机械作用下的水泥类整体面层与其他类型的面层邻接处，应设置金属镶边构件；

b. 采用水磨石整体面层时，应用同类材料以分格条设置镶边；

c. 条石面层和砖面层与其他面层邻接处，应用顶铺的同类材料镶边；

d. 采用竹、木面层和塑料板面层时，应用同类材料镶边；

e. 地面面层与管沟、孔洞、检查井等邻接处，均应设置镶边；

f. 管沟、变形缝等处的地面面层的镶边构件，应在面层铺设前装设。

⑩ 各类面层的铺设宜在室内装饰工程基本完工后进行。竹、木面层以及活动地板、塑料板、地毯面层的铺设，应待抹灰工程或管道试压等施工完工后进行。

⑪ 地面工程完工后，应对面层采取保护措施。

(2) 地面施工前的准备工作

① 按照设计要求对基层进行处理。

② 依据统一标高，施工前在四周墙身弹好 500mm 水平线，各单元的地面标高除根据地面建筑设计要求对室内与走道、走道与卫生间等标高的不同要求来控制基层标高外，还要根据每个单元所采用的面层材料的不同来控制基层标高和垫层厚度，如室内和走道高差 20mm，而不同室内单元面层采用条木地板、花岗石或地毯，则垫层上标高就各不相同。

3.2 现浇水磨石地面施工

3.2.1 现浇水磨石地面施工概述

3.2.1.1 现浇水磨石地面面层常见做法

现浇水磨石地面是在水泥砂浆找平层或混凝土垫层上按设计要求分格，并浇捣水泥石子浆，硬化后磨光打蜡即成现浇水磨石。现浇水磨石有美观大方、平整光滑、坚固耐久、易于保洁、整体性好的优点，但又存在现场施工周期长、湿作业、装饰效果不如采用大粒径石子的预制美术水磨石块等缺点。

现浇水磨石的配制和施工方法分为普通水磨石面层和美术水磨石面层两种，但配制和施工方法基本上相同。现浇水磨石地面面层常见做法如图 3-1 和图 3-2 所示。

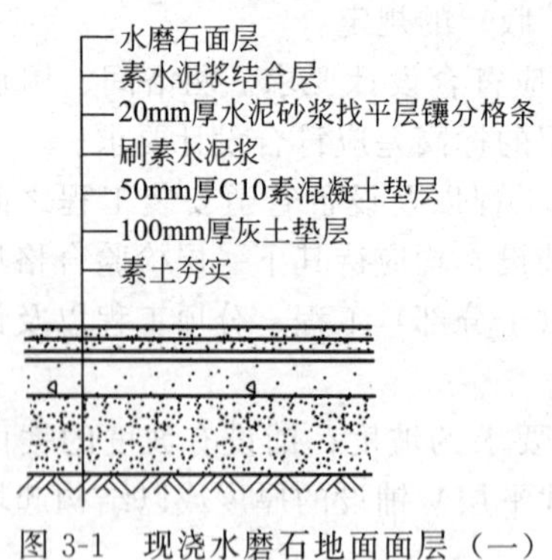

图 3-1 现浇水磨石地面面层（一）

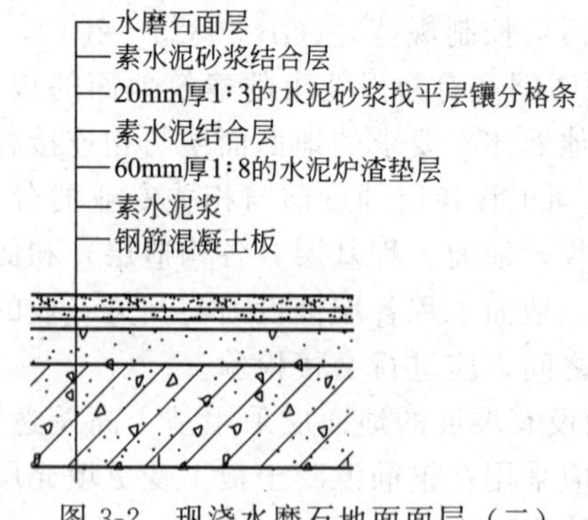

图 3-2 现浇水磨石地面面层（二）

3.2.1.2 施工准备

(1) 材料

① 水泥　白色或浅色水磨石面层，应采用白色硅酸盐水泥；深色的水磨石面层，采用硅酸盐水泥、普通硅酸盐水泥或矿渣硅酸盐水泥。无论是白水泥还是普通水泥，其强度等级均不应低于 32.5 级。

② 石粒　水磨石面层应采用质地密实，磨面光亮，但硬度不高的大理石、白云石、方解石或硬度较高的花岗岩、玄武岩、辉绿岩等。硬度过高的石英岩、长石、刚玉等不宜采

用。除特殊要求外，常用规格为4～14mm。石粒的最大粒径以比水磨石面层厚度小1～2mm为宜，石粒粒径过大，不易压平，石粒之间也不易挤密实。

除了石粒可做水磨石的骨料外，螺壳、贝壳也是很好的骨料，它在水磨石中经研磨之后，可以闪闪发光而增强水磨石地面的美感。

③ 颜料　水泥中掺入的颜料应采用耐光、耐碱的矿物颜料，不得使用酸性颜料，其掺入量宜为水泥重量的3%～6%，或由试验确定。要求颜料具有色光、着色力、遮盖力、耐光性、耐候性、耐水性和耐酸碱性。

④ 分格嵌条　视建筑物等级不同，通常主要选用黄铜条、铝条和玻璃条三种，另外也有不锈钢、硬质聚氯乙烯制品。用于现浇水磨石、人工磨光石等地面装饰材料的分格线，常采用铜条和玻璃条，长度一般为1000mm或1200mm，宽度常采用10mm，也有用12mm或14mm的，厚度为1.2～3mm。

⑤ 草酸　即乙二酸，通常带两个结晶水，为无色透明晶体。草酸是有毒的化工原料，不能接触食品，也腐蚀皮肤，使用和保管时必须多加注意。

⑥ 氧化铝　为白色粉末，与草酸混合，可用于水磨石地面面层抛光。

⑦ 地板蜡　为天然蜡或石蜡熔化配制而成（0.5kg配2.5kg煤油加热后使用）。有液体型、糊型和水乳化型等多种。

(2) 施工准备

① 安装好门框并采取防护措施。

② 做完下面垫层，并留出磨石子面层厚度（至少3cm）。

③ 有关地面的管道（水、电）已安装完毕。

④ 要求墙面、顶棚已完成抹灰，但也可以在水磨石面层磨光两遍后再进行顶棚墙面抹灰，水磨石面层应采取防护措施。

(3) 常用机具　除一般常用抹灰工具外，还需磨石机、湿式磨光机和滚筒等。

3.2.2 现浇水磨石地面施工方法

3.2.2.1 施工工艺流程

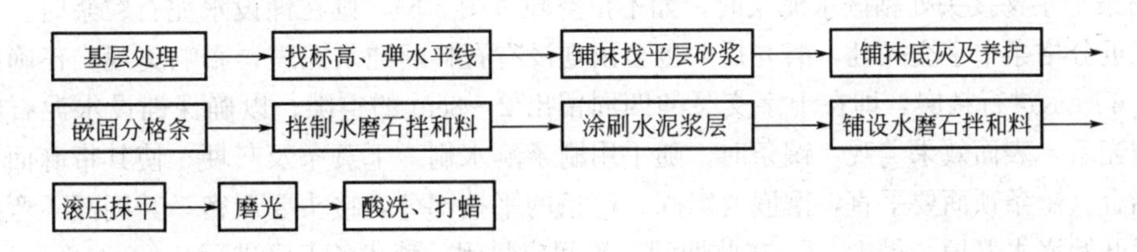

3.2.2.2 施工要点

(1) 基层处理　将楼地面基层上的杂物清除，不得有油污、浮土，用钢錾子和钢丝刷将粘在基层上的水泥浆皮铲除。

(2) 找标高弹线　根据墙面上的+50cm标高线，往下量测出磨石面层的标高，弹在四周墙上，并考虑其他房间和通道面层的标高要相一致。

(3) 铺抹找平层砂浆　根据墙上弹出的水平线，留出面层厚度（10～15mm厚），抹1∶3的水泥砂浆找平层，为了保证找平层的平整度，先抹灰饼（纵、横方向间距1.5m左右），大小为8～10cm。

灰饼砂浆硬结后，以灰饼高度为标准，抹宽度为8～10cm的纵、横标筋。在基层上洒水湿润，刷一道水灰比为0.4～0.5的长刮杠，以标筋为标准进行刮平，再用木抹子搓平，其表面不用压光，要求平整、毛糙、无油渍。找平层的平整度与水磨石面层的表面平整度有直接关系，否则，镶嵌的分格条有高有低，会影响面层的平整。

(4) 养护　找平层铺抹 24h 后，方可进行分格嵌条工作。

(5) 弹分格线　根据设计要求的分格尺寸，一般采用 1m×1m。在房间中部弹十字线，计算好周边的镶边宽度后，以十字线为准可弹分格线。如果设计有图案要求时，应按设计要求弹出清晰的线条。

(6) 嵌固分格条　按设计要求选用分格条，如镶嵌铜、铝条时（铝条接触碱性物质后易腐蚀且颜色不鲜明、不美观，故较少使用），应先调直，并每 1.0～1.2m 打四个眼，供穿 22 号铁丝时用。镶条时，先用靠尺板与分格线对齐，压好尺板，并把镶条紧靠尺板，另一边用素水泥浆或硬性砂浆在镶条根部抹成小八字形灰埂固定，灰埂高度应比镶条顶面低 3mm，起尺后，再在镶条另一边抹上水泥浆。镶条纵、横交叉处应各留出 2～3cm 的空隙，以便铺面层水泥石碴浆。铜条、铝条所穿铁丝应用水泥石碴浆埋牢。如用玻璃条，其根部可只抹 30°立坡灰埂。

水磨石分格条的嵌固是一项很重要的工序，应特别注意水泥浆的粘嵌高度和水平方向的角度。如图 3-3 所示是一种错误的粘嵌法，它使面层水泥石料浆的石粒不能靠近分格条，磨光后，将会出现一条明显的纯水泥斑带，俗称“秃斑”，影响装饰效果。分格条正确的粘嵌方法是粘嵌高度略大于分格条高度的 1/2，水平方向以 30°角为准，如图 3-4 所示。这样，在铺设面层水泥石料浆时，石料就能靠近分格条，磨光后，分格条两边石料密集，显露均匀清晰，装饰效果好。

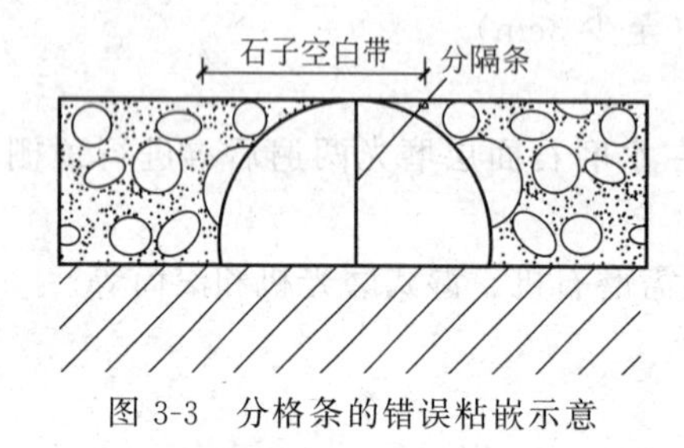

图 3-3　分格条的错误粘嵌示意

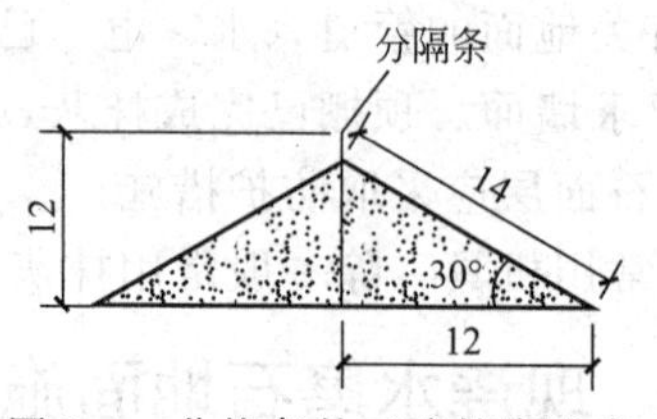

图 3-4　分格条的正确粘嵌示意

分格条十字叉接头处粘嵌水泥浆时，如不留空隙（图 3-5），则在铺设水泥石粒浆时，石料就不可能靠近分格条十字交叉处，磨光后，也会出现没有石料的纯水泥斑，影响美观。正确的做法应按图 3-6 所示进行粘嵌，即在十字交叉的四周留出 2～3cm 的空隙，以确保铺设水泥石粒浆的饱满，磨光后，表面效果美观。镶条时，随手用刷子蘸水刷一下襄条及灰埂，使其带麻面，以便与面层结合。镶条顶面要平直，镶嵌要牢固。镶条的平接部分，接头要严密，其侧面不弯曲。镶条 12h 后开始浇水养护，最少 2d，在此期间，房间应封闭，禁止各工序进行。

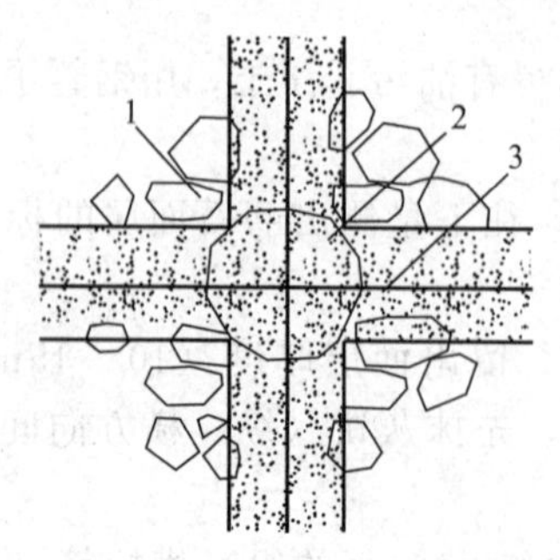

图 3-5　分格条交叉处的错误粘嵌法

1—石料；2—无石粒区；3—分格条

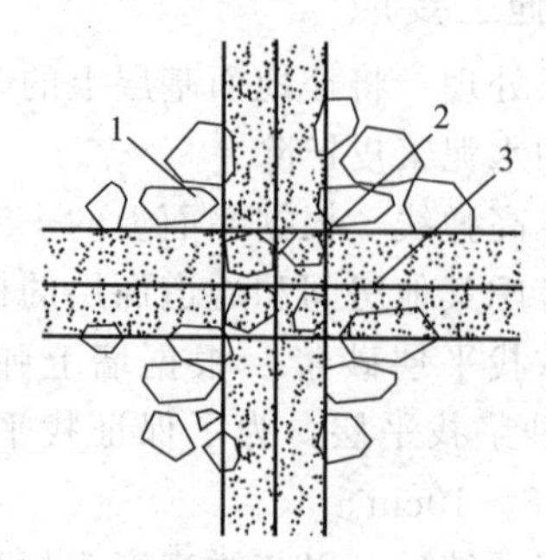

图 3-6　分格条交叉处的正确粘嵌法

1—石料；2—分格条；3—砂浆

（7）拌制水磨石拌和料（水泥石粒浆）　配制彩色水泥粉料和石粒：彩色水泥浆粉的配制可运用色彩原理，把水泥（白水泥或青水泥）本身的颜色作为主色，把少量着色力强的纯度较高的氧化铁黄、氧化铁红、氧化铬绿及氧化铁黑等作为副色，以不同的组分进行配合。经混合搅拌均匀，制成各种色相的彩色水泥粉颜料，掺入量为水泥质量的 3%～6%。

如水磨石面层中使用两种或两种以上的石粒，一般应以一种色调的石粒为主，其他色调的石料为辅。还要注意石料料径大小的搭配，使其密度一般不低于 60%，这样才能具有较好的装饰效果。

彩色水泥粉与石粒间的比例关系，主要取决于石粒级配的优劣，可参见表 3-3。

表 3-3　彩色水泥粉与石粒间的比例

石粒的空隙率/%	＜40	40～45	46～50	＞50
色粉：石粒(质量比)	1：(2.5～3)	1：(2～2.5)	1：(1.5～2)	1：(1～1.5)

彩色水泥粉与石粒间的比例是否恰当，可以通过搅拌后用眼睛观察（要求坍落度为 2～3cm）。彩色水泥浆太少，未能填满石粒的空隙，易把石粒磨掉，影响工程质量；彩色水泥浆太多，石料不易挤紧，则会增加研磨时的困难。恰当的用量是彩色水泥浆正好把石料间空隙填满，或低于石粒表面 0.5～1mm。

（8）涂刷水泥浆结合层　先用清水将找平层洒水湿润，涂刷与面层颜色相同的水泥浆结合层，其水灰比宜为 0.4～0.5，要刷均匀，也可在水泥浆内掺加胶黏剂，随刷随铺拌和料，不得刷得面积过大，防止浆层风干导致面层空鼓。

（9）铺水磨石拌和料　取用已准备好的彩色水泥粉料和石料，干拌两三遍后，加水拌，水的质量占干料（水泥、颜色、石粒）总重的 11%～12%，正确用水量是使石粒浆的坍落度达到 6cm，另在备用的石粒中取出 20%的石粒，作撒石用。

铺设水泥石料浆时，先用木抹子将分格条两边约 10cm 内的水泥石料浆轻轻拍紧压实，以保护分格条免被撞坏。水泥石料浆铺设后，应在表面均匀地撒一层预先取出的 20%石粒，用木抹子或铁抹子轻轻拍实、压平，但不可用刮尺刮平，以防止面层高凸部分的石粒刮出而只留下水泥浆，影响装饰效果。若局部铺设太厚，则应用铁抹子挖去，再将周围的水泥石粒浆拍实压平。要使面层平整，石料应分布均匀。

如在同一平面上有几种颜色的水磨石，应先做深色，后做浅色；先做大面，后做镶边。待前一种色浆凝固后，再抹后一种色浆。两种颜色的色浆不要同时铺设，以免串色，造成界线不清，影响质量。但间隔时间也不宜过长，以免两种石粒浆的软硬程度不同，一般隔日铺设即可。应注意在滚压或抹拍过程中，不要触动前一种石粒浆。

（10）滚压、抹平　用滚筒滚压时用力要均匀（要随时清除掉粘在滚筒上的石渣），应从横、竖两个方向轮换进行，达到表面平整密实、出浆石料均匀为止。待石粒浆稍收水后，再用铁抹子将浆抹平、压实，如发现石粒有不均匀之处，应先补石粒浆，再用铁抹子拍平、压实，24h 后浇水养护。

（11）磨光

① 试磨　一般根据气温情况确定养护时间，见表 3-4。过早开磨石粒易松动；过迟开磨会造成磨光困难。所以需进行试磨，以面层不掉石料为准。

表 3-4　水磨石面层开磨时间

平均温度/℃	开磨时间/d	
	机磨	人工磨
20～30	3～4	1～2

续表

平均温度/℃	开磨时间/d	
	机磨	人工磨
10～20	4～5	1.5～2.5
5～10	6～7	2～3

② 粗磨　第一遍用60～90号粗金刚石磨，使磨石机机头在地面上走横“8”字形，边磨边加水（如磨石面层养护时间太长，可加细砂，加快机磨速度），随时清扫水泥浆，并用靠尺检查平整度，直至表面磨平、磨匀，分格条和石料全部露出（边角处用人工磨成同样效果），用水清洗晾干，然后用较浓的水泥浆（如掺有颜料的面层，应用同样掺有颜料配合比的水泥浆）擦一遍，特别是面层的洞眼小孔隙要填实抹平，脱落的石粒应补齐。浇水养护2～3d。

③ 细磨　第二遍用90～120号金刚石磨，要求磨至表面光滑为止。然后用清水冲净，满擦第二遍水泥浆，仍注意小孔隙要擦拭严密，然后养护2～3d。

④ 磨光　第三遍用200号细金刚石磨，磨至表面石子显露均匀，无缺石粒现象，平整、光滑，无孔隙为度。

普通水磨石面层磨光不应少于三遍，高级水磨石面层的厚度和磨光遍数及油石规格应根据设计确定。

(12) 抛光　抛光是水磨石地面施工的最后一道工序。通过抛光，对细磨面进行最后的加工，使水磨石地面达到验收标准。

抛光主要是化学作用和物理作用的混合，即腐蚀作用和填补作用。抛光用的草酸和氧化铝加水后的混合溶液与水磨石表面在摩擦力的作用下，立即腐蚀细磨表面的突出部分，又将生成物挤到凹陷部位，经物理和化学反应，使水磨石表面形成一层光泽膜。然后，经打蜡保护，使水磨石地面呈现光泽。

① 酸洗　将磨石面用清水冲洗干净并拭干，经3～4d晾干。将每千克草酸用3kg沸水化开，待溶化冷却后再加1%～2%的氧化铝，用布蘸草酸溶液擦，或把布卷固定在磨石机上进行研磨，再用400号泡沫砂轮或用280号油石在上面研磨酸洗，清除磨面上的所有污垢，至石子显露，表面光滑为止，然后用水冲洗拭干，显露出水泥和石碴本色。

② 打蜡　水磨石地面经酸洗晾干，表面发白后，用干布擦拭干净。

3.3 木地板地面施工工艺

木地板面层是指采用木板铺设，再用地板漆饰面的木板地面，具有重量轻、弹性好、热导率低、易于加工、不老化、脚感舒适等优点，但它也有容易随空气中温、湿度的变化而引起裂缝和翘曲变形、受潮后易腐朽、易燃等缺陷。

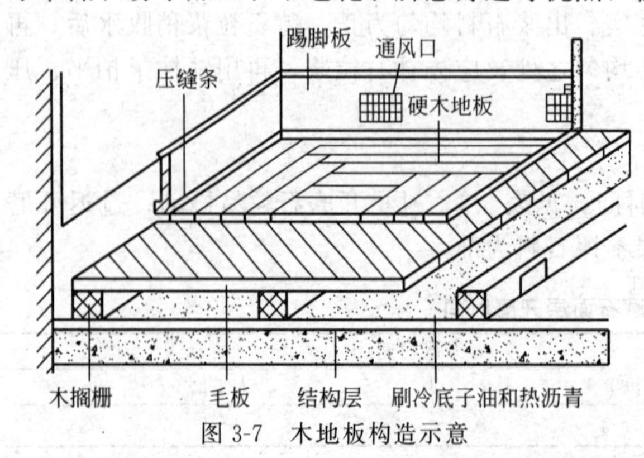

图3-7　木地板构造示意

木地板面层一般分为普通木地板、硬木地板、复合木地板三大类。按材料特性分为普通木材料、硬木材料、与高分子有机物复合的复合木材料。按施工类型分为架空铺设和实铺两种。按地板面层与基面连接固定方法分为钉接和粘接两类形式。按铺设形式又可分为长条铺设和拼花铺设，如图3-7所示。

下面按施工工艺的不同，分别介绍实木地板（包括普通木地板、硬木地板）、复合木地板的施工技术。

3.3.1 实木地板铺设

目前，市场上实木地板的种类较多，在选择木地板时，当确定了地板种类后，可从材质、规格、含水率、加工精度、板面质量及油漆质量等方面进行选择。由于木材的变形量与单块板材的体积成正比，因此从木材稳定性来说，木地板的尺寸越小其抗变形能力越好。对于实木地板来说，在满足审美条件的前提下，应尽量选择偏短、偏窄的实木地板，其变形量相对较小，从而可以减少实木地板的弯、扭、裂、缩、拱等现象。

实木地板的加工精度直接关系到其铺设质量，通常简单的鉴别方法是将 10 余块实木地板在平整的地面上（可以用细木工板等代替）模拟铺装，用手摸和目测的方法检查其拼缝是否平整、光滑，卯榫咬合是否紧密。

3.3.1.1 实木地板的施工准备

（1）材料准备

① 面层木地板　面层木地板可以使用喷过漆的漆板，也可以使用没喷过漆的素板。漆板表面在工厂内已喷好油漆，漆膜均匀、耐磨性好、硬度较高、光洁度好，不需要在施工现场油漆，减少了对施工现场环境的污染，也有利于提高施工速度。素板安装好后表面需要用地板打平机磨平，因此，施工完毕后地板表面的平整度要比漆板高。而且，涂刷油漆后地板拼缝处有油漆覆盖，不易受到潮湿空气的侵蚀，可以减少因为潮湿造成的地板变形。其缺点是施工周期较长，会对施工现场造成一定的污染。

实木地板的宽度在满足装饰效果的需要后，尺寸应该越小越好。因为木材的变形在与木纹呈 90°的方向最大，沿木纹的方向变形量很小，地板的宽度越小，将来在使用中地板的变形和开裂的可能性就越小。实木地板的长度以 600～1200mm 为好。

面层实木地板要厚度相同、宽度尺寸相同，表面光滑平整、无疤疥、无扭曲变形。企口处的凹槽与凸榫要平直、光滑、完整，不得有开裂缺损的显现，凸榫与凹槽的配合要紧密合适。木地板的含水率要低于 12%。

② 毛地板　毛地板是按照与面层地板成 45°角的方向安装在面层木地板与木地板龙骨之间厚 20mm、宽 200mm 左右的一层松木板材，也可以用质量较好的木工板或九厘板代替。使用毛地板的目的：一是提高面层地板的承重能力；二是限制面层地板的横向变形，减少面层地板板缝的开裂。

③ 木龙骨　为了保证木地板的安装质量，提高木地板的稳定性，必须用烘干材制作木龙骨。木材的含水率要小于 12%，木龙骨的截面尺寸应不小于 30mm×30mm。

④ 踢脚板　踢脚板的宽度、厚度应按设计要求的尺寸加工，其含水率不得超过 12%，背面应满涂防腐剂，花纹和颜色应力求与面层地板相同。

⑤ 其他材料　防潮防水材料（沥青防水涂料等），5～10cm 铁钉（钉接用），膨胀螺栓，胶黏剂（粘接用），板面处理材料（地板漆等），砖石材料（砌筑架空铺地板的地垄墙用）。

（2）技术准备

① 地下水电管线施工完毕，而且试压、通电实验合格，隐蔽工程全部验收合格；土建工程完工并验收合格；地面平整坚固。

② 在冬、夏季节施工时面层木地板与木龙骨应提前 2 天运到施工场地，以适应施工场地的温度与湿度环境。

③ 对于低架空铺木地板施工的混凝土地面，在木地板铺设前应用防水砂浆做防水层。

混凝土楼面可用防水涂料涂刷 1～2 遍。

（3）实木地板的构造

① 格栅式双层铺设　是指木地板铺设时在长条形或块形面层木板下采用毛地板的构造做法，毛地板铺钉于木格栅（木龙骨）上，面层木地板铺钉于毛地板上，如图 3-8 所示。

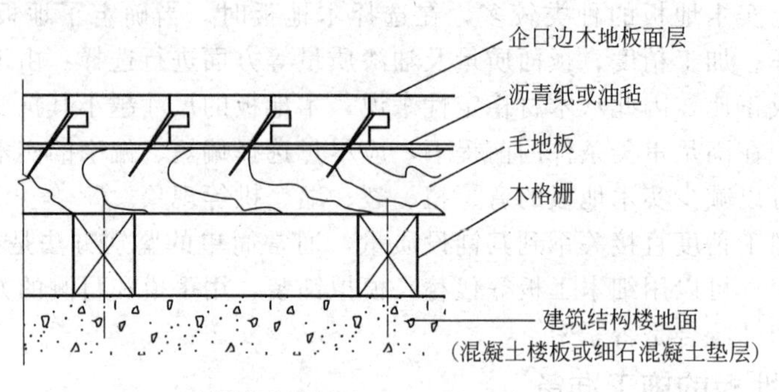

(a) 剖面构造示意

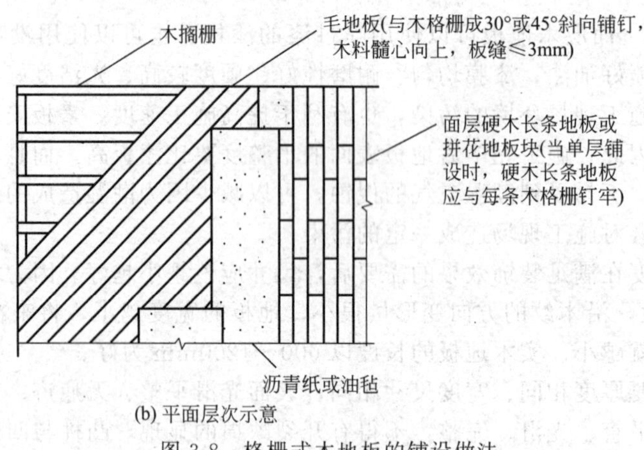

(b) 平面层次示意

图 3-8　格栅式木地板的铺设做法

② 单层铺设　普通实木地板面层的单层铺设做法，是指采用长条木板直接铺钉于地面木格栅上，而不设毛地板，如图 3-9 所示。

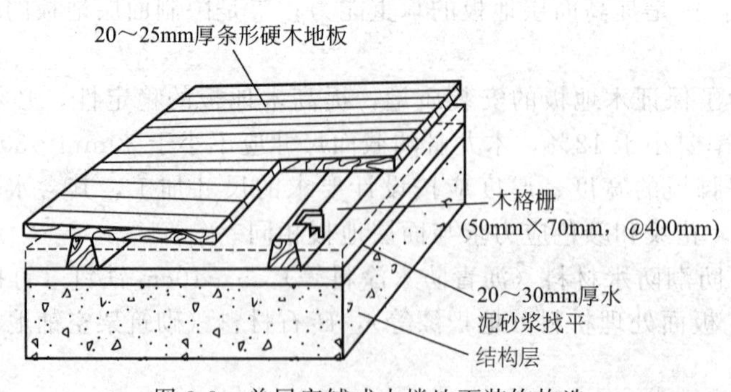

图 3-9　单层实铺式木楼地面装饰构造

③ 高架铺设　根据工程需要及设计要求，一般是在建筑底层室内四周基础墙上敷设通长的沿缘木，再架设木格栅，当格栅跨度较大时即在其中间设置地垄墙或砖墩，上面铺油毡或涂防潮油等防潮措施后再搁置垫木，固定木格栅；必要时再加设剪刀撑，以保证支撑稳定

且不影响整体结构的弹性效果；最后，将单层或双层木地板铺钉于木格栅上，如图 3-10 所示。

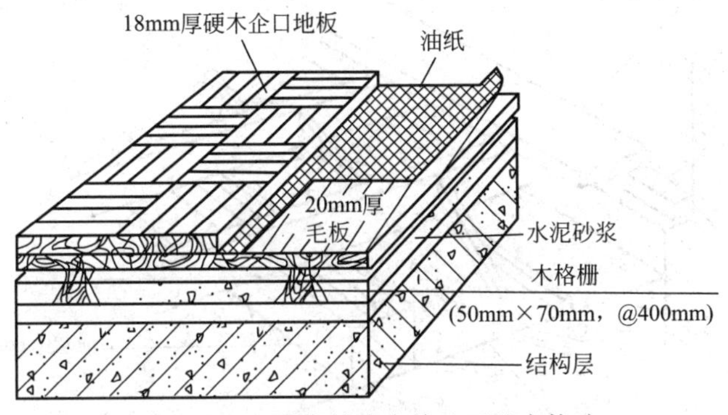

图 3-10　双层实铺式木楼地面基本构造

（4）实木地板的防潮　在现代建筑中，楼面一般是不会出现潮湿现象的，而楼地面可能会出现潮湿的现象，根据实际观察，一般有两种情况：一种情况是只在夏季的时候出现潮湿的现象；而另一种情况是在一年四季中都会有潮湿的现象出现，尤其是在雨季。

① 夏季防潮　只在夏季出现的潮湿现象都是因为冷热温差造成的。因为在夏季，室内空气的温度相对较高，而楼地面表层的温度较低，热空气在温度较低的楼地面上凝结成露水，楼地面的潮湿就是因为这些结露水的原因产生的。

因此，要防止这种潮湿现象的产生，最好的办法就是对地面进行保温处理，防止结露水的产生。通常的处理方法是在木龙骨之间填充珍珠岩或苯板，具体做法如下。

a. 用珍珠岩做保温层　在木龙骨铺设完并检查无误后，将足够的珍珠岩和适量的杀虫剂搅拌均匀备用。在铺设毛地板时，当相邻两根龙骨上的毛地板要封口时，由封口处填入珍珠岩并充满填实。如果不铺毛地板，而直接铺设面层地板时，在铺设最后两排地板时填充珍珠岩。

b. 用苯板做保温层　在木龙骨铺设完并检查无误后，将厚度合适的苯板裁割成与木龙骨间距相等的尺寸，安装在木龙骨之间。将杀虫剂均匀地撒在苯板上面，然后铺装毛地板或面层地板。

② 四季防潮　对于第二种情况即一年四季都出现潮湿的现象来说，地面潮湿的现象是由于室外地下水的浸入造成的，在夏季也可能有因为室温与地面的冷热温差造成的，对于楼地面来说，不但要做保温处理，还要做防水处理。

3.3.1.2　建筑首层架空实木地板的施工工艺

施工工艺流程如下。

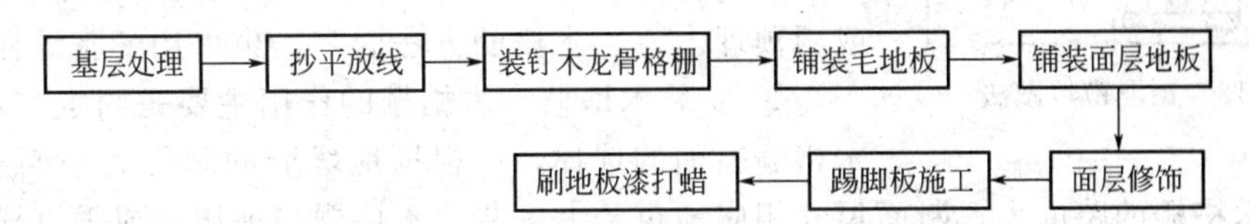

（1）基层处理　建筑首层一般采用空铺法施工，它由木格栅、剪刀撑、企口板组成，木格栅两端一般是搁置在基础墙上，并在格栅搁置处垫放通长的垫木。当木格栅跨度较大时，应在跨中加设地垄墙或砖墩。架空地板构造如图 3-11 所示。

（2）抄平放线　首先弹出水平基准线，然后根据室内地面状况和木龙骨的截面尺寸，在房间内地面最高点附近的墙面上确定木龙骨的上表面位置。根据此位置及水平基准线在四面

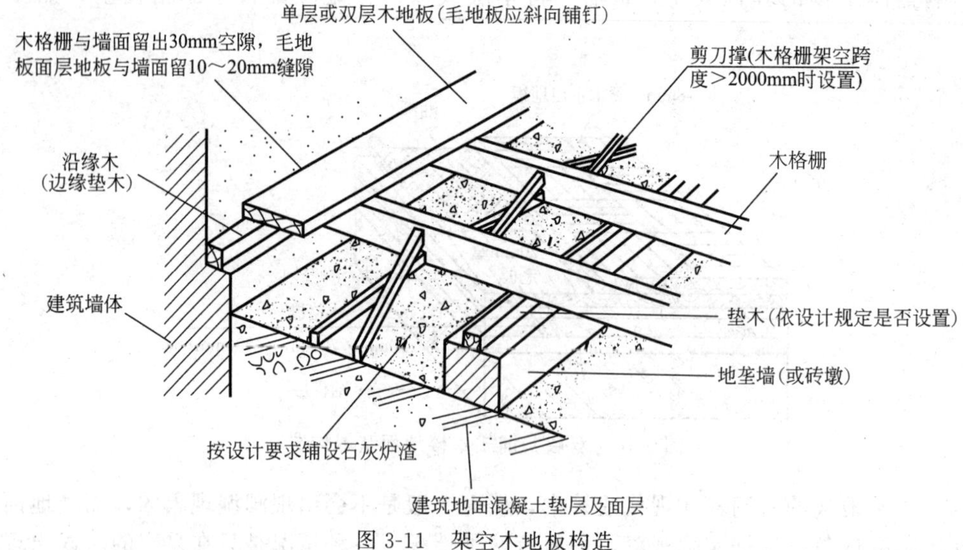

图 3-11 架空木地板构造

墙上弹出木龙骨的标高水平控制线，再按照面层木地板的长度选择木龙骨的间距和木龙骨在房间内的铺设方向，在地面上弹出木龙骨的位置线，为了便于安装木龙骨，弹线时应弹木龙骨某一边的边线而不应该弹木龙骨的中心线。

(3) 装钉木龙骨格栅

① 首层地垅墙的砌筑　一般采用红砖、32.5 水泥砂浆或混合砂浆砌筑，顶面须铺设防潮层一道。地垅墙的厚度应根据架空的高度及使用的条件，通过计算后确定。垅墙与垅墙之间的距离，一般不宜大于 2m，否则应在木格栅之间加设剪刀撑。为了使木基层的架空层获得良好的通风条件，架空层与外部及每道架空层间的隔墙、地垅墙、暖气沟墙，均要设通风孔洞。在砌筑时，将通风孔洞留出，尺寸一般为 120mm×120mm。外墙每隔 3～5m 预留不小于 180mm×180mm 的通风孔洞，外侧安设风箅子，洞口下皮标高距室外地坪标高不宜小于 200mm。首层房间空铺式支撑如果空间较大，为检修木地板，要在地垅墙内穿插通行，在地垅墙上还需设 750mm×750mm 的过人洞口。

② 垫木的装设　垫木的作用，主要是将格栅传来的荷载，通过垫木传到地垅墙（或砖墩）上。垫木（和压檐木）使用前应浸防腐剂，进行防腐处理，目前工程中采用刷煤焦油两道，或刷两道氟化钠水溶液进行防腐处理。垫木与地垅墙（或砖墩）的连接，常用 8 号铅丝绑扎。铅丝预先固定在砖砌体中，待垫木放稳、放平，符合标高后，再用 8 号铅丝拧紧，如图 3-12 所示，或用预埋木方、木楔的方法固定，也可用膨胀螺栓固定。

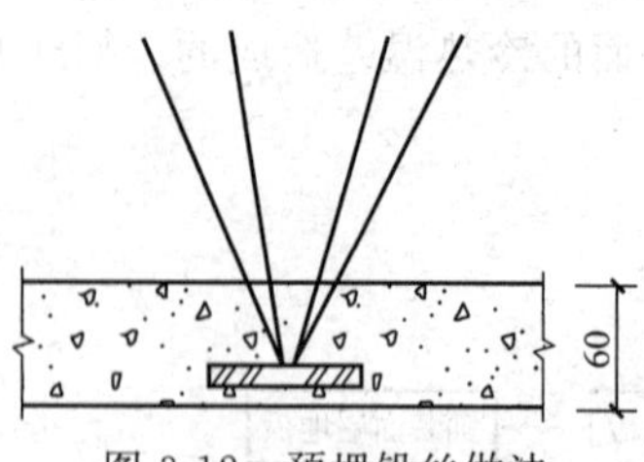

图 3-12 预埋铅丝做法

③ 安装木格栅　木格栅的作用主要是固定与承托面层。木格栅断面的选择，应根据地垅墙的间距大小而有所区别。间距大，木格栅的跨度大，断面尺寸相应地也要大一些。木格栅与地垅墙成垂直摆放，间距一般 400mm 左右，并应根据设计要求，结合房间的具体尺寸均匀布置。木格栅与墙间应留出不小于 30mm 的缝隙，以利隔潮通风。木格栅的表面应平直，用 2m 靠尺检查，靠尺与格栅间的空隙不应超过 3mm。若表面不平，可用垫板垫平，也可刨平，或者在底部砍削找平，但砍削深度不宜超过 10mm，砍削处用防腐剂处理。采用垫板找平时，垫板要与格栅钉牢。格栅的标高要准确，可以用水平仪进行抄平，也可根据房间已弹标准线进行检查。特别要注

意木格栅表面标高与门扇下沿及其他地面标高的关系，操作前先核对水平标高线，然后在压檐木表面划出木格栅搁置中线，在木格栅的端头也划出中线，将木格栅对准中线摆好，再依次摆正中间的木格栅。

木格栅找平后，用铁钉经格栅两侧中部斜向（45°）与垫木（或压檐木）钉牢，格栅安装要牢固，并保持平直，木格栅表面做防腐处理。

④ 设置剪刀撑　设置剪刀撑主要是增加木格栅的侧向稳定，对木格栅本身的翘曲变形也会起到一定的约束作用。剪刀撑间距应按设计要求布置。为防止木格栅与剪刀撑在钉固时移动，应在木格栅上面临时钉些木条，使木格栅互相拉结，然后在木格栅上按剪刀撑间距弹线，依次逐个将剪刀撑两端用长 70mm 的铁钉与木格栅钉牢。

(4) 铺装毛地板层　当面层采用条形地板或木拼花席纹地板时，毛地板与木格栅成 30°或 45°斜向铺钉；当采用硬木拼花人字纹时，一般与木格栅垂直铺设。毛地板条用铁钉与格栅钉紧，表面要平，板间可以有 2～3mm 的缝隙，板长不应小于两档木格栅，相邻板条的接缝要错开。毛地板固定的钉，宜用长度为板厚 2～2.5 倍的铁钉，每端 2 个。铺设木地板前，必须将架空层内部的杂物清理干净，否则一旦铺满，则较难清理。有时也用长条木地板直接铺设在木格栅上，不设毛板层，这种做法在要求高的装饰中不宜采用。

(5) 铺设面层　铺设面层的施工方法基本分为钉结法和黏结法两大类。对于长条木地板，采用钉结法连接；对于拼装木地板，则钉结法和黏结法均可使用，但以使用黏结法为主，特别对直接在混凝土基层上施工的，必须采用黏结法。

① 钉结法　用钉固定，在钉法上有明钉和暗钉两种钉法。明钉法：先将钉帽砸扁，将圆钉斜向钉入板内，同一行的钉帽应在同一条直线上，并须将钉帽冲入板内 3～5mm。暗钉法：先将钉帽砸扁，从板边的凹角处，斜向钉入，如图 3-13(a) 所示。在铺钉时，钉子要与表面成一定角度，一般常用 45°或 60°斜钉入内。

条形木地板的铺设方向应考虑铺钉方便，固定牢固，使用美观的要求。对于走廊、过道等部位，应顺着行走的方向铺钉；而室内房间，宜顺着光线铺钉。对于大多数房间来说，顺着光线铺钉，同行走方向是一致的。

条形木地板包括单层木地板面层和双层木地板面层。单层木地板面层，其顶面要刨平，侧面带企口，板宽不大于 120mm。木板面层与墙之间应留 10～20mm 的缝隙，从墙面一侧开始，将条形木板材心朝上逐块排紧铺钉，板间缝隙不超过 1mm。木板的排紧方法，一般可在木格栅上钉一颗扒钉（或称扒锔），在扒钉与板之间夹一对硬木楔，打紧硬木楔就可使木板排紧，如图 3-13(b) 所示。板的接口应在木格栅上，圆钉的长度为板厚的 2.0～2.5 倍。硬木板铺钉前应先钻孔，一般孔径为钉径的 7/10～8/10。

双层木地板即在毛地板上铺钉长条木板或拼花木板，面层的上层也采用板宽不大于 120mm 的企口板，在下层（毛地板）上铺钉的方法同单层木地板，为防止在使用中产生声

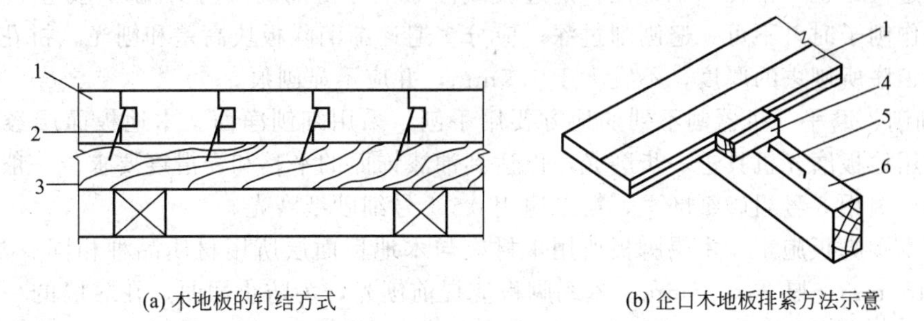

(a) 木地板的钉结方式　　(b) 企口木地板排紧方法示意

图 3-13　面板的铺设

1—企口地板；2—地板钉；3—毛地板；4—木楔；5—扒钉（扒锔）；6—木格栅

响及潮气侵蚀，应先铺设一层沥青油毡。

② 黏结法 采用胶黏剂（成品）将木地板面层直接粘贴在混凝土基层或毛板上，如图 3-14 所示，先在基层上涂刷一层冷底子油，冷底子油涂刷后一昼夜方可粘贴木地板。同时，基层必须平整，用 2m 直尺检查平整度，偏差应小于 2mm，面层木材为硬木短料，按设计图案拼接成木地板面层。硬木拼花地板可拼成多种图案，常用的有方格式、席纹式、人字纹式、阶梯式等，多为企口拼接。

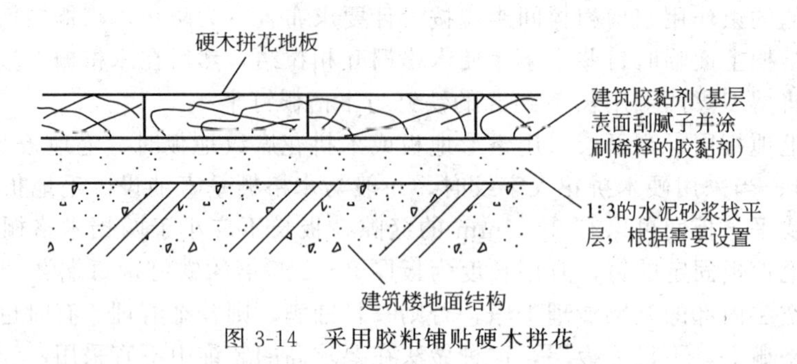

图 3-14 采用胶粘铺贴硬木拼花

先弹出房间十字中心线，再弹圈边线，根据房间尺寸和拼花地板的大小算出块数。如为单数，则房间的十字中心线和中间一块拼花地板的十字拼缝线吻合；如为双数，则房间十字中心线应和中间四块拼花地板的十字拼缝线吻合。线迹要清晰，尺寸要准确。弹线后进行试排，目的是检查地板面层的拼缝高低、平整度、对缝及材质颜色变化等方面的情况。经反复调整符合要求后进行编号，施工时，按编号从房间中央向四周顺序铺贴。

胶黏剂的种类很多，目前常用的有聚乙酸乙烯乳液、氯丁橡胶型、聚氨酯、环氧树脂等。将基层清扫干净，涂刷一层薄而均匀的底子胶，底子胶应用原胶黏剂配制，如采用非水溶性胶黏剂，按原胶黏剂重量加 10%的汽油和 10%的乙酸乙酯，搅拌均匀即成。如采用水溶性胶黏剂，用原胶黏剂加适量的水性溶剂搅拌均匀即成底子胶。

底子胶干燥后，按预排编号顺序在基层上涂刷一层厚约 1mm 的胶黏剂，用橡胶刮板均匀铺开，再在木地板背面涂刷一层厚约 0.5mm 的胶黏剂，涂刷要均匀，并注意避免粘上泥沙影响粘贴质量。晾置一会儿，胶黏剂不粘手时即可粘贴地板，粘贴时要使木板呈水平状态就位，同时用力与相邻木地板挤压严密，无缝隙，粘贴拼花地板应按设计图案进行，随贴随修正。

(6) 面层修饰

① 刨平 粘贴的拼花硬木地板面层，应在常温下保养 5～7d，方可进行刨平。使用电动刨刨削地板面层时，其滚刨方向应与木板条成 45°角斜刨（长条地板应顺木纹刨），推刨时不宜行走过快，也不得在一个部位行走过缓或停滞（停留前应及时关机），防止慢速啃咬地板面。操作刨子时，不可一遍刨削过深，应分多遍逐渐消除板块高差和刨光。拼花木地板面层在刨平工序所刨去的厚度，不宜大于 1.5mm，并应不显刨痕。

② 细刨、磨平 机器刨不到的地方要用手刨，采用细刨净面。木地板面层经刨子刨光后，需要用地板磨光机具进一步磨光，以达到油漆饰面的平整和光滑度要求。一般要求磨光两遍，第一遍用 3 号粗砂纸磨平，第二遍用 0～1 号细砂纸磨光。

(7) 木踢脚板施工 木踢脚板所用木材应与木地板面层所用材质品种相同。常用规格：高 100～150mm，厚 20～25mm。木踢脚板应提前刨光，为防止翘曲，在靠墙的一面开成凹槽，并每隔 1m 钻直径 $\phi 6$ 的通风孔，在墙上应每隔 750mm 砌防腐木砖，在防腐木砖外面钉防腐木块，再把踢脚板用明钉钉牢在防腐木块上，钉帽砸扁冲入木板内，踢脚板板面要垂直，上口呈水平，在木踢脚板与地板交角处，钉三角木条，以盖住缝隙。木踢脚板阴阳角交角处应切割成45°角后再进行拼装，踢脚板的接头应固定在防腐木块上，如图3-15所示。

（8）刷地板漆、打蜡　详见涂料工程相关内容，油漆施工完毕，养护3～5d后打蜡，蜡要涂得薄而匀，用打蜡机擦亮，隔1d后上人。

现在市场上出售的成品木地板面层已经刷好油漆，故上述刨平、油漆等工序可以省略。

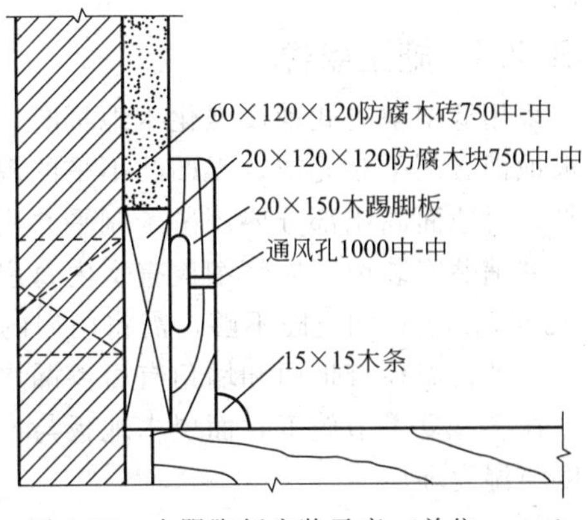

图3-15　木踢脚板安装示意（单位：mm）

3.3.1.3　楼层一般架空铺木地板

一般架空铺木地板的基层处理：这种做法是指不需地垅墙，只设木格栅，直接固定在钢筋混凝土楼板或混凝土地面垫层上。施工时，首先检查地面或楼面的平整度，如果大于5mm，需用水泥砂浆找平，平整度符合要求，即可在原平面上直接施工。

直接固定于楼地面的格栅木方，可采用截面尺寸为30mm×40mm或35mm×45mm的木方。组成木框架的木方为统一规格，无需主次之分。其连接方式多是采用半槽扣接，在纵、横木方扣接处涂胶加钉进行固定，组成格栅的木方条为统一规格，无主次之分。其连接方式多是采用半槽扣接，在纵、横木方扣接处涂胶加钉进行固定。

对于一般架空铺木地板格栅与地面的连接固定，常采用的方法是埋木楔。用$\phi 16$的冲击电钻在水泥地面或楼板面上钻孔，洞孔深度为40mm左右，钻孔的位置应在事先弹出的木框架位置线上，每两孔的间距约0.8m。然后向孔内打入木楔，格栅木框架与木楔用长钉连接固定。也可用膨胀螺栓将格栅固定在基面上。面层及其他工序做法同首层。

3.3.1.4　胶粘法木地板施工

将硬木拼花地板块用胶黏剂直接粘贴于混凝土或水泥砂浆基层上。基层处理：对其基层表面的平整度有较高要求，若事先未做找平层，应使用素水泥浆加防水剂，或者素水泥浆加108胶配成聚合物水泥浆，用以找平并封闭基层。聚合物水泥浆的调制可按108胶与水泥的质量比为6∶100，先将108胶适当掺水后与水泥搅拌调配。面层及其他工序做法同首层做法。

3.3.2　强化复合地板施工

强化复合木地板作为一种新型地面装饰材料，因其硬度较高、耐磨损、容易保养、铺装简便、价位适中等诸多优点而受到消费者的青睐。其缺点是弹性稍差，脚感差些。

强化复合木地板由四层不同质地的物质经高温、高压压制而成，分为耐磨层、装饰层、基材层与防潮层共四层。

最表层是耐磨层，耐磨层由分布均匀的三氧化二铝构成，反映强化复合木地板耐磨性的“耐磨转数”主要是由三氧化二铝的密度决定的。一般来说，三氧化二铝分布越密，地板耐磨转数越高。但耐磨转数和耐磨度并不完全成正比。若三氧化二铝分布过密，地板会发脆，其柔韧性减弱，不仅影响地板的使用寿命，还会影响地板表面的透明度和光泽度。

基材层又名中间层，由天然或人造速生林木材粉碎，经纤维结构重组、高温高压成型而成，可分为高密度板、中密度板、刨花板。

防潮层是地板背面表层，采用高分子树脂材料，胶合于基材底面，起到稳定与防潮的作用。

3.3.2.1 施工条件

采用低架空方式铺设强化木地板时，施工条件同实木地板。采用实铺法铺设木地板时，要求地面必须平整光洁，无凹凸不平的现象。如果地面有坑洼，可用1∶3的水泥砂浆填补找平，对地面高出部分要用凿子剔平并用水泥砂浆找平。

在铺贴安装前，应仔细检查室内每扇门与地面间的空隙是否足以铺设地板，空隙一般应为12～15mm。如空隙不够，需将门扇的下边刨去一定厚度，以确保地板安装后门扇启闭自如。另外，需检查地面和墙角有否渗漏水情况，如有，则必须彻底进行防水处理。

在冬、夏季节施工时面层木地板与木龙骨应提前2天运到施工场地，以适应施工场地的温度与湿度环境。

3.3.2.2 施工工艺

强化复合木地板的施工工艺流程如下。

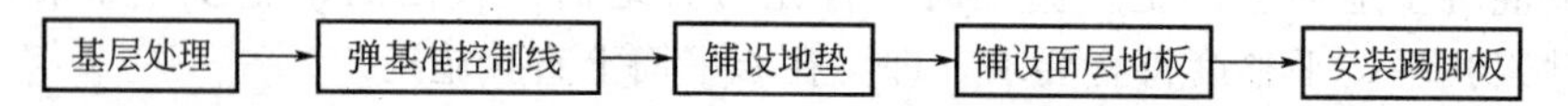

（1）基层处理　将地面的粉尘、砂粒、浮灰等杂物彻底清理干净，如果地面有坑洼，可用1∶3的水泥砂浆填补找平，对地面高出部分要用凿子剔平并用水泥砂浆找平。如果地面的平整度较低，则要先将地面处理平整。

（2）弹基准控制线　一般是在门对面的墙附近，沿墙的方向，根据强化复合木地板的宽度和第一排地板与地面的间距，在地面弹一条控制地板安装直度的线，并用铅锤线引到两面墙上以备安装地板时拉控制线用。

（3）铺设地垫　将选择好的地垫在房间内满铺到地面上，两底垫的对缝可用封箱胶带封闭，拼缝处要对齐，且不得留有缝隙。

（4）铺设面层地板

① 试铺　为达到更好的视觉效果，可将地板铺成与窗外大部分光线平行。在走廊或较小的房间，应将地板块与较长的墙壁平行。

量好房间宽度，计算出需要多少块地板（宽）。如所需的最后一块板窄于50mm，将这个宽度从第一块板上切除（沿长切宽）。墙边放上8～12mm楔子，试装头三排，不要涂胶。

必须把地板块间的短接头互相错开至少200mm，这样铺好的地板会更强劲、稳定，并减少浪费，增强整体效果。但是排与排之间的长边接缝必须保持一条直线，所以第一排的不靠墙那一边要平直。最后一块地板不得短于300mm。

如果墙不直，画出墙的轮廓线，照此切割第一排地板块。如房间长过8m（地板块尾对尾），宽过8m（地板交叉铺设）时，要预先留有宽高比为1∶1的空隙结合处。空隙接合处用过栅撑条包盖。长或宽一旦超过8m，必须加扣板条，留伸缩缝。扣板螺钉绝不能固定太紧，太紧，地板不能浮动，也容易压翘地板块。

② 正式铺装第一排　从左向右放，槽面靠墙。靠墙、楼梯、柱子、管道或其他硬立面时，要预留8～12mm的伸缩缝空隙。板尾面（木地板与墙间）用木楔块留出10mm的伸缩缝，安装第二块木地板时，应将第二块木地板的端头槽与第一块木地板的端尾榫接插（不要粘胶），然后根据房间大小依次类推，直至墙边，如图3-16所示。

③ 装每一排的最后一块板　最后一块板180°反向，与该排其余板子舌对舌（留出空隙），使该板紧靠墙面，如有多余，在背后做上记号，按尺寸切割。锯地板时，若使用手锯，应正面朝上；如用电锯，花纹正面应朝下。

在最后一块板的舌部均匀涂布足量的胶。用木帽楦、锤子小心地将板面连接起来，最后一块板可用连系钩。用湿布把多余的胶立即擦掉。用铅垂线测试是否平衡。在墙、板间的空档处放木楔子，如图 3-17 所示。注意在涂胶前检查板块间是否完美相配。

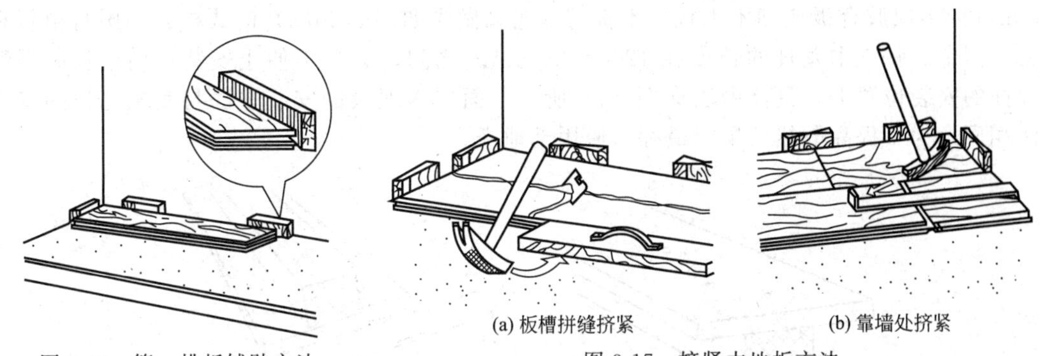

图 3-16　第一排板铺贴方法　　图 3-17　挤紧木地板方法

④ 装下一排　上一排切下部分可作第二排的第一块，即第二排的首块紧靠第一排的尾块，按“之”字形铺贴。地板块切下部若小于 300mm，请勿使用。将复合木地板用胶黏剂均匀地涂于板的纵和横向的榫头侧边，企口施胶时，在每块地板的每面舌部充分填满企口胶，将地板拼合时，接缝上浮现少许一串胶黏剂，应用布及时擦去。只有粘胶正确，地板才能经得起震动和水的浸蚀。0.5L 胶黏剂可用于 12～15m^2 地板企口，把地板块小心轻敲到位（隔着木楦敲地板块），并将挤出的胶黏剂立即用湿布擦干净。

⑤ 最后一排　把最后一块板和倒数第二块板排齐就算装好最后一排了。把要安装的最后一块地板完全准确地叠放在已铺好的最后一块地板（即倒数第二块板）上，另放一块地板（舌面靠墙）在最上边并沿其槽面线给要安装的最后一块板做记号。按记号切锯最后一块板，小心铺放，以免破损。用连系钩使最后一块板到位，放置隔离楔。

⑥ 管道孔　在地板块上钻打的管道孔应比管道直径大 10mm，工序为切割、上胶、安放。

⑦ 边缝　复合木地板安装完毕后，静放 2h 后方可撤除木楔块，并安装踢（地）脚板。踢脚板的厚度应以能压住复合木地板的 10mm 伸缩缝为准则，通常的厚度为 15mm。以水泥钉或用硅胶粘贴。

（5）安装踢脚板　按照所选好的成品踢脚板安装要求安装踢脚板，如图 3-18 所示。

3.3.3　地热供暖木地板的施工

3.3.3.1　地热供暖盘管布置示意

地热供暖盘管布置示意如图 3-19 所示。

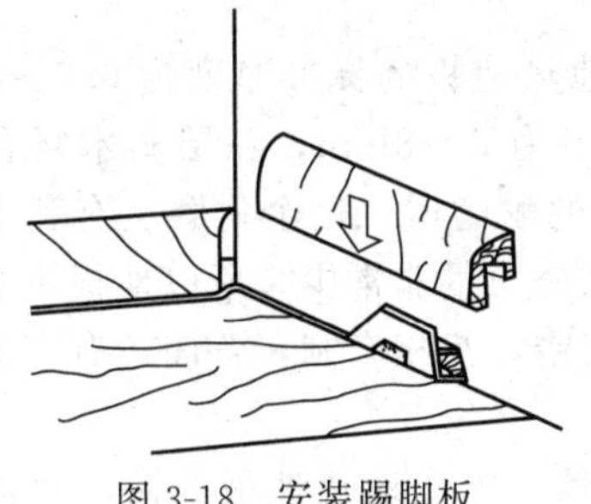

图 3-18　安装踢脚板

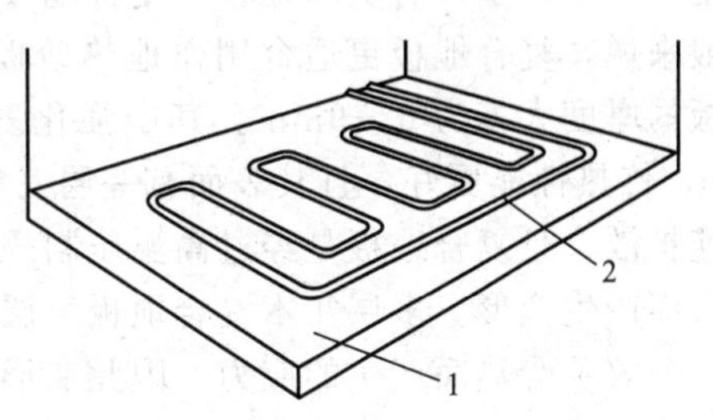

图 3-19　地热供暖盘管布置示意

1—基层；2—地热盘管

3.3.3.2 实木地板地板梁的固定方法

由于地热供暖的供热管道都布置在地面下面，供热管道上部距地面只有20～40mm，所以在铺设地板龙骨时不能用钉子固定龙骨。现在常用的固定方法是用宽度为200mm、厚度为9mm的多层胶合板或细木工板、木板与木龙骨做成如图3-20(a)的式样，用圆钉由板材面钉入固定。每支木龙骨的长度在1200～2400mm之间，太长不便于安装，用地板胶粘贴到地面的安装位置上。具体做法如图3-20所示。面层木地板的安装方法与实木地板的安装方法相同，为了提高散热效果，最好不使用毛地板。

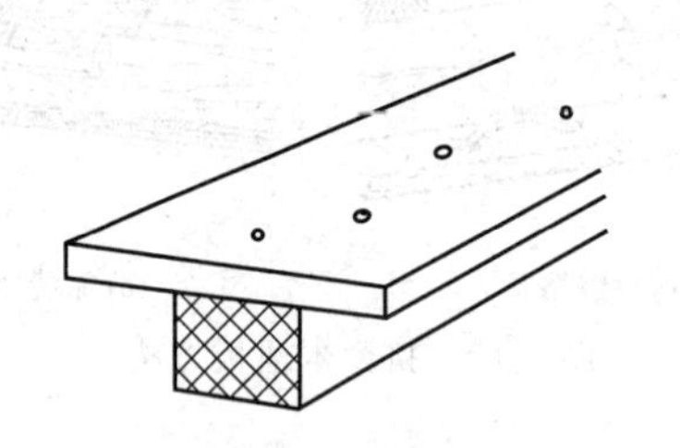

(a) 地热供暖用木龙骨制作示意

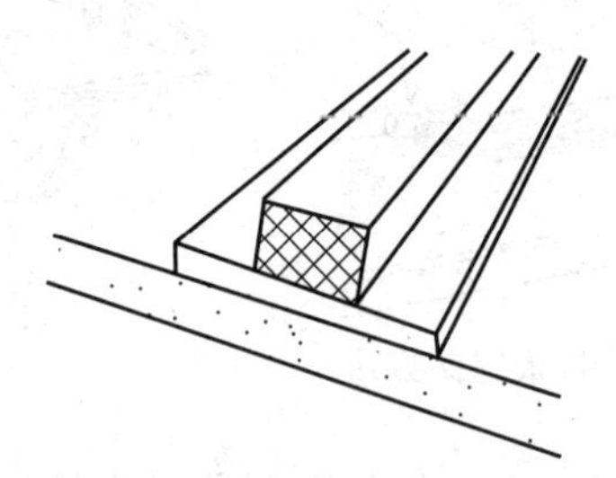

(b) 地热供暖用木龙骨安装示意

图3-20 地热供暖用木龙骨制作、安装示意

3.3.3.3 适合地热供暖的新地面材料

与传统采暖方式相比，地热供暖有很多优点。采用地热供暖，正确选择地热地板很关键。在选择地板时，要从以下几个标准进行考虑。

(1) 尺寸稳定性要好　这一点要看地板的基材密度及内结合强度，内结合强度越高，说明地板承受温度变化的能力越好，不至于发生开裂等现象。只有基材为相对致密的木材，才能保证地板在长期高温下不开裂、不变形。

(2) 防潮性能要好　在潮湿环境中地板的吸水膨胀率要小。要求用于水热地面辐射采暖的地板在高湿状态下尺寸变化小，膨胀率要≤2.5%。一般来说，膨胀率越小，地板的防潮性能越好。

(3) 甲醛释放量不能超标　要求在长时间加热的条件下，甲醛释放量不会超标。

(4) 传热要快　目前市场上能提供传热系数的品牌不多，一般情况下传热系数高的产品在导热方面性能更好。

(5) 不怕高温　由于地热地板要长时间承受高温加热，要求产品装饰层性能稳定，在长时间高温的条件下也不会出现褪色、糙光的现象。

(6) 复合地板更适合地热采暖　一般来说，进口地板质量达到欧洲En 13329标准，国产地板质量达到GB/T 1802—2000标准，都可以适应地热采暖地板安装的技术要求。现在市场上地板种类很多，有实木地板、复合地板等多种。

一般来说，复合地板更适合用作地热地板。因为地热地板的标准厚度为6.5～8.5mm，复合地板的厚度大多为6～9mm。其中强化复合地板多为6～8mm，三层实木复合地板为8～9mm，传热性能更好，且其表面有一层三氧化二铝的耐磨层，这个耐磨层有利于热量在地表快速扩散。且复合地板是经过高温压制的，内部水分含量非常少，所以地板不会因为水分的散失而产生变形。多层实木复合地板每层间横竖交错，互相牵制，背面还有密集的抗变形沟槽，分解了受热面产生的应力，因此变形量很小。

实木地板厚度一般在2cm左右，安装时还要打龙骨。用作地热地板的话，地板和地面之间有空气，空气和木材的传热系数都非常低，这样热量不易传导到地表，会导致热量的浪费，地表温度不均匀，温差感觉明显。实木地板含水量高，在长时间高温加热的情况下，容易开裂变形。如果一定要选用普通实木地板的话，应尽量选用背面有履膜层型的地板，因为这样能防潮防水，且能保持木材含水率与周围环境的湿度平衡。

（7）锁扣式地板有利于防止地板接缝开裂　在复合地板中，锁扣式地板的效果又较其他产品更好，因勾连地板间留有细小缝隙，所以地板即使遇热受潮，膨胀后也不易走形。此外，消费者还应尽量选用小尺寸产品，这样的产品热变形均匀。一般选择知名品牌的产品品质上更有保障。

3.3.3.4　施工注意事项

由于地热地板要负责传导热量，相对普通地板的铺装，地热地板有一些特殊的事项要注意。

（1）安装前地面处理要细致　地面在以 2m 为半径的范围内必须水平，高低差不得超过 3mm。地面要完全干燥，铺设地板之前，必须进行地热加温试验，进水温度至少达 50℃，以确保采暖系统运行正常。并要保温 24h 以上，使地面干透，确保含水率符合标准。

（2）安装工艺细节最重要，顺序有讲究　最好采用悬浮式安装方式，地板通过垫层材料紧贴地面，地板和地面之间不存在缝隙，而地板之间要预留更大的收缩缝隙。由于水热辐射采暖释放的潮气量大，因此在防潮方面要下功夫。

铺装时第一步要清理地面，注意要将墙角清理平直，保证留出足够的伸缩缝。第二步在地面上铺一层塑料布，以隔绝潮气，要让塑料布在四个墙角处分别高出地面 10cm。第三步铺设地垫。注意要留出伸缩缝，接口处至少重叠 5cm，且必须用胶带密封好。要使用比普通地板厚一些的踢脚板，且需独立施工。安装完 24h 后地板才能加温。为了便于导热，垫层材料不宜过厚。

此外，要使用地热地板专用胶；不能铺胶垫；也不能打龙骨，因为这样缝隙间会留有空气，空气的热导率低，不利于传热。

（3）要使用专用纸地垫，以免变形　地面和地板之间的地垫不能使用普通泡沫塑料地垫，一定要使用地热专用纸地垫，因为这种地垫导热快、不变形。普通泡沫地垫导热慢，长期处在高温的条件下，易产生有害气体，危害使用者的健康。

（4）施工时地表温度不能太高　地表温度过高的话，地面下的铝塑复合管道或 PS 管可能会受热变形。地热地板由于其功能的特殊性和地热系统的复杂性，和普通地板相比，地热地板的维护和保养有其独特之处，在加温和保湿方面要特别注意。

（5）安装时要注意地坪保温　使用地热地板时，消费者一定要注意循序渐进地给地坪和地板加热。安装时，地表温度应保持在 18℃左右。在安装前，要对水泥地面逐渐升温，每天增加 5℃，直至达到 18℃左右的标准为止。在安装完成后的前 3 天内，要继续保持这一温度，3 天之后才可根据需要升温，并且每天只能升温 5℃。

（6）加温要循序渐进　第一次使用地热采暖，注意应缓慢升温。供暖开始的前三天要逐渐升温：第一天水温 18℃，第二天 25℃，第三天 30℃，第四天才可升至正常温度，即水温 45℃，地表温度 28～30℃。不能升温太快，太快的话，地板可能会因膨胀发生开裂或扭曲现象。长时间停热后再次启用地热采暖系统时，也要像第一次使用那样，严格按加热程序升温。

（7）地表温度不能太高　使用地热采暖，要注意的是地表温度不应超过 28℃，水管温度不能超过 45℃，如果超过这个温度的话，会影响地板的使用寿命和使用周期。一般的家庭，冬季室温达到 22℃左右，就已经很舒服了，正常升温的话，是不会影响地热地板的使用的。

（8）关闭地热系统，注意降温要渐进　随着季节的推移，当天气暖和起来，室内不再需要地热系统供暖时，应注意关闭地热系统也要有一个过程，地板的降温过程也要循序渐进，不可骤降，如果降温速度太快的话，也会影响地板的使用寿命。

（9）房间过于干燥时，可以考虑加湿　冬季气候干燥，加上使用地热采暖，地板长期处在高温的情况下，容易干裂，这时有必要给房间加湿，以免地板干裂变形。

装修时注意不能在地面打孔、打钉子，以免打漏地热管线，导致地热系统跑水，地板泡水报废。另外由于地板表面是散热面，地板上尽量不要做固定装饰件或安放无腿的家具，也不宜加建地台，以免影响热空气的流动，导致房间取暖效果不佳。

3.4 板块料地面工程施工

3.4.1 板块料地面概述

3.4.1.1 板块料地面构造

板块料面层，是指以天然（或人造）大理石板和天然花岗岩石板、陶瓷地砖、缸砖、水泥砖以及预制水磨石板等板材铺砌的地面。这种地面的面层材料花色品种较多、规格比较全，适用于装饰装修档次相对较高的场所。其特点是能满足不同部位的地面装饰，并且经久耐用，易于保持清洁、耐水、耐久、耐磨损、防滑。现在很多场所都采用石材、陶瓷类面层地面。这种地面属于刚性地面，不具备弹性、保温性、消声等性能，通常用于人流量较大的公共场所，如宾馆、影剧院、医院、商场、办公楼等；或用在比较潮湿的场合。大理石、花岗石等板块料面层的铺贴方法分为湿铺和干铺两种。板块料楼地面构造如图 3-21 所示。板块料面层地面工程一般构造做法（具体层次顺序）见表 3-5。

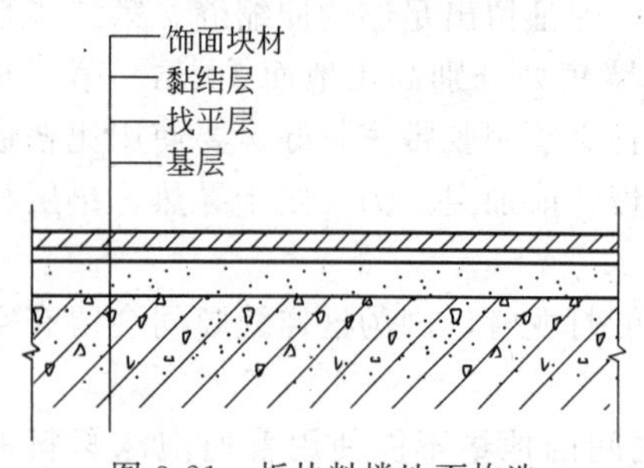

图 3-21　板块料楼地面构造

表 3-5　板块料面层地面工程一般构造做法

序号	构造层次	一般做法	说明
1	面层	8～15mm 厚石材、陶瓷类地砖，白水泥擦缝隙	防水层的做法可以采用其他新型的防水层做法。括号内为地面的做法。填充层一般采用 1∶3 的水泥砂浆。找平层也可用 1∶3 的干硬性水泥砂浆
2	结合层	30mm 厚 1∶3 的水泥砂浆，表面撒干水泥粉（喷洒适量清水）	
3	找平层	20mm 厚 1∶4 的水泥砂浆	
4	防水层	1.5～2mm 厚聚氨酯防水层	
5	填充层	20mm 以上 1∶3 的水泥砂浆或 C20 细石混凝土填充层	
6	楼板（垫层）	预制或现浇钢筋混凝土楼板（粒径 3～32mm 卵石灌 M2.5 混合砂浆振捣密实或 150mm 厚 3∶7 的灰土振捣密实）	
7	基土	素土夯实	

3.4.1.2 板块料面层材料的种类及选择

（1）石材的种类与选择　石材的产地不同，其种类也不同，有花岗岩、大理石等常见的石材。在选择石材时，要求石材颜色应大体一致，尺寸一致，平整，无弯曲、翘起等现象。大理石、花岗岩石板块进场后，应侧立堆放在室内，光面相对，背面垫松木条，并在板下加垫木方。要详细地核对品种、规格、数量等是否符合设计要求，对有裂纹、缺棱、掉角、翘曲和表面有缺陷的石材，应予以剔除。

（2）陶瓷类地砖的种类与选择 陶瓷类地砖的产地很多，种类也很多，有全瓷地砖、釉面砖等。在选择陶瓷类地砖时要求地砖颜色应大体一致，尺寸一致，平整，无弯曲、翘起等现象。地砖颜色应一致，不得出现大范围的色差现象。大量地砖拆包后，应进行仔细筛选，其长、宽、厚允许偏差不得超过 1mm，平整度用直尺检查，空隙不得超过 0.5mm。外观有裂缝、掉角和表面上有缺陷的板材应剔出，并按花型、颜色挑选后分别堆放。

3.4.1.3 施工技术准备

施工前应做好水平标志。室内抹灰（包括立门口、固定好门框）、地面垫层、预埋在垫层内的电管及穿通地面的管线均已完成。基层强度达到 1.2MPa 以后，方可进行石材或地砖的施工。准备工作包括以下内容。

① 以施工图中的大样图和材料加工单为依据，熟悉各部位尺寸和做法，弄清洞口、边角等部位之间的关系。楼地面所有地面管线施工完毕验收合格后再进行施工。

② 板材在铺贴前要先预排，确定不规格板块的位置或剩余缝隙的处理方法。对于天然石材面层或有拼花要求的陶瓷地面砖来说，还要在预排时对色、拼花和编号。

③ 弹水平基准线（抄平）及板面水平标高控制线。利用水平管（小房间）或水平仪（大房间）在距室内地坪 0.5m 的高度内的四面墙体上找出 8 个（每面墙体不少于 2 个）以上的水平点。根据这几个水平点弹出水平基准控制线，再根据此线和面层安装完后的位置之间的距离，用尺子根据水平基准线向下量取合适的尺寸弹出板块的高度控制线。

④ 确定基准块的位置。首先确定板缝在门下中心还是在门所处墙面的边缘，然后根据这个板缝确定基准块的位置。对于小房间可选择某一面墙作为基准面，基准块在基准面的位置应保证此房间门口所在墙面的面料的尺寸是标准尺寸。对于大房间，要根据房间四面墙壁的位置找出房间的中心点，并过中心点弹出房门所在墙面的平行线和垂直线。计算出离房门所在墙面距与此墙面平行的中心线最近的板缝位置，过此点弹一条与门所在墙面平行的直线，作为基准块一条边的顺直控制线，再根据板块的尺寸弹出相对边的顺直控制线。然后，根据房间的使用情况在过中心点的垂直线附近弹出两条基准块垂直边的顺直控制线。

3.4.2 板块料地面施工工艺

3.4.2.1 石材类地面的施工工艺流程及要点

大理石、花岗石板块的铺贴，结合层多用 20～30mm 厚 1∶3 或 1∶2 的干硬性水泥砂浆和水灰比为 0.4 或 0.5 的素水泥浆。如果结合层兼顾找平作用，也可采用水泥砂（水泥与砂适度洒水后干拌均匀）作结合层，如图 3-22 所示。

干硬性水泥砂浆铺贴大理石、花岗岩石板块地面的铺贴工艺流程及要点如下。

（1）石材类地面施工工艺流程

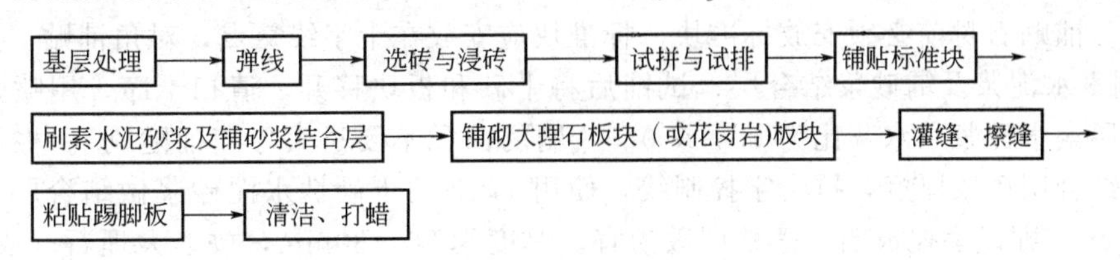

（2）石材类地面施工要点

① 基层处理 首先检查基层黏结是否牢固，不能起皮、空壳，应无裂纹，还应挂线检

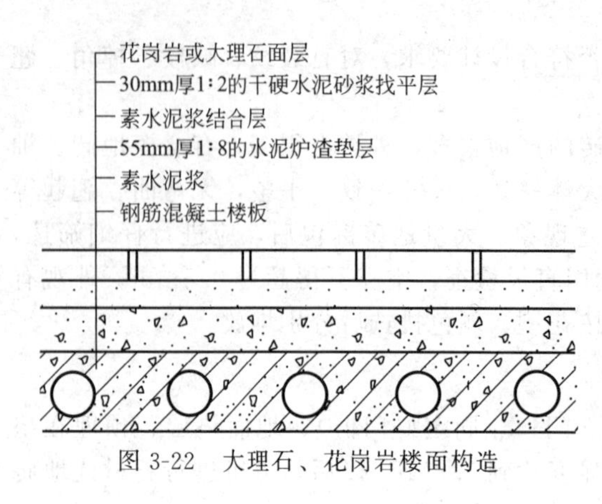

图 3-22 大理石、花岗岩楼面构造

查地面的平整度。对凹凸不平程度较大的部位应进行处理，将地面上的杂物清理干净。如果是光滑的钢筋混凝土地面，要进行凿毛处理，凿毛厚度为5～10mm，凿毛凹痕间距为30mm左右。对平整度太差的局部要采用剔凿和用1∶3的水泥砂浆填补的方法找平。彻底清除基层表面的残灰、浮尘、油垢并提前一天浇水湿润。在铺1∶3的干硬性水泥砂浆找平层前要在基层上涂刷水灰比为0.5的素水泥浆一道并且随刷随铺，间隔时间要小于8h。

② 弹线　根据设计要求，确定面层高度位置。在墙面弹出高度控制线，然后依据石材分块的情况挂线找中心、在房间地面取中心、挂十字线，再根据板块规格和设计要求弹出分格线，分格线要与相连房间的分格线相连接，与走廊直接相通的门口外，要与过道地面拉通线，板块分块布置以十字线对称。如室内地面与走廊颜色不同，其分格应安排在门口门扇中间处。

③ 选砖与浸砖　提前做好选砖的工作，要求石材或地砖颜色应大体一致，尺寸一致，平整，无弯曲、翘起等现象。大理石、花岗岩石板进场后，应侧立堆放在室内，光面相对、背面垫松木条，并在板下加垫木方。要详细地核对品种、规格、数量等是否符合设计要求，对有裂纹、缺棱、掉角、翘曲和表面有缺陷的块材，应予以剔除。石材及地砖的规格尺寸及颜色可能会有偏差，为保证铺贴质量，地砖颜色应一致，不得出现大范围的色差现象。如无法避免色差，也应该采用逐渐退晕的铺贴方法。铺贴地砖前应选砖分类，避免同一房间的地面色差明显或地砖高差及接缝直线偏差较大。地砖应预先用木条钉方框（按砖的规格尺寸）模子，拆包后每块都进行套选，其长、宽、厚允许偏差不得超过1mm，平整度用直尺检查，空隙不得超过0.5mm。外观有裂缝、掉角和表面上有缺陷的板材应剔出，并按花型、颜色挑选后分别堆放。陶瓷地砖应在铺贴前放在水中浸泡2～3h，具体浸泡时间应是无大量气泡放出为止，取出阴干备用。

④ 试拼与试排　这是确定质量的关键。在正式铺贴前，对每一个要铺贴的场所，都要选好石材后按设计要求拼出图案及安装顺序，对图案、颜色、纹理进行试拼试排。结合施工图中的大样图及房间实际尺寸，将大理石（或花岗石）板块排好，以便检查板块之间的缝隙，核对板块与墙面、柱、洞口等部位的相对位置。力求板块地面的颜色、纹理协调美观、花色一致，尽量避免或减少相邻板块出现色差，将非整块板对称排放在房间靠墙部位，残次地砖尽量放在非主要部位，且面积不小于1/4整砖大小。试拼后按两个方向编号排列，满意后按编号排放整齐。

⑤ 铺贴标准块　在房间内标准带的方向铺两条干砂带，其宽度大于板块宽度，厚度不小于3cm。铺贴石材前必须安放标准块，标准块应安放在十字线交点，对角铺贴。

⑥ 刷素水泥浆及铺砂浆结合层　试铺后将干砂和板块移开，清扫干净，用喷壶洒水湿润，刷一层素水泥浆（水灰比为0.4或0.5，刷的面积不要过大，随铺随刷）。根据板面水平线确定结合层砂浆厚度，拉十字控制线，使用1∶3的干硬性水泥砂浆做结合层，稠度为2.5～3.5cm，即以手捏成团，落地即散为宜。厚度为20～30mm，放上大理石（或花岗岩）板块时宜高出面层水平线3～4mm，宽度宜超出板宽度20～30mm，铺设时面积不得过大，不宜将砂浆一次铺完，根据块材的大小每次摊铺不大于1.2m，应随贴随铺，由里面向门口

方向铺抹，铺好后用刮杠刮平，再用铁抹子拍实、找平。为了保证铺贴好后找平层的整体性，减少砂浆干缩引起龟裂造成空鼓的现象，找平层的厚度一般以不小于10mm、不大于25mm为宜，而且一定要控制好砂浆的含水率。砂浆的含水率越高，在硬化过程中的收缩就越大，越容易造成空鼓现象，也容易造成面层在硬化过程中因周围环境的震动发生位移，降低面层的平整度。

⑦ 铺砌大理石（或花岗岩）板块　根据房间拉的十字控制线，纵横各铺一行，作为大面积铺贴的标筋。依据试拼时的编号、图案及试排时的缝隙，当设计无规定时，缝隙宽度不应大于1mm。通常先由房间中部开始，逐渐往两侧退步法铺贴，也可在十字控制线交叉点开始铺贴。先试铺，即搬起板材对好纵横水平控制线，再落在已铺好的干硬性砂浆结合层上。要让板材的四角同时落下，然后用橡胶锤轻轻地敲击石材。震实砂浆至铺贴高度后，再将石材板块掀起移至一旁，认真检查砂浆表面与板块之间是否吻合密实。如果发现有不严密的空虚处，要用砂浆填补平，再将石材板块四角同时下落，轻轻敲击直至砂浆与板材结合密实，没有空虚处，然后正式镶铺。再将石材板块掀起，先在水泥砂浆结合层上满浇一层水灰比为1∶0.5的素水泥浆（用浆壶浇匀），然后再在石材板块背面满刮一层水灰比为1∶0.5的素水泥浆，四周倒边刮浆。在安放板材时，四个角同时下落，用橡胶锤子或木锤轻轻击打石材板块，边铺边用水平尺找平。铺完第一块，向两侧或后退方向顺序铺砌。铺完纵、横之后有了标准，可分段、分区依次铺砌。如有柱子，最好是先铺柱子之间的部分，然后向两边展开。一般房间宜先里后外进行，逐步退至门口，便于保护成品，但必须注意与楼道相呼应。也可从门口处往里铺砌，铺贴好的板块应接缝平直，表面平整，镶嵌正确。板块与墙角、镶边和靠墙处应紧密砌合，不得有空隙。铺贴24h后洒水养护，根据气候条件养护2～3d后，敲击块材，检查是否有空鼓现象。

当采用水泥砂浆结合层时，将水泥、中砂按1∶3的比例拌和均匀，加水搅拌，稠度控制在35mm以内；一次不应搅拌过多，要随拌随用。根据找平、找坡的控制点和预铺砖的情况，从里向外挂出2～3道控制线，从内向外铺贴；铺贴时先将水泥砂浆打底找平，厚度控制在10～15mm，然后将石材或地砖块沿线铺在砂浆层上，用橡胶锤轻轻敲击砖面，使其与基层结合密实；最后沿控制线拨缝、调整，使砖与纵、横控制线平齐；管根、转角、地漏、门口等处套割时，应先放样再套割，以便做到方正、美观。

铺贴石材时应注意天气，施工环境温度低于5℃时，要采取防冻措施；气温高于30℃时，应采取遮阳措施，以防止水分蒸发过快，影响铺贴质量，并应及时洒水养护。

⑧ 灌缝、擦缝　石材板块铺贴完以后的养护十分重要，24h后必须洒水养护，铺贴完后覆盖锯末养护1～2昼夜，经检查板块无断裂和空鼓现象后，方可进行灌浆擦缝。先清除地面上的灰土，根据大理石（或花岗岩）板块颜色，选择相同颜色矿物颜料和水泥（或白水泥）配制成相应的1∶1稀水泥浆，用浆壶将稀水泥色浆分几次徐徐灌入板缝中，并用长把刮板把流出的水泥浆刮向缝隙内，直至基本灌满为止。灌浆1～2h后，用棉纱团蘸原稀水泥浆擦缝，与板面擦平，同时将板面上多余水泥浆擦净，用干锯末将石材板块擦亮，使大理石（或花岗岩）面层的表面洁净、平整、坚实。以上工序完成后，在面层铺上湿锯末养护。养护时间一般为1周左右。

⑨ 粘贴踢脚板　根据主墙50cm标高线，测出踢脚板上口水平线，弹在墙上，再用线坠吊线确定出踢脚板的出墙厚度，一般为8～10mm。以一面墙为单元，先从墙的两端根据踢脚的设计高度和出墙厚度贴出两个控制砖，然后拉通线粘贴。粘贴的砂浆可采用聚合物砂浆；阳角接缝砖切出45°对角，或者根据设计要求切砖。

⑩ 清洁、打蜡　当水泥砂浆结合层达到一定强度后（抗压强度达到1.2MPa时），方可

进行打蜡。基层处理要干净，高低不平处要先凿平和修补，基层应清洁，不能有砂浆，尤其是白灰、砂浆灰、油渍等，并用水湿润地面。

3.4.2.2 陶瓷类地面的施工工艺流程及要点

陶瓷地面砖按材质按工艺可分为：釉面砖、通体砖、抛光砖、玻化砖、陶瓷锦砖。陶瓷地面是室内楼地面装修中最常见的建筑材料之一。地面铺贴陶瓷地砖，最普遍的做法是用水泥砂浆或聚合物水泥浆粘贴于地面找平层上，如图 3-23 所示。

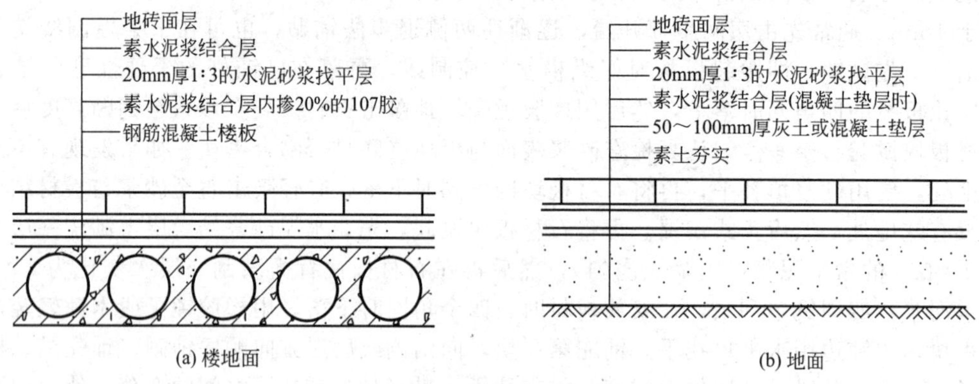

图 3-23　地面砖楼地面构造

(1) 施工工艺流程

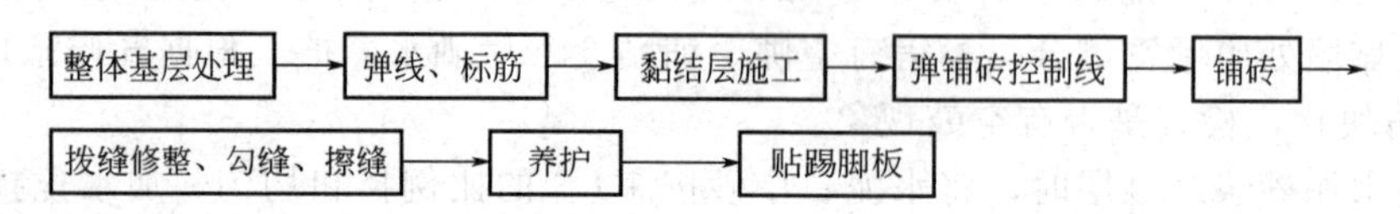

(2) 施工要点

① 整体基层处理　同石材类地面的施工工艺。

② 弹线、标筋　在房间内四周的墙上弹好 50cm 水平标高线，并校核无误。根据墙上的 50cm 水平标高线，往下量测出面层标高，并弹在墙上。从已弹好的面层水平线下量至找平层上皮的标高，抹灰饼间距 1.5m，灰饼上平就是水泥砂浆找平层的标高，然后从房间一侧开始抹标筋。有地漏的房间，应由四周向地漏方向放射状抹标筋，并找好坡度。抹灰饼和标筋应使用干硬性砂浆，厚度不宜小于 2cm。

③ 黏结层施工　清洁抹标筋的剩余浆渣，浇水湿透，并撒素水泥浆一道（水灰比为 0.4 或 0.5），然后用扫帚扫匀，扫浆面积的大小应依据打底铺灰速度的快慢决定，应随扫随铺。然后根据标筋的标高，用小平锹或木抹子将已拌好的水泥砂浆［配合比为 1∶(3～4)］铺装在标筋之间，用木抹子摊平、拍实，用小木杠刮平，再用木抹子搓平，使其铺设的砂浆与标筋找平。有防水要求的楼面工程（如卫生间等），在找平层前应对立管、套管和地漏与楼板节点之间进行防水密封处理。铺设找平层后，用大木杠横竖检查其平整度，同时检查其标高和泛水坡度是否正确，24h 后浇水养护。

④ 弹铺砖控制线　黏结层砂浆抗压强度达到 1.2MPa 时，开始上人弹砖的控制线。预先根据设计要求和砖板块规格尺寸，确定板块铺砌的缝隙宽度，当设计无规定时，密铺缝宽不宜大于 1mm，虚缝缝宽宜为 5～10mm。在房间正中从纵、横两个方向排尺寸，当尺寸不足整砖倍数时，将可裁割半块砖用于边角处；尺寸相差较小时，可调整缝隙。横向平行于门口的第一排应为整砖，将非整砖排在靠墙的位置，纵向（垂直门口）应在房间内分中，非整砖对称排放在两墙边处。根据已确定的砖数和缝宽，在地面上弹纵横控制线，约每隔四块砖

弹一根控制线。

⑤ 铺砖 为了找好位置和标高，应从门口开始，纵向先铺2～3行砖，从此为标筋拉纵横水平标高线，铺时应从里向外退着操作，人不得踏在刚铺好的砖面上，每块砖都应跟着线。铺砖前，将砖板块放入半截水桶中浸水润湿，晾干后表面无明水时，方可使用。找平层上洒水润湿，均匀涂刷素水泥砂浆（水灰比为0.4～0.5），涂刷面积不要过大，铺多少刷多少。

如采用水泥砂浆铺设时，结合层的厚度应为20～30mm；如采用胶结料铺设时，应为2～5mm；采用胶结剂铺设时，应为2～3mm。采用胶结材料和胶结剂时，除了按出厂说明书操作外，还应经实验室试验后确定配合比，拌和均匀，不得有灰团，一次拌和不得太多，并在要求的时间内用完。如使用水泥砂浆结合层时，配合比宜为1∶2.5（水泥∶砂）。也应随拌随用，初凝前用完，防止影响黏结质量。

铺砌时，砖的背面上抹黏结砂浆，铺砌到已刷好的水泥砂浆找平层上，砖上棱略高于水平标高线，找正、找直、找方后，砖上垫木条，用橡胶锤拍实，顺序从内退着往外铺砌，做到面砖砂浆饱满、相接紧密、坚实，与地漏相接处，用砂轮锯将砖加工成与地漏相吻合。铺地砖时，最好一次铺一间，大面积施工时，应采取分段、分部位铺砌。

铺完2～3行，应随时拉线检查缝格的平直度，如超出规定，应立即修正，将缝拨直，并用橡胶锤拍实。此项工作应在结合层凝结之前完成。

⑥ 拨缝修整、勾缝、擦缝 将已铺好的砖块拉线、修整、拨缝，将缝找直，并将缝内多余的砂浆扫出。铺完2～3行，应随时拉线检查缝格的平直度，如超出规定，应立即修整，将缝拨直，并用橡胶锤拍实。此项工作应在结合层凝结之前完成。然后在面层铺贴24h内用水泥浆勾缝，缝内深度宜为砖厚的1/3，要求勾缝密实，缝内平整光滑，面层溢出的水泥砂浆应及时清除，缝隙内的水泥砂浆凝结后，应将面层清洗干净。擦缝用的水泥，其颜色由设计要求确定，当设计要求无规定时，宜根据地砖颜色选用。如设计要求不留缝隙或缝隙很小时，则要求接缝平整，在铺实修整好的砖面层上用浆壶往缝内浇水泥浆，然后用干水泥撒在缝上，再用棉纱团擦揉，将缝隙擦满。最后将面层上的水泥浆擦干净。

⑦ 养护 铺完砖24h后，铺干锯末常温养护，时间不应少于一周，期间不得上人踩踏。需要注意的是如在冬天施工，室内温度应不低于5℃，天寒地冻时不宜铺贴陶瓷地面砖。

⑧ 贴踢脚板 踢脚板可以是同色地砖、石材，也可以是木质踢脚线。贴踢脚板一般用板后抹砂浆的办法，贴于墙上。铺设时应在房间阴角两头各铺贴一块砖，使出墙厚度及高度符合设计要求，并以此砖上棱为标准进行挂线。开始铺贴，将砖背面朝上，抹黏结砂浆。水泥砂浆配合比为1∶2，使砂浆能粘满整块砖为度，及时粘到墙上，并拍实，使其上口跟线，随之将挤出砖面上的余浆刮去。将砖面清理干净。基层要平整，贴时要刮一道素浆，镶贴前要先拉线，这样容易保证上口平直。为了使踢脚板与地面的分格线协调，踢脚板的立缝应与地面缝对齐，踢脚板与地面接触的部位应缝隙密实。在粘贴前，砖块材料要浸水晾干，墙面刷水润湿。

3.5 地毯地面施工

地毯的铺设分为满铺和局部铺设两种方式，铺设方式有固定和不固定两种。不固定铺设是将地毯浮搁在基层上，不需将地毯与基层固定。而固定铺设的方法又分为两种：一种是胶黏剂固定法，适用于单层地毯；另一种是倒刺板固定法，适用于有衬垫地毯。铺设地毯的施工要点是大面平整、拼缝要求紧密、缝隙要小。铺贴后不显拼缝，大平面不易滑动。

3.5.1 地毯地面的材料构造与准备

3.5.1.1 地毯地面的构造

按照地毯构造做法不同，可以分为活动式铺贴和固定式铺贴两种。活动式地毯铺贴构造是将地毯裁边粘接拼缝成一整片，直接摊铺于地上，不与地面粘贴，四周沿墙脚修齐即可，如图 3-24 所示。

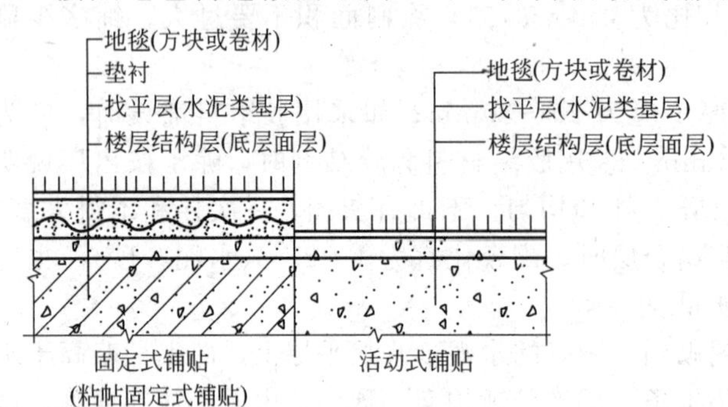

图 3-24 地毯面层构造示意

固定式地毯铺贴构造有三种：粘贴法、卡钩法和压条固定法，如图 3-25 所示。

（1）粘贴法　直接用胶黏剂把本身带有泡沫橡胶背衬的地毯粘贴在地面上，或沿地毯四周宽度为 100～150mm 范围涂胶黏剂，用量为 0.05kg/m^2。

（2）卡钩法　在房间四周地面上用钢钉安设带卡钩的木条，将地毯张紧挂在卡钩上。

（3）压条固定法　在地毯周围设 20mm×30mm、10mm×25mm 的木压条，用特制的钢钉将压条和地毯边钉入混凝土楼板上。

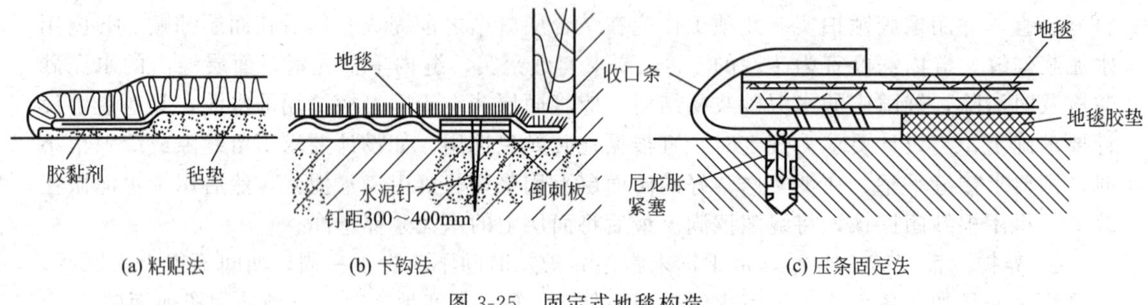

图 3-25 固定式地毯构造

3.5.1.2 材料准备

（1）地毯材料　地毯的品种、规格、主要性能和技术指标（如剥离强度、黏合力、耐磨性、回弹性、老化性）等必须符合设计要求，应有出厂合格证明。

（2）倒刺钉板条　倒刺钉板条为地毯固定件，在 1200mm×24mm×6mm 的三合板条上钉有两排斜铁钉（挂毯用，间距为 35～40mm），还有 7～9 个高强钢钉均匀分布在全长上（打入水泥地面，起固定作用），如图 3-26 所示。

（3）铝合金倒收口条　用于地毯端头露明处，起固定和收头作用。多用在外门 1∶3 或其他材料的地面相接处，如图 3-27 所示。

（4）铝合金压条　宜采用厚度为 2mm 左右的铝合金材料制成，用于门框下的地面处，压住地毯的边缘，使其免于被踢起或损坏，如图 3-28 所示。

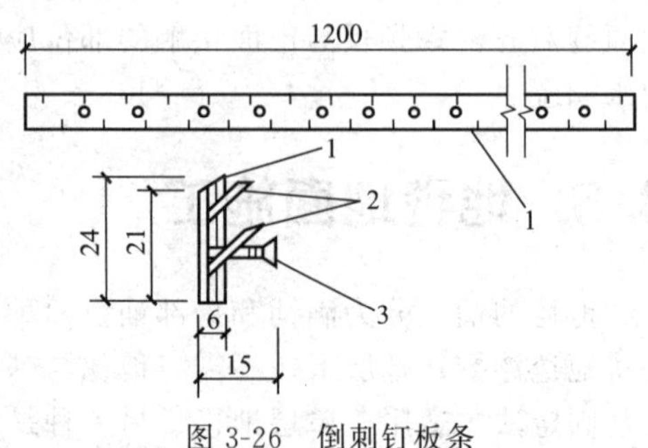

图 3-26 倒刺钉板条

1—胶合板条；2—挂毯朝天钉；3—水泥钉

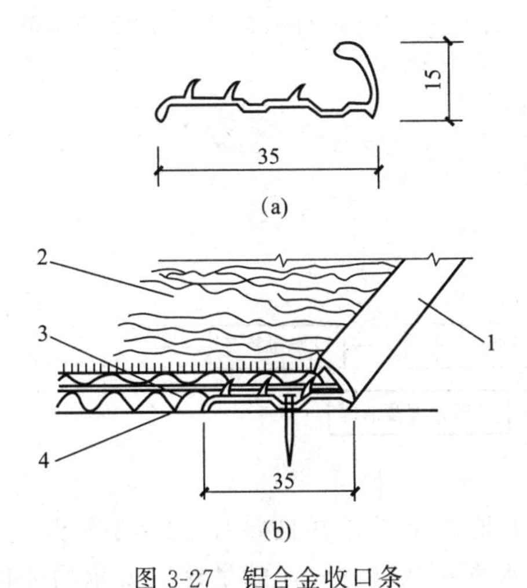

图 3-27　铝合金收口条

1—收口条；2—地毯；3—地毯垫层；4—混凝土楼板

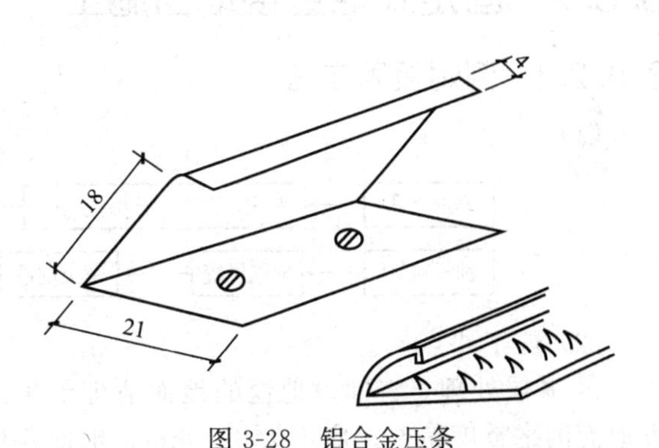

图 3-28　铝合金压条

(5) 胶黏剂　无毒、不霉、快干、0.5h之内使用张紧器时不脱缝，对地面有足够的黏结强度、可剥离、施工方便的胶黏剂，均可用于地毯与地面、地毯与地毯连接拼缝处的黏结。房间内多用于长边拼缝连接，走廊多用于端头拼缝连接。一般采用天然乳胶添加增稠剂、防霉剂等制成胶黏剂。

(6) 衬垫　对于无底垫的地毯，如果采用倒刺钉板条固定，应准备衬垫材料。一般用海绵做衬垫，也可采用杂毛毡垫。

3.5.1.3　工具准备

(1) 裁边机与裁毯刀　裁边机主要用于施工现场的地毯裁边，裁割时不会使地毯边缘的纤维硬结而影响拼缝连接。裁毯刀有手推裁刀和手握裁刀两种，前者用于铺设操作时少量裁切，后者用于施工前大批量下料裁剪。

(2) 地毯撑子（也称张紧器）　地毯撑子也称张紧器，有大撑子和小撑子两种。大撑子用于房间内面积铺地毯，通过可伸缩的杠杆撑头及铰接承脚将地毯张拉平整，撑头与承脚之间可以任意接装连接管，以适应房间尺寸，使承脚顶住对面墙。小撑子用于墙角或操作面窄小处，操作者用膝盖顶住撑子尾部的空气橡胶垫，两手可自由操作。地毯撑子的扒齿长短可调，以适应不同厚度的地毯材料。注意不使用时应将扒齿缩回，以免齿尖扎伤人。

3.5.1.4　操作准备

(1) 基层处理　对于铺设地毯的基层要求比较高，因为地毯大部分为柔性材料，有些是价格较高的高级材料，如果基层处理不符合要求，很容易造成对地毯的损伤。

① 混凝土地面要平整，无凸凹不平的现象。基层面所黏结的油脂等应擦干净。凸起部分要用砂轮机磨平，如不平整度较严重，凹坑处多，可用水泥砂浆找平。

② 在木地板上铺设地毯时，应注意钉头或其他突起物，以防止损坏地毯。

(2) 测量尺寸　测量尺寸是地毯固定前重要的准备工作，关系到地毯下料的尺寸大小和室内地面铺设的质量。测量房间尺寸要精确，按长、宽净尺寸为裁地毯下料依据，同时按房间和所用地毯型号统一登记编号。

(3) 裁切　在专门的室外平台上进行，按房间尺寸形状用裁边机下料，每段地毯的长度要比房间长度长出约20mm。宽度要以裁去地毯边缘线后的尺寸计算。弹线裁去地毯边缘部分，然后用手推裁刀从地毯背裁切，裁切后卷成卷，编上号，运入对号房间。大面积房间在施工地点裁剪拼缝。

3.5.2 固定式地毯楼地面施工

3.5.2.1 倒刺板固定法

（1）工艺流程

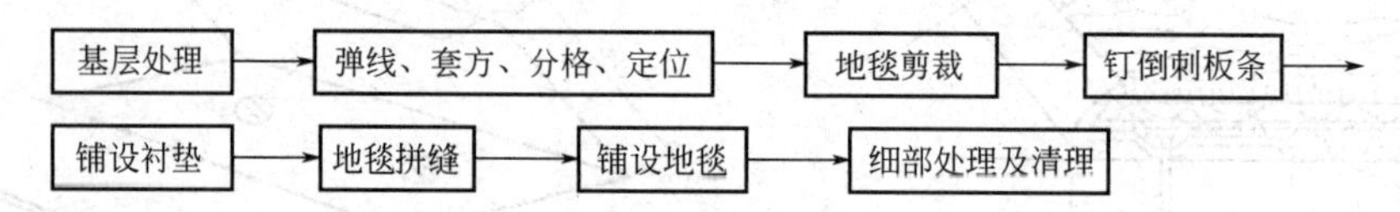

（2）施工要点

① 基层处理　将铺设地毯的地面清理干净，保证地面干燥，并且要有一定的强度。检查地面的平整度偏差，应不大于4mm，地面基层含水率不大于8%，满足这些要求后才能进行下一道工序施工。

② 弹线、套方、分格、定位　严格按照设计图纸，根据不同部位和房间的具体要求进行弹线、套方、分格。如无设计要求，可对称找中并弹线便可定位铺设。

③ 地毯剪裁　地毯裁剪应在较宽阔的地方统一进行，并按照每个房间实际尺寸和形状，计算地毯的剪裁尺寸，在地毯背面弹线、编号。原则上地毯的经线方向与房间长向一致。地毯的每一边长度应比实际尺寸长出20mm左右，宽度方向以地毯边缘线的尺寸计算。按照背面的弹线用手推裁刀从背面裁切，并将裁切好的地毯卷边编号、存放。

④ 钉倒刺板条　沿房间或走道四周踢脚板边缘，用钢钉将倒刺板钉在基层上，其间距约为400mm，倒刺板离踢脚板面8～10mm，便于用锤子砸钉子，如图3-25(b) 所示。

⑤ 铺设衬垫　将衬垫采用点粘法，刷聚乙酸乙烯乳胶粘在地面基层上，要离开倒刺板10mm左右，设置衬垫拼缝时应考虑到与地毯拼缝至少错开150mm。

⑥ 地毯拼缝　拼缝前要判断好地毯的编织方向，以避免拼缝两边的地毯绒毛排列方向不一致。地毯面层的接缝应在地毯的背面，一般采用缝合或黏结的方法。缝合地毯（纯毛地毯多用此法）是将裁好的地毯虚铺在垫层上，然后将地毯卷起，在接缝处缝合。缝合完毕用50～60mm宽的塑料胶带纸贴于缝合处，保护接缝处不被划破或勾起，然后将地毯平铺，用弯针在接缝处做绒毛密实的缝合；黏结地毯（麻布衬底的化纤地毯多用此法）是将裁好的地毯虚铺在垫层上，在地毯拼缝位置的地面上弹一条直线，按照弹线将地毯胶带铺好，两侧地毯对缝压在胶带上，然后用熨斗在胶带上熨烫，使胶层溶化，随熨斗的移动立即把地毯紧压在胶带上。接缝以后用剪子将接口处的绒毛修齐。

⑦ 铺设地毯

a. 拉伸与固定地毯　先将地毯的一条长边固定在倒刺板上，并将毛边塞到踢脚板下，用地毯撑拉伸地毯。拉伸时，先压住地毯撑，用膝盖撞击地毯撑，从一边一步一步推向另一边，由此反复操作将四边的地毯拉平固定在四周的倒刺板上，并将长出的部分地毯裁割。

b. 固定收边　地毯挂在倒刺板上要轻轻敲击，使倒刺全部勾住地毯，以免挂不实而引起地毯松弛。地毯全部展平拉直后应把多余的地毯边裁去，再用扁铲将地毯边缘塞进踢脚板和倒刺板之间。在门口或其他地面的分界处，弹出线后用螺钉固定铝压条，再将地毯塞入铝压条口内，轻敲弹起的压片使之压紧地毯，如图3-25(c) 所示。

⑧ 细部处理及清理　注意门口压条的处理和门框、走道与门厅，地面与管根、暖气罩、槽盒，走道与卫生间门槛，楼梯踏步与过道平台，内门与外门，不同颜色地毯交接处和踢脚板

等部位地毯的套割与固定和掩边工作。地毯必须黏结牢固，不应有显露、后找补条等工作。地毯铺设完毕，固定收口条后，应用吸尘器清扫干净，并将地毯面上脱落的绒毛彻底清理干净。

3.5.2.2　胶黏剂固定法

用胶黏剂固定地毯，一般不需要放衬垫，只要将胶黏剂刷在基层上，然后固定地毯在基层上即可。这种方法固定地毯，要求地毯具有较密实的胶底层，一般在绒毛的底部粘上一层2mm左右的胶层，如橡胶、塑胶、泡沫胶底层等。涂刷胶黏剂可以是局部刷胶，也可以满刷胶。人不常走动的房间的地毯，一般采用局部刷胶。

胶刷在基层上，静停一段时间后，便可铺设地毯。铺设的方法应根据房间的面积灵活掌握。如果是面积不大的房间，将地毯裁割完毕后，在地面中间刷一块小面积的胶，然后将地毯铺放，用地毯撑子往四边撑拉，在沿墙四边的地面上涂刷120～150mm宽的胶黏剂，使地毯与地面黏结牢固。刷胶可按0.05kg/m^2的涂布量使用。如果房间面积较大，铺黏地毯时，可先在房间一边涂刷胶黏剂，一边铺放已预先裁割的地毯，然后用地毯撑向两边撑拉，再沿墙边刷两条胶黏剂，将地毯压平掩边。地毯拼接的方法与前述相同。

地毯在门口的处理方法是：地毯应在门扇下的中部收口。为避免门口处的地毯被踢起，在门口处需加一条铝合金收口条，收口条内有倒钩扣牢地毯。安装时先将铝合金收口条用螺钉固定在地面上，再将地毯插入其内，将收口条上盖轻轻敲下压住地毯面。

3.5.3　活动式地毯楼地面施工

3.5.3.1　楼地平面地毯施工

活动式铺设是将地毯裁边，黏结接缝成一整片，直接摊铺于地上，不与地面黏结，四周沿墙脚修齐即可。此方法铺设简单，更换容易，一般仅适用于装饰性工艺地毯和方块地毯的铺设。

铺设方块地毯，首先要将基层清扫干净，并应按所铺房间的使用要求及具体尺寸，弹好分格控制线。铺设时，宜先从中部开始，然后往两侧均铺。要保持毯块的四周边缘棱角完整，破损的边角地毯不能使用。铺设操作时，要使地毯块一块紧靠一块，常采用逆光与顺光交错铺设的方法，从而使铺设后的地毯面形成一块亮、一块暗的装饰效果。

在两块不同材质地面交接处，应选择合适的收口条。如果两种地面标高一致，可以选用铜条或不锈钢条，以起到衔接与收口的作用。如若两种地面标高不一致，一般选用铝合金“L”形收口条，将地毯的毛边伸入收口条内，再把收口条端部砸扁，起到了收口与固定的双重作用。

在行人活动频繁且不易管理，地毯容易被人掀起的部位，铺设方块地毯时，可在地毯底部稍刷一点儿胶黏剂，以增强地毯铺放的耐久性，防止被外力掀起。

活动式地毯铺设完毕后，在未交工前，应注意保护。在人流比较集中的部位，应在地毯面上加盖木板一类的材料进行保护。

3.5.3.2　楼梯地毯楼地面施工

楼梯地毯楼地面施工准备工作和常用机具与平面铺设基本一致，但楼梯铺设与行人上上下下频繁行走的安全有关，铺设的重点是保证铺设固定的妥帖。

（1）工艺流程

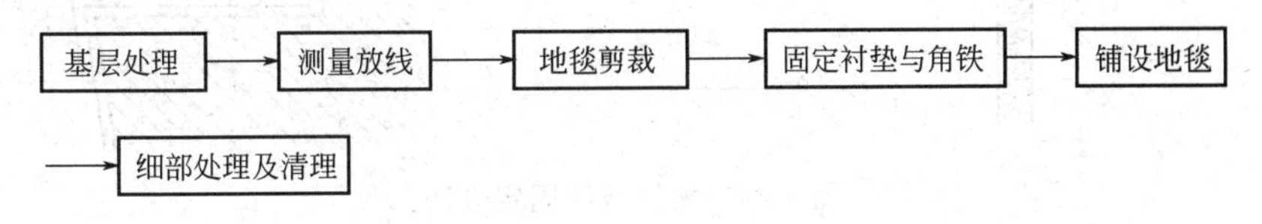

(2) 施工要点

① 测量楼梯一级的宽度和深度，以估计所用地毯的长度。将测得的宽度和深度相加乘以楼梯的级数，根据楼梯的每级踏步的深度和高度，计算踏步的级数，以计算出所需地毯的长度。计算公式如下。

$$L=(b+h)n+450\text{mm}$$

式中 L——所需地毯长度；

b——每级踏步踏宽；

h——每级踏步踏高；

n——踏步数量。

留 450mm 余量的目的，是为了使用时可挪动地毯，以改变受磨损的地毯位置。

然后按楼梯铺设的宽度在地毯上划粉线，剪裁时，应按地毯的粉线位置，找出地毯的纺织缝，并按纺织缝剪裁，这样不致剪伤、剪乱地毯的纤维，并使边缘整齐。地毯拼接应纹理相同。拼缝时，先将地毯两边对齐、修齐。再将两地毯用针线粗接起来，最后用地毯烫带将拼缝粘牢，把拼好缝的地毯面向内卷起待用。

② 固定地毯衬垫有两种方法：一种是用胶黏剂粘固在楼梯上；另一种是钉固在楼梯上。用黏结法时，楼梯表面应冲刷并清洗干净，待干燥后在楼梯面上刷胶，每个梯级的平面和竖面各刷一条宽 50mm 的胶带，再将地毯衬垫压贴在楼梯上，使其平整。钉固法，是用地毯挂角条将衬垫压固。地毯挂角条是用厚 1mm 左右的铁皮制成的，有两个方向的倒刺爪，可将地毯背抓住而不露痕迹。钉固前，先将衬垫在楼梯上铺平，然后用水泥钉将挂角条钉在每个梯级的阴角处。如果地面较硬，打钉子困难，可在钉位处用冲击钻打孔，孔内埋入木楔，通过木楔与钉将地毯挂角条压固在楼梯上。对于不用衬垫的地毯铺设，可事先将地毯挂角条直接固定在楼梯级的阴角处。挂角条的长度要小于地毯宽度 20mm 左右。

③ 地毯首先要从楼梯的最高一级铺起。每梯段顶级铺设地毯应用倒刺板固定于平台上，每级阴角处用扁铲将地毯绷紧后，压入两条倒刺板之间的间隙内；然后顺着楼梯而下至最后一个台阶，将多余的地毯朝内折转钉于底级的踢角板上即可。

④ 所用地毯若已有海绵衬垫，则可用地毯胶黏剂代替挂角条，将胶黏剂涂抹在压板与踏步面上，粘贴地毯。

⑤ 楼梯地毯的最高一级是在楼梯面或楼层地面上，应固定牢固并用金属收口条严密收口封边。地毯在楼梯踏步转角处需用铜质防滑条和铜质压毡杆进行固定处理，如图 3-29 所示。

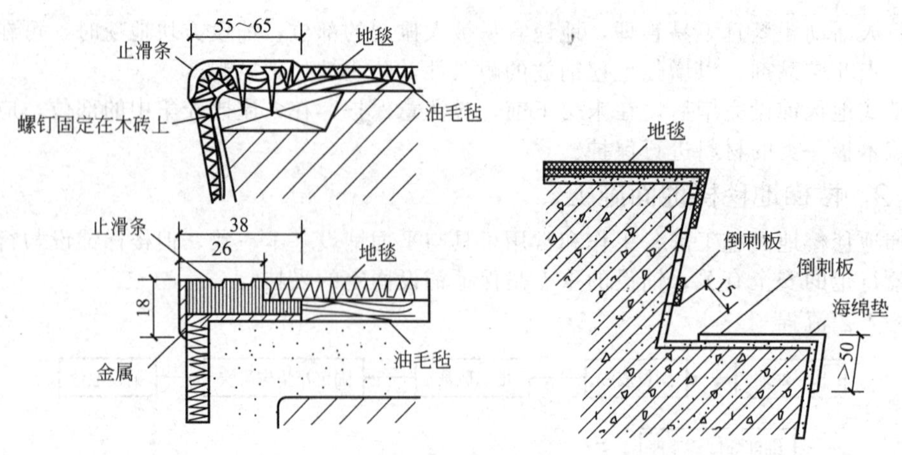

图 3-29 楼梯地毯固定方法

3.6　塑料与塑胶楼地面施工

塑料与塑胶楼地面是指用聚氯乙烯、氯化聚乙烯等其他塑料地板作为饰面材料铺贴的楼地面。塑料地板大多用胶黏剂贴于水泥砂浆或混凝土基层上，具有美观、质轻、耐腐蚀、绝缘、绝热、防滑、易清洁、施工简便、造价较低的优点，但其不耐高温、怕明火、易老化。因此，多用于一般性居住和公共建筑，不适宜人流较密集的公共场所。

3.6.1　塑料与塑胶地板楼地面概述

3.6.1.1　塑料与塑胶地板楼地面的构造

塑料与塑胶地板楼地面的构造做法较为简单，一般分为两种：一种是将塑料地面直接铺贴在基层上，整片浮铺，适用于人流量小及潮湿的房间；另一种是胶粘铺贴，用胶黏剂与基层固定，胶黏剂的选择应视面层材料而定。其基本构造如图 3-30 所示。

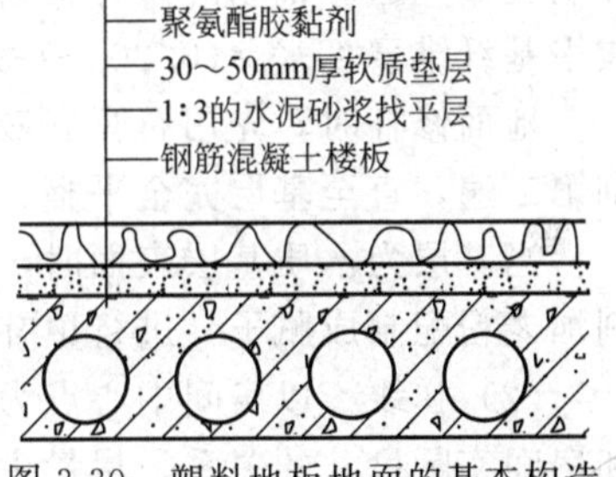

图 3-30　塑料地板地面的基本构造

3.6.1.2　材料准备

塑料地板按掺入树脂的种类来分，有聚氯乙烯塑料地板、氯乙烯-乙酸乙烯塑料地板和聚乙烯或聚丙烯塑料地板。树脂中加入一定比例的橡胶可制成塑胶地板。品种有硬质地板、半硬质地板和弹性地板，外形有块状和卷材两种。

塑料地板适用于宾馆、住宅、医院等建筑的地面，体育场馆地坪、球场和跑道等地面装饰，以下是几种常用塑料地板的材料。

（1）硬质塑料地板　塑料地板可以选用单层板或同质复合地板，也可选用由印花面层和彩色基层复合成的彩色印花塑料地板。常见规格为厚度 1.5mm、长度 300mm、宽度 300mm，也可由供需双方议定其他规格的产品。但是，产品质量应符合国家标准《半硬质聚氯乙烯块状塑料地板》（GB 4083—1983）的规定。也可以分为有底衬地板和无底衬地板，底衬材料有石棉纸、矿棉纸、玻璃纤维毡、无纺布等，底衬可提高地板的拉折强度，变形小，但成本高。

（2）塑胶地板　在塑料地板中加入一定量的橡胶可制成塑胶地板。塑胶地板弹性大、耐磨、耐候性好，呈现卷材状。种类有全塑型、混合型、颗粒型和复合型。

（3）塑料弹性卷材地板　该地板以玻璃纤维毡作增强基层，采用刮涂法工艺加工而成。通过化学发泡使之有弹性，图案一般套色印刷，表面布以耐磨层，用机械压花使其有浮雕感，同时起到消除炫光和防滑的作用。

（4）塑料地板胶黏剂　铺贴塑料地板时多用胶黏剂粘贴。胶黏剂的性能要求是：粘接强度大、感温性好，有一定的耐碱性和防水性，施工容易，固结期要适当并有足够的贮存期。常用的地板胶黏剂有：沥青胶黏剂、聚乙酸乙烯溶剂胶黏剂，适用于水泥或木质基层；合成橡胶胶黏剂、环氧树脂胶黏剂，适用于水泥、木质或金属基层，特点是粘接强度高，施工时随配随用。使用胶黏剂时，一定要根据地板品种、特性和环境条件合理取用。

3.6.1.3　机具准备

（1）压辊　用于推压焊缝。

（2）鬃刷　一般采用 5cm 或 6cm 的鬃刷涂刷胶黏剂。

（3）焊枪　用于软质聚氯乙烯塑料地板的连接。一般功率为 400～500W，枪嘴直径与焊条直径相同。

（4）V 形刀　用于切割软质塑料地板 V 形缝。

3.6.2 塑料地板楼地面施工

3.6.2.1 工艺流程

3.6.2.2 施工要点

（1）基层处理　水泥和混凝土基层地面铺设塑料地板，基层表面应干燥、无颗粒、无污染、洁净，平整度误差不超过 2mm。如果基层存在麻面和孔洞等质量缺陷，必须进行修补，并刷乳液一遍。常用的修补材料为滑石粉乳液腻子，其质量比为聚乙酸乙烯乳液：滑石粉：羧甲基纤维素：水＝(0.20～0.25)：1.0：0.10：适量。

地面修补时，先用石膏乳液腻子嵌补找平，然后用 0 号钢丝砂布打毛，再用滑石粉腻子刮第二遍，直至基层完全平整、无浮尘后，再刷 108 胶水泥乳液，以增强胶结层的黏结力。

当基层为木质基层表面时，木格栅应固定坚实，地面突出的钉头应敲平，板缝可用胶黏剂加老粉配制成腻子，进行填补平整。

（2）弹线　以房间中心点为中心，弹出相互垂直的两条定位线。同时，应考虑板块尺寸和房间实际尺寸的关系，尽量少出现小于 1/2 板宽的窄条。相邻房间之间出现交叉和改变面层颜色，应当设在门的裁口线处，而不能设在门框边缘处。在进行分格时，应距离墙边留出 200～300mm 作为镶边。塑料地板常见铺设形式有：接缝与墙面成 45°或接缝与墙面平行。

按照塑料地板的尺寸、颜色、图案进行弹线分格。弹线分格常以房间中心点为中心，弹出相互垂直的两条定位线，一般为“十字形”“对角形”和“T 形”，如图 3-31 所示。对于两个相连的房间铺设不同的地板，其分格线应设在门扇中，分色线在门框踩口线外，使门口地板对称。靠墙四周不足部分可做镶边处理。

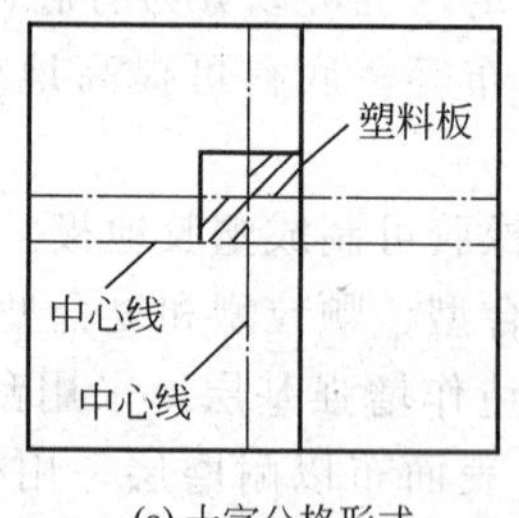

(a) 十字分格形式

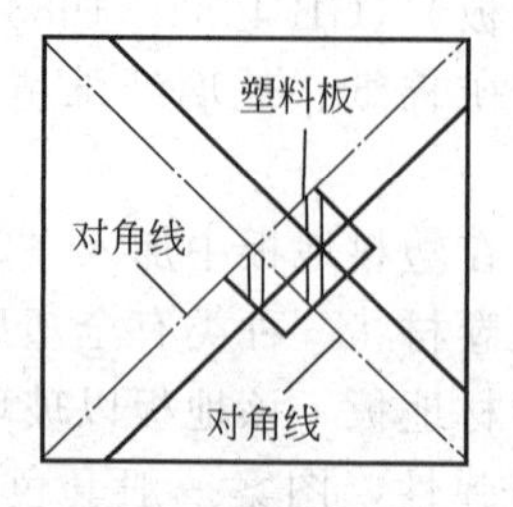

(b) 对角线分格形式

图 3-31　弹线分格方式

（3）试铺、裁割　按定位分格线，依设计图案预摆塑料地板块以确定镶边材料的尺寸，也可按镶边实际空隙裁割。塑料卷材要求根据房间尺寸定位裁切，裁切时应在纵向上留有 0.5％的收缩余量（考虑卷材切割下来后会有一定的收缩），如图 3-32 所示。切好后在平整的地面上静置 3～5d，使其充分收缩后再进行裁边。裁切后的塑料地板按弹线进行试铺，试铺合格后，应按顺序编号，以备正式铺贴。

为了确保塑料地板粘贴的牢固性，在裁切及试铺之前，应进行脱脂除蜡处理，将其表面的油蜡清除干净。处理时，将每张塑料地板放进 75℃左右的热水中浸泡 10～20min，然后

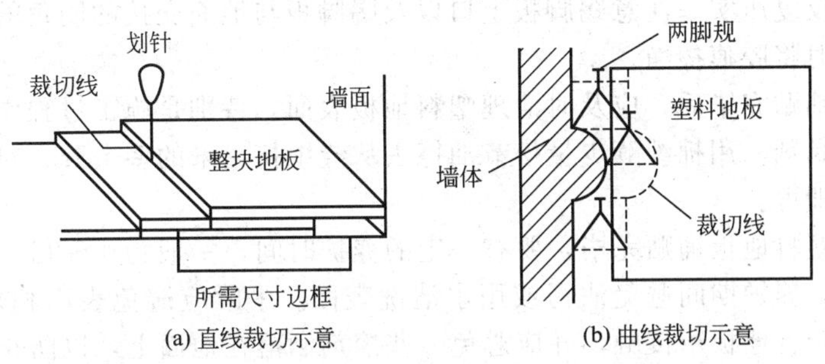

(a) 直线裁切示意　　(b) 曲线裁切示意

图 3-32　塑料地板的裁切

取出晾干，用棉丝蘸溶剂（丙酮：汽油＝1：8 的混合溶液）进行涂刷，脱脂除蜡，以保证塑料地板在铺贴时表面平整，不变形，粘贴牢固。

（4）刮底子胶　基层清扫干净后，用齿形刮板在基层上满涂一层薄而匀的底胶，越薄越好，且不得漏刷，以提高基层与面层的黏结，同时也可弥补塑料板块由于涂胶量不匀，可能会产生起鼓、翘边等质量缺陷。胶刮匀后手触胶面不粘手时即可铺贴塑料地板（常温下放置 5h 后）。

涂胶时，应根据不同的铺贴地点选用相应的胶黏剂。如 PVA 胶黏剂，适宜铺贴 2 层以上的塑料地板，粘贴时则不需要晾干过程，只是将塑料地板的黏结面打毛涂胶后即可粘贴。若选用乳液型胶黏剂，应在塑料地板的背面刮胶；溶剂型胶黏剂只在地面上刮胶。但对于聚乙酸乙烯溶剂型胶黏剂，因甲醇挥发速度快，故涂刮面不能过大，稍加暴露就应立刻铺贴。

通常施工温度应在 10～35℃范围内，暴露时间为 5～15min。低于或高于此温度，不能保证铺贴质量，最好不进行铺贴。

（5）铺贴　塑料地板铺贴时，应以弹线为依据，从房间的一侧向另一侧进行铺贴；也可采用“十字形”“T 形”“对角形”等铺贴方式。但应控制三方面问题：一是粘贴牢固，不得脱胶、空鼓；二是缝格顺直，避免错缝；三是表面平整洁净，不得有凸凹、破损和污染现象。铺贴时切忌整张一次贴上，应先将对角黏合，轻轻地用橡胶滚筒把整块地板平伏地粘贴在地面上。准确就位后，用手掌按压，随后用橡胶锤（或滚筒）从板中向四周锤击（或滚压），也可以从一边向另一边依次进行，挤出气泡，确保严实，板缝控制在 0.3～0.5mm，黏结坡口做成同向顺坡，搭接宽度不小于 300mm，随铺随用擦布将挤出的余胶擦净，如图 3-33 所示。铺贴到墙边时，可能会出现非整块地板，应准确量出尺寸后，现场裁割。整个地板铺好后，3 天内不得踩踏。

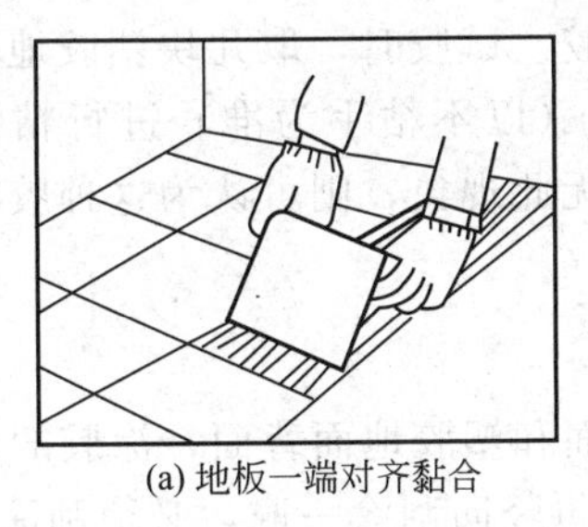

(a) 地板一端对齐黏合

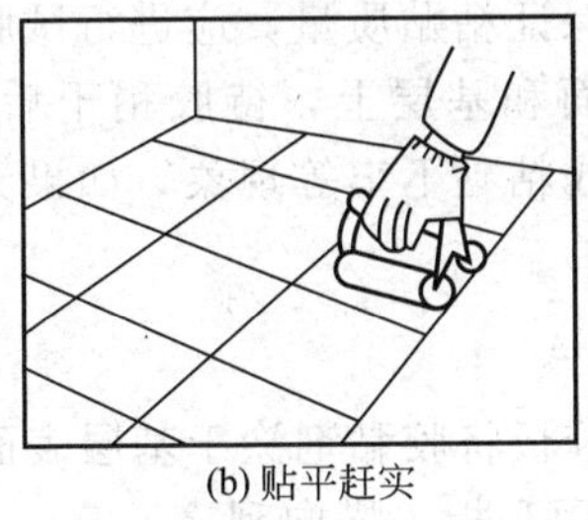

(b) 贴平赶实

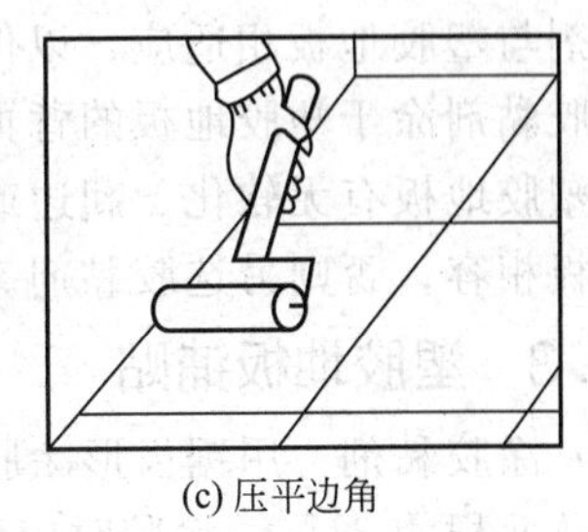

(c) 压平边角

图 3-33　塑料地板的铺贴

（6）踢脚线铺贴　塑料地面铺贴后，往上反出踢脚板高度，在墙的两端各粘贴一块，以此为起点，拉线铺贴。塑料踢脚线铺贴时，应将塑料条钉在墙内预留的木砖上，钉距 400～500mm，然后用焊枪喷烤塑料条，随即将踢脚线与塑料条黏结。铺贴时应先铺阴阳角，后铺大面，用压滚反复压实。注意踢脚板上口以及踢脚板与地面交接的阴角的滚压，以涂刷的胶压出为准并及时将胶痕擦净。

（7）清理　铺贴完毕后，应及时清理塑料地板表面，特别是施工过程中因手触摸留下的胶印。对溶剂胶黏剂，用棉纱蘸少量松节油擦去从缝中挤出来的多余胶；对水乳胶黏剂，只需要用湿布擦去即可。

（8）养护　塑料地板铺贴完毕，要有一定的养护时间，一般为1～3d。禁止行人在刚铺过的地面上行走，养护期间避免沾污或用水清洗表面。平时应避免表面相对湿度在60％以上的物品与地板砖、地板革接触，并应避免一些溶剂洒落在地面上，以防止地板砖、地板革起化学反应。

3.6.3 塑胶地板施工

塑胶地板是以PVC为主要原料再加入其他材料经特殊加工制成的一种新型塑料，其底层是一种高密度、高纤维网状结构材料，这种材料坚固耐用而富有弹性；表面为特殊树脂，纹路逼真，超级耐磨，光而不滑。一般适用于高档建筑室内地面装饰装修，其铺贴工序由两部分组成，即基层处理和粘贴施工。

3.6.3.1 基层处理

在地面上铺设塑胶地板时，应将地面进行强化硬化处理，素土夯实后做灰土垫层，然后在灰土垫层上做细石混凝土基层，确保地面的强度和刚度，最后做水泥砂浆找平层和防水防潮层。在楼地面上铺设塑胶地板时，为保证楼面的平整度（平整度误差不许超过0.5mm），应在钢筋混凝土预制楼板上做混凝土叠合层，在混凝土叠合层上做水泥砂浆找平层，最后做防水防潮层。待防水层干燥后，将其表面清理干净。

3.6.3.2 铺贴准备

（1）弹线　为了保证塑胶地板铺贴质量，在已处理好的基层上进行弹线。弹线形式有两种：一种是分别与房间纵横墙面平行的标准十字线；另一种是分别与同一墙面成45°角且互相垂直交叉的标准十字线。从十字线中心开始，逐条弹出每块（或每行）塑胶地板的施工控制线，以及在墙面上弹出标高线。同时，如果地面四周需要镶边，则应弹出楼地面四周的镶边线，镶边宽度应按设计确定。若不需要镶边，则不必弹此线。

（2）试铺和编号　根据弹出的定位线，将预先选好的塑胶地板按设计规定的组合造型进行试铺，试铺成功后逐一进行编号，以便备用。

（3）试胶黏剂　在塑料地板铺贴前，首先将待粘贴的塑胶地板清理洁净。然后，为了确保胶黏剂与塑胶地板相适应，以保证粘贴质量，应进行试胶。试胶时，取几块塑胶地板用拟采用的胶黏剂涂于塑胶地板的背面和基层上，待胶稍干后（以不粘手为准）进行粘铺。4h后观察塑胶地板有无软化、翘边或粘黏不牢等现象，如果无此现象，则可认为这种胶黏剂与塑胶地板相容，否则另选胶黏剂。

3.6.3.3 塑胶地板铺贴

（1）涂胶黏剂　用锯齿形涂胶板将胶黏剂涂于基层表面和塑胶地面背面，涂胶的面积不得少于总面积的80％。涂胶时应用刮板先横向刮涂一遍，再竖向刮涂一遍，必须刮涂均匀。

（2）粘铺施工　待胶膜表面稍干后，将塑胶地板按试铺编号水平就位，并与定位线对齐，把塑胶地板放平粘铺，用橡胶辊将塑胶地板压平粘牢，同时将气泡赶出，并与相邻各板抄平调直，不许有高度差，对缝应横平竖直。若设计中有镶边者应进行镶边，镶边材料及做法按设计规定进行。

（3）打蜡上光　塑胶地板在铺贴完毕经检查合格后，应将表面残存的胶液及其他污迹清理干净，然后用水蜡或地板蜡进行打蜡上光。

（4）清理与养护　清理与养护方法与半硬质塑料地板相同。但注意的是：塑胶地板粘贴完毕后，24h 内不能在其表面上走动和进行其他作业，另外在 10 天内，施工地点的温度要保持在 10～30℃，环境相对湿度不超过 70％。

3.7 楼地面装饰工程质量通病及防治措施

（1）整体楼地面面层质量通病及防治措施（表 3-6）

表 3-6　整体楼地面面层质量通病及防治措施

名称	质量通病	产生原因	防治措施
水泥砂浆楼地面	脱层、空鼓	基层未清理干净，基层未充分湿润或有积水，压补不够	做面层之前应将基层清扫干净，铲除基层上的浮皮，最后冲洗干净晾干，做面层时随刮水泥素浆，随铺面层砂浆，面层砂浆应抹平、压实
	起砂	①水泥强度等级过低，或水泥受潮结块，安定性不合格 ②砂浆水灰比过大，砂子过细，含泥量过大 ③养护不足，或遭受冻害。过早上人使用	①水泥应采用强度等级不低于 42.5 的新鲜水泥，砂子宜用中砂且含泥量不大于 3％，水灰比为 0.55，稠度不大于 3.5cm ②养护应在完活后 24h 后开始，用草包或草帘覆盖，保持草包或草帘湿润，养护时间不得少于 7d，冬季应关窗防冻，养护期内不准上人 ③控制好压光时间，初凝前抹光，终凝前压光，收压至少 3 遍，不准收压过夜的砂浆
	起皮	①撒干水泥压光 ②洒水压光 ③过早浇水养护 ④表面早期受冻	①表面泌水过多，只能撒 1∶1 的水泥砂子压光，水泥和砂子应搅拌均匀 ②严禁洒水收压，如砂浆过干，可稍洒水，加搅拌均匀的水泥砂浆拍实压光 ③盖草包或草帘洒水养护必须待砂浆强度达到手压无痕后方可进行 ④冬期施工应用强度等级 42.5 的普通硅酸盐水泥，水泥中可掺抗冻剂，但仍应注意养护
现浇水磨石地面	裂缝	①地基夯土下沉或结构不均匀沉降 ②预制圆孔板刚度差，灌缝不密实	①地基回填土应分层夯实，分层取样检查密实度，并保证密实度合格；填土较深时，混凝土垫层应加厚、加钢筋网 ②采用预应力圆孔板灌浆安装，提高楼板刚度；楼板端头及两侧灌缝，应采用不低于 C10 的细石混凝土，板缝先清除灰渣，浇水湿润，浇灌时插捣密实，浇水养护 5～6d，梁顶及门槛墙体两边嵌双嵌条，裂缝在嵌条之间产生，处理简便
	分格条压弯（铜条）或压碎（玻璃条）	①面层水泥石子浆虚铺厚度不够，用滚筒滚压后，表面同分格条平齐甚至低于分格条，滚筒直接在分格条上碾压，致使分格条被压弯或压碎 ②滚筒在滚压过程中，石子粘在滚筒或分格条上，滚压时造成分格条被压弯或压碎 ③分格条粘贴不牢，滚压过程中，因石子相互挤紧而被挤弯或挤坏	①控制面层虚铺厚度 ②滚筒滚压过程中，及时扫掉粘在滚筒和分格条上的石子 ③分格条应粘贴牢固，铺设面层前仔细检查一遍，发现粘贴不牢而松动或弯曲的应及时更换

续表

名称	质量通病	产生原因	防治措施
现浇水磨石地面	分格条两边及十字交叉处石子显露不清,出现黑边现象	①嵌条粘贴方法不当 ②滚筒滚压的方法不妥	①粘贴分格条的水泥浆应按“埋七留三”或“埋五留五”法操作,十字交叉处应留20mm的空隙不粘水泥浆,使石子铺入嵌条边 ②滚筒滚压时,应在两个方向(最好采用米字形在三个方向)反复碾压,如碾压后发现嵌条两侧浆多石子少时,应及时补撒石子并拍实
	水磨石地面颜色不一	材料批号改变,配料计量不准,搅拌不均匀	所用材料应是同一批号、同一规格、同一颜色,水泥加颜料应一次配齐过筛装包,按规定的配合比,专人计量配制,搅拌时采用机械搅拌,搅拌均匀,且搅拌的时间一致
	彩色污染	①两种不同的石子浆互串色 ②被结合层素浆污染 ③被覆盖物污染	①严格控制石子浆的水灰比,不能过稀。多种色彩的地面,先铺深色石子浆,后铺浅色石子浆,严格控制不同颜色的石子浆漫过嵌条 ②结合层素浆颜色应和面层石子浆颜色相同 ③带彩色的水磨石养护时不应覆盖锯末,避免木质色素污染石子

(2) 块材楼地面面层质量通病及防治措施(表3-7)

表3-7 块材楼地面面层质量通病及防治措施

名称	质量通病	产生原因	防治措施
花岗石、大理石地面	面层空鼓	①基层清理不干净,或浇水不够,水泥素浆结合层涂刷不均匀或涂刷时间过长,风干硬结 ②结合层砂浆太稀,水泥质量差 ③板块背面浮灰没有刷净和用水湿润,影响黏结效果 ④操作不当	①地面基层必须认真清理,并充分湿润,垫层与基层的水泥浆结合层应涂刷均匀,随刷随抹垫层砂浆 ②石板背面的浮土杂物必须清扫干净,并事先用水湿润,等表面稍晾干后进行铺设 ③必须采用强度等级为42.5的水泥拌制的干硬性砂浆。砂浆应拌匀,拌熟,切忌用稀砂浆
	接缝高低差偏大	①板块直角度偏差大,厚薄不均匀 ②操作检查不严	①用“品”字法挑选合格产品,剔除不合格产品;对厚薄不匀的板块,采用厚度调整器在背面抹砂浆调整板厚 ②应采用试铺方法,浇浆宜稍厚一些,板块正式落位后,用水平尺骑缝搁置在相邻的板块上,边轻锤压实边检查接缝,直到板面齐压为止
花岗石、大理石地面	表面不平,缝不顺直	①找平层表面不平,地砖厚度不一致,翘曲变形,地砖规格不一致 ②铺贴时未认真砸实砸平,铺贴后早期上人踩踏,砖块下沉	①注意选砖,翘曲变形、有裂缝、规格差异大的砖要注意剔除 ②严格检查找平层的平整度,厚薄不一的地砖可用结合砂浆来调整 ③铺完后注意养护,不宜过早上人
	砖面污染	砖面受水泥污染,未及时擦除砖面水泥浆	无釉面砖有强烈的吸水性,严禁在铺好的面砖上直接拌和水泥浆灌缝;可用浓水泥浆嵌缝,缝隙中挤出的水泥浆应及时用棉纱擦干净
陶瓷锦砖地面	表面不平,缝格不直	①控制不严 ②选料不严	①结合层刮平,铺贴后用锤和拍板砸平,同时用靠尺检查,将偏差控制在允许范围内 ②认真排砖、弹线或拉线控制,及时拨缝、调缝,随后拍实。同一房间使用同种类的整张陶瓷锦砖;在地漏处根据地漏的直径尺寸,预先计算好粒数,试铺合适后再正式粘铺。防止颗粒间隙不均匀
	有地漏的房间积水	标筋没做成泛水	地漏房间的地面,其标筋应朝向地漏做放射状,铺贴后,检查泛水

(3) 木地板楼地面面层质量通病及防治措施(表3-8)

表3-8 木地板楼地面面层质量通病及防治措施

质量通病	产生原因	防治措施
行走时有响声	①木材收缩松动、绑扎处松动 ②毛地板、面板钉子少钉或钉得不牢 ③自检不严	①严格控制木材含水率,并在现场抽样检查,合格后才能使用 ②当用铅丝把格栅与预埋件绑扎时,铅丝应绞紧,采用螺栓连接时,螺母应拧紧。调平垫块应设在绑扎处 ③每层每块地板所用钉子数量不应少,钉合应牢固 ④每钉一块地板,用脚踩应无响声,否则应及时返工
拼缝不严	①操作不严 ②板宽度尺寸误差大	①企口榫应平铺,在板前钉扒钉,用楔块使缝隙一致再钉钉 ②挑选合格的板材
表面不平	①基层不平 ②垫木调得不平 ③地板条起拱	①薄木地板的基层表面平整度不应大于2mm ②预埋铁件绑扎处铅丝或螺栓紧固后其格栅顶面应用仪器抄平。如不平,应用垫木调整 ③地板下的格栅上,每档应做通风小槽,保持木材干燥;保温隔声层填料必须干燥;防止木材受潮
地板槎	①刨板机走速太慢 ②刨板机吃刀太深	①刨地板机的转速应适中,不能太慢 ②刨地板机的吃刀不能太深,应吃浅一点儿,多刨几次
地板局部翘鼓	①受潮变形 ②毛地板拼缝太小或无缝 ③水管滴漏泡湿地板 ④阳台门口进水	①毛地板缝应留2~3mm的缝隙 ②水管、气管试压时,地板面层刷油、打蜡应已完成,试压时有专人负责看管,处理滴漏 ③阳台门口或其他门口,采取断水措施,严防雨水进入地板内
木踢脚板与地面不垂直,表面不平,接槎有高低	①踢脚板翘曲 ②木砖埋设不牢或间距过大 ③踢脚板呈波浪形	①踢脚板靠墙一面应设变形槽,槽深3~5mm,槽宽不小于10mm ②墙体预埋木砖间距应不大于400mm,加气混凝土块或轻质墙,其踢脚线部位应砌枯土砖墙,使木砖能嵌牢固 ③钉踢脚板前,木砖应钉垫木,垫木应平整,拉通线钉踢脚板

3.8 地面装饰工程构造设计与施工实训

(1) 实训目的 通过构造设计、施工操作系列实训项目,充分理解楼地面工程的构造、施工工艺和验收方法,使学生在今后的设计和施工实践中能够更好地把握楼地面工程的构造、施工、验收的主要技术关键。

(2) 实训内容 根据本校的实际条件,选择本任务书选项一(表3-9)或选项二(表3-10)进行实训。

表3-9 楼地面构造设计实训项目任务书(选项一)

任务名称	楼地面构造设计
任务要求	为本校教师会议室设计一款实木地板地面
实训目的	理解楼地面的构造原理
行动描述	①了解所设计楼地面的使用要求及档次 ②设计出构造合理、工艺简洁、造型美观的楼地面 ③设计图表现符合国家制图标准

续表

任务名称	楼地面构造设计
工作岗位	本工作属于设计部,岗位为设计员
工作过程	①到现场实地考察,或查找相关资料理,解所设计楼地面构造的使用要求及档次 ②画出构思草图和构造分析图 ③分别画出平面、立面、主要节点大样图 ④标注材料与尺寸 ⑤编写设计说明;填写设计图图框并签字
工作工具	笔、纸、计算机
工作方法	①先查找资料、征询要求;明确设计要求 ②熟悉制图标准和线型要求 ③构思草图可进行发散性思维,设计多款方案,然后选择最佳方案进行深入设计 ④结构设计要求达到最简洁、最牢固的效果 ⑤图面表达尽量做到美观清晰

表 3-10 实木地板的装配训练项目任务书(选项二)

任务名称	实木地板的装配
任务要求	按实木地板的施工工艺装配 6～8m^2 的实木地板
实训目的	通过实践操作进一步掌握实木地板的施工工艺和验收方法,为今后走上工作岗位做好知识和能力方面的准备
行动描述	教师根据授课内容提出实训要求。学生实训团队根据设计方案和实训施工现场,按实木地板的施工工艺装配 6～8m^2 的实木地板,并按实木地板的工程验收标准和验收方法对实训工程进行验收,各项资料按行业要求进行整理。实训完成以后,学生进行自评,教师进行点评
工作岗位	本工作涉及设计部设计员岗位和工程部材料员、施工员、资料员、质检员岗位
工作过程	详见教材相关内容
工作要求	按国家标准装配实木地板,并按行业规定准备各项验收资料
工作工具	记录本、合页纸、笔、照相机、卷尺等
工作团队	①分组。6～10 人为一组,选 1 名项目组长,确定 1～3 名见习设计员、1 名见习材料员、1～3 名见习施工员、1 名见习资料员、1 名见习质检员 ②各成员分头进行各项准备,做好资料、材料、设计方案、施工工具等准备工作
工作方法	①项目组长制订计划及工作流程,为各成员分配任务 ②见习设计员准备图纸,向其他成员进行方案说明和技术交底 ③见习材料员准备材料,并主导材料验收工作 ④见习施工员带领其他成员进行放线,放线完成后进行核查 ⑤按施工工艺进行地龙骨装配、地板安装、清理现场并准备验收 ⑥由见习质检员主导进行质量检验;见习资料员记录各项数据,整理各种资料 ⑦项目组长主导进行实训评估和总结 ⑧指导教师核查实训情况,并进行点评

(3) 实训要求

① 选择选项一者,需按逻辑顺序将所绘图纸装订成册,并制作目录和封面。

② 选择选项二者,以团队为单位写出实训报告(实训报告示例参照墙柱面工程章节中“内墙贴面砖实训报告”,但部分内容需按项目要求进行内容替换)。

③ 在实训报告封面上要有实训考核内容、方法及成绩评定标准,并按要求进行自我评价。

(4) 特别关照 实训过程中要注意安全。

（5）测评考核　测评考核，见表3-11和表3-12。

表3-11　楼地面构造设计实训考核内容、方法及成绩评定标准

考核内容	评价项目	指标/分	自我评分	教师评分
设计合理美观	材料标注正确	20		
	构造设计工艺简洁、构造合理、结构牢固	20		
	造型美观	20		
设计符合规范	线型正确、符合规范	10		
	构图美观、布局合理	10		
	表达清晰、标注全面	10		
图面效果	图面整洁	5		
设计时间	按时完成任务	5		
任务完成的整体水平		100		

表3-12　实木地板装配实训考核内容、方法及成绩评定标准

项目	考核内容	考核方法	要求达到的水平	指标/分	小组评分	教师评分
对基本知识的理解	对实木地板理论的掌握	编写施工工艺	正确编制施工工艺	30		
		理解质量标准和验收方法	正确理解质量标准和验收方法	10		
实际工作能力	在校内实训室场所进行实际动手操作，完成装配任务	检测各项能力	技术交底的能力	8		
			材料验收的能力	8		
			放样弹线的能力	4		
			地板龙骨装配调平和地板安装的能力	12		
			质量检验的能力	8		
职业能力	团队精神、组织能力	个人和团队评分相结合	计划的周密性	5		
			人员调配的合理性	5		
验收能力	根据实训结果评估	实训结果和资料核对	验收资料完备	10		
任务完成的整体水平				100		

第4章

顶棚装饰工程

顶棚是建筑内部的上部界面，是室内装修的重要部位。各类顶棚的功能基本相同，但其形式根据各种不同情况有各种处理方法，从大的方面讲，分为直接式和悬吊式两种。

直接式顶棚是在楼板底面直接喷浆和抹灰，或粘贴其他装饰材料，一般用于装饰性要求不高的住宅、办公楼及其他民用建筑。直接式顶棚按照施工方法和装饰材料的不同，分为以下三种：①直接刷（喷）浆顶棚；②直接抹灰顶棚；③直接粘贴式顶棚。直接式顶棚的施工在抹灰工程等章节中已作介绍，本章中不再叙述。

4.1 顶棚装饰工程施工概述

4.1.1 顶棚装饰工程施工基本要求

4.1.1.1 吊顶工程施工一般规定

《装饰装修工程施工规范》(GB 50327—2012) 对吊项工程有如下规定。

① 本规定适用于明龙骨和暗龙骨吊顶工程的施工。

说明：本规定适用于龙骨加饰面板的吊项工程施工。住宅装饰装修中一般为不上人吊顶，主要指木骨架、罩面板吊顶和轻钢龙骨罩面板吊顶及格栅木吊顶。罩面板主要指纸面石膏板、埃特板、胶合板、矿棉吸声板、PVC扣板、铝扣板等。

② 吊杆、龙骨的安装间距、连接方式应符合设计要求。后置埋件、金属吊杆、龙骨应进行防腐处理。木吊杆、木龙骨、造型木板和木饰面板应进行防腐、防火、防蛀处理。

说明：吊顶必须符合设计要求的主要内容包括：吊杆、龙骨的材质、规格、安装间距、连接方式以及标高、起拱、造型、颜色等。

③ 吊顶材料在运输、搬运、安装、存放时应采取相应措施，防止受潮、变形及损坏板材的表面和边角。

④ 重型灯具、电扇及其他重型设备严禁安装在吊顶龙骨上。

说明：重型灯具及电风扇、排风扇等有动荷载的物件，均应由独立吊杆固定。

⑤ 吊顶内填充的吸声、保温材料的品种和铺设厚度应符合设计要求，并应有防散落措施。

⑥ 饰面板上的灯具、烟感器、喷淋头、风口箅子等设备的位置应合理、美观，与饰面板交接处应严密。

⑦ 吊顶与墙面、窗帘盒的交接应符合设计要求。

⑧ 搁置式轻质饰面板，应按设计要求设置压卡装置。

⑨ 胶黏剂的类型应按所用饰面板的品种配套选用。

4.1.1.2　吊顶工程主要材料质量要求

《装饰装修工程施工规范》(GB 50327—2012) 对吊顶工程主要材料质量要求有如下规定。

① 吊顶工程所用材料的品种、规格和颜色应符合设计要求。饰面板、金属龙骨应有产品合格证书。木吊杆、木龙骨的含水率应符合国家现行标准的有关规定。

② 饰面板表面应平整，边缘应整齐，颜色应一致。穿孔板的孔距应排列整齐；胶合板、木质纤维板、大芯板不应脱胶、变色。

③ 防火涂料应有产品合格证书及使用说明书。

4.1.1.3　吊顶工程施工要点

《装饰装修工程施工规范》(GB 50327—2012) 对吊顶工程施工要点有如下规定。

① 龙骨的安装应符合下列要求。

a. 应根据吊顶的设计标高在四周墙上弹线。弹线应清晰，位置应准确。

b. 主龙骨吊点间距、起拱高度应符合设计要求。当设计无要求时，吊点间距应小于1.2m，应按房间短向跨度的1‰～3‰起拱。主龙骨安装后应及时校正其位置标高。

c. 吊杆应通直，距主龙骨端部距离不得超过300mm。当吊杆与设备相遇时，应调整吊点构造或增设吊杆。

d. 次龙骨应紧贴主龙骨安装。固定板材的次龙骨间距不得大于600mm，在潮湿地区和场所，间距宜为300～400mm。用沉头自攻钉安装饰面板时，接缝处次龙骨宽度不得小于40mm。

e. 暗龙骨系列横撑龙骨应用连接件将其两端连接在通长次龙骨上。明龙骨系列的横撑龙骨与通长龙骨搭接处的间隙不得大于1mm。

f. 边龙骨应按设计要求弹线，固定在四周墙上。

g. 全面校正主、次龙骨的位置及平整度，连接件应错位安装。

说明：因为吊杆的位置关系到吊顶应力分配是否均衡，板面是否平整，故吊杆的位置及垂直度应符合设计和安全的要求。主、次龙骨的间距，可按饰面板的尺寸模数确定。

吊杆、龙骨的连接必须牢固。由于吊杆与龙骨之间松动造成应力集中，会产生较大的挠度变形，出现大面积罩面板不平整。在吊杆和龙骨的间距与水平度、连接位置等全面校正后，再将龙骨的所有吊挂件、连接件拧紧、夹牢。

为避免暗藏灯具与吊顶主龙骨、吊杆位置相撞，可在吊顶前在房间地面上弹线、排序，确定各物件的位置后吊线施工。

② 安装饰面板前应完成吊顶内管道和设备的调试及验收。

说明：吊顶板内的管线、设备在封顶板之前应作为隐蔽项目，调试验收完，应做记录。

③ 饰面板安装前应按规格、颜色等进行分类选配。

④ 暗龙骨饰面板（包括纸面石膏板、纤维水泥加压板、胶合板、金属方块板、金属条形板、塑料条形板、石膏板、钙塑板、矿棉板和格栅等）的安装应符合下列规定。

a. 以轻钢龙骨、铝合金龙骨为骨架，采用钉固法安装时应使用沉头自攻钉固定。

b. 以木龙骨为骨架，采用钉固法安装时应使用木螺钉固定，胶合板可用铁钉固定。

c. 金属饰面板采用吊挂连接件、插接件固定时应按产品说明书的规定放置。

d. 采用复合粘贴法安装时，胶黏剂未完全固化前板材不得有强烈振动。

⑤ 纸面石膏板和纤维水泥加压板安装应符合下列规定。

a. 板材应在自由状态下进行安装，固定时应从板的中间向板的四周固定。

b. 纸面石膏板螺钉与板边距离：纸包边宜为10～15mm；切割边宜为15～20mm；水泥加压板螺钉与板边距离宜为8～15mm。

c. 板周边钉距宜为150～170mm，板中钉距不得大于200mm。

d. 安装双层石膏板时，上下层板的接缝应错开，不得在同一根龙骨上接缝。

e. 螺钉头宜略埋入板面，并不得使纸面破损。钉眼应做防锈处理并用腻子抹平。

f. 石膏板的接缝应按设计要求进行板缝处理。

说明：对螺钉与板边距离、钉距、钉头嵌入石膏板内尺寸做出量化要求。钉头埋入板过深将破坏板的承载力。

⑥ 石膏板、钙塑板的安装应符合下列规定。

a. 当采用钉固法安装时，螺钉与板边距离不得小于15mm，螺钉间距宜为150～170mm，均匀布置，并应与板面垂直，钉帽应进行防锈处理，并应用与板面颜色相同的涂料涂饰或用石膏腻子抹平。

b. 当采用粘接法安装时，胶黏剂应涂抹均匀，不得漏涂。

⑦ 矿棉装饰吸声板安装应符合下列规定。

a. 房间内湿度过大时不宜安装。

b. 安装前应预先排版，保证花样、图案的整体性。

c. 安装时，吸声板上不得放置其他材料，防止板材受压变形。

⑧ 明龙骨饰面板的安装应符合以下规定。

a. 饰面板安装应确保企口的相互咬接及图案花纹的吻合。

b. 饰面板与龙骨嵌装时应防止相互挤压过紧或脱挂。

c. 采用搁置法安装时应留有板材安装缝，每边缝隙不宜大于1mm。

d. 玻璃吊顶龙骨上留置的玻璃搭接宽度应符合设计要求，并应采用软连接。

e. 装饰吸声板的安装如采用搁置法安装，应有定位措施。

4.1.2 悬吊式顶棚的施工构造

悬吊式顶棚又称吊顶，其饰面层和楼板或者屋面板之间有一定的空间距离，通过吊杆连接，在其中的空间里可以布设各种管道和设备，饰面层经过设计可以产生不同的层次，丰富空间效果。悬吊式顶棚的特点是样式多变、材料丰富、造价高。

4.1.2.1 悬吊式顶棚的材料

悬吊式顶棚的材料品种繁多，样式各异，根据不同功能可分为：吊点材料、吊杆材料、龙骨材料、饰面材料和辅助构件。

（1）吊点材料　吊杆与楼板或屋面板的连接点称为吊点。吊点材料一般预埋ϕ8～10的钢筋，也可以预埋构件、射钉、膨胀螺栓等，如图4-1所示。

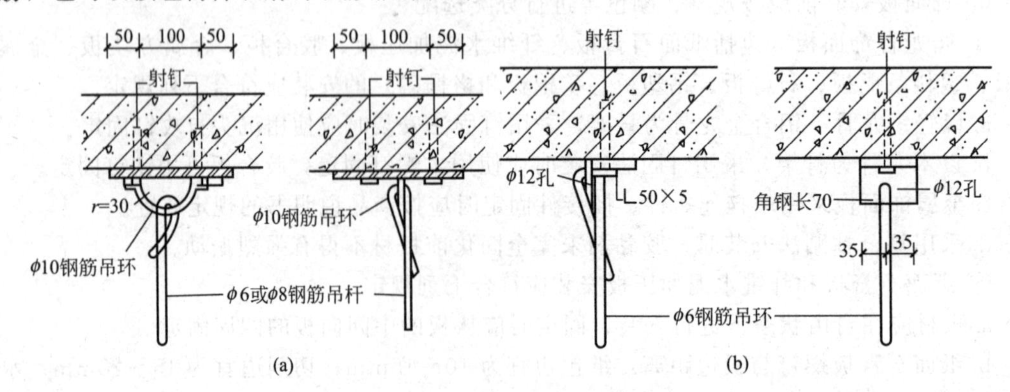

图4-1　吊点的连接方式

(2) 吊杆材料　吊杆按材料分为钢筋吊杆、型钢吊杆、木吊杆。钢筋吊杆的直径一般是8mm，通过预埋、焊接等方法连接；木吊杆是现代家庭装潢中比较普遍的做法，常用40mm×40mm的松木和麻花钉直接与顶面钉接，吊杆和木龙骨也是如此钉接，如图4-2所示。

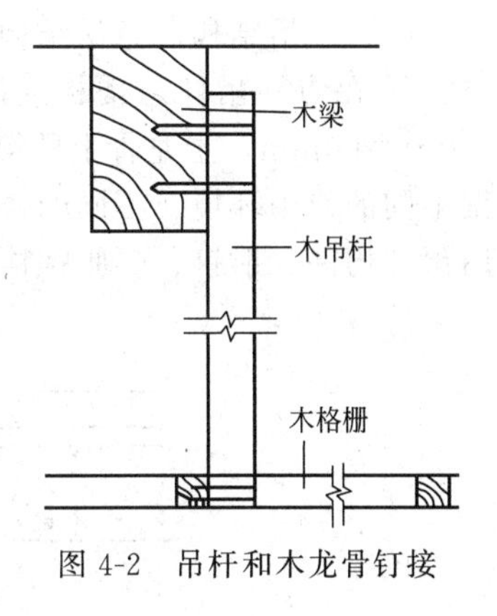

图4-2　吊杆和木龙骨钉接

(3) 龙骨材料　悬吊式顶棚龙骨一般有金属龙骨和木龙骨之分。

① 金属龙骨　金属龙骨适用于面积大、结构层次简单、造型不太复杂的悬吊式顶棚，施工速度快。金属龙骨常见的有轻钢龙骨、铝合金龙骨、型钢龙骨等。

a. 轻钢龙骨　轻钢龙骨是一种白金属色的型材，不锈、质轻，断面一般为U形、C形、L形。轻钢龙骨根据不同的作用可分为大龙骨、中龙骨、小龙骨、横撑龙骨及各种连接构件。其中大龙骨按照承载能力分为三种：不能承受上人荷载的轻型大龙骨；能够承受上人荷载的中型大龙骨，可以在龙骨上面铺设简易检修通道；能够承受上人荷载和800N荷载的重型大龙骨，可以在龙骨上面铺设永久性检修走道。大龙骨的截面高度为30～38mm、45～50mm、60～100mm，中龙骨的截面高度为50mm或60mm，小龙骨的截面高度为25mm。

b. 铝合金龙骨　铝合金龙骨吊顶是随着铝型材挤压技术的发展而出现的新型吊顶材料。铝合金龙骨重量较轻，型材表面经过阳极氧化处理，表面光泽美观，有较强的抗腐蚀、耐酸碱能力，防火性能好，安装简单，适用于公共建筑大厅、楼道、会议室、卫生间、厨房间的吊顶装修。铝合金龙骨常用的有T形、L形及特制龙骨。

c. 型钢龙骨　型钢龙骨一般为主龙骨，间距为1～2m，使用规格根据使用用途和荷载大小确定。型钢龙骨与吊杆之间常用螺栓连接，与次龙骨之间采用铁卡子、弯钩螺栓连接或者焊接。在荷载较大或特殊情况下，可以采用角钢、槽钢、工字钢等型钢龙骨。

② 木龙骨　木龙骨的断面一般为正方形或者矩形，材料一般以松木或杉木（南方以樟子松）为主。主龙骨规格为50mm×70mm，间距一般为1.2～1.5m，用水泥钉、麻花钉等钉接或栓接在吊杆上。主龙骨下面的次龙骨一般为井格状排布，其中垂直于主龙骨的次龙骨规格为50mm×50mm，平行于主龙骨方向的次龙骨规格为50mm×30mm。木龙骨材料必须进行防火和防腐处理：先刷氟化钠防腐剂1～2遍，再涂防火涂料3道。主龙骨和次龙骨之间直接用钉接的方法固定，次龙骨之间可以用榫接或者钉接方式。木龙骨一般用于造型复杂的悬吊式顶棚中，如带弧度的顶棚。

(4) 饰面材料　顶棚的饰面材料非常丰富，根据施工方法可以分为抹灰类和板材类。

① 抹灰类　在龙骨上钉钢丝网、钢板网或者木条，然后在上面做抹灰面层。其特点是工序烦琐，湿作业量大。

② 板材类　在龙骨上用各种饰面板材做装饰饰面是现代工程中常见的做法。常见的板材有植物性板材（木板、木屑板、胶合板、纤维板、密度板等）、矿物质板材（各种石膏板、矿棉板等）、塑料扣板、金属板材（铝板、铝扣板、薄钢板）等。

(5) 辅助构件　在悬吊式顶棚中，辅助构件起着很大的作用，主要有连接龙骨的连接件，主次龙骨之间的挂件、挂钩。另外还有连接龙骨和饰面层之间的钉子，连接吊杆和顶面之间的射钉、膨胀螺栓等。

4.1.2.2 悬吊式顶棚的构造

悬吊式顶棚一般由悬吊结构、顶棚骨架、饰面层三部分组成。

(1) 悬吊结构　悬吊结构包括吊点和吊杆。

① 吊点　吊杆与楼板或屋面板之间的连接点称为吊点。吊点的布置应均匀，一般为900～1200mm，主龙骨上的第一个吊点距主龙骨端点距离不超过300mm，吊点材料应该根据不同的使用环境、不同的楼板结构区别对待；吊点材料常采用预埋 $\phi10$ 的钢筋，也可采用预埋构件、射钉、膨胀螺栓等，如图4-3所示。

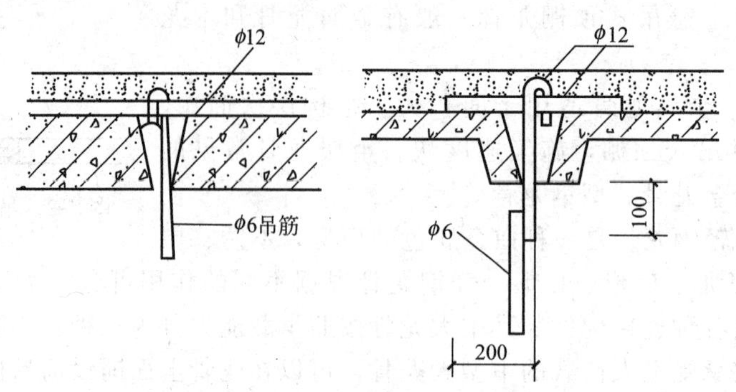

图4-3　预制板吊点的构造

② 吊杆　吊杆又称吊筋，是连接龙骨和吊点之间的传力构件。吊杆的作用是承受整个悬吊式顶棚的重量（如饰面层、龙骨以及检修人员），并将这些重量传递给屋面板、楼板、屋架或梁等，同时还可以调整、确定顶棚的空间高度，如图4-4所示。

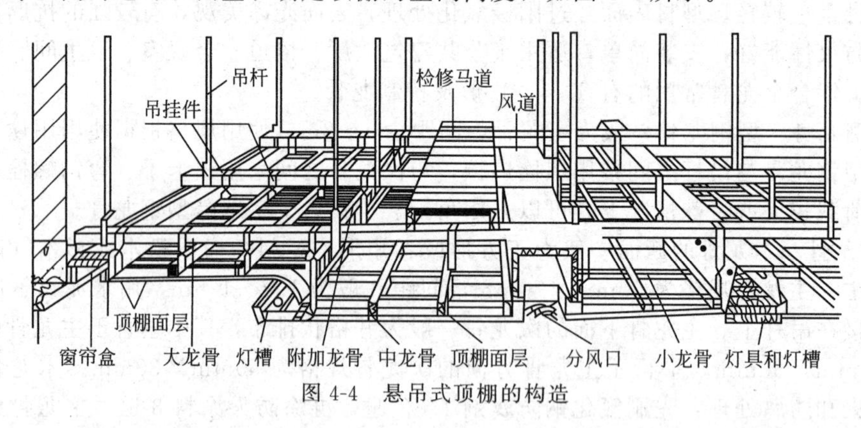

图4-4　悬吊式顶棚的构造

(2) 顶棚骨架　顶棚骨架由主龙骨和次龙骨组成，也称主格栅和次格栅，主要承受来自面层装饰材料的重量，按材料不同可分为木龙骨、铝合金龙骨、轻钢龙骨等，如图4-5所示。

(3) 饰面层　饰面层又叫面层，其主要作用是装饰室内空间，并兼有吸声、反射和隔热保温等特定功能。面层的构造设计要结合烟感器、喷淋头、灯具、空调进出风口等布置。

饰面层做法有抹灰、板材和金属格栅类等。

① 抹灰类顶棚面层　抹灰类顶棚面层一般有两种：板条抹灰和钢板网抹灰。

板条抹灰是用10mm×30mm的木板条固定在次龙骨上，用纸筋灰或麻刀灰进行抹灰装饰。板条间隙为8～10mm，板条头要错开排列，可以避免因板条变形、石灰干缩等原因引起的开裂。

钢板网抹灰是在次龙骨上固定1.2mm厚的钢板网，然后衬垫一层 ϕ6mm@200mm 钢筋网片，再在钢板网上进行抹灰。钢板网抹灰顶棚的耐久性、防震性和耐火性均好，但造价较高，一般用于中、高档建筑中，但是湿作业量大，施工进度慢，如图4-6所示。

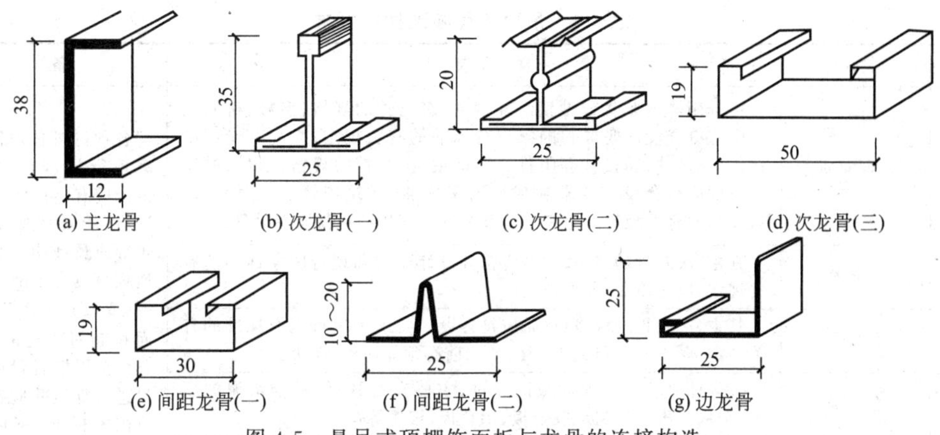

图 4-5　悬吊式顶棚饰面板与龙骨的连接构造

② 板材类顶棚面层　在龙骨上通过钉接、粘贴、搁置、卡接、吊挂等方式用饰面板材进行顶棚装饰，称为板材类顶棚面层。板材材料可以是石膏、木材、塑料、金属等，如图 4-7 所示。

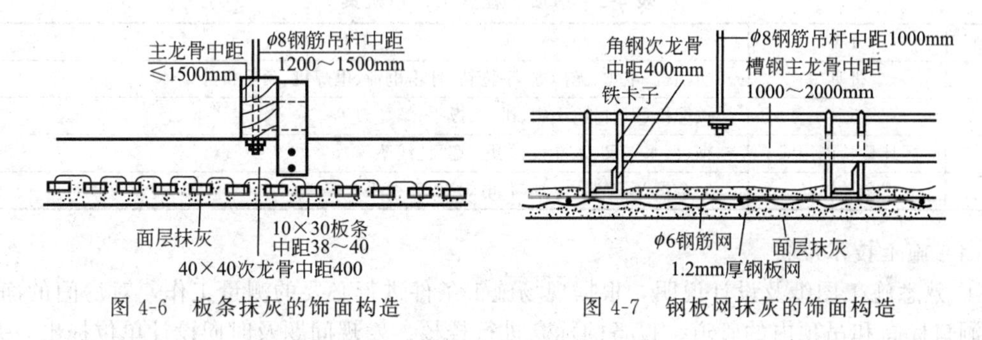

图 4-6　板条抹灰的饰面构造

图 4-7　钢板网抹灰的饰面构造

③ 金属格栅类顶棚面层　通过在金属龙骨上卡接、吊挂成品金属格栅来进行顶棚装饰，称为金属格栅类顶棚面层。

4.1.3　吊顶工程施工准备

（1）材料要求　吊顶工程施工材料要求见表 4-1。

（2）常用机具　吊顶工程施工常用机具见表 4-2。

（3）施工作业条件　施工前应该做好如下准备工作和具备如下作业条件。

① 施工前应按设计要求对房间的层高、门窗洞口标高和吊顶内的管道、设备及其支架的标高进行测量检查，并办理交接检验记录。

② 各种材料配套齐全，并已进行了检验或复试。

③ 室内墙面施工作业已基本完成，只剩最后一道涂料工序。地面湿作业已完成，检验合格。

④ 吊顶内的管道和设备安装已调试完成，并经检验合格，办理完交接手续。

⑤ 木龙骨已做防火处理，与结构直接接触的部分已做好防腐处理。

⑥ 室内环境应干燥，相对湿度不大于 60%，通风良好。吊顶内四周墙面的各种孔洞已封堵处理完毕，抹灰已干燥。

⑦ 施工所需的脚手架已搭设好，并经检验合格。

⑧ 施工现场所需的临时用水、用电、各种工机具准备就绪。

表 4-1 吊顶工程施工材料要求

序号	材料	要求	备注
1	轻钢龙骨	可选用轻钢骨或型钢。轻钢主、次龙骨的规格、型号、材质及厚度应符合设计要求和国家现行标准的有关规定；应配有专用吊挂件、连接件、插接件等附件。型钢主、次龙骨的规格、型号、材质及厚度应符合设计要求和现行国家标准《建筑用轻钢龙骨》(GB 11981)的有关规定。金属龙骨及配件在使用前应做防腐处理	各种材料必须符合国家现行标准的有关规定。应有出厂质量合格证、性能及环保检测报告等质量证明文件。人造板材应有甲醛含量检测(或复试)报告，使用面积超过 500m^2，应对其游离甲醛含量或释放量进行复检并应符合现行国家标准《室内装饰装修材料人造板及其制品甲醛释放限量》(GB 18580—2001)规定
2	铝合金龙骨	其主、次龙骨的规格、型号应符合设计要求和现行国家标准的有关规定；应无扭曲、变形现象	
3	木龙骨	其主、次龙骨的规格、材质应符合设计要求和现行国家标准的有关规定；含水率不得大于 8%，使用前必须做防腐、防火处理	
4	饰面板	按设计要求选用饰面板的品种，主要有石膏板、纤维水泥加压板、金属扣板、矿棉板、胶合板、铝塑板、格栅等	
5	辅材(龙骨专用吊挂件、连接件、插接件等)	吊杆、膨胀螺栓、角码、自攻螺钉、清洗剂、胶黏剂、嵌缝胶等应符合设计要求；金属件需进行防腐处理；清洗剂、胶黏剂、嵌缝胶应符合环保要求，并进行相容性试验	

表 4-2 吊顶工程施工常用机具

序号	分类	名称
1	机具	切割机、电锯、无齿锯、手枪钻、冲击电锤、电焊机、角磨机等
2	工具	拉铆枪、射钉枪、手锯、钳子、扳手、螺丝刀等
3	计量检测用	钢尺、水平尺、水准仪、靠尺、塞尺、线坠等
4	安全防护品	安全帽、安全带、电焊帽、电焊手套、线手套等

(4) 施工技术准备

① 熟悉施工图纸及设计说明，根据现场施工条件进行必要的测量工作，对房间的净高、各种洞口标高和吊顶内的管道、设备的标高进行校核。发现问题及时向设计单位提出，并办理洽商变更手续，确保与专业设备安装间的矛盾解决在施工前。

② 编制施工方案并经审批。

③ 根据设计图纸、吊顶高度和现场实际尺寸，进行排板、排龙骨等深化设计，绘制大样图，并翻大样，办理委托加工。

④ 根据施工图吊顶标高要求和现场实际尺寸，对吊杆进行翻样并委托加工。

4.2 木龙骨吊顶安装施工工艺

木龙骨吊顶为传统的悬吊式吊顶做法，这种类型施工灵活，适应性广，取材容易，造型不受限制，因此在一些小型装饰工程中应用广泛。但木龙骨顶棚也存在缺点，如不耐久、易虫蛀、易变形、不防火、施工工效低等，受空气中潮气影响较大，容易引起干缩湿胀变形。目前该做法被广泛应用于小空间且界面造型复杂多变的室内装饰工程，其中最常见的是木龙骨木质胶合板钉装式罩面的吊顶工程，其施工工艺较为简单，不需要太高的操作技术水平，按设计要求将木龙骨骨架安装合格后，即可固定胶合板面层。

木龙骨顶棚可与许多吊顶面板配合施工，如玻璃、金属薄板、轻质吸声板、纸面石膏板等，还可在木龙骨下钉一层木胶合板做底层，再在底板上裱糊墙纸、织物或粘贴人造革、装饰贴片（如波音片）等。传统木龙骨罩面板顶棚的组成如图 4-8 所示，它由吊筋、主龙骨、次龙骨及罩面板等组成。

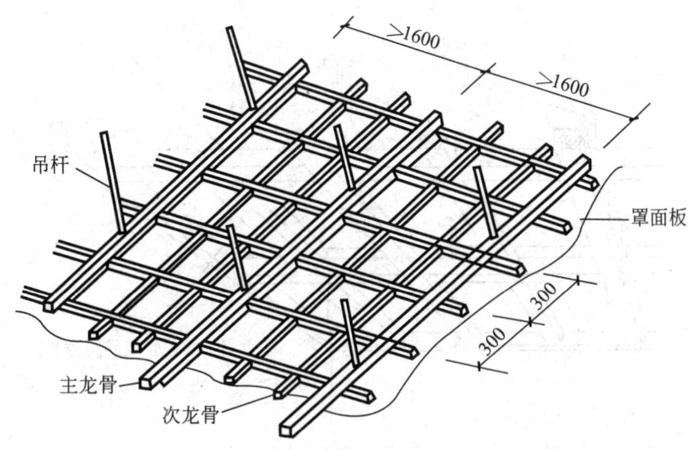

图 4-8　传统木龙骨罩面板顶棚的组成

4.2.1　木龙骨顶棚的构造

木龙骨吊顶由吊杆、承载龙骨、覆面龙骨和面板组成。木龙骨双层骨架吊顶的构造平面布置如图 4-9 和图 4-10 所示。木龙骨单层骨架吊顶的构造示意如图 4-11 所示。

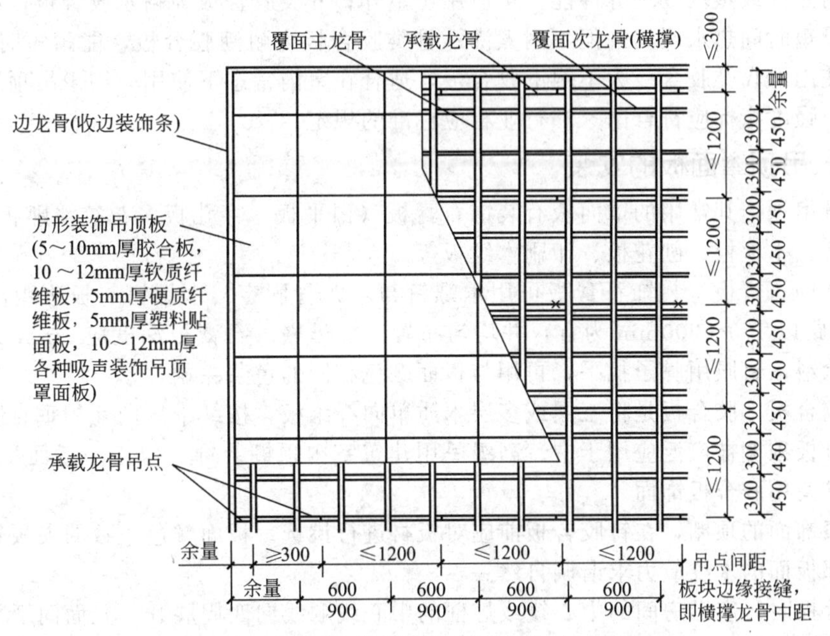

图 4-9　木龙骨双层骨架吊顶的构造平面布置

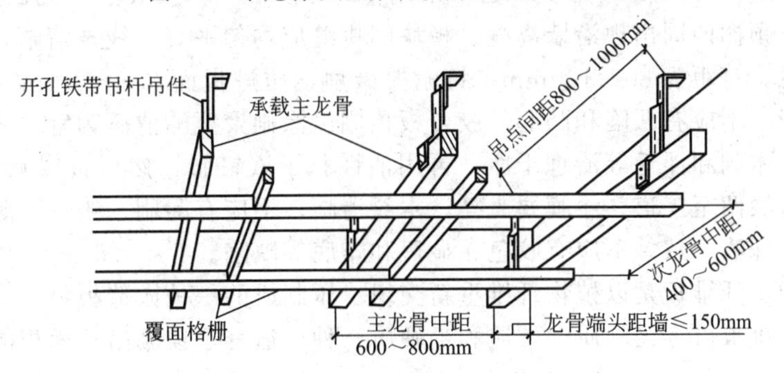

图 4-10　木龙骨双层骨架吊顶构造示意

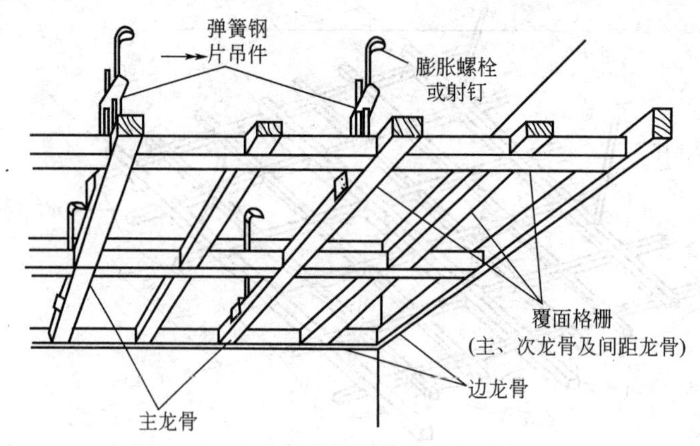

图 4-11 木龙骨单层骨架吊顶的构造示意

4.2.1.1 木龙骨顶棚的饰面材料选择及安装方式

用于吊顶罩面的胶合板，其出厂时的含水率应符合规定。Ⅰ、Ⅱ类胶合板含水率为6%～14%，Ⅲ、Ⅳ类胶合板含水率为8%～16%。其中，Ⅰ类胶合板为耐气候胶合板，具有耐久、耐煮沸或蒸汽处理等性能，可应用于室外；Ⅱ类胶合板为耐水胶合板，能在冷水中浸渍或经受短时间热水浸渍，但不耐煮沸；Ⅲ类胶合板为耐潮胶合板，能耐短时冷水浸渍，适于室内使用；Ⅳ类胶合板为不耐潮胶合板，适合在室内常态下使用。用于吊顶罩面的胶合板，其胶合强度指标应符合国家和行业相应标准的规定。

4.2.1.2 吊顶罩面板的安装

木龙骨吊顶，其常用的罩面板有装饰石膏板（白平板、穿孔板、花纹浮雕板等）、胶合板、纤维板、木丝板、刨花板、印刷木纹板等。

（1）装饰石膏板　装饰石膏板可用木螺钉与木龙骨固定。木螺钉与板边距离应不小于15mm，间距以170～200mm为宜，并均匀布置。螺母嵌入石膏板深度应1mm为宜，并应涂刷防锈涂料，钉眼用腻子找平，再用与板面颜色相同的色浆涂刷。

（2）胶合板　胶合板是将三层或多层木质单向纤维板，按纤维方向互相垂直胶合而成的薄板。胶合板顶棚被广泛应用于中、高级民用建筑室内顶棚装饰。但需注意面积超过$50m^2$的顶棚不准使用胶合板饰面。

用清漆饰面的顶棚，在钉胶合板前应对板材进行挑选。板面颜色一致的夹板钉在同一个房间，相邻板面的木纹应力求谐调自然。

铺胶合板时，应沿房间的中心线或灯框的中心线顺线向四周展开，光面向下。胶合板对缝时，应弹线对缝，可采用V形缝，也可采用平缝，缝宽6～8mm。顶棚四周应钉压缝条，以免龙骨收缩，顶棚四周出现沿墙离缝。板块间拼缝应均匀平直，线条清晰。

钉胶合板时，钉距为80～150mm。钉帽要敲扁，压进板面0.5～1mm。胶合板应钉得平整，四角方正，不应有凹陷和凸起。胶合板顶棚以涂刷聚氨酯清漆为宜。先把胶合板表面的污渍、灰尘、木刺和浮毛等清理干净，再用油性腻子嵌钉眼，然后批嵌腻子，上色补色，砂纸打磨，刷清漆两至三道。漆膜要光亮，木纹清晰，不应有漏刷、皱皮、脱皮和起霜等缺陷。色彩调和，深浅一致，不应有咬色、显斑和露底等缺陷。

（3）纤维板　纤维板是以植物纤维重新交织、压制成的一种人造板材。由于成型时温度和压力不同，纤维板可分为软质、硬质和半硬质三种。适宜于顶棚吊顶面板的主要是硬质纤维板平板。

硬质纤维板顶棚饰面安装之前，须将板进行加湿处理，即把板块浸入60℃的热水中30min，或用冷水浸泡24h。将硬质纤维板浸水后码垛堆起再使其自然湿透，而后晾干即可安装。在工地现场可采取隔天浸水，晚上晾干，第二天使用的方法。因硬质纤维板浸水时四边易起毛，板的强度降低，为此，浸水后应注意轻拿轻放，尽量减少摩擦。

如采用钉子固定时，钉距应为80～120mm，钉长应为20～30mm，钉帽砸扁后敲进板面0.5mm。其他与胶合板安装相同。

(4) 其他人造板　主要包括木丝板、刨花板、细木工板、印刷木纹板等。

木丝板、刨花板、细木工板安装时，一般多用压条固定，其板与板间隙要求为3～5mm。如不采用压条固定而采用钉子固定时，最好采用半圆头木螺钉，并加垫圈。钉距为100～120mm，钉距应一致，纵横成线，以提高装饰效果。

印刷木纹板又称装饰人造板，是在人造板表面印刷上花纹图案（如木纹）而制成。印刷木纹板不再需任何贴面装饰即自具美观。印刷木纹板安装，多采用钉子固定法，钉距不大于120mm。为防止破坏板面装饰，钉子应与板面钉齐平，然后用与板面相同颜色的油漆涂饰。

4.2.2 木质吊顶施工方法

4.2.2.1 木质吊顶施工工艺流程

木质吊顶的施工方法较多，但在结构上基本相同，都需解决吊平顶的稳固和平整这两个问题。稳固的关键在于吊点的稳固、吊杆的强度和连接方式正确。平整的关键在于必须严格按工艺规格操作。

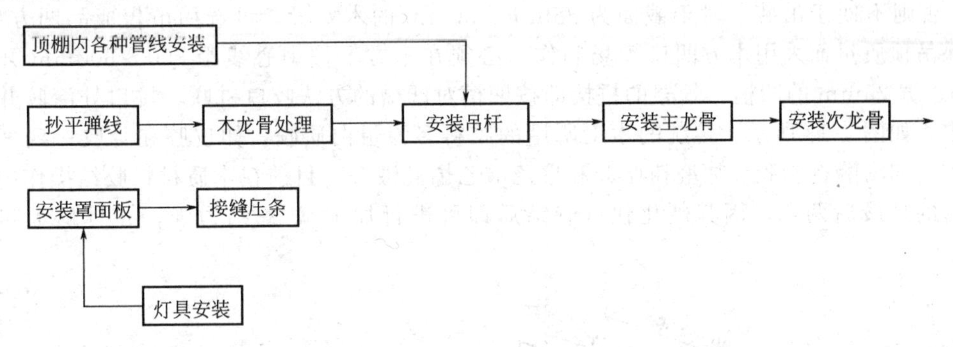

4.2.2.2 木质吊顶施工要点

(1) 抄平弹线　放线是技术性较强的工作，是吊顶施工中的要点。放线包括：标高线、顶棚造型位置线、吊挂点布局线、大中型灯位线。

标高线弹到墙面或柱面上，其他线弹到楼板底面。放线的作用有两个：第一，使施工有了基准线，便于下一道工序掌握施工位置；第二，检查吊顶以上部位的设备与管道对标高位置有否影响，能否按原标高施工，检查吊顶以上部分的设备对灯具安装的影响，检查顶棚以上部位设备对顶棚叠及造型的影响。在放线中如果发现有不能按原标高施工的问题、不能按原设计布局的问题和安装灯具与设备的问题，应及时向设计部门提出，以便修改设计。

① 确定标高线　定出地面的地平基准线。原地坪无饰面要求，基准线为原地坪基准线。如原地坪需贴石材、瓷砖等饰面，则需根据饰面层的厚度来定地坪基准线。即原地面加上饰面粘贴层。将定出的地坪基准线画在墙边上。以地坪基准线为起点，在墙（柱）面上量出顶棚吊顶的高度，在该点画出高度线。

② 确定造型位置线　对于较规则的建筑空间，其吊顶造型位置可先在一个墙面量出竖向距离，以此画出其他墙（柱）面的水平线，即得吊顶位置外框线，而后逐步找出各局部的

造型框架线。对于不规则的空间画吊顶造型线，宜采用找点法，即根据施工图纸测出造型边缘距墙面的距离，对墙面和顶棚基层进行实测，找出吊顶造型边框的有关基本点，将各点连线形成吊顶造型线。

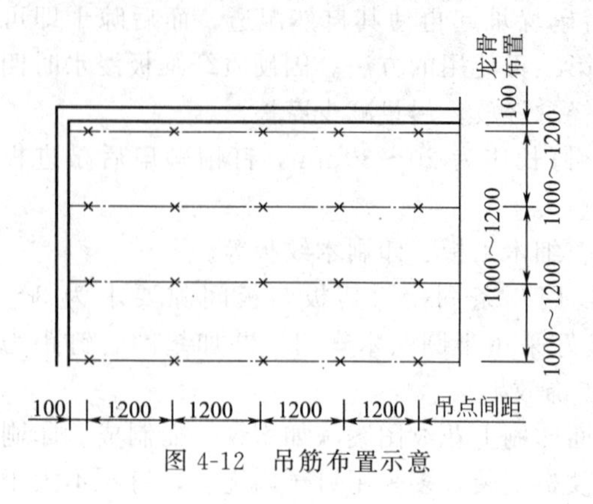

图 4-12 吊筋布置示意

③ 确定吊点位置 对于平顶天花板，其吊点一般是按每平方米布置一个，在顶棚上均匀排布。对于有叠级造型的吊顶，应注意在分层交界处布置吊点，吊点间距为 0.8～1.2m。较大的灯具也应该安排吊点来吊挂，如图 4-12 所示。

(2) 木龙骨处理 对吊顶用的木龙骨进行筛选，将其中腐蚀部分、斜口开裂、虫蛀等部分剔除。

工程中所用的木龙骨均要进行防火处理，一般将防火涂料涂刷或喷于木材表面，也可把木材放在防火涂料槽内浸渍。

(3) 木龙骨拼装 木质天花吊顶的龙骨架，通常于吊装前，在地面进行分片拼接。其目的是节省工时、计划用料、方便安装，方法如下。

确定吊顶骨架面上需要分片或可以分片安装的位置和尺寸，根据分片的平面尺寸选取龙骨纵横型材（经防腐、防火处理后已晾干）。

先拼接组合大片的龙骨骨架，再拼接小片的局部骨架。拼接组合的面积一般不大于 10m，否则不便于吊装。对于截面为 25mm×30mm 的木龙骨，可选用市售成品凹方型材；为确保吊顶质量而采用木方凹口现场制作，必须在木方上按中心线距 300～600mm 开凿深 15mm、宽 25mm 的凹槽。骨架的拼接即按凹槽对凹槽的方法咬口拼联，拼口处涂胶并用圆钉固定，如图 4-13 所示。传统的木工所用的胶料多为蛋白质胶，如皮胶和骨胶；现多采用化学胶，如酚醛树脂胶、尿醛树脂胶和聚乙酸乙烯乳液等，目前在木质材料胶结操作中使用最普遍的是最后两者，因其硬化快（胶结后即可进行加工），黏结力强，并具耐水和抗菌性能。

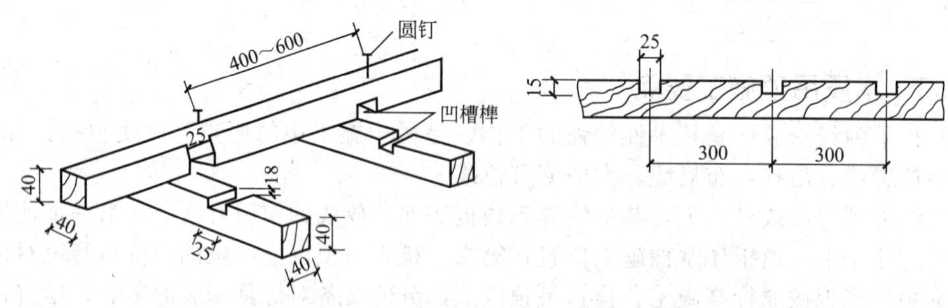

图 4-13 木龙骨利用槽口拼接示意

(4) 安装吊点紧固件 常用的吊点紧固件有三种安装方式。

① 用冲击电钻在建筑结构底面打孔。打孔的深度等于膨胀螺栓的长度，打孔的直径见表 4-3。但在钻孔前要检查旧钻头的磨损情况。如果钻头磨损，钻头直径比公称尺寸小 0.3mm 以上，该钻头应该淘汰。

② 用射钉将角铁等固定在建筑底面上。射钉直径必须大于 ϕ5mm。

③ 用预埋件进行吊点固定，预埋件必须是铁板、铁条等钢件。

表 4-3　金属膨胀螺栓的使用规定

螺栓规格	M6	M8	M10	M12	M16	备注
钻孔直径/mm	8.5	10.5	14.5	16.5	821	左侧为膨胀螺栓与不低于C15混凝土锚固时的技术参考数据
钻孔深度/mm	40	50	60	75	100	
允许拉力/N	2400	4400	7000	10300	19400	
允许剪力/N	1800	3300	5200	7400	14400	

膨胀螺栓可固定木方和铁件来做吊点。射钉只能固定铁件作吊点。木质装饰吊点的固定形式如图 4-14 所示。用膨胀螺钉固定的木方其截面尺寸一般为 40mm×50mm 左右。

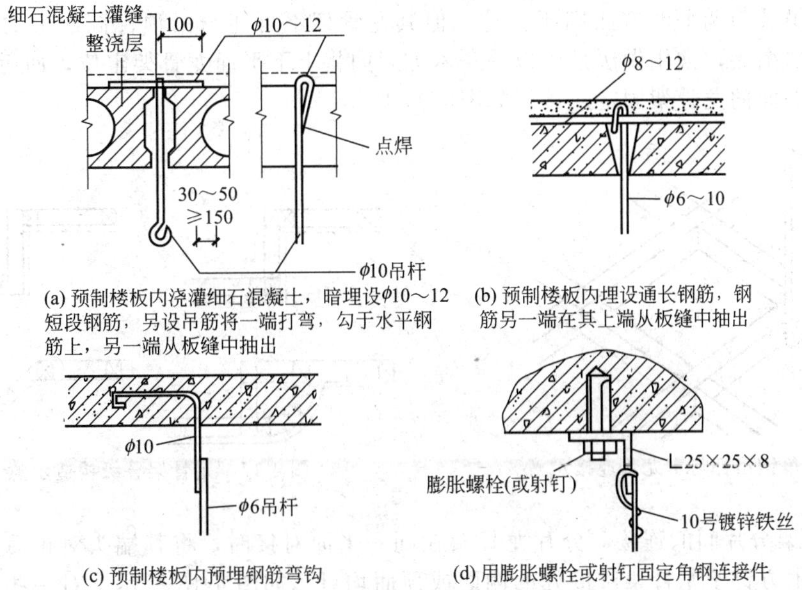

(a) 预制楼板内浇灌细石混凝土，暗埋设ϕ10～12短段钢筋，另设吊筋将一端打弯，勾于水平钢筋上，另一端从板缝中抽出

(b) 预制楼板内埋设通长钢筋，钢筋另一端在其上端从板缝中抽出

(c) 预制楼板内预埋钢筋弯钩

(d) 用膨胀螺栓或射钉固定角钢连接件

图 4-14　木质装饰吊顶吊点的固定形式

(5) 固定沿墙龙骨　沿吊顶标高线固定沿墙木龙骨，一般是用冲击钻在标高线以上10mm 处墙面打孔，孔径 12mm，孔距 0.5～0.8m，孔内塞入木楔，将沿墙龙骨钉固于墙内木楔上。该方法主要适用于砖墙和混凝土墙面。沿墙木龙骨的截面尺寸应与天花吊顶木龙骨尺寸一样。沿墙木龙骨固定后，其底边与吊顶标高线一致。

(6) 龙骨吊装

① 分片吊装

a. 将拼接组合好的木龙骨架托起，至吊顶标高位置。对于高度低于 3m 的吊顶骨架，可用高度定位杆作临时支撑；吊顶高度超过 3m 时，可用铁丝在吊点进行临时固定。

b. 根据吊顶标高线拉出纵横水平基准线，作为吊顶的平面基准。

c. 将吊顶龙骨架向下略作移位，使之与基准线平齐。待整片龙骨架调正调平后，即将其靠墙部分与沿墙龙骨钉接。

② 龙骨架与吊点固定　固定做法有多种，视选用的吊杆及上部吊点构造而定，如以 ϕ6 钢筋吊杆与吊点的预埋钢筋焊接；利用扁铁与吊点角钢以顺螺栓连接；利用角钢作吊杆与上部吊点角钢连接等。同时支撑定位杆吊杆与龙骨架的连接，根据吊杆材料可分别采用绑扎、钩挂及钉固等，如扁铁及角钢杆件与木龙骨可用两个木螺钉固定，如图 4-15 和图 4-16 所示。

③ 叠级吊顶的上下平面龙骨架连接　对于叠级吊顶，一般是从最高平面（相对地面）

(a) 用木吊杆固定　(b) 用扁铁固定　(c) 角钢与龙骨架连接示意

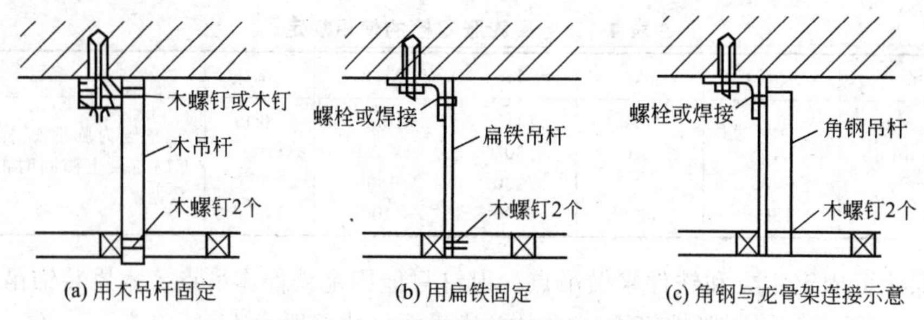

图 4-15　木骨架吊顶常用吊杆类型

开始吊装，吊装与调平的方法同于上述，但其龙骨架不可能与吊顶标高线上的沿墙龙骨连接。高低面的衔接，常用做法是先以一条木方斜向将上下平面龙骨架定位，而后用垂直的木方把上下两平面的龙骨架固定连接，如图 4-17 所示。

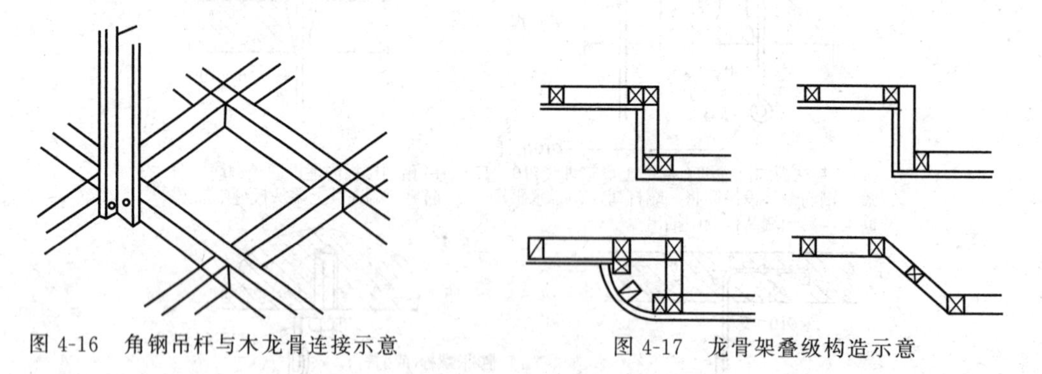

图 4-16　角钢吊杆与木龙骨连接示意

图 4-17　龙骨架叠级构造示意

④ 龙骨架分片间的连接　分片龙骨架在同一平面对接时，将其端头对正后用短木方进行加固，将木方钉于龙骨架对接处的侧面或顶面均可，如图 4-18 所示。对一些重要部位的龙骨接长，须采用铁件进行连接紧固。

(a) 短木方固定于龙骨侧面　(b) 短木方固定于龙骨上面

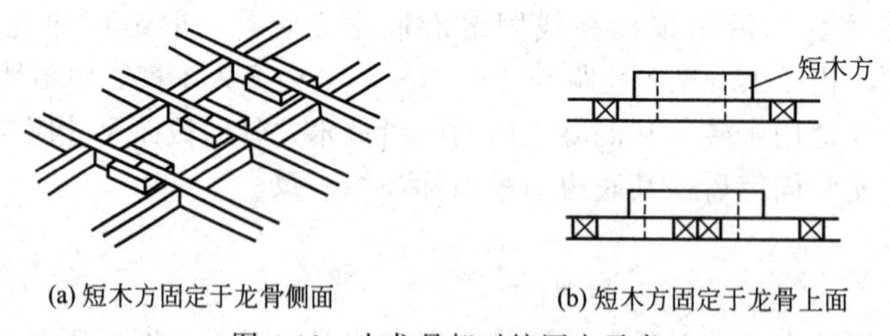

图 4-18　木龙骨架对接固定示意

(7) 调平　各个分片连接加固完毕后，在整个吊顶面下拉出十字交叉的标高线，检查吊顶平面的整体平整度。木吊顶骨架平整度要求见表 4-4。对吊顶向下凸部分，需重新拉紧吊楔。对吊顶向上凹的部分，需用吊杆向下顶，下顶的杆件必须在上下两端固定。

表 4-4　木吊顶骨架平整度要求

面积/m^2	允许误差值/mm	
	上凹(起拱)	下凸
<20	2	2
<50	2～5	
<100	3～6	
>100	6～8	

对一些面积较大的木骨架吊顶，常采用起拱的方法。这样，一方面可平衡饰面板的重力；另一方面又可保证吊顶不下凸，减少视觉上的下坠感。起拱一般可按7～10m跨度有3/1000的起拱量，10～15m跨度有5/1000的起拱量考虑。

（8）罩面板安装

① 罩面板与木龙骨连接　罩面板与木龙骨连接主要有钉接和粘结两种。

a. 钉接　用铁钉或螺钉将罩面板固定于木龙骨，一般用铁钉，钉距视面板材料而异，适用于钉接的板材有石棉水泥板、钙塑板、胶合板、纤维板、铝合金板、木板、矿棉吸声板、石膏等。

b. 黏结　用各种胶黏剂将板材黏结于龙骨或其他基层板材上。如矿棉吸声板可用1∶1的水泥石膏粉及适量107胶，随调随用，成团状粘贴；钙塑板可用401胶粘贴在石膏板基层上。若采用粘、钉结合的方式，则连接更为牢靠。

② 罩面板的接缝　罩面板可分为两种类型：一种是基层板，在板的表面做其他饰面处理；另一种是板的表面已经装饰完毕，将板固定后，装饰效果已经达到。面层罩面板材接缝是根据龙骨形式和面层材料特性决定的，如图4-19所示。

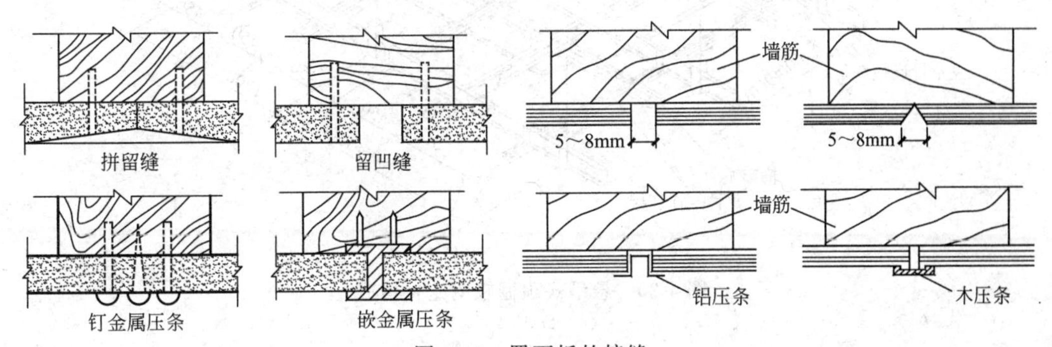

图4-19　罩面板的接缝

a. 对缝（密缝）　板与板在龙骨处对接，此时板多为粘、钉在龙骨上，缝处易产生不平现象，需在板上间距不超过200mm钉钉，或用胶黏剂粘紧，并对不平处进行修整。如石膏板对缝，可用刨子刨平。对缝多用于喷涂的面板。

b. 凹缝（离缝）　在两板接缝处利用面板的形状和长短做出凹缝，凹缝有V形和矩形两种。由板的形状形成的凹缝可不必另加处理；利用板的厚度形成的凹缝中可刷涂颜色，以强调吊顶线条和立体感，也可加金属装饰板条增加装饰效果。凹缝应不小于5mm。

c. 盖缝（离缝）　板缝不直接露在外部，而用次龙骨（中、小龙骨）或压条盖住板缝，这样可避免缝隙宽窄不均的现象，使板面线型更加强烈。

4.3 轻钢龙骨吊顶施工

轻钢龙骨吊顶是以轻钢龙骨为吊顶的基本骨架，配以轻型装饰罩面板材组合而成的新型顶棚体系。常用罩面板有纸面石膏板、石棉水泥板、矿棉吸声板、浮雕板和钙塑凹凸板。

轻钢龙骨吊顶设置灵活，装拆方便，具有重量轻、强度高、防火等多种优点，广泛用于公共建筑及商业建筑的吊顶。

4.3.1 轻钢龙骨顶棚的构造

轻钢龙骨由主龙骨、中龙骨、横撑小龙骨、次龙骨、吊件、接插件和挂插件组成。主龙骨一般采用特制的型材，断面有 U 形和 C 形，一般多为 U 形。主龙骨按其承载能力分为 38、50 和 60 三个系列。龙骨的承载能力还与型材的厚度有关，荷载大时必须采用厚型材料。中龙骨和小龙骨断面有 C 形及 T 形两种。吊杆与主龙骨、主龙骨与中龙骨、中龙骨与小龙骨之间是通过吊挂件和接插件连接的，如图 4-20～图 4-22 所示。

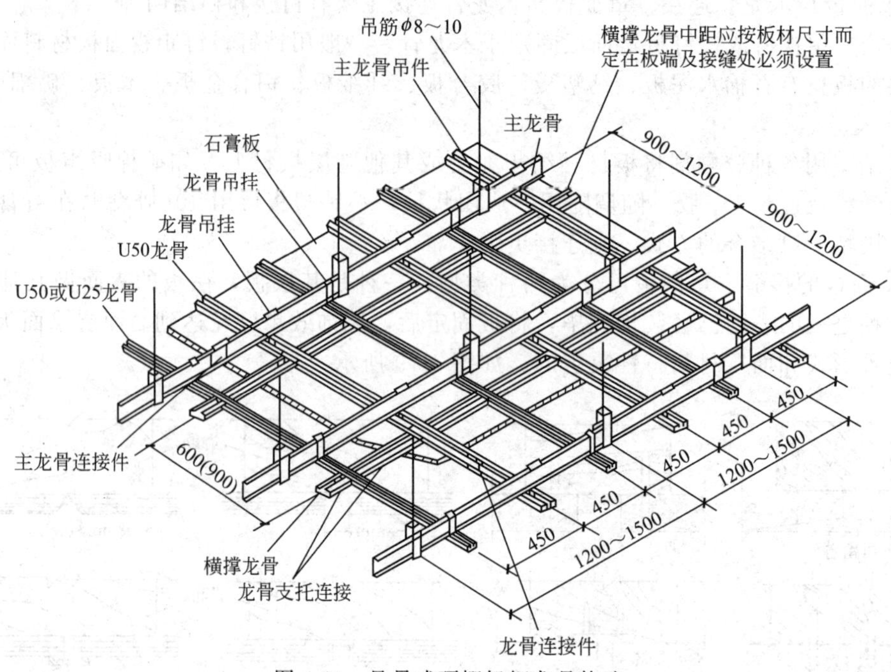

图 4-20 悬吊式顶棚轻钢龙骨构造

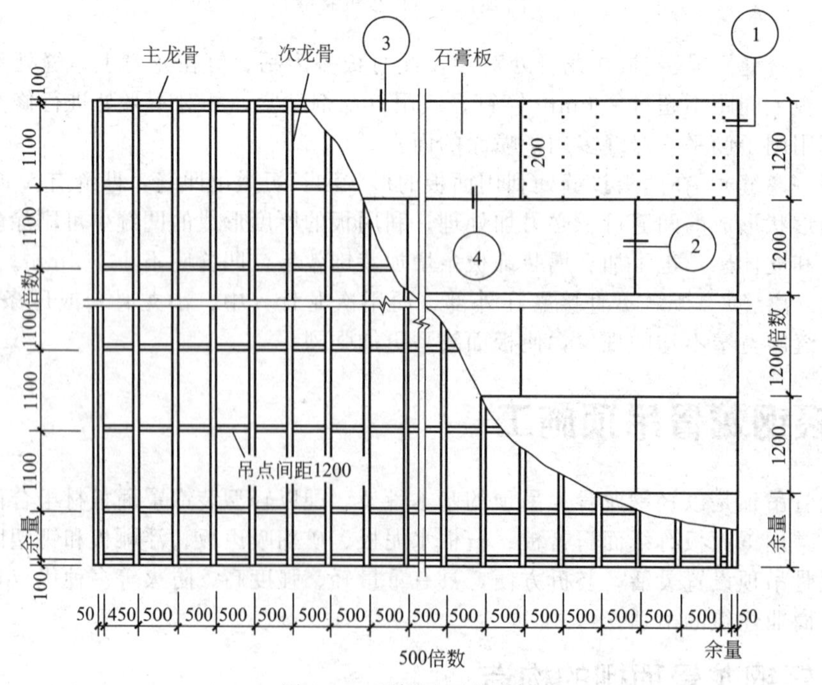

图 4-21 顶棚平面布置图

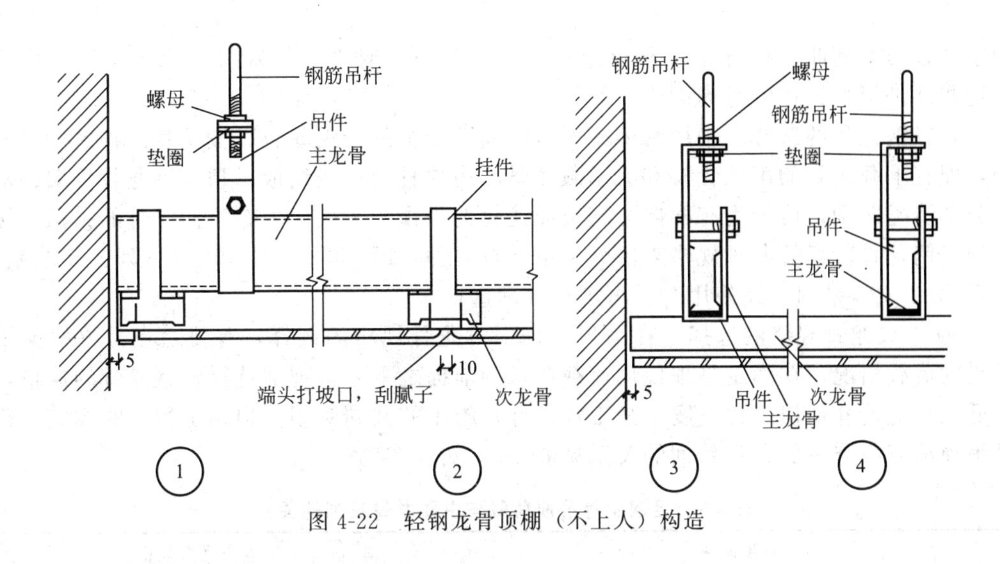

图 4-22　轻钢龙骨顶棚（不上人）构造

4.3.2　材料选择及安装方式

4.3.2.1　材料的选择

（1）板材选择　合理地选择纸面石膏板的品种和规格，是吊顶工程的重要环节，它取决于室内顶棚的使用功能和装饰艺术效果，并影响着龙骨的安装形式及吊顶施工的操作工序。一般情况下应是设计在先，而从施工的角度应该是在满足对吊顶的设计要求及使用功能要求的前提下，力求方便施工并尽量降低工程造价。在活动式搭装或企口嵌装板中，板的规格不能太大，如层高在 10m 左右的顶棚，可选择 500mm×500mm×9mm 或是 600mm×600mm×11mm 左右的板材。规格过大、过厚的板材浮搁于顶棚骨架中，不但使吊顶自重增大，且安装后板材的下垂度较大，在无特殊需要的情况下不宜采用。对于大块板材的封闭式安装，则恰恰相反，通常是在满足设计的力学性能和龙骨布局的合理性前提下，应尽可能选择幅面较大的纸面石膏板。这样可以使吊顶面减少板与板之间所形成的板缝总长度，节省板缝紧固所需的自攻螺钉数量及减少板缝处理的工作量。再如纸面石膏板制品中的大幅面板，其棱边形状多有不同形式的处理，如楔形边、直角边、45°倒角边、半圆形边和圆形边（图 4-23）。其楔形边可在石膏相接时，由楔形边的斜坡和石膏板平面形成一个小空间，以适应采用穿孔纸带和石膏腻子的嵌填。使用此种石膏板做吊顶罩面，接缝处牢固、严密。其直角边石膏板是指石膏板的整板厚度均匀一致，板的两侧边缘与板的侧面呈 90°垂直状态。这种方式用于石膏板之间的平接缝，接缝处可嵌入一些嵌缝材料使之平滑，然后进行终饰，或是根据设计嵌入金属装饰条，也可保留明缝。45°倒角边是指板的边缘有微小的倒角，倒角的长和高为 2～4mm，斜角为 45°。这种纸面石膏板在安装过程中能够较迅速地进行嵌缝处理，在要求不高的部位一般不需加穿孔纸带，在倒角内嵌入特制黏结料即能牢固地填补缝隙，然后进行终饰。半圆形边和圆形边，是指板材两侧边缘为流畅的半圆和圆形，在安装时其圆边所形成的缝隙有利于嵌填嵌缝材料，所用嵌缝材料并不多于其他板型。这种圆边的主要优点是能够

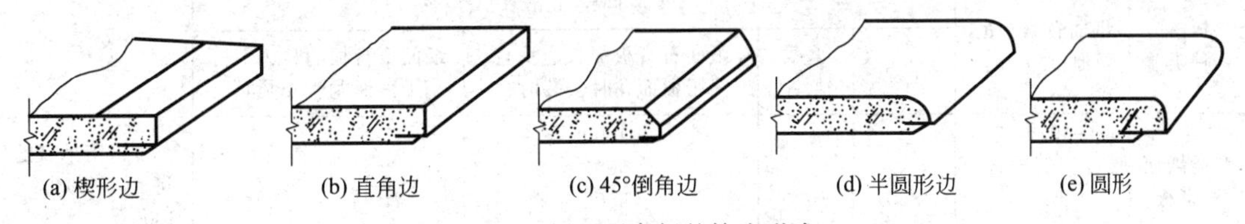

图 4-23　纸面石膏板的棱边形式

有助于补救框架翘曲、接缝错位和板边损伤，以及施工时由于特殊气温或潮湿所造成的问题。这些都是板材选择的考虑因素。

（2）轻钢龙骨的选择　采用封闭式安装纸面石膏板的轻钢龙骨，按龙骨品种区别可分为两种，即有承载龙骨的吊顶骨架和无承载龙骨的吊顶骨架。按组成吊顶轻钢龙骨骨架的覆面龙骨分部情况区别，可分为有横向分布覆面龙骨的吊顶和无横向分布覆面龙骨的吊顶。按组成吊顶轻钢龙骨骨架的龙骨规格来区分，主要有五种，即U60系列、U50系列、U45系列、U38系列和U25系列。在使用时，可进行合理选择。

① 顶承载龙骨规格的选择　在吊顶工程中对龙骨规格的选择，首要之点是要根据吊顶所承受的荷载情况。在满足吊顶使用荷载要求的前提之下，合理地选择轻钢龙骨的规格，力求降低工程造价并加快工程进度，是工程设计及施工的共同愿望。根据工程实践经验，轻钢龙骨吊顶承荷载与主要龙骨系列的关系见表4-5，可作参考。

表4-5　轻钢龙骨吊顶荷载与主要龙骨系列的关系

吊顶荷载	承载龙骨规格
吊顶自重＋80kg附加荷载	U60
吊顶自重＋50kg附加荷载	U50
吊顶自重	U38

② 吊顶承载龙骨与覆面龙骨配合选择　任何系列的承载主龙骨都可以与任何系列的覆面次龙骨相配合，因此，吊顶龙骨选择的关键在于吊顶的承载要求。比如对于无附加荷载（上人检修及吊挂设备等）的吊顶，则无需设置承载龙骨，只将覆面龙骨纵横布置，通过吊挂件将其直接与吊杆相连。在工程实践中，往往是采用一种或两三种规格的轻钢龙骨来组成吊顶龙骨骨架的灵活方式。到底如何选择龙骨的配合形式，并无统一的规定，其基本原则大致如下。

a. 满足吊顶的力学要求　如果该吊顶必须具有承受附加荷载的能力，那就应选择有承载龙骨的吊顶配合形式及其构造。

b. 满足吊顶的表面装饰要求　对于大幅面纸面石膏板罩面，其龙骨大多是采用C形轻钢龙骨作覆面龙骨，用暗式安装构造；对于小幅面的吊顶装饰板安装，应选择T形、Y形、Ω形、π形等轻钢龙骨或铝合金龙骨作覆面龙骨，采用明装或暗式嵌装构造方式。

4.3.2.2　轻钢龙骨顶棚安装方式

（1）吊顶轻钢龙骨的排布形式　对于大幅面纸面石膏板的封闭式吊顶龙骨骨架，龙骨的间距尺寸对于吊顶的承重和刚性起着重要作用，需进行合理排布。一般情况下，采用U60的承载龙骨，当吊顶单位面积荷载为25kg/m^{2}时，其间距应不大于1100mm；当单位面积荷载为50kg/m^{2}时，其承载龙骨间距应不大于900mm。其覆面龙骨的间距，一般是根据纸面石膏板的材质特点及短边尺寸确定的。表4-6有代表性地列出不同厚度的普通纸面石膏板和耐火纸面石膏板的吊点、承载龙骨及覆面龙骨的间距，可供在设计与施工时参考。

表4-6　普通纸面石膏板和耐火纸面石膏板封闭式安装的吊点及轻钢龙骨间距

板材种类	纸面石膏板的厚度/mm	间距/mm				备注
		吊点	承载龙骨	纸面石膏板的长边垂直于覆面龙骨安装时	纸面石膏板的长边平行于覆面龙骨安装时	
普通纸面石膏板	9.5 12.5 15.0 18.0	850	1000	450 500 550 625		常采用吊点的间距为900～1000

续表

板材种类	纸面石膏板的厚度/mm	间距/mm				备注
		吊点	承载龙骨	纸面石膏板的长边垂直于覆面龙骨安装时	纸面石膏板的长边平行于覆面龙骨安装时	
耐火纸面石膏板	9.5 12.5 15.0 18.0	750	1000	400	不允许	常采用吊点的间距为900～1000

(2) 纸面石膏板的铺设布局

① 纸面膏板的纵向铺设　纸面石膏板纵向铺设的吊顶，即是指板材的长边平行于覆面龙骨的长度方向的罩面铺钉。这种吊顶，如果有横向分布的覆面龙骨并有纵向布置的覆面龙骨和横向布置的承载龙骨，其铺板形式如图4-24所示。如果没有横向分布的覆面龙骨而只有纵向布置的覆面龙骨及横向布置的承载龙骨，那么其铺板形式如图4-25所示。对于无承载龙骨的轻便吊顶，纸面石膏板的长边平行于纵向分布的覆面龙骨并被自攻螺钉固定在横向分布的覆面龙骨上，其平面图如图4-26所示。

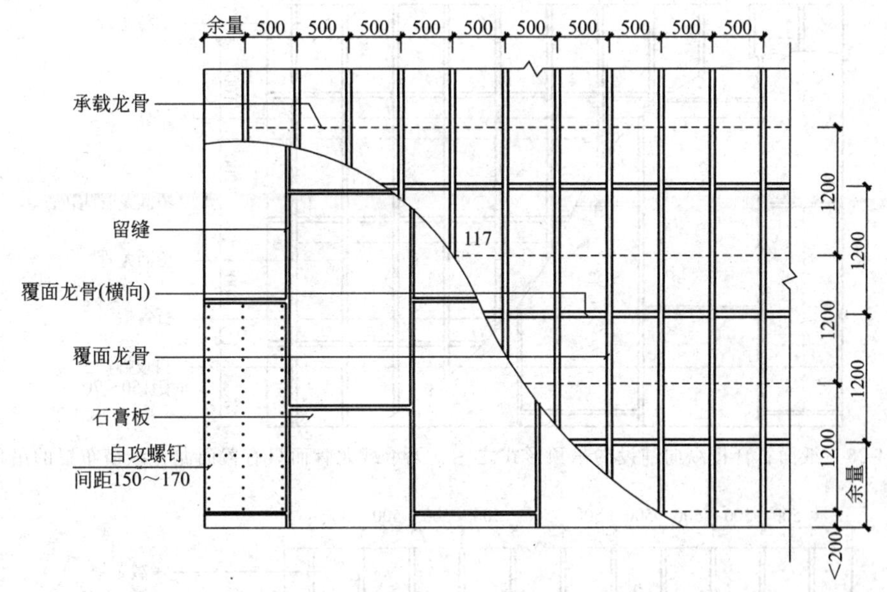

图4-24　纸面石膏板纵向铺设的吊顶形式之一（有承载龙骨并有横向分布覆面龙骨的吊顶）

② 面石膏板的横向铺设　纸面石膏板横向铺设的吊顶，是指板材的长边垂直于覆面龙骨的长度方向的罩面铺钉。这种吊顶，如果有横向分布的覆面龙骨，并有纵向分布的覆面龙骨及横向布置的承载龙骨，纸面石膏板的长边可以用自攻螺钉固定于横向布置的覆面龙骨上，使板缝牢固可靠。如果是无横向分布的覆面龙骨的吊顶，则只有纵向布置的覆面龙骨及横向排布的承载龙骨。如果是无承载龙骨，只是则覆面龙骨纵横布置的吊顶。

③ 纸面石膏板的双层铺设（图4-27）　对防火性能要求较高的吊顶，有时需要采用双层纸面石膏板作为吊顶的封闭式罩面。这种吊顶的轻钢龙骨骨架和单层纸面石膏板轻钢龙骨骨架并无分别，但须注意的是由于增加了一层纸面石膏板，从而也就加大了吊顶的自重，在吊顶的悬吊方面不可忽视这一因素。这种吊顶的第一层纸面石膏板与单层纸面石膏板的吊顶的铺钉做法相同，在其第二层纸面石膏板安装时，须注意以下各点。

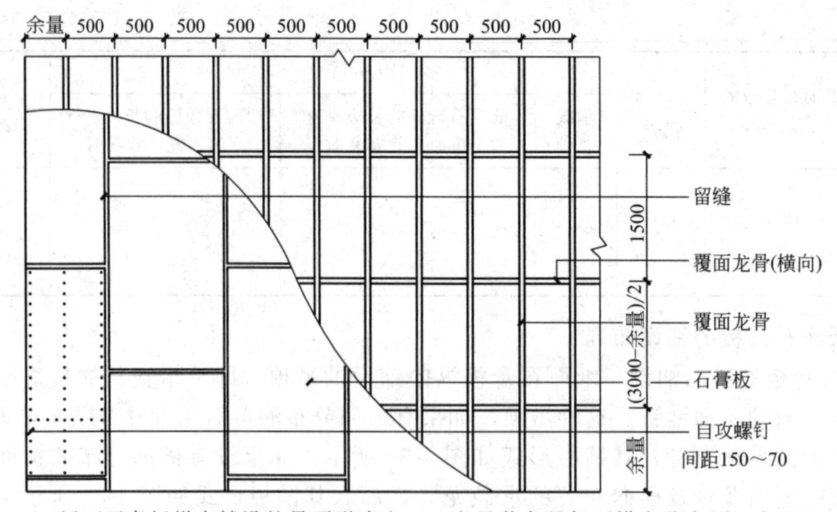

图 4-25　纸面石膏板纵向铺设的吊顶形式之二（有承载龙骨但无横向分布覆面龙骨的吊顶）

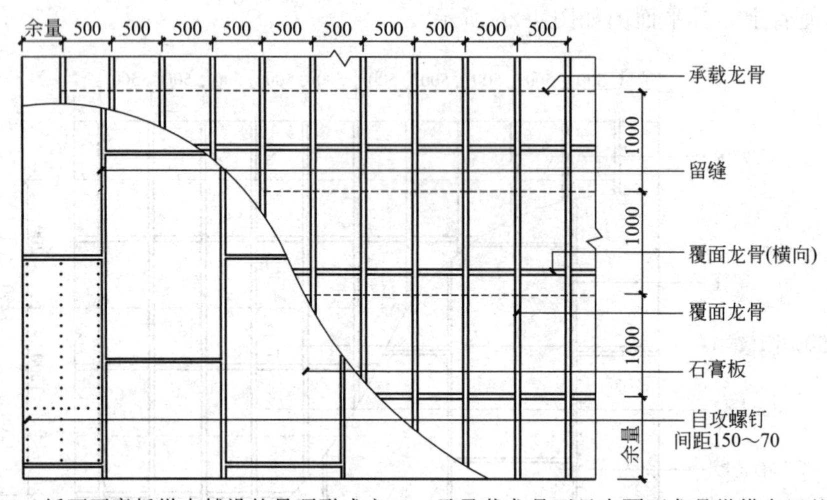

图 4-26　纸面石膏板纵向铺设的吊顶形式之三（无承载龙骨而只有覆面龙骨纵横布置的吊顶）

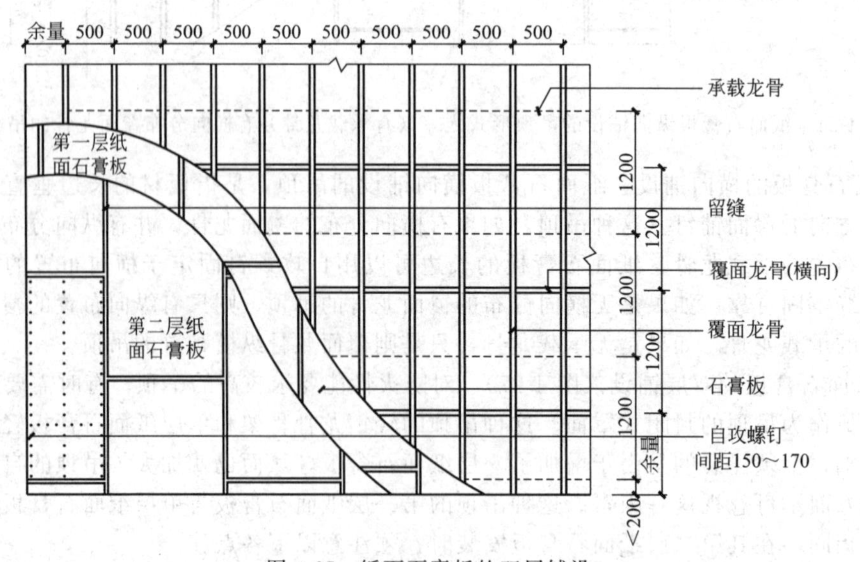

图 4-27　纸面石膏板的双层铺设

a. 在铺设第二层纸面石膏板安装之前，应将已铺钉的第一层纸面石膏板的板缝进行必要处理，即用嵌缝石膏腻子将板缝找平。

b. 第二层纸面石膏板安装时，其长边所形成的板缝应与第一层的长边板缝错开，至少错开300mm；其短边所形成的板缝，要与第一层的短边板缝错开，其相互错开的距离至少是相邻两根覆面龙骨的间距。

c. 第二层纸面石膏板的短边应与第一层纸面石膏板的短边同样紧固于覆面龙骨上，自攻螺钉间距也应是150～170mm。

④ 纸面石膏板的固定方向　纸面石膏板的力学性能，特别是其强度性能与变形性能，是依其板面的横竖方向而定的，它的纵向性能比横向性能好，因此，在吊顶罩面工程中，宜采用将纸面石膏板作横向固定的方式，即板材的长边（面纸包封边）垂直于覆面龙骨的长度方向，以充分利用纸面石膏板的各项性能，如图4-28所示。吊顶罩面板材的布置，如果吊顶面不能全部构成纸面石膏板的幅面整数时，应从房间较主要的顶棚一侧起始，用整板顺序安排，将将非整板留到不是很醒目的另一侧，此时应注意吊顶覆面龙骨的相应设置。纸面石膏板与楼板及吊顶内安装物的距离见表4-7。

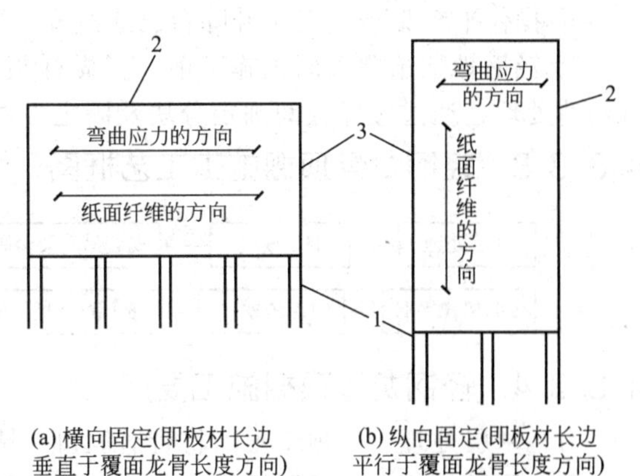

图4-28　纸面石膏板的双层铺设

1—覆面龙骨；2—长边（面纸包封边）；3—短边（切割边）

表4-7　纸面石膏板与楼板及吊顶内安装物的距离

最小距离	纸面石膏板厚度/mm				图示
	9.5	12.5	15.0	18.0	
距安装物距离 a 或距楼板距离 b/mm	70	73	75	78	

4.3.3 轻钢龙骨吊顶施工

4.3.3.1 常用的施工材料与机具

（1）常用施工材料

① U形、C形轻钢龙骨及配件（吊挂件、连接件等）。

② 罩面板：纸面石膏板、石棉水泥板、矿棉吸声板、浮雕板、钙塑凹凸板及铝压缝条或塑料压缝条等。

③ 吊杆（ϕ6、ϕ8钢筋）。

④ 固结材料：花篮螺钉、射钉、自攻螺钉、膨胀螺栓等。

（2）常用机具　电动冲击钻、无齿锯、射钉枪、手锯、手刨、螺丝刀及电动或气动螺丝刀、扳手、方尺、钢尺、钢水平尺等。

4.3.3.2 作业条件

① 结构施工时，应在现浇混凝土楼板或预制混凝土楼板缝中，按设计要求间距预埋

ϕ6～10 钢筋吊杆，一般间距为 900～1200mm。

② 当吊顶房间的墙、柱为砖砌体时，应在砌筑时按顶棚标高预埋防腐木砖，木砖沿墙间距 900～1200mm，木砖在柱中每边应埋设两块以上。

③ 顶棚内的各种管线及设备已安装完毕并通过验收。确定好灯位、通风口及各种明露孔口位置。

④ 墙面、地面的湿作业已做完，屋面防水施工完。

⑤ 各种吊顶材料，尤其是各种零配件经过进场验收，各种材料全部配套齐全。

⑥ 操作平台架子或液压升降台已通过安全验收。

⑦ 轻钢骨架顶棚大面积施工前，应做样板间，对顶棚的起拱度、灯槽、通风口等处进行构造处理，通过做样板间确定分块及固定方法，经鉴定认可后方可开始大面积施工。

4.3.3.3 轻钢龙骨顶棚施工工艺框图

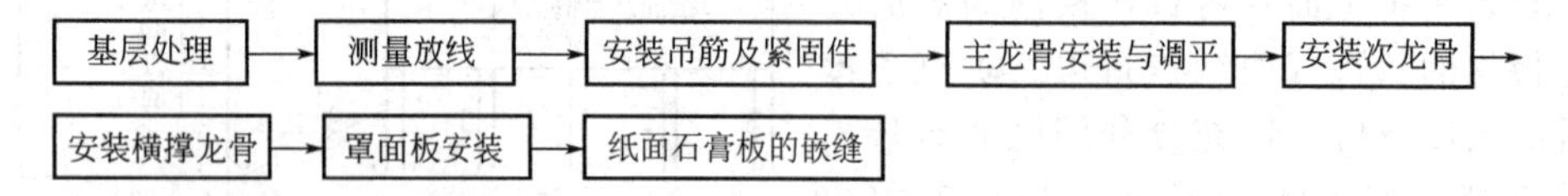

4.3.3.4 轻钢龙骨顶棚施工要点

(1) 基层处理　吊顶施工前将管道洞口封堵处清理干净，以及顶上的杂物清理干净。

(2) 测量放线　包括顶棚标高线、造型位置线、吊点位置、大中型灯位线等。

① 确定安装标高线　根据室内墙上+50cm 水平线，用尺量至顶棚的设计标高划线、弹线。操作时应注意，一个房间的基准高度点只用一个，各面墙的高度线测点共用。沿墙四周弹一道墨线，这条线便是吊顶四周的水平线，其偏差不能大于 3mm。

② 确定造型位置线　对于较规则的建筑空间，其吊顶造型位置可先在一个墙面量出竖向距离，以此画出其他墙面的水平线，即得吊顶位置外框线，而后逐步找出各局部的造型框架线。对于不规则的空间画吊顶造型线，宜采用找点法，即根据施工图纸测出造型边缘距墙面的距离，从墙面和顶棚基层进行引测，找出吊顶造型边框的有关基本点或特征点，将各点连线，形成吊顶造型框架线。

③ 确定吊点位置　双层轻钢 U 形、C 形龙骨骨架吊点间距≤1200mm，单层骨架吊顶吊点间距为 800～1500mm（视罩面板材料密度、厚度、强度、刚度等性能而定）。对于平顶天花，在顶棚上均匀排布。对于有叠层造型的吊顶，应注意在分层交界处吊点布置，较大的灯具及检修口位置也应该安排吊点来吊挂。

(3) 安装吊筋及紧固件　吊筋紧固件或吊筋与楼面板或屋面板结构的连接固定可根据吊顶是否上人（或是否承受附加荷载），有以下四种常见方式，如图 4-29 所示。

① 用 M8 或 M10 膨胀螺栓将 ∟25×3 或 ∟30×3 角钢固定在楼板底面上。注意钻孔深度应≥60mm，打孔直径略大于螺栓直径 2～3mm。

② 用 ϕ5 以上的射钉将角钢或钢板等固定在楼板底面上。

③ 浇捣混凝土楼板时，在楼板底面（吊点位置）预埋铁件，可采用 150×150×6 钢板焊接 4ϕ8 锚爪，锚爪在板内锚固长度不小于 200mm。

④ 采用短筋法在现浇板浇筑时或预制板灌缝时预埋 ϕ6、ϕ8 或 ϕ10 短钢筋，要求外露部分（露出板底）不小于 150mm。

对于上面所述的①、②两种方法不适宜上人吊顶。

(4) 主龙骨安装与调平

① 根据吊杆在主龙骨长度方向上的间距在主龙骨上安装吊挂件。

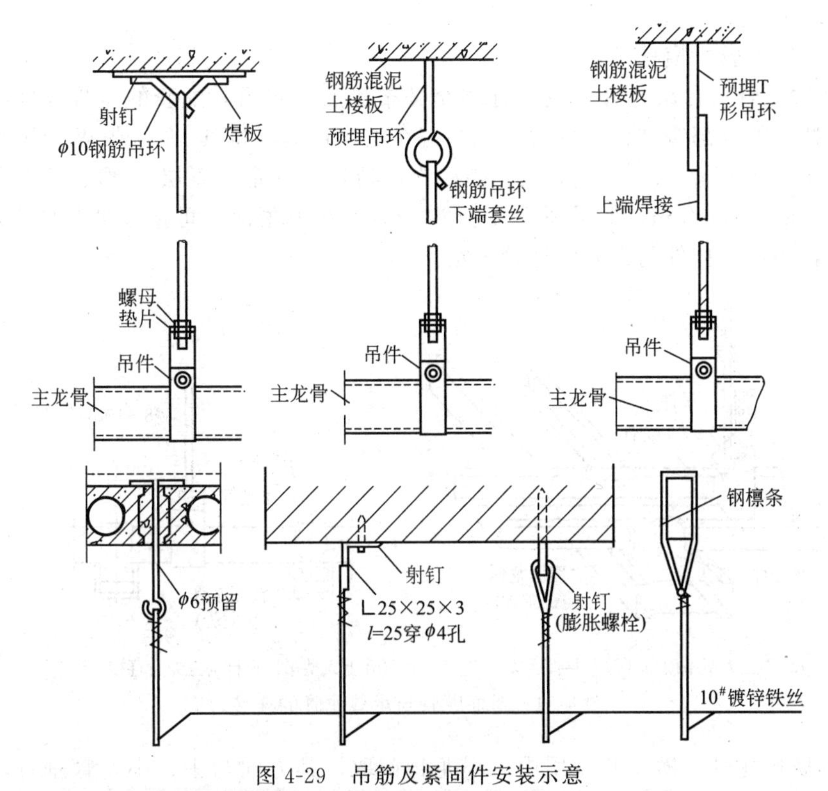

图 4-29　吊筋及紧固件安装示意

② 将主龙骨与吊杆通过垂直吊挂件连接。上人吊顶的悬挂，用一个吊环将龙骨箍住，用钳夹紧，既要挂住龙骨，同时也要阻止龙骨摆动。不上人吊顶悬挂，用一个专用的吊挂件卡在龙骨的槽中，使之达到悬挂的目的。轻钢大龙骨一般选用连接件接长，也可以焊接，但宜点焊。连接件可用铝合金，也可用镀锌钢板，须将表面冲成倒刺，与主龙骨方孔相连，可以焊接，但宜点焊，连接件应错位安装。遇观众厅、礼堂、展厅、餐厅等大面积房间采用此类吊顶时，需每隔 12m 在大龙骨上部焊接横卧大龙骨一道，以加强大龙骨侧向稳定性及吊顶整体性。

③ 根据标高控制线使龙骨就位。在主龙骨与吊件及吊杆安装就位之后，以一个房间为单位进行调平调直。调整方法可用 600mm×600mm 方木按主龙骨间距钉圆钉，将主龙骨卡住，临时固定。方木两端要紧顶在墙上或梁边，如图 4-30 所示。再拉十字和对角水平线，拧动吊杆螺母，升降调平。对于由 T 形龙骨装配的轻型吊顶，主龙骨基本就位后，可暂不调平，待安装横撑龙骨后再进行调平调正。调平时要注意，主龙骨的中间部分应有所起拱，起拱高度一般不小于房间短向跨度的

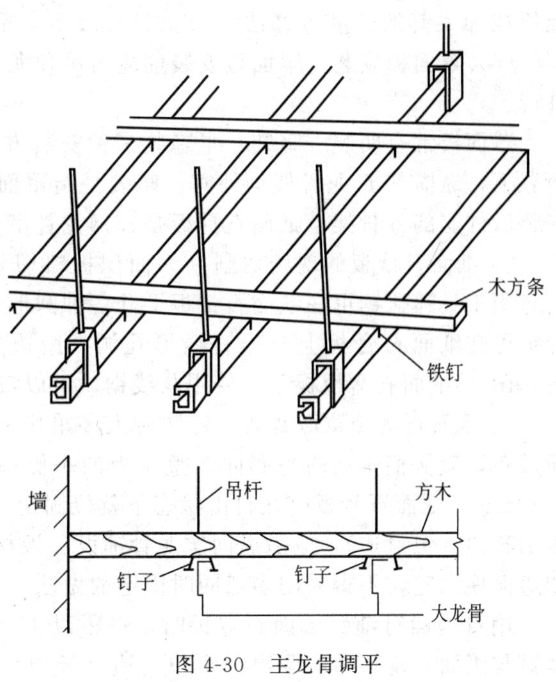

图 4-30　主龙骨调平

1/2000～1/3000。

(5) 安装次龙骨、横撑龙骨

① 安装次龙骨　在次龙骨与主龙骨的交叉布置点，使用其配套的龙骨挂件将两者连接固定。龙骨挂件的下部钩挂住次龙骨，上端搭在主龙骨上，将其U形或W形腿用钳子弯入主龙骨内，如图4-31所示。次龙骨的间距由饰面板规格决定。双层U形、T形龙骨骨架中龙骨间距为500～1500mm，如果间距大于800mm，在中龙骨之间应增加小龙骨，小龙骨与中龙骨平行，用小吊挂件与大龙骨连接固定。

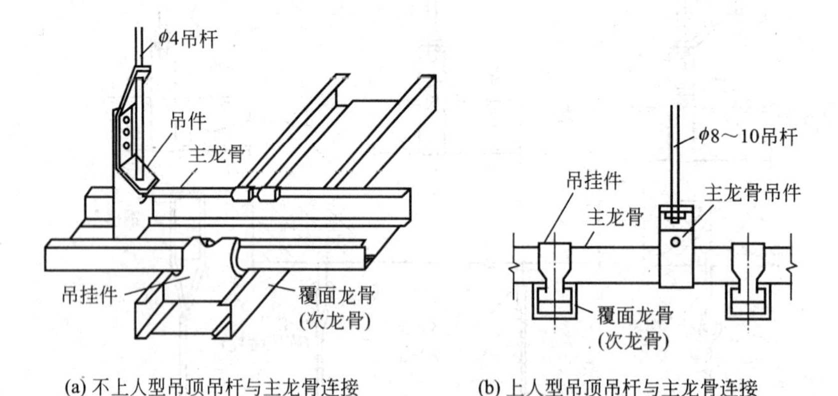

(a) 不上人型吊顶吊杆与主龙骨连接　(b) 上人型吊顶吊杆与主龙骨连接

图4-31　覆面龙骨与承载龙骨的连接

② 安装横撑龙骨　横撑龙骨用中、小龙骨截取，其方向与中、小龙骨垂直，装在罩面板的拼接处，底面与中、小龙骨平齐，如装在罩面板内部或者作为边龙骨时，宜用小龙骨截取。横撑龙骨与中、小龙骨的连接，采用配套挂插件（或称龙骨支托）或者将横撑龙骨的端部凸头插入覆面次龙骨上的插孔进行连接。

③ 固定边龙骨　边龙骨沿墙面或柱面标高线钉牢。固定时常用高强水泥钉，钉的间距≤500mm为宜，如果基层材料强度较低，紧固力不好，应采取相应的措施，改用膨胀螺栓或加大钉的长度等办法。边龙骨一般不承重，只起封口作用。

(6) 罩面板安装　罩面板安装前应对吊顶龙骨架安装质量进行检验，符合要求后，方可进行。

罩面板常有明装、暗装、半隐装三种安装方式。明装是指罩面板直接搁置在T形龙骨两翼上，纵横T形龙骨架均外露。暗装是指罩面板安装后骨架不外露。半隐装是指罩面板安装后外露部分骨架。纸面石膏板是轻钢龙骨吊顶常用的罩面板材，通常采用暗装方法。

① 纸面石膏板的现场切割　大面积板料切割可使用板锯，小面积板料切割多采用刀；用专用工具圆孔锯可在纸面石膏板上开各种圆形孔洞；用针锉可在板上开各种异型孔洞；用针锯可在纸面石膏板上开出直线形孔洞；用边角刨可对板边倒角；用滚锯可切割出小于120mm的纸面石膏板板条；使用曲线锯，可以裁割不同造型的异型板材。

② 纸面石膏板罩面钉装　钉装时大多采用横向铺钉的形式。纸面石膏板在吊顶面的平面排布，应从整张板的一侧向非整张板的一侧逐步安装。板与板之间的间隙，宽度一般为6～8mm。纸面石膏板应在自由状态下就位固定，以防止出现弯棱、凸鼓等现象。纸面石膏板的长边（包封边），应沿纵向次龙骨铺设。板材与龙骨固定时，应从一块板的中间向板的四边循序固定，不得采用多点同时固定的做法。

用自攻螺钉铺钉纸面石膏板时，钉距以150～170mm为宜，螺钉应与板面垂直。自攻螺钉与纸面石膏板边的距离：距包封边（长边）以10～15mm为宜；距切割边（短边）以

15～20mm 为宜。钉头略埋入板面，但不能使板材纸面破损。自攻螺钉进入轻钢龙骨的深度应≥10mm；在装钉操作中如出现有弯曲变形的自攻螺钉时，应予以剔除，在相隔 50mm 的部位另安装自攻螺钉。

纸面石膏板的拼接处，必须是安装在宽度不小于 40mm 的龙骨上，其短边须采用错缝安装，错开距离应不小于 300mm。一般是以一个覆面龙骨的间距为基数，逐块铺排，余量置于最后。安装双层石膏板时，面层板与基层板的接缝也应错开，上下层板各自接在同一根龙骨上。

③ 托卡固定法　当轻钢龙骨为 T 形时，多为托卡固定法安装罩面板。T 形轻钢骨架通长次龙骨安装完毕，经检查标高、间距、平直度符合要求后，垂直通长次龙骨弹分块及卡档龙骨线。罩面板安装由顶棚的中间行次龙骨的一端开始，先装一根边卡档次龙骨，再将罩面板侧槽卡入 T 形次龙骨翼缘（暗装）或将无侧槽的罩面板装在 T 形翼缘上面（明装），然后安装另一侧卡档次龙骨。按上述程序分行安装。若为明装时，最后分行拉线调整 T 形明龙骨的平直。托卡固定法托卡罩面板的基本方式如图 4-32 所示。

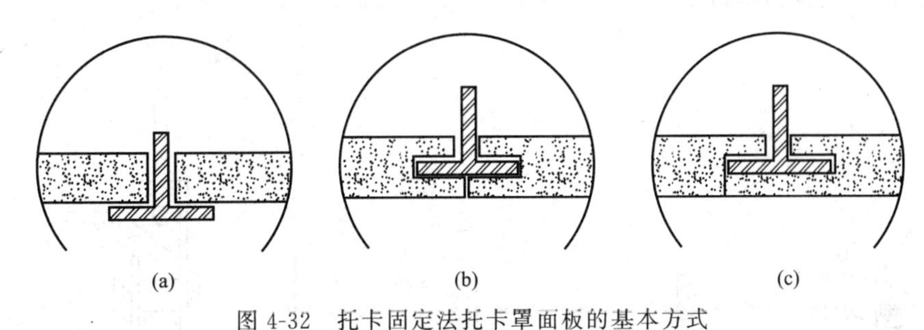

图 4-32　托卡固定法托卡罩面板的基本方式

在吊顶施工中应注意工种间的配合，避免返工拆装损坏龙骨、板材及吊顶上的风口、灯具。烟感探头、喷洒头等可以先安装，也可在罩面板就位后安装。T 形外露龙骨吊顶应在全面安装完成后对龙骨及板面做最后调整，以保证平直。

(7) 纸面石膏板的嵌缝　纸面石膏板拼接缝的嵌缝材料主要有两种：一是嵌缝石膏粉；二是穿孔纸带。嵌缝石膏粉的主要成分是在石膏粉中加入缓凝剂等。嵌缝及填嵌钉孔等所用的石膏腻子，由嵌缝石膏粉加入适量清水（嵌缝石膏粉与水的比例为 1∶0.6），静置 5～6min 后经人工或机械调制而成，调制后应放置 30min 再使用。注意石膏腻子不可过稠，调制时的水温不可低于 5℃，若在低温下调制应使用温水；调制后不可再加石膏粉，避免腻子中出现结块和渣球。穿孔纸带即是打有小孔的牛皮纸带，纸带上的小孔在嵌缝时可保证石膏腻子多余部分的挤出。纸带宽度为 50mm，使用时应先将其置于清水中浸湿，这样做有利于纸带与石膏腻子的黏合。此外，另有与穿孔纸带起着相同作用的玻璃纤维网格胶带，其成品已浸过胶液，具有一定的挺度，并在一面涂有不干胶。它有着较牛皮纸带更优异的拉结作用，在石膏板板缝处有更理想的嵌缝效果，故在一些重要部位可用它取代穿孔牛皮纸带，以防止板缝开裂的可能性。玻璃纤维网格胶带的宽度一般为 50mm。

整个吊顶面的纸面石膏板铺钉完成后，应进行检查，并将所有自攻螺钉的钉头涂刷防锈漆，然后用石膏腻子嵌平。此后即做板缝的嵌填处理，其程序如下。

① 清扫板缝，用小刮刀将嵌缝石膏腻子均匀饱满地嵌入板缝，并在板缝处刮涂约 60mm 宽、1mm 厚的腻子。随即贴上穿孔纸带（或玻璃纤维网络胶带），使用宽约 60mm 的腻子刮刀顺穿孔纸带（或玻璃纤维网格胶带）方向压刮，将多余的腻子挤出，并刮平、刮实，不可有气泡。

② 用宽约 150mm 的刮刀将石膏腻子填满宽约 150mm 的板缝处带状部分。

③ 用宽约 300mm 的刮刀再补一遍石膏腻子，其厚度不得超出 2mm。

④ 待腻子完全干燥后（约 12h），用 2 号砂布或砂纸将嵌缝石膏腻子打磨平滑，其中间部分略微凸起，但要向两边平滑过渡。

4.3.4 轻钢龙骨吊顶特殊部位的构造

4.3.4.1 吊顶的边部节点构造

纸面石膏板轻钢龙骨吊顶边部的与墙、柱立面结合部位，一般的处理方法可归纳为两类：一是平接式；二是留槽式，如图 4-33。即以边龙骨与墙柱面连接，吊顶边板搭置其上，或在一个平面上连接，或略有高低变化，使吊顶平面的边部呈现平面或凹槽变化，这也是其他罩面板材吊顶经常采用的两种处理形式。但在具体工程中，实际的做法较多。有的则不使用边龙骨，如图 4-34 所示，主次龙骨及面板全边部，与墙面留出 5mm 间隙，或刮腻子贴穿孔纸带，或自然地保持缝隙。

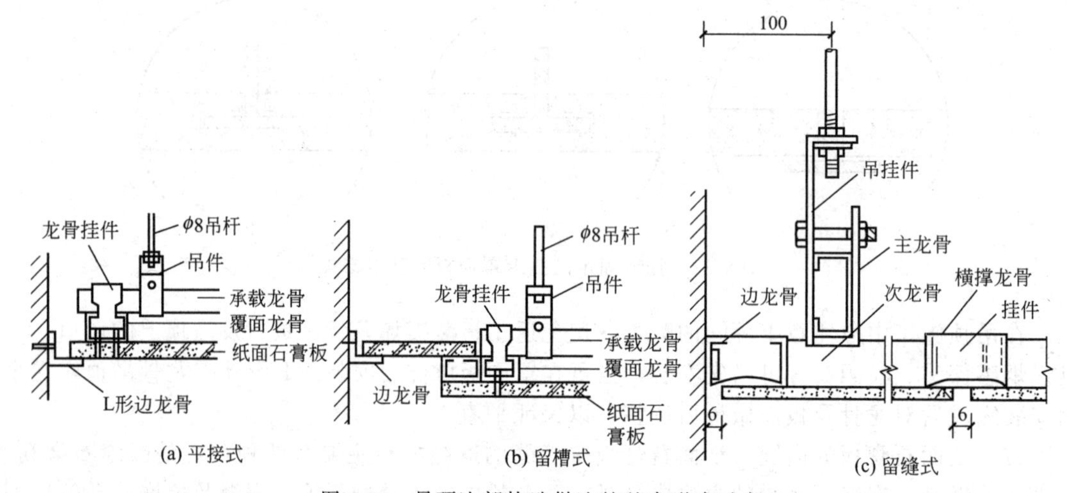

图 4-33 吊顶边部构造做法的基本形式示意

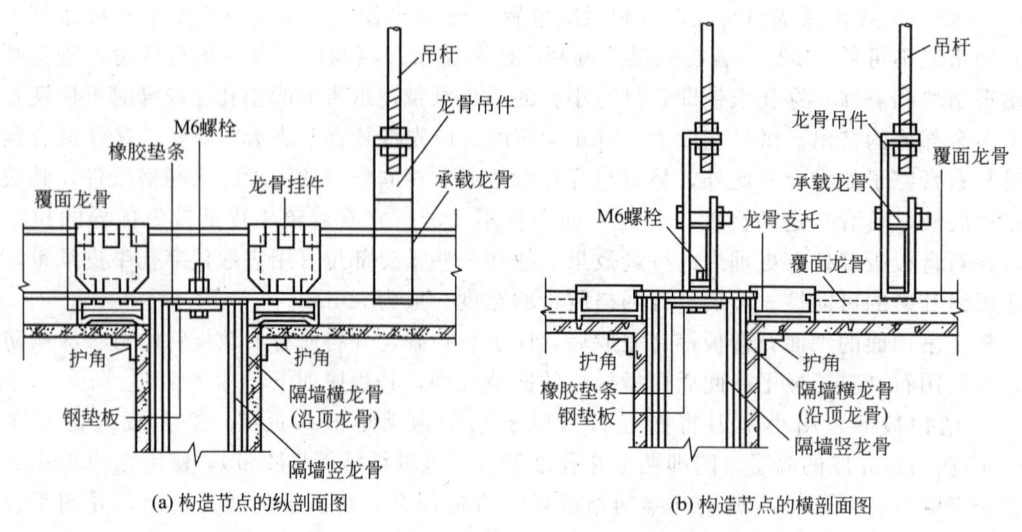

图 4-34 轻钢龙骨纸面石膏板吊顶与轻质隔墙的连接示例

4.3.4.2　吊顶与隔墙的连接

轻钢龙骨纸面石膏板吊顶与其本体系的轻质隔墙相连接，其节点构造如图 4-35 所示。其隔墙的横龙骨（沿顶龙骨）与吊顶的承载龙骨 M6 螺栓紧固；吊顶的覆面龙骨依靠龙骨挂件与承载龙骨连接；覆面龙骨的纵横连接则依靠龙骨支托。吊顶与隔墙面层的纸面石膏板相交的阴角处固定金属护角，使吊顶平面与隔墙立面有机地结合为一个整体。

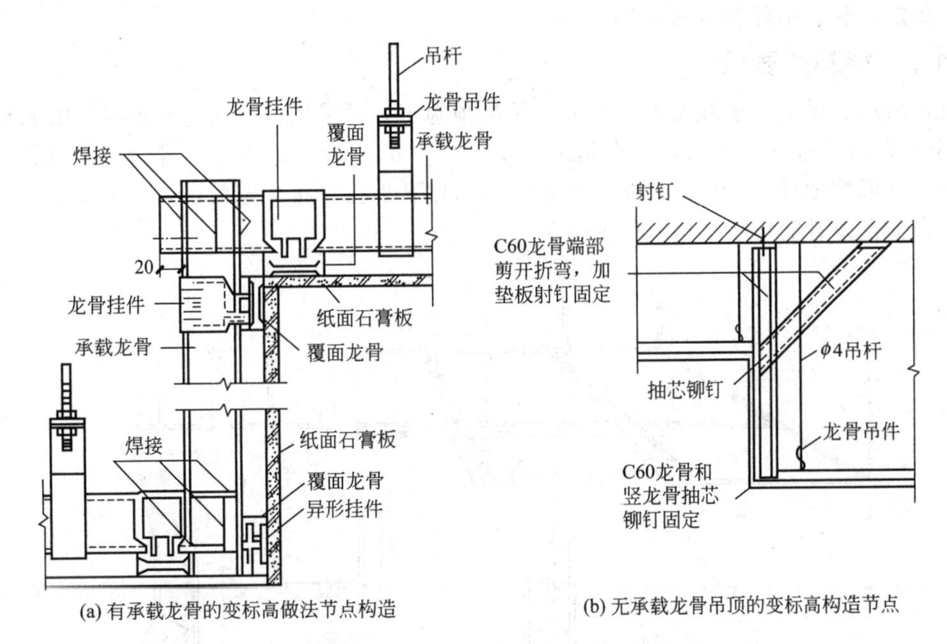

图 4-35　轻钢龙骨纸面石膏板吊顶的变标高构造节点示例

4.3.4.3　变标高吊顶的构造

变标高吊顶，或称叠级吊顶、高差吊顶，通过多层次的平面、斜面或曲面，造成顶棚造型的美感；同时可以在高差变化的吊顶结构里，更好地加强或调节顶棚的声、光及质感效果。

高差吊顶所使用的轻钢龙骨和石膏板等，应按设计要求和吊顶部位的不同切割成相应部件。切割下料时要力求准确，须根据图纸认真研究各部位之间的连接关系，以保证安装时吊顶构造的严密和牢固。明装和暗装的灯具，应保证用电安全，电气管线应有专用的绝缘管套装；对于有岩棉等保温层的吊顶，必须使岩棉之类的材料与灯具或其他发热装置脱开有效距离，以防止由于蓄热而产生不良后果。吊顶罩面的纸面石膏板铺钉后，吊顶高低造型的每个阳角处均应加设金属护角，以保证该处的强度。同时。变标高吊顶施工后，其每个边角必须保持平直整洁，不允许出现凹凸不平和扭曲变形现象。

4.4　铝合金龙骨吊顶施工

铝合金龙骨吊顶是随着铝型材挤压技术的发展而出现的新型吊顶。铝合金龙骨自重轻，型材表面经过阳极氧化处理或氟碳喷涂处理后，表面光泽美观，有较强的抗腐、耐酸碱能力，防火性能好，安装简单，适用于公共建筑大厅、楼道、会议室、卫生间、厨房等空间的吊顶。

4.4.1 铝合金龙骨吊顶构造

4.4.1.1 铝合金龙骨吊顶的构件组成

铝合金龙骨吊顶由铝合金龙骨组成的龙骨骨架和各类装饰面板构成。常用于活动式装配吊顶的有主龙骨（大龙骨）、次龙骨（包括中龙骨和小龙骨）、边龙骨（也称封口角铝）及连接件、固定材料、吊杆和罩面板等。

4.4.1.2 材料的要求

（1）吊点、吊筋与承载龙骨　不上人的吊顶施工，可采用M6梅花金属内扣膨胀螺栓与6mm全丝扣镀锌螺杆作吊筋，吊点间距为0.8~1.0m。可采用38型主龙骨做承载龙骨的双层结构，也可按图样设计要求，采用铁丝吊索与尾孔射钉拧接固定做吊点与吊筋，下端连接T形铝合金主龙骨的单层结构（图4-36）。

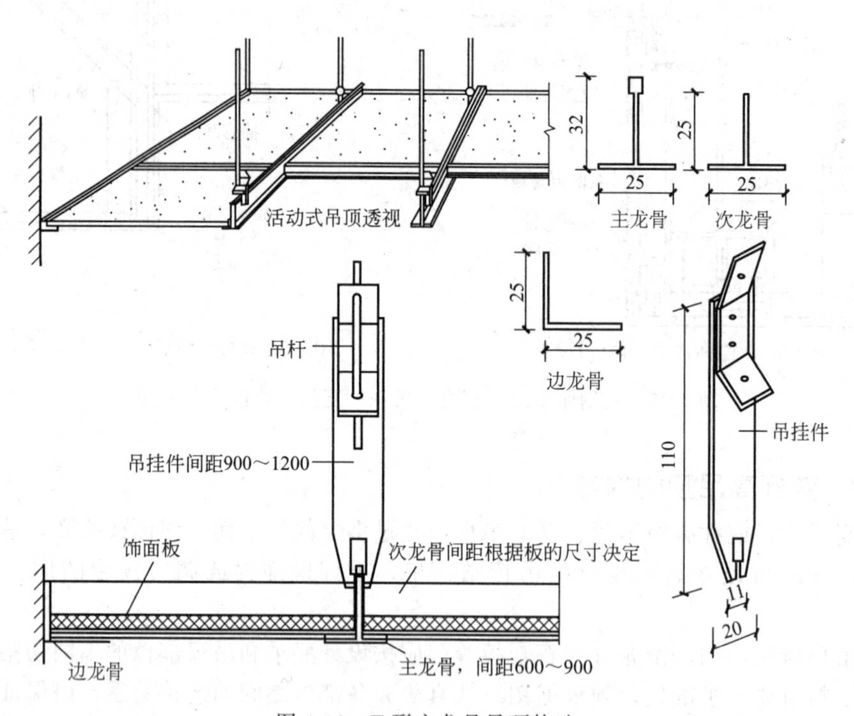

图4-36　T形主龙骨吊顶构造

当吊顶为上人龙骨时，必须采用金属膨胀螺栓与角码件做吊点，$\phi 8$以上吊筋做吊杆。吊点间距在1.0～1.2m内，并且采用U50或U60形主龙骨做承载龙骨的双层结构。

（2）铝合金龙骨　铝合金龙骨主要有T形主龙骨，是该吊顶骨架的主要受力构件，T形次龙骨在骨架中起横撑作用；L形边龙骨，通常与墙面连接，并在边部固定饰面板，起着收口的作用；LT形铝合金龙骨按其安装方式分为明装式和暗装式两种，明装式将矿棉板直接搁置在龙骨上面，底下露出龙骨，暗装式采用企口嵌装式，不露出龙骨，但板材质量要求高。

① 主龙骨（大龙骨）　主龙骨的侧面有长方形孔和圆形孔。长方形孔供次龙骨穿插连接，圆形孔供悬吊固定。

② 次龙骨（中小龙骨）　次龙骨的长度，根据饰面板的规格进行下料，在次龙骨的两

端，为了便于插入主龙骨的方眼中，要加工成“凸”字形状。为了使多根次龙骨在穿插连接中保持顺直，在次龙骨的端头部位弯一个角度，使两根次龙骨在一个方眼中保持中心线重合，如图 4-37 所示。

③ 边龙骨　边龙骨也称封口角铝，其作用是在吊顶边角等部位进行封口，使边角部位保持整齐、顺直。边龙骨有等边和不等边两种。一般常用 25mm×25mm 等边边龙骨，色彩应当与板的色彩相同。

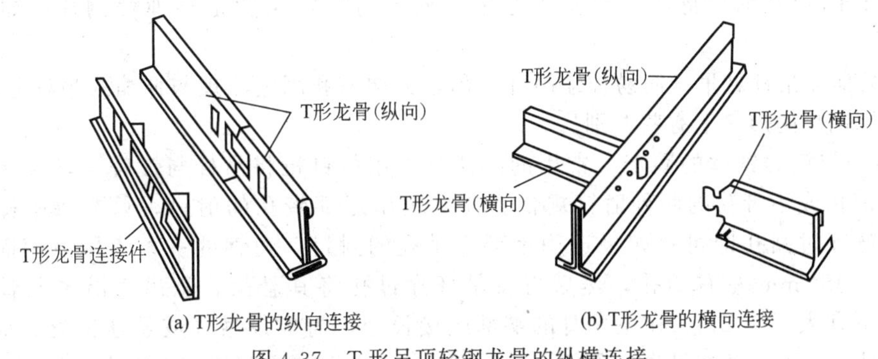

图 4-37　T 形吊顶轻钢龙骨的纵横连接

(3) 矿棉装饰吸声板　矿棉装饰吸声板主要有大小方形和矩形各种尺寸，常用的有直角边、楔形边和企口边。矿棉吸声板主要与 LT 形金属龙骨配套使用，还可以使用珍珠岩装饰吸声板、装饰石膏板、铝塑板等。

4.4.2　铝合金龙骨吊顶施工

4.4.2.1　铝合金龙骨吊顶施工工艺流程

4.4.2.2　铝合金龙骨吊顶施工要点

(1) 弹线定位　弹线定位包括吊顶标高线和龙骨布置分搭定位线。

① 可用水柱法标出吊顶平面位置，然后按位置弹出吊顶标高线。沿吊顶标高线固定角铝，角铝的底面与标高线平齐。边龙骨的固定方法通常用木楔铁钉或水泥钉直接将其钉在墙柱面上。固定位置的间隔为 400～600mm。

② 龙骨的分格定位，需根据饰面板的尺寸和龙骨分格的布置来进行。为了安装方便，两龙骨中心线的间距尺寸一般大于饰面板尺寸 2mm 左右。安装时控制龙骨的间隔需要用模规，模规可用刨光的木方或铝合金条来制作，模规的两端要求平整，且尺寸准确，与要求的龙骨间隔一致。

龙骨的标准分格尺寸定下后，再根据吊顶面积对分格位置进行布置。布置时尽量保证龙骨分格的均匀性和完整性，以保证吊顶有规整的装饰效果。由于室内的吊顶面积一般都不可能按龙骨分格尺寸正好等分，吊顶上常常会出现与标准分格尺寸不等的分格，这些分格尽量安排在顶棚边角的地方，在装饰工程中也称为收边分格。处理的方法通常有两种：第一种，把标准分格设置在吊顶中部，而收边分格置于吊顶四周；第二种，将标准分格设置在人流活动量大或较显眼的部位，而把收边分格置于不被人注意的次要位置。

③ 对于吊点的定位，铝合金顶棚吊点的设计与布置应该考虑吊顶是否上人以及饰面材料等，一般间隔距离为 0.8～1.2m。吊点布置的要点是考虑吊顶的平整度需要。

（2）固定悬吊体系

① 悬吊形式　采用简易吊杆的悬吊有三种形式。

a. 镀锌铁丝悬吊　由于活动式装配吊顶一般不做上人考虑，所以在悬吊体系方面也比较简单。目前用得最多的是用射钉将镀锌铁丝固定在结构层上，另一端同主龙骨的圆形孔绑牢。镀锌铁丝不宜太细，如若单股使用，不宜用小于 14# 的铅丝。

b. 伸缩式吊杆悬吊　伸缩式吊杆的形式较多，用得比较普遍的是将 8# 铅丝调直，用一个带孔的弹簧钢片将两根铅丝连起来，调节与固定主要是靠弹簧钢片，如图 4-38 所示。

c. 简易伸缩吊杆悬吊　简易伸缩吊杆悬吊，其伸缩和固定原理与伸缩式吊杆悬吊一样，只是在弹簧钢片的形状上有些差别。

② 吊杆与镀锌铁丝的固定　常用的办法是：用射钉枪将吊杆与镀锌铁丝固定。可以选用尾部带孔或不带孔的两种射钉规格。如果选用尾部带孔的射钉，只要将吊杆一端的弯钩或铁丝穿过圆孔即可；如果选用尾部不带孔的射钉，角钢的一条边用射钉固定，另一条边钻一个 5mm 左右的孔，然后再将吊杆穿过孔将其悬吊。悬吊宜沿主龙骨方向进行，间距不宜大于 1.2m。在主龙骨的端部或接长处，需加设吊杆或悬挂铅丝。如果选用镀锌铁丝悬吊，不应绑在吊顶上部的设备管道上，因为管道变形维修时，会对吊顶的平整度带来不利影响。

（3）组装龙骨　铝合金龙骨架需在地面上预先组装，铝合金主龙骨与横撑龙骨的连接方式通常有 3 种。

① 第一种连接在主要龙骨上部开出半槽，在次龙骨的下部开出半槽，并在主龙骨半槽两侧各打出一个 $\phi3$ 的圆孔，如图 4-39(a) 所示。组装时将主、次龙骨的半槽卡接起来，然后用 22# 细铁丝穿过主龙骨上的小孔，把次龙骨扎紧在主龙骨上。注意龙骨上的开槽间隔尺寸必须与龙骨架分格尺寸一致。该安装方式如图 4-39(b) 所示。

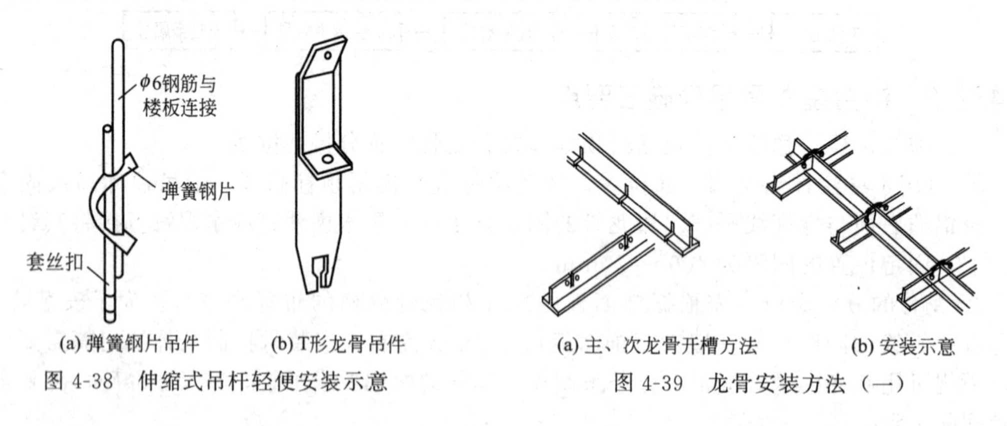

(a) 弹簧钢片吊件　(b) T形龙骨吊件

图 4-38　伸缩式吊杆轻便安装示意

(a) 主、次龙骨开槽方法　(b) 安装示意

图 4-39　龙骨安装方法（一）

② 第二种是在分段截开的次龙骨上用铁皮剪剪出连接耳，在连接耳上打孔，通常打 $\phi4.2$ 的孔，再用 $\phi4$ 铝铆钉固定或打 $\phi3.8$ 的孔，用 M4 自攻螺钉固定。连接耳形式如图 4-40(a) 所示。安装时，将连接耳弯成 90°直角，在主龙骨上打出相同直径的小孔，再用自攻螺钉或铝抽芯铆钉将次龙骨固定在主龙骨上。安装形式如图 4-40(b) 所示。注意次龙骨的长度必须与分格尺寸要一致，间隔用模规来控制。

③ 第三种是在主龙骨上打出长方孔，两长方孔的间隔距离为分格尺寸。安装前用铁皮剪剪出次龙骨上的连接耳。安装次龙骨时只要将次龙骨上的连接耳插入主龙骨上长方孔，再弯成 90°直角即可。每个长方孔内可插入两个连接耳，安装形式如图 4-41 所示。

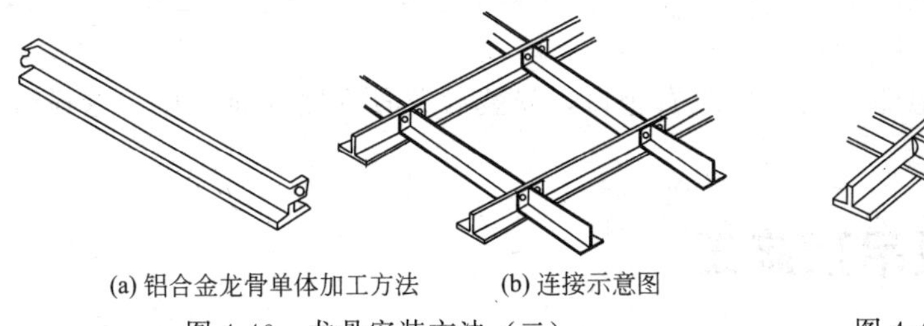
(a) 铝合金龙骨单体加工方法　(b) 连接示意图

图 4-40 龙骨安装方法（二）

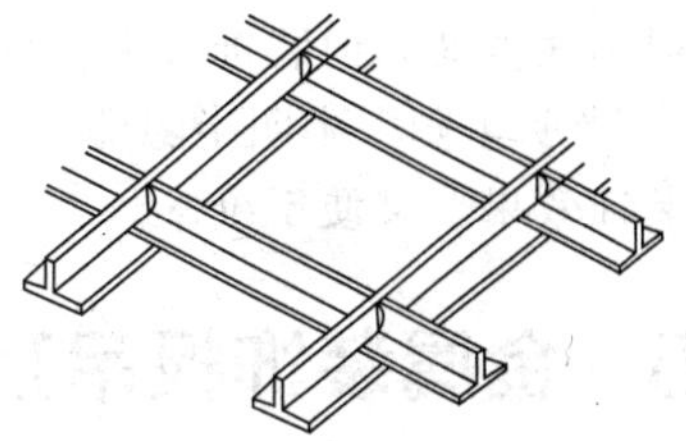
图 4-41 龙骨安装方法（三）

（4）安装调平龙骨

① 安装调平龙骨时，根据已确定的主龙骨（大龙骨）位置及确定的标高线，先大体上将其基本就位。次龙骨（中、小龙骨）应紧贴主龙骨安装就位。

② 龙骨就位后，再满拉纵横控制标高线（十字中心线），从一端开始，一边安装，一边调整，全部安装完毕后，最后再精调一遍，直到龙骨调平、调直为止。如果吊顶面积较大，则在中间还应当适当起拱，以满足下垂的要求。调平时应注意一定要从一端调向另一端，要做到纵横平直。对于铝合金吊顶，龙骨的调平调直是一道比较麻烦而细致的施工工序，龙骨是否调平调直，也是板条吊顶质量控制的关键，因此必须认真仔细地进行。因为只有龙骨调平调直，才能使板条饰面达到理想的装饰效果。否则，吊顶饰面会成为波浪式的表面，从宏观上看去就有很不舒服的感觉。

③ 边龙骨宜沿墙面或柱面标高线钉牢，固定时一般常用高强水泥钉，钉的间距一般不宜大于 50cm。如果基层材料强度较低，紧固力不能满足，就应采取相应的措施加强，如改用膨胀螺栓或加大水泥钉的长度等办法。在一般情况下，边龙骨不能承重，只起到封口的作用。

④ 主龙骨的接长一般选用连接件进行。连接件可用铝合金，也可用镀锌钢板，在其表面冲成倒刺，与主龙骨方孔相连。主龙骨接长完成后，应全面校正主龙骨、次龙骨的位置及水平度，需要接长的主龙骨，连接件应错位安装。

（5）安装饰面板　铝合金龙骨吊顶安装饰面板，可分为明装（暴露骨架）、暗装（隐蔽骨架）和半明半隐（部分暴露骨架）三种形式，如图 4-42 所示。

① 明装　明装即纵横 T 形龙骨骨架均外露，饰面板只需搁置在 T 形两翼上即可。其安装方法简单，施工速度较快，维修比较方便，但装饰性稍差。

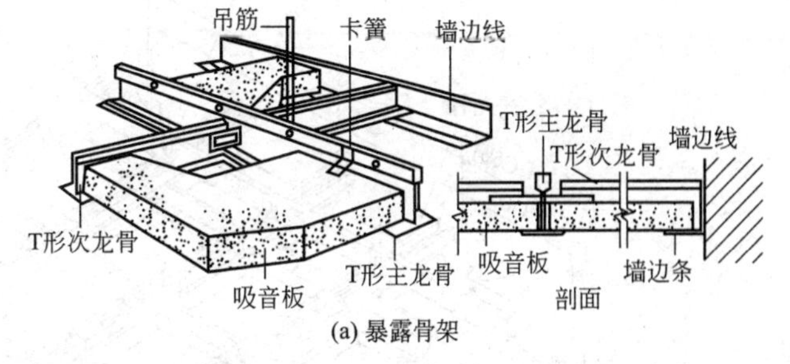

(a) 暴露骨架

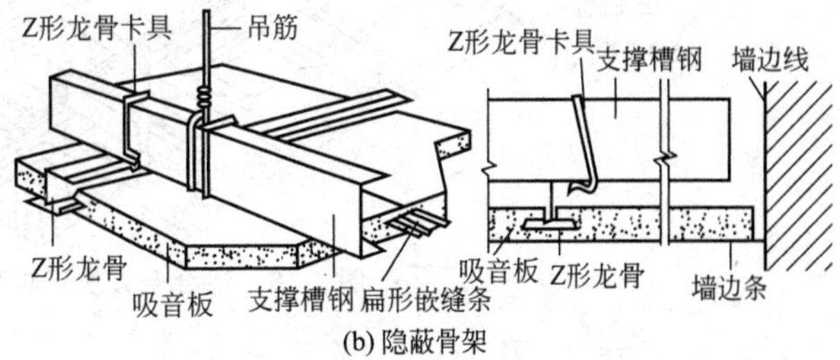

(b) 隐蔽骨架

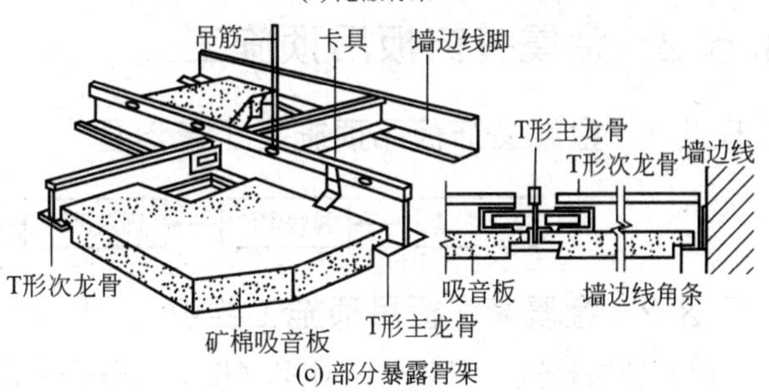

(c) 部分暴露骨架

图 4-42 铝合金龙骨矿棉纤维板顶棚构造

② 暗装　暗装即饰面板边缘有企口，嵌装后骨架不暴露。其安装方法比明装稍复杂，维修时不太方便，但装饰效果较好。

③ 半明半隐　半明半隐即饰面板边缘有企口，安装后龙骨内嵌在企口中。这样既有较好的装饰效果，又便于维修。

4.5 金属装饰板吊顶施工

金属装饰板吊顶由于采用较高级的金属板材，所以属于高级装饰顶棚，其主要特点是重量较轻，安装方便，施工速度快，安装完毕即可达到装修效果，集吸声、防火、装饰、色彩等功能于一体。

4.5.1 金属装饰板吊顶的构件组成

金属装饰板吊顶是由轻钢龙骨（U 形、C 形）或 T 形铝合金龙骨与吊杆组成的吊顶骨架和各类金属装饰面板构成。金属板材有不锈钢板、钛金板、铝板、铝合金板等多种，表面有抛光、亚光、浮雕、烤漆或喷砂等多种形式。

板形基本上有两大类，即方块形板或和条形板。方块形金属吊顶分为上人（承重）吊顶与不上人（非承重）吊顶，如图 4-43 所示。条形金属吊顶分为封闭型金属吊顶和开敞型金属吊顶，如图 4-44 所示。

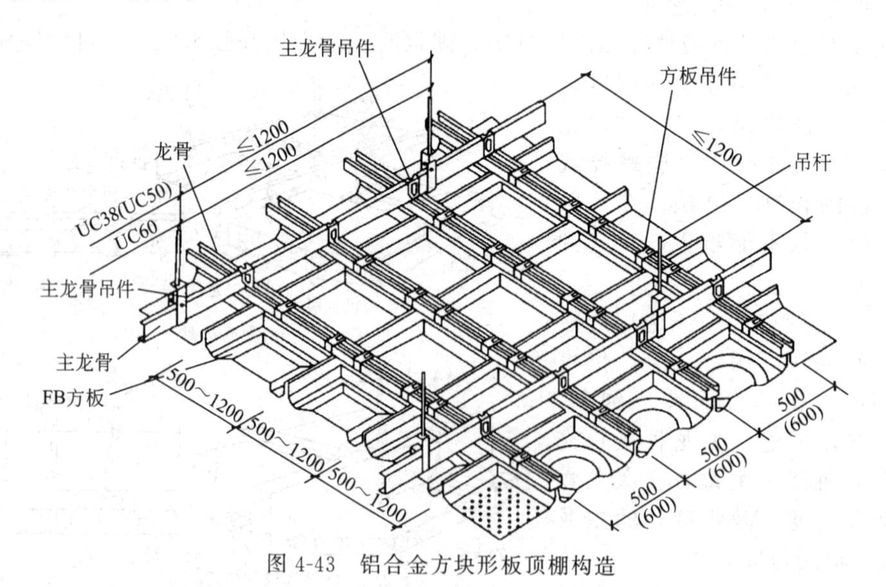

图 4-43　铝合金方块形板顶棚构造

4.5.2 金属装饰板吊顶施工

4.5.2.1 金属装饰板吊顶施工工艺流程

4.5.2.2 金属装饰板吊顶施工要点

（1）基层检查　安装前应对屋（楼）面进行全面的质量检查，同时也检查吊顶上设备布置情况、线路走向等，发现问题应及时解决，以免影响吊顶安装。

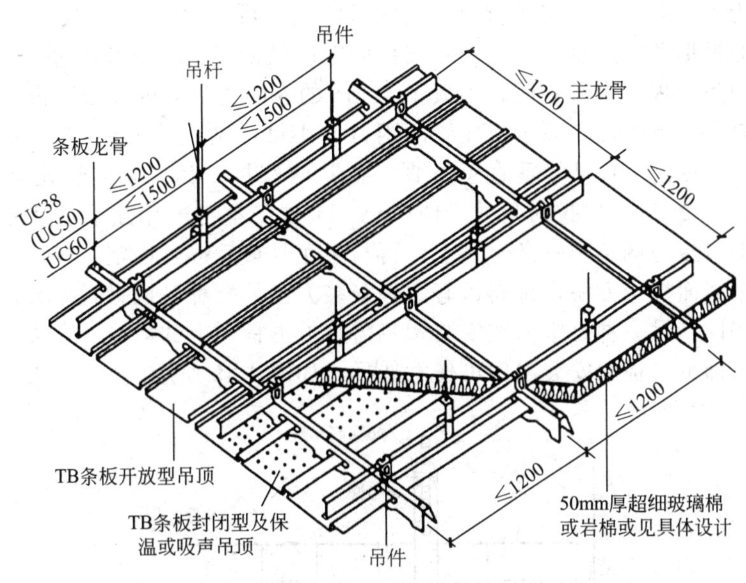

图 4-44　铝合金条形板顶棚构造

（2）弹线定位　将吊顶标高线弹到墙面上，将吊点的位置线及龙骨的走向线弹到屋（楼）面底板上。

（3）固定吊杆　用膨胀螺栓或射钉将简易吊杆固定在屋（楼）面底板上。

（4）龙骨安装　主龙骨仍采用 U 形承载轻钢龙骨，固定金属板的纵横龙骨固定于主龙骨之下，其悬吊固定方法与轻钢龙骨基本相同。

当金属板为方块形或矩形时，其纵横龙骨用专用特制嵌龙骨，呈纵横十字平面相交布置，组成与方块形或矩形板长宽尺寸相配合的框格。嵌龙骨类似夹钳构造，其与主龙骨的连接采用特制专用配套件，见表 4-8。

表 4-8　方块形金属吊顶龙骨及配件

名称	简图形式/mm	用　　途
嵌龙骨	40；26	①用于组装龙骨骨架的纵向龙骨；②用于卡装方块形金属吊顶板
半嵌龙骨	26	①用于组装龙骨骨架的边缘龙骨；②用于卡装方块形金属吊顶板
嵌龙骨挂件	60；25；49	用于嵌龙骨和 U 形吊顶轻钢龙骨（承载龙骨）的连接
嵌龙骨连接件	40.5	用于嵌龙骨的加长连接

当金属板为条形时，其固定条形金属板的纵向龙骨可用普通 U 形或 C 形轻钢龙骨或专用特制带卡口的槽形龙骨，垂直于主龙骨安装固定。因条形金属板有褶边，本身有一定的刚度，所以只需与条形板垂直布置间距不大于 1.5m 的纵向龙骨即可。若用带卡口的专用槽形龙骨，为使龙骨卡在下平面，按卡口龙骨间距钉上小钉，制成“卡规”，安装龙骨时将其卡入“卡规”的钉距内。“卡规”垂直于龙骨，在其两端抄平后，临时固定在墙面上，并从“卡规”两端的第一个钉上斜拉对角线，使两根“卡规”本身既相互平整又方正，然后再拉线将所有龙骨卡口棱边调整至一条直线上，再与主龙骨最后逐点固定。

（5）安装金属面板　方块形金属板有两种安装方法：一种是搁置式安装，与活动式吊顶罩面安装方法相同；另一种是卡入式安装，只需将方形板向上的褶边（卷边）卡入嵌龙骨的钳口，调平调直即可，板的安装顺序可任意选择，如图 4-45 所示。

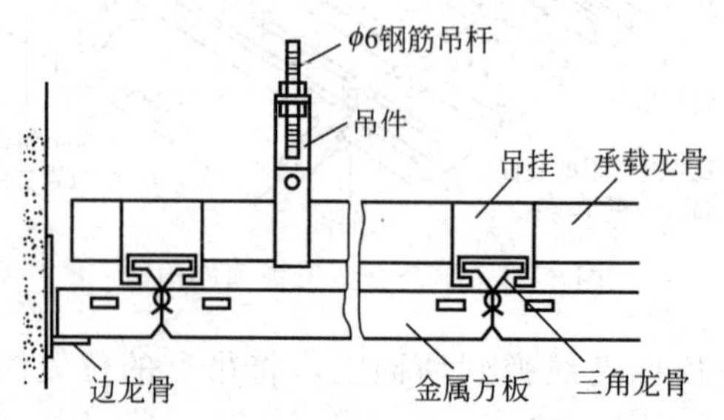

图 4-45　方块形金属板卡入式安装基本构造

长条形金属板分为“卡边”与“扣边”两种安装方法。卡边式长条形金属板安装时，只需直接利用板的弹性（因为此板较薄，具有一定的弹性且扩张较为容易）将板沿顺序卡入特制的带夹齿状的龙骨卡口内（龙骨本身兼作卡具），调平调直即可。此种安装方式有板缝，故称为开敞式吊顶顶棚，如图 4-46 所示。扣边式长条金属板与卡边式条形金属板安装方式一样。由于此种板有一个平伸出的板肢，正好把板缝封闭，故又称封闭式吊顶顶棚。另一种扣边式长条形金属板（即常称的扣板），则采用 C 形或 U 形金属龙骨，用自攻螺钉将第一块板的扣边固定于龙骨上，将此扣边调平调直后，再将下一块板的扣边压入已先固定好的前一块的扣槽内，依此顺序相互扣接即可。长条形金属板的安装均应从房间的一边开始。

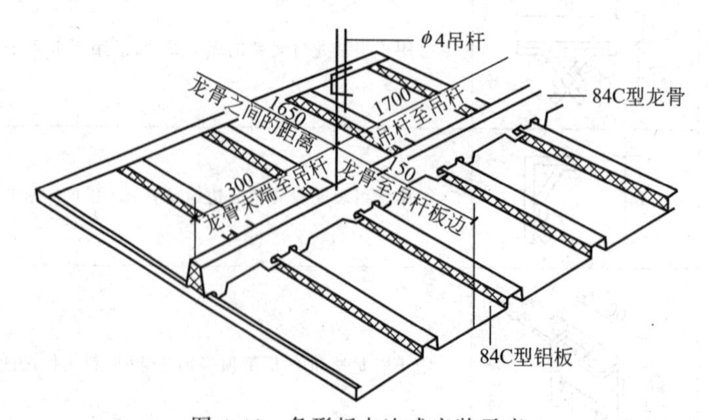

图 4-46　条形板卡边式安装示意

（6）吊顶的细部处理

① 墙、柱边的连接处理　方块形金属板或条形金属板与墙、柱连接处可以离缝平接，也可以采用 L 形边龙骨或半嵌龙骨连接，如图 4-47 和图 4-48 所示。

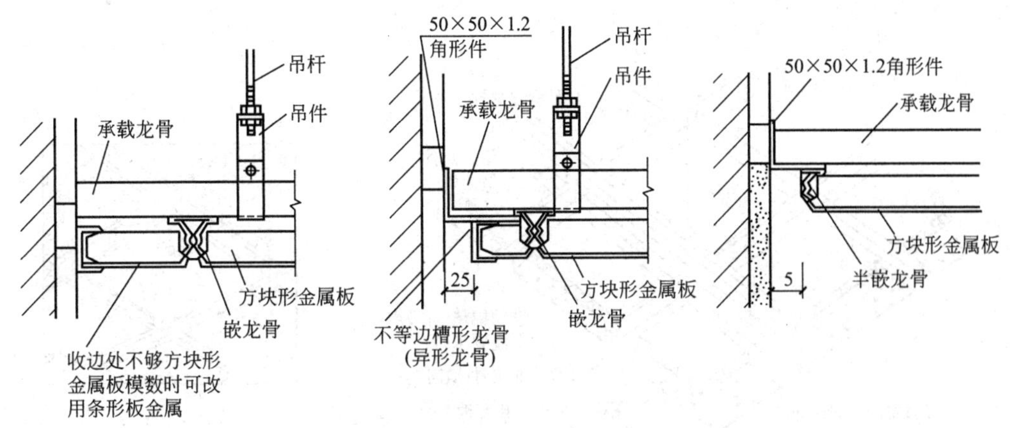

图 4-47　方块形金属板卡入式安装示例

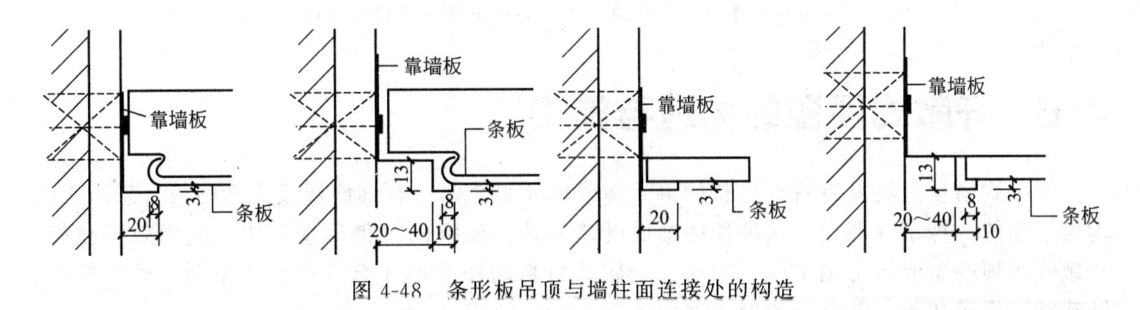

图 4-48　条形板吊顶与墙柱面连接处的构造

② 与隔断的连接处理　隔断沿顶龙骨必须与其垂直的顶棚主龙骨连接牢固。当顶棚主龙骨不能与隔断沿顶龙骨相垂直布置时，必须增设短的主龙骨，再与顶棚承载龙骨连接固定。

③ 不同标高处的连接处理　方块形金属板可按图 4-49 处理，关键是根据不同标高的高度设置相应的竖向龙骨，此竖向龙骨必须分别与不同标高处主龙骨可靠连接，每节点不少于两个自攻螺钉，使其不会变形，也可以焊接。

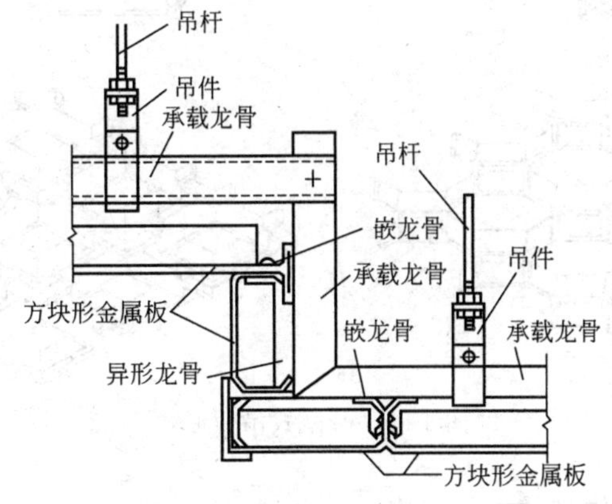

图 4-49　方块形金属板变标高连接

④ 吸声或隔热材料布置　当金属板为穿孔板时，先在穿孔板上铺毡垫，再满铺吸声隔热材料（如矿棉、玻璃棉等）。当金属板无孔时，可将隔热材料直接满铺在金属板上。在铺装时应边安装金属板边铺吸声隔热材料，最后一块则先将吸声隔热材料铺在金属板上后再进

行安装，如图 4-50 所示。

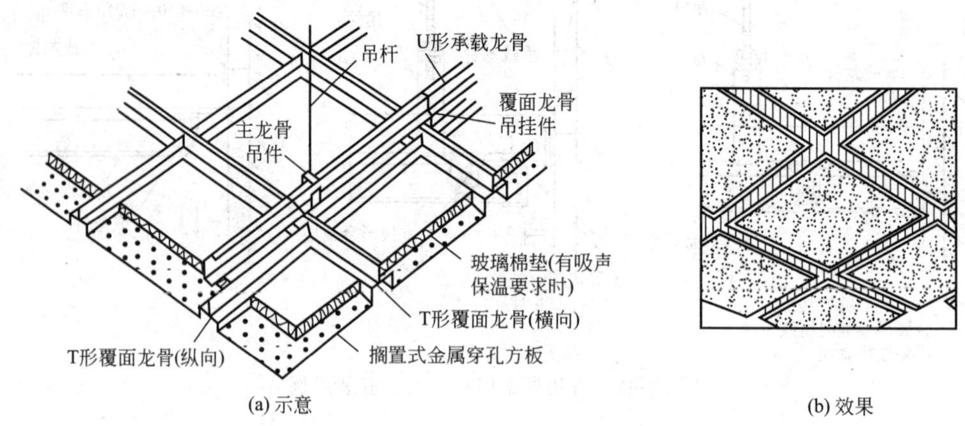

图 4-50 方块形金属吊顶板搁置式安装吸声隔热材料的示意及效果

4.6 开敞式顶棚的构造与施工

开敞式吊顶是将具有特定形状的单元体或单元组合体（有饰面板或无饰面板）悬吊于结构层下面的一种吊顶形式，这种顶棚饰面既遮又透，使空间显得生动活泼，艺术效果独特。开敞式吊顶的单元体常用木质、塑料、金属等材料制作。形式有方形、三角形、菱形框格、叶片状、格栅式等，部分吊顶形式如图 4-51 所示。

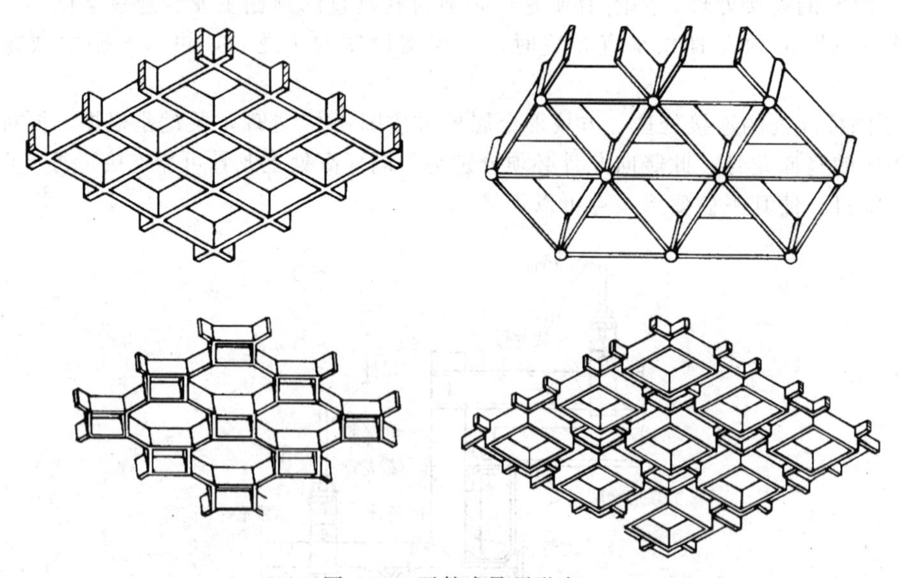

图 4-51 开敞式吊顶形式

4.6.1 开敞式吊顶施工

4.6.1.1 施工单元体

一般常用已加工成的木装饰单体、铝合金装饰单体。

4.6.1.2　施工工序流程

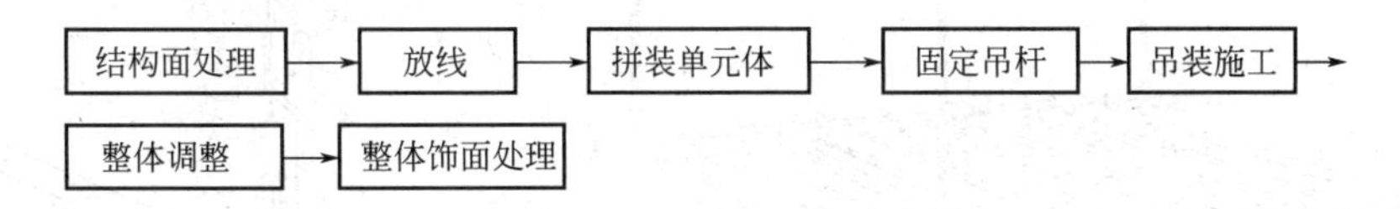

4.6.1.3　施工工艺要点

（1）结构面处理　由于吊顶开敞，可见到吊顶基层结构，通常对吊顶以上部分的结构表面进行涂黑或按设计要求进行涂饰处理。

（2）放线　包括弹标高线、吊挂点布置线、分片布置线。弹标高线、吊挂点布置线的方法同前。分片布置线的依据吊顶的结构形式和分片的大小所弹的线。吊挂点的位置需根据分片布置线来确定，以使吊顶的各分片材料受力均匀。

（3）拼装单元体

① 木质单元体拼装　木质单体及多体结构形式较多，常见的有单板方框式、骨架单板方框式、单条板式、单条板与方板组合式等拼装形式，如图 4-52～图 4-55 所示。拼装时每个单体要求尺寸一致，角度准确，组合拼接牢固。

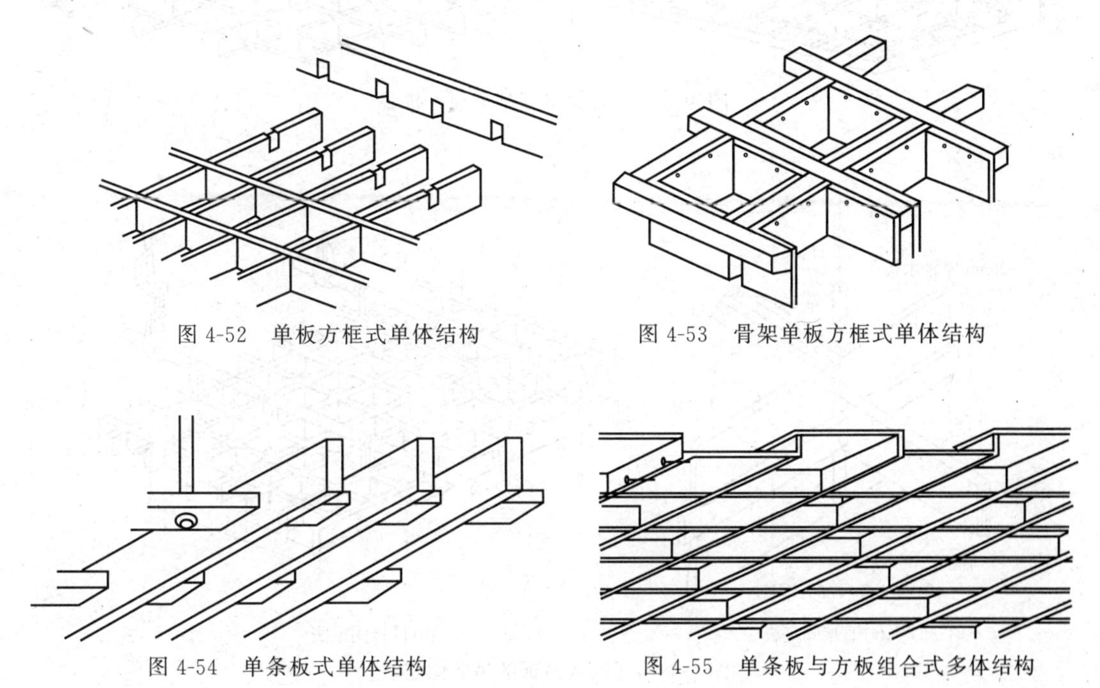

图 4-52　单板方框式单体结构

图 4-53　骨架单板方框式单体结构

图 4-54　单条板式单体结构

图 4-55　单条板与方板组合式多体结构

② 金属单体拼装　包括格片型金属板单体构件拼装和格栅型金属板单体拼装。它们的构造较简单，大多数采用配套的格片龙骨与连接件直接卡接。如图 4-56 和图 4-57 所示为两种常见的拼装形式。

（4）固定吊杆　开敞式吊顶大多比较轻便，一般可采取在混凝土楼板底或梁底设置吊点，用冲击钻打孔固定膨胀螺栓，将吊杆焊于膨胀螺栓上或用 18# 铅丝绑扎；也可采用带孔射钉作吊点紧固件，需注意单个射钉的承载不得超过 $50kg/m^2$。

（5）吊装施工　开敞式吊顶的吊装有直接固定法和间接固定法两种方法，如图 4-58 所示。

① 直接固定法　单体或组合体构件本身有一定刚度，将构件直接用吊杆吊挂在结构上。

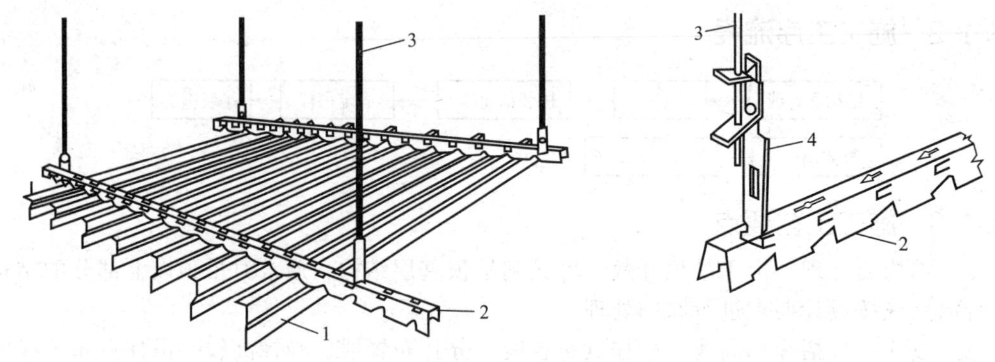

图 4-56 格片型金属板单体构件拼装

1—格片式金属板；2—格片龙骨；3—吊杆；4—吊挂件

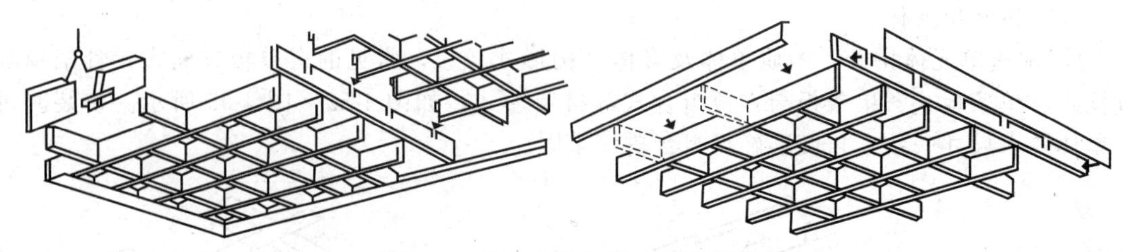

图 4-57 铝合金格栅型吊顶板拼装

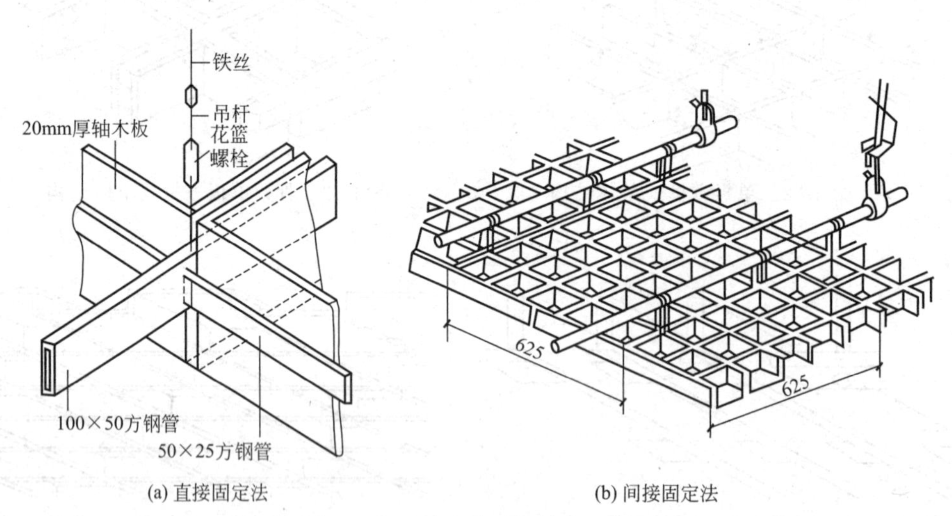

(a) 直接固定法　　(b) 间接固定法

图 4-58 开敞式吊顶的吊装固定法

② 间接固定法　对于本身刚度不够，直接吊挂容易变形的构件，或吊点太多，费工费时，可将单体构件固定在骨架上，再用吊杆将骨架挂于结构上。

吊装操作时从一个墙角开始，分片起吊，高度略高于标高线并临时分片固定，再按标高基准线分片调平，最后将各分片连接处对齐，用连接件固定。

(6) 整体调整　沿标高线拉出多条平行或垂直的基准线，根据基准线进行吊顶面的整体调整，注意检查吊顶的起拱量是否正确，修正单体构件因固定安装而产生的变形，检查各连接部位的固定件是否可靠，对一些受力集中的部位进行加固。

(7) 整体饰面处理　在上述结构工序完成后，就可进行整体饰面处理。铝合金格栅式单体构件加工时表面已做阳极氧化膜或漆膜处理。木质吊顶饰面方式主要有油漆、贴壁纸、喷涂喷塑、镶贴不锈钢和玻璃镜面等工艺。喷涂饰面和贴壁纸饰面，可以与墙体饰面施工时一并进行，也可以视情况在地面先进行饰面处理，然后再行吊装。

4.6.2　设备及吸声材料的布置

（1）开敞式吊顶的灯具布置与安装　开敞式吊顶的灯具布置与安装常采用以下几种形式，与吊顶的安装关系如图 4-59 所示。

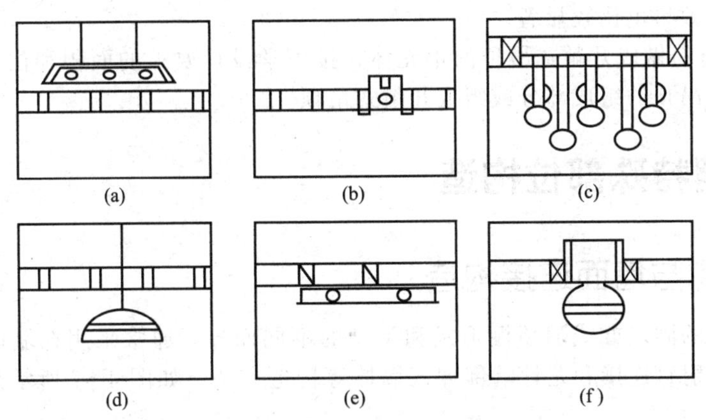

图 4-59　灯具与吊顶的安装形式

① 隐藏式布置　将灯具布置在吊顶的上部，并与吊顶保持一定的距离。灯具一般在吊顶吊装前安装就位。灯光因单体构件的遮挡呈漫射光效果。

② 嵌入式布置　这种布置是将灯具嵌入单体构件中，灯具与吊顶面保持齐平或灯具的照明部分突出吊顶平面。采用这种形式，灯具可在吊顶完成后安装。

③ 吸顶式布置　灯具直接固定在吊顶的平面上。

④ 吊挂式布置　灯具悬吊在吊顶平面以下，其吊件应在吊顶吊装前固定在结构层底面。

（2）空调管道口布置　开敞式吊顶空调管道口的布置一般有以下方式。

① 空调管道口布置于开敞式吊顶的上部，与吊顶保持一定的距离，如图 4-60(a)、(b) 所示。这种布置管道口比较隐蔽，可以降低风口箅子的材质标准，安装施工也比较简单。

② 将空调管道口嵌入单体构件内，风口箅子与单体构件保持齐平，如图 4-60(c) 所示。因风口箅子是明露的，要求其造型、材质、色彩与吊顶的装饰效果尽可能相协调。

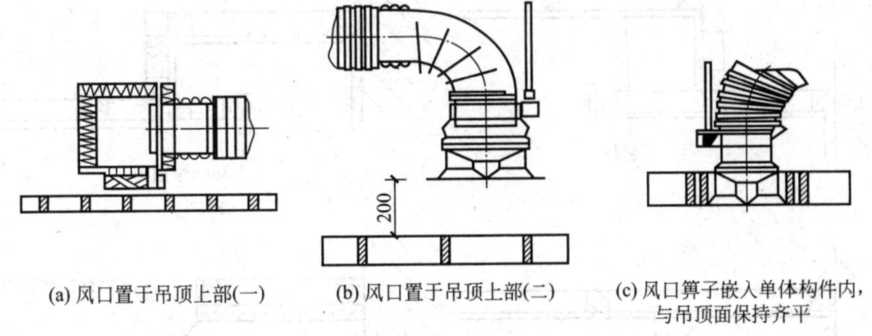

(a) 风口置于吊顶上部(一)　(b) 风口置于吊顶上部(二)　(c) 风口箅子嵌入单体构件内，与吊顶面保持齐平

图 4-60　开敞式吊顶空调管道口的一般布置方式

（3）吸声材料布置　开敞式吊顶吸声材料的布置有以下四种方法。

① 在单体构件内装填吸声材料，组成吸声体吊顶。如将两块穿孔吸声板中间夹上吸声材料组成复合吸声板，用这样的夹心复合板再组合成不同造型的单体构件，使开敞式吊顶具

有一定的吸声功能。吸声板的位置、数量由声学设计确定。

② 在开敞式吊顶的上面平铺吸声材料。可以满铺，也可以局部铺放，铺放的面积根据声学设计所要求的吸声面积和位置来确定。为了不影响吊顶的装饰效果，通常将吸声材料用纱网布包裹起来，以防止吸声材料的纤维四处扩散。

③ 在吊顶与结构层之间悬吊吸声材料。为此，应先将吸声材料加工成平板式吸声体，然后将其逐块悬吊。这种做法因其与吊顶相脱离，悬吊形式及数量不受吊顶的限制，较为机动灵活，其吸声效果也比较显著。

④ 用吸声材料做成开敞式吊顶的单元体，按声学设计要求的面积和位置布置吸声单元体，形成开敞式吊顶的组成部分或组成开敞式吊顶。

4.7 顶棚特殊部位构造

4.7.1 顶棚与墙面连接构造

顶棚与墙体的固定方式随顶棚形式和类型的不同而异，通常采用在墙内预埋铁件或螺栓、木砖，通过射钉连接和龙骨端部伸入墙体等构造方法，如图 4-61 所示是顶棚边缘装饰压条的做法。

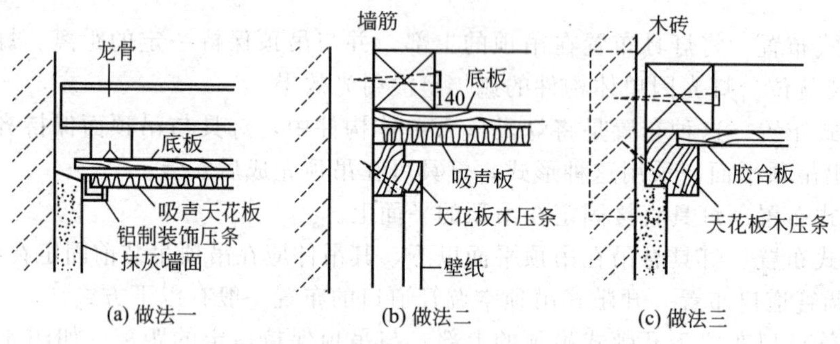

图 4-61 顶棚边缘装饰压条的做法

端部造型处理形式如图 4-62 所示，其中图 4-62(c) 所示的方式中，交接处的边缘线条

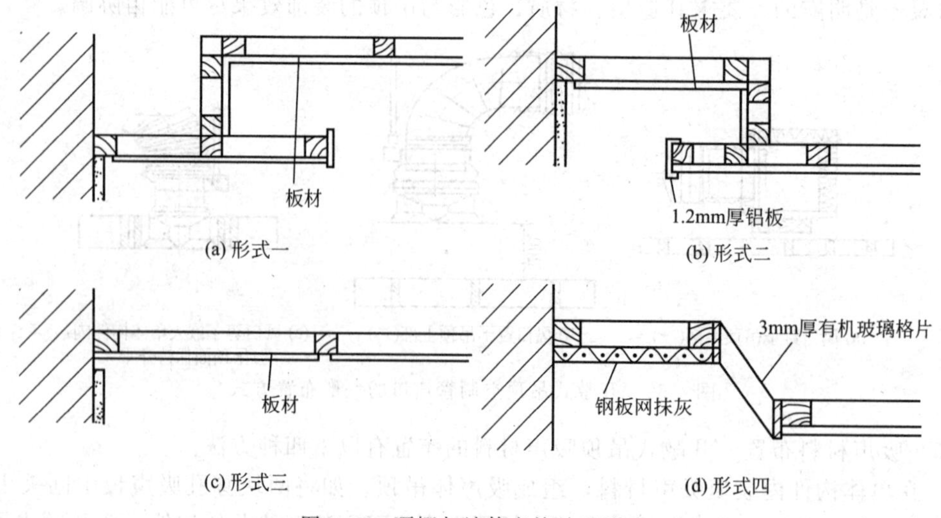

图 4-62 顶棚与墙体交接处理形式

一般还需另加木制或金属装饰压条处理，可与龙骨相连，也可与墙内预埋件连接。

4.7.2 顶棚与灯具连接构造

（1）顶棚上安装的灯具　顶棚上安装的灯具有两种类型：与顶棚直接结合的（如吸顶灯等）和与顶棚不直接结合的（如吊灯等）。灯具安装的基本构造方式应与灯具的种类相适应。如图 4-63 所示为嵌入式筒体灯的构造。

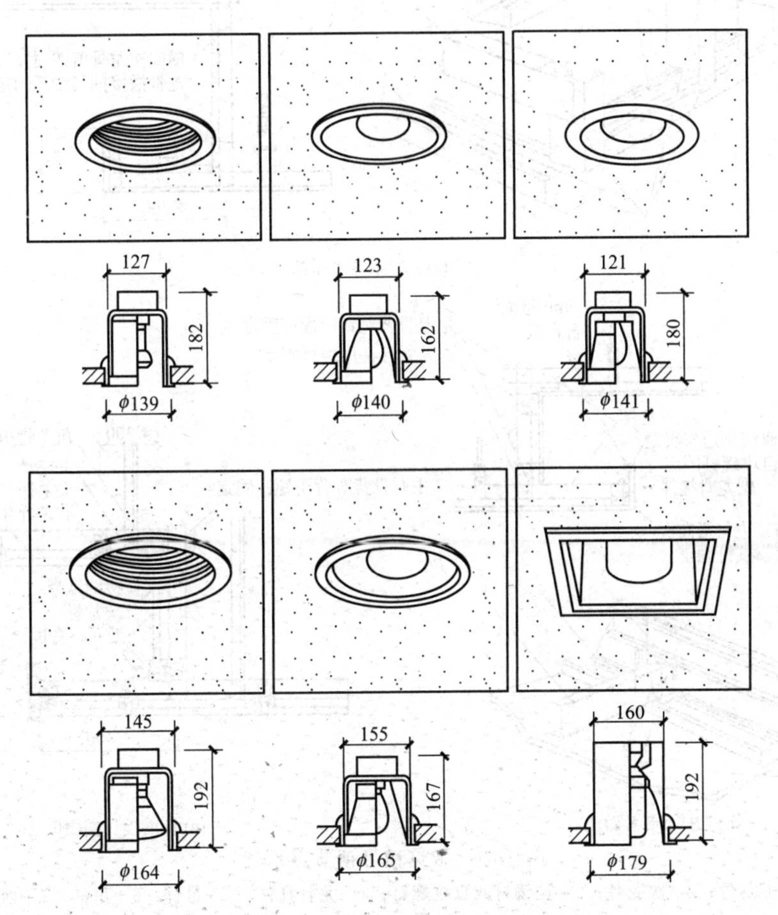

图 4-63　嵌入式筒体灯的构造

吊灯是通过吊杆或吊索悬挂在顶棚下面，吊灯可安装在结构层上、次龙骨上或补强龙骨上。若为吊顶棚，可在安装顶棚的同时安装吊灯，吊杆可直接固定在天花板次龙骨上，或者次龙骨间附加龙骨上。

吸顶灯是直接固定在顶棚平面上的灯具，小吸顶灯直接连接在顶棚龙骨上，大型吸顶灯要从结构层单设吊筋，增设附加龙骨。

嵌入式灯具应在需要安装灯具的位置，用龙骨按灯具的外形尺寸围合成孔洞边框，此边框既作为灯具安装的连接点，也作为灯具安装部位局部补强龙骨。

（2）反射灯槽照明　反射灯槽是将光源安装在顶棚内的一种灯光装置。通过槽内的反光面将灯光反射至顶棚表面，从而使室内得到柔和的光线。这种照明方式通风散热好，维修方便。如图 4-64 所示。

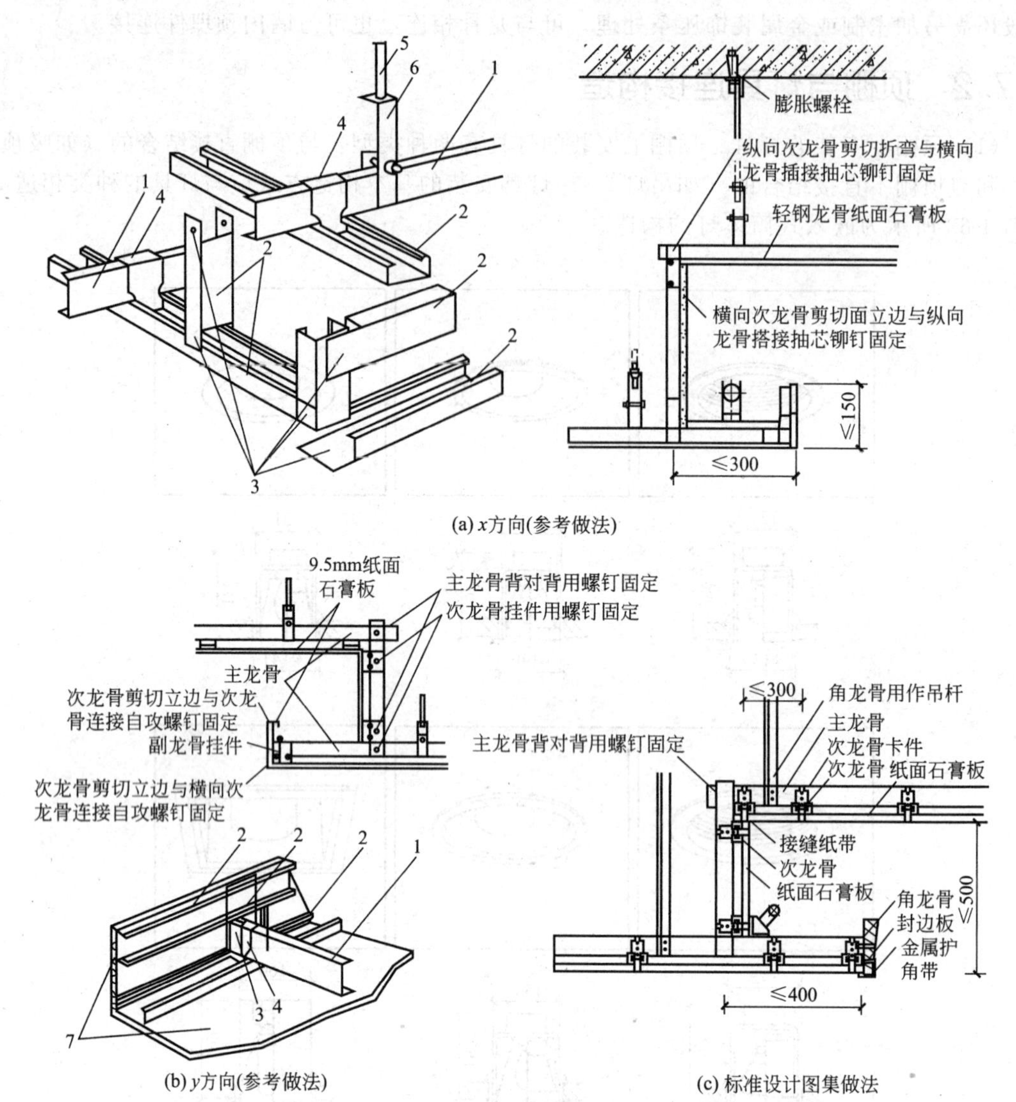

图 4-64 带灯槽吊顶节点示意

1—主龙骨；2—次龙骨；3—拉铆钉或自攻螺钉；4—龙骨挂件；5—吊杆；6—吊件；7—面层

4.7.3 顶棚与通风口连接构造

明通风口通常安装在附加龙骨边框上，边框规格不小于次龙骨规格，并用橡胶垫做减噪处理。风口有单个的定型产品，一般用铝片、塑料片或薄木片做成，形状多为方形或圆形。

暗通风口是结合吊顶的端部处理而做成的通风口，如图 4-65 所示。这种方法不仅避免了在吊顶表面设风口，有利于保证吊顶的装饰效果，还可将端部处理、通风和效果三者有机地结合起来。

4.7.4 不同高度顶棚连接构造

顶棚往往都要通过高低差变化来达到限定空间、丰富造型、满足音响及照明设备的安置等其他特殊要求的目的。如图 4-66 所示为铝合金吊顶高低差做法构造。

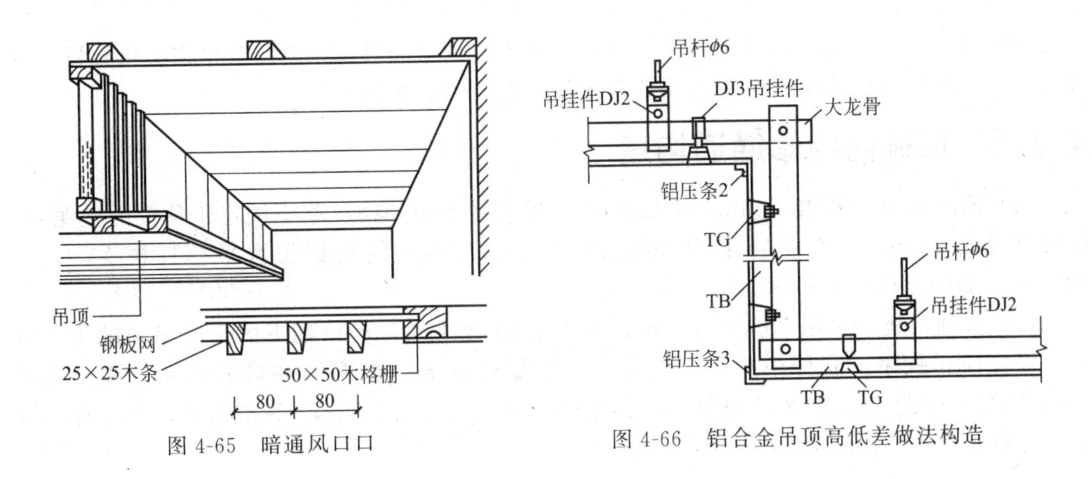

图 4-65　暗通风口口

图 4-66　铝合金吊顶高低差做法构造

4.7.5 顶棚上人孔连接构造

吊顶也必须经常保持良好的通风，以利散湿、散热，从而避免构件、设备等发霉腐烂。在吊顶上设置上人孔洞，既要满足使用要求，又要尽量隐蔽，使吊顶完整统一。吊顶上人孔的尺寸一般不小于 600mm×600mm。活动板进人孔与灯罩进人孔构造如图 4-67 所示，使用

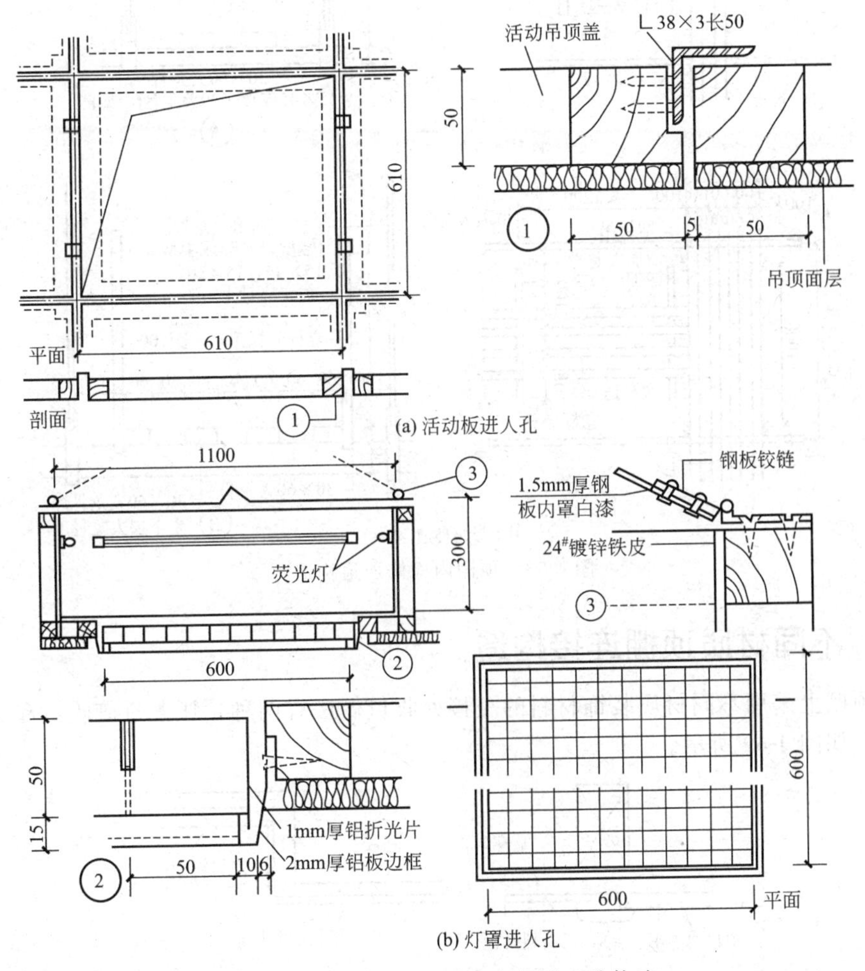

图 4-67　活动板进人孔与灯罩进人孔构造

时可以打开，合上后又可以与周围保持一致。进人孔也可与灯饰结合，其格栅或折光板可以被顶开，上面的罩白漆钢板灯罩也是活动式的，需要时可掀开。

4.7.6 顶棚内检修通道构造

（1）简易马道　采用 30mm×60mm 的 U 形龙骨 2 根，槽口朝下固定于顶棚的主龙骨，吊杆直径为 8mm，并在吊杆上焊 30mm×30mm×3mm 的角钢做水平栏杆扶手，高度 600mm，如图 4-68(a) 所示。

（2）普通马道　采用 30mm×60mm 的 U 形龙骨 4 根，槽口朝下固定于吊顶的主龙骨上，设立杆和扶手，立杆中距 1000mm，扶手高 600mm，如图 4-68(b) 所示。或者采用 8mm 圆钢按中距 60mm 做踏面材料，圆钢焊于两端 50mm×5mm 的角钢上，设立杆和扶手，立杆中距 800mm，扶手高 600mm。

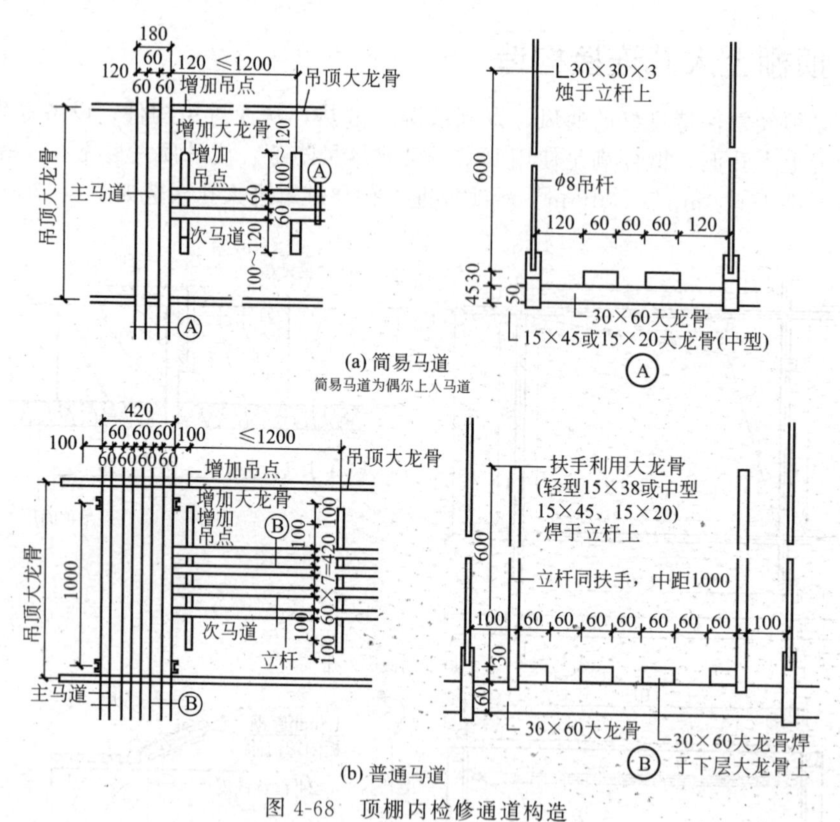

图 4-68　顶棚内检修通道构造

4.7.7 不同材质顶棚连接构造

同一顶棚上采用不同材质装饰材料的交接处收口做法有两种：压条过渡收口和高低差过渡处理法，如图 4-69 所示。

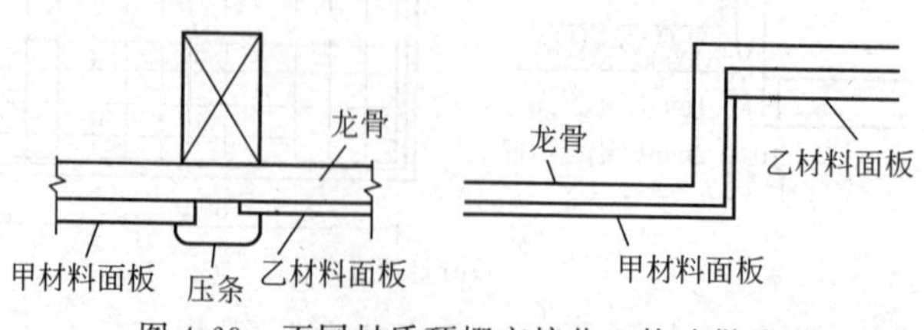

图 4-69　不同材质顶棚交接收口构造做法

4.7.8　自动消防设备安装构造

消防给水管道在吊顶上的安装，应按照安装位置用膨胀螺栓固定支架，放置消防给水管道，然后安装顶棚龙骨和顶棚面板，留置自动喷淋头、烟感器安装口。

自动喷淋头和烟感器必须安装在吊顶平面上。自动喷淋头必须通过吊顶平面与自动喷淋系统的水管相接，喷淋头周围不能有遮挡物，如图 4-70 所示。

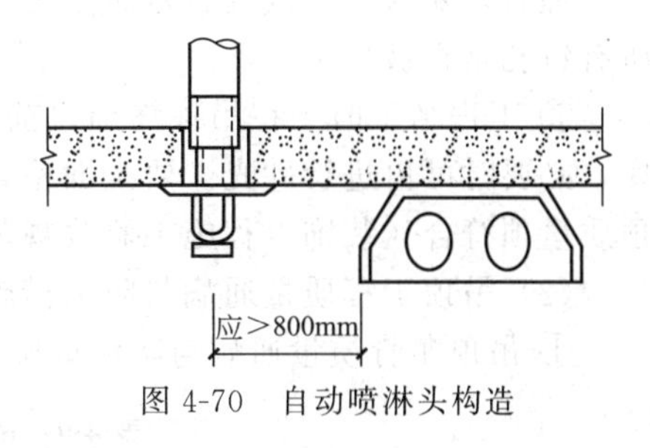

图 4-70　自动喷淋头构造

4.8　顶棚工程施工质量通病与防治措施

(1) 施工质量的检验

建筑装饰工程的质量保证，在很大程度上取决于施工技术和管理体系的成熟与完善。要求工程技术和质量检查人员必须全面了解工程设计、施工详图、计划程序和规范，对于较成熟的具有防火及隔声性能的吊顶（或墙体）构造也必须熟悉掌握；要求工程图纸、说明书及甲乙双方的合同书等所有文件资料必须齐备并精确和易于理解。特别是在施工过程中对重要环节上的分阶段检验，是保证施工质量的有效措施，能够及时地发现失误或是能够指出施工质量问题的潜在后果，从而不失时机地采取纠正手段，以避免返工及工程隐患的发生。质量检验程序主要分为五个阶段，正是轻钢龙骨纸面石膏板吊顶（或墙体）工程施工的五个重要环节。

① 工程材料进场时　查对运至现场的材料是否与材料预算（料单）相符；所用材料的品种、规格、产地等是否符合与甲方所签订的合同书中有关内容的要求；同时检查材料的堆放和储存形式是否正确。

② 对龙骨框架的安装质量检验　检查轻钢龙骨安装过程中是否符合安装规范和设计图纸的要求，比如测量各吊点、吊杆、吊挂件、承载龙骨与覆面龙骨的排布和各自的间距等，是否在允许的范围之内，是否符合本体系的要求；覆面龙骨的安装是否准确和牢固；吊顶骨架结构是否按设计留有灯具上人孔及有关设备的位置，以及是否按要求安装了加固结构并达到规定的强度；要检查龙骨底面的水平度。同时，在这个中间验收工作中，还应该对吊挂件的永久性牢固程度进行检验，要抽查射钉及胀铆螺栓的拉接力。

③ 安装石膏板时　检查罩面板的安装过程中是否符合有关安装规范及设计要求和合同规定。比如对于有防火、隔声等技术要求的吊顶，其材料品牌及实际质量是否与设计相符；顶棚上需要铺设的矿物纤维材料是否固定准确，与灯具之类的发热电气设备之间是否留有散热空间；查看所用钉件是否符合要求，测量钉距并检查有无遗漏；查找是否有开裂或边缘损坏的板材，如有此类板材应及时更换；查看是否依设计正确采用了横向或纵向的布板方法；检查板材是否与覆面龙骨框架贴紧，以推压钉件周围观察石膏板是否松动进行判断；检查螺钉周围的板面有否破裂或有钉孔过大现象，应在失效钉件的附近再补钉一个钉子。

④ 当进行嵌缝时　嵌缝操作之前应确认所有螺钉头均埋入板面（但不得损坏护面纸），如有钉件凸出的要重新将其钉入板面。使用嵌缝石膏腻子时，其石膏粉与水搅拌须保证水质与搅拌设备的洁净，要根据用量调制，在一定时间内用完，不可存放。在进行第二次嵌缝之前，必须进行中间检查，检查穿孔纸带的粘贴是否正确，是否被石膏腻子所覆盖。务必注意

的是，每一道嵌缝石膏腻必须充分干燥后，方可再进行下一道嵌缝。在进行第二、第三道嵌缝处理时，要检查其嵌缝石膏腻子是否平滑均匀以及两侧边缘处理是否得当；要检查吊顶面所有钉孔是否被填平。

⑤ 工程结束时　在吊顶终饰之前，要检查所有已完成的接缝和钉孔处理是否平滑、干燥，必要时可再进行砂光。要全面检查工程质量，包括所有材料、部件的安装固定情况。吊顶质量须符合《装饰工程施工验收规范》的有关规定。

（2）吊顶工程质量通病与防治措施

① 吊顶龙骨质量通病与防治措施（表 4-9）

表 4-9　吊顶龙骨质量通病与防治措施

常见问题	产生原因	预防措施及治理方法
木格栅拱度不匀（吊顶格栅下表面的拱度不均匀、不平整、经短期使用产生凹凸变形等）	①吊顶格栅材质不好，变形大，不顺直，有硬弯，施工中又难以调直；木材含水率过大，在施工中或交工后产生收缩翘曲变形 ②不按规程操作，施工中吊顶格栅四周墙面上不弹平线或平线不准，中间不按平线起拱，造成拱度不匀 ③吊杆或吊筋间距过大，吊顶格栅的拱度不易调匀。同时，受力后易产生挠度，造成凹凸不平 ④受力节点结合不严，受力后产生位移变形。常见的有：a. 装钉吊杆、吊顶格栅接头，因材质不良或钉径过大，节点端头被钉劈裂，松动不牢而产生位移；b. 吊杆与吊顶格栅未用半燕尾榫相联结，极易造成节点不牢或使用不耐久的弊病；c. 当用螺杆作吊筋时，螺母处未加垫板，格栅上的吊筋孔径又较大，受力后螺母吃入格栅内，造成吊顶局部下沉，或因螺母长度不足，不能用螺母固定，实际加大吊筋间距，受力后变形加大 ⑤吊顶格栅接头装钉不平或接出硬弯，直接影响吊顶的平整	①吊顶应选用比较干燥的松木、杉木等软质木材，并防止受潮或烈日暴晒；不宜用桦木、色木及柞木等硬质木材 ②吊顶格栅装钉前，应按设计标高在四周墙壁上弹线找平；装钉时，四周以平线为准，中间按平线起拱，起拱高度应为房间短向跨度的 1/200，纵横拱度均应吊匀 ③格栅及吊顶格栅的是间距、断面尺寸应符合设计要求；木料在两吊点间如稍有弯度，弯度应向上 ④各受力节点必须装钉严密、牢固。其措施有：a. 吊杆和接头夹板必须选用优质软材制作，钉子的长度、直径、间距要适宜；b. 吊杆应刻半燕尾榫，交错地钉固在吊顶格栅的两侧，以提高其稳定性，吊杆与格栅必须钉牢，钉长宜为吊杆厚的 2～2.5 倍，吊杆端头应高出格栅上皮 40mm；c. 如用吊筋固定格栅，其吊筋位置和长度必须埋设准确，吊筋螺母处必须设置垫板；d. 吊顶格栅接头的下表面必须装钉顺直、平整，其接头要错开，以加强整体性，板条抹灰吊顶的板条接头必须分段错槎地钉在吊顶格栅上，每段错槎宽度不宜超过 500mm，以加强吊顶格栅的整体刚度；e. 在墙体砌筑时，应按吊顶高沿墙牢固地预埋木砖，间距 1m，以固定墙周边的吊顶格栅，或在墙上留洞，把吊顶格栅固定在墙内 ⑤吊顶内应设置通风窗，使木骨架处于干燥环境中；室内抹灰时，应将吊顶人孔封严，待墙面干后，再将人孔打开通风，使吊顶保持干燥环境 ⑥如吊顶格栅拱度不匀，局部超差较大，可利用吊杆或吊筋螺栓把拱度调匀 ⑦如吊筋未加垫板，应及时安设垫板，并把吊顶格栅的拱度调匀；如吊筋太短，用电焊将螺栓加长，重新安好垫板、螺母，把吊顶格栅拱度调匀
主龙骨（承载龙骨）、次龙骨（覆面龙骨）、纵横方向线条不直	①主龙骨、次龙骨受扭折，虽经修整，仍不平直 ②挂铅线或镀锌铁丝的射钉位置不正确，拉牵力不均匀 ③未拉通线全面调整主龙骨、次龙骨的高低位置 ④测吊顶的水平线误差超差，中间平线起拱度不符合规定	①凡是受扭折的主龙骨、次龙骨一律不宜采用 ②挂铅线的钉位，应按龙骨的走向每间距 1.2m 射一枚钢钉 ③一定要拉通线，逐步调整龙骨的高低位置和线条平直 ④四周墙面的水平线应测量正确，中间按平线起拱度 1/200～1/300
吊顶造型不对称，罩面板布局不合理	①未在房间四周拉十字中心线 ②未按设计要求布置主龙骨和次龙骨 ③铺罩面板时流向不正确	①按吊顶设计标高，在房间四周的水平线位置拉十字中心线 ②严格按设计要求布置主龙骨和次龙骨 ③中间部分先铺整块罩面板，余量应平均分配在四周最外边一块，便于调整

续表

常见问题	产生原因	预防措施及治理方法
轻金属龙骨吊顶局部下沉	①吊点与建筑基体固定不牢 ②吊杆连接不牢而产生松脱 ③吊杆的强度不够、产生拉伸变形	①吊点分布均匀，在一些龙骨架的接口部位和重载部位，应增加吊点 ②吊点与基层固定要牢，不能产生松动现象，如膨胀螺栓应有足够的埋入深度；不能有虚焊脱落 ③吊杆选用应有足够的强度，上人的吊顶吊杆应用ϕ6～8的圆钢；不上人的吊顶吊筋也不能用小于ϕ4的铁丝
轻金属龙骨外露线路不直、不平	①安装时不注意放线，不按线路走 ②安装时没及时调平，产生局部塌陷	①安装时应提前放线，在组装时，应按控制线走 ②设置龙骨调平装置，边安装边调平 ③安装时，应对龙骨刚度进行选择，保证龙骨有足够的刚度，防止变形下陷
轻金属吊顶龙骨接缝明显	①在接缝处接口露白槎，宏观看上去很明显 ②接缝不平，在接缝处产生错台	①应根据放样尺寸下料，不能随意估计下料，尺寸应准确 ②切口部位应控制好角度，再用锉刀将其修平，将毛边及不妥处修整好

② 轻型板吊顶的质量通病与防治措施（表4-10）

表4-10　轻型板吊顶的质量通病与防治措施

常见问题	产生原因	预防措施及治理方法
纤维板或胶合板吊顶面层变形（部分板块逐渐产生凹凸变形）	①纤维板或胶合板在使用中要吸收空气中的水分，特别是纤维不是均质材料，各部分吸湿程度差异大，故易产生凹凸变形 ②装钉板块时，板块接头未留空隙，吸湿膨胀后，没有伸胀余地 ③板块较大，装钉时没能使板块与吊顶格栅全部贴紧，又从四角或四周向中心排钉装钉，板块内储存有应力，致使板块凹凸变形 ④吊顶格栅分格过大，板块易产生挠度变形	①宜选用优质板材，以保证吊顶质量。装钉前应采采取如下措施：a.为使纤维板的含水率与大气中的相对含水率相平衡或接近，减少纤维板吸湿而引起的凹凸变形，对纤维宜进行浸水湿处理；b.用于装钉纤维明拼缝吊顶或钻孔纤维板吊顶，宜将加工后的小板块，两面均涂刷一遍猪血来代替浸水，约经24h干燥后再涂刷一遍油漆，干后在室内平放成垛保管待用；c.胶合板不得浸水和受潮，装钉前两面均涂刷一遍油漆，以提高抵抗吸湿变形的能力 ③用纤维板、胶合板吊顶时，其吊顶格栅的分格间距不宜超过450mm，否则，中间应加一根25mm×40mm的小格栅 ④若有个别板块变形过大时，可由人孔进入吊顶内，补加一根25mm×40mm的小格栅，然后在下面将板块钉平
纤维板或胶合板吊顶中拼缝装钉不直，分格不均匀、不方正	①格栅安装时拉线找直、归方控制不严 ②格栅间距分得不均匀，且与板块尺寸不相符合等 ③未按先弹线后安装板块或木压条的顺序操作 ④明拼缝板块吊顶，板块裁截得不方正，或尺寸不准确等	①按格栅弹线计算出板块拼缝间距或压条分格间距，准确确定格栅位置（注意扣除墙面抹灰层厚度），保证分格均匀 ②板材应按分格尺寸裁截成板块。板块尺寸按吊顶格栅间距，减去明拼缝宽度（8～10mm）。板块要方正，不得有棱角；板边挺直光滑 ③板块装钉前，应在每条纵横格栅上按所分位置弹出拼缝中心线及边线，然后沿弹线装钉板块，发生超线应及时修整 ④应选用软质优材制作木压条，并按规格加工，表面应刨得平整光滑。装钉时，先在板块上拉线，弹出压条分格线后，沿线装钉压条，接头缝应严密
抹灰吊顶面层不平	①板条厚度不匀或材质不好，有硬弯 ②装钉板条时，板条端部之间、板条与墙体之间未留空隙或空隙过小，抹灰时板条因受潮膨胀弓起，致使吊顶面层凹凸变形，抹灰开裂 ③吊顶格栅间距过大，弯曲的板条不易钉平，受力后板条易产生挠度，导致面层不平 ④钢丝网钉拉不紧、缝扎不牢、接头不平等	①板条抹灰吊顶的板条宜用松木、杉木等软质木材制作，其厚度必须加工一致；板条如有硬弯，要赶钉在吊顶格栅上，其吊顶格栅间距不宜大于400mm；灰板条必须钉牢，接头处不得少于两个钉子，钉长应为25mm；装钉板条时，板条端部之间应留3～5mm的空隙 ②钢丝网抹灰吊顶。严格按操作规程装钉，钢丝网必须拉紧扎牢，并进行检验，1m内的凹凸偏差不得大于10mm，检验合格后方可进行下道工序 ③抹灰吊顶面层的平整度超过规定偏差时，应根据产生不平的原因进行返工修整

续表

常见问题	产生原因	预防措施及治理方法
拼板处不平整	①操作不认真,主、次龙骨未调平 ②选用材料不配套,或板材加工不符合标准	①先安装主龙骨,并拉通线检查其是否正确,然后边安装板边调平 ②应使用专用机具和选用配套材料,可保证加工板材尺寸符合标准,减少原始误差和装配误差
罩面板大面积不平整,挠度明显	①由于未弹线,导致吊杆间距偏大,或吊杆间距忽大忽小等,吊顶构造不符合要求 ②龙骨与墙面间距偏大,致使吊顶在使用一段时间后,挠度暴露较为明显 ③次龙骨间距偏大,也会导致挠度暴露明显 ④采用螺钉固定时,螺钉与石膏板边的距离大小不均匀 ⑤次龙骨铺设方向不妥,与板长边不垂直,而是顺着罩面板长边铺设,不利于螺钉排列	①按规定在楼底板面弹吊杆的位置线,按罩面板规格尺寸确定吊杆间距 ②从稳定方面考虑,龙骨与墙面之间的距离应小于100mm ③在使用纸面石膏板时,自攻螺钉与板边或板端的距离不得小于10mm,也不宜大于16mm。因为受到龙骨断面所限制,板中间螺钉的间距不得大于200mm ④铺设大块板材时,应使板的长边垂直于次龙骨方向,以利于螺钉排列
吸声板吊顶孔距排列不均(孔距不等,孔眼横、竖、斜看时不成直线或有弯曲及错位)	①没有预先按设计要求制作标准板块样板;或虽有标准样板,但因板块及孔位的加工精度不高,偏差较大,致使孔距排列不均 ②装钉板块时,如板块拼缝不直,分格不均匀、不方正,均可造成孔距不匀,排列错位	①为确保孔距排列规整,板块应装匣钻孔,即将吸声板按计划尺寸分成板块,板边应刨直、刨光,装入铁匣内,每次放12~15块。用5mm厚的钢板做成样板,放在被钻板块上面,用夹具夹紧。钻孔时,钻头必须垂直于板面。第一匣板块钻孔后,应在吊顶格栅上试拼,误后再继续加工 ②装钉板块前,应先检查龙骨位置是否准确,纵横顺直、分格方正;明拼缝时,板块尺寸等于吊顶格栅间距尺寸减去明拼缝宽度8~10mm ③吸声板吊顶孔距排列不匀,不易修理,应一次装钉合格

③ 铝合金轻型板吊顶的质量通病与防治措施(表4-11)

表4-11 铝合金轻型板吊顶的质量通病及防治措施

常见问题	产生原因	预防措施及治理方法
拼板处不平整	①水平线控制不好:一是放线时控制不好、不准;二是龙骨未调平,安装施工时又控制不好 ②安装铝合金板的方法不妥 ③轻质板条吊顶,在龙骨上直接悬吊重物,承受不住而发生局部变形 ④吊杆不牢,引起局部下沉。因吊杆本身固定不妥,自行松动或脱落;或吊杆不直,受力后拉直不平 ⑤板条自身变形,未加矫正而安装,产生吊顶不平	①对于吊顶四周的标高线,应准确地弹到墙上,其误差不能大于±5mm。如果跨度较大,还应在中间适当位置加设控制点 ②待龙骨调直调平后方能安装板条;反之,平整度难于控制,特别是当板较薄时,刚度差,受到不均匀的外力,哪怕是很小的力,也极易产生变形。一旦变形,又较难在吊顶面上调整,只能取下调整 ③应同设备配合考虑。不能直接悬吊的设备,应另设吊杆,直接与结构顶板固定 ④如果采用膨胀螺栓固定吊杆,应做好隐检记录 ⑤安装前要先检查板条平、直情况,发现不符合标准者,应进行调整
接缝明显	①接缝处接口露白茬,宏观上看很明显 ②接缝不平,在接缝处产生错台	①做好下料工作。板条切割时,除了控制好切割的角度外,对切口部位再用锉刀将其修平,将毛边及不妥处修整好 ②用相同色彩胶黏剂(可用硅胶)对接口部位进行修补
吊顶与设备衔接不妥	①设备工种与装饰工程配合欠妥,导致施工安装后衔接不好 ②确定施工方案时,施工顺序不合理	①如果孔洞较大,其孔洞位置应先由设备工程确定准确,吊顶在其部位断开。也可先安装设备,然后再吊顶封口 ②对于小面积孔洞,易在顶部开洞,这样不仅使吊顶施工顺利,同时也能保证孔洞位置准确。开洞时先拉通长中心线,位置确定后,再用往复锯开洞 ③大开洞处的吊杆、龙骨应特殊处理,洞周围要加固

4.9 顶棚构造设计与施工实训

（1）实训目的　通过构造设计、施工操作系列实训项目，充分理解顶棚工程的构造、施工工艺和验收方法，使学生在今后的设计和施工实践中能够更好地把握顶棚工程的构造、施工、验收的主要技术关键。

（2）实训内容　根据本校的实际条件，选择本任务书两个选项的其中之一进行实训，见表4-12和表4-13。

表4-12　顶棚构造设计实训项目任务书（选项一）

任务名称	顶棚构造设计实训
任务要求	为本校教师会议室设计一款顶棚
实训目的	理解顶棚的构造原理
行动描述	①了解所设计顶棚的使用要求及档次 ②设计出结构牢固、工艺简洁、造型美观的顶棚 ③设计图表现符合国家制图标准
工作岗位	本工作属于设计部，岗位为设计员
工作过程	①到现场实地考察，查找相关资料，理解所设计内容的使用要求及档次 ②画出构思草图和结构分析图 ③分别画出平面、立面、主要节点大样图 ④标注材料与尺寸 ⑤编写设计说明 ⑥填写设计图图框并签字
工作工具	笔、纸、计算机
工作方法	①先查找资料、征询要求 ②明确设计要求 ③熟悉制图标准和线型要求 ④构思草图可采用发散性思维，设计多款方案，然后选择最佳方案进行深入设计 ⑤结构设计要求达到最简洁、最牢固的效果 ⑥图面表达尽量做到美观清晰

表4-13　铝合金明装顶棚的装配训练项目任务书（选项二）

任务名称	铝合金明装顶棚的装配
任务要求	按铝合金明装顶棚的施工工艺装配6～8m^{2}的铝合金明装顶棚
实训目的	通过实践操作进一步掌握铝合金明装顶棚施工工艺和验收方法，为今后走上工作岗位做好知识和能力方面的准备
行动描述	教师根据授课内容提出实训要求。学生实训团队根据设计方案和实训施工现场，按铝合金明装顶棚的施工工艺装配6～8m^{2}的铝合金明装顶棚，并按铝合金明装顶棚的工程验收标准和验收方法对实训工程进行验收，各项资料按行业要求进行整理。实训完成以后，学生进行自评，教师进行点评
工作岗位	本工作涉及设计部设计员和工程部材料员、施工员、资料员、质检员岗位
工作过程	详见教材相关内容
工作要求	按国家标准装配铝合金明装顶棚，并按行业规定准备各项验收资料
工作工具	记录本、合页纸、笔、相机、卷尺等
工作团队	①分组。6人为一组，选1名项目组长，确定1名见习设计员、1名见习材料员、1名见习施工员、1名见习资料员、1名见习质检员 ②各成员分头进行各项准备，做好资料、材料、设计方案、施工工具等准备工作

续表

任务名称	铝合金明装顶棚的装配
工作方法	①项目组长制订计划及工作流程，为各位成员分配任务 ②见习设计员准备图纸，向其他成员进行方案说明和技术交底 ③见习材料员准备材料，并主导材料验收工作 ④见习施工员带领其他成员进行放线，放线完成后进行核查 ⑤按施工工艺进行龙骨装配、龙骨调平、面板安装、清理现场并准备验收 ⑥由见习质检员主导进行质量检验 ⑦见习资料员记录各项数据，整理各种资料 ⑧项目组长主导进行实训评估和总结 ⑨指导教师核查实训情况，并进行点评

（3）实训要求

① 选择选项一者，需按逻辑顺序将所绘图纸装订成册，并制作目录和封面。

② 选择选项二者，以团队为单位写出实训报告（实训报告示例参照墙柱面工程章节中“内墙贴面砖实训报告”，但部分内容需按项目要求进行内容替换）。

③ 在实训报告封面上要有实训考核内容、方法及成绩评定标准，并按要求进行自我评价。

（4）特别关照　实训过程中要注意安全。

（5）测评考核　顶棚工程构造设计实训考核内容、方法及成绩评定标准见表4-14和表4-15。

表4-14　顶棚工程构造设计实训考核内容、方法及成绩评定标准

考核内容	评价项目	指标/分	自我评分	教师评分
设计合理美观	材料选择符合使用要求	20		
	构造设计工艺简洁、构造合理、结构牢固	20		
	造型美观	20		
设计符合规范	线型正确、符合规范	10		
	构图美观、布局合理	10		
	表达清晰、标注全面	10		
图面效果	图面整洁	5		
设计时间	按时完成任务	5		
任务完成的整体水平		100		

表4-15　铝合金明装顶棚的装配实训考核内容、方法及成绩评定标准

项目	考核内容	考核方法	要求达到的水平	指标/分	小组评分	教师评分
对基本知识的理解	对铝合金明装龙骨顶棚理论的掌握	编写施工工艺	正确编制施工工艺	30		
		理解质量标准和验收方法	正确理解质量标准和验收方法	10		
实际工作能力	在校内实训室场所进行实际动手操作，完成装配任务	检测各项能力	技术交底的能力	8		
			材料验收的能力	8		
			放样弹线的能力	8		
			龙骨装配调平和面板安装的能力	8		
			质量检验的能力	8		

续表

项目	考核内容	考核方法	要求达到的水平	指标/分	小组评分	教师评分
职业能力	团队精神、组织能力	个人和团队评分相结合	计划的周密性	5		
			人员调配的合理性	5		
验收能力	根据实训结果评估	实训结果和资料核对	验收资料完备	10		
任务完成的整体水平				100		

(6) 总结汇报

① 实训情况概述（任务、要求、团队组成等）。

② 实训任务完成情况。

③ 实训的主要收获。

④ 存在的主要问题。

⑤ 团队合作情况（个人在团队中的作用、团队的整体表现、团队的竞争力等）。

⑥ 对实训安排的建议。

第5章

墙、柱面工程

5.1 墙、柱面概述

墙体是分隔建筑室内外空间的主要结构构件，柱子是支撑楼板的承重结构构件，而墙面、柱面是室内外空间的侧界面。墙、柱面装饰对空间环境效果影响很大，是室内外装饰装修的主要部分。墙面和柱面装饰装修构造在方法上基本相同，但也有各自的特殊性。

在装饰施工中，墙、柱面装饰占有很重要的位置，其施工质量的好坏，将直接影响建筑空间整体的装饰效果，而且许多装饰造型的重点都集中在墙面、柱面的装饰上。墙、柱面的装饰常用石材、金属板材、木制板材、复合板材及玻璃制品等，这些饰面材料通常需要安装固定在一定形式的骨架上。

5.1.1 墙、柱面装饰装修的分类

当建筑物的主体结构施工完成后，要对墙、柱面进行装饰。墙、柱面装饰施工是运用饰面类材料和相应的施工工艺，在建筑构件和饰面结构的表面进行装饰施工，从而达到一定的饰面效果。墙、柱面装饰按用途可分为保护装饰（防止结构物遭受大气侵蚀和人为的污染）、功能装饰（保温、隔声、防火、防潮和防腐）、饰面装饰（美化建筑、改善人类活动环境）。按工程部位可分为外墙装饰、内墙装饰。根据施工工艺和建筑部位的不同，建筑装饰工程可分为石材类墙、柱面装饰，面砖类墙、柱面装饰，金属及合成材料类墙、柱面装饰，玻璃类墙、柱面装饰，涂刷类墙、柱面装饰，裱糊类墙、柱面装饰，镶板类墙、柱面装饰，隔断墙类墙面装饰等。按所用材料有陶瓷类、石材类、玻璃类、木材类、金属类等饰面层。按施工方法有抹、刷、铺、贴、钉、喷、滚、弹、涂及结构与装饰合一的施工工艺等。

5.1.2 内墙面装饰装修的基本功能

（1）保护墙体　建筑物的内墙面装饰装修与外墙面装饰装修一样，也具有保护墙体的作用。在易受潮湿的房间里，墙面贴瓷砖或进行防水、隔水处理，墙体就不会受潮；人流较大的门厅、走廊等处，在适当高度上做墙裙、内墙阳角处做护角处理，都会起到保护墙体的作用。

（2）保证室内使用条件　室内墙面经过装饰装修变得平整、光滑，这样既便于清扫和保持卫生，又可以增加光线和反射，提高室内照度，保证人们在室内的正常工作和生活需要。当墙体本身热工性能不能满足使用要求时，可以在墙体内侧结合饰面做保温隔热处理，提高墙体的保温隔热能力。一些有特殊要求的空间，通过选用不同材料的饰面，能达到防尘、防

腐蚀、防辐射等目的。内墙饰面的另一个重要功能是辅助墙体的声学功能，例如，反射声波、吸声、隔声等。影剧院、音乐厅、播音室等公共建筑空间就是通过墙体、顶棚和地面上不同饰面材料所具有的反射声波和吸声的性能，达到控制混响时间、改善音质，从而达到改善使用环境的目的。在人群集中的公共场所，也是通过饰面层吸声来控制和减轻噪声影响的。

（3）美化室内环境　内墙装饰装修在不同程度上起到装饰和美化室内环境的作用，这种装饰美化应与地面、顶棚等的装饰装修效果相协调，同家具、灯具及其他陈设相结合。由于内墙饰面属于近距离观赏范畴，甚至有可能和人的身体发生直接的接触，因此，内墙饰面要特别注意考虑装饰因素对人的生理状况、心理情绪的影响。

5.2 饰面砖施工

5.2.1 饰面砖镶贴施工准备

5.2.1.1 基层处理

镶贴饰面层都需要找平层，如图5-1所示。找平层的优劣，是保证饰面层镶贴质量的关键，而基层处理又是做好找平层的前提。

（1）混凝土表面处理　当基体为混凝土时，先剔凿混凝土基体上凸出部分，使基体基本保持平整、毛糙，然后用钢丝刷将表面附着的脱模剂、油污等清除干净，最后用清水刷净。基体表面如有凹入部位，需用1∶2或1∶3的水泥砂浆补平。如为不同材料的结合部位，例如填充墙与混凝土面结合处，还应用钢板网压盖接缝，射钉钉牢。为防止混凝土表面与抹灰层结合不牢，发生空鼓，还可采用30%107胶加70%水拌和的水泥素浆或界面剂满涂基体一道，以增加结合层的附着力。

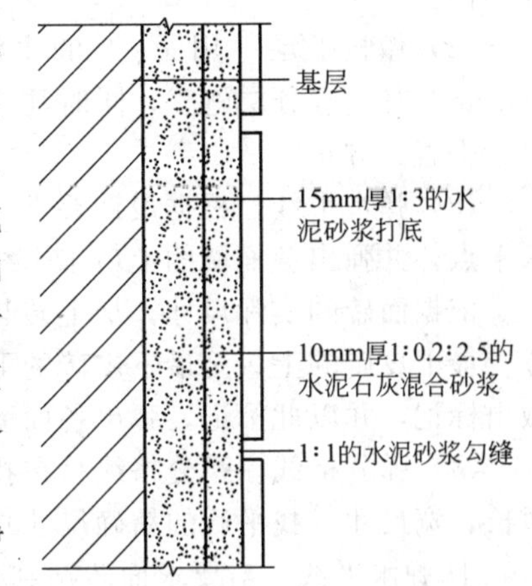

图5-1　墙面砖饰面找平层

（2）加气混凝土表面处理　砌块内墙应在基体清净后，先刷一道107胶水溶液，然后为保证块料镶贴牢固，最好再满钉丝径0.7mm、孔径32mm×32mm或以上的机制镀锌铁丝网一道，用ϕ0.6“U”形钉（间距≤600mm），梅花形布置。

（3）砖墙表面处理　当基体为砖砌体时，应用钢錾子剔除砖墙面多余的灰浆，然后用钢丝刷清除浮土，并用清水将墙体充分湿水，使润湿深度为2～3mm。另外，在基体表面处理的同时，需将内隔板、阳台阴角以及给排水穿墙洞眼封堵严实，脚手洞眼也应填塞严密，尤其是光滑的混凝土面，须用钢尖或扁錾凿坑处理，使表面粗糙。打点凿毛应注意两点：一是受凿面积应大于或等于70%，绝不能象征性地打坑；二是凿点后，应清理凿点面，由于凿打中必然产生凿点局部松动，必须用钢丝刷清刷一道，并用清水冲洗干净，防止产生隔离层。

5.2.1.2 作业条件准备

在块料饰面材料铺贴安装前，必须完成下列技术准备。

① 施工单位会同建设单位、设计单位、监理单位、质量监督部门对主体结构进行中间验收，并认可同意隐蔽。

② 找平层拉线贴灰饼和冲筋已做完，大面积底糙完成，基层经自检、互检、交接检符合要求，墙面平整度、垂直度合格。

③ 突出基体表面的钢筋头、钢筋混凝土垫头、梁头已剔平，脚手洞眼已封堵完毕。

④ 水暖管道经检查无漏敷，试压完成并合格，墙洞封闭，电管埋设完成，壁上灯具支架做完，预埋件无遗漏。

⑤ 门窗框及其他木制、钢制、铝合金埋件按正确位置预埋完毕，标高符合设计。配电嵌柜等嵌入件已嵌入指定位置，周边用水泥砂浆嵌固完毕，扶手栏杆装好。

5.2.1.3 内墙饰面砖传统方法镶贴工艺流程

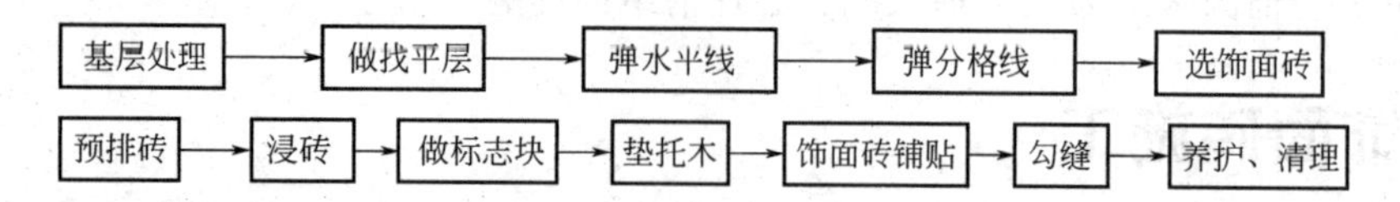

5.2.1.4 内墙饰面砖传统方法镶贴施工要点

（1）基层处理　当基层为光滑的混凝土时，应先剔凿基层使其表面粗糙，然后用钢丝刷清理一遍，并用清水冲洗干净。在不同材料的交接处或表面有孔洞处，用 1∶2 或 1∶3 的水泥砂浆找平。当基层为砖时，应先剔除墙面多余的灰浆，然后用钢丝刷清理浮土，并浇水润湿墙体。

（2）做找平层　用 1∶3 的水泥砂浆在已充分润湿的基层上涂抹，总厚度应控制在 15mm 左右，应分层施工，同时注意控制砂浆的稠度且基层保持湿润。找平层表面要求平整、垂直、方正。

（3）弹水平线　根据设计要求，定好面砖所贴部位的高度，用红外线水平仪找出上口的水平点，并弹出各面墙的上口水平线。

依据面砖的实际尺寸，加上砖与砖之间的缝隙，在地面上进行预排、放样，量出整砖部位。最上皮砖的上口至最下皮砖的下口尺寸，再在墙面上从上口水平线量出预排砖的尺寸，做出标记，并以此标记，弹出各面墙所贴面砖的下口水平线。

（4）弹分格线　弹分格线是在找平层上用墨线弹出饰面砖分格线。弹线前应根据镶贴墙面长、宽尺寸（找平后的精确尺寸），将纵、横面砖的皮数划出皮数杆，定出水平标准。

① 弹水平线　对要求面砖贴到顶的墙面，应先弹出顶棚底或龙骨下标高线，按饰面砖上口伸入吊顶线内 25mm 计算，确定面砖铺贴上口线，然后从上往下按整块饰面砖的尺寸分划到最下面的饰面砖。当最下面饰面砖的高度小于半块砖时，最好重新分划，使最下面一层饰面砖的高度大于半块砖。重新排砖划分后，可将面砖多出的尺寸伸入到吊顶内。

② 弹竖向线　最好从墙内一侧端部开始，以便于将不足模数的面砖贴于阴角处。弹线分格示意如图 5-2 所示。

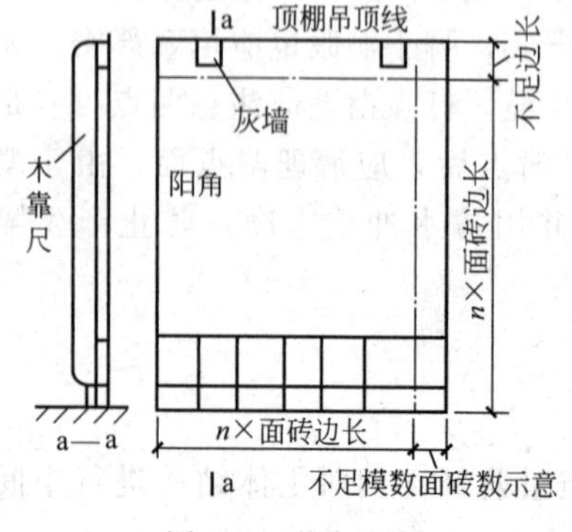

图 5-2　弹分格线

（5）选饰面砖　选饰面砖是保证饰面砖镶贴质量的关键工序。为保证镶贴质量，必须在镶贴前按颜色的深浅、尺寸的大小不同进行分选。对于饰面砖的几何尺寸大小，可以采用自制 U 形模具，根据饰面砖几何尺寸及公差大小，将饰面砖逐块放入木框，即能分选出大、中、小，分别堆放备用。在分选饰面砖的同时，还要注意砖的平整度，不合格者不得用于工程。最后挑选配件砖，如阴角条、阳角条、压顶等。

（6）预排砖　为确保装饰效果和节省面砖用量，同一墙面只能有一行与一列非整块饰面砖，并且应排在紧靠地面或不显眼的阴角处。排砖时可用适当调整砖缝宽度的方法解决，一般饰面砖的缝宽可在2mm左右变化。当饰面砖外形尺寸偏差较大时，采用大面积密缝镶贴法效果不好，易造成缝线游走、不直，以致不好收头交圈。这种情况最好用调缝拼法或错缝排列比较合适，既可解决饰面砖大小不一的问题，又可对尺寸不一的面砖分排镶贴。当面砖外形有偏差，但偏差不太大时，阴角用分块留缝镶贴，排块时按每排实际尺寸，将误差留于分块中。如果饰面砖厚薄有差异，也可将厚薄不一的面砖按厚度分类，分别镶贴在不同墙面上。如分不开，则先贴厚砖，然后用饰面砖背面填砂浆加厚的方法，解决饰面砖镶贴平整度问题。

内墙饰面砖镶贴排列方法，主要有密缝镶贴和离缝镶贴两种，饰面砖的排列和布缝如图5-3所示。

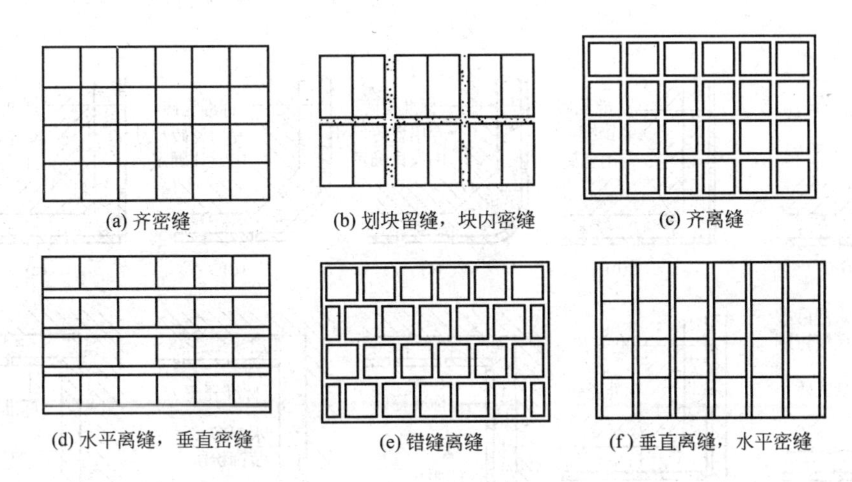

图5-3　饰面砖的排列和布缝

凡有管线、卫生设备、灯具支撑等或其他大型设备时，饰面砖应裁成U形口套入，再将裁下的小块截去一部分，与原砖套入U形口嵌好，严禁用几块其他零砖拼凑。饰面砖排列时应以设备下口中心线为准对称排列，如图5-4所示。其中肥皂盒所占位置为单数饰面砖时，应以下水口中心为饰面砖中心，肥皂盒所占位置为双数饰面砖时，应以下水口中心为砖缝中心。

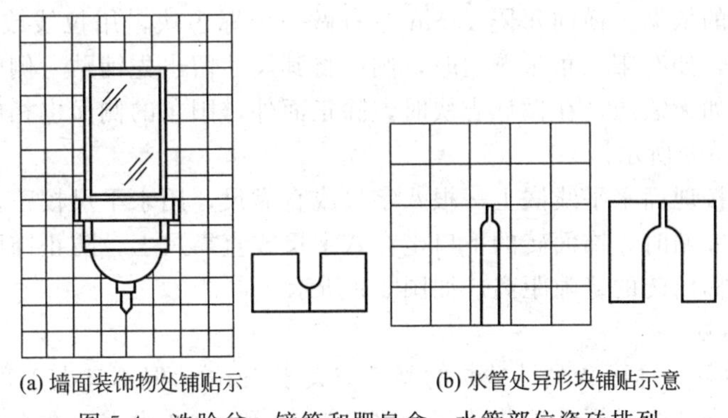

图5-4　洗脸盆、镜箱和肥皂盒、水管部位瓷砖排列

在预排砖中应遵循平面压立面、大面压小面、正面压侧面的原则。凡阳角和每面墙最顶一皮砖都应是整砖，而将非整砖留在最下一皮与地面连接处。阳角处正立面砖盖住侧面砖。

对整个墙面的镶贴，除不规则部位外，中间部位都不得裁砖。除柱面镶贴外，其他阳角不得对角粘贴，如图 5-5 和图 5-6 所示，转角处饰面砖处理如图 5-7 所示。

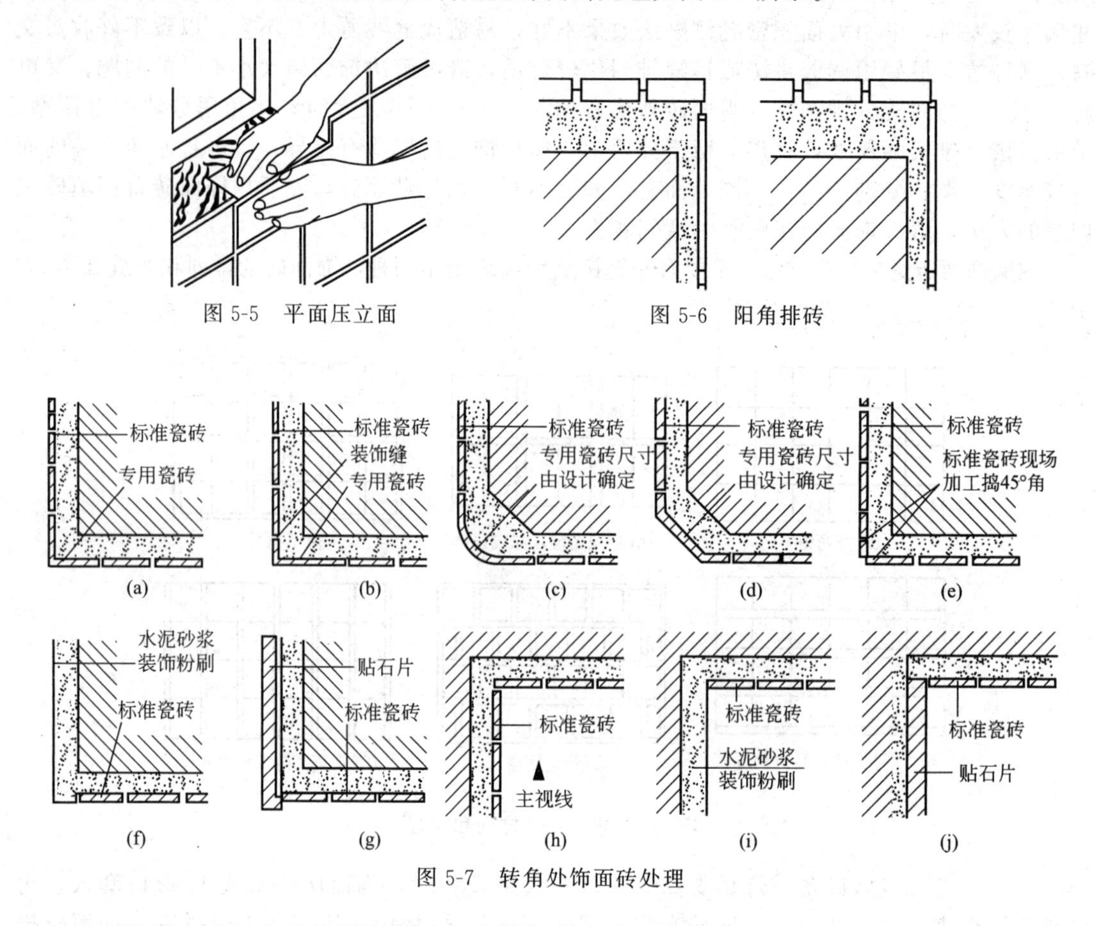

图 5-5 平面压立面

图 5-6 阳角排砖

图 5-7 转角处饰面砖处理

(7) 浸砖　已经分选好的瓷砖，在铺贴前应充分浸水润湿，防止用干砖铺贴上墙后，干砖吸收砂浆（灰浆）中的水分，致使砂浆中水泥不能完全水化，造成黏结不牢或面砖浮滑。一般浸水时间不少于 2h，取出后阴干到表面无水膜，通常 6h 左右。

(8) 做标志块　铺贴饰面砖时，应先贴若干块废饰面砖作为标志块，上下用托线板挂直，作为粘贴厚度的依据。横向每隔 1.5m 左右做一个标志块，用拉线或靠尺校正平整度，在门洞口或阳角处，如有阳三角条镶边时，则应将其尺寸留出先铺贴一侧的墙面瓷砖，并用托线板校正靠直。如无镶边，在做标志块时，除正面外，阳角的侧面也相应有灰饼，即所谓的双面挂直，如图 5-8 所示。

(9) 垫托木　按地面水平线嵌上一根八字尺或直靠尺，用水平尺校正，作为第一行面砖水平方向的依据。铺贴时，饰面砖的下口坐在八字尺或直靠尺上，防止饰面砖因自重而向下滑移，并在托木上标出砖的缝隙距离，如图 5-9 所示。

(10) 饰面砖铺贴

① 拌制黏结砂浆　饰面砖黏结砂浆的厚度应大于 5mm，但不宜大于 8mm。砂浆可以是水泥砂浆或水泥混合砂浆。水泥砂浆的配合比以 1：2 和 1：3 为宜，在水泥混合砂浆中加入少量的石灰膏即可，以增加黏结砂浆的保水性与和易性。另外，也可以采用环氧树脂粘贴法，环氧水泥胶的配合比为：环氧树脂：乙二胺：水泥＝100：(6～8)：(100～150)。用它来粘贴面砖，具有操作方便、工效较高、黏结性强以及抗潮湿、耐高温、密封好等优点，但

要求基层或找平层必须平整坚实，并需要待其干燥后才能进行粘贴。对饰面砖厚度的要求也比较高，要求厚度均匀，以便保证表面的平整度。由于用环氧树脂粘贴面砖的造价较高，一般在大面积饰面砖粘贴中不宜采用。

② 铺贴工序　每一施工层都宜从阳角或门边开始，由下往上逐步镶贴。方法为：左手拿砖，背面水平朝上，右手握灰铲，在灰桶里掏出粘贴砂浆，涂刮在面砖的背面，用灰铲将灰平压向四边展开，厚薄适宜，四边余灰用灰铲收刮，使其形状为“台形”，即打灰完成，如图 5-10 所示。将饰面砖坐在垫木上，少许用力挤压，用靠尺板横、竖向靠平直，偏差处用灰铲轻轻敲击，使其与底层黏结密实，如图 5-11 所示。若低于标志块（即欠灰）时，应取下饰面砖抹满灰浆，重新粘贴。在有条件的情况下，可用专用的饰面砖缝隙隔离卡子，及时校正横、竖缝的平直。

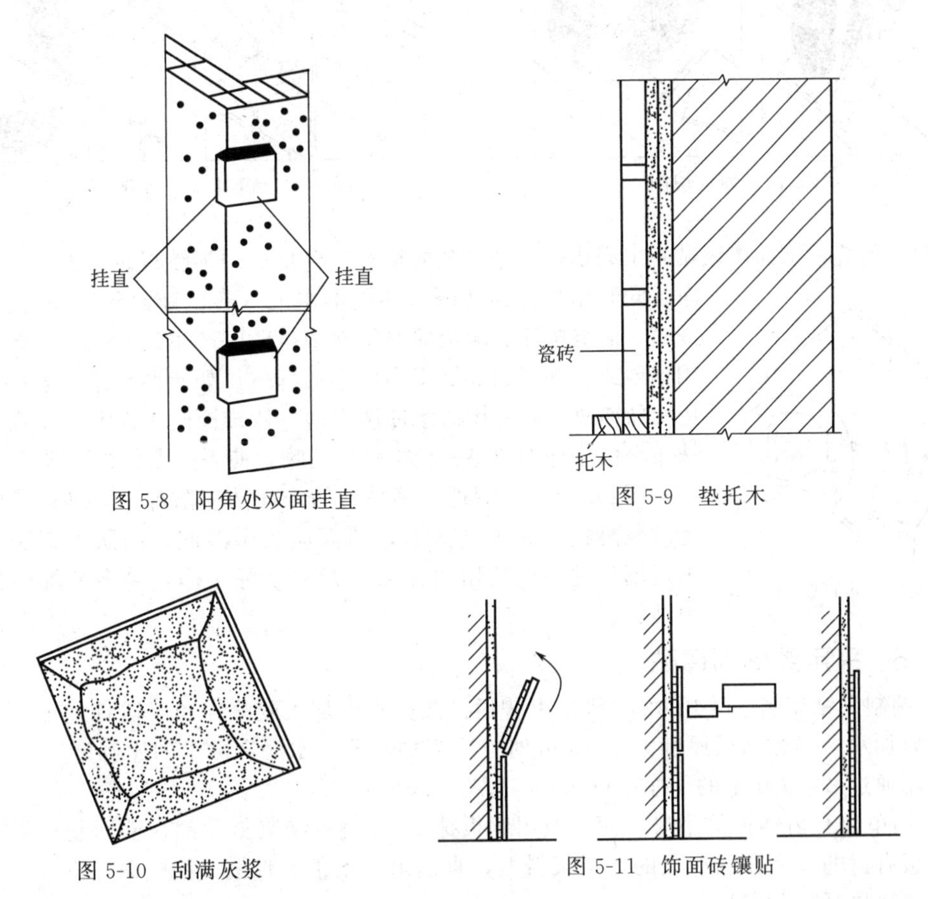

图 5-8　阳角处双面挂直

图 5-9　垫托木

图 5-10　刮满灰浆

图 5-11　饰面砖镶贴

在镶贴施工过程中，应随粘贴随敲击，并将挤出的砂浆刮净，同时用靠尺检查表面的平整度和垂直度。若高出标准砖饰面，应立即压砖挤浆。如果已形成凹陷，必须揭下，重新抹灰再贴，严禁从饰面砖边缘塞砂浆造成空鼓。如果遇到饰面砖几何尺寸差异较大，应在铺贴中随时调整。最佳的调整方法是将相近尺寸的饰面砖贴在一排上，但镶最上面一排饰面砖时，应保证饰面砖上口平直，以便最后贴压条砖。无压条砖时，最好在上口贴圆角饰面砖。如地面有踢脚板，靠尺条上口应为踢脚板上沿位置，以保证饰面砖与踢脚板接缝美观，如图 5-12 所示。

图 5-12　靠尺条上口应为踢脚板上沿位置

③ 饰面砖切割

a. 直线切割　应测量好尺寸，在饰面砖的正面划出切割线，放在手提切割机上，使切割刀口与线重合，按下手柄，推动滚刀向前，并少许用力压下切割机的杠杆，使饰面砖沿切割线断开，也可以用划针切割，如图 5-13 所示。

b. 曲线、非直线切割　在管道、窗洞口处需切割圆弧时应做好套板，在砖的正面画好所需切割的圆弧线，用电动切割机进行切割，并用钳子进行修整，如图 5-14 和图 5-15 所示。

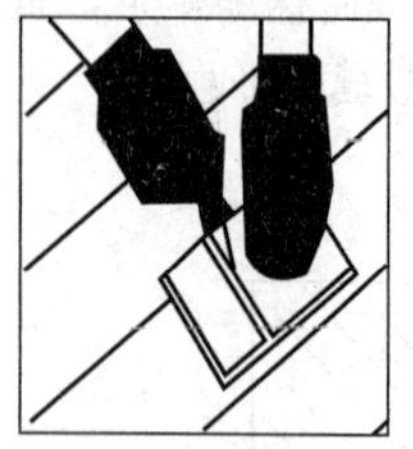
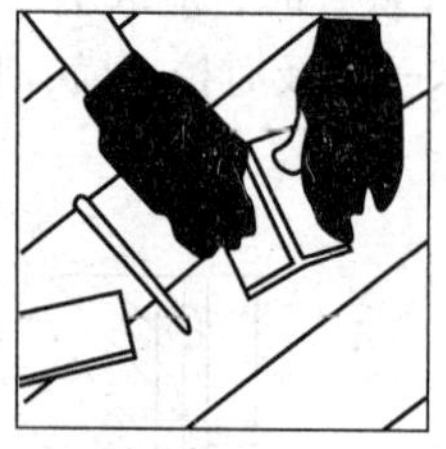

图 5-13　划针切割

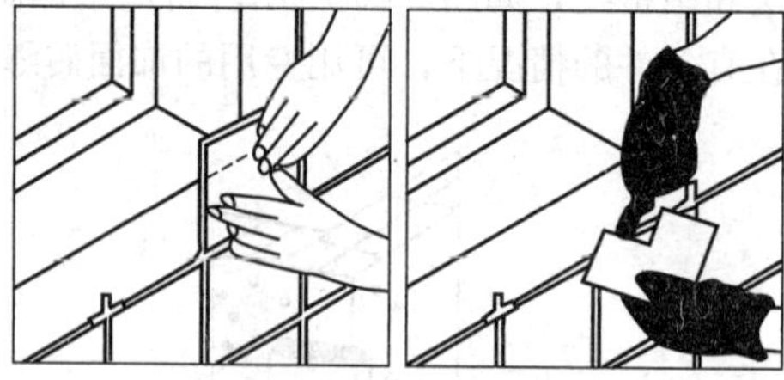

图 5-14　窗洞口处切割、修整

(11) 勾缝　饰面砖镶贴施工完毕，应进行全面检查，合格后用棉纱将砖表面上的灰浆拭净，同时用与饰面砖颜色相同的水泥（彩色饰面砖应加同色颜料）嵌缝。嵌缝中注意应全部封闭缝中镶贴时产生的气孔和沙眼，并且用棉纱或海绵仔细擦拭干净污染的部位。如砖面污染比较严重，可用稀盐酸刷洗，并用清水冲洗干净。待饰面砖表面完全干燥后用干抹布全面、仔细地擦去粉末状残留物，使表面光亮如镜即可。

图 5-15　非直线切割

(12) 养护、清理　镶贴后的饰面砖应防冻、防烈日暴晒，以免砂浆酥松。完工 24h 后，墙面应洒水湿润，以防早期脱水。施工现场、地面的残留水泥浆应及时铲除干净，多余的饰面砖应集中堆放。

5.2.1.5　采用胶黏剂镶贴

① 调制黏结浆料。采用 42.5 级以上普通硅酸盐水泥加入胶液拌和至适宜施工的稠度即可，不要加水。当黏结层厚度大于 3mm 时，应当加砂子，水泥和砂子的比例为 1∶(1～2)，砂子采用通过 $\phi 2.5$ 筛子的干净中砂。

② 用单面有齿铁板的平口一面（或用钢板抹子），将黏结浆料横刮在墙面基层上，然后再用铁板有齿的一面在已抹上的黏结浆料上，直刮出一条条的直棱。铺贴第一皮瓷砖，随即用橡胶槌逐块轻轻敲实。

③ 将适当直径的尼龙绳（以不超过瓷砖的厚度为宜）放在已铺贴的饰面砖上方的灰缝位置（也可用工具式铺贴法）。紧靠在尼龙绳上，铺贴第二皮瓷砖。

④ 用直尺靠在饰面砖顶上，饰面砖上口应水平，然后将直尺放在饰面砖平面上，检查平面凹凸情况，如果发现有不平整处，应随即纠正。如此循环操作，尼龙绳逐皮向上盘，饰面砖自下而上逐皮铺贴，隔 1～2h，即可以将尼龙绳拉出。

⑤ 每铺贴 2～3 皮饰面砖，用直尺或线坠检查垂直偏差，并随时纠正。

⑥ 铺贴完饰面砖墙面后，必须从整个墙面检查一下平整垂直情况。当发现缝不直、宽窄不匀时，应当进行调缝，并将调缝的瓷砖再进行敲实，避免出现空鼓。

⑦ 贴完瓷砖后 3～4d，可以进行灌浆擦缝。将白水泥加水调成粥状，用长毛刷蘸白水泥浆在墙面缝上刷，待水泥逐渐变稠时用布将水泥擦去。将缝擦均匀，防止出现漏擦等现象。

5.2.1.6 采用多功能建筑胶粉镶贴

（1）饰面砖直接抹浆粘贴 将多功能建筑胶粉加水拌和（需充分搅拌均匀），稠度以不稠不稀、粉墙不流淌为准（一般配合比为胶粉∶水＝3∶1）。每次的搅拌量不宜过多，应当随拌随用。胶粉浆拌好后，用铲刀将之均匀涂于饰面砖背面，厚度为2～3mm，四周刮成斜面。饰面砖上墙就位后，用力按压，再用橡胶槌轻轻敲击，使其与底层贴紧，并用靠尺与厚度标志块及邻砖找平。如此一块块顺序上墙粘贴，直到全部墙面镶完为止。镶贴时，必须严格以水平控制线、垂直控制线及标准厚度标志块为依据，挂线镶贴。粘贴过程中，应当边贴边与邻砖找平调直，砖缝如有歪斜及宽窄不一致处，应在胶粉浆初凝前加以调整，务必做到符合设计要求，并保证全部饰面砖墙面的偏差均不超过2mm。全部整块饰面砖镶贴完毕、胶粉浆凝固以后，将底层靠墙托板取下，然后将非整块饰面砖补上贴牢。

（2）黏结层做法 底灰找平层干后，上涂2～3mm厚的多功能建筑胶粉浆黏结层一道，至少两遍成活。胶粉浆稠度以刷后不流淌为准，一般为胶粉∶水＝3∶1。黏结层每次的涂刷面积不宜过大，一般以在初凝前瓷砖能贴完为度。胶粉浆黏结层涂后应立即将瓷砖按试排编号顺序上墙粘贴（或边涂黏结层边贴瓷砖）。粘贴时，必须严格以水平控制线、垂直控制线及标准厚度标志块等为依据，挂线粘贴。粘贴过程同上。

全部整块饰面砖镶贴完毕、胶粉浆凝固以后，将底层靠墙托板取下，然后将非整块饰面砖补上贴牢。

5.2.2 锦砖贴面工程施工

锦砖又称马赛克、纸皮石，有陶瓷锦砖和玻璃锦砖两种，两者的粘贴方法相同，如图5-16所示。马赛克由各种形状、片状的小块拼成各种图案贴于牛皮纸上，尺寸一般为305mm×305mm，称为一联（张）。施工时，以整联镶贴。

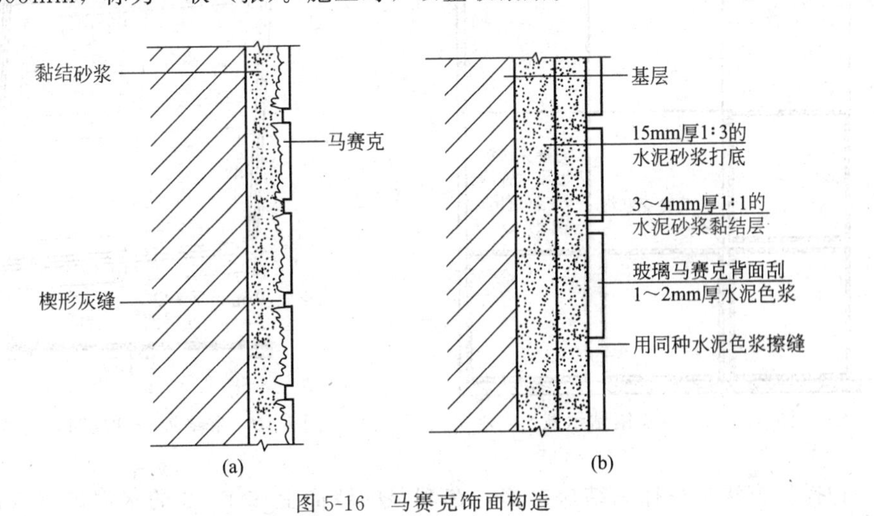

图5-16 马赛克饰面构造

5.2.2.1 锦砖贴面施工工艺流程

施工工艺流程为：马赛克镶贴的施工工艺流程为：

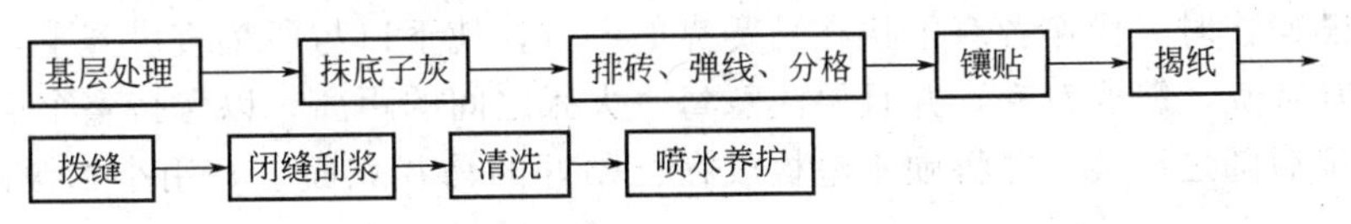

5.2.2.2 锦砖贴面施工施工要点

施工前，应当按照设计图案要求及图纸尺寸，核实墙面的实际尺寸，根据排砖模数和分格要求，绘制出施工大样图，同时加工好分格条。事先挑选好陶瓷锦砖，并统一编号，便于镶贴时对号入座。

（1）基层处理　施工方法同内墙墙面砖。

（2）抹底子灰　底子灰要绝对平整，阴阳角要垂直方正，抹完后划毛并浇水养护。外墙镶贴前，应对各窗心墙、砖垛等处要事先测好中心线、水平线和阴阳角垂直线，楼房四角吊出通长垂直线，贴好灰饼。对于不符合要求、偏差较大的部位，应当预先剔凿或修补，以作为排列陶瓷锦砖的依据，防止发生分格缝不均匀或阳角处不够整砖的问题。

（3）排砖、弹线、分格　根据设计、建筑物墙面总高度、横竖装饰线条的布置、门窗洞口和马赛克品种规格定出分格缝宽，弹出若干水平线、垂直线，同时加工好分格条。注意同一墙面上应采用同一种排列方式，预排中应注意阳角、窗口处必须是整砖，而且是立面压侧面。

（4）镶贴　每一分格内粘贴马赛克一般自下而上进行。按已弹好的水平线安放八字尺或直靠尺，并用水平尺校正垫平，如图5-17所示。一般两人协同操作，一人在前面洒水润湿墙面，先刮一道素水泥浆，随即抹上2～5mm厚的水泥浆为黏结层，并用靠尺刮平；另一人将马赛克铺在木垫板上，如图5-18所示，纸面朝下，马赛克背面朝上，先用湿布把底面擦净，用水刷一遍，再刮白水泥浆，如果设计对缝格的颜色有特殊要求，也可用普通水泥或彩色水泥。一边刮浆一边用铁抹子往下挤压，将素水泥浆挤满马赛克的缝格，砖面不要留砂浆。清理四边余灰，将刮浆的纸交给镶贴操作者进行粘贴。

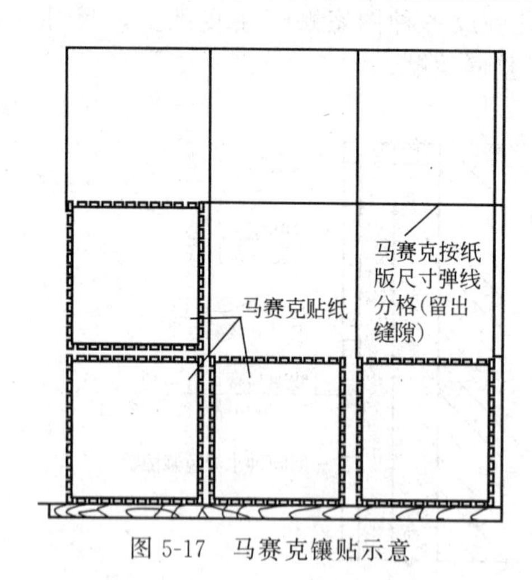

图5-17　马赛克镶贴示意

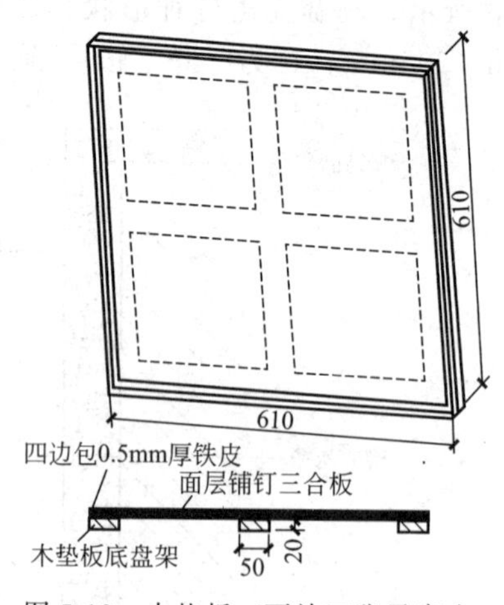

图5-18　木垫板（可放四张马赛克）

另一种操作方法是在抹黏结层之前，在润湿的墙面上抹1∶3的水泥砂浆或混合砂浆，分层抹平，同时将马赛克铺在木垫板上（背面朝上），如图5-19所示。缝中灌1∶2的干水泥砂，并用软毛刷刷净底面浮砂，再用刷子稍刷一点儿水，刮抹薄薄一层水泥浆（水泥∶石灰膏为1∶0.3），随即进行粘贴。

到位镶贴操作时，操作者双手执在马赛克的上方，使下口与所垫直尺齐平，从下口粘贴线向上粘贴马赛克，缝要对齐，并且要注意每一大张之间的距离，以保持整个墙面的缝格一致。位置准确后随之压实，并将硬木垫板放在已贴好的马赛克面上，用小木锤敲击木拍板，使其平整。

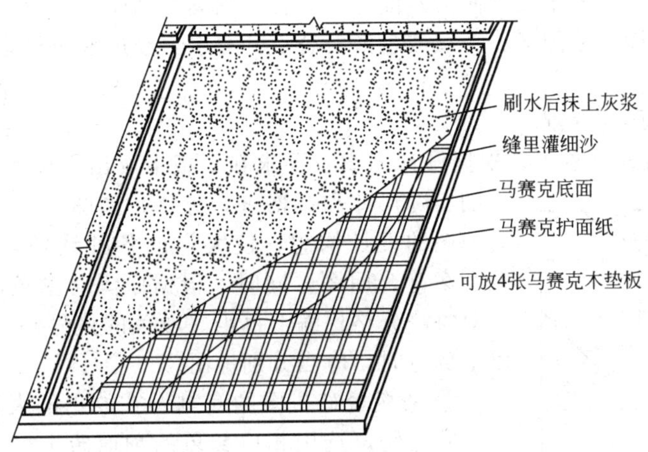

图 5-19　缝中灌砂做法示意

(5) 揭纸、拨缝　一般情况下，一个单元的马赛克铺完后，在砂浆初凝前（20～30min）达到基本稳固时，用软毛刷刷水润透护面纸（或其他护面材料），用双手轻轻将纸揭下，揭纸宜从上往下撕，用力方向应尽量与墙面平行。

揭纸后检察缝的大小，用金属拨板（或开刀）调整弯扭的缝隙，并用黏结材料将未填实的缝隙嵌实，使之间距均匀。拨缝后再在马赛克上贴好垫板轻敲拍实一遍，以增强与墙面的黏结。

(6) 闭缝刮浆、清洗、喷水养护　待全部墙面铺贴完，黏结层终凝后，将白水泥稠浆（或与马赛克颜色近似的色浆），用橡胶刮板往缝里刮满、刮实、刮严，再用麻丝和擦布将表面擦净。遗留在缝里的浮砂可用干净，潮湿的软毛刷轻轻带出。超出的米厘条分格缝要用1∶1的水泥砂浆勾严勾平，再用布擦净。清洗墙面应在黏结层和勾缝砂浆终凝后进行。全面清理并擦干净后，次日喷水养护。

5.2.2.3　粘贴时注意事项

① 通常由阴、阳角开始，由上往下粘贴，要按弹好的横线粘贴。

② 窗口的上侧必须有滴水线，可以采取挖掉一条马赛克的做法，里边线必须比外边线高2～3mm。窗台口必须有流水线，当设计无要求时，里边线应比外边线高3～5mm。

③ 窗口如有贴脸和门窗套时，可离口3～5mm；如没有，则一律离口2～3mm。凡门窗口边马赛克，一律采取大边压小边的做法。

④ 大面积粘贴马赛克墙面，在排砖时，若窗间墙尺寸排完整联后的尾数不能被20整除，则意味着最后一粒马赛克排不进去，此时应利用分格缝来调整，避免出现缺料的现象。

⑤ 贴完马赛克0.5～1h后，可以在马赛克纸上刷水浸透，20～30min后开始揭纸，并立即顺直缝，顺直时，应当先横后竖。对于缺胶的小块，应补胶粘贴后拍实、拍平。

⑥ 根据设计要求或马赛克的颜色，用白水泥与颜料配制成腻子，边嵌入缝内，边用擦布擦平。最后进行表面清洁。

5.2.3　陶瓷壁画施工

5.2.3.1　花色瓷砖的拼图与套割

花色瓷砖有两类：一类在烧制前已绘有图案，仅需在施工时按图拼接即可；另一类为单色瓷砖，需经切割加工成某一图案再进行镶贴。

（1）图案花瓷砖　图案花瓷砖为砖面上绘有各种图案的釉面砖。在施工前，应当按设计方案画出瓷砖排列图，使图案、花纹或色泽符合设计要求，经过编号和复核各项尺寸后，方可按图进行施工。

（2）瓷砖的拼图与套割

① 瓷砖图案放样　首先，根据设计图案及要求在纸板上放出足尺大样，然后按照釉面砖的实际尺寸和规格进行分格，如图5-20所示。应当充分领会原图的设计构想，使大样的各种线条（直线、曲线或圆）及图案符合原图。同时，根据原图对颜色的要求，在大样图上对每一分格块编上色码（颜色的代号），一块分格上有两种以上颜色时，应当分别标出。

图5-20　瓷砖拼图
燕身为蓝色瓷砖，眼睛为红色瓷砖，底色为白色瓷砖

② 彩色瓷砖拼图的套割　在放出的大样上，根据每一分格块的色码，选用相应颜色的釉面砖进行裁割，并使各色釉面砖拼成设计所需要的图案。

套割应当严格根据大样图进行，首先将大样图上不需裁割的整块砖按所需颜色放上；其次将需套割的每一方格中的相邻釉面砖按大样图进行裁割、套接。裁割前，首先在釉面砖面上用铅笔根据大样图画出需裁的分界线，然后根据不同线型和位置进行裁割。直线条可以用合金钢划针在砖面上按铅笔线（稍留出1mm左右以作磨平时的损耗）划痕，然后将釉面砖的划痕对准硬物的直边角轻击一下即可折断，划痕越深越易折断，折断后将所需一部分的边角在细砂轮上磨平磨直。曲线条可以用合金钢划针裁去多余的可裁部分，然后用胡桃钳钳去多余的曲线部分，直至分界线的边缘外（留出1mm），再用圆锉锉至分界线，使曲线圆润、光滑。釉面砖挖内圆时，先用手摇钻将麻花钻头在需割去的范围内钻孔，当钻孔在内圆范围内形成一个个圆圈后，用小榔头凿去。然后用圆锉锉至内圆分界线。当钻孔离分界线距离较大时，也可以用凿子凿去多余部分，凿时先轻轻从斜向凿去背面，再凿去正面，然后用锉刀修至分界线。裁割完后，将各色釉面砖在大样图上拼好，如有图案或线条衔接不直、不光滑，应当将错位的部分重新裁割，直至符合要求。

5.2.3.2　施工要点

施工时，其他工程均应基本结束，以免壁画完工后受损坏，如需钉边框，则边框的预留配件应先安装。

（1）抹找平层　包括清理基层，找规矩，做灰饼，做冲筋，抹底层、找平层。表面应平整粗糙，垂直度、平整度偏差值应控制在±2mm以内，表面用木抹子抹毛。

（2）预排面层　根据设计图在地面上进行预排，画出排列大样图，并分别在陶板背面及大样图上编号，以便施工时对号入座。

（3）弹线　根据陶板的块数和板间1mm的缝隙算出尺寸，在找平层上弹出壁面的外围控制线及等距离纵横控制线，宜每3～5块陶板弹一根纵横控制线。在壁画下口，应当根据标高线弹出控制线，以利下皮陶板的铺设，并临时固定下口垫尺。根据陶板及砂浆的厚度，在下口垫尺上弹出陶板面的控制线，并在上方做出灰饼，灰饼面和垫尺上的陶板面控制线应在同一垂直面上，用以控制陶板面的平整度和垂直度。

（4）镶贴　镶贴前，陶板应浸透并晾干，可以用纯水泥浆加5%～10%的108胶，或用水泥：细砂：纸筋灰＝1：0.5：0.2的水泥砂浆粘贴。在充分湿润的找平层上，抹一层极薄的水泥浆或砂浆，然后根据大样图及陶板的编号选出陶板，在陶板的背面上抹一层水泥浆或砂浆（总厚度不宜超过5mm），将面砖镶贴在预定的位置上。陶板应从下往上镶贴，同一皮宜从左向右镶贴，贴一块校正一块，使每块的平整、垂直、水平均符合要求，并应注意壁画图案中的主要线条应衔接正确，直至镶贴完工。

（5）嵌缝与养护 镶贴完工后，应当对陶板缝隙进行嵌缝，嵌缝应采用白水泥浆加颜料，嵌缝的色浆应与被嵌部位的图案基色相同或接近。嵌缝宜用竹片并压紧抽直，并应随时将余浆及板面擦干净。施工后，应用纤维板或夹板覆盖保护，直至工程交付使用，以防损坏。

5.3 石材墙、柱面施工

装饰石材墙、柱面会显示出豪华的气派、高雅的格调，给人以庄重肃穆之感。其铺贴方法有多种，本节主要介绍湿挂法和干挂法两种典型的做法。

5.3.1 石材墙、柱面湿挂法施工

传统的石材铺贴方法是湿挂法施工工艺，就是在竖向基体上安装膨胀螺栓，焊接预挂钢筋网，其间距按照板材的规格设定，用钢丝或镀锌铁丝绑扎钢筋和板材并灌注水泥砂浆来固定石板材。这种方法适用于室内墙面、柱面、水池立面铺贴大理石、花岗岩、人造石板等材料，也适用于外墙面、勒角等首层铺贴花岗岩及人造石等。

5.3.1.1 铺贴施工前的要求

① 根据室内实贴部位的实际测量尺寸，在施工前按石材规格算好预贴尺寸，事先调整好缝隙。对于复杂饰面的铺贴，则应在实测后进行放大样，认真进行校对，算好接缝预留宽度，然后确定开料图并按顺序编号，以备安装。

② 所用的饰面石材的尺寸要准确，保证墙面基层与饰面板背面距离不小于5mm。石材要符合质量要求。施工前应根据设计要求，对饰面板材的类型、颜色和尺寸进行分类，确保接缝均匀，符合施工设计要求。所选用的花岗岩应做放射性能指标复验。

③ 石材饰面板工程所用的锚固件与连接件要求用不锈钢或镀锌钢板制成。

④ 施工之前应检查墙体基层是否有足够的稳定性和强度。墙体基层面的垂直度、平整度不能有较大的偏差，如果有则应剔凿或修补。但是基层面过于光滑时，应凿毛使其粗糙，凿毛深度应为0.5～1.5mm，间距不大于1.5mm，还要把表面的砂浆、尘土、油污等用钢丝刷清洗干净，这样可以防止空壳、起鼓等质量问题。在条件允许下也可刷界面剂来进行处理，效果会更好。

⑤ 装配式挑檐、托柱等的下部与墙或柱相接处及大型独立柱脚与地面相接处，在镶贴饰面板时应留有适量缝隙。门窗等部位要预先做好安排。

⑥ 在寒冷的冬季不宜施工，要保证砂浆使用温度不得低于5℃，还必须采取防冻保温措施。夏季镶贴室外饰面板，还应防止暴晒。

⑦ 为防止接缝处渗水，在镶贴饰面板材时其接缝应填嵌密实。室内安装光面和镜面板，其接缝应干接，水磨石人造板也相同，在接缝处应采用与饰面板相同颜色的云石胶填嵌。对粗磨石、麻面、条丝面、天然饰面板的接缝和勾缝，可用水泥砂浆填嵌。分段镶贴时，分段相接处应平整、缝宽一致。光面、镜面板材接缝宽度保持1mm，麻面、粗磨面、条纹面板保持5mm，天然饰面板保持10mm，水磨石则保持2mm。

⑧ 饰面石材不宜用容易褪色的材料包装，尽量避免污染，防止饰面石材变色。石材在运输堆放过程中，应在地面垫木方，光面对光面侧立堆放。注意保护棱角不受损伤。

5.3.1.2 施工准备

（1）材料准备　材料运到场地后，要认真做好检验工作，量测石材的尺寸、对角线，用角尺检测边角的垂直度，并检查平整度和外观缺陷。材料颜色要大体一致，待组织挑选、试拼后进行编号，并根据型号、规格和技术要求分别堆放在仓库内，使用时不能乱拿。

（2）机具准备　加角磨机、切割机、砂轮机、冲击钻、电焊设备等。

（3）技术准备　认真审视设计图纸，熟悉加工开料图，编制好技术措施，做好班组施工工艺交底。管理技术人员要向具体操作者直接进行口头和书面的技术交底。

（4）划分尺寸　根据施工图纸，仅标明饰面石材铺贴的高度，并按此高度划分一定尺寸的格子，每格一块石材，这就是设计的开料图，如图 5-21 所示。开料图可作为建筑图的补充和订货的依据。

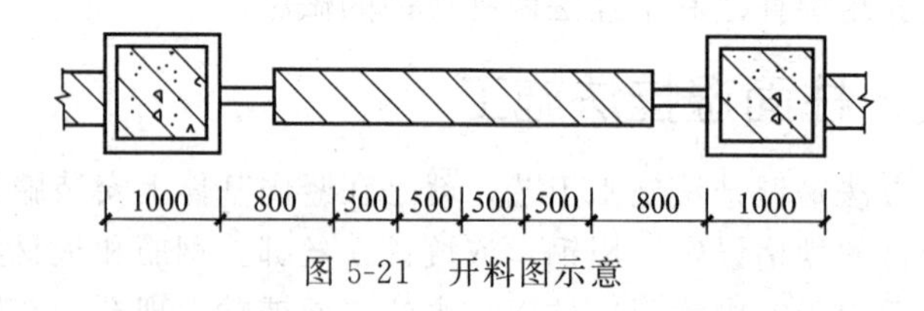

图 5-21　开料图示意

（5）可用的破裂板材的修补　对于棱角、坑洼、麻点等缺陷进行修补，可用环氧树脂等胶黏剂和与被补处石材质地相同的细粉（或白水泥、颜料）调成腻子进行细致的嵌补。一般情况下，修补过的板材应铺贴到阴角或最上层等不太显眼的部位，或裁成小料使用。

5.3.1.3 石材墙、柱面湿挂法工艺流程

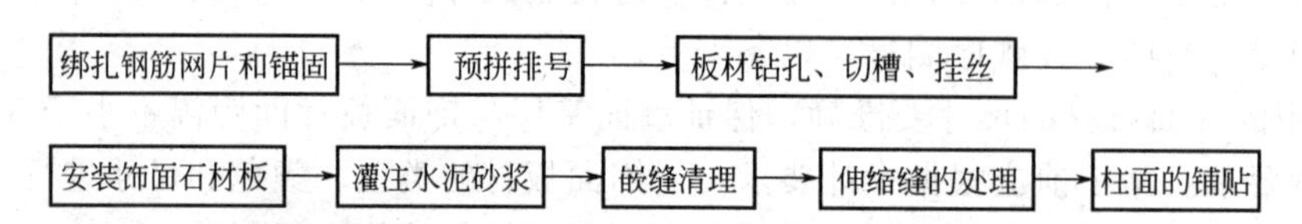

5.3.1.4 石材墙、柱面湿挂法施工要点

（1）绑扎钢筋网片和锚固　先将墙面上的预埋钢筋剔凿出来，按照施工放大样图的要求距离来焊接或绑扎钢筋骨架，再将直径 6～8mm 的竖向钢筋焊接或绑扎在预埋钢筋上（间距可按饰面板宽度），然后将直径 6mm 的横向钢筋焊接或绑扎在竖向钢筋上，间距低于板高 30～50mm。第一道横筋焊接或绑扎在第一层板材下口上面约 100mm 处，此后每道横筋均在该板块上口 10～20mm 处。钢筋必须连接牢固，不得有颤动和弯曲现象，如图 5-22 所示。

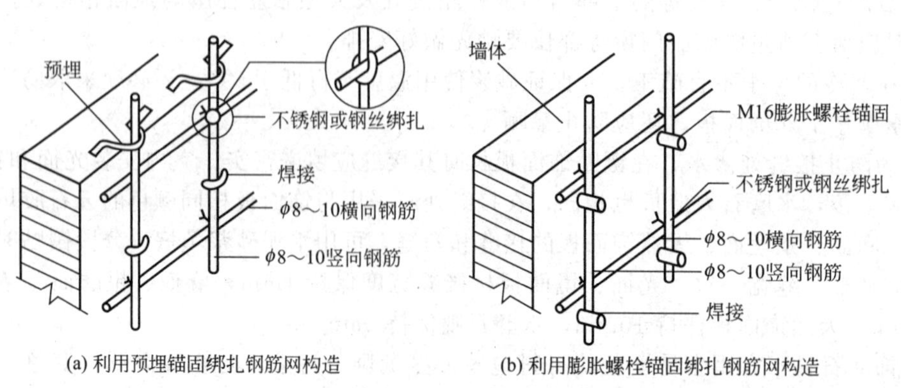

图 5-22　石材墙面绑扎钢筋网构造示意

如果在墙面基体上没有预埋钢筋，可用电锤在墙基体上钻直径8～16mm、深100mm的孔，打入膨胀螺栓，用以焊接横向钢筋，间距比板高低30～50mm，竖向间距和板宽一样，也可以不用焊接横向钢筋和竖向钢筋而把钢丝直接绑扎在膨胀螺栓上。还有一种最简单的方法，是在墙体钻35°的斜孔，不安装膨胀螺栓，而是用浸油木楔套上U形钢丝并楔紧，再灌入胶黏剂将U形钢丝与墙体嵌固，如图5-23所示。

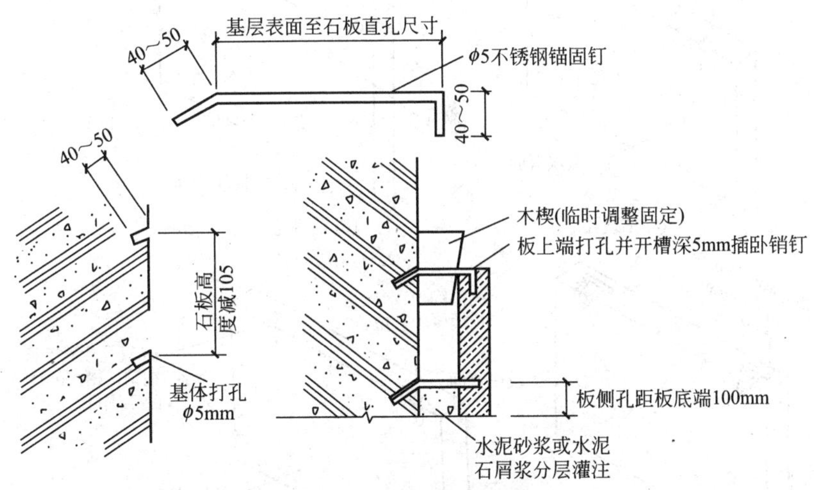

图5-23　U形钢丝安装法

（2）预拼排号　为了使饰面板安装后能花色一致，纹理通顺，接缝严密吻合，符合设计要求，安装前应按大样预编排号。首先根据大样图要求的品种、规格、颜色纹理，在地面上试排，校正尺寸及四角套方，计算出实用的块数、需要切割块数和切割的规格尺寸以及使用部位，并考虑留缝的宽度。预排好的石材要按位置逐块编号，有缺陷的板材应剔除，可改做小料使用或用于阴角不显眼处。编号一般是由下向上编排，然后分类堆放好备用。

（3）板材钻孔、切槽、挂丝

① 钻孔打眼法　按照顺序将板材侧面钻孔切槽，操作时应将板材固定在木架上。用台钻或手电钻安装合金钢钻头，当板宽在500mm以内时，按设计要求直接在板材上下两端截面上钻4个直孔，打眼的位置应当与基层上的钢筋网的横向钢筋的位置相适应。一般孔位在距板材两端1/4处，位于在板材的断面上由背面算起2/3处，钻孔直径以能满足穿线即可，严禁过大，一般孔的直径为5mm，深度为15～20mm，板宽大于1m时中间上、下各增设一个孔，如图5-24(a)、(b) 所示。再在板背面直孔位置打一个横孔，使直孔与横孔连通成“牛鼻小孔”。钻孔后，用合金钢錾子在板材背面与直孔正面轻打凿，剔出4～6mm小槽，以使钢丝挂绑时不能露出，避免造成拼缝间隙。也可打斜孔，即孔眼与石板材成35°，钻好后在板的上下端靠背面的孔壁处轻打凿，剔出4～6mm的小槽，孔内穿入4mm铜丝或不锈钢丝，用云石胶粘牢备用。

② 开槽法　用电动手提式石材无齿切割机的圆锯片，在需绑扎钢丝的部位上开槽，一般采用四道槽法。四道槽的位置是：板块背面的边角处开两条竖槽，其间距为30～40mm；板块侧边处的两竖槽位置上开一条横槽；板块背面上的两条竖槽位置下部开一条横槽，如图5-24(c)、(e) 所示。板块开好槽后，将备好的18#或20#不锈钢钢丝或铜丝剪成30cm长，并弯成U形。将U形不锈钢钢丝或铜丝先套入板背板槽内，U形的两条边从两条竖槽内穿出后，在板块侧边横槽处交叉。然后，再通过两条竖槽将不锈钢钢丝或铜丝在板块背面扎牢。但应当注意，不应将不锈钢钢丝或铜丝拧得过紧，避免将其拧断或将大理石

的槽口弄断裂。挂丝宜用不锈钢钢丝或铜丝，最好不用铁丝，因为铁丝容易腐蚀断脱。

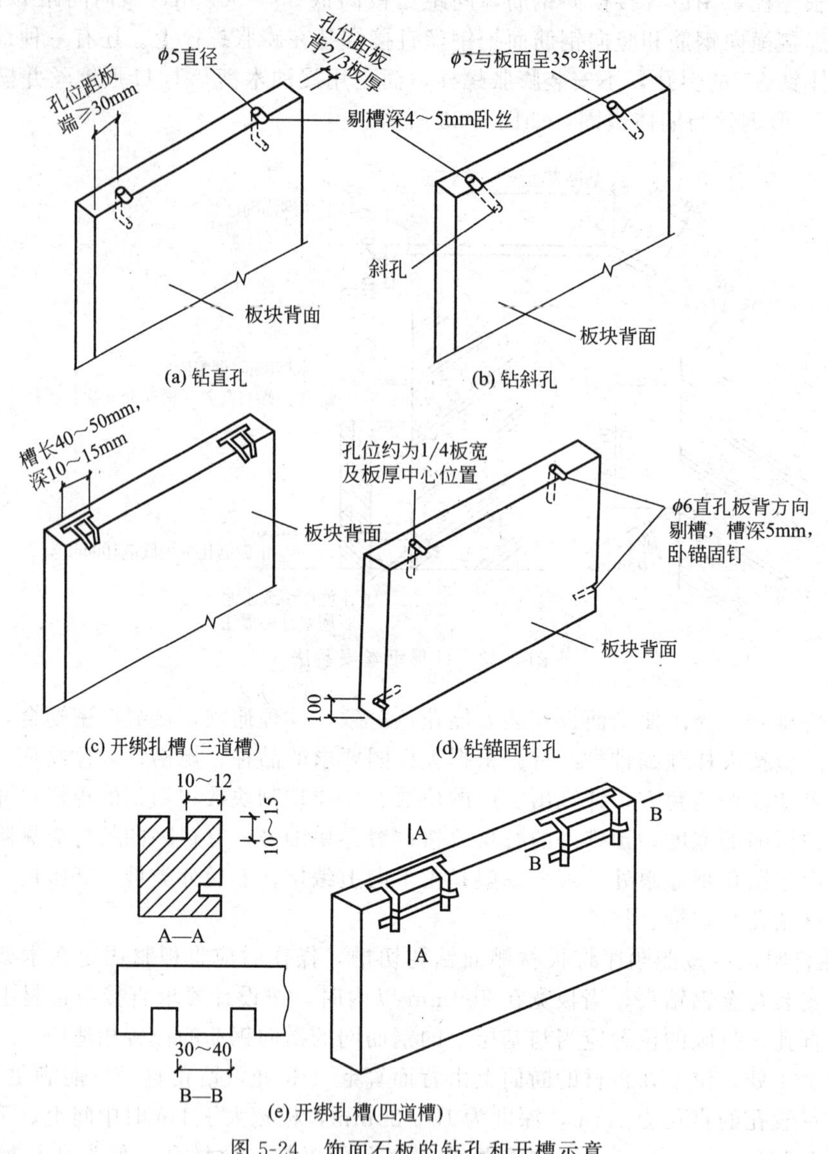

图 5-24 饰面石板的钻孔和开槽示意

（4）安装饰面石材板　安装的顺序一般是由下往上，每层板块由中间或一端开始。首先根据施工大样图弹出墙面第一层石板标高，再用线锤从上至下吊线，考虑留出板厚和灌浆厚度及钢筋焊绑所占的位置，来确定出饰面板的位置。然后将此位置投影到地面，在投影位置上画出第一层石板的轮廓尺寸线，作为第一层板的安装基准线。依此位置在标高位置的两侧拉通直水平线，按预排编号将第一层石板就位。如地面未做出来，可用垫块把石板垫高至地面标高线位置。然后理好铜丝，将面板上口略后仰，伸手把下口的铜丝扭扎在横筋或者膨胀螺栓上并扎牢，然后将板扶正。将上口铜丝扎紧，并用大头定位木楔塞紧垫稳，随后用靠尺与水平尺检查表面平整度与上口的水平度，发现问题应及时用大头定位木楔调整垂直度，在石板下加垫薄铁片或铅条，调整水平度。第一块完成后，依次进行，柱面可按顺时针方向进行安装。第一层完毕，应用挂线靠尺、水平尺调整垂直度、平整度和阴阳角方正，保证板材间隙均匀，上口平直，如图 5-25 所示。凡阴阳角处，相邻的两块板均应磨边卡角，根据设计要求进行拼接处理。第一层石板安装好后，用熟石膏（可掺水泥，浅色板易污染，则不能掺水泥或白水泥）调成糊状贴于板缝处，做石板的临时固定。要随时用靠尺检查板材有无变形，发现问题及时校正。安装时要处理好与其他部位的构造关系，如门窗、贴脸、抹灰等厚度都应考虑留出饰面块材的灌浆厚度。要保证首排上口平直，为铺贴上一层板材提供水平的基准面，可用卡具、螺栓等撑平固定。

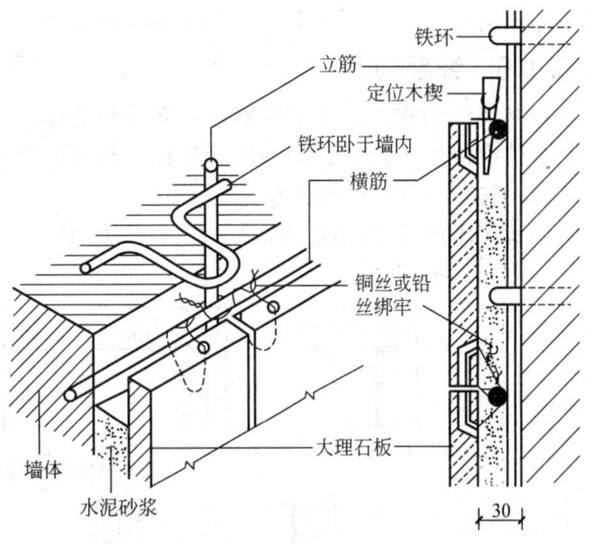

图 5-25 大理石挂贴法

（5）灌注水泥砂浆　待临时固定的水泥石膏板硬化后方可进行灌注水泥砂浆操作，操作前还要重新校正垂直度和平整度。为了防止板侧竖缝露浆，应在竖侧缝内填塞泡沫塑料条、麻条或用环氧树脂等胶黏剂做封闭，同时用水润湿板材的背面和墙体基层面。用1∶3的水泥砂浆，稠度要合适，分层灌注，注意不能碰动板材，也不能只从一处灌注。同时检查板材是否因灌浆而外移，边灌注边用橡胶锤轻轻敲击或在上口用木棍插捣，排除气泡，提高水泥浆的密实度和黏结力。每层灌注的高度为150～200mm，不得大于板高的1/3，灌浆过程中应从多处均匀灌注，不得猛捣猛灌，一旦发现外涨，应拆除板材，重新安装。待第一层灌完1～2h水泥初凝后，检查板材是否移动错位，如正常，就按前法进行第二层灌浆，这样直至距石板上口50～100mm处停止。未灌注的部分等上层板材安装后再灌注，以使灌浆缝与板缝错开，使上下两排板材凝成一体，加强其整体刚度。安装浅色大理石、汉白玉饰面板时，应采用白水泥、白石渣灌注，以免透底浸浆，污染板材外表，降低装饰效果。首层板灌浆完成后，待砂浆初凝就可清理板材上口余浆，并用棉纱擦干净。正常养护到24h以后，再安装第二排板材，这样依次由下往上逐排安装、固定、灌浆。

（6）嵌缝清理　安装完毕后，清除所有石膏和余浆痕迹，以待进行嵌缝。对人造彩色板材，安装于室内的光面、镜面饰面板材的干接缝，应调制与饰面板色彩相同的胶浆嵌缝。粗磨面、麻面、条纹面饰面板材的接缝，应采用1∶1的水泥砂浆勾缝，并要采取相应的措施保护棱角不被碰撞。

（7）伸缩缝的处理　将一块低于整体表面的未黏结的板材设置在伸缩缝处，铺贴时用两侧饰面板材将其压住，在未黏结板材两侧备用50mm的海绵挡住两侧饰面板，所灌砂浆不与其黏结，为了适应伸缩缝变形的需要，可留有30mm以上的伸缩余地。

（8）柱面的铺贴　在柱面上铺贴花岗岩大理石的施工基本上与墙相同。由于柱面有多种形式，如圆形、方形、多面形、弧形等，一般属于独立或成排设置，是房屋的承重结构，所以在板材拼接角度和预留沉降缝隙要求上与墙面铺贴有所不同，具有如下特点。

① 圆形、多面形柱面板材的拼缝：铺贴前应根据柱体的断面以及几何尺寸设计好开料图，即将柱体断面周长或多面形每一面长度的实际尺寸求出，加上湿铺法或黏结法的黏结胶料厚度，就可设计出加工的异形板材的开料图。当遇到有在一根柱上有不同断面尺寸或为锥形柱时，应按选用板材单块的高度在不同的断面设计开料图。

② 在施工中采用先铺地面后铺贴柱面时，承重柱应预留下沉量，应在柱面下首排饰面

板下方预留 20mm 不贴板材。如果后铺地面，则将柱面板材铺贴在地面板材下方为宜。

5.3.1.5 细部构造

板材类饰面构造，除了应解决饰面板与墙体之间的固定技术外，还应处理好窗台、窗过梁底、门窗侧边、出檐、勒脚以及各种凹凸面的交接和拐角等处的细部构造。

（1）转折交接处的细部构造

① 墙面阴阳角的细部构造处理方法　如图 5-26 所示。

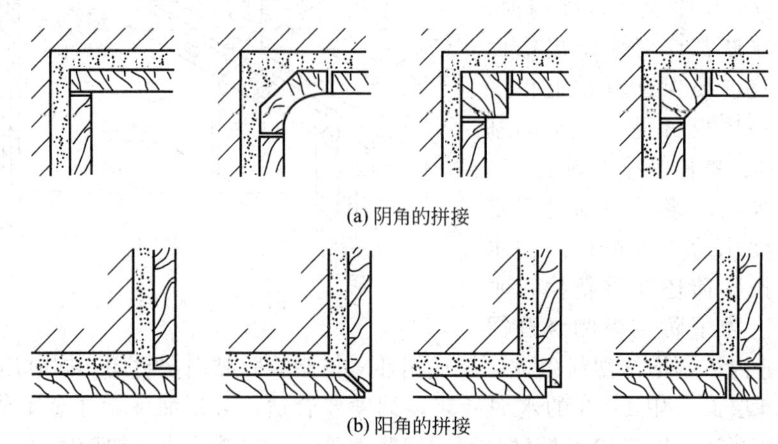

(a) 阴角的拼接

(b) 阳角的拼接

图 5-26　墙面阴阳角的细部构造处理方法

② 饰面板墙面与踢脚板交接处的细部构造　饰面板墙面与踢脚板交接处理方法：一种是墙面凸出踢脚板；另一种是踢脚板凸出墙面。如图 5-27 所示为饰面板墙面与踢脚板交接的构造。

③ 饰面板墙面与地面交接的细部构造　大理石、花岗岩墙面或柱面与地面的交接，易采用踢脚板或饰面板直接落在地面饰面层上的方法，使接缝比较隐蔽，略有间缝可用相同色彩的水泥浆封闭，其构造如图 5-28 所示。

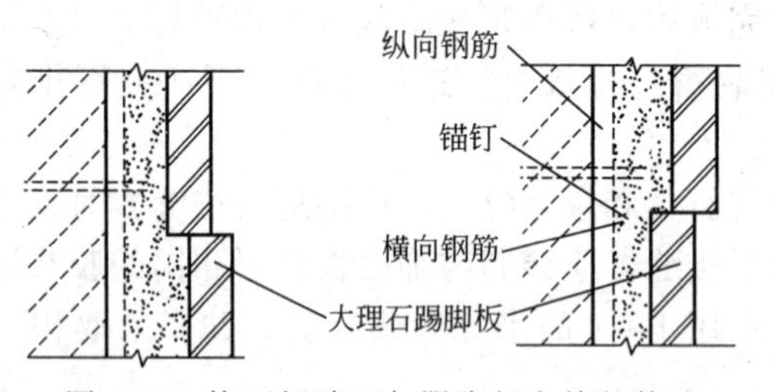

图 5-27　饰面板墙面与踢脚板交接的构造

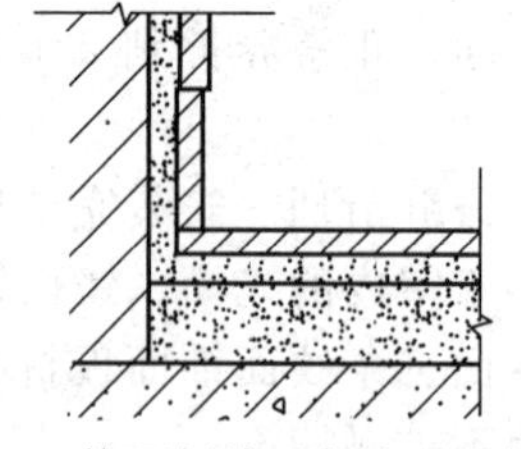

图 5-28　饰面板墙面与地面交的结构

④ 石材板墙面与顶棚交接的细部构造　石材板墙面与顶棚交接时，常因墙面的最上部一块石材板与顶棚直接碰上而无法绑扎铜丝或灌浆（如果有吊顶空间，则不存在这种现象）。例如，采用多线角曲线抹灰的方式（也可作成装饰抹灰），将顶棚与墙面衔接；或者采用凹嵌的手法，将顶部最后一块板改用薄板（或贴面砖），并采用聚合物水泥砂进行粘贴，在保证黏结力的条件下使灌浆砂缝的厚度减薄，从而使顶部最后一块板凹陷进去一段距离。这两种方法的具体做法如图 5-29 所示。

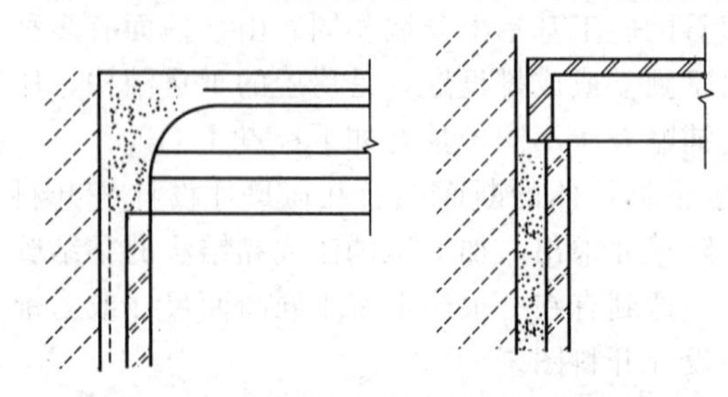

图 5-29　饰面板墙面与顶棚交接的构造

（2）不同基层和材料的构造处理　根据墙

体基层材料、饰面板的厚度及种类的不同，饰面板材的安装构造有所不同。

在砖墙等预制块材墙体的基层上安装天然石块时，采用在墙体内预埋 U 形铁件，然后铺设钢筋网，如图 5-30(a) 所示；而对于混凝土墙体等现浇墙体，则可采用在墙体内预设金属导轨等铁件的方法，一般不铺设钢筋网，如图 5-30(b) 所示。

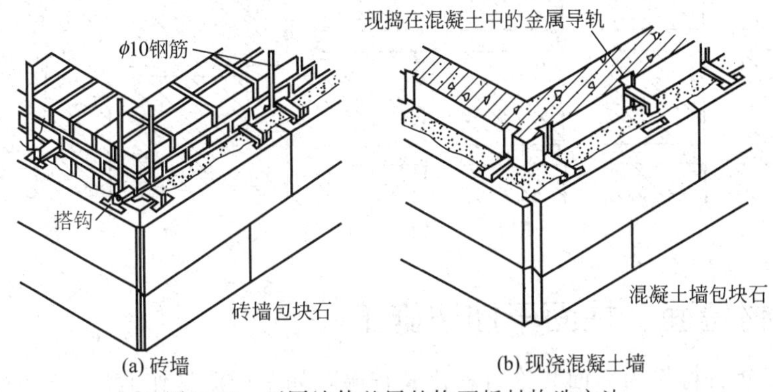

图 5-30 不同墙体基层的饰面板材构造方法

(3) 小规格板材饰面构造 小规格饰面板是指用于踢脚板、勒脚、窗台板等部位的各种尺寸较小的天然或人造板材，以及加工大理石、花岗石时所产生的各种不规则的边角碎料。

小规格饰面板通常直接用水泥浆、水泥砂浆等粘贴，必要时可辅以铜丝绑扎或连接，如图 5-31 所示。

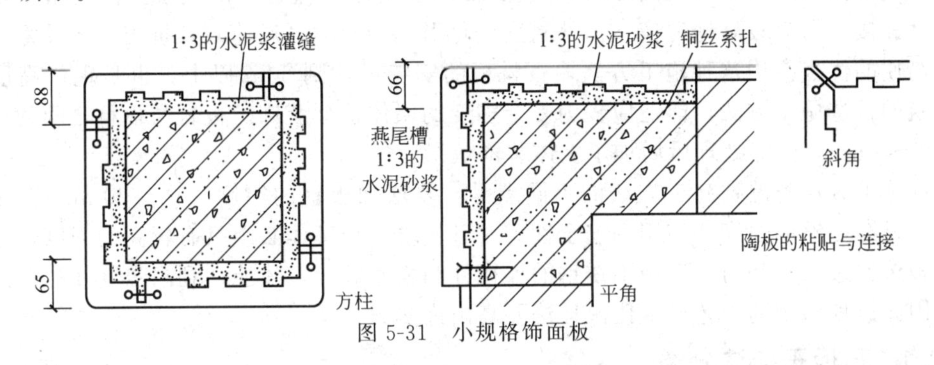

图 5-31 小规格饰面板

(4) 拼缝 饰面板的拼缝对装饰效果影响很大，常见的拼缝方式有平接、搭接、嵌接等，如图 5-32 所示。

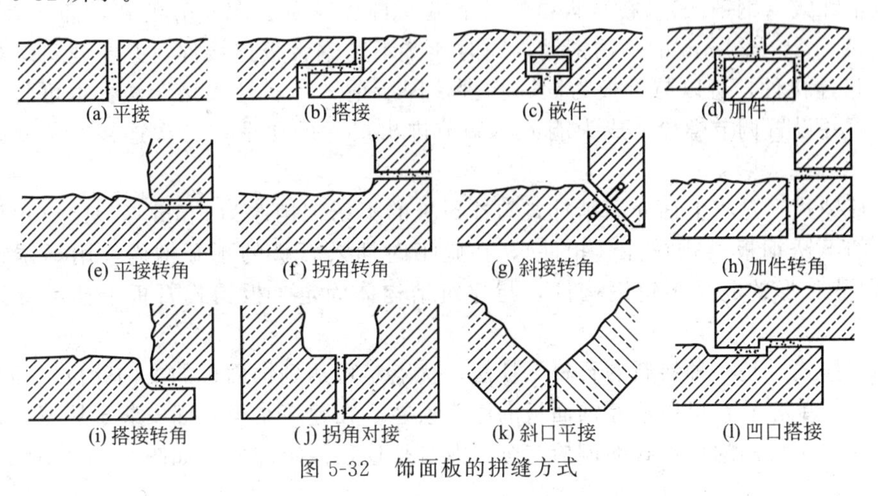

图 5-32 饰面板的拼缝方式

（5）灰缝　板材类饰面通常都留有较宽的灰缝，灰缝的形式有凸形、凹形、圆弧形等。常将饰面板材、块材的周边凿成斜口或凹口等不同的形式，如图 5-33 所示的是饰面板的灰缝形式。

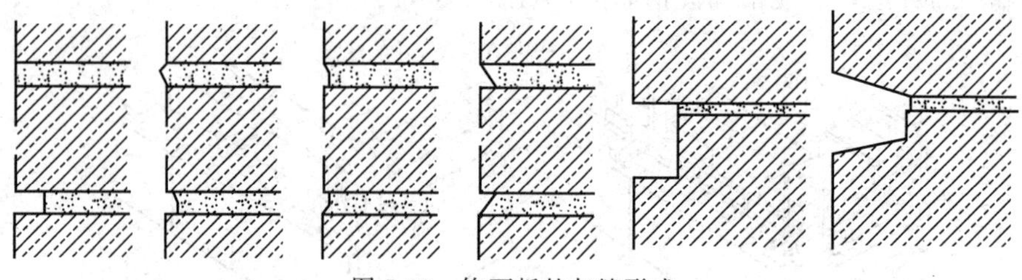

图 5-33　饰面板的灰缝形式

5.3.2　石材墙面、柱面干挂法施工

目前采用天然石材作为墙面装饰材料比较普遍，如采用湿挂作业法，在使用过程中常常会出现析碱现象，严重影响美观。所以采取干挂法，又称“膨胀螺栓”锚固法，施工比较恰当，提高了装饰效果，而且工艺简单，工效高，不用灌浆，牢固可靠。

石材板干挂法工艺是通常所说的石材干挂施工。即在饰面石材上直接打孔或开槽，用各种形式的连接件（干挂构件）与墙体上的膨胀螺栓或钢架相连接，不用灌注水泥砂浆，以减轻自重，使饰面石材与墙体之间形成 80～150mm 宽的空气流通层的施工方法。由于石材板采用柔性连接，可以较好地适应室内外温度变化引起的胀缩、风荷载及抗震变形的需要，具有施工简便的优点。用这种施工方法，石材板的安装可达到 60m 以上，也是现代高层框架结构建筑的首选施工方法，能适应较为复杂多变的墙体造型装饰。板材与板材之间的拼接缝一般为 6～8mm，嵌缝处理后增加了立体装饰效果。

干挂施工方法与湿挂施工方法的不同点是：要增加板材的厚度（18～20mm），这样才能保证石材有足够的强度和使用的安全性，并且要求悬挂基体必须具有较高的强度，才能承受饰面板传递过来的外力。选用不锈钢的连接件和膨胀螺栓，才能达到高强度和耐腐蚀性的要求。因此这种施工的工艺成本比湿挂法要高出许多。

5.3.2.1　石板干挂法分类

干挂法根据所用连接形式不同，主要分为销针式（钢销式）、板销式、背挂式三种。

（1）销针式（钢销式）　在石板材的上下端面打直径为 6～7mm 的孔，插入直径为 5～7mm、长度为 20～30mm 的不锈钢销，同时连接不锈钢舌板连接件，并与建筑结构基体固定。其 L 形连接件，可以与舌板为同一构件，即所谓“一次性连接”法：也可将石板与连接件分开，并设置调节螺栓，成为能灵活调节进出尺寸的所谓“二次连接”法，如图 5-34 所示。

（2）板销式　是将上面介绍销针式勾挂石板的不锈钢销改为 3mm 厚以上（由设计经计算确定）的不锈钢板条式挂件（扣件），在施工时插入石板的预开槽内，用不锈钢连接件（或本身即呈 L 形的成品不锈钢构件）与建筑结构体固定。板销式石板干挂示意如图 5-35 所示。

（3）背挂式　是一种崭新的石材干挂法，优点是可达到饰面板的准确就位，而且调节很方便。安装简单容易，可以消除饰面板的厚度误差。在建筑结构立面安装金属龙骨，在石材背面开半孔，用特制的柱锥式的铆栓与金属龙骨架连接固定即成，如图 5-36 所示。

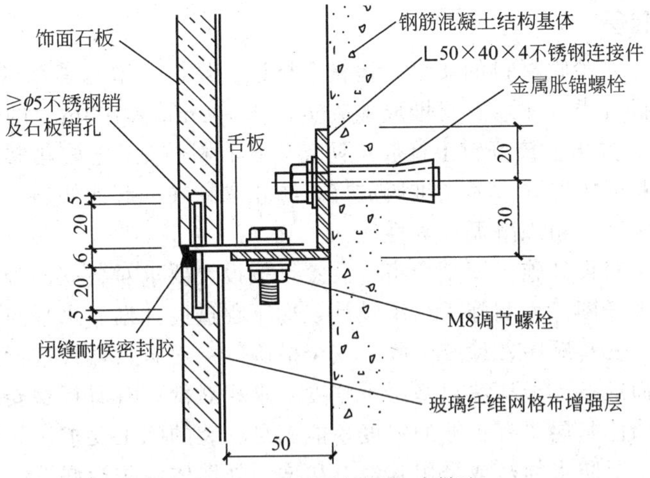

图 5-34　石板干挂销针式做法

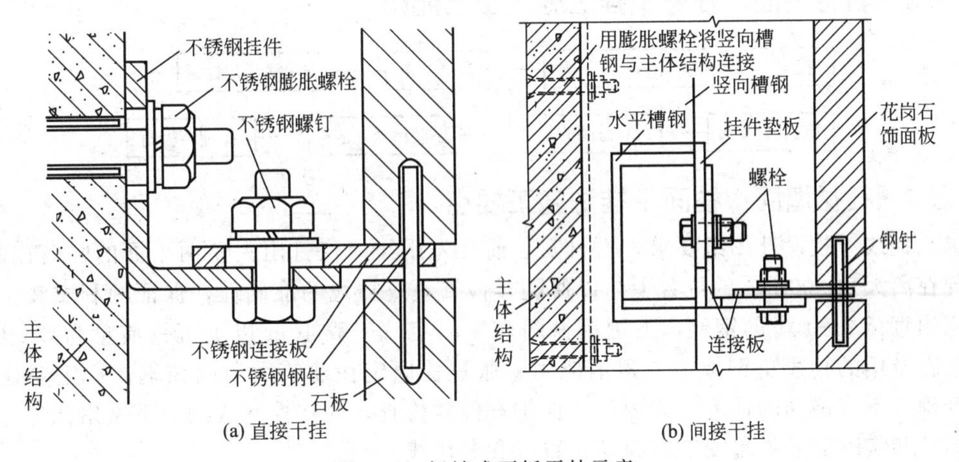

(a) 直接干挂　　(b) 间接干挂

图 5-35　板销式石板干挂示意

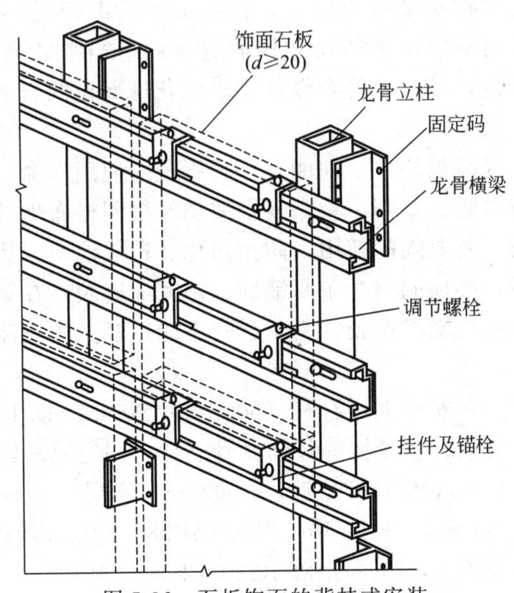

图 5-36　石板饰面的背挂式安装

5.3.2.2 施工准备

（1）材料准备　要验收材料的质量，检查合格证、规格、型号是否与材料单相符。石材要用比色法对比选挑分类。注意石材堆放地夯实，垫100mm×100mm的通长方木，让其高出地面80mm以上。方木上最好钉上橡胶皮防震，让石材按75°立放斜靠在专用钢架上。每块石板之间要用塑料薄膜隔开，靠紧堆码放好，防止黏结在一起或倾斜。还要检查石材的抗折及抗压强度、吸水率、耐冻融循环等性能。

（2）技术准备　对设计施工图纸会审、会签，按设计要求对各立面分格，对安装节点进行深化设计，绘制大样图。编制施工组织设计，如工程进度计划、水平与垂直运输方式、测量方式、安装工艺、安装顺序、检查验收、安全措施等。对石材样板进行封样。

（3）墙体基层面准备　干挂法对基层平整度要求相对低，有碍板材安装的局部突起部分必须凿平、修整，墙体基层要有足够的强度，能满足安装的施工要求。如设计有要求时，在建筑基层表面涂刷一层防水剂，或采用其他方法增强外墙体的防渗漏性能。

5.3.2.3 石材墙面、柱面干挂法施工工艺流程

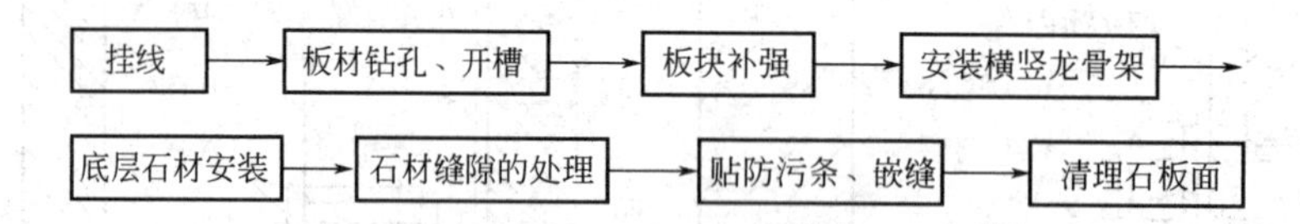

5.3.2.4 石材墙面、柱面干挂法施工要点

（1）挂线　按设计图纸要求，石材安装前可先用经纬仪打出大角两个面的竖向控制线，最好弹在离大角200mm的位置上，以便随时检查垂直挂线的准确性，保证顺利安装。竖向挂线宜用直径8～10$^{\#}$的钢丝，下边沉铁随高度而定。一般40m以下沉铁质量为8～10kg，上端挂在专用的挂线角钢架上，角钢架用膨胀螺栓固定在建筑大角的顶端，一定要挂在牢固、准确、不宜碰动的地方，并要注意保护和经常检查，并在控制线的上下做出标记。根据设计图纸和实际需要弹出安装石材的位置线和分块线。

（2）板材钻孔、开槽　把石材板放在专用木制打孔架上，用大头木楔楔紧，根据设计尺寸在石板上、下端面钻孔，钻头要垂直钻下，使孔成形后准确无误，孔直径为5mm左右，孔深为22～33mm，与所用不锈钢销的尺寸相适应并加适当空隙余量。采用板销固定石板时，可使用角磨机开出槽位，槽位要符合设计要求。孔槽部位的石屑和粉尘应用气动风枪清理干净。

（3）板块补强　为了提高板块力学性能及延长石板的使用寿命，对于未经增强处理的石板，可在其背面涂刷合成树脂胶黏剂，粘贴复合玻璃纤维网格布做补强层。先将石板上的污尘杂物清理干净，再刷胶，胶要随配随用，防止固化后造成浪费。边角处一定要刷好，特别是打孔的部位是薄弱区域，必须刷到。布要铺满，刷完头遍胶，在铺贴玻璃纤维网格布时要从一边用刷子赶平，铺平后再刷二遍胶，刷子蘸胶不能过多，防止流到石材小面给嵌缝带来困难，出现质量问题。

（4）安装横竖龙骨架　在安装大块石材（600mm×600mm以上）和高度较高的干挂施工时需要制作钢龙骨架，所用材料是镀锌竖向龙骨立柱、固定码和镀锌横梁龙骨。龙骨使用截面规格60mm×60mm×6mm的L形角铁，长度6m。高层干挂时使用方形龙骨立柱，截面规格是100mm×60mm×5mm，长度6m，固定码用8～10mm厚的铁板制作，焊成T形，在两边钻4个直径14mm的孔。钢板固定码示意如图5-37所示。

首先根据图纸设计要求在墙面确定固定码的位置，然后打孔，安装膨胀螺栓，再安装固

定码。先安装墙面大角 20cm 处上下两端口的固定码，要安装牢固。然后根据挂线找垂直基准线，焊接竖梁龙骨力柱，安装龙骨立柱一定要垂直，焊接好后再在竖梁龙骨力柱中间相距 1500～1800mm 处加装固定码。然后再在同一墙面另一大角处照此法安装竖梁龙骨力柱。最后在两根竖梁龙骨立柱的上下两端拉上水平通线，以水平通线作为基准线安装中间的竖梁龙骨立柱。

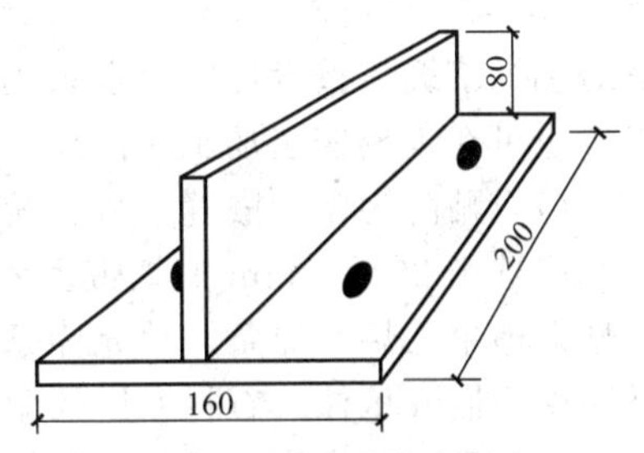

图 5-37　钢板固定码示意

根据石板材打孔开槽的间距位置相应地在横梁龙骨角钢上量出，画出钻孔线，钻直径 10mm 的孔，在地面加工好备用。再根据石板材的规格尺寸在竖梁龙骨上标画出横梁龙骨的水平位置线，拉出水平通线，标画出每根竖梁龙骨上的横向水平线，依此方法画出每层的水平通线位置。依据水平基准线再焊接横梁龙骨。每个焊点必须焊牢固，要清理焊渣，焊缝要平整，不能有虚焊。制作完后，再刷两遍防锈漆做防腐处理。

为了节省成本，在室内墙面和柱面做干挂施工时，可以不安装竖梁龙骨立柱，直接把横梁龙骨按石板材的高度尺寸，用膨胀螺栓固定在墙面和柱面上。还可以把不锈钢挂件直接用膨胀螺栓固定在墙面和柱面上，但墙面要平整，打孔的位置要找准，因为连接件调整的余量相对小一些。

(5) 底层石材安装　首先拉出水平通线控制上口的水平度，板材应从最下一排的中间或一端开始。先安装好第一块石板做基准块。具体的做法是：先把不锈钢舌板挂件安装到底部横梁上，调好大致位置，做临时固定。再把石板底部的孔、槽灌上云石胶，不锈钢针销可粘到石板的底部，要粘得垂直牢固，以免脱落，胶干后将石材底边的钢销（或槽）探进底部舌板挂件的销孔内（或板销上弯），待调整好石板上口水平位置和石板表面垂直度后取下石材，将底部不锈钢舌板挂件螺栓拧紧固定牢，然后把石材重新放到舌板挂件上，紧接着安装固定石材上部的舌板挂件，装好后将不锈钢针销（或板销下弯）从不锈钢舌板挂件销孔中插入石材上部销孔中（或槽中）。不锈钢针销插入 1/2，挂件上露出 1/2，并在针销（或板销下弯）与石材孔壁的缝隙内注入云石胶。

上不锈钢销前检查其有无伤痕，长度是否满足要求，要保证安装垂直。进一步调整好石材的垂直度和水平度，达到要求后把不锈钢舌板挂件固定牢固，完成第一块的安装。依此方法，安装其他底层面板。干挂件可从三个方向调节，如图 5-38 所示。待底层板全部就位后，检查各块板是否在同一条水平线上，如石板上口不平，低了，可在板底一端下口的连接不锈钢舌板上垫一个相应的双股铜丝垫，若垫高了，可用小锤砸扁铜丝，直至面板上口调整在一条水平线上为止。再用靠尺检查石板面的垂直度，如有误差，则调整不锈钢舌板挂件的进出，直至石板面的垂直度达到要求。板缝要求均匀，宽度要一致。最后将上部不锈钢挂件上的各螺栓拧紧，固定牢固，注意所有螺栓全部安装弹簧垫片，防止螺栓松动。

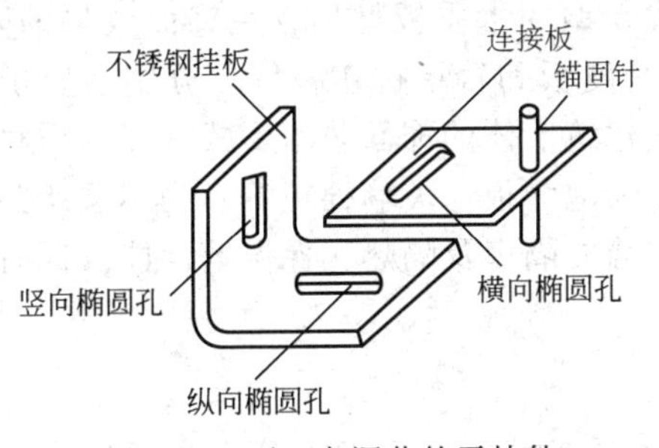

图 5-38　可三向调节的干挂件

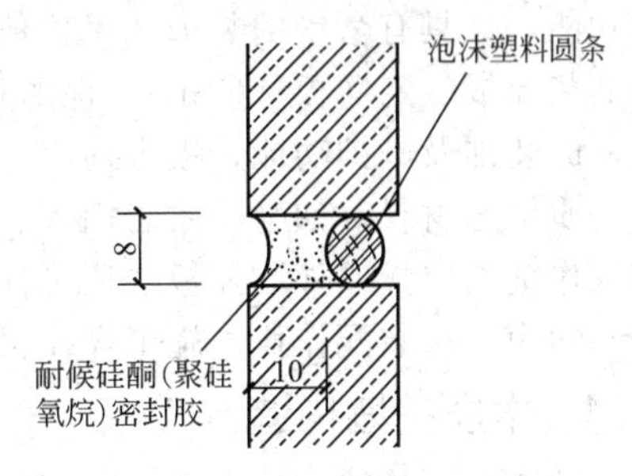

图 5-39　嵌缝处理示意

（6）石材缝隙的处理　石材之间的接缝有胶嵌缝、密缝等形式。密缝又有V形缝、槽形缝和一字缝。按设计的要求采用接缝方法，在石材委托加工时，由加工厂家按设计要求加工，也可在现场安装加工，但加工的质量不如厂家的标准。

（7）贴防污条、嵌缝　施工完成后，就可清理饰面和石板缝。首先沿面板边缘贴防污条，应选用20～40mm的纸带型不干胶带或美纹纸，边沿要贴齐、贴平。然后在缝隙填嵌弹性发泡聚乙烯圆棒条，填充棒条嵌好后应低于石板面5～7mm，如图5-39所示。最后在缝隙中用嵌缝枪注入石材专用的耐候硅酮（聚硅氧烷）密封胶，打胶时用力要均匀，走枪要稳而慢，胶要略高出石板面。可根据石板颜色在胶中加适量矿物质颜料。最后用密封胶瓶的底部把嵌缝多余的胶刮进胶瓶中，同时也把嵌缝刮成平整的弧形。板缝隙小的，可用白水泥调出接近石板的颜色进行刮缝。

（8）清理石板面　待板缝胶干后把防污条撕下，用棉纱将石板擦干净，若有胶或其他黏结牢固的杂物，可轻轻铲除，用棉纱蘸取丙酮擦干净。

5.4 木装饰墙面工程

木质材料装饰墙面，是高级装饰施工中的一种施工方法。它除了有很好的装饰美化作用外，还可以提高墙体的吸声和保温隔热功能，而且易清洁。由于实木、人造板材及其收边线条具有色彩绚丽、纹理多变、质感强烈、造型图案层次丰富的特点，使装饰物尽显高雅、华贵，如图5-40所示。

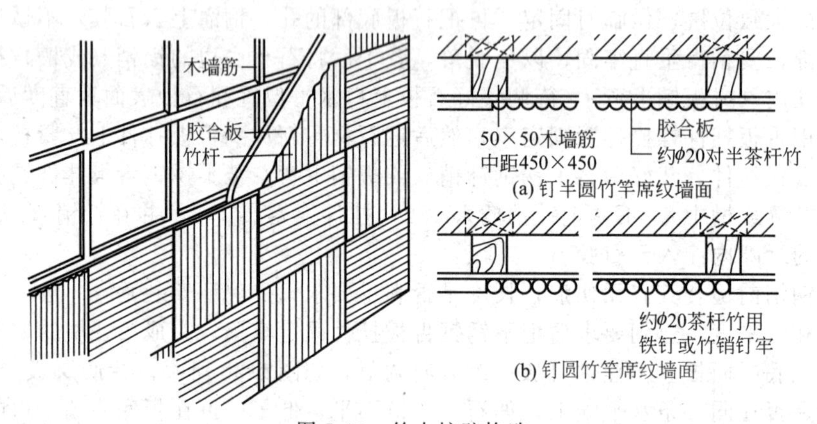

图5-40　竹木护壁构造

5.4.1 木质护墙板施工

传统的木质护墙板，特别是全高的满墙护墙板，常用于高级装饰的室内，它既具有保护墙体的功能，又具有豪华的装饰艺术价值。现代新型的木质板材如各色饰面效果的防火板、薄木贴面装饰板、定向板（OSB）、保丽板、中密度板和竹箪拼花板等，分别适应于建筑的内外墙面的装饰及围护功能，极大地丰富了现代建筑墙体的饰面艺术形式。以木质材料为面层，以轻质保温材料（如半硬质岩面板、聚苯乙烯泡沫板、玻璃棉板等）为芯层所制成的复合装饰板作室内墙板或外墙挂板，还可提高整体墙的隔声及隔热、保温等性能。同时这些墙板的安装均为干法装配作业，施工操作很方便。

5.4.1.1 木质护墙构造

木质护墙板，传统上称为“木台度”，根据木质护墙板的高度可分为全高整体护墙板和局部墙裙，如图 5-41 所示。其面板有木板、胶合板及企口板等。

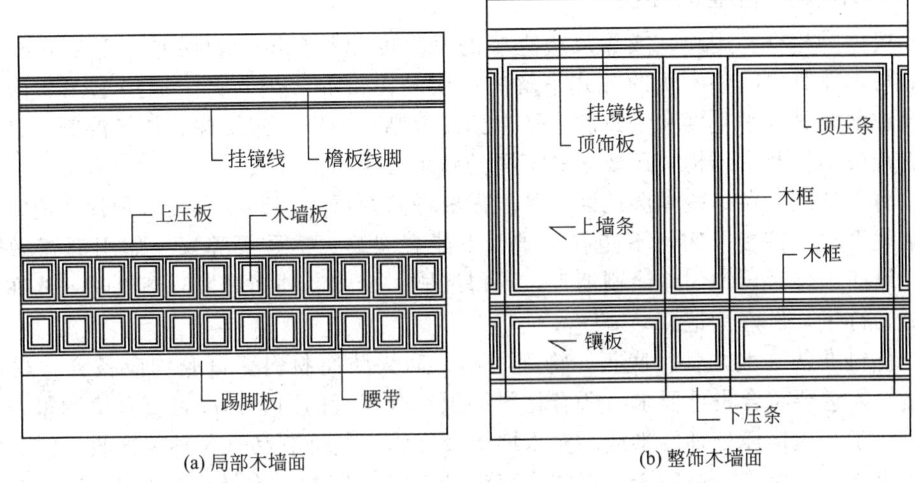

(a) 局部木墙面　　(b) 整饰木墙面

图 5-41　木质护墙

目前在室内墙面装饰工程中，其木墙裙及全高装饰墙板安装较多采用木方或厚夹板（胶合板）条为贴墙木筋（龙骨），然后钉装胶合板饰面的方式，如图 5-42 所示，主要是因为其材料来源方便，现场加工和艺术造型较为灵活，再配以成品装饰线条和各种花饰，可以构成变化丰富、形式多样的平面与立体的内墙装饰效果。胶合板面层，可以做油漆涂料喷饰，裱糊墙纸、墙布及墙毡，镶贴不锈钢板、镜面铜板、塑料装饰板、玻璃镜、微薄木装饰板和包覆人造革饰面等，以满足不同的装饰风格及使用功能的要求。

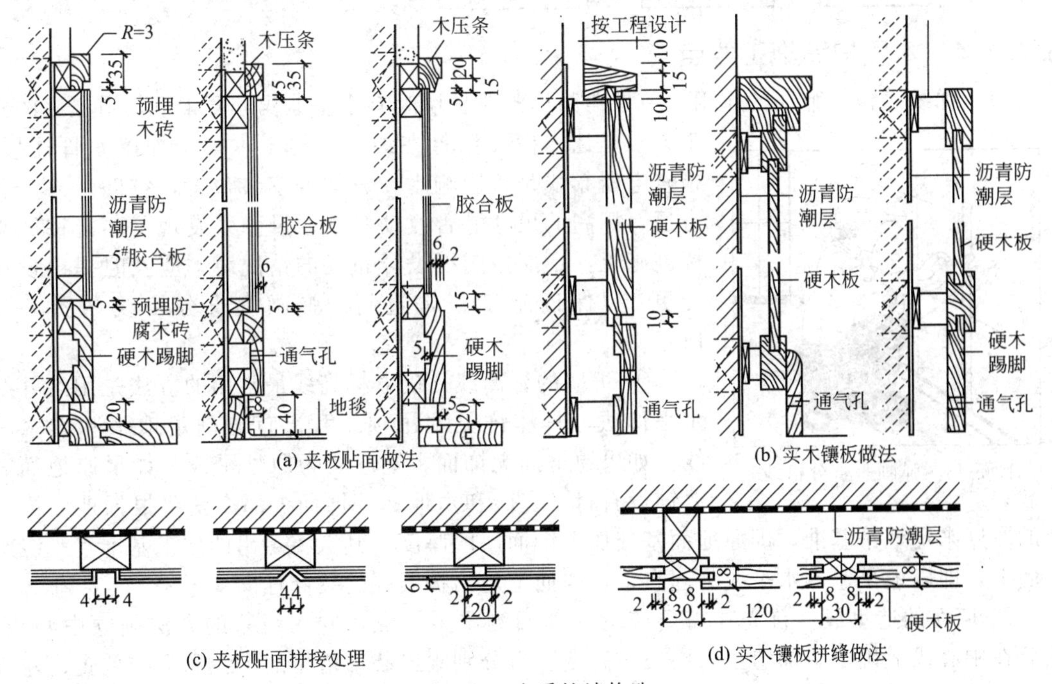

(a) 夹板贴面做法　　(b) 实木镶板做法

(c) 夹板贴面拼接处理　　(d) 实木镶板拼缝做法

图 5-42　木质护墙构造

木护墙板多以木质材料做龙骨。其饰面板有木板、胶合板及企口板。贴面板有胡桃木、樱桃木、沙贝利板等。面板上面使用装饰木线条按设计要求，钉成装饰起线压条，成为冒头、腰带、立条和造型图案。

5.4.1.2 木质护墙施工准备

(1) 墙体的检查　用线坠或靠尺检查墙的垂直度和平整度，如误差大于 10mm 时可通过在墙面与木龙骨之间垫木块的方式来解决；误差在 10mm 内，可采取垫水泥灰修补的办法，要保证木龙骨的平整度和垂直度。如遇到砖混结构、空心砖结构、加气混凝土结构、轻钢龙骨石膏板结构及木结构，还要采取不同的施工方法。

(2) 防潮处理　在一些潮湿地区，基层需要做防潮层处理。在安装木龙骨之前，用油毡或油纸铺放平整，搭接严密，不能有褶皱，不能有裂缝、透孔等弊病。如用沥青做密封处理，应在墙面干燥后再均匀地涂刷沥青，不得漏刷、少刷。铺沥青做防潮层时，要在预埋的木楔上钉好钉子，做好标记。

(3) 材料准备　木龙骨、底板、饰面材料、防火防腐材料、钉胶均应备齐，材料的品种、规格、颜色要符合设计要求。所有材料必须符合现行的国家标准，要有检测报告和出厂合格证。对于未做饰面处理的半成品实木墙板及细木工装饰制品（各种装饰收边线、饰面胶合板等）应该预先涂刷一遍底漆，以防止变形和污染；同时，木结构墙身需进行防火处理，即在成品木龙骨或现场加工的木筋上及所采用的木质墙板背面涂刷防火涂料不少于三道。

(4) 施工条件　在操作前，室内吊顶的龙骨架已吊装完毕；需要通入墙面的电气线路应铺设到位；必要的施工材料已经进场；所需施工机具等已准备齐全。

5.4.1.3 木质护墙施工工艺流程

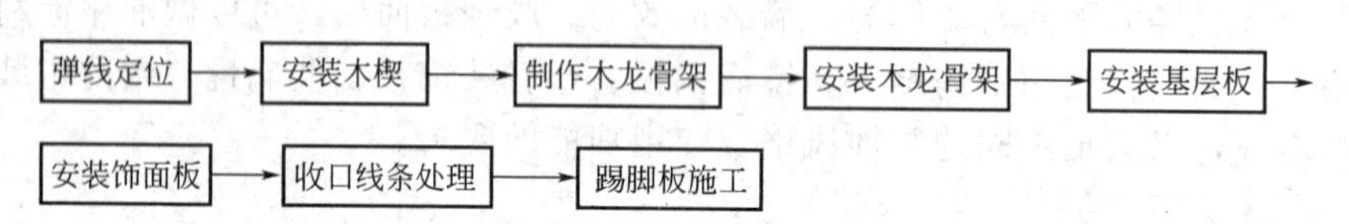

5.4.1.4 木质护墙施工要点

(1) 弹线定位　弹线的作用：一是在制作木质护墙时有个基准线，便于下一道工序的施工；二是让木楔孔洞打在线上，便于木楔与护墙龙骨连接，检查电器布线是否影响木龙骨架的安装位置，空间尺寸是否合适，标高的尺寸是否改动等。通过弹线发现了不能按原来标高施工，不能按图纸设计布局的情况时，应及时提出设计变更，以保证施工正常进行。弹画垂直分格线如图 5-43 所示。

图 5-43　弹画垂直分格线

① 护墙的标高线　确立标高线最常用的方法是用红外线水平仪法，具体详见木吊顶工程。首先确定地平基准水平线。如果原地面无饰面，基准线为原地平线；如果原地面需要铺设石材、瓷砖和木地板等饰面，那么就要根据地面饰面层的厚度来定地平基准，即原地面基础加上饰面层的厚度。其次将定出的地平基准水平线画在墙上，即以地平基准水平线为起点，在墙面上量出护墙板的装修标高线。

② 墙面的造型线　首先在需要施工的墙面测出中心点，并用线坠的方法确立中心线，然后在中心线上确定装饰造型的中心点高度。再分别画出装饰造型的上线和下线位置、左边线和右边线的位置。最后分别通过线坠法、水平仪或软管注水法，确定边线水平高度的上下线的位置，并连线而成。如果是曲面造型，则需要确定上下、左右、边线、中间线，复杂的还得预制模板附在上面确定，还可通过逐步找点的方法来确定墙面上的造型位置。

（2）安装木楔 安装木楔固定点时，根据不同的基层表面采用不同的具体做法。木楔的作用是把墙体与木龙骨连接起来，要求安装牢固。一般的砖混结构，可按照墙上的弹位线，用直径10～18mm的冲击钻头钻孔，其深度一般为100～150mm，但不能小于40mm，间距为400mm左右。然后制作正方形的带锥度木楔，木楔要求长100mm左右，一端小于孔洞，另一端呈方形，稍大于孔洞，采取浸油处理。将木楔打入孔洞，要牢固不能松动，超出墙面的部分削平，与墙面平齐。在安装木龙骨时，如果木龙骨不在弹线的位置上，也可以固定。具体做法是紧靠木龙骨的一边打孔洞，将300mm的木龙骨一端削成小于孔洞的锥形，打入孔洞安装牢固后，再从侧边与木龙骨用钢钉连接。把高出木龙骨的部分锯掉，与木龙骨平齐，不能先锯后钉，只能先钉后锯。因为先锯后钉会使木龙骨开裂，使固定不牢。木楔与龙骨的连接方法如图5-44所示。

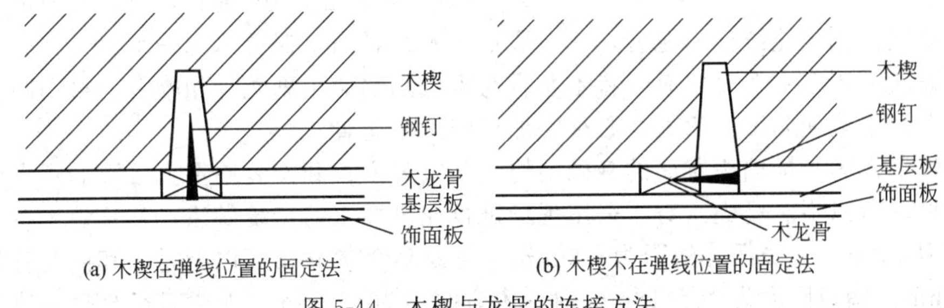

图5-44 木楔与龙骨的连接方法

当墙体为加气混凝土砖、空心砖墙体时，要先将木楔浸油，按预先设计的位置预埋于墙体内，间距为400mm左右，用水泥砂浆砌实，使木楔表面与墙面平整。还可以在木垫块局部找平的情况下，采用射钉枪或强力气钢钉把木龙骨直接钉在墙上。如基层为木隔墙、轻钢龙骨石膏板隔墙时，先将隔墙的主副龙骨位置标画出来，再弹出木质护墙龙骨位置线。如墙面与护墙的木龙骨线不能相重，就在墙体内按弹线位置增加龙骨，作为木质护墙的固定点。

对于埋墙体的木砖或木楔，应事先做防腐处理，特别是在潮湿地区或墙面易受潮部位的施工，其做法是以桐油浸渍，为方便施工，也可采用新型水溶性防腐剂。新型水溶性防腐剂有氯化钠溶液、硼铬合剂和硼酚合剂等，处理方法为常温浸渍、热冷槽浸渍或加压浸注等。

（3）制作木龙骨架 局部护墙板根据高度和房间大小，做成木龙骨架整片或分片安装。在龙骨与墙之间铺防潮油毡一层。全高护墙板根据房间四角和墙面上下两边先找平、找直，按面板分块大小由上至下做好木标筋，然后在空档内根据设计要求钉横竖龙骨。

木龙骨多采用规格为25mm×30mm的带凹槽木方，利用半榫扣接方式拼装成框体，其规格通常是300mm×300mm或400mm×400mm。对面积不太大的护墙板龙骨架，可以先在地面进行一次性拼装后再将其钉固在墙面上；对于大面积的墙面龙骨架，一般是在地面上先作分片拼装，而后再联片组装并固定于墙面上。在有开关插座的位置，要在四周加钉木龙骨框，以便固定开关插座盒。所有安装的木龙骨架都要做防腐、防潮、防火处理。

（4）安装木龙骨架 首先检查木龙骨是否平整，四个角是否正方，有无翘曲现象，钉得是否牢固。将木龙骨架立起，按弹线位置靠墙摆放正，用挂线坠、靠尺检查垂直度和平整度。然后把校正好的木龙骨架按木楔位置敲进圆钉进行初步连接，边连接边看木龙骨与墙面是否有缝隙，如有缝隙，可用木片或木垫块将缝隙垫平垫实，用圆钉将木片或垫片固定在木龙骨架上，再用圆钉将木龙骨与墙面预埋的木楔做几个初步固定点，然后拉线，并用水平仪校正木龙骨在墙面的水平度是否符合设计要求。检查木龙骨表面是否平整，立面是否垂直，还要用阴阳方尺套方。经调整准确无误后，再将木龙骨钉实、钉牢固，如图5-45所示。

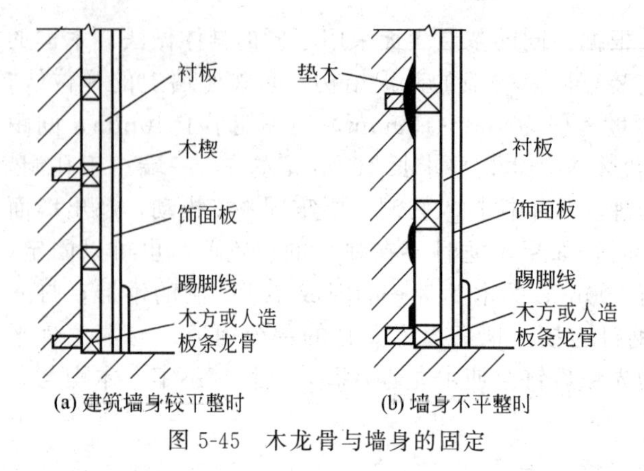

图 5-45　木龙骨与墙身的固定

在砖混结构的墙面上，可用射钉枪或强力气钢钉来固定木龙骨。钉帽不应高出木龙骨表面，否则会影响安装基层衬板和饰面板的平整度。

如果是在轻钢龙骨石膏板墙面上固定木龙骨架，应找出轻钢龙骨墙面的主副龙骨位置，然后将木龙骨架用胶钉的方式连接到石膏板隔断中的主副龙骨上。连接时不能用铁锤敲钉子，否则会震松石膏板隔断，最好的办法是用手电钻钻直径 2.9mm 的孔，再拧入长的自攻螺钉固定。自攻螺钉帽不能露出木龙骨，一定要拧入木龙骨内，保持木龙骨平整。

在木隔断上固定木龙骨架时，将木龙骨与木质隔墙的主副龙骨相吻合，再用圆钉或气钉钉牢固，在两个墙面阴阳转角处，必须要加钉竖向木龙骨。

木龙骨架作为装饰墙板背面的基础结构，其安装方式和安装质量直接影响到表面装饰层的实际效果，所以不能马虎。对于采用现场进行龙骨加工的传统做法，其龙骨排布，一般横龙骨间距为 400mm，竖龙骨间距为 500mm。面板厚度在 10mm 以上时，其横龙骨间距可放大到 450mm，墙板厚度为 15～18mm 时，木方间距为 800mm。龙骨必须与每一块木砖（或木楔）钉牢，在每块木砖上钉两枚钉子，上下斜角错开钉紧。如在墙内打入木楔，可采用 16～20mm 的冲击钻头在墙面钻孔，钻孔的位置应在弹线的交叉点上，钻孔深度应不小于 60mm。

（5）安装基层底板　在木龙骨架固定安装完毕后，进行检查，若没有发现问题，再按操作步骤安装基层底板，如设计上要求隔声、防火、保温的墙面，要将相应的玻璃丝棉、岩棉、苯板等敷设在龙骨格内，但要符合有关防火规范。基层板材料一般使用胶合板、中密度板、细木工板等。

① 认真选择符合条件的板材，根据实际尺寸下料截裁板。由于是基层底板，可适当地采用拼接材料，但接缝一定要平整、牢固，板也不能翘曲，做到认真计算，合理使用小块的板料，达到节约的目的，但要确保质量。

② 基层底板在安装时应在背面做卸力槽，这样可以防止板面弯曲变形。卸力槽一般间距为 100mm，槽宽为 10mm，深 5mm 左右。

③ 在木龙骨表面刷上一层白乳胶，底板与木龙骨的连接采取胶钉方式，将板扶正与木龙骨相贴，然后把气钉或圆钉打入板内，使板与木龙骨相连接，要求布钉均匀。

④ 圆钉、气钉长度要根据所用底板的厚度选用，一般为 25～30mm，钉距宜为 80～150mm。钉头要用尖的铁冲子，顺木纹方向打入板内 0.5～1mm。钉帽要涂刷防锈漆，钉眼再用油性腻子刮平，10mm 以上基层底板用 30～35mm 的圆钉固定（一般钉子的长度是木板厚度的 2～2.5 倍）。

（6）安装饰面板　木龙骨墙面的饰面板品种很多，有各种实木板材、人造实木夹板、防火板、不锈钢板、彩色钢板、铝塑板及复合材料等，也可根据设计要求采用壁纸及软包皮革进行装饰。不同的板材安装方式也略有不同。

① 留缝饰面板的安装工艺　根据设计要求留缝，要求饰面板尺寸精确。留缝的具体做法是先根据实际尺寸下料裁切饰面板，板边必须用细砂纸打磨，无毛茬。刷白乳胶到基层底板上，按标准贴上一块，并用蚊钉连接固定。然后靠着已贴好的饰面板搁置一块由饰面板做

的定缝位长条，统一以饰面板的厚度为缝宽（也可按设计制作缝宽木条），再依次贴另一块饰面板，用胶钉把饰面板与基层底板相连接，然后拿掉定缝位长条，这样就保证了留缝中的间距一致，整齐顺直。防火板、铝型板等复合材料也是这样操作，但要根据设计要求制作定缝位长条，还必须采用专业速干胶（即时贴、大力胶、氯丁强力胶）粘贴，具体方法是在基层底板和防火板、铝塑板的背面刷上胶，再晾干，干到表面不粘手。粘贴时一定要紧靠定缝位长条，摆正位置贴上去，这是一次性操作，贴上就难于返工，所以要求一次贴成功。然后用橡胶锤或铁锤垫木块逐排敲拍，力度要均匀，增强胶结强度。

② 实木夹板拼花对接施工工艺　饰面板之间无缝工艺装饰的木墙板，对板面花纹要认真挑选，分出不同的色泽及残次品，并且将花纹按设计要求组合协调好。饰面板的裁切、打磨、粘贴与留缝饰面板安装工艺相同，但板边要直，板的背面边要多刨一点儿，要虚，外角要硬。各板面要做反复的整体试装，直到精密吻合，才能施胶粘饰面板。板料拼接缝要紧密平直，木纹对接要美观协调，对角要倒45°角。为防止贴覆与试装时移位而出现漏缝或错纹等现象，可在试装时用铅笔在接缝处做好标记，以便对位、铺贴。在湿度较大的地区或环境，还必须同时采用钉枪射入蚊钉，以防长期潮湿环境下饰面板开裂，蚊钉的间距一般以10mm为宜。

③ 粘贴微薄木施工工艺　微薄木是将一些珍贵的树种木材经刨切制成薄木片，将其粘贴在专业的衬纸上制成，其厚度为0.2～1.5mm。具体粘贴的方法是：将微薄木用水稍润湿，晾干后，在其背面和基层底板上同时涂刷白乳胶。粘贴时可以从墙面一侧向另一侧进行，每条微薄木可先粘贴上端，逐渐向下端伸展，粘贴完后用干净抹布顺木纹方向轻轻按压，压出里面的白乳胶并清除。粘贴时接缝要严密，可先搭接一小段，然后在拼接处用壁纸刀将双层微薄木划开，把下面切掉的薄木抽出来，再压平贴实，要求刀片锋利，切边平直整齐。

粘贴微薄木还可以采用拼花形式，将微薄木按设计的拼花图案裁切，然后粘贴，为了保证准确，可用铅笔在基层底板划线，并将截好的薄木拼接后，再进行粘贴。

(7) 收口线条处理　如果相接的两块饰面板不在同一平面，存在高低差、转折或缝隙，这时其表面就需要用线条做造型修饰。一般是采用收口线条来处理，安装封边收口时，钉的位置应在线条的凹槽处或视线看不到的一侧。阳角收口如图5-46所示，护墙板与顶棚交接构造如图5-47所示，过渡收口如图5-48所示，护墙板竖向压条与拉缝形式如图5-49所示，护墙板横向压条做法如图5-50所示，阴角和阳角的拐角可采用对接、斜口对接、企口对接、填块等方法，如图5-51所示。

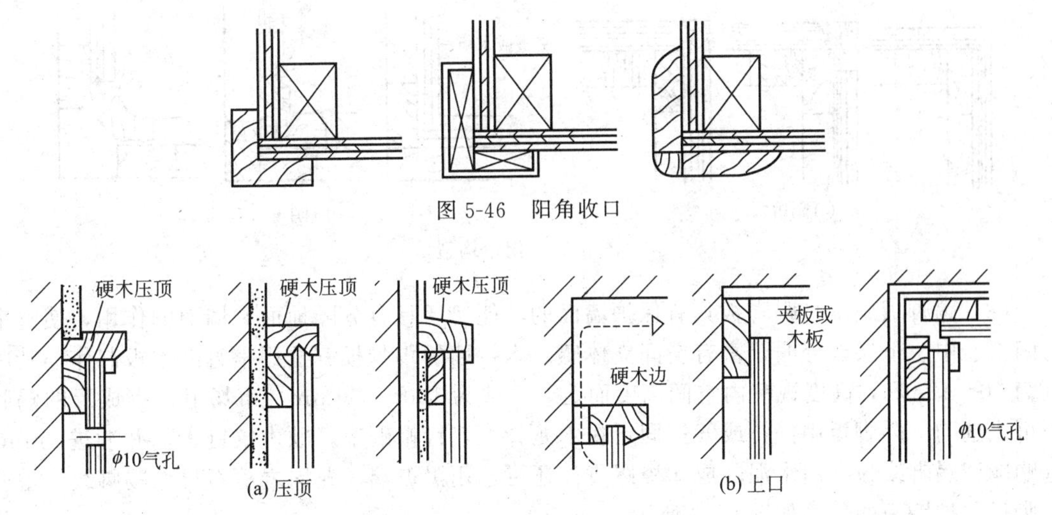

图5-46　阳角收口

图5-47　护墙板与顶棚交接构造

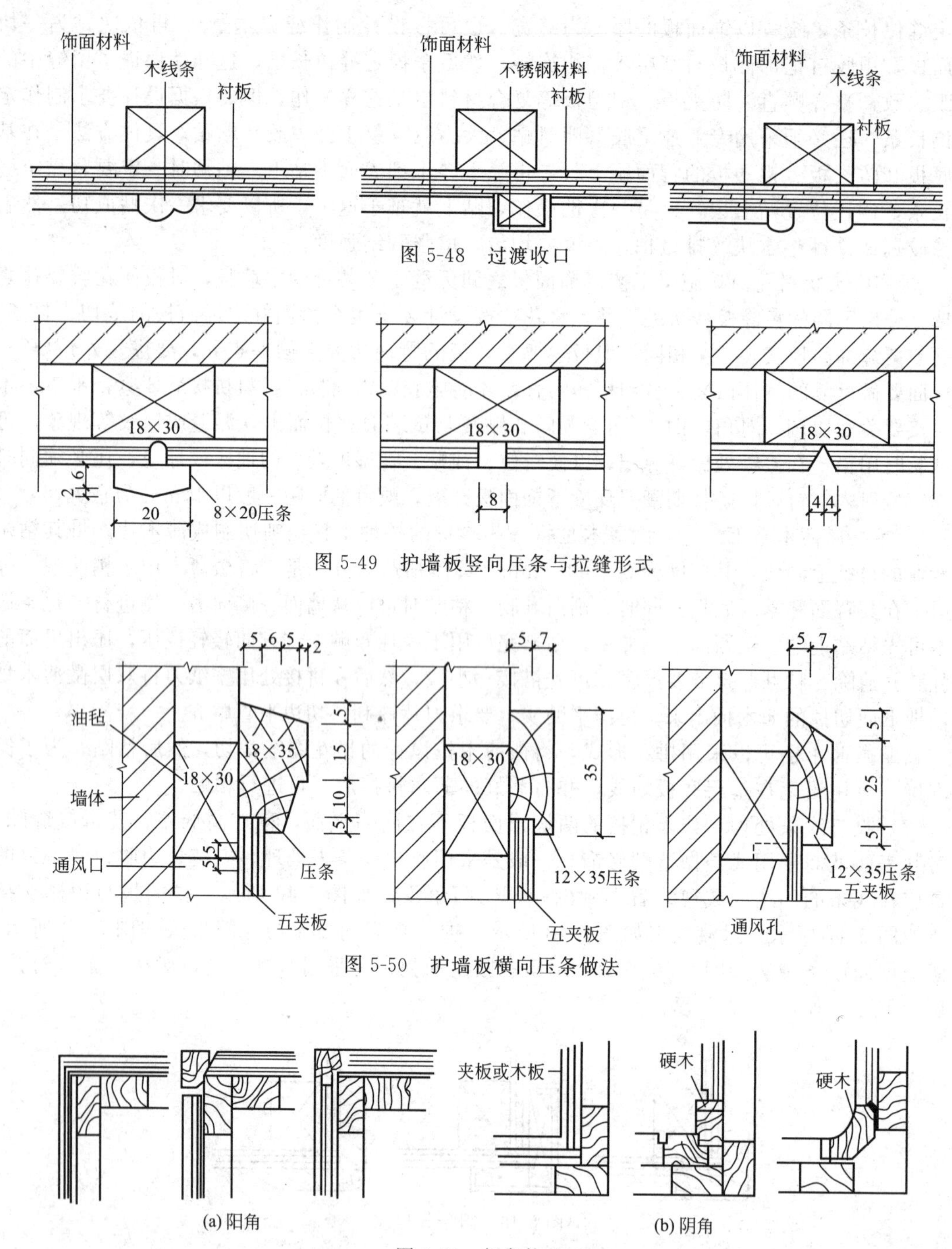

图 5-48 过渡收口

图 5-49 护墙板竖向压条与拉缝形式

图 5-50 护墙板横向压条做法

图 5-51 拐角构造

（8）踢脚板施工　踢脚板具有保护墙面的功能，还具有分隔地面和墙面的作用，使整个房间上、中、下层次分明，富有空间立体感。木护墙的踢脚板宜选用平直的木板制作，其厚度为 10～12mm，高度视室内空间高度而定，一般为 100～150mm。市场上也有成形的踢脚板可供选购。踢脚板用铁钉或气钉固定在木龙骨上，钉帽砸扁，顺木纹钉入，并冲进 2mm。选购陶瓷踢脚线板，用水泥贴成陶瓷踢脚。还可选用黑玻璃、花岗岩等石材作踢脚线。木质踢脚板与护墙板的交接如图 5-52 所示。

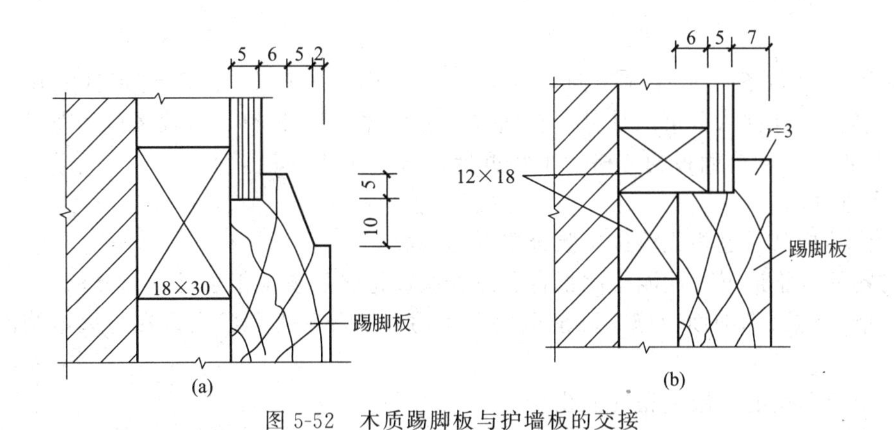

图 5-52　木质踢脚板与护墙板的交接

5.4.2 防火木饰面板干挂施工

大型室内装饰采用干挂防火木饰面板施工技术，解决了在大型公共建筑内木制构件大规模施工中出现的变形、霉变的技术难题，提高了工厂化施工程度，保证了施工质量，改善了施工环境，加快了工期。

5.4.2.1 防火木饰面板材料质量控制点

防火木饰面板由防火阻燃木作基层，双面贴装饰木皮（根据需要也可以用其他面层材料）制成。因此，在板面积较大时，保证板面平整、不翘曲，使用时不霉变是工程成功的关键点之一；另外，在高级公共场所使用时，由于长期使用空调，环境的温度和湿度对板的影响也较大。防火木饰面板需从下述几个方面进行重点处理。

① 防火阻燃木出热压机时含水率一般都偏低，表层仅 2%～3%，芯层仅 6%～7%，低含水率的防火阻燃木在湿度较大的环境中加工或存放，必然会吸湿，如板内存在含水率不均等问题，板件便容易产生翘曲变形。有的防火阻燃木在使用过程中还有一定温度，尚未完全冷却，这些板在加工过程中极易吸湿变形，但放久了又会渐趋平整。为防止变形，防火阻燃木在使用前应进行调质处理，使其含水率均匀化，并提高到 8%左右。

② 由于板材正反两面材料不同而对空气中湿气的吸湿能力不同，导致吸湿速度不同，因此极易造成板件的弯曲变形。板面在贴装饰木面层和涂饰加工过程中，要注意正反两面材料受力的对称性，使其结构对称、平衡。

③ 对防火阻燃木芯板的密度控制。防火阻燃木的密度偏低易造成加工面不光滑，且易吸湿变形，同时要求密度在厚度方向的分布应均匀，表芯层密度差异过大的防火阻燃木不适宜做防火木饰面板的芯板，平均密度在 800kg/m^3 左右比较合适。

④ 注意使用环境对防火木饰面板的影响。由于板的含水率和周围环境的湿度有一定的差异，如果仅为了防止板的翘曲变形对板的六个面均进行封闭处理，则在周围环境的作用下，板内的水汽不易挥发出来，容易造成板的边缘部位发生霉变。因此，通过在防火木饰面板的背面一定的部位设置排气孔的方法来解决这个问题，使板内层和大气相通，达到平衡的作用。另外，大面积防火木饰面板安装完后，在一定的部位（顶、底和变形缝处）预留通气孔道，使板背面的水汽能顺利地排出。

5.4.2.2 施工准备

（1）材料准备

① 符合设计要求的防火木饰面板（工程防火木饰面板尺寸为 600mm×1200mm）已经

到位。

② 按进场计划备足龙骨（竖向主龙骨一般采用5#槽钢，横向次龙骨采用40mm×20mm方钢管）、挂件（分可吊挂件、普通挂件两种）、切口螺钉、自攻螺钉。龙骨的规格大小和间距根据防火木饰面板的分格大小和重量，通过计算确定。

（2）作业条件

① 主体结构已通过相关单位检验合格并已验收。

② 材料的合格证书、性能检测报告、进场验收记录和复检报告已符合要求。

③ 可能对防火木饰面板施工环境造成严重污染的分项工程已安排在防火木饰面板施工前进行。

④ 有土建移交的控制线和基准线。

⑤ 防火木饰面板尺寸及数量与排版图所示规定一致，运输到工地后与下料单标注尺寸数量一致，每块板的背后标注具体的应用部位及编号。下料单标注的板材的尺寸为成品可视板面（不含缝隙）的实际尺寸，但在工厂加工时在防火木饰面板的边缘另加横向4mm、纵向8mm的接缝卡槽尺寸。

5.4.2.3 施工工艺流程

防火木饰面板采用金属挂件在背面做不可见的固定，防火木饰面板固定在钢龙骨系统上。在安装的过程中，根据防火木饰面板的构造和排版图，采用科学、严密的施工组织，确保防火木饰面板加工合理、固定可靠、装饰效果完美。工艺流程如下。

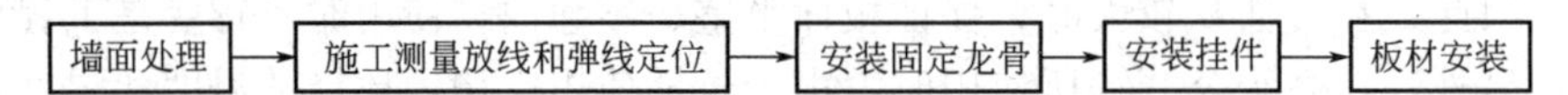

防火木饰面板在工厂定型加工，现场安装，钢结构部分和部分板材需要现场进行修整处理，故现场安装非常方便。操作台要求平整，现场制作即可。

5.4.2.4 施工要点

（1）墙面处理　对结构面层进行清理，同时进行吊直、找规矩，弹出垂直线及水平线，并根据内墙防火木饰面板装饰深化设计图纸和实际需要弹出安装材料的位置及分块线。墙面防火木饰面板的分格宽度水平方向为600mm，垂直方向为1200mm，局部按深化设计要求做调整。也可以按照设计要求用其他规格的板材。

（2）施工测量放线和弹线定位

① 按装饰设计图纸要求，复查由土建方移交的基准线。

② 放标准线：防火木饰面板安装前要事先用经纬仪打出大角两个面的竖向控制线，最好弹在离大角200mm的位置上，以便随时检查垂直挂线的准确性，保证顺利安装。在每一层将室内标高线移至施工面，并进行检查；在放线前，应首先对建筑物尺寸进行偏差测量，根据测量结果，确定基准线。

③ 以标准线为基准，按照深化图纸将分格线放在墙上，并做好标记。

④ 分格线放完后，应检查膨胀螺栓的位置是否与设计相符，否则应进行调整。

⑤ 竖向挂线宜用ϕ1.0～1.2的钢丝为好，下边沉铁随高度而定，一般20m以下高度沉铁质量为5～8kg，上端挂在专用的挂线角钢架上，角钢架用膨胀螺栓固定在建筑物大角的顶端，一定要挂在牢固、准确、不易碰动的地方，并要注意保护和经常检查，在控制线的上、下做出标记。如果通线长超过5mm，则用水平仪抄水平，并在墙面上弹出防火木饰面板待安装的龙骨固定点的具体位置。

⑥ 注意事项：宜将本层所需的膨胀螺栓全部安装就位。膨胀螺栓位置误差应按设计要

求进行复查，当设计无明确要求时，标高偏差不应大于 10mm，位置偏差不应大于 20mm。

（3）安装固定龙骨　主要是固定纵向通长主龙骨（5# 槽钢）和横向次龙骨（40mm×20mm 方钢管）。

① 根据控制线确定骨架位置，严格控制骨架位置偏差；防火木饰面板主要靠骨架固定，因此必须保证骨架安装的牢固性。用膨胀螺栓固定连接钢板，将主龙骨焊接在连接钢板上，焊接次龙骨，与主龙骨连成一体。注意在挂件安装前必须全面检查骨架位置是否准确、焊接是否牢固，并检查焊缝质量：安装时务必用水平尺使龙骨上、下、左、右水平或垂直。

② 龙骨的防锈。

a. 槽钢主龙骨、预埋件及各类镀锌角钢焊接破坏镀锌层后均满涂两遍防锈漆（含补刷部分）进行防锈处理，并控制第一道和第二道涂刷的间隔时间不小于 12h。

b. 型钢进场必须有防潮措施并在除去灰尘及污物后进行防锈操作。

c. 不得漏刷防锈漆，特别控制为焊接而预留的缓刷部位在焊后涂刷不得少于两遍。最好采用镀锌龙骨。

（4）安装挂件　在每块防火木饰面板上，最上面一排固定连接件的固定点距防火木饰面板上端为 40mm。最下面一排固定连接件的固定点距防火木饰面板下端为 80mm。中间的板材部分以 370mm 为等距均分安装横向固定连接件。现场纵、横向固定连接件与板块分格相对应，通过不锈钢挂件固定板材。板块上挂点一侧设限位螺钉，另一侧为自由端，既保证板块准确定位，又保证板块在温差及主体结构位移作用下自由伸缩，该结构板固定靠型材的挂接来实现，板块直接挂于横龙骨的特殊槽口上，靠龙骨本身定位。型材接合部位大多用铝合金装饰条连接，局部用硅胶，横竖连接采用浮动式伸缩结构。

5.4.2.5　板材安装

（1）安装要求

① 不锈钢金属挂件的安装位置必须经过严格的计算，确保板材安装的准确可靠。

② 固定完连接金属挂片后，在安装前撕下双面保护膜。

③ 安装板材顺序为先安装底层板，然后安装顶层板。

（2）防火木饰面板不锈钢金属挂件安装　根据设计尺寸及图纸的要求，将板材放在平整木质的平台上面，按定位线和定位孔进行加工，在板材上打孔的直径尺寸要比固定螺钉的直径小 1mm，孔深要比螺钉深 1mm。不要钻透板材。安装不可调挂件及可调挂件：在靠近板材最上沿的一排应该安装可调挂件，板材其他部位与之平等的挂件均为不可调挂件。挂件的安装应根据设计尺寸，将专用模具固定在台钻上，进行打孔。挂件的纵向间距取决于横撑龙骨的间距，挂件的间距根据板材大小来计算，间距一般要求为 400mm 一块，金属挂件的外沿距板材的边缘为 40mm。在安装过程中，在每块防火木饰面板的横向两侧距边缘 40mm 的位置安装挂件，中间的部分以 370mm 的间距等分。

（3）底部防火木饰面板安装　将金属挂件安装在平面及阴阳角板的内侧，将板材举起，挂在横撑龙骨上面，调节防火木饰面板后上方的调节螺钉。先安装底层板，等底层面板全部就位后，用激光标线仪检查一下各板是否在一条水平线上，如有高低不平的要进行调整，调节板后的金属挂件，直到面板上口在一条水平线上为止；先调整好面板的水平与垂直度，再检查板缝，板缝宽横向为 8mm，竖向为 4mm。板缝均匀，然后安装锁紧螺钉，防止板材横向滑动。防火木饰面板最下端距地面的距离为 8mm，竖龙骨预留到地，下端预留的部分用硅胶嵌缝。

（4）顶部防火木饰面板安装　顶部一层面板与下部板材安装要求一致，板材上端与吊顶间留 8mm 缝隙，用硅胶嵌缝。防火木饰面板安装最好在吊顶施工后进行。

（5）安装质量要求

① 金属龙骨、防火木饰面板必须有产品合格证，其品种、型号、规格应符合设计要求。

② 金属龙骨使用的紧固材料，应满足设计要求及构造功能。骨架与基体结构的连接应牢固，无松动现象。

③ 防火木饰面板纵横向铺设应符合设计要求。

④ 连接件与基层、板材连接要牢固固定。

⑤ 安装调整板缝时，要首先松动上卡的可调螺栓，从下往上松动板材后，才可以进行板材的位置调整，不能生硬地撬动。

⑥ 转角板的最短边不得小于300mm，否则在角上需要一个固定点。

5.5 裱糊与软包工程

装饰裱糊与软包工程，在装饰装修工程中简称为裱糊工程，是指在室内平整光洁的墙面、顶棚面、柱体面和室内其他构件表面上用壁纸、墙布等材料进行裱糊或软包的装饰工程。

5.5.1 裱糊饰面施工

裱糊工程，也叫裱糊饰面工程，是指在室内平整光洁的混凝土墙面、石膏板墙面、木材金属墙面以及顶棚面、柱体面和室内其他构件表面，用各种软质可折卷的墙纸（壁纸）、墙布、金属箔等材料裱糊的装饰工程，裱糊类饰面构造如图5-53所示。这里以应用广泛的墙纸为例，介绍裱糊工艺。

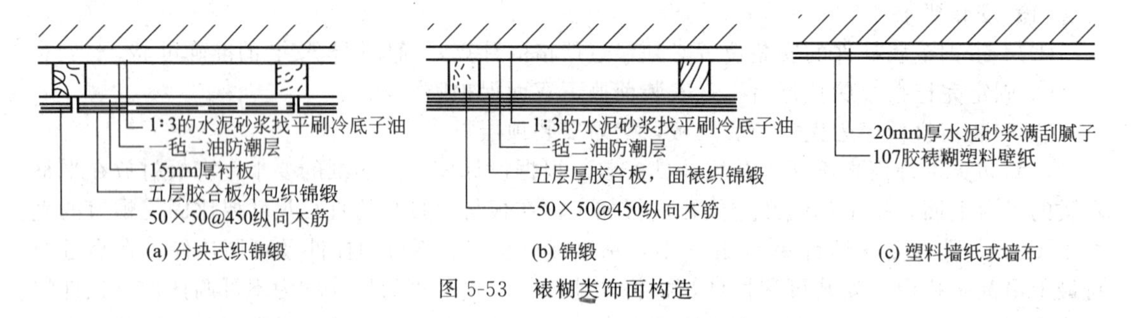

图5-53 裱糊类饰面构造

5.5.1.1 施工准备

（1）基层材料　石膏粉、滑石粉、白乳胶、羧甲基纤维素、玻璃纤维网带等基层施工所用的必备材料。

（2）壁纸　是裱糊的主要材料，要根据设计来确定壁纸、墙纸的品种、规格、花纹图案，选用时要符合质量要求，进场时要有出厂合格证，并满足环保要求。

（3）胶黏剂　应根据墙纸的品种、性能来确定胶黏剂的种类和稀稠程度。原则是既要保证壁纸粘贴牢固，又不能透过壁纸，影响壁纸的颜色。胶黏剂主要有聚乙酸乙烯乳液等。

（4）防潮底漆与底胶　墙纸、壁布裱糊前，应在基层表面先刷防潮底漆，以防止墙纸、壁布受潮脱胶。防潮底漆用酚醛清漆或光油∶$100^{\#}$溶剂汽油（松节油）=1∶3（质量比）混合后可以涂刷，也可喷刷，漆液不宜厚，应均匀一致。底胶的作用是封闭基层表面的碱性物质，防止贴面吸水太快，且随时校正图案和对花的粘贴位置，便于在纠正时揭掉墙纸，同时也为粘贴墙纸、壁布提供一个粗糙的结合面。底胶品种较多，选用的原则是底胶能与所用胶黏剂相容。

对于含碱量较高的墙面，需用纯度为28%的乙酸溶液与水配成质量比为1∶2的酸洗液。先擦拭表面，使碱性物质中和，待表面干燥后，再涂刷底胶。

（5）底灰腻子 有乳胶腻子和油性腻子之分。乳胶腻子配比（质量比）为聚乙酸乙烯乳液∶滑石粉∶羧甲基纤维素（2%溶液）=2∶10∶2.5，油性腻子配比（质量比）为石膏粉∶熟桐油∶清漆（酚醛）=10∶1∶2。

5.5.1.2 裱糊饰面施工工艺流程

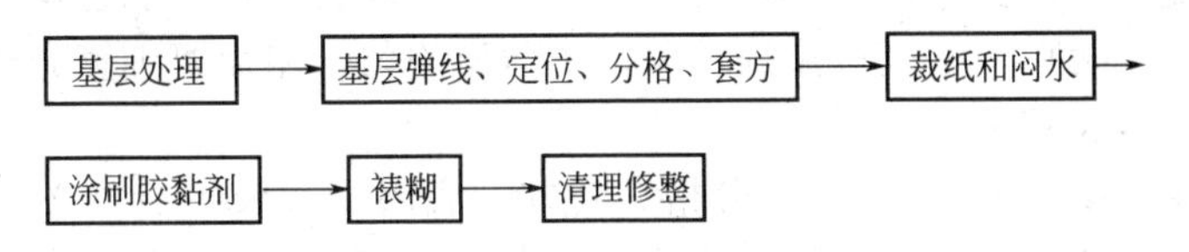

5.5.1.3 裱糊饰面施工要点

（1）基层处理 裱糊工程墙面基层处理主要有水泥砂浆抹灰、木质、纸面石膏板、旧墙。要根据不同的基层，采用不同的处理方法。

① 水泥砂浆抹灰基层处理 首先要满刮一遍腻子，并用砂纸打磨一遍。当墙面有气孔麻点凹凸不平时，应增加满刮腻子和打磨砂纸遍数，以便保证质量。

刮腻子前，要将抹灰清扫干净，用橡胶刮满刮一遍。要有规律地一板接一板地刮，两板中间顺一板。既要刮严，又不得有明显接槎和凸痕，做到凸处薄刮，凹处厚刮，大面积找平。腻子干后，用砂纸打磨并扫干净。需要增加满刮腻子遍数的基层表面，应先将表面裂缝及凹面部分刮平，干后砂纸打磨、扫净，再满刮一遍，待干后用砂纸打磨平。处理好的底层应该平整光滑，阴阳角线通畅、顺直，无开裂缝、崩角，无砂眼麻点。

② 木质基层处理 要求不显接槎、接缝，钉眼用腻子刮平并满刮油性腻子一遍（第一遍），待干后用砂纸磨平。木夹板的不平整主要是钉接造成的，在钉接处木夹板往往下凹，非接钉处向外凸，所以第一遍满刮腻子主要是找平大面。刮第二遍可用石膏腻子找平，腻子的厚度应减薄，可在该腻子五六成干时，用塑料刮板有规律地压光，最后用干净的抹布将表面擦干净。对要贴金属壁纸的木基层的处理，刮第二遍腻子时应采用石膏粉调配猪血料的腻子，其配比为10∶3（质量比）。金属壁纸对基层面平整度的要求很高，稍有不平处或粉尘都会在金属壁纸裱糊后明显地看出。所以金属壁纸的木基层处理，应与木家具打底的方法基本相同，刮抹腻子要求在三遍以上，而且每遍在干后砂纸打磨，每次打磨时要用200W以上的灯泡斜照墙面，如还有不平处要继续打磨，直至打磨平，最后扫净。

③ 纸面石膏板基层处理 这种基层比较平整，主要处理接缝和螺钉孔位处。首先用防锈漆涂刷螺钉，后用油性腻子补洞眼。还需用穿孔纸带贴缝，以防止接缝处开裂。然后满刮一遍腻子，找平大面。第二遍腻子在五六成干时用塑料刮板有规律地修整压光。

④ 旧墙基层处理 对凹凸不平的墙面都应该补平整，然后清理墙面旧有的浮松油漆和砂浆粗粒。对修补过的接缝、裂缝、麻点、凹窝等，应用腻子分一至两次刮平，再根据实际墙面平整光滑程度决定是否再满刮腻子。总之，无论是新墙基层还是旧墙基层表面，都不得有飞刺、麻点和沙粒，以防裱糊面层凸泡等质量弊病。同时还要防止基层颜色不一致，而影响易透底壁纸粘贴后的装饰效果。

不同基层接缝处理，如石膏板和木基层相接处，水泥砂浆抹灰面与木夹板、水泥基面与石膏板之间的接缝，应用穿孔纸带裱糊，以防止裱糊后的壁纸面层被拉裂撕开，处理好的基层表面要喷或刷一遍汁浆，一般配置107胶∶水=1∶1（质量比）进行喷刷，石膏板、木基层等可配置酚醛清漆：汽油＝1：3（质量比）进行喷刷，汁浆喷刷不宜过厚，要求均匀一致。

基层含水率的控制，国产或进口的墙纸，都有较好的透气性，一般都可以在已干燥但未干透的基层上施工。但基层不能过于潮湿，以免抹灰层的碱性和水分使壁纸变色、起泡、开胶等，裱糊工程基体或墙面的含水率不宜大于8%，直观标准是抹灰面表面泛白、无湿印且手感干燥。

安装于基面的各种开关、插座、电器盒等突出装置，应先卸下扣盖等影响裱糊施工的部件，并收存好，待壁纸粘贴好后再将其复原。

在基层处理工序经检验合格后，就可在基层上施工底胶，可涂刷也可喷刷，一般是一遍成活，但不能漏刷、漏喷，不应有流淌现象，要薄而均匀，墙面要细腻光洁，且要防止灰尘和杂物混入该底漆、底胶中。

（2）基层弹线（图5-54）、定位、分格、套方　底漆、底胶干后，必须在基层面上弹标志线，这样可以保证裱糊的纸幅垂直，花纹图案纵横连贯一致。在顶棚位置，先将对称中心线通过找规矩的办法用粉线弹出，以便从中间向两边对称控制。对于墙面，首先应将房间四角的阴阳角通过吊垂直、套方找规矩，并确定从哪个阴角开始按照壁纸的尺寸进行分块弹线控制，习惯做法是进门左阴角处开始铺贴第一张。具体操作方法是，按壁纸的标准宽度找规矩，每个墙面的第一条线都要弹线找垂直，第一条线距墙阴角约150mm处，作为裱糊的准线。在第一条壁纸位置的墙顶处敲进一枚钢钉，将有粉坠线系上（不能弹墨线）铅锤下吊到踢脚上缘处，粉坠线静止不动后一手握坠锤头，按锤线的位置用铅笔在墙面画一条短线，再松开坠锤头查看垂线是否与铅笔短线重合。如果重合，就用一只手将垂线按在铅笔画的短线上，另一只手把垂线往外拉，放手后使其弹回，便可得到墙面的基准线，弹出的基准线越细越好。墙面上有门窗的应增加门窗两边的垂线。

（3）裁纸和闷水　按基层实际尺寸计量纸的所需用量。根据弹线找规矩的实际尺寸统筹规划裁纸，并编上号，以便按顺序粘贴。裁纸时，以墙的上口为准，下口多留20～30mm以备修剪，如果是带花饰的壁纸，应先将上口的花饰对好，如图5-55所示。要特别小心地在工作台上裁纸，不得错位，要预先考虑完工后的花纹图案效果及光泽特征，不可随意裁割，应做到对接无误，裁纸下刀前还要认真复核尺寸有无出入，尺子压紧后不得再移动，刀刃贴紧尺边，一气呵成，中间不得停顿或变换持刀角度，手上用劲要均匀。墙纸遇到水或胶液，开始自由膨胀，5～10min可胀足，干后自行收缩。自由胀缩的壁纸，其幅宽方向的膨胀率为0.5%～1.2%，收缩率为0.2%～0.8%。掌握和利用这个特点是保证裱糊质量的重要一环。如在干纸上刷胶后立即上墙裱糊，纸虽被胶固定，但由于继续吸湿而膨胀，墙面上的纸必然会出现大量气泡、皱褶，而不能成活。所以必须先将墙纸在水槽中浸泡几分钟，或在墙纸背面刷一遍清水，把多余的水抖掉，再静置约20min使墙纸得以充分胀开（俗称闷水），也有将墙纸刷胶后叠起静置10min使墙纸湿润，经闷水的墙纸裱糊后，即随着水分蒸发而收缩、绷紧，即使墙纸上有少量的气泡，干后也会自然平伏。金属壁纸应浸泡1～2min，阴干5～8min。复合壁纸、玻璃纤维等基材的壁纸无需浸水。

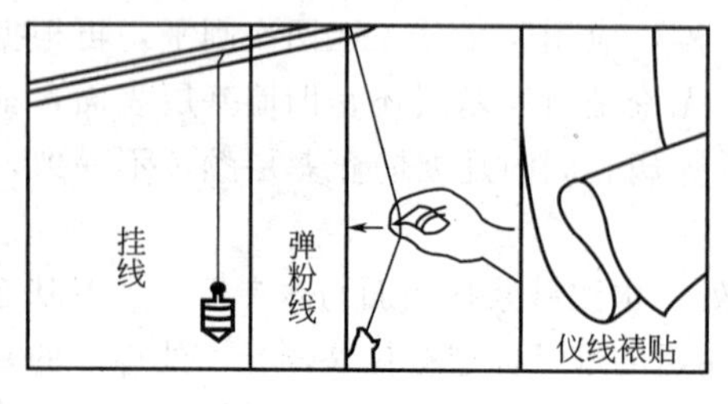

图5-54　基层弹线

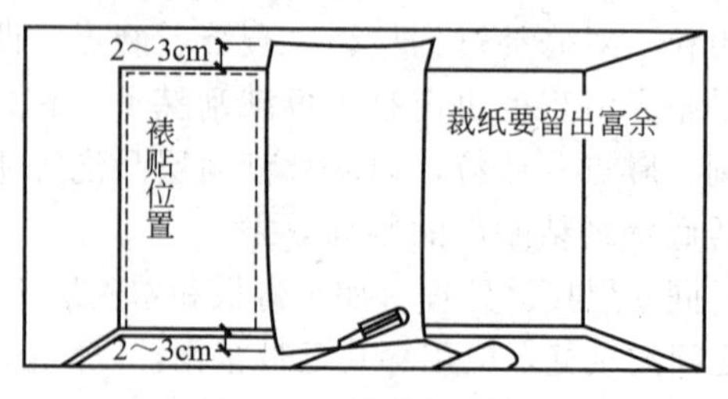

图5-55　墙裁割下料

(4) 涂刷胶黏剂 墙纸背面和基层表面都应同时涂刷胶黏剂，要求厚薄均匀（胶底墙纸只需刷一遍清水），要集中调制胶黏剂，并通过400孔/cm^2筛子过筛，除去胶中的疙瘩和杂物，调量为当日用完为宜。在基层表面涂刷胶黏剂的宽度要比墙纸宽20～30mm。涂刷要薄而均匀，不宜刷得过多过宽、过厚或堆起，更不能裹边，以防裱贴时胶液溢出而污染墙纸，也不可刷得过少，更不可漏刷，以防止起泡、离壳或黏结不牢。一般抹灰墙面用胶量为0.15kg/m^2左右，气温较高时用量相对增加。墙纸背面刷胶后，将墙纸对叠成S状，正、背面分别相靠，反复对叠，如图5-56所示。这样既可避免胶液干得过快，又便于上墙，还不污染墙纸，能使裱糊的墙面整洁、平整。

金属壁纸刷胶的胶液应是专用的壁纸粉胶。刷胶时，准备一卷未开封的发泡壁纸或长度大于壁纸宽的圆筒，一边在裁剪好并浸过水的金属壁纸背面刷胶，一边将刷过胶的部分面朝上卷在发泡壁纸卷上，如图5-57所示。

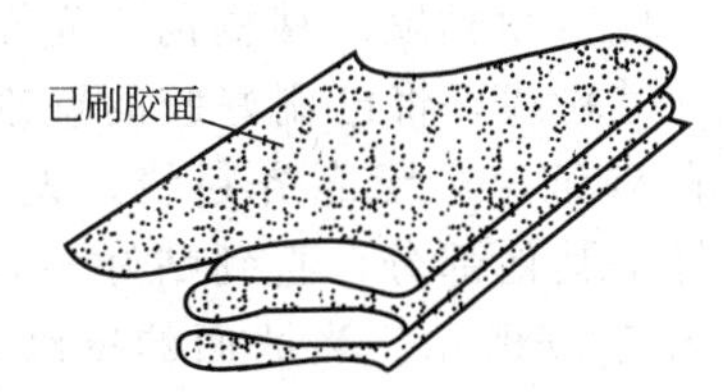

图5-56 壁纸上胶后的对叠法

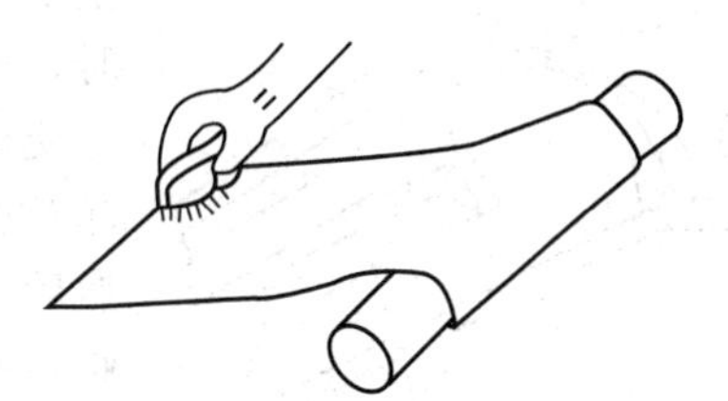

图5-57 金属壁纸刷胶方法

(5) 裱糊 操作时分幅顺序从垂直线起至阴角处收口，由上而下，上端不留余量，包角压实。上墙的壁纸要注意纸幅垂直，先拼缝、对花形，拼缝到底压实后再刮大面。一般无花纹的壁纸，纸幅间可拼缝重叠20mm，并用直钢尺在接缝处由上而下用活动裁纸刀切断，切割时要避免重割。有花纹的壁纸，则采取两幅壁纸花纹重叠，对好花纹用钢尺拍实，从上向下切。切去余纸后，对准纸缝粘贴，阴角不得留缝，不足一幅的应裱糊在较暗或不明显的部位。基层阴角若遇不垂直现象，可做搭缝，搭缝宽为5～10mm，要压实并不留空隙，如图5-58所示。

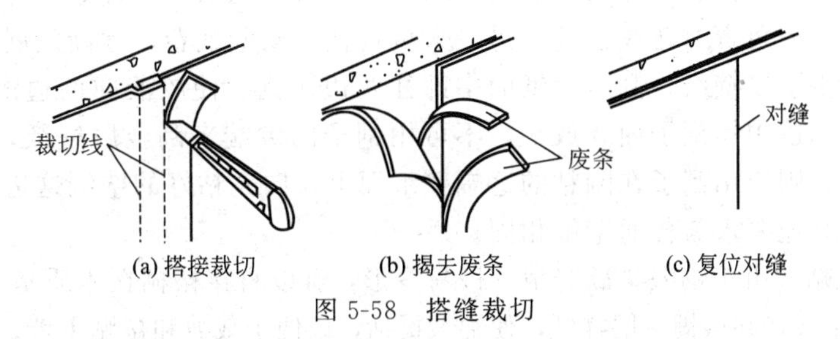

图5-58 搭缝裁切

裱糊拼缝对齐后，用薄钢片刮板或胶皮刮板，由上而下抹刮（较厚的壁纸必须用胶辊滚压），再由拼缝开始以向外向下顺序刮平压实，将多余的胶黏剂挤出纸边，及时用湿毛巾抹去，以整洁为准，并要使壁纸与顶棚角线交接处平直、美观，斜视时无胶痕，表面颜色一致。

为了防止使用时碰蹭使壁纸开胶，严禁在阳角处甩缝，壁纸要裹过阳角不小于20mm，阴角壁纸搭缝时，应先裱糊压在里面的壁纸，再粘贴面层壁纸，搭接面应根据阴角垂直度而定，搭接宽度一般不大于10mm，并且要保持垂直无毛边，如图5-59所示。

遇有墙面卸不下来的设备或附件，裱糊时可在壁纸上剪开口裱上去。其方法是将壁纸轻轻糊于突出的物件上，找到中心点，从中心往外剪，使壁纸舒平地裱于墙面上，然后用笔轻

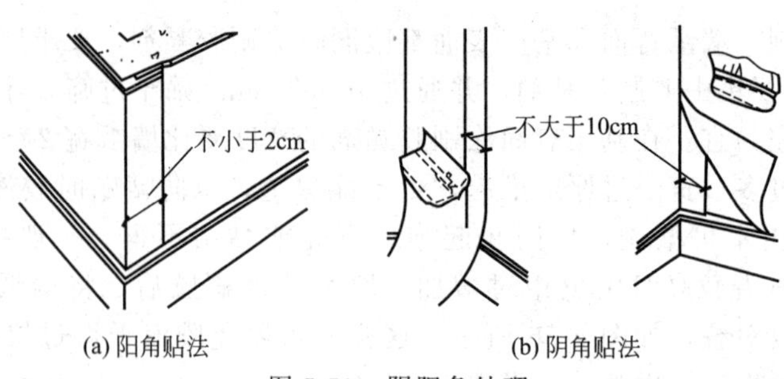

(a) 阳角贴法　　(b) 阴角贴法

图 5-59　阴阳角处理

轻标出物件的轮廓位置，慢慢拉起多余的壁纸，剪去不需要的部分，四周不得有缝隙。壁纸与挂镜线、贴脸和踢脚板结合处，也应紧接，不得有缝隙，以使接缝严密、美观。顶棚裱糊壁纸，先裱糊靠近主窗处，方向与墙平行，长度过短时，则可与窗户成直角粘贴。裱糊前，先在顶棚与墙壁交接处弹上一道粉线，将已刷好胶的壁纸用木柄撑起折叠好的一段壁纸，边缘靠齐粉线，先敷平一段，然后再沿粉线舒平其他部分，直到贴好多余部分，再修整剪齐，如图 5-60 所示。当墙面的壁纸完成 $40m^2$ 左右或自裱贴施工开始 40～60min 后，需安排一人用橡胶滚子或有机玻璃刮板，从第一张壁纸开始滚压或抹压，直至将已完成的壁纸面滚压一遍。这道工序的原理和作用与壁纸胶液的特性有关，开始时胶液润滑性好，易于壁纸的对缝裱贴，当胶液内水分被墙体和壁纸逐步吸收后但还没干时，胶性逐渐增大，时间均为 40～60min，这时的胶液黏性最大，对墙纸面进行滚压，可使墙纸与基面更好贴合，使对缝处的缝口更加密合。

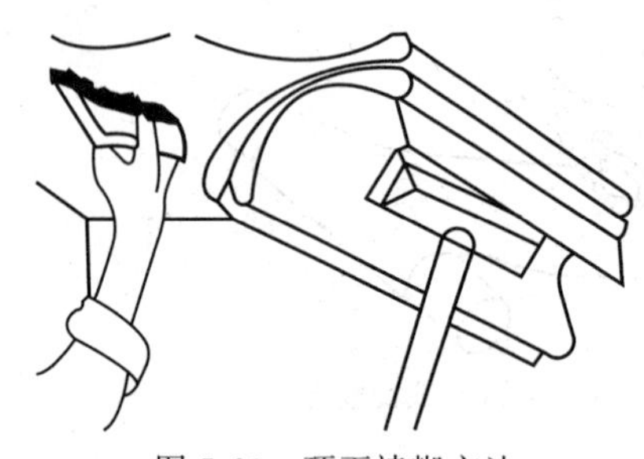
图 5-60　顶面裱糊方法

部分特殊裱贴面材，因其材料特征，在裱贴时，有部分特殊的工艺要求，具体如下。

① 金属壁纸的裱贴　金属壁纸的收缩量很小，裱贴时，可采用对缝裱，也可采用搭缝裱。金属壁纸对缝时，都有对花纹拼缝的要求。裱贴时，先从顶面开始对花纹拼缝，操作需两人同时配合，一人负责对花纹拼缝，另一人负责托金属壁纸卷，逐渐放展。一边对缝，一边用橡胶刮子刮平金属壁纸，刮时由纸的中部往两边压刮，使胶液向两边滑动而粘贴均匀，刮平时用力要均匀适中，刮子面要放平，不可用刮子的尖端来刮金属壁纸，以防刮伤纸面。若两幅间有小缝，则应用刮子在刚粘的这幅壁纸面上，向先粘好的壁纸这边刮，直到无缝为止。裱贴操作的其他要求与普通壁纸相同。

② 锦缎的裱贴　由于锦缎柔软光滑，极易变形，难以直接裱糊在木质基层面上。裱糊时，应先在锦缎背后上浆，并裱糊一层宣纸，使锦缎挺括，以便于裁剪和裱贴上墙。上浆用的浆液是由面粉、防虫涂料和水配制的，其配比（质量比）为 5∶40∶20，调配成稀的浆液。上浆时，把锦缎正面平铺在大而平的桌面上或平滑的大木夹板上，并在两边压紧锦缎，用排刷蘸上浆液从中间开始向两边刷，把浆液均匀地涂刷在锦缎背面，浆液不要过多，以打湿背面为准。

在另一张大平面桌子（桌面一定要光滑）上平铺一张幅宽大于锦缎幅宽的宣纸，并用喷壶将水喷成雾状把宣纸打湿，使纸平贴在桌面上。用水量要适当，以刚好打湿为宜。

把上好浆液的锦缎从桌面上抬起来，将有浆液的一面向下，把锦缎粘贴在打湿的宣纸上，并用塑料刮片从锦缎的中间开始向四边刮压，以便使锦缎与宣纸粘贴均匀。待打湿的宣纸干后，便可从桌面取下，这时，锦缎与宣纸就贴合在一起了。

锦缎裱贴前要根据其幅宽和花纹认真裁剪，并将每个裁剪好的开片编号，对号进行裱贴。裱贴的方法同金属壁纸。

(6) 清理修整　壁纸上墙后，若发现局部不符合质量要求，应及时采取补救措施。如纸面出现皱纹、死褶时，应趁壁纸未干，用湿毛巾轻拭纸面，使壁纸湿润，用手慢慢将壁纸舒平，待无皱褶时，再用橡胶辊或胶皮刮板赶压平整。如壁纸已干结，则要将壁纸撕下，把基层清理干净后，再重新裱糊。

如果已贴好的壁纸边沿脱胶而卷翘起来，即产生“张嘴”现象时，要将翘边壁纸翻起，检查产生问题的原因，属于基层有污物者，应清理干净，补刷胶液黏牢；属于胶黏剂黏性小的，应换用黏性较大的胶黏剂粘贴。如果壁纸翘边已坚硬，应使用黏结力较强的胶黏剂粘贴，还应加压粘牢粘实。如果已贴好的壁纸出现接缝不垂直，花纹未对齐时，应及时将裱糊的壁纸铲除干净，重新裱糊。对于轻微的离缝或亏纸现象，可用与壁纸颜色相同的乳胶漆点描在缝隙内，漆膜干后一般不易显露。较严重的部位，可用相同的壁纸补贴，要求看不出补贴痕迹。

另外，如纸面出现气泡，可用注射针管将气抽出，再注射胶液贴平贴实，如图5-61所示。也可以用刀切开气泡表面，挤出气体，用胶黏剂压实。若鼓泡内胶黏剂聚集，则用刀划开口后将多余胶黏剂刮去压实即可。对于在施工中碰撞损坏的壁纸，可采取挖空填补的办法，将损坏的部分割去，然后按形状和大小，对好花纹补上，要求补后不留痕迹。

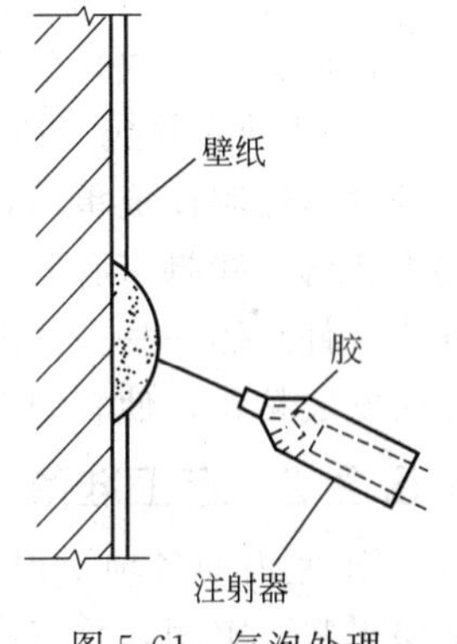

图5-61　气泡处理

5.5.2 软包饰面施工

软包是现代室内墙、柱面装饰中的高档次的装修，它具有吸声、隔声、保温、防碰撞等特点，特别适用于有吸声要求的会议厅、会议室、多功能厅、娱乐厅、消音室、住宅起居室、儿童卧室，对声学有特殊要求的演播厅、录音室、歌剧院、歌舞厅，还常用于对人体活动需加以保护的健身室、练功房等。

5.5.2.1 软包饰面的基本构造和具体做法

(1) 基本构造　软包饰面的构造基本上可分为底层、吸声层和面层三大部分，如图5-62所示。不论哪一部分，均必须采用防火材料。

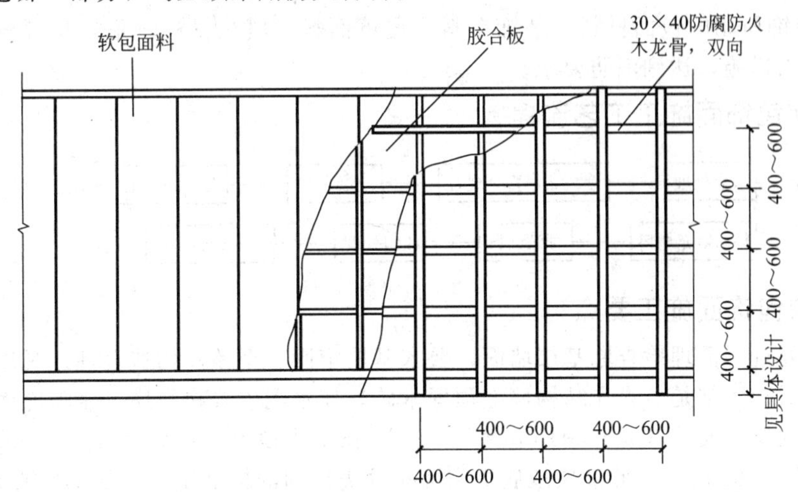

图5-62　无吸声层软包墙面构造图（立面）

① 底层　软包墙面的底层要求平整度好，有一定的强度和刚度，故多用阻燃型胶合板为底层材料。因胶合板具有此特点且质轻，易于加工，成型随意，施工方便。

② 吸声层　软包墙面的吸声层，必须采用轻质、不燃、多孔材料，如玻璃棉、超细玻璃棉、海绵和自熄型泡沫塑料等。

③ 面层　软包墙面的面层，必须采用阻燃型软包面料，如各种人造革及装饰布。

(2) 具体做法　软包饰面主要有两种常用做法：固定式与活动式。

① 固定式软包　一般适用于大面积的饰面工程，其结构采用木龙骨骨架、胶钉衬板(胶合板等人造板)，按设计要求选定包面材料和填充材料（采用规则的泡沫塑料、海绵块、矿棉、岩棉或玻璃棉等软质材料为填充芯材），并钉装于衬板上，也可采用将衬板、填充材料和包面分件（块）分别地制作成单体，然后固定于木龙骨骨架上。

② 活动式软包　适用于小面积墙面的铺装。它是采用衬板及软质填充材料分件（块）分别地包覆制作成单体，然后卡嵌于装饰线脚之间；也可在建筑墙面固定上、下单向或双向实木线脚，线脚带有凹槽，上、下线脚或双向线脚的凹槽相互对应，将事先做好的软包饰件分块（件）逐一整齐而准确地利用其弹性特点卡装于木线之间；也可以在基体与软包饰件的背面安装粘扣，使它们在活动式安装过程中加强相互连接的灵活性。

5.5.2.2 施工准备

① 室内的各项工程基本完成，水电及设备、墙上的预埋件已埋好，并进行检查。要求基层平整、牢固，垂直度、平整度均符合细木制作验收规范。

② 软包墙面木框、龙骨、面板、衬板等木材的树种、规格、等级、含水率和防潮、防腐处理必须符合设计要求及国家现行标准的有关规定。一般选用优质五夹板做衬板，如基层情况特殊或有特殊要求时，也可选用九夹板，颜色、花纹要尽量相似。龙骨料一般用杉木、红白松烘干料，含水率不大于12%，不得有腐朽、疖疤、扭曲、裂缝等疵病，且要求纹理顺直。

③ 外饰面用的压条、分格框料和木贴脸等面料，一般采用工厂加工的半成品烘干料，含水率不大于12%，其厚度应根据设计要求且外观没毛病，并预先经过防腐处理；也有利用铜压条和不锈钢压条的。辅料有防潮纸或油毡、钉子（钉子长应为面层厚的2～2.5倍)、木螺钉、木砂纸、万能胶、石油沥青（一般采用10号、30号建筑石油沥青)、电化铝帽头钉、乳胶、聚乙酸乙烯酯乳液等。

④ 软包装饰所用的包面材料、装饰布料、皮革面料、填充材料、龙骨及衬板等木质部分，要采取防火措施，达到消防要求。

5.5.2.3 软包饰面施工工艺流程

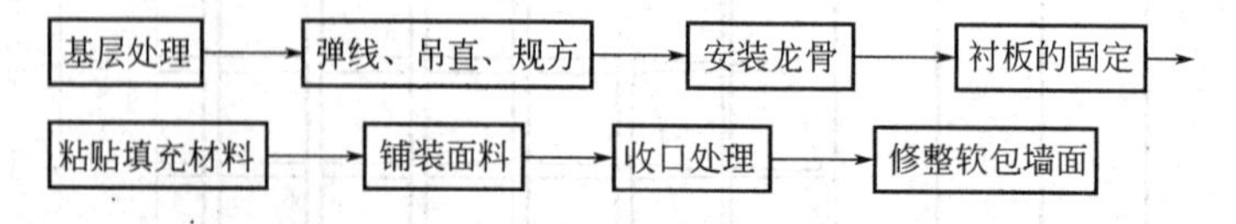

5.5.2.4 软包饰面施工要点

(1) 基层处理　清理检查原基层墙面，要求基层牢固、平整，构造合理。凡做软包墙面装饰的房间基层，大都是事先在结构墙上预埋木砖，抹水泥砂浆找平层，刷喷冷底子油，铺贴一毡二油防潮层，安装 (30～50)mm×(30～50)mm 木墙筋（中距为400～600mm)，上铺胶合板，如图5-63所示。此基层或底板实际是这类房间的标准做法。如采取直接铺贴法，基层必须做认真的处理，方法是先将底板拼缝用油腻子嵌平密实、满刮腻子1～2遍，待腻子干燥后，用砂纸打磨平，粘贴前，在基层表面满刷清油（清漆加香蕉水）一道。如有填充层，此工序可以简化。

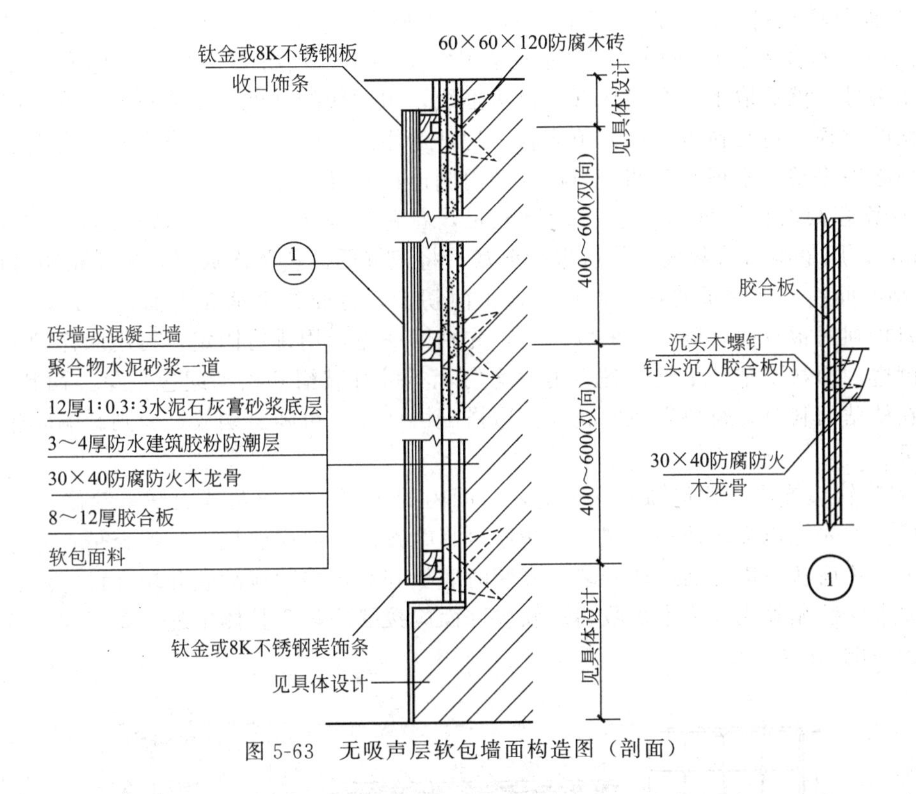

图 5-63　无吸声层软包墙面构造图（剖面）

（2）弹线、吊直、规方　根据设计要求，把该房间需要制作软包饰面的实际尺寸、造型等通过吊直、套方、找规矩、弹线等工序，落实到墙面上，同时确定龙骨及预埋木砖的所在位置。

（3）安装龙骨　一般采用截面 30mm×40mm 或 40mm×60mm 的杉木、白松烘干料，不得有腐朽、疖疤、劈裂、扭曲等缺点，也可以根据设计要求选用人造板条做龙骨，其间距为 400～600mm。其方法为，首先在未预埋木砖的各交叉点上，用冲击电钻打深 60mm、直径 12mm、间距 150～300mm 的孔，预设浸油木楔。木龙骨按先主后次、先竖后横的方法用铁钉或气钉固定在墙面上，拉通线控制水平，用靠尺检查其平整度，局部可以垫木垫片找平。还可以在平整的地面上制作大片的木格栅龙骨架，具体方法见木质护墙的施工工艺。

（4）衬板的固定　当采用整体固定时，根据设计要求的软包构造做法，将衬板满铺满钉于龙骨上，要求钉装牢固、平整。龙骨与衬板采用胶钉的连接方式，衬板对接边开 V 字形口，缝隙保持在 1～2mm 内，且接缝部位一定要在木龙骨的中心。顶帽要钉入衬板 0.5～1mm，要求表面平整。

（5）粘贴填充材料　采用地板胶将填充材料均匀地粘贴在衬板上，填充材料的厚度一般为 20～50mm，也可根据饰面分块的大小和视距来确定。要求造型正确，接缝严密且厚度一致，不能有起皱、鼓泡、错落、撕裂等现象，发现问题及时修补。

（6）铺装面料　铺装方法有成卷铺装、分块固定、压条法、平铺泡钉压角法等，其中最常用的是前两种方法。成卷铺装法：首先将软包面料的端部裁齐、裁方，软包面料的幅面应大于横向龙骨木筋中距 50～80mm，并用暗钉逐渐固定在龙骨上，保持图案、线条的横平竖直及表面平整，边铺钉边观察，如发现问题，应及时修整。分块固定法：先将填充材料与衬板按设计要求的分格、分块进行预裁，分别包覆制作成单体饰件，然后与面料一并固定于木筋上。安装步骤如下。

① 衬板及填充料制作　按软包造型的分块规格尺寸，用电锯或手锯切割夹板（一般用5mm或9mm的合成板），同时将板的边缘用刨子找平，再将其拼装在底板上，检查无误后，排出编号，然后取下，在每块板上钉边框线，边框线的高度与填充料的厚度相同，作为软包饰面的衬板，再在衬板上粘贴填充料。通常选用防火泡沫、矿棉吸声板、岩棉毡等，填充料表面必须平整，不得有凸凹，与边框线内侧连接密合。

② 计算套裁面料　面料用量要计算充足，花色图案要一致，按衬板的尺寸每边长出50～80mm，用笔画出剪裁线，然后进行剪裁，将裁好的面料依次放好，避免粘贴时用错。

③ 粘贴面料　把衬板放在工作台上，正面朝上，将面料平铺在上面，摆正，然后将宽出的面料折到衬板背面，刷适量的胶黏剂，先粘固一边，用排钉固定，再用同样的方法黏结其他的侧边，面料要粘贴平整，各边用力均匀，不可有皱褶和松动起包现象。面料有花色、图案，在粘贴面料时，每块软包间花纹都应搭配协调，不可随意摆放，否则影响软包饰面的装饰效果。

④ 安装软包饰块　软包饰面安装前，房间内的天棚、地面及墙面细木装修粉饰工程应基本完成。首先把包饰块按预先编好的顺序号临时镶嵌在墙面底板上，检查是否达到设计要求和效果。然后从一边开始逐块安装，安装时底板和衬板之间应涂胶并用排钉固定。最后根据设计要求安装贴脸或装饰木线收边。软包饰面应接缝均匀，整体平整。皮革和人造革饰面结构如图5-64所示。

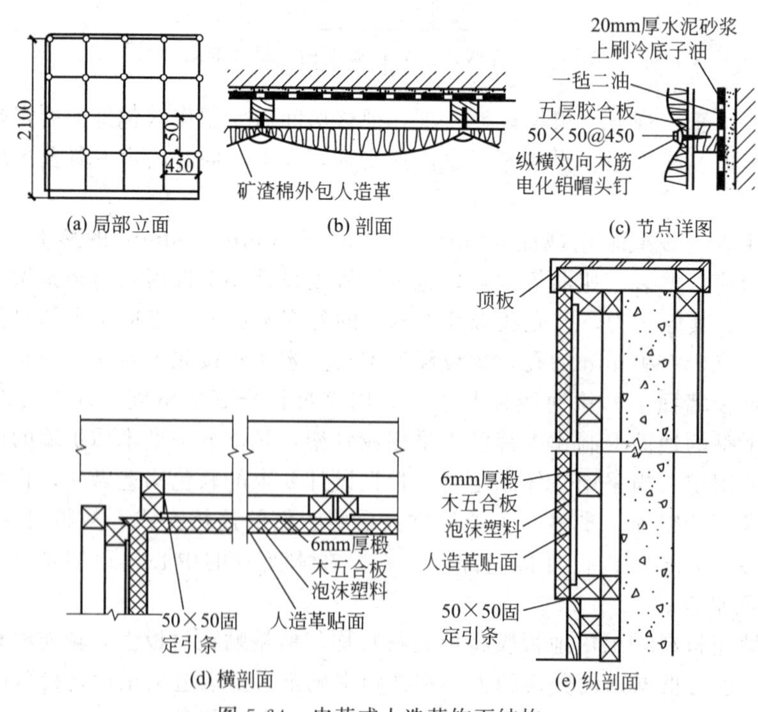

图5-64　皮革或人造革饰面结构

（7）收口处理　压条可以使用铜条、不锈钢条或工艺木线条，按设计装钉成不同的造型，当压条为铜条或不锈钢条时，必须内衬尺寸相当的人造板条［两者可使用硅酮（聚硅氧烷）结构密封胶黏结］，以保证装饰条顺直。

（8）修整软包墙面　软包墙面是安排在其他工序之后安装，现场不应再有灰尘污染，安装后只需将钉眼位置的面料轻轻提起，进行饰面整理，用手轻轻拍打排除钉眼的痕迹。如有其他的工种施工，应用塑料保护膜保护软包饰面，避免造成污染。

5.6　装饰柱面施工

在室内装饰工程中，柱体装饰和室内其他装饰界面同样重要。柱体饰面目前大多采用石材、玻璃镜、铝塑板、不锈钢板、彩色涂层钢板、钛金镶面板、木材油漆等装饰材料。常见建筑柱体装饰有圆柱、造型柱、功能柱等，其装饰结构有木结构、钢木混合结构以及钢架结构等。如果作为普通装饰，与墙面的装饰施工技术有相似性，以上介绍的墙面施工技术基本都可以应用。往往在很多情况下，装饰施工要对原柱结构进行改造，这时施工技术有其特殊性，涉及新的技术问题。但要特别强调，施工时不能破坏原建筑柱体的形状和结构，不可损坏柱体的承载力。因此本节主要介绍这两种情况下的装修结构与工艺，即柱体改造装饰施工技术和构造柱的施工技术。

5.6.1　结构柱体装饰施工

展览空间的临时柱体装饰、室内装修中独立的门柱、门框装饰柱，通常采用钢木混合结构来制作，其目的是保证这些装饰柱体既有足够的强度、刚度，又便于进行表面处理。本节以方形柱结构为例来阐明钢木混合结构柱的施工技术。

5.6.1.1　施工准备

根据现场实际情况，结合设计方案绘制施工图。编制单项工程施工方案，对施工人员进行安全技术交底，并做好交底记录。准备施工材料和装修设备。

（1）材料　所用材料都应准备齐全，并达到质量要求。钢架结构通常采用角钢焊接构成，柱边长或直径小于300mm，高度小于3m的柱体通常使用的是30mm×30mm×3mm～50mm×50mm×5mm的角钢，高于3m的柱体使用的角钢规格适当稍大一些；混合结构中采用胶合板、中密度板、细木工板等人造板为衬板，衬板厚度通常为12～18mm；所用木方为钢木的衔接体，木方截面尺寸一般是30mm×30mm～50mm×50mm。柱体饰面材料，一般采用不锈钢板、铝塑板、玻璃等。

（2）机具　木工装饰机具，还需电焊设备、型材切割机、拉铆枪、扳手等。

5.6.1.2　钢木混合结构柱结构

用角钢作为骨架材料，配以木方、木夹板等材料做成的结构装饰柱，施工技术简单、实用。

5.6.1.3　钢木混合结构柱施工工艺流程

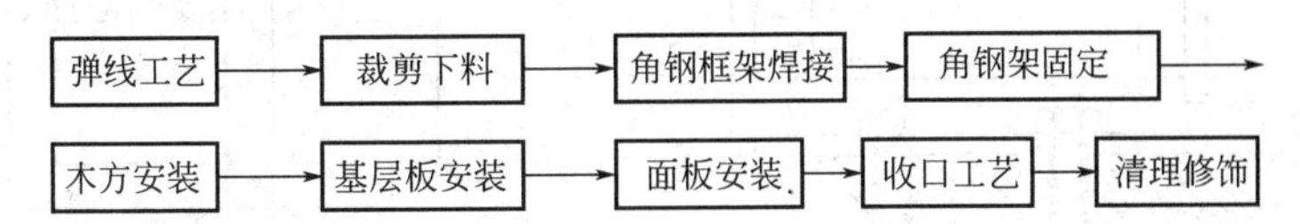

5.6.1.4　钢木混合结构柱施工要点

（1）弹线工艺　根据设计要求弹出相应的工艺线。

（2）裁剪下料　骨架材料按所设计尺寸，在角钢上截取长料：再按骨架横档尺寸截取短料。确定骨架间距尺寸时，应考虑衬板、饰面板的厚度，以保证在骨架安装面板后，其实际尺寸与立柱的设计尺寸相吻合。

(3) 角钢框架焊接　角钢架常见的焊接形式有两种，其俯视图如图 5-65 所示。一种是先把各个横档方框焊接，焊接时先在对接处点焊做临时固定，待校正每个直角后再焊牢，这种工艺方法可现场测量计算后在工厂加工，工期比较短，工艺制作时要认真校核每个横档方框的尺寸和方正，然后将制作好的横档方框与竖向角钢在四角焊接。焊接时用靠角尺检查，保证横、竖档框的相互垂直性，进而保证四角立向角铁的相互平行。横档方框的间隔一般宜为 400～600mm。另一种工艺方法是将竖向角钢与横档角钢同时焊接组成框架，在焊接前，要检查各段横档角钢的尺寸，其长度尺寸误差允许值在 1.5mm 内。横档角钢与竖向角钢在焊接时，用靠角尺法来保证相互垂直性。其焊接组框的方法是：先分别将两条竖向角钢焊接起来组成两片，然后再在这两片之间用横档角钢焊接组成框架，最后对角钢框架涂刷防锈漆两遍。

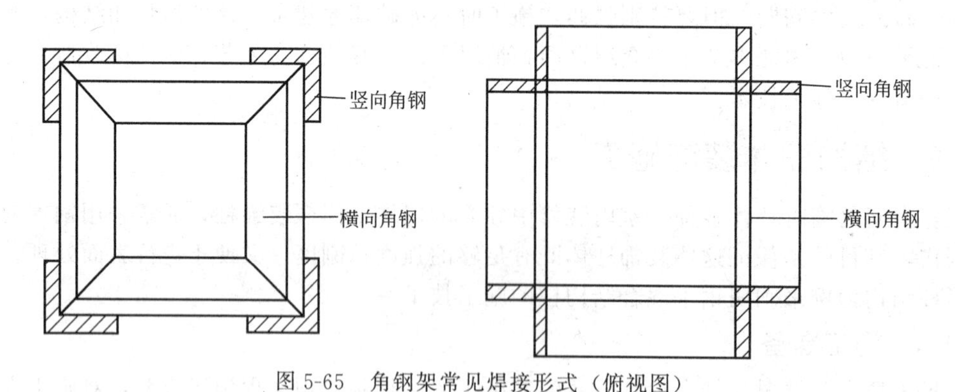

图 5-65　角钢架常见焊接形式（俯视图）

(4) 角钢架固定　预埋件可用 M10 以上的膨胀螺栓来固定，在地面和顶面可设 8 个固定点，长度应在 100mm 左右，不能过短。当顶面无法着落时，竖向龙骨尺寸要考虑放大，且地面要注意加固处理，否则会影响柱体稳固性。安装固定角铁架时要用吊垂线和靠尺来保证角铁架的垂直度，其固定方式如图 5-66 所示。

(5) 木方安装　木方在安装前应将 4 个面刨平，并检查方正度。将木方就位后，用手电钻将木方、角钢同时钻出直径 6.5mm 的孔，再用 M6 的平头长螺栓把木方固定在角钢上。在螺栓紧固前，应用靠角尺校正木方安装的方正度，如有歪斜，可在角钢与木方间垫木楔块来校正，木楔必须加胶后再打入其间。最后上紧长螺栓，长螺栓的头部应埋入木方内，如图 5-67 所示。

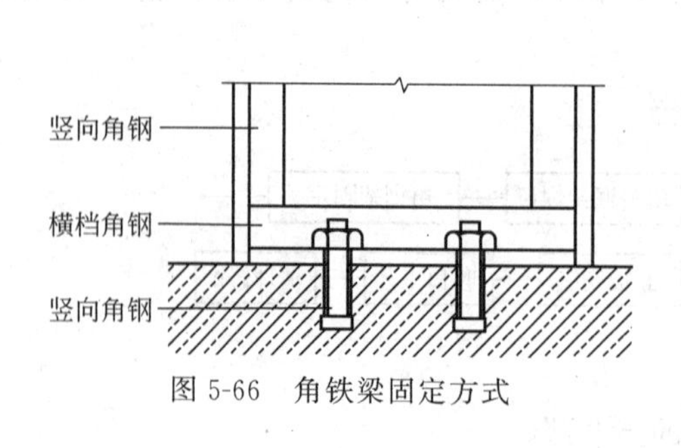

图 5-66　角铁梁固定方式

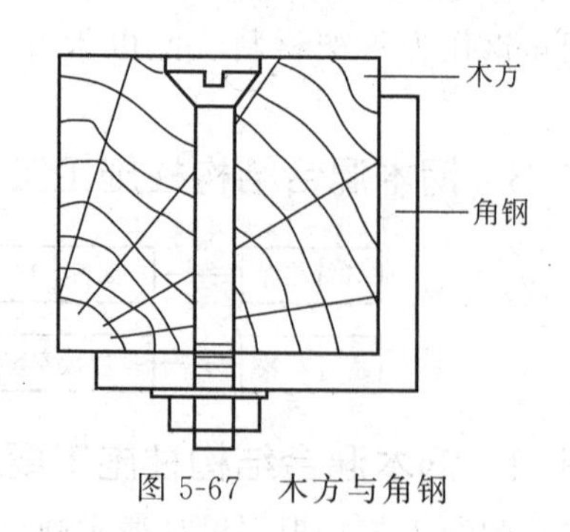

图 5-67　木方与角钢

(6) 基层板安装　基层板安装有两种方式：一种是直接钉接在混合骨架的木方上；另一种是安装在角钢骨架上，如图 5-68 所示。基层板与角钢骨架可用螺栓连接，衬板厚度应不小于12mm。首先切割出两块宽度等于柱边长的基层板，将其放在框架上并对好安装位置，注意切割基层板的宽度应多预留3mm左右，便于安装后修边。用手电钻将对好位置的衬板与角铁一起钻通，并用与螺栓头直径相同的钻头在基层板上钻凹窝，使穿入的螺栓头沉入板面凹窝内2～3mm，以保证安装后螺栓与板面平齐。穿入的螺栓一般选用M4～M6，固定好一侧后，再固定对面的一侧。再裁切小于两个板厚度尺寸的两块基层板，使该板在安装时可卡在已装好的两衬板之间。安装时两板侧边都应涂刷白乳胶，使板材间胶合，然后用气钉或铁钉在两侧边与固定好的基层板固定，这样就完成了整个基层板的安装。最后进行对角处的修边，使角位处方正。

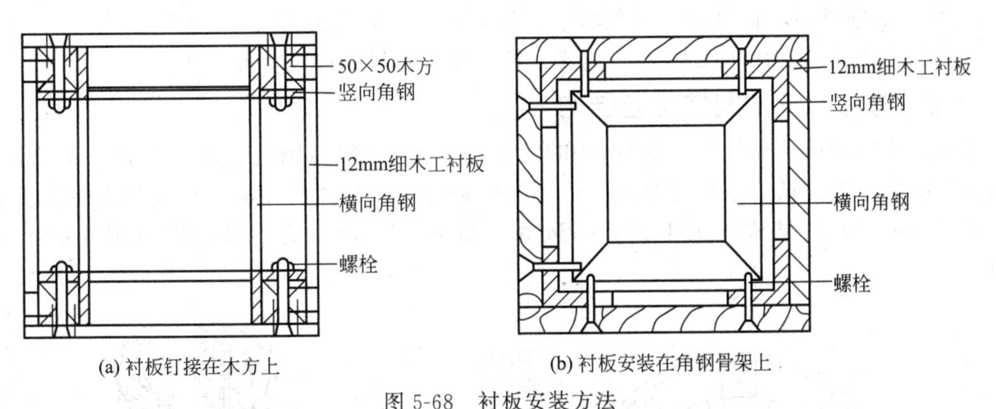

(a) 衬板钉接在木方上　(b) 衬板安装在角钢骨架上

图5-68　衬板安装方法

（7）面板安装　面板的材料可选择性很广，如铝塑板、饰面板、铝合金型材、不锈钢板和钛金板等。铝塑板、饰面板一般用万能胶胶合，铝合金型材一般采用自攻螺钉接合，方柱包不锈钢饰面板和不锈钢板包圆柱基本一样。先用机械将板按实际安装所需尺寸下料弯边成方柱形，其两个对边也要弯成不小于90°的边。安装时，将成型的不锈钢板背面打上玻璃胶，套在柱体上，将两个对边卡入柱体上的凹嵌缝内（5～8mm宽），卡紧卡牢后用胶枪往凹嵌缝内填充玻璃胶，然后用绳子紧固。不锈钢面板安装示意如图5-69所示。

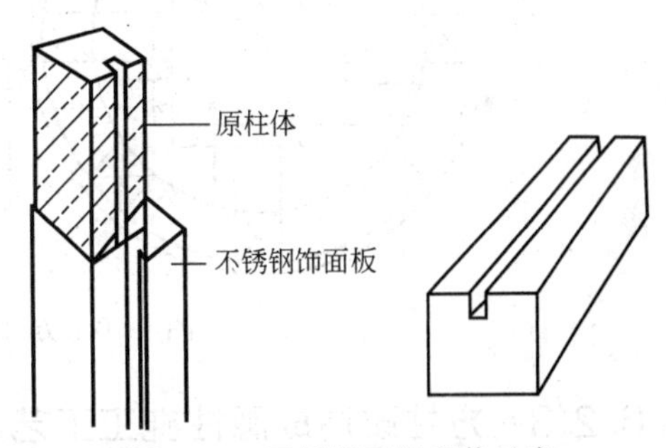

图5-69　不锈钢面板安装示意

（8）收口处理　柱体装饰完成后，要对上下端部收口封边。一般按设计图样在下部做金属（内衬底板）、石材或木质造型地角线。上部根据设计做造型，注意上下端部收口封边线的交合。

5.6.2　柱体改造装饰施工技术

一般情况下，原建筑柱往往多是方形的，在装饰施工中，相对而言，圆形柱体比方形柱体更具装饰性，特别是以圆柱作门面及建筑空间装饰的柱体形式最为繁多，常遇到将建筑方柱装饰成圆柱的要求，这种改造方法难度比较大，也比较典型。本小节以比较典型的原建筑方形柱改成圆柱的装饰工艺为例，介绍柱体改造装饰施工技术。

5.6.2.1　施工准备

（1）原柱体的检查　在施工前检查原柱体的结构强度、几何尺寸、垂直度和平整度等；

对原柱体进行表面清理及防潮、防腐处理；根据会签的设计施工图样，深化设计，绘制大样图。

（2）材料准备

① 装饰面材　铝塑板、不锈钢板、钛金板、彩色涂层钢板等，是弯弧度的理想板材，各种高档石材也可加工成弧形，但要按设计要求选择，都要送专业工厂加工。

② 骨架材料　木龙骨、基层板等木材的树种、规格、等级、含水率和防潮、防腐处理必须符合设计要求及国家现行标准的有关规定。木质部分均应涂饰防火漆，达到消防要求。结构所应用的角钢的规格、尺寸应符合设计要求及国家现行标准的有关规定。

③ 其他辅助材料　白乳胶、万能胶、膨胀螺栓、自攻螺钉等。

（3）施工机具　常用木工机具、安装工具，以及测量和放线等操作工具。

5.6.2.2　方柱改造成圆柱工艺结构

柱体的装饰主要是包柱身、做柱头和柱础。包柱身一般使用胶合板、石材、不锈钢板、塑铝板、铜合金板、钛合金板等材料。但不管哪种饰面，柱体的改造，特别是方柱体改造成圆柱或者椭圆柱，其结构施工工艺是一致的。如图 5-70 所示为方柱改造成圆柱的施工结构图。

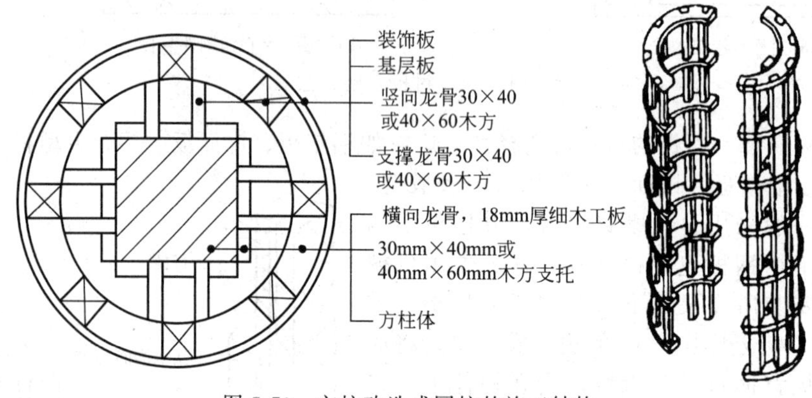

图 5-70　方柱改造成圆柱的施工结构

5.6.2.3　方柱改造成圆柱施工工艺流程

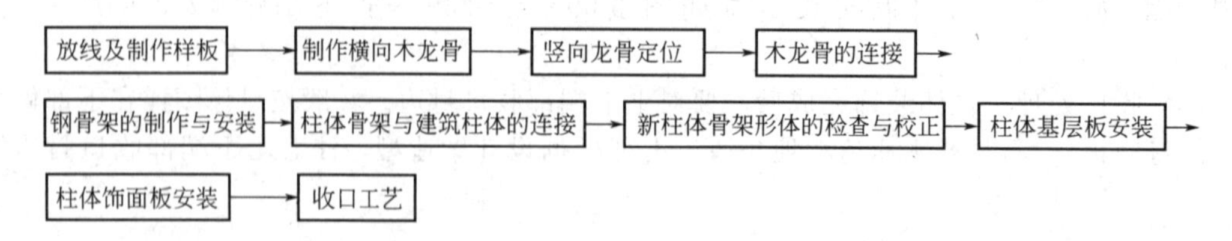

5.6.2.4　方柱改造成圆柱施工要点

（1）放线及制作样板　进行柱体弹线工作的操作人员，应具备一些平面的基本知识。在柱体弹线过程中，装饰圆柱的中心点因有建筑方柱的障碍，而无法直接得到，因此要求的圆柱直径就必须采用变通方法。不用圆心而画出圆的方法很多，这里介绍弦切法弹线工艺。

① 方柱规方（正方形）　由于建筑方柱一般都有误差，不一定是正方形，所以先把柱体规方，找出最长的一条边，作为基准方柱底框的边长；以该边边长为准，用直角尺在方柱底画出一个正方形，该正方形就是基准方框，如图 5-71(a) 所示，并将该方框的每条边中点标出。

② 制作模板　在一张五夹板、三夹板或者硬纸板上，以最后装饰圆柱的半径 R 画出一个半圆，并剪裁下来，在这个半圆形上，以标准底框边长的一半尺寸为宽度，做一条与该半圆形直径相平行的直线，然后从平行线处剪裁这个半圆，所得到的这块圆弧板就是该柱的弦切弧模板，如图 5-71(b) 所示。

③ 方柱规圆　把该模板的直边和柱基准底框的 4 个边相对应，将样板的中点对准底框边长的中心，然后沿模板的圆弧边画线，即可得到装饰柱的底圆，如图 5-71(c) 所示。顶棚的基准圆画法与底圆画法相同，但顶圆必须通过与底圆吊垂直线校核的方法来获得，以保证装饰圆柱底面与顶面的一致性和垂直度。

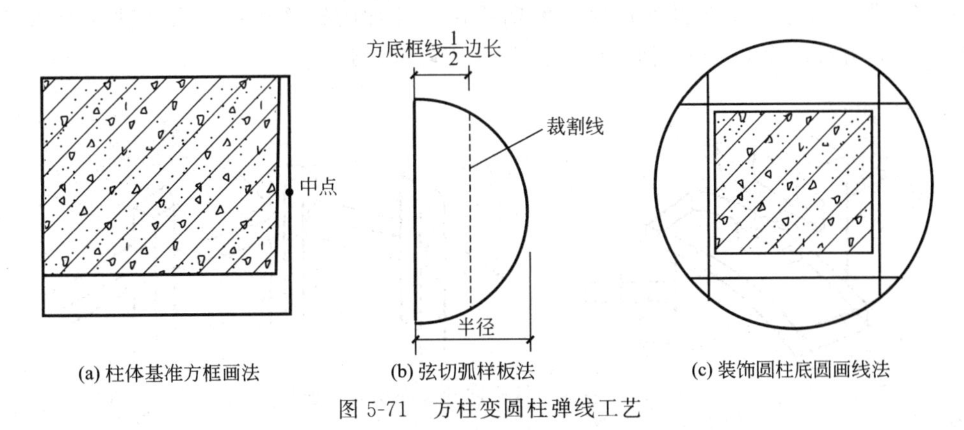

图 5-71　方柱变圆柱弹线工艺

(2) 制作横向木龙骨　装饰柱体的骨架有木骨架和铁骨架两种，木骨架是用木方连接组装成框架，钢骨架可用角钢焊接制作。根据弹线位置及现场实测情况，确定竖向和横向龙骨及支撑杆等材料尺寸，按实际尺寸进行裁切。木骨架用木方、细木工板连接成框体，主要用于木板材油漆饰面，或是安装包覆不锈钢板及其他与木骨架较易连接的饰面材料；铁骨架用角铁件制作，主要用于金属饰面板和石材饰面板的结构。

在圆形或弧形的装饰柱体中，横向龙骨起龙骨架的支撑作用和造型的功能。所以在圆形或弧形的装饰施工中，横向龙骨必须做出弧线形，弧线形横向龙骨的具体制作方法如下。

① 在圆柱等有弧面的造型柱体施工中，制作弧面横向龙骨通常用厚 18mm 左右的细木工板或中密度纤维板来加工制作。首先，在厚板上按柱体的外半径画出一条圆弧，在该圆半径上减去横向龙骨的宽度后，再画出一条同心圆弧。

② 按同样方法在一张板上画出各条横向龙骨，但在木板上要注意排列，节约用板。整块板画好线后。再用电动曲线锯或雕刻机按线切割出横向龙骨，如图 5-72 所示。横向龙骨的数量要根据设计要求算足（3%的余量），一次性加工。

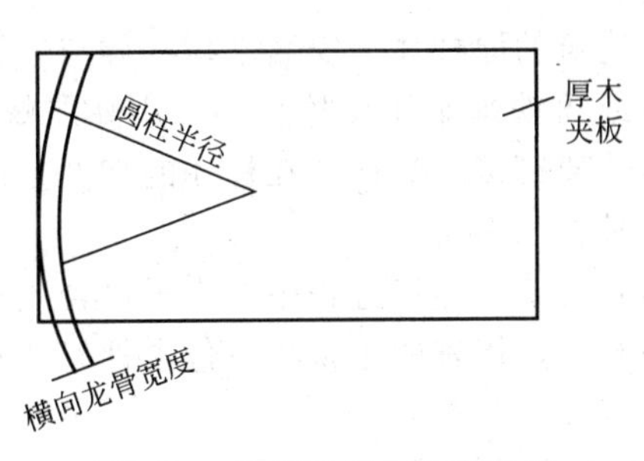

图 5-72　弧线形横向龙骨制作

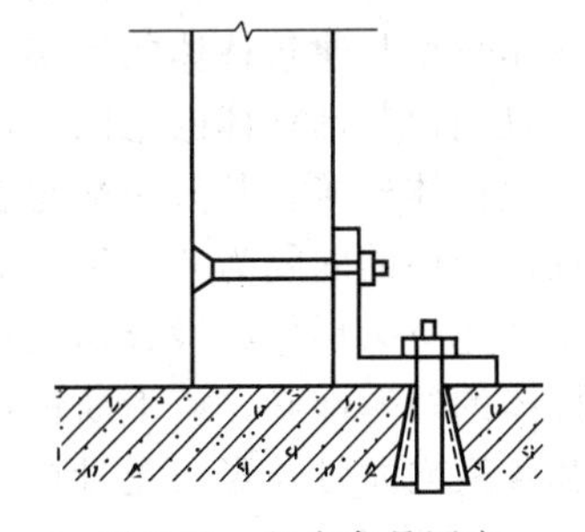

图 5-73　竖向龙骨固定

③ 铁骨架的横向龙骨一般采用扁铁来制作。扁铁的弯曲必须用靠模进行，确以保证横向龙骨曲面的准确性，要认真焊接，保证焊接的牢固并做防锈处理。

(3) 竖向龙骨定位 在画出的装饰柱顶面线上向底面线垂吊基准线，按设计图样的要求在顶面与地面之间竖起竖向龙骨，校正好位置后，分别在顶面和地面将竖向龙骨进行固定。按照设计要求分别固定所有的竖向龙骨。固定方法通常以角钢块为连接件，即通过膨胀螺栓或射钉将竖龙骨与地面、顶面固定，竖向龙骨固定如图 5-73 所示。

(4) 木龙骨的连接

① 连接前，必须在柱顶与地面间设置形体位置控制线，控制线主要是吊垂线和水平线。

② 竖向龙骨和横向木龙骨的连接：可用槽接法和加胶钉连接法。通常圆柱等弧面柱体用槽接法，而方柱和多角柱可用胶钉连接法，如图 5-74 所示。

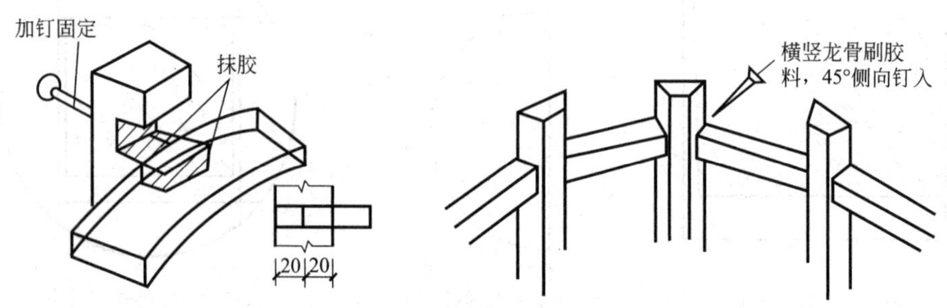

图 5-74 装饰圆柱横向和竖向木龙骨连接

槽接法是在横向、竖向龙骨上分别开出半槽，两龙骨在槽口处对接。槽接法一般也需在槽口处加胶钉固定，这种连接固定方法的稳定性很好。加胶钉连接法是在横向龙骨的两端头面加胶，将其置于竖向龙骨之间，再用铁钉斜向与竖向龙骨固定，横向龙骨之间的间隔一般为 300～400mm，具体的以设计需要为准。

(5) 钢骨架的制作与安装

① 龙骨制作 钢骨架的竖向龙骨为角钢型材，通过装饰圆柱顶面线向底面线吊垂线的方法，测量出柱体实际高度，即按此尺寸切割角钢竖向龙骨材料。同时，根据设计尺寸，在竖向龙骨上标出各连接点位置后进行钻眼。其横向龙骨可采用扁铁，扁铁的弯弧须依靠模具加工取得，以保证曲面的准确度。

② 钢骨架安装 其竖向龙骨的安装方式，也是采用角钢块做连接件，将其一条肢固定于顶面和地面，另一条肢连接角钢竖向龙骨。紧固件可使用膨胀螺栓或射钉。其横竖向龙骨的角钢与扁铁之间的组装结合，一般都是采用焊接，但在焊接操作时须注意，不可将焊点和焊缝设置于柱体框架的外缘表面，避免影响圆柱面板安装的平整度。

钢龙骨架的竖向龙骨与横向龙骨的连接一般采用焊接法，但在柱体的框架外表面不得有焊点和焊缝，否则将影响柱体表面安装的平整性。

(6) 柱体骨架与建筑柱体的连接 通常在建筑的原柱体上安装支撑杆等与装饰柱体骨架连接固定，以确保装饰柱体的稳固。可用木方或角铁来制作支撑杆，并用膨胀螺栓或射钉、木楔铁钉与原柱体连接；其另一端与装饰柱体骨架钉接或焊接。在柱体的高度方向上，支撑杆分层设置，分层的间隔为 600～800mm，如图 5-75 所示。

(7) 新柱体骨架形体的检查与校正 柱体龙骨架的连接过程中，为了符合质量要求并且确保装饰柱体的造型准确，应不断进行检查和校正，检查的主要项目包含骨架的垂直度、圆度、方度和各横向龙骨及竖向龙骨连接的平整度等。

① 垂直度的检查 在连接好的柱体龙骨架顶端边框线上吊垂线，如果上下龙骨边框与

垂线平齐，即可以证明骨架的垂直度符合要求，没有歪斜的现象，且吊线检查一般不可少于 4 个方向点位置。如果垂线与骨架不平行，则说明柱体歪斜。柱高在 3m 以下时，可允许歪斜度误差允许在 ±3mm 内；3m 以上者，其误差允许在 ±5mm 内。如误差超过允许值，必须及时修整确保施工质量。

② 圆度的检查　装饰柱骨架在施工过程中，可能经常出现外凸和内凹的现象，将影响饰面板的安装，而影响最后的装饰效果。检查圆度的方法通常也是采用垂线法，吊线坠连接圆柱框架上下边线，要求中间骨架与垂线保持平齐，误差允许在 ±3mm 内，如误差超出 3mm，就应该进行必要的修整。

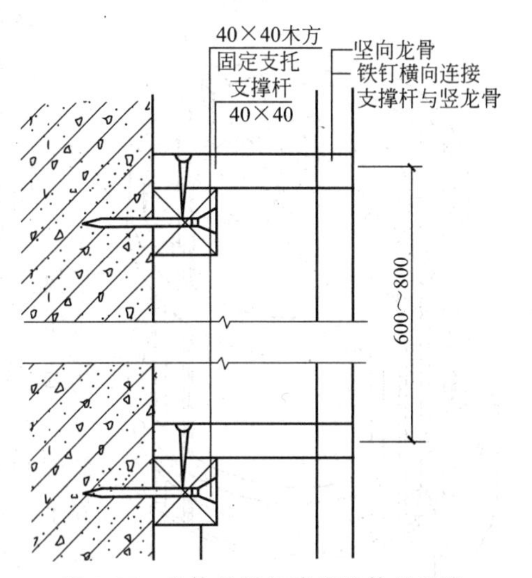

图 5-75　柱体骨架与建筑柱体的连接

③ 方度的检查　对于方柱，其方度检查通常比较简单，用直角尺在柱体的 4 个边角上分别测量即可，误差值允许值在 ±3mm 内，如果超过 3mm，就必须修整。

④ 修整　柱体龙骨架经过组装、连接、校正、固定之后，要对其连接部位和龙骨本身的不平整度进行全面检查、纠正，并做修整处理。对竖向龙骨的外边缘进行修边刨平，使之成为圆形曲面的一部分。

(8) 柱体基层板安装　木质基层板安装工艺比较典型，其中具有普遍意义的是木圆柱的基层板的安装。在圆柱上安装基层衬板，一般选择弯曲性能较好的三层、五层胶合板作为基层板。安装前，应在柱体骨架上进行试拼排，如果弯曲贴合有难度，可将板面用水润湿或在板的背面用裁纸刀切割竖向刀槽，两刀槽间距 10mm 左右，刀槽深 1mm 左右。如果采用胶合板围合柱体时，最好是顺木纹方向来围柱体。在圆柱木质骨架的表面刷白乳胶或各类万能胶，将胶合板粘贴在木骨架上，而后用气钉枪从一侧开始钉胶合板，逐步向另一侧固定。在接缝处，用钉量要适当加密，钉头要埋入木夹板内，而后可进行后续的面层装饰。

(9) 柱体饰面板安装　柱体表面处理因所用材料不同，施工工艺也有所不同，常用的柱体饰面材料有高级涂料、实木材料、不锈钢或钛金板、铝合金板或型材、铝塑板、石材等。

(10) 收口工艺　同前面柱体装饰。

5.6.3　装饰柱体饰面板安装

包柱身一般使用胶合板、石材、不锈钢板、塑铝板、铜合金板、钛合金板等材料。柱子造型应服从空间的整体艺术风格。对柱子的装饰除了注重美化环境外，还应注意其对空间的体量感产生影响。在装饰中要尽量减小柱体在空间所占的比例，可将柱体选用反光性材料或将柱的概念异化，也可以与柜、灯箱等结合在一起，做成灯箱柱，还可通过色彩处理来调节空间感觉的作用。如要增加空间的高度感时，柱上可采用竖向线条，减小甚至不设柱头、柱础；欲减少空间的高度感时，则可采用横向线条，并加大柱头和柱础的高度。

用胶合板做柱面装饰是典型的传统装饰工艺。胶合板纹理美观，色泽柔和，富有天然性，易促进与空间的融合，创造出良好的室内气氛。由于胶合板施工方便，造价便宜，所以仍然在普遍采用。

用镜面玻璃做柱面装饰简洁、明快，利用镜面饰面来扩大空间，反射陈设景物，丰富空

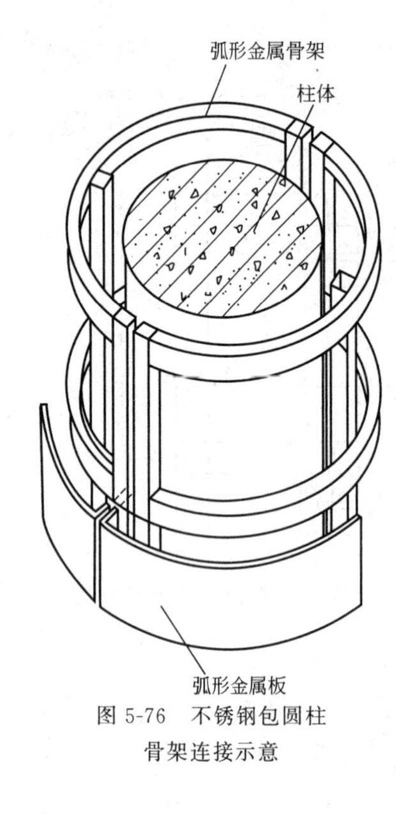

图 5-76 不锈钢包圆柱骨架连接示意

间层次，造成强烈的装饰效果，常用于商场、购物中心等公共场所柱面装饰中。

用花岗石、大理石做柱面装饰是各种室内柱子常用的高档装修之一，其造型种类很多，各种造型有各自的基本构造。

用金属板做柱面装饰也是当代柱面常用的高档装修之一。该饰面具抗污染、抗风吹日晒能力强，且质轻坚固、坚挺光亮、施工方便，广泛用于各种建筑柱体，如图 5-76 所示。

5.6.3.1 圆柱体的石板饰面施工

在装饰柱体施工中，以角钢为骨架，在其上可焊敷钢丝网和批抹水泥砂浆作基面，其骨架的各层横向龙骨已设置了用以固定石材面板的铜丝或不锈钢丝，所以石板饰面施工就较为方便。与其相似，在将建筑方柱改制成为装饰圆柱的施工过程中，也可采用角钢骨架，其横向弧面龙骨可用扁铁制作，进而固定钢丝网进行基面抹灰，再在其面层镶贴饰面石板块。

圆形装饰柱体上安装饰面石板，对于单块面积较大的石板，其做法大都需采用与柱体结构内预设的铜丝或不锈钢丝绑扎，然后做临时固定，进而灌黏结砂浆，按上述方柱大理石饰面有关操作完成。如果饰面石板的规格尺寸小于 100mm×250mm，可以不采用利用铜丝或不锈钢丝绑扎和灌浆粘贴的做法，而是采用胶黏剂将小块石板直接粘固于圆柱体的钢丝网水泥砂浆基面，即完成圆柱体的石板面装饰。

(1) 施工准备

① 对石板进行挑选，按颜色、规格和质量等级的不同分别堆放，确定用于柱体饰面的板块单独选出以备镶贴前的进一步加工。

② 用厚胶合板制作一个内径等于装饰圆柱外径的靠模，用以确定饰面石板的切角形式。

③ 施工工具主要有手提式电动无齿圆锯、线锤、卷尺及有关安装工具。

(2) 圆柱体的石板饰面施工工艺流程

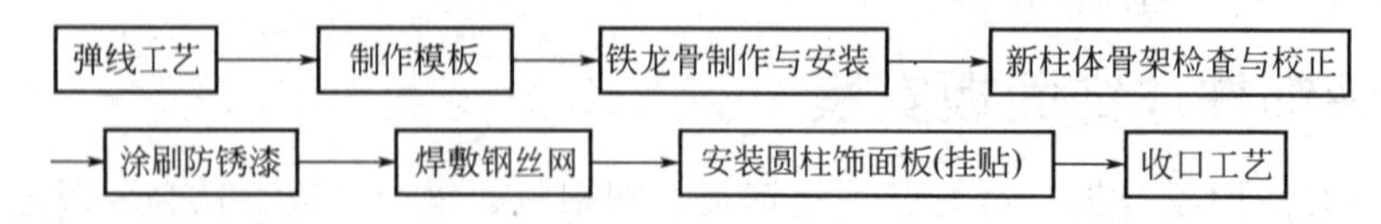

(3) 圆柱体的石板饰面施工要点

① 圆柱面安装石材板的骨架制作方法同上，需要注意的问题是：横向龙骨的间隔尺寸应与石板材料的高度相同，以便设置铜丝或不锈钢丝对石板进行绑扎固定。注意铁架龙骨固定调整好后要涂刷一道防锈漆。

② 钢丝网是水泥砂浆基面的骨架，通常选用 16# ～18# 钢丝，网格为 20～25mm 的钢丝网或镀锌铁丝网。钢丝网不可直接与角铁骨架直接焊接，而是要先在角铁骨架表面焊上 8# 左右的铁丝，然后再将钢丝网焊接在非 8# 铁丝上。整个钢丝网要与龙骨架焊敷平整贴切。焊敷完毕后，在各层横向龙骨上绑扎铜丝，铜丝伸出钢丝网外。绑扎铜丝的数量要根据石面的数量来定，一般来说一块面需用一条铜丝。如果石面尺寸小于 100～250mm，也可不

用铜丝来绑扎。

③ 如果石材厚度小于20mm，可直接用水泥砂浆粘贴；如果石材厚度大于20mm，可采用挂贴工艺，但一些不一样的技术下面进行说明。

用厚木夹板制作一个内径等于柱体外径的靠模。利用靠模来确定石材板切角的大小，这是因为在圆柱上镶贴石材板，必须将石材板两侧切出一定角度，石材板才能对缝。其方法为先在靠模边按贴面方向摆放几块石板，测量石板对缝所需切角的角度。然后按此角度在石材切割机上切角。将切好角的石材板再放置在靠模边，观察两石材板的对缝情况，若可对缝，便按此角进行切角加工。圆柱装饰石材做法如图5-77所示。

挂贴时，要利用靠模来作为柱面镶贴的基准圆。首先将靠模对正位置后固定在柱体下面，然后从柱体的最下一层开始镶贴，逐步向上镶贴石板饰面，镶贴石板施工结构如图5-78所示。

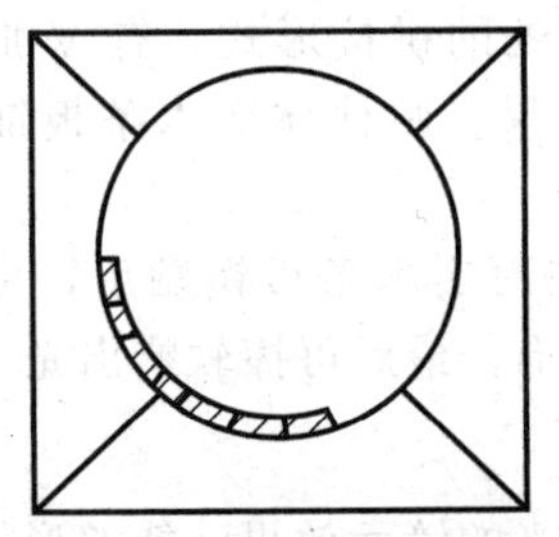

图5-77　圆柱装饰石材做法

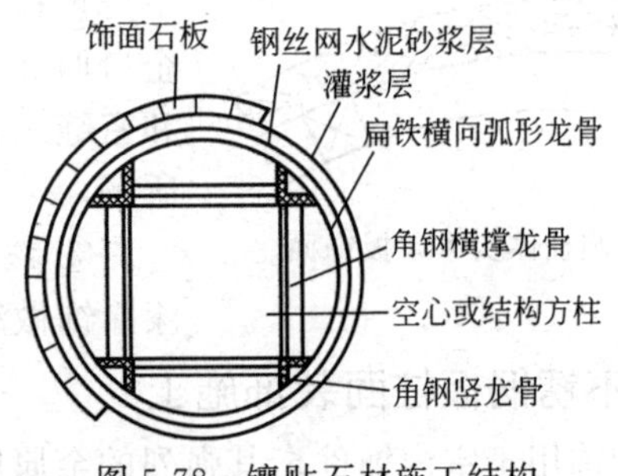

图5-78　镶贴石材施工结构

④ 灌浆完毕，待黏结砂浆初凝后，即可清理饰面上的余浆，并对柱面做全面擦洗。

5.6.3.2　圆柱体木条板饰面施工

圆形柱体以实木条板做面层装饰，可得到典雅古朴的效果，其贴面做法多是在装饰圆柱龙骨架上铺设一层弯曲性好的薄型胶合板（三夹板）作基面板，在其面层以胶黏剂粘贴企口木条板做表面装饰，最后做油漆显木纹透明涂饰。常用的实木条板宽度一般为60～80mm，厚度为12～20mm，如果圆柱体的直径较小时（小于$\phi350$），也可将木条板宽度再减少或者将木条板加工成曲面形。

(1) 铺设胶合板基面　圆柱体上安装胶合板基面（质量优良的三夹板），应事先在柱体骨架上试铺。如果弯曲贴合有困难，可在胶合板背面用墙纸刀切割一些竖向卸力槽，每两条刀槽的间距10mm左右，槽深1mm左右。

在圆柱体木质骨架的外面刷胶，可采用乳胶、万能胶等各种黏结性能好的胶黏材料。木龙骨刷胶后，即将胶合板以横向形式用长边围住柱体骨架包覆粘贴，而后用铁钉或打钉枪打钉，从一侧开始顺序向另一侧固定。在其对缝处的用钉需适当加密，采用铁钉时应注意将钉头埋入胶合板表面，最后以油性腻子嵌填钉孔及其他缝隙。如果直接以薄胶合板做圆柱的饰面层，其装饰处理应按细木工程及油漆涂饰的有关规定进行操作。在通常的装饰工程中，这种做法多是作为柱体的基面，在基上还需做其他饰面，如镶贴实木企口条板包覆彩色钢板和镀锌钢板，安装镜面不锈钢板及黄铜板，或是装设铝合金板、镁铝曲板、激光玻璃装饰板等。圆柱体上的胶合板基面，其安装质量至关重要，它是圆形装饰柱体表层造型的重要因素，同时也是圆柱体终饰的构造基层，尺度、圆度、平整度和垂直度等必须精确、稳定、牢靠，应采用符合技术标准的材料。

(2) 实木条板安装　实木条板在圆柱体上安装时，普遍的做法是将其粘贴于上述胶合板基面上。有的也采用铁钉铺钉，这种做法的缺点在于：如果将其钉结于三夹板基面，由于基层较薄，难以将钉件紧固，同时容易将基面三夹板钉裂；如果将其固钉于木龙骨上，会增设过多的横向龙骨而浪费工料。为此，采用黏结的做法较为适宜。

① 试排　根据圆柱的周长和实木条板的宽度，对条板进行试排以确定其纵横数量。

② 划线　根据试排结果，在圆柱上的胶合板基面上弹竖向分格线及划出横向分层线(如有拼花即画出拼板位置线)。

③ 刷涂胶黏剂　清理基面，保证胶合面的洁净、平整和干燥，而后在实木条板粘贴的位置上刷涂胶液。胶黏剂的具体使用方法，应参照所用材料的使用说明。

④ 条板镶贴　将实木条板镶贴于已涂胶的柱面，贴正、压平、粘牢。以手按压稳板的时间，应按照所用胶黏剂的性能及其固化时间而定。一般新型快干胶黏剂的固化时间较为迅速，因此要求粘贴操作力求干净准确，胶液开始固化时不得再移动板块。较常见的圆柱面实木条板，有平口和企口两类；其板缝处的拼接形式，有 V 形缝、U 形缝和密缝三种表面效果。圆柱体实木条板饰面如图 5-79 所示。

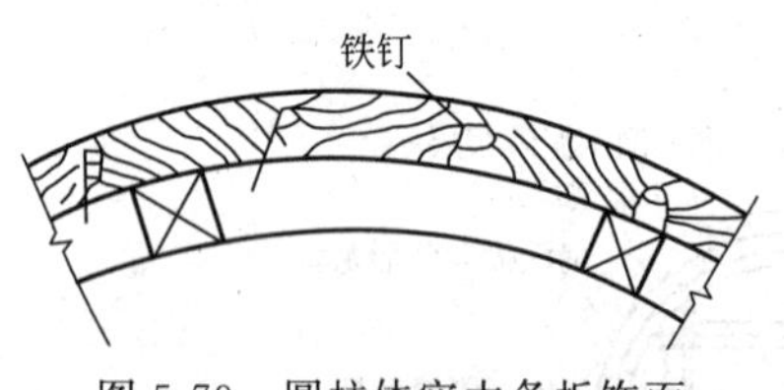

图 5-79　圆柱体实木条板饰面

⑤ 终饰　圆柱面实木条板镶贴后，可按木质面清漆涂饰做法进行终饰，最后可擦软蜡出光。

5.6.3.3　不锈钢板柱面装饰施工

不锈钢装饰用于室内饰件，其强烈的金属质感和抛光的镜面效果，能够形成较突出的现代风格。由于其强度、硬度较优异，在施工和使用过程中不易变形。不锈钢板在柱体上安装通常有平面式和圆柱面式，不锈钢板圆形柱面如图 5-80 所示。在方柱体上安装不锈钢板，通常需要木夹板做基层。在大平面上用万能胶或硅酮（聚硅氧烷）结构密封胶把不锈钢板面粘贴在基层木夹板上，然后在转角处用不锈钢或钛金板成型角做压边处理。不锈钢质的圆柱饰面面板，需要在工厂专门加工成所需要的曲面。

(1) 不锈钢的基本类型和性能　不锈钢是含铬 12%以上、具有耐腐蚀性能的铁基合金。可分为不锈耐酸钢与不锈钢两大类，前者具有耐酸性能并同时兼具抵抗化学品侵蚀的性能；而后者能够耐大气腐蚀，特别是具有抗氧化性能，故而能够不锈，但它不一定耐酸。通常人们把这两种钢统称为不锈钢。

不锈钢又可分为马氏体型、铁素体型和奥氏体型等不同类型。这种分类，主要是根据不锈钢在高温淬火处理时的反应及其微观组织特点而区分。

用于装饰工程的不锈钢主要是板材，以其表面特征可分为两种类型，即平面板和凹凸板。平面板又可分为光泽板与无光泽板，即镜面板和亚光板；凹凸板又可分为深浮雕板和浅浮雕花纹板。使用比较多的是薄型高精度磨光的不锈钢板，其厚度为 0.75mm、1.5mm、2.5mm、3.0mm。

(2) 不锈钢焊接基本技术

① 焊接方法的选择　不锈钢的焊接方法有手工电弧焊、埋弧焊、钎焊、接触焊等。不同的焊接方法，在操作工艺、加热温度及经济费用等方面也有所区别，须根据不锈钢材料的焊接性能及各种焊接方法的特点来选择适宜的焊接方法。

② 焊接材料　主要是指焊条，也包括一些焊丝、焊剂、焊粉和焊料等。不同的不锈钢类型适用的不锈钢焊条也不尽相同；而且同一钢种由于焊接工件结构形状、焊接施工的工作条件和环境条件的差异，也往往要求选用不同品种的焊条。选择焊条的一般方法包括两个方面：一是按所用不锈钢材料的强度而选择相应强度等级的焊条；二是焊着金属的化学成分在

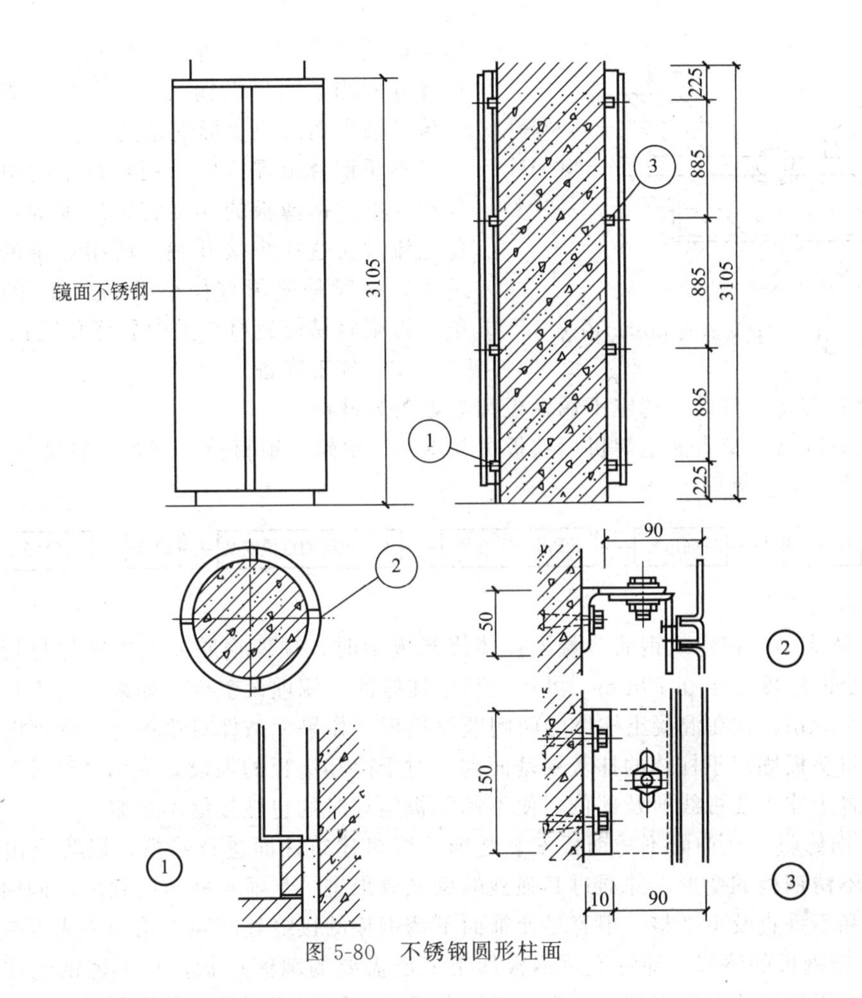

图 5-80 不锈钢圆形柱面

原则上应尽可能地接近于母材。

③ 焊接工艺

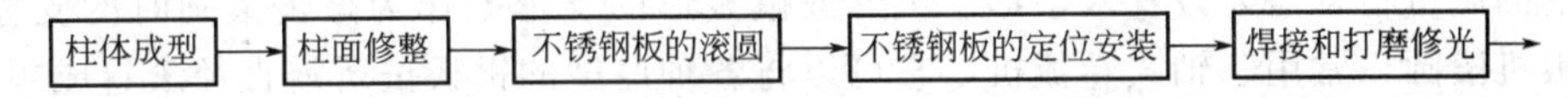

a. 焊缝形式 不锈钢板的焊接方式多为对接，很少采用搭接。但在对接施焊时，因板材的厚度不同而有较多差异。一般情况下，对于厚度小于 1.2mm 不锈钢板的焊接，可采用平口焊缝；对于厚度大于 1.2mm 不锈钢板的焊接，宜采有 V 形坡口焊缝；当板厚大于 6mm 时，往往需要采用 X 焊缝。

b. 焊缝间隙 当焊缝间隙过小时，容易造成未焊透等问题；如果焊缝间隙过大，又易引起裂缝、夹渣等焊缝缺陷。

c. 角向焊接 在不锈钢装饰部件的制作和安装作业中，有时需对其进行角向焊接。

d. 焊接次序 不锈钢的热胀系数较大，尤其是奥氏体不锈钢，其热胀系数较之普通低碳钢约增大 50%。为防止焊接变形的产生，除了采用各种刚性夹具作反变形措施外，还需根据焊接工件的形状、尺寸、焊接方式及焊接温度等因素，对焊接次序进行合理安排。目前常用方法有跳焊法、分段反向焊接法等多种。

e. 垫板与压板的使用 由于不锈钢施焊时在焊接热影响区聚集热量而容易导致变形，故在焊接工艺上还需采取加快焊接热量散失的措施。在实际工程中，较多采用的是加设垫板的方法。在不锈钢薄板的焊接施工中，其垫板宽度一般为 20～25mm，并且与母材材质相同。

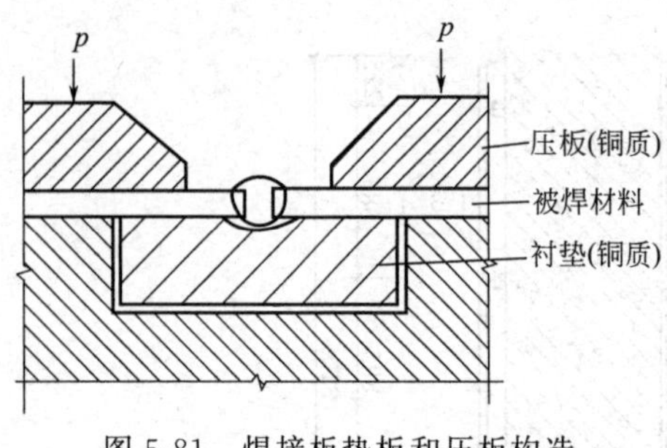

图 5-81 焊接板垫板和压板构造

如果焊接温度较高，可采用铜质垫板，在不锈钢板焊缝两侧上面另设铜质压板，以使焊接热量尽快传导散失而防止变形现象的产生，如图 5-81 所示。不锈钢薄板焊接应采用在较小的电流下快速焊接，不锈钢薄板的焊接宜单层施焊，应注意避免电流过大造成焊接开裂。所用焊条的直径不宜过大，一般是使用直径小于 3.2mm 的不锈钢焊条，否则容易使板材产生微裂缝和气孔。

(3) 施工准备

① 材料准备　依设计选定不锈钢板和电焊条等材料。

② 机具准备　交直流电焊机、卷板机及木锤、电钻、射钉枪、钢管、卷尺等。

(4) 施工工艺流程

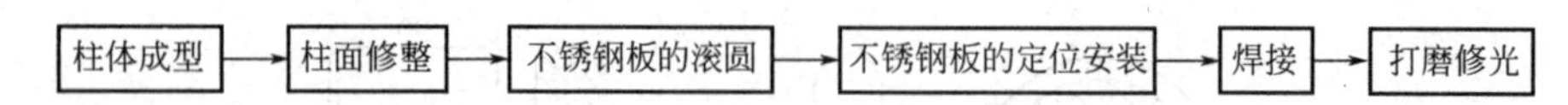

(5) 施工要点

① 柱体成型　在建筑钢筋混凝土柱体浇筑成型时，预埋钢质或钢质冷却垫板。如果饰面不锈钢板的厚度小于 0.75mm，可在混凝土柱体的一侧埋设垫板；如果饰面不锈钢板的厚度大于 0.75mm，宜在混凝土柱体的两侧埋设垫板。如果无条件对垫板进行预埋时，应在柱体抹灰时将垫板固定于柱体的抹灰层基面内。对于冷却垫板的埋设，应结合环境特点，尽可能将其设置于非主要视线所及部位，使不锈钢板施焊时的包柱接缝不显眼。

② 柱面修整　在饰面不锈钢板安装之前，应对建筑柱面进行修整，以防止由于柱面缺陷而导致不锈钢板的变形，并通过其强烈的反光效果进一步显示柱体的缺陷；同时，建筑柱体的不圆和不垂直及不平整，很容易使饰面不锈钢板的接缝处间隙不均而造成焊接困难。

③ 不锈钢板的滚圆　即将不锈钢板加工成所需要的圆筒形状，是不锈钢包柱施工的重要环节。常用的做法有手工滚圆和卷板机滚圆两种。手工滚圆操作是将不锈钢板放在圆钢管上用木锤敲打，同时用薄铁皮做一个圆弧的样板，随时用样板检验敲出的不锈钢板弧度。为保证整形的质量，常需要设置米字形、星形或鼠笼形的支撑架作为敲击滚圆时的支撑措施。利用卷板机滚圆，常用三轴式卷板机，它可以将各种厚度的钢板按所需直径滚卷成规则的圆筒体。对于包柱不锈钢板的滚圆加工，需要将板材滚成两个标准的半圆，以备包覆柱体后焊接固定。

④ 不锈钢板的定位安装　滚圆加工后的不锈钢板与圆柱体包覆就位时，其拼联接缝处应与预设的施焊垫板位置相对应。安装时注意调整缝隙的大小，其间隙应符合焊接的规范要求（0～1.0mm），并须保持均匀一致；焊缝两侧板面不应出现高低差。可以用点焊或其他办法，先将板的位置固定，以利于下一步的正式焊接。

⑤ 焊接操作　为了保证不锈钢板的附着性和耐腐性不受损失，避免其对碳的吸收或在焊缝过程中混入杂质，应在施焊前对焊缝区进行脱脂去污处理。常采用的方法是，选用三氯代乙烯、苯、汽油、中性洗涤剂或其他化学药品，使用不锈钢丝细毛刷进行刷洗。必要时，还可以采用砂轮机进行打磨，使焊接区金属表面暴露。对于厚度在 2mm 以内的不锈钢板的焊接，一般不开坡口，而是采用平口对接方式。对于不锈钢板的包柱施工，其焊接方法应以手工电弧焊和气焊为宜。特别是厚度在 1mm 以下的不锈薄板，应采用气焊。当采用手工电弧焊进行薄板焊接时，须使用较细的焊条及较小的焊接电流进行操作。

⑥ 打磨修光　由于施焊，不锈钢板包柱饰面的拼缝处会不平整，而且黏附有一定量的

熔渣，为此，须使用适当方法将其修平和清洁。在一般情况下，当焊缝表面并无太明显凹痕或凸出粗粒焊珠时，可直接进行抛光。当表面有较大凹凸渣滓时，应使用砂轮机磨平而后换上抛轮做抛光处理。应将焊缝区加工成洁净光滑的表面，以焊缝痕迹不明显为佳。

5.6.3.4 方柱体不锈钢板饰面施工

（1）柱面不锈钢板安装　方柱体上安装不锈钢薄板做饰面，其基层也应是木质胶合板，柱体骨架上装设胶合板基面的操作如前所述。将其表面洁净后即刷涂万能胶或其他胶黏剂，将不锈钢板粘贴其上，如图5-82所示，然后在转角处用不锈钢成型角压边包角，如图5-83所示。在压边不锈钢成型角与饰面板接触处，可注入少量玻璃胶封口。

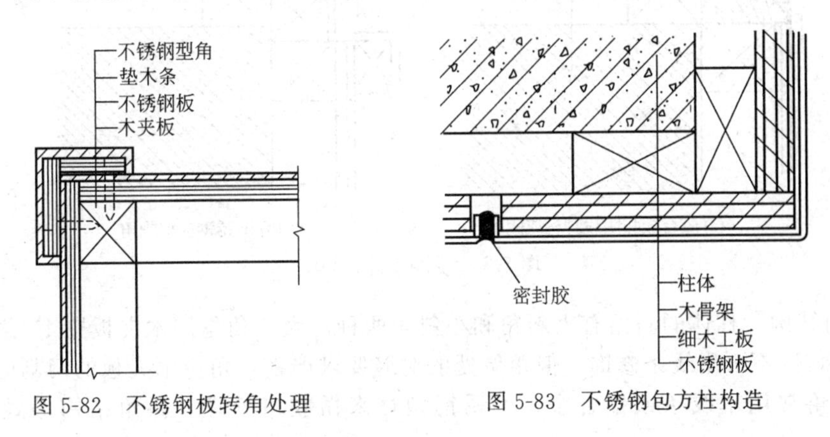

图5-82　不锈钢板转角处理　　图5-83　不锈钢包方柱构造

（2）方柱角位的构造处理　方柱角位的造型较多，柱体装饰完成后，要对上下端部收口封边。一般按设计图样在下部做金属（内衬底板）、石材或木质造型地角线。上部根据设计做造型，注意上下端部收口封边线的交合。

方柱角位的结构处理：方柱角位一般有阳角形、阴角形和斜角形3种。而这3种角又有木角结构及铝合金、不锈钢、钛金角位结构等。

① 阳角结构　阳角结构比较常见，其角位结构也较简单，两个面在角位处直角相交，再用压角线进行封角。压角线可以是木线条、铝角或铝角线材、不锈钢角或不锈钢角型材，以及铜角型材。角位的木线条可用钉接法固定，铝角和不锈钢角一般用自攻螺钉或者铆接法固定，阳角结构形式如图5-84所示。

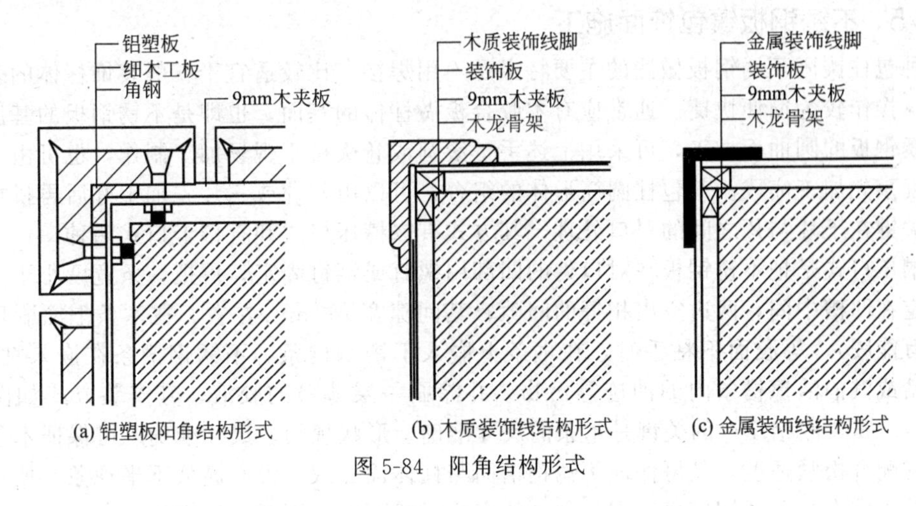

(a) 铝塑板阳角结构形式　(b) 木质装饰线结构形式　(c) 金属装饰线结构形式

图5-84　阳角结构形式

② 阴角结构　阴角也就是在柱体的角位上，做一个向内凹的角。这样的角结构常见于一些造型柱体。阴角的结构有木夹板和木线条，也有用铝合金或不锈钢成型型材来包角，其结构如图 5-85 所示。

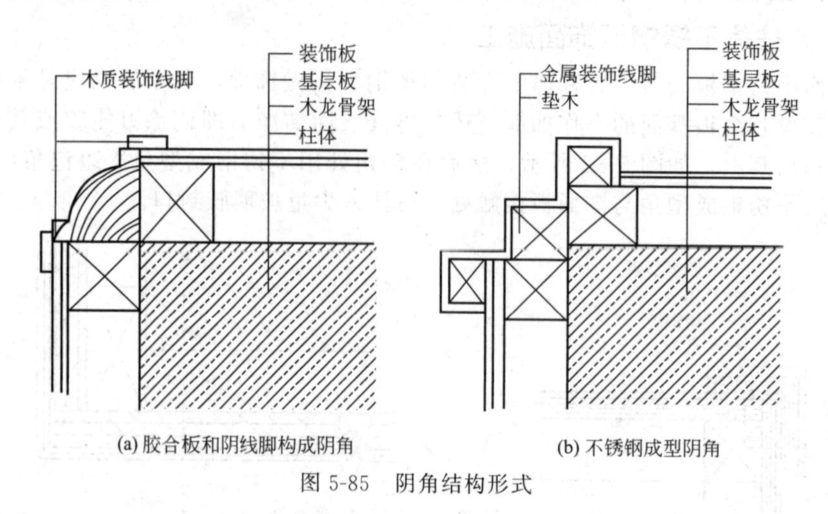

(a) 胶合板和阴线脚构成阴角　　(b) 不锈钢成型阴角

图 5-85　阴角结构形式

③ 斜角结构　柱体的斜角有大斜角和小斜角两种。大斜角是用木夹板按 45°角将两个面连接起来，角位不再用线条修饰，但角位处的对缝要求严密，角位木夹板的切割应用靠模来进行。小斜角常用木线条或铝合金、不锈钢型材来做收口处理。斜角结构形式如图 5-86 所示。

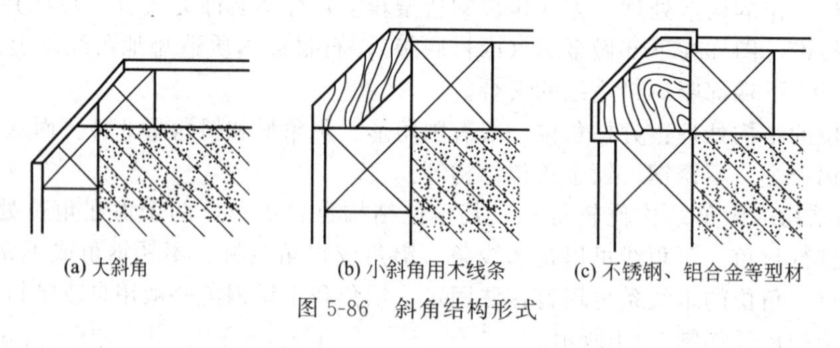
(a) 大斜角　　(b) 小斜角用木线条　　(c) 不锈钢、铝合金等型材

图 5-86　斜角结构形式

5.6.3.5　不锈钢板镶包饰面施工

这种包柱镶固不锈钢板做法的主要特点是不用焊接，比较适宜于一般装饰柱体的表面装饰施工，操作较为简便快捷。通常应有木胶合板做柱体的基面，也即是不锈钢板的基层。其饰面不锈钢板的圆曲面加工，可采用上述手工滚圆或卷板机于现场加工制作，也可由工厂按所需曲度事先加工完成。其包柱圆筒形体的组合，可以由两片或三片先加工好后再拼接。但安装的关键在于片与片之间的对口处理，其方式有嵌槽压口式和直接卡口式两种。

嵌槽压口式是把不锈钢板在对口处的凹部用螺钉或钢钉固定，再把一条宽度小于凹槽的木条固定在凹槽中间，两边空出相等的间隙，其间隙宽为 1mm 左右。在木条上涂刷环氧树脂胶（万能胶），等胶面不粘手时，在木条上嵌入不锈钢槽条。不锈钢槽条在嵌入粘接前，应用酒精或汽油清擦槽条内的油迹等污物，并涂刷一层薄薄的胶液，其安装方式如图 5-87（a）所示。安装嵌槽压口的关键是木条的尺寸准确、形状规则。尺寸准确既可保证木条与不锈钢槽的配合松紧适度，又可保证不锈钢槽面与柱体面一致，没有高低不平现象。所以，木条安装前，应先与不锈钢槽条试配，木条的高度一般不大于不锈钢槽内深度 0.5mm。

直接卡口式是在两片不锈钢对口处，安装一个不锈钢卡口槽，该卡口槽用螺钉固定于柱体骨架的凹陷处。安装不锈钢板时，只要将不锈钢板一端的弯曲部钩入卡口槽内，再用力推按不锈钢板另一端，利用不锈钢本身的弹性，使其卡入另一个卡口槽内即可，如图5-87(b)所示。

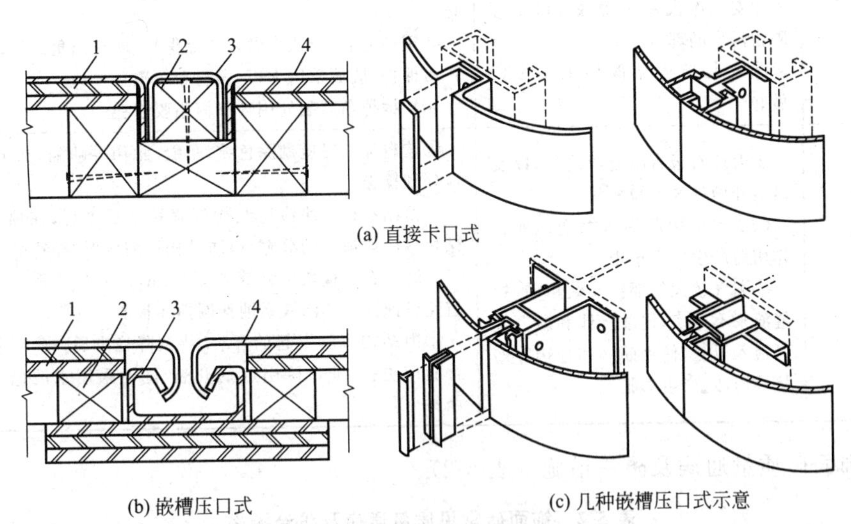

图5-87 圆柱面不锈钢安装示意

1—木夹板；2—垫木；3—不锈钢槽条；4—不锈钢板

5.7 墙柱面装饰施工质量通病及防治措施

（1）石材饰面质量通病及防治措施（表5-1）

表5-1 石材饰面常见质量通病及防治措施

质量通病	原因	防治措施
接缝不平，板面纹理不顺，色泽差异大	①对板材质量的检验不严，镶贴前未认真试拼 ②基层处理不合质量要求	①安装前应先将有缺棱、掉角、翘曲的板材剔出，并试拼，使板与板间纹理通顺，颜色协调 ②镶贴前先检查基层的平整情况，超过规定偏差应剔除或补齐
空鼓，脱落	①湿法作业，灌浆不当 ②粘贴作业，结合层水泥砂浆黏结不牢	①湿法作业，灌浆应分层，还需仔细插捣，结合部留50mm不一次灌满，使上下结合 ②粘贴作业、结合层水泥砂浆应满抹、满刮，厚薄均匀，结合层水泥砂浆中可掺水泥质量的5%的107胶 ③将空鼓脱落的大理石板拆下，重新安装镶贴
表面出现水印或泛白	使用碱金属氧化物含量高的外加剂。水泥及外加剂中的可溶性成分在水化作用时，由CaO等碱金属氧化物生成$Ca(OH)_2$等，这类水溶液渗入石材内部，又从石材表面蒸发产生泛白	①尽量选用碱金属氧化物含量低的水泥和不含可溶性盐的集料，尽量不使用碱金属氧化物含量高的外加剂 ②做好嵌缝处理，嵌缝须用胶黏剂或防水密封材料，阻止水渗入板缝 ③石材表面磨光、打蜡，不使水分积滞，或涂有机硅于石材背面，阻塞碱金属水溶液进入石材内部 ④冬季宜采用"干挂法"施工 ⑤对于新泛白的墙面，用清水冲洗，对于较长时间的泛白，用3%的溴酸和盐酸溶液清洗，再用清水冲洗

续表

质量通病	原因	防治措施
墙面碰损，污染	①板材在搬运、堆放中操作不妥当 ②安装中没及时清洗被砂浆等脏物污染的部位 ③安装后成品保护未按规定做好	①搬运、堆码过程必须直立，避免一角着地导致棱角受损 ②浅色石材不宜用草绳包装，施工中蘸上砂浆或胶料，随时擦净 ③镶贴完后，应认真做好成品保护，所有阳角部位，应用2m高木板保护，墙面采用木板、塑料布等覆盖 ④缺棱掉角断裂处用环氧树脂胶修补
板材开裂	①大理石板有暗缝等隐伤，以及凿洞开槽处产生缺陷 ②受到结构沉降压缩变形外力作用而产生应力集中 ③潮气较大的部位安装粗糙、板缝灌浆不严实，侵蚀气体和湿空气易透入板缝，使钢筋网和挂钩等连接件锈蚀，产生膨胀	①选料加工时应剔除色纹、暗缝、隐伤等缺陷；加工孔洞、开槽应仔细操作 ②镶贴石材板块应待结构沉降稳定后进行，在顶部或底部镶贴块材应留适当的缝隙，以防结构压缩变形，导致块材破坏开裂 ③磨光石材板块接缝缝隙≤1mm，灌浆应饱满，嵌缝应严密，避免腐蚀性气体渗入锈蚀挂网损坏板面 ④因结构沉降引起的开裂，待沉降稳定后，视不同程度，进行补缝或更换；非沉降引起的开裂，随时采用水泥色浆掺107胶修补

（2）饰面砖质量通病及防治措施（表5-2）

表5-2　饰面砖常见质量通病及防治措施

质量通病	原因	防治措施
接缝不平直，缝宽不均匀	①施工前对釉面砖挑选不严格 ②挂线、贴灰饼、排砖不规矩	①认真挑选釉面砖，剔出有缺陷的釉面砖。同一面墙上应用同一尺寸的釉面砖，以做到接缝均匀一致 ②粘贴前做好规矩，用釉面砖贴灰饼，划出标准，阳角处要两面抹直 ③每贴好一行釉面砖，应及时用靠尺板横、竖向靠直，偏差处用灰匙木柄轻轻敲平，及时校正横、竖缝平直
变色、泛黄、发花、污染	①釉面砖质量不好，背面是未施釉坯体，吸水率大，使溶解在液体中的各种颜色逐渐渗透，且釉面砖施釉厚度小(小于1mm)，遮盖力低，变色从正面反出 ②釉面砖质地疏松，施工前浸泡不透，粘贴砂浆中的浆水或不洁净水从釉面砖背面渗进砖坯内，并慢慢地从透明釉面上反映出来，致使釉面砖变色	①生产釉面砖时，提高釉面砖坯体的密实度，减小吸水率，并且增加施釉厚度，使其大于1mm，阻透色效果好 ②施工中，应用洁净水浸泡釉面砖，粘贴釉面砖的砂浆，应使用干净的原材料进行拌制。粘贴应密实，砖缝应嵌塞严密，砖面应擦洗干净
空鼓、脱落	①基层没有处理好，墙面未湿润，砂浆失水太快造成黏结力低，或浸泡的砖未晾干就粘贴，浮水使砖浮动下坠；墙面有油污 ②砂浆不饱满、厚薄不均匀、嵌缝不密实或漏嵌 ③砂浆已经收水，再对粘贴完的釉面砖进行纠偏移动	①基层清理干净，表面修补平整，墙面洒水湿透。釉面砖使用前，必须用水浸泡不少于2h，取出晾干，方可粘贴 ②釉面砖黏结砂浆过厚或过薄均易产生空鼓。厚度一般控制在7～10mm，必要时掺入水泥质量3%的107胶，提高黏结砂浆的和易性和保水性；粘贴釉面砖时用灰匙木柄轻轻敲击砖面，使其与底层黏结密实牢固，黏结不密实时，应取下重贴 ③当釉面砖墙面有空鼓和脱落时，应取下釉面砖，铲去原有黏结砂浆，采用107胶聚合物水泥砂浆粘贴修补
釉面砖表面裂缝	①釉面砖质量不好，材质松脆，吸水率大，因受湿膨胀较大而产生内应力，使砖面开裂 ②釉面砖在运输和操作过程中产生隐伤而裂缝	①应选用材质密实、吸水率小于10%的釉面砖，粘贴前釉面砖要浸泡透 ②将有隐伤的釉面砖挑出，使用和易性、保水性较好的砂浆粘贴，操作时不要用力敲击砖面，防止产生隐伤

（3）木质护墙板施工常见通病及防治方法（表5-3）

表5-3　木质护墙板施工常见通病及防治方法

项目	主要原因	防治方法
饰面板有开缝、翘曲现象	①原饰面夹板湿度过大 ②平整度不好 ③饰面板本身翘曲	①检查所购进饰面板的平整度，含水率不得大于15% ②做好施工工艺交底，严格按照工艺规程施工
木龙骨固定不牢，阴阳角不方，分格档距不合规定	①施工时没有充分考虑装修与结构的配合，没有为装修提供条件，没有预留木砖，或木档留得不合格 ②制作木龙骨时的木料含水率过大或未做防潮处理	①要认真地熟悉施工图纸，在结构施工过程中，对预埋件的规格、部位、间距及装修留量一定要认真了解 ②木龙骨的含水率应小于15%，并且不能有腐朽、严重的死疖疤、劈裂、扭曲等缺陷 ③检查预留木楔是否符合木龙骨分档尺寸，数量是否符合要求
面层花纹错乱，棱角不直，表面不平，接缝有黑纹	①原材料未进行挑选，安装时未对色、对花 ②胶合板面透胶未清除掉，上清油后即出现黑斑、黑纹	①安装前要精选面板材料，涂刷两遍底漆做防护；将树种、颜色、花纹一致的板材使用在一个房间内 ②使用大块胶合板做饰面时，板缝宽度间距可以用一个标准的金属条做间隔基准

5.8　墙、柱面构造设计与施工实训

（1）实训目的　通过构造设计、施工操作系列实训项目，充分理解墙、柱面工程的构造、施工工艺和验收方法，使学生在今后的设计和施工实践中能够更好地把握墙、柱面工程的构造、施工及验收的主要技术关键。

（2）实训内容　根据本校的实际条件，选择本任务书两个选项的其中之一进行实训。

表5-4　墙、柱面构造设计实训项目任务书（选项一）

任务名称	墙、柱面构造设计实训
任务要求	选择本校某大楼门厅的一个墙或柱面，将其还原成构造设计图
实训目的	理解墙、柱面构造原理
行动描述	①深入观察分析所要还原的墙、柱面，分析其构造组成 ②画出构造图，并标注其材料与工艺 ③构造图符合国家制图标准
工作岗位	本工作属于设计部，岗位为设计员
工作过程	①选定一个需还原的构造对象，分析其可能的构造组成 ②画出结构分析草图 ③根据分析草图，分别画出墙或柱的平面、立面、主要节点大样图 ④标注材料与尺寸 ⑤编写设计说明 ⑥填写设计图图框并签字
工作工具	笔、纸、计算机
工作方法	①先查找类似资料，分析特定墙、柱面的构造特点 ②明确构造设计的任务要求 ③熟悉制图标准和线型要求 ④确定构造设计方案，然后进行深入设计 ⑤结构设计要求达到最简洁、最牢固的效果 ⑥图面表达尽量做到美观清晰

表 5-5 内墙镶、贴、涂、裱施工训练项目任务书（选项二）

任务名称	内墙镶、贴、涂、裱施工(根据学校实训条件 4 选 1)
任务要求	6～8m² 的内墙镶、贴、涂、裱施工工艺编制及施工操作和质量验收，并写出实训报告
实训目的	通过实践操作掌握内墙镶、贴、涂、裱施工工艺和验收方法，为今后走上工作岗位做好知识和能力方面的准备
行动描述	教师根据授课要求提出实训要求。学生实训团队根据设计方案和实训施工现场，对 6～8m² 的内墙进行镶、贴、涂、裱施工工艺的编制，进行施工操作、工程验收。工程完工后，各项资料按行业要求进行整理。实训完成以后，学生写出实训报告
工作岗位	木工作涉及设计部设计员岗位和工程部材料员、施工员、资料员、质检员岗位
工作过程	详见教材相关内容
工作要求	各项施工过程需按国家验收标准的要求进行
工作工具	记录本、合页纸、笔、照相机、卷尺等
工作团队	①分组。6～10 人为一组，选 1 名项目组长，确定 1～3 名见习设计员、1 名见习材料员、1～3 名见习施工员、1 名见习资料员、1 名见习质检员 ②各成员分头进行各项准备，做好资料、材料、设计方案、施工工具等准备工作
工作方法	①项目组长制订计划及工作流程，为各成员分配任务 ②见习设计员准备图纸，向其他成员进行方案说明和技术交底 ③见习材料员准备材料，并主导材料验收工作 ④见习施工员带领其他成员进行放线，放线完成后进行核查 ⑤按施工工艺进行各项施工操作，完工后清理现场，准备验收 ⑥由见习质检员主导进行质量检验 ⑦见习资料员记录各项数据，整理各种资料 ⑧项目组长主导进行实训评估和总结，并与团队成员一起撰写实训报告 ⑨指导教师核查实训情况，并进行点评

(3) 实训要求

① 选择选项一者，需按逻辑顺序将所绘图纸装订成册，并制作目录和封面。

② 选择选项二者，以团队为单位写出实训报告（实训报告示例见附录）。

③ 在实训报告封面上要有实训考核内容、方法及成绩评定标准，并按要求自我评价。

(4) 特别关照　实训过程中要注意安全。

(5) 测评考核　见表 5-6 和表 5-7。

表 5-6 墙、柱面工程构造设计实训考核内容、方法及成绩及评定标准

考核内容	评价项目	指标/分	自我评分	教师评分
设计合理	材料标注正确	20		
	构造设计工艺简洁、构造合理、结构牢固	40		
设计符合规范	线型正确、符合规范	10		
	构图美观、布局合理	10		
	表达清晰、标注全面	10		
图面效果	图面整洁	5		
设计时间	按时完成任务	5		
任务完成的整体水平		100		

表 5-7　面砖铺贴实训考核内容、方法及成绩评定标准

项目	考核内容	考核方法	要求达到的水平	指标/分	小组评分	教师评分
对基本知识的理解	对内墙面砖理论的掌握	编写施工工艺	正确编制施工工艺	30		
		理解质量标准和验收方法	正确理解质量标准和验收方法	10		
实际工作能力	在校内实训室场所进行实际动手操作，完成实操任务	检测各项能力	技术交底的能力	8		
			材料验收的能力	8		
			放样弹线的能力	4		
			面砖装配调平和面砖安装的能力	12		
			质量检验的能力	8		
职业能力	团队精神、组织能力	个人和团队评分相结合	计划的周密性	5		
			人员调配的合理性	5		
验收能力	根据实训结果评估	实训结果和资料核对	验收资料完备	10		
任务完成的整体水平				100		

（6）总结汇报

① 实训情况概述（任务、要求、团队组成等）。

② 实训任务完成情况。

③ 实训的主要收获。

④ 存在的主要问题。

⑤ 团队合作情况（个人在团队中的作用、团队的整体表现、团队的竞争力等）。

⑥ 对实训安排的建议。

附　　录

一、内墙贴面砖实训报告（编写提纲）

团队成员	姓名	主要任务
项目组长		
见习设计员		
见习材料员		
见习施工员		
见习资料员		
见习质检员		
其他成员		

二、实训计划

工作任务	完成时间	工 作 要 求

三、实训流程

1. 技术准备

① 根据实训现场条件及设计图纸，进行面砖编排等深化设计。

② 材料检查。

③ 编制施工方案，经项目组充分讨论后，送达指导教师进行审批。

④ 熟悉施工图纸及设计说明，对操作人员进行技术交底，明确设计要求。

内墙贴面材料要求

序号	材料	要　求
1	水泥	
2	砂子	
3	面砖	

2. 机具准备

内墙面砖工程机具设备

序号	分类	名　称
1	机械	
2	工具	
3	计量检验用具	

3. 作业条件准备

① 主体的结构施工完成后并经检验合格。

② 面砖及其他材料已进场，经检验其质量、规格品种、数量及各项性能指标符合设计和规范要求并复试合格。

③ 各种专业管线、设备、预埋件已安装完成，经检验合格并办理交接手续。

④ 门窗框已安装完成，嵌缝符合要求。门窗框已贴好保护膜，栏杆、预留孔洞及雨水管预埋件等已施工完毕，且均通过检验，质量符合要求。

⑤ 施工所需的脚手架已搭设完成，垂直运输设备已安装好，符合使用要求和安全规定，并经检验合格。

⑥ 施工现场所需的临时用水、用电及各种工具、机具准备就绪。

⑦ 各控制点、水平标高控制线测设完毕，并经预检合格。

4. 施工工艺

工序	施工流程	施　工　要　求
1	准　备	
2	粘　贴	
3	收　口	

5. 验收方法

内墙面砖工程质量标准和检验记录见下表。

内墙面砖工程质量标准和检验记录

序号	分项	质量标准		
1	主控项目			
2	一般项目	项目	内墙面砖允许偏差/mm	检验方法
		立面垂直度		
		表面平整度		
		阴阳角方正		
		接缝直线度		
		接缝高低差		
		接缝宽度		

6. 整理资料

以下各项工程资料需要装入专用资料袋。

序号	资料目录	份数	验收情况
1	设计图纸		
2	现场原始实际尺寸		
3	工艺流程和施工工艺		
4	工程竣工图		
5	验收标准		
6	验收记录		
7	考核评分		

第6章

轻质隔墙工程

轻质隔墙是室内空间分隔常用的方法之一，在古今中外的建筑中都占有重要位置，特别是轻质隔墙的设置与运用，是室内空间进一步分隔与完善的过程，是空间设计的深化，是使空间更加合理、实用的重要方法。

现代意义的轻质隔墙，根据空间功能的要求，通过设计手段，采用新型材料、先进的构造方法和施工工艺，对室内空间做更深入的划分，从而使室内空间更加丰富，功能更加完善。

常见的隔墙形式有两种：一种是在建筑承重结构之间砌筑砌块或镶置轻质板材，形成空间的完全分隔，使空间完全独立；另一种则是在相邻空间或大空间中设置屏风、罩、博古架、帷幕甚至家具等，形成不完全分隔的隔断，使空间既分隔又联系。

6.1 轻质隔墙概述

6.1.1 轻质隔墙的基本知识

（1）轻质隔墙的定义　轻质隔墙是指分隔建筑空间的墙体构件。建筑中的承重墙主要为承受荷载的结构部分，尽管也起分隔建筑空间的作用，习惯上却不列入隔墙的范围。所以，从狭义的角度上讲，轻质隔墙是分隔建筑物内部的非承重构件，其本身的重量由梁和楼板来承担。因而对隔墙的构造组成要求为自重轻、厚度薄。

根据轻质隔墙构造做法的特点和分隔功能的差异分为普通隔墙与隔断。普通隔墙与隔断在功能和结构上有很多相同及不同的地方。

（2）轻质隔墙的功能和优点

① 隔墙的主要功能　隔墙主要用于室内空间的垂直分隔。根据所处的条件与环境的不同，还具有隔声、防火、防潮、防水等功能。

② 隔墙的优点　隔墙具有自重轻、墙体薄、隔声性好、抗震性好，对于特殊部位可以进行防火、防潮、防腐处理等优点，被广泛应用于室内空间的分隔。

自重轻的隔墙叫作轻质隔墙。有人认为每 $1m^2$ 的墙面自重小于 100kg 可称为轻质隔墙，此值可作为参考。隔墙达到轻质的目标，一般从组成材料和构造方法两个方面考虑。采用轻质材料，可以从根本上减轻隔墙的自重，例如使用空心砌块、泡沫材料、塑料代替钢材等。采用合理的结构与构造形式减薄墙体的厚度，改善墙体的内部构造体系，也可以达到减轻墙身自重的目的，例如采用轻钢结构组建墙体中空心构造做法等。

（3）普通隔墙与隔断的联系与区别

① 普通隔墙与隔墙均可分隔建筑物的室内空间，均为非承重建筑构件。

② 分隔空间的程度与特点不同。一般的情况下，普通隔墙高度都是到顶的，其既能在较大程度上限定空间，即完全分隔空间，又能在一定程度上满足隔声、遮挡视线等要求。而隔断限定空间的程度较弱，其高度可到顶，也可不到顶，隔声、遮挡视线等往往并无要求，并具有一定的空透性，使两个空间有视线的交流，相邻空间有似隔非隔的感觉。

③ 安装、拆装的灵活性不同。普通隔墙一旦设置，往往具有不可变动性，至少是不能经常变动的；而隔断在分隔空间上则比较灵活，可随意移动或拆除，在必要时可随时连通或者分隔相邻空间。

有时，普通隔墙与隔断在构造形式和功能上不易区分开来，故在此把两者统一在一个隔墙的概念中进行研究。

6.1.2 轻质隔墙的分类

6.1.2.1 按材料分类

按照材料分类，常用的室内轻质隔墙可分为普通隔墙、特殊材料隔墙等。

(1) 普通隔墙　普通隔墙按其组成材料与施工方式不同可划分为轻质砌体隔墙、立筋隔墙、条板隔墙等。

① 轻质砌体隔墙　轻质砌体隔墙通常是指用加气混凝土砌块、空心砌块、玻璃空心砖及各种小型轻质砌块等砌筑而成的非承重墙，其具有防潮、防火、隔声、取材方便、造价低等特点。传统砌块隔墙由于自重大、墙体厚、需现场湿作业、拆装不方便，在工程中已逐渐少用。

② 立筋隔墙　立筋隔墙主要是指骨架为结构外贴饰面板的隔墙，其骨架通常以木质或金属骨架为主，外加各种饰面板(图6-1)。这种隔墙施工比较方便，被广泛采用，但造价较高，如轻钢龙骨石膏板隔墙等。

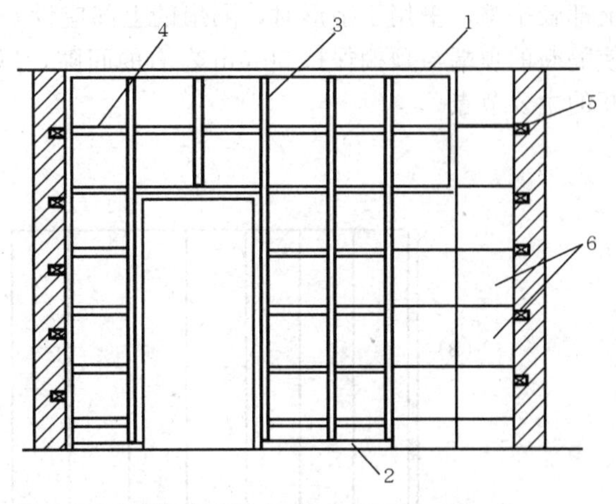

图6-1　立筋式隔墙构造示意

1—上槛；2—下槛；3—立筋；4—横撑；5—木砖；6—板材

③ 条板隔墙　条板隔墙指不用骨架，而采用比较厚的、高度等于隔墙总高的板材拼装而成的隔墙，多以灰板条、石膏空心条板、加气混凝土墙板、石膏珍珠岩板等制作而成。其具有取材方便、造价低等特点，但防潮、隔声性能较差。目前，各种轻型的条板隔墙在室内隔墙中应用比较多，如旧房改造用条板隔墙加设卫生间等。

(2) 特殊材料隔墙　特殊材料隔墙主要是玻璃砖隔墙。

① 材料特点　具有较高强度，装饰效果好，光滑易清洁，隔声性能好，具有透光性，较多应用于公共空间和卫生间等。

② 施工工艺　一般采用砌筑方式，当面积较大时应增加支撑骨架，玻璃砖墙的骨架要与结构连接牢固。为保证施工质量，一次性砌筑高度不超过1.5m，待胶黏剂干燥后再继续施工。最后进行嵌缝处理。

6.1.2.2 按隔墙的围合高度分类

（1）高隔断　通常将高度在 1800mm 以上的隔断称为高隔断。因在此限定的界面对视线形成较好的阻挡效果，且互相干扰少，所以在私密性要求较高的场所，一般采用高隔断来分划建筑室内空间。

（2）一般隔断　通常将高度为 1200～1800mm 的隔断称为一般隔断。这种隔断广泛运用于现代办公空间、休闲娱乐空间等各种室内空间中。一般隔断以适宜的高度给人以分而不隔的感觉，是最常见的一种分隔方式。

（3）低隔断　通常将高度在 1200mm 以下的隔断称为低隔断。低隔断大多指花池、栏杆等，它产生的分隔感较弱，因此被隔断的空间通透性较强。

6.1.2.3 按隔墙的固定方式分类

（1）固定式隔断　固定在一个地方而不可随意移动的隔断为固定式隔断，多用于空间布局比较固定的场所。固定式隔断的功能要求比较单一，构造也比较简单，类似普通隔墙，但它不受隔声、保温、防火等限制，因此选材、构造、外形就相对自由一些、活泼一些。

（2）活动式隔断　又称移动式隔断或灵活隔断。活动式隔断的特点为自重轻、设置较为方便灵活。但是为了适应其可移动的要求，它的构造一般比较复杂。活动式隔断从其移动的方式上看，又可以分为以下几种。

① 拼装式隔断　拼装式隔断就是由若干个可装拆的壁板或门扇拼装而成的隔断，这类隔断的高度一般在 1800mm 以上，隔扇多用木框架，两侧粘贴纤维板或胶合板，在其上还可贴面料饰面或包人造革，在两面板之间还可设隔声层。相邻两扇的侧边做成企口缝相拼。为装卸方便，隔断的上部设置一个通长的上槛，断面为槽形或丁字形。采用槽形时，隔扇的上部较平整，采用丁字形时，隔扇的上部应设一道较深的凹槽。不论采用哪一种上槛，都要使隔断的顶端与顶棚保持 50mm 左右的间隙，以保证装卸的方便。如图 6-2 所示是拼装式隔断的主要节点。

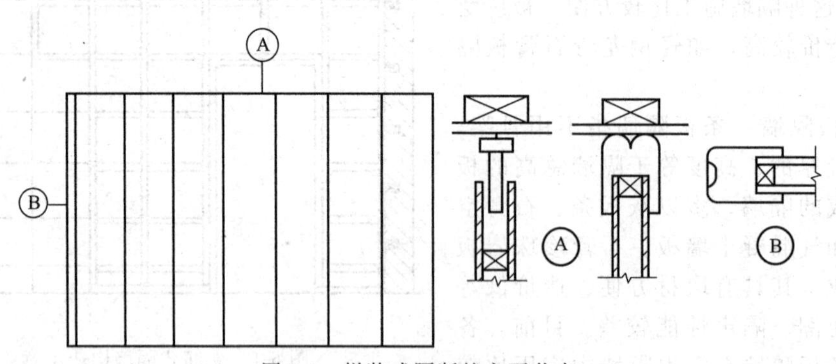

图 6-2　拼装式隔断的主要节点

② 镶板式隔断　镶板式隔断是一种半固定式的活动隔断，墙板分为木质组合板或金属组合板，其构造如图 6-3 所示，可以到顶也可以不到顶，它是预先在顶棚、承重墙、地面等处预埋螺栓，设立框架，然后将组合隔断板固定在框架中的五金件上，安装的隔断板多为木质组合板或金属组合板。

③ 直滑式隔断　直滑式隔断也有若干扇，这些扇可以各自独立，也可用铰链连接到一起。直滑式隔断单扇尺寸较大，扇高 3000～4500mm，扇宽 1000mm 左右，厚度为 40～60mm，其做法与拼装式隔扇相同。隔扇的固定方式有悬吊导向式固定和支撑导向式固定，如图 6-4 所示。支撑导向式固定方式的构造相对简单、安装方便。因为支撑构造的滑轮固定

在格扇下端，与地面轨道共同构成下部支撑点，并起到转动或移动隔扇的作用，而上部仅安装防止隔扇摆动的导向杆。

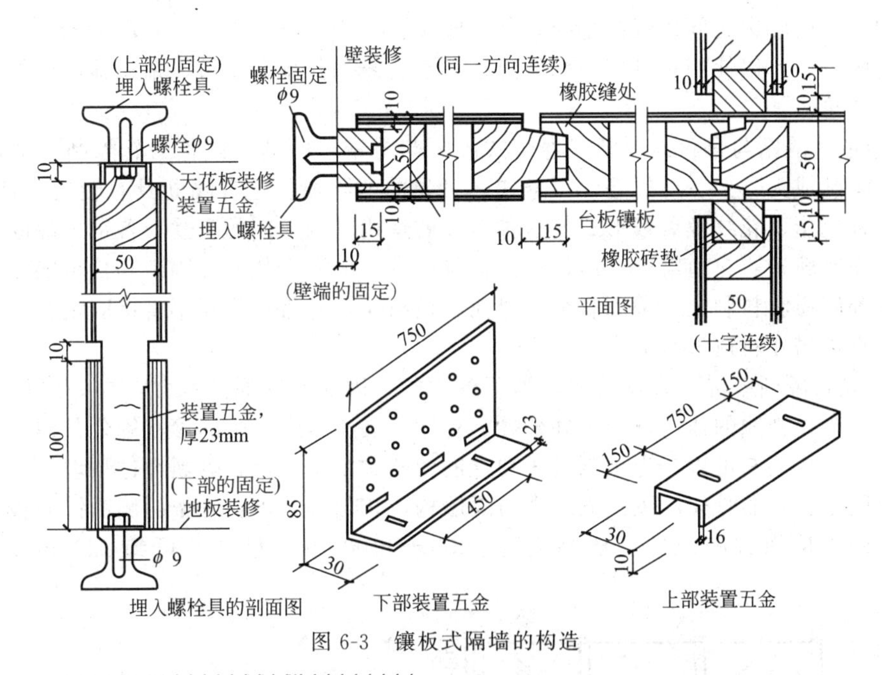

图 6-3　镶板式隔墙的构造

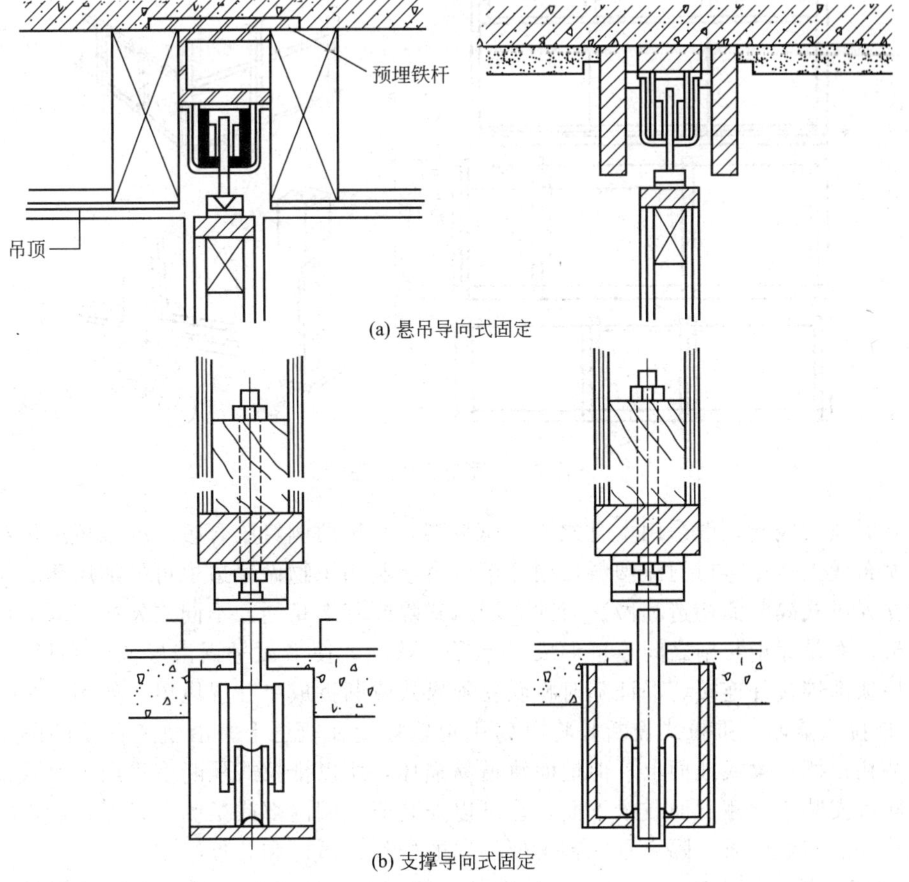

图 6-4　直滑式隔断隔扇的固定

④ 折叠式隔断　折叠式隔断由若干个可以折叠的隔扇组成，这些隔扇可以依靠滑轮在轨道上运动。隔扇有硬质和软质两种。硬质隔扇一般由木材、金属或塑料等材料制成。折叠式隔断中相邻两隔扇之间用铰链连接，每个隔扇上只需上下安装一个导向滑轮。折叠式隔断中的隔扇固定，可以使用顶棚底下的轨道通过滑轮悬吊隔扇，也可以依靠地面的导轨支撑隔扇底下的滑轮。

⑤ 卷帘式隔断与幕帘式隔断　卷帘式隔断与幕帘式隔断一般称为软隔断，即用织物或软塑料薄膜制成无骨架、可折叠、可悬挂、可卷曲的隔断。这种隔断具有轻便灵活的特点，织物的多种色彩、花纹及剪裁形式使这种隔断的运用受到人们的喜爱。幕帘式隔断的做法类似窗帘，需要轨道、轨道滑轮、吊杆、吊钩等配件。也有少数卷帘隔断和幕帘隔断采用塑料片、金属等硬质材料制成，采用管形轨道而不设滑轮，并将轨道托架直接固定在墙上，将吊钩的上端直接搭在轨道上滑动。

⑥ 屏风式隔断　屏风式隔断通常是不到顶的，因而空间通透性强，在一定程度上起着分隔空间和遮挡视线的作用，用于办公楼、餐厅、展览馆及医院的诊室等公共建筑中。

固定屏风式隔断可以分为预制板式和立筋骨架式。预制板式隔断通过预埋铁件与周围墙体、地面固定；立筋骨架屏风式隔断则与隔墙构造相似，它可在骨架两侧铺钉面板，也可镶嵌玻璃。固定屏风式隔断的一般高度为 1050～1700mm，最高的可到 2200mm，构造如图 6-5 所示。

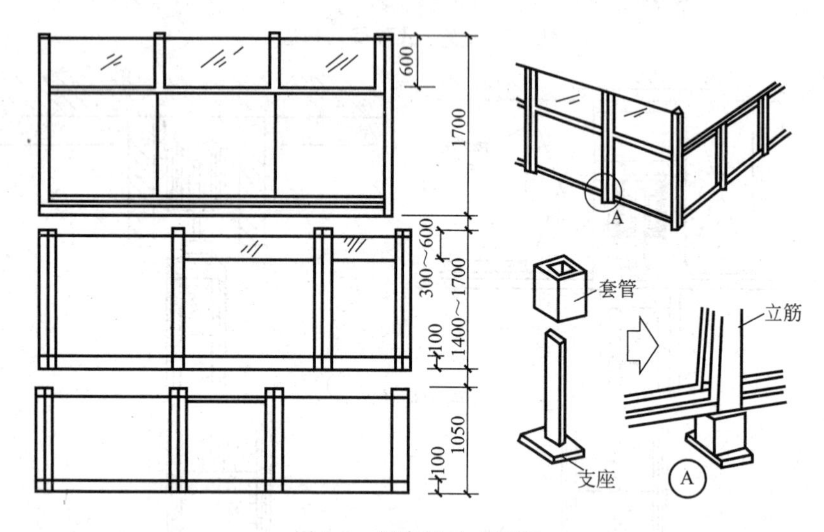

图 6-5　固定屏风式隔断

独立屏风式隔断一般采用木骨架或金属骨架，骨架两侧钉胶合板、纤维板或硬纸板，外面以尼龙布或人造革包衬泡沫塑料，周边可以直接利用织物做缝边也可另加压条。

联立屏风式隔断的构造和做法与独立屏风式隔断基本相同。不同之处在于联立屏风式隔断无支架，而是靠扇与扇之间连接形成一定形状站立，使平面呈锯齿形或十字形、三角形。一般采用顶部连接件连接，保证随时将联立屏风式隔断拆成单独屏风扇，如图 6-6 所示。

⑦ 推拉式隔断　推拉式隔断是将隔扇用辊轮挂置在轨道上，沿轨道移动的隔断。因轨道可安装在顶棚、梁或地面上，但地面轨道易损坏，所以推拉式隔断多采用上悬式滑轨。上悬式滑轨可安装于顶棚下面或梁下面，也可以安装于顶棚内部或梁侧面，而且后者的安装方法具有较好的美观效果。隔扇是一种类似门扇的构件，由框和芯板组成。

⑧ 隔扇、罩、博古架　隔扇一般是用硬木精工制作的隔框，隔心可以裱糊纱、纸，裙

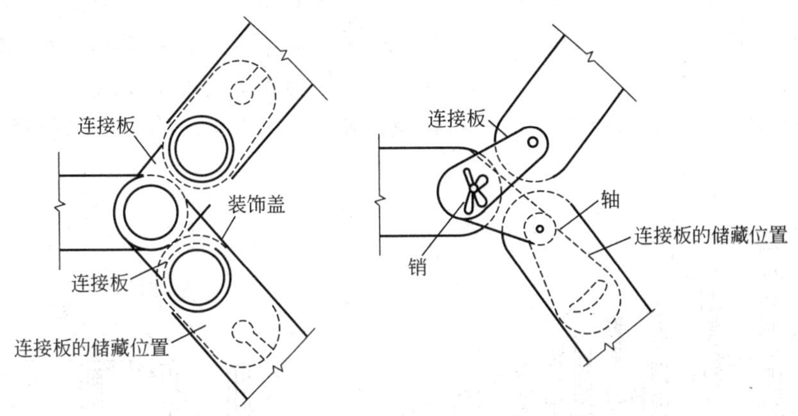

图 6-6　联立屏风式隔断的连接件

板可雕刻成各种图案，它最大的特点是开闭方便，自重轻，而且有装饰性。罩是梁、柱的附着物，用罩分隔空间，能够增加空间的层次，构成一种有分有合、似分似合的空间环境。博古架是一种陈放各种古玩和器皿的架子，其分格形式和精巧的做工又具有装饰价值。

6.2　轻钢龙骨纸面石膏板隔墙施工

骨架式隔墙是指以隔墙龙骨作为受力骨架，两侧安装罩面板形成墙体的轻质隔墙。龙骨骨架内可以根据隔声或保温设计要求设置填充材料，还可根据设备安装要求安装一些设备管线等。常见的隔墙龙骨有轻钢龙骨、石膏龙骨、木龙骨及其他金属龙骨等。常见的罩面板有纸面石膏板、纤维石膏板、纤维增强水泥平板、GRC 板、纤维增强硅酸钙板、胶合板、纤维板、刨花板、金属板及塑料板等。

骨架式隔墙具有自重轻、墙体薄、刚度大、强度高、隔声、抗震性能好、设置灵活、施工方便等优点，广泛应用于工业与民用建筑的装修工程中。

目前应用最为广泛的骨架式隔墙是轻钢龙骨隔墙，其装配程度高、防火性能好、能与多种轻质板材配合使用，如纸面石膏板、纤维增强水泥平板、硅钙板、GRC 板及胶合板、纤维板、刨花板等。此外，还有石膏龙骨隔墙、木龙骨隔墙等，石膏龙骨一般与石膏板配合使用；木龙骨隔墙可与胶合板、纤维板、石膏板等配合使用，但因其消耗木材、防火性能差，使用局限性大，仅用于防火要求不高且隔墙面积不大的装饰工程中。

6.2.1　轻钢龙骨纸面石膏板隔墙概述

隔墙轻钢龙骨是以镀锌钢带或薄壁冷轧退火卷带为原料，经冷弯或冲压而成的轻质隔墙骨架支承材料。隔墙轻钢龙骨具有自重轻，刚度大，防火、抗震性能好，适应性强等特点；并且可装配性能与可加工性能好，具有可锯、可剪、可焊、可铆和可用螺钉固定等优点，加工方便，安装简单。

6.2.1.1　轻钢龙骨纸面石膏板隔墙的构造

（1）轻钢龙骨骨架的构造做法　轻钢龙骨骨架是用配套连接件互相连接，组成墙体骨架，一般用于现装石膏板隔墙，也可用于水泥刨花板隔墙、稻草板隔墙、纤维板隔墙等。不同类型、规格的轻钢龙骨，可组成不同的隔墙骨架构造，一般是用沿地、沿顶龙骨与沿墙、沿柱龙骨（用竖龙骨）构成隔墙边框，中间立竖向龙骨，它是主要承重龙骨，如图 6-7 所示。不同龙骨类型或体系，其骨架构造也不同。有的体系要求安装通贯龙骨并在竖向龙骨竖向开口处安装支撑卡，以增强龙骨的整体性和刚度；而有的体系则没有这项要求。竖向龙骨间距根据石膏板宽度而定，一般在石膏板板边、板中各设置一根，间距不大于600mm。当墙面装修层重量较大，如贴瓷砖，龙骨间距应以不大于120mm为宜，当隔墙高度要增高，龙骨间距也应适当缩小。

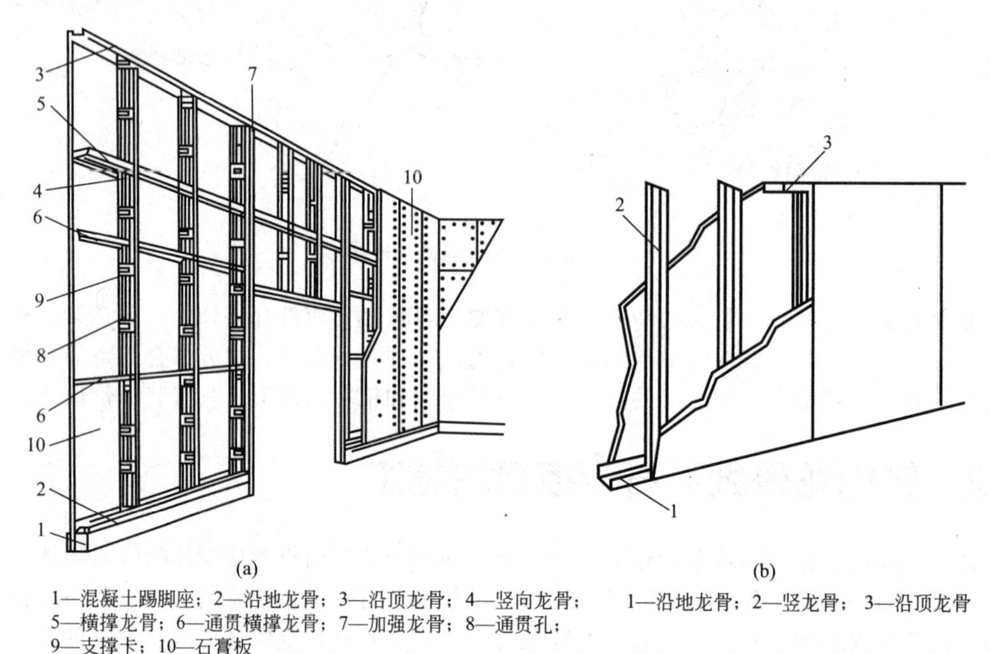

图 6-7　隔墙龙骨布置示意

隔墙骨架还可依据不同需要，采用单排龙骨或双排龙骨，如图6-8和图6-9所示，隔墙有限制高度，它是根据轻钢龙骨的断面、刚度和龙骨间距、墙体厚度、石膏板层数等方面因素而定的。其构造要求见表6-1和表6-2。

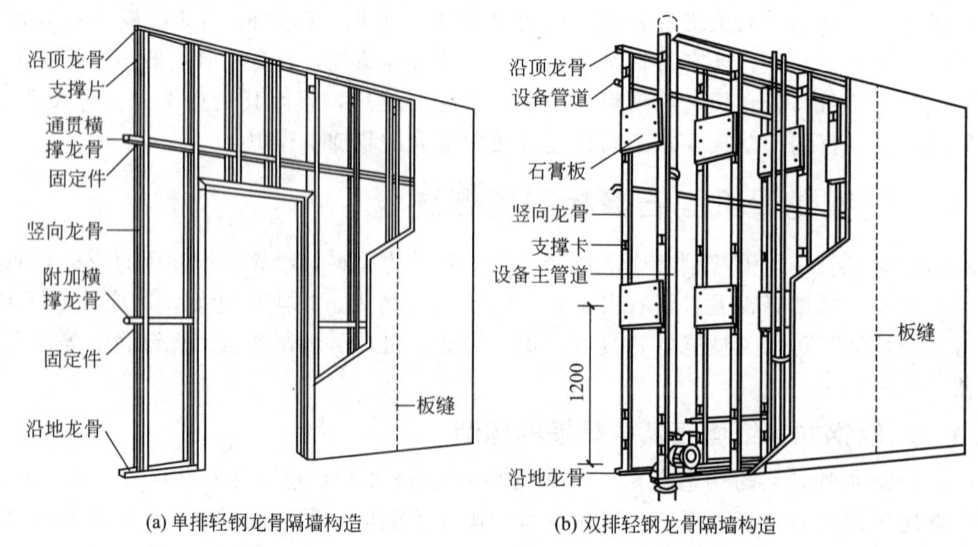

图 6-8　轻钢龙骨隔墙构造

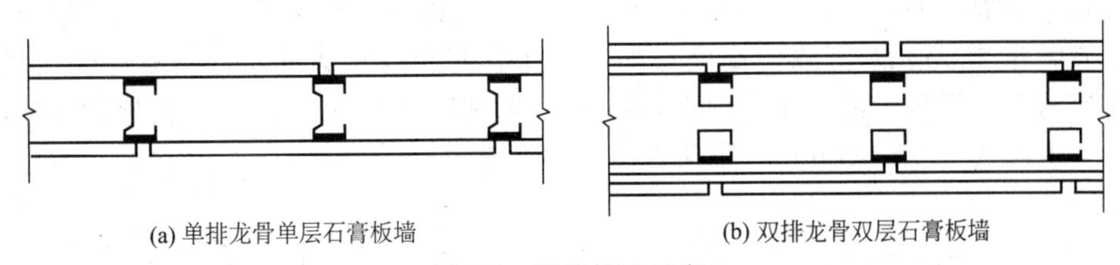

图 6-9　隔墙构造示意

表 6-1　隔墙限制高度有关数值

隔墙构造	竖龙骨规格/mm	墙体厚度/mm	石膏板厚度/mm	隔墙最大高度/m		备注
				A	B	
单排、龙骨单层石膏板隔墙	50×50×0.63	74	12	3.00	2.75	A适用于住宅、旅馆、办公室、病房及这些建筑的走廊 B适用于会议室、教室、展厅、商店等
	75×50×0.63	100	12	4.00	3.50	
	100×50×0.63	125	12	4.50	4.00	
	150×50×0.63	175	12	5.50	5.00	
双排、龙骨双层石膏板隔墙	50×50×0.63	100	2×12	3.25	2.75	
	75×50×0.63	125	2×12	4.25	3.75	
	100×50×0.63	150	2×12	5.00	4.50	
	150×50×0.63	200	2×12	6.00	5.50	

注：此表所列数据是竖龙骨间距为 600mm 的限制高度，当龙骨间距缩小时，墙高度可增加。

表 6-2　隔墙限制高度有关数值

龙骨间距/mm	单层石膏板墙高/mm	双层石膏板墙高/m
300	5.30	5.90
450	4.90	5.50
600	4.30	4.80

注：如在龙骨架中增设两道横撑时，则墙体高度可比表列数据增加 10%～15%。

(2) 隔墙骨架构造　由不同龙骨类型构成不同体系，可根据隔墙要求分别确定。

轻钢龙骨骨架首先由沿顶龙骨、沿地龙骨与沿墙（柱）竖向龙骨构成隔墙的边框。边框龙骨与主体结构的连接方法有三种：一是主体结构内有预埋木砖的，采用木螺钉连接固定；二是采用射钉连接固定；三是采用膨胀螺栓连接固定。钉距应不大于 1000mm，如图 6-10 所示。

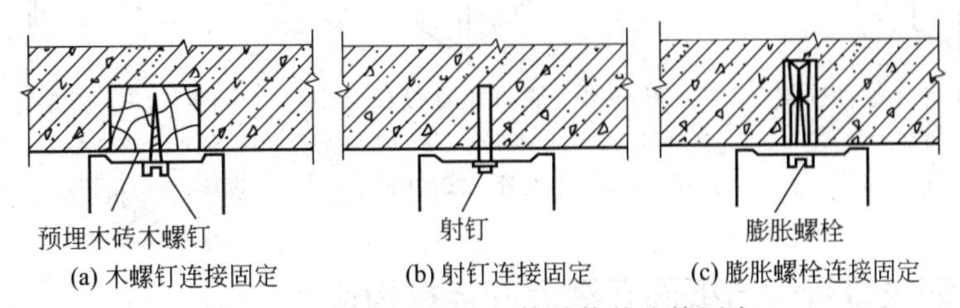

图 6-10　轻钢龙骨与主体结构的连接固定

有些设计要求在边框龙骨与主体结构连接处采取防水、隔声的密封措施，常用方法是在边框龙骨与基体接触面粘贴两道通长的氯丁橡胶密封条或沥青泡沫塑料条。然后在中间安装若干竖向龙骨。竖向龙骨的长度应比沿顶、沿地龙骨之间的净距离小 15mm 左右，以便施工时能够滑动调整其间距；竖向龙骨间距应根据石膏板的宽度而定，一般情况下是在石膏板的板边、板中各置一根，且间距不宜大于600mm，当饰面层重量较大时，如贴釉面砖，龙骨间距不宜大于420mm；当隔墙高度增加时，龙骨间距要相应缩小；调整好竖向龙骨后，用抽芯铆钉将其与沿顶、沿地龙骨固定，如图6-11和图6-12所示。竖向龙骨的开口面应装配支撑卡，卡距为400～600mm，距龙骨两端的距离为20～25mm。

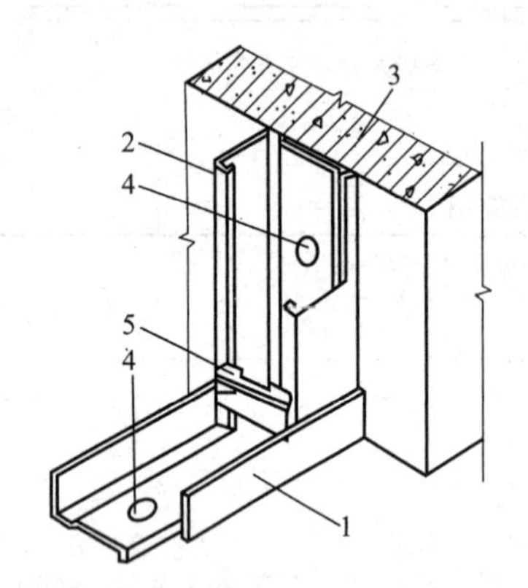

图6-11 沿地、沿墙龙骨的固定
1—地龙骨；2—竖龙骨；3—墙；4—射钉及垫圈；5—支撑卡

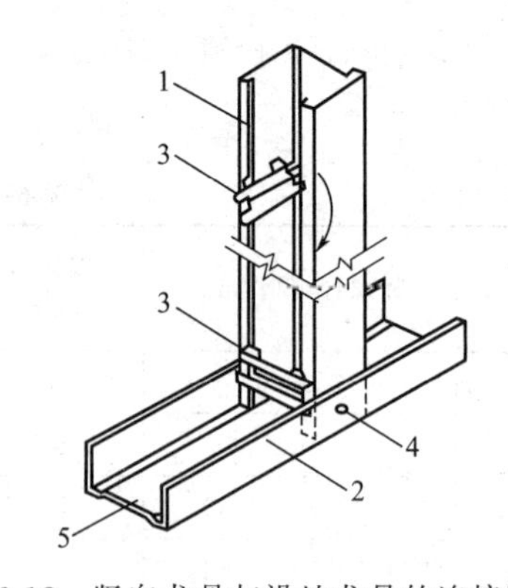

图6-12 竖向龙骨与沿地龙骨的连接固定
1—竖龙骨；2—地龙骨；3—支撑卡；4—铆孔；5—橡皮条

当采用的龙骨体系要求安装通贯龙骨时，低于3m的隔墙应设一道，3～5m的隔墙应设两道。通贯龙骨一般用支撑卡与竖向龙骨连接，如图6-13所示。当轻钢龙骨长度不够时，可采取接长措施，如图6-14所示。在隔墙高度超过纸面石膏板长度或设有门窗洞口等情况下，应加设横撑龙骨或加强龙骨，以增加墙体的稳定性。横撑龙骨可用支撑卡、卡托和连接件连接固定，必要时可用抽芯铆钉固定，但不得用电焊焊接，如图6-15所示。

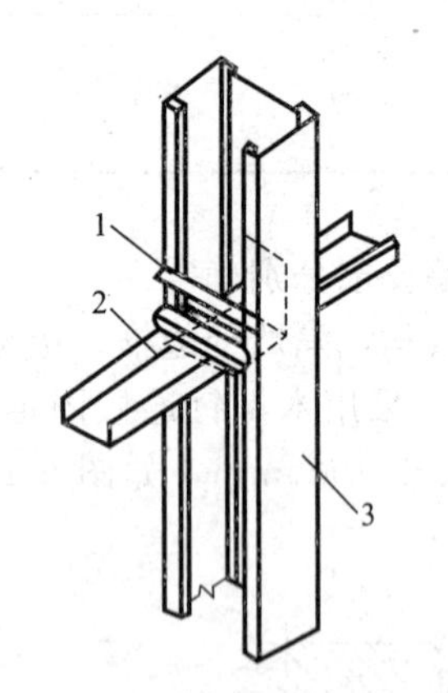

图6-13 通贯龙骨与竖龙骨连接
1—支撑卡；2—通贯龙骨；3—竖龙骨

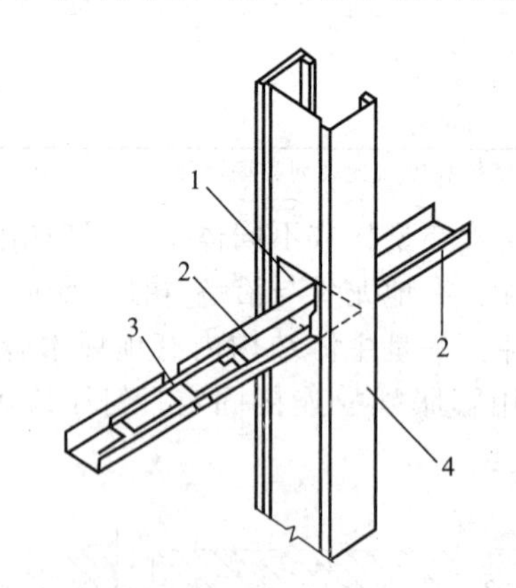

图6-14 通贯龙骨接长
1—贯通孔；2—通贯龙骨；3—通贯龙骨连接件；4—竖龙骨（或加强龙骨）

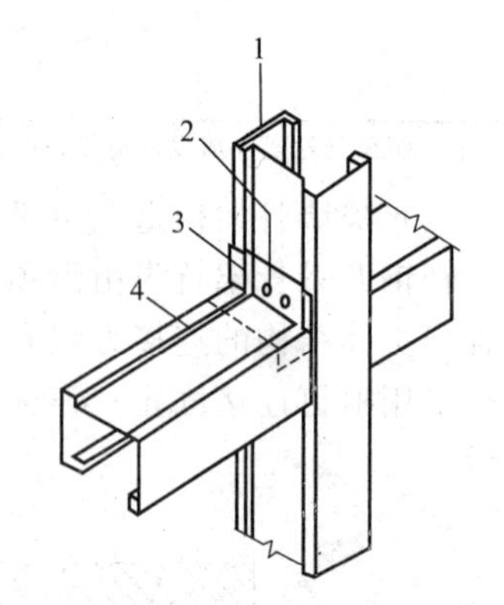

图6-15 竖龙骨与横龙骨连接
1—竖龙骨或加强龙骨；2—拉铆钉或自攻螺栓；3—角托；4—横龙骨或加强龙骨

6.2.1.2 轻钢龙骨骨架与纸面石膏板的连接构造

纸面石膏板可纵向安装也可横向安装，纵向安装时，纸面石膏板的纵向边由竖向龙骨支承，既牢固又便于施工，因此应用较广泛，如图6-16所示。若采用耐火纸面石膏板，则必须纵向安装。

安装时，石膏板的上、下端应与顶棚、楼地面（有墙基的应为墙基台面）之间留有6mm的间隙，龙骨两侧的石膏板应错缝安装。做双层石膏板时，面层板与基层板的板缝要错开，基层板的板缝用胶黏剂或腻子填平，如图 6-17 所示。如有防火或防潮要求时，面层石膏板则应采用耐火石膏板或耐水石膏板。耐火石膏板不得固定在沿顶、沿地龙骨上，应另设横撑龙骨加以固定。

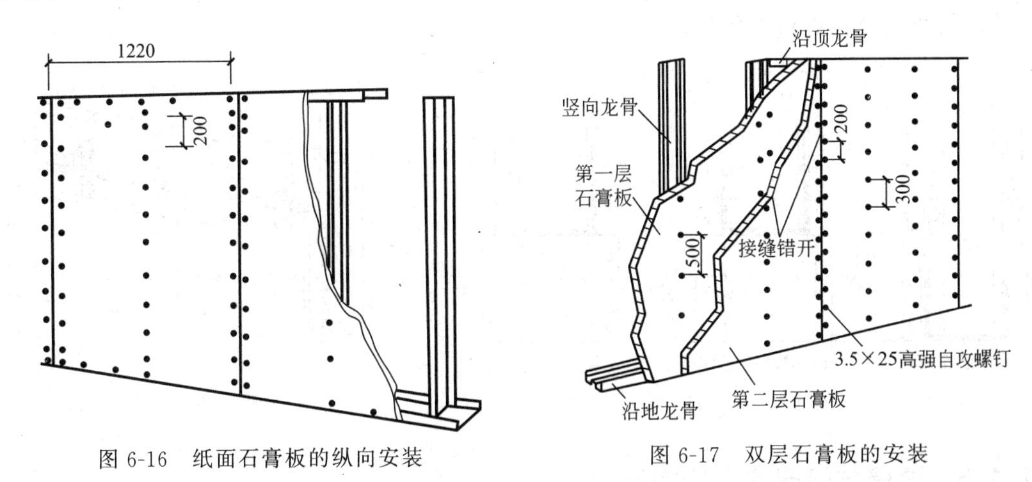

图 6-16　纸面石膏板的纵向安装　　图 6-17　双层石膏板的安装

纸面石膏板与骨架的连接固定方法主要有两种：一是用自攻螺钉固定；二是用胶黏剂黏结固定。相邻石膏板的接缝形式主要有暗缝、嵌缝和凹缝三种。暗缝是采用腻子及接缝带抹平，形成无缝处理，暗缝应用较普遍。嵌缝是采用木压条、金属压条或塑料压条嵌压在缝隙处，既能遮掩板缝处的开裂，又具有独特的装饰效果。凹缝是将石膏板间的拼缝用腻子勾成一定宽度的凹缝，或者在接缝处压进金属压条或塑料压条形成凹缝，以获得独特的隔墙装饰效果。采用暗缝时应选用有倒角的石膏板，嵌缝和凹缝应选用无倒角的石膏板，板缝构造如图 6-18 所示。

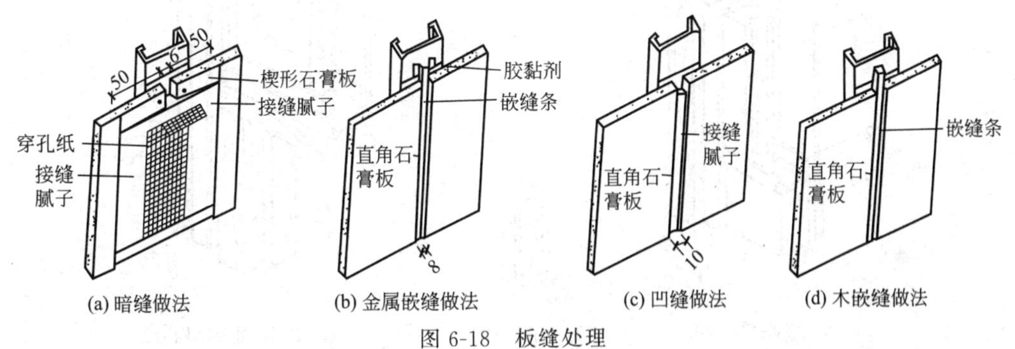

图 6-18　板缝处理

6.2.1.3　隔墙下部构造

轻钢龙骨隔墙一般直接安装在楼地面上，也可设置墙基。墙基的做法是先将楼地面凿毛，清扫干净，洒水湿润，然后现浇混凝土墙基，或者用砖砌筑外抹水泥砂浆而成。为方便沿地龙骨的固定，可在墙基内预埋防腐木砖，木砖间距应按设计要求，一般为 600mm 左右。为防止石膏板下部吸潮变形，应在石膏板底端做防潮处理。石膏板底端有护面纸时，应涂刷汽油稀释或乳化的熟桐油，氧乙烯-偏氯乙烯共聚乳液；无护面纸时，用 3% 中性甲基硅醇钠溶液做防潮层。踢脚板形式有木质、石材、塑料踢脚板等，构造如图 6-19 所示。

6.2.1.4　隔墙的隔声、保温构造

当隔墙的隔声、保温要求较高时，可在隔墙骨架内填充隔声、保温材料。一般隔声填充

材料采用玻璃丝棉、岩棉、矿棉等，保温材料采用聚苯乙烯泡沫板等。填充材料应采用塑料钉、岩棉钉与石膏板黏结牢固，如图 6-20 所示。隔声墙应尽量避免设置穿墙管线、插座、配电箱等，必须设置时，应采取必要的隔声措施，隔墙内的管线绝不能与龙骨或石膏板接触，并应用耐火材料进行封闭处理。

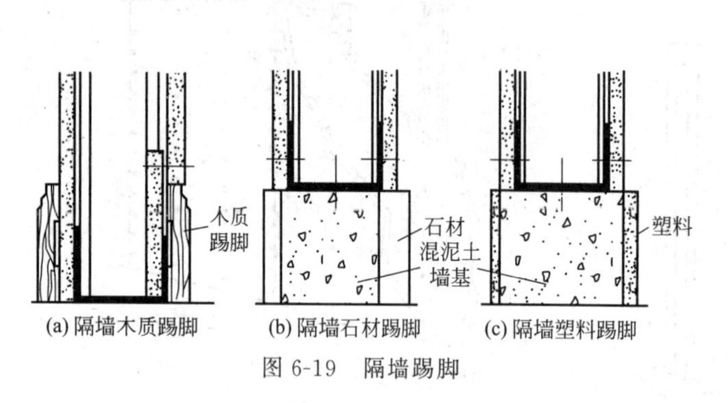

图 6-19 隔墙踢脚

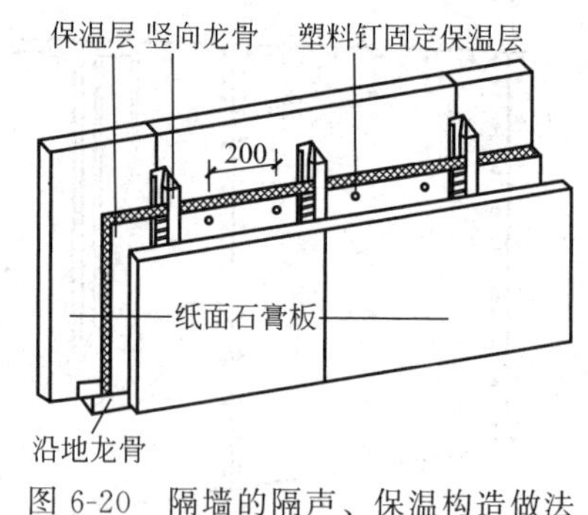

图 6-20 隔墙的隔声、保温构造做法

6.2.1.5 隔墙与门窗的连接构造

隔墙与门窗的连接构造因门框材质与构造的不同而不同，但在实际工程中，采用木门框的较多。木门框与隔墙的连接通常是采用加强龙骨固定，其构造如图 6-21 所示。也可采用木门框两侧向上延长，直接插入沿顶龙骨，并与沿顶龙骨、竖向龙骨固定。隔墙与门框接缝处应用木压条盖缝，如图 6-22 所示。

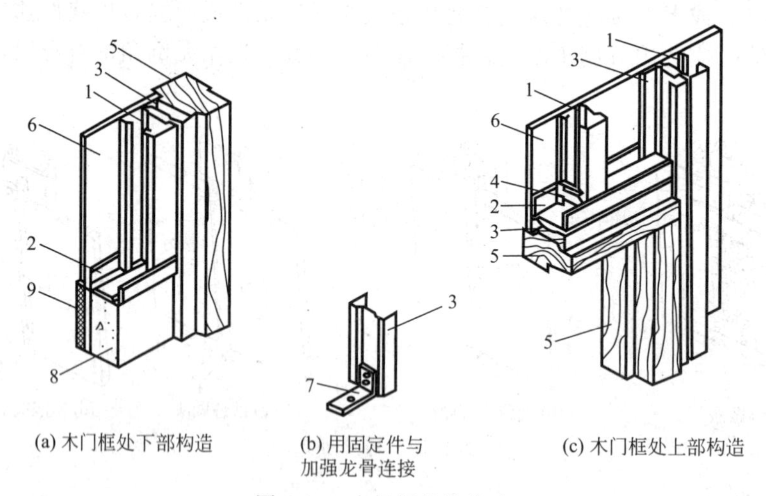

图 6-21 木门框处的构造

1—竖向龙骨；2—沿地龙骨；3—加强龙骨；4—支撑卡；5—木门框；6—石膏板；7—固定件；8—混凝土踢脚座；9—踢脚板

6.2.1.6 隔墙转角、隔墙与隔墙、隔墙与吊顶的连接构造

在实际工程中，由于布局和使用的需要，往往会形成隔墙转角或隔墙与隔墙、隔墙与构墙的连接，如丁字形连接、十字形连接等。隔墙转角构造如图 6-23 所示。隔墙与隔墙的连接方法是将两侧轻钢龙骨用自攻螺钉或抽芯铆钉固定，如图 6-24 所示。隔墙与结构墙的连接方法是将轻钢龙骨用射钉或伞形螺栓固定到结构墙上，如图 6-25 所示。然后，安装石膏板，做好阴阳角板缝处理，阴角处应用腻子嵌满，贴上接缝带；阳角处应设置金属护角。

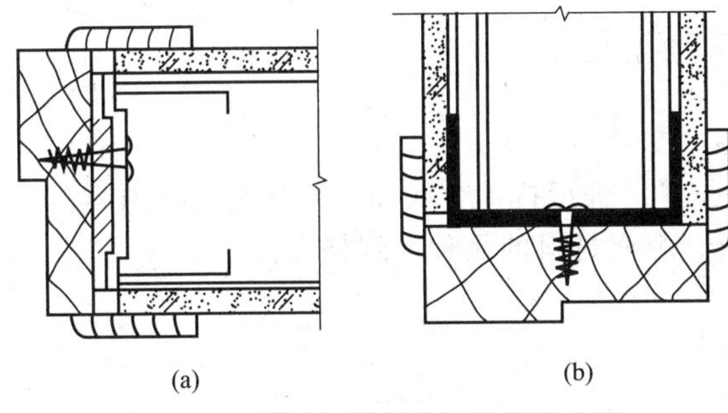

图 6-22　隔墙与门框接缝处盖缝处理

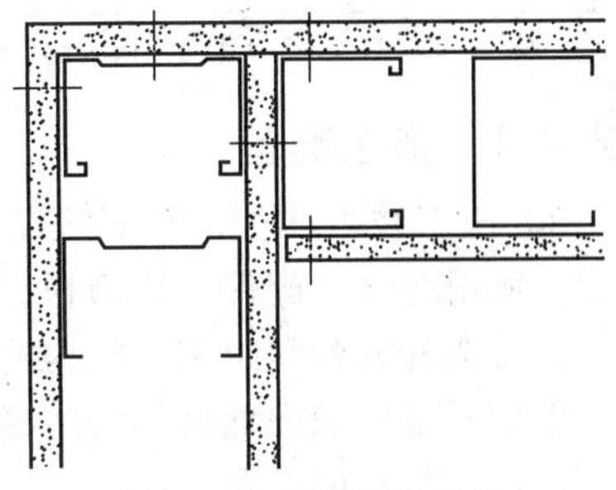

图 6-23　隔墙转角构造

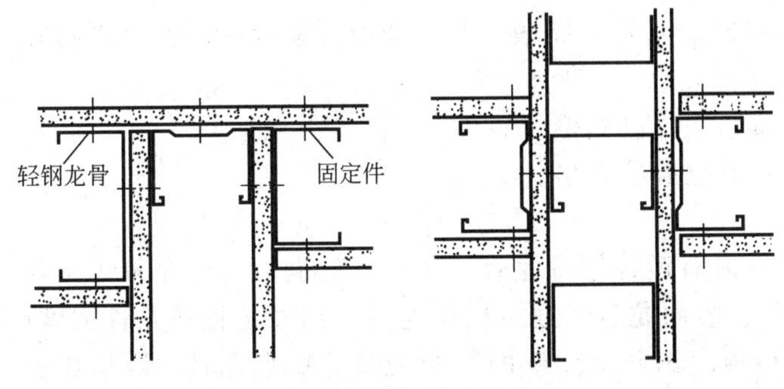

图 6-24　隔墙间的连接构造

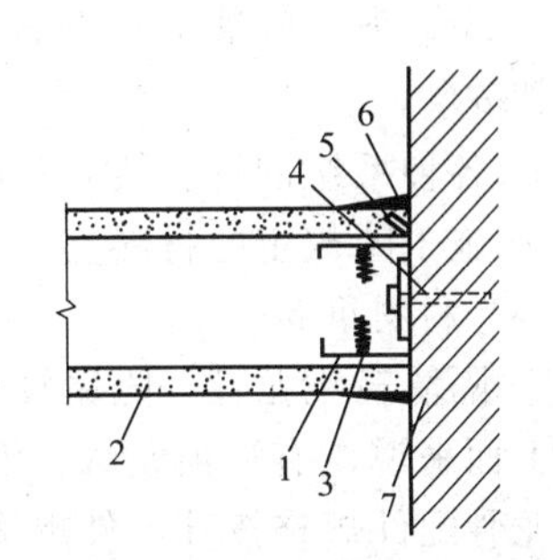

图 6-25　隔墙与结构墙的连接

1—竖向龙骨；2—石膏板；3—自攻螺钉；4—螺钉或膨胀螺栓；5—接缝纸带；6—密封胶；7—结构墙

6.2.1.7　隔墙的管道线路设置

各种管道应通过龙骨上的 H 形切口安装；隔墙内所有电线必须用专用塑料管套穿，接线盒可在墙面开洞安装，两根龙骨间开洞不应超过两个，洞口与龙骨的间距应不大于 200mm。配电箱可采用配套的固定框，也可在竖向龙骨间安装横向辅助龙骨并用抽芯铆钉固定。

另外，在墙面上固定轻量挂钩时应采用伞形螺栓或自攻螺钉；较重吊挂物时应在安装骨架时按设计要求安装固定架，可参见配电箱安装构造，如图 6-26 所示。

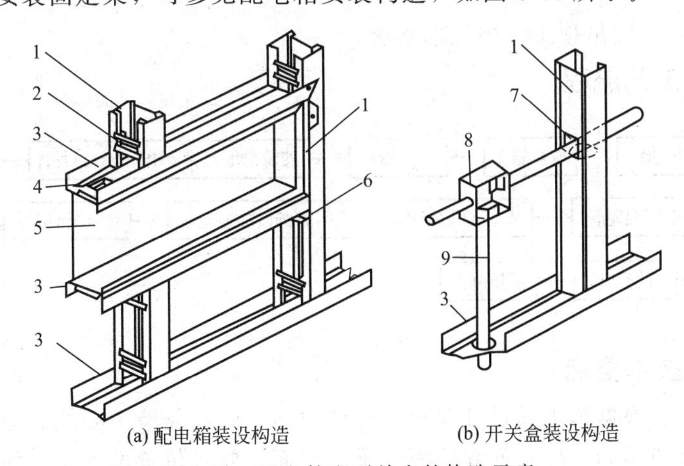

图 6-26　配电箱和开关盒的构造示意

1—竖龙骨；2—支撑卡；3—沿地龙骨；4—穿管开洞；5—配电箱；6—卡托；7—贯通孔；8—开关盒；9—电线管

6.2.2 轻钢龙骨纸面石膏板隔墙施工

6.2.2.1 施工准备

（1）施工技术准备　施工图设计文件齐备并已进行技术交底和明确规定以下内容。

① 所用龙骨、配件、罩面板、嵌缝材料、填充材料的品种、规格和性能。

② 骨架的龙骨间距和连接构造。

③ 罩面板所用嵌缝材料的接缝方法。

④ 填充材料的设置方法。

（2）施工现场条件

① 室内楼地面、墙面、顶棚粗装修已完成。

② 设计要求隔墙下部设墙基时，应待墙基施工完毕，并达到设计强度后，方可进行轻钢骨架安装。

③ 各种系统的管、线安装的前期准备工作已到位。

④ 施工图规定的材料已全部进场，并已验收合格。

（3）材料准备

① 隔墙轻钢龙骨　隔墙轻钢龙骨一般有镀锌钢带龙骨、薄壁冷轧退火卷带龙骨等，从用途上面来说，有沿顶龙骨、沿地龙骨、竖向龙骨、通贯横撑龙骨、加强龙骨和龙骨配件，墙体龙骨配件规格按其主件规格分为 Q50、Q75、Q100 的 C 形龙骨、U 形龙骨。隔墙用轻钢龙骨配件是以冷轧薄钢板（带）为原料，经冲压成形后，用于组合轻钢龙骨墙体骨架的配件。配件类型有支撑卡、卡托、角托、通贯龙骨连接件、加强龙骨固定件等。

② 轻质隔墙接缝带　轻质隔墙接缝带目前有接缝纸带和玻璃纤维接缝纸两种。其主要用于纸面石膏板、纤维石膏板、水泥石棉板等轻隔墙板材间的接缝部位，起连接、增强板缝作用，可避免板缝开裂，改善隔声性能和装饰效果。

a. 接缝纸带　接缝纸带是以未漂硫酸盐木浆为原料，采取长纤维游离打浆，低打浆度，掺加补强剂和双网抄造工艺，并经打孔而成的轻质隔墙接缝材料。它具有厚度薄、横向抗拉强度高、湿变形小、挺度适中、透气性好等特性，并易于黏结操作。

b. 玻璃纤维接缝带　玻璃纤维接缝带是以玻璃纤维带为基材，经表面处理而成的轻质隔墙接缝材料。它具有横向抗拉强度高，化学稳定性好，吸湿性小，尺寸稳定，不燃烧等特性，易于黏结操作。

③ 纸面石膏板　同吊顶工程中技术要求。

6.2.2.2 施工工艺流程

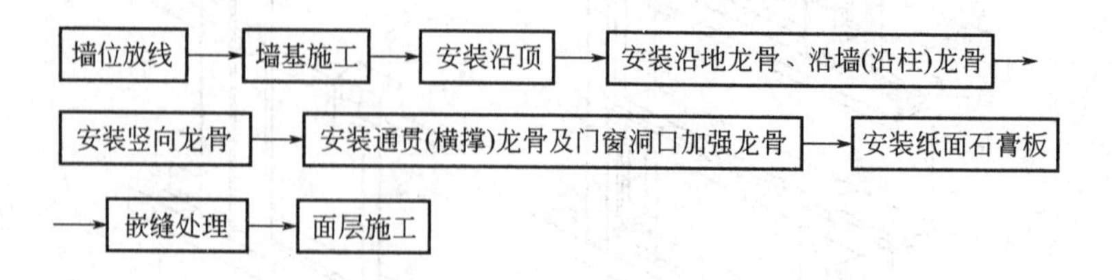

6.2.2.3 施工技术要点

（1）墙位放线　根据施工图设计要求，在楼地面上弹出隔墙中心线、边线及门窗洞口边框线，并引至隔墙两端墙（柱）面和楼板（梁）底面。要求位置准确，地面线、顶面线、侧墙立线要保持在同一平面内。

（2）墙基施工　当设计要求设置墙基时，应先进行墙基施工，首先要将柱、梁与龙骨的接触部分处理平整，楼面部分做成水泥踢脚台，但踢脚台的台面需抹平。由于水泥踢脚台的宽度在100mm左右，经不起射钉枪的冲击，所以在做水泥踢脚台时应预先埋入木砖，木砖的间距在600mm左右。

（3）安装沿顶、沿地龙骨和沿墙（沿柱）龙骨　按放好的隔墙位置线，将沿顶、沿地龙骨和沿墙（沿柱）龙骨固定到主体结构上，如图6-27～图6-29所示。如主体结构中有预埋木砖，可采用木螺钉固定；如无预埋件，可用射钉或膨胀螺栓固定，固定龙骨的射钉间距水平方向最大800mm，垂直方向最大100mm，与基体结构连接牢固，垂直平整，交接处平直。当设计要求做防水、隔声的密封措施时，应在边框龙骨背面两边各粘贴一条通长的氯丁橡胶密封条或沥青泡沫塑料条。

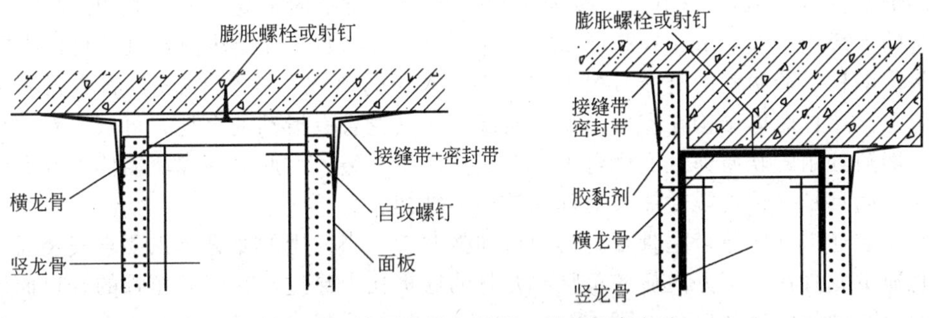

图6-27　沿顶龙骨与楼板、梁的固定方法

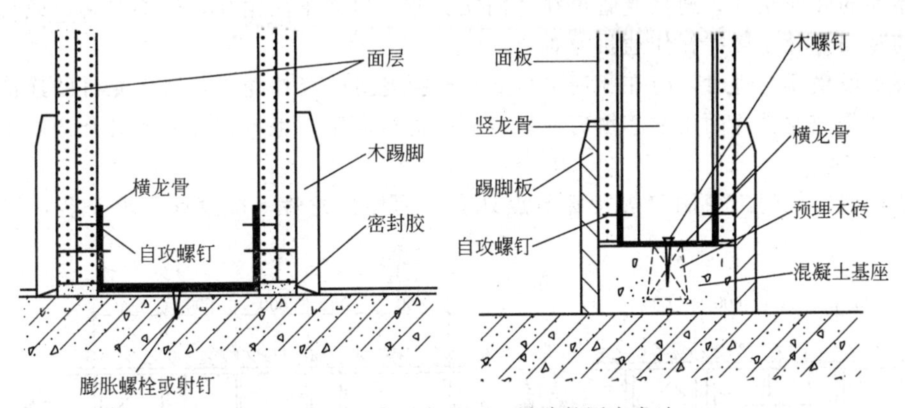

图6-28　沿地龙骨与地面、导墙的固定方法

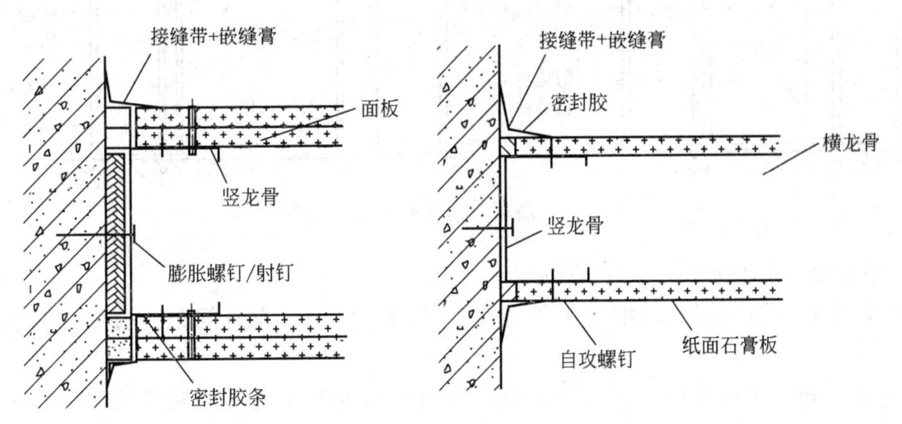

图6-29　沿墙、柱龙骨与主体结构的固定方法

(4) 安装竖向龙骨　竖龙骨上设有方孔，是为了适应于墙内暗穿管线，所以首先要确定龙骨上、下两端的方向，尽量将方孔对齐，然后将竖向龙骨按现场实测长度截料，竖向龙骨的长度应比沿顶、沿地龙骨之间的净距离小 15mm 左右，以便施工时能够滑动，调整其间距，竖龙骨的间距为 400～600mm，但第一档的间距应减少 25mm；现场截料只可从其上端切割，然后将截好的竖向龙骨上下两端插入沿顶、沿地龙骨，龙骨侧翼朝向罩面板方向，并根据隔墙结构设计要求、门洞放线位置和罩面板板宽，确定调整好竖向龙骨间距，确保垂直及定位准确后，用 4×8 或 4×10 的抽芯铆钉或自攻螺钉，在预先钻好的孔径为 4.2mm 的孔洞中将竖龙骨和沿顶龙骨、沿地龙骨固定。靠墙（或柱）的竖龙骨，用射钉将其固定，钉距 1000mm。

对于柔性隔墙体，竖龙骨不直接用抽芯铆钉与沿顶沿地龙骨连接（除门窗口之外）。竖龙骨的端部要留有 10mm 的距离，接触部位要用快装钳临时固定。为了防止石膏板下垂，在竖龙骨的下部用一块 30mm×30mm 的石膏板作垫板，如龙骨受热伸长时，可以自行切断石膏垫板。沿柱、墙两侧的竖龙骨要再加一根，其距离离柱、墙约 10cm，石膏板固定在增设的龙骨上。这种墙体结构在室内高温的情况下，其龙骨有滑动的余地，可减少对结构产生的应力。墙角处用的软质弹性嵌缝膏不会使墙体产生开裂，因此这种隔墙墙体不仅有较好的防火性能，而且是一种抗震性能较为理想的墙体结构。

(5) 安装通贯（横撑）龙骨及门窗洞口加强龙骨　当采用的龙骨体系要求安装通贯龙骨时，应将通贯龙骨在水平方向从各条竖向龙骨的通贯孔中穿过，在竖向龙骨的开口面用支撑卡予以稳定并锁闭此处敞口，卡距 400～600mm，距龙骨两端的间距为 20～25mm。对于非支撑卡系列的竖向龙骨，通贯龙骨可在竖向龙骨非开口面采用角托，以抽芯铆钉或自攻螺钉将角托与竖向龙骨连接并托住通贯龙骨。

当要求设横撑龙骨时，应在相应部位安装横撑龙骨。横撑龙骨与竖向龙骨的连接主要采用角托，在竖向龙骨背面用抽芯铆钉或自攻螺钉进行固定，也可在竖向龙骨开口面用卡托相连接。

对于隔墙骨架的门窗洞口等特殊节点处应使用加强龙骨，按设计要求安装，如图 6-30 所示。

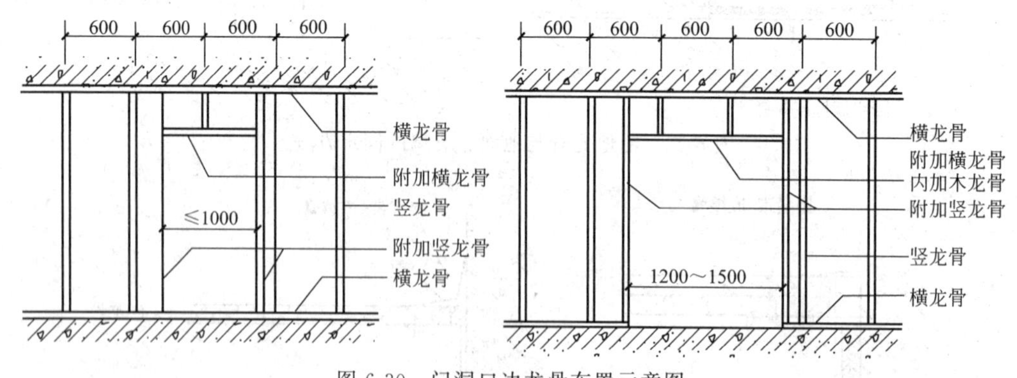

图 6-30　门洞口边龙骨布置示意图

(6) 安装纸面石膏板

① 检查龙骨安装质量、门框是否符合设计及构造要求，龙骨间距是否为石膏板宽度的模数。

② 安装一侧纸面石膏板，宜采用整板，从门洞口处开始，无门洞口的墙体由墙的一端开始，板与板自然靠紧但不得强压就位，纸面石膏板一般用自攻螺钉固定，应从板中央向板

的四边装钉，板中间钉距应不大于300mm，板周边钉距应不大于200mm，螺钉距石膏板边缘的距离宜为10～15mm，自攻螺钉头略埋入板面，但不得损坏板材的护面纸。隔墙端部石膏板安装时，应与相接的墙、柱面留有3mm的间隙，先注入嵌缝膏，再铺板挤紧嵌缝膏。

③ 安装墙体内设备管线和隔声、防潮填充材料。

竖向龙骨一般设有穿线孔，电线及其PVC管通过竖向龙骨上的H形切口穿插，同时装上配套的塑料接线盒及用龙骨装置成配电箱等。隔声、防潮填充材料利用塑料钉或岩棉钉与石膏板黏结牢固，要求电器线管安装牢固，填充材料铺设均匀、严密，防止下坠，并要通过隐蔽工程验收。

④ 安装墙体另一侧纸面石膏板：安装方法同第一侧纸面石膏板，接缝应错开。

⑤ 安装双层纸面石膏板：第二层板的固定方法与第一层相同，或者用石膏胶泥将面板粘于底板上，但第二层板的接缝应与第一层错开，且不能与第一层的接缝落在同一龙骨上。无论是单层石膏板还是再镶固第二层石膏板，只要属于耐火等级的墙体（防火墙），均应注意石膏板的铺设方向，应该进行纵向铺设，即纸面包封边与竖龙骨平行，但只将平接边固定到龙骨上，注意平接边应落在竖龙骨翼板中央，不能将石膏板固定到沿顶龙骨和沿地龙骨上。一般无防火要求的石膏板墙，石膏板既可纵向铺设，也可横向铺设。

（7）嵌缝处理（以暗缝为例）

① 与接缝纸带配合的操作工艺如图6-31所示。

a. 先将板缝内的浮土清除干净，对接缝处无纸的石膏外露部分和混凝土基层，需用10%浓度的801胶水溶液涂刷1～2遍，以免石膏或混凝土过多地吸收腻子中的水分而影响黏结效果。801胶晾干后用小刮刀把腻子嵌入板缝，与板面填实刮平。

b. 待嵌缝腻子终凝，即可粘贴接缝带。先在接缝上刮一层稠度较稀的胶状腻子，厚度为1mm，宽度为接缝带宽，随即粘贴接缝带，用中刮刀从上而下一个方向刮平压实，赶出胶状腻子与接缝带之间的气泡。

c. 接缝带粘贴后，立即在上面再刮一层比接缝带宽80mm左右、厚度约1mm的中层腻子，使接缝带埋入这层腻子中。

d. 用大刮刀将腻子填满楔形槽与板抹平。

② 与玻璃纤维接缝带配合的操作工艺

a. 玻璃纤维接缝带如已干硬时，可浸入水中，待柔软后取出甩去水滴即可使用。

b. 先将板缝内的浮土清除干净，对接缝处无纸的石膏外露部分和混凝土基层，需用10%浓度的801胶水溶液涂刷1～2遍，以免石膏或混凝土过多地吸收腻子中的水分而影响黏结效果。

c. 801胶晾干后用50mm宽的刮刀将腻子嵌入板缝并填实。贴上玻璃接缝带，用刮刀在玻璃纤维及接缝带表面上轻轻挤压，使多余的腻子从接缝带的网格空隙中挤出后，再加以刮平。

d. 用嵌缝腻子将玻璃纤维接缝带加以覆盖，使玻璃纤维接缝带埋入腻子层中，并用腻子把石膏板的楔形倒角填平，最后用大刮板将板缝找平。

e. 如果有玻璃纤维端头外露于腻子表面时，待腻子层完全干燥固化后，用砂纸轻轻打磨掉。

（8）面层施工 纸面石膏板墙面可根据设计要求做各种饰面，具体参见“墙面装饰工程”。

在装饰工程中，为充分利用空间或增加墙体装饰的艺术效果，有时需要异形墙面。轻钢龙骨隔墙一个很大的优点在于易于加工制作和安装异形墙面。这里简单介绍圆弧形轻钢龙骨隔墙的安装方法。

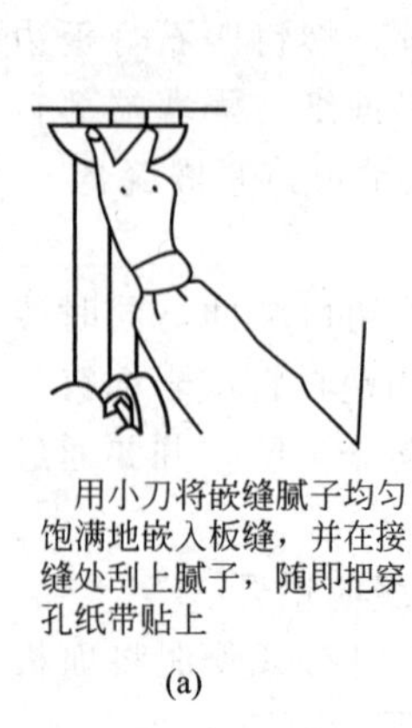

用小刀将嵌缝腻子均匀饱满地嵌入板缝，并在接缝处刮上腻子，随即把穿孔纸带贴上

(a)

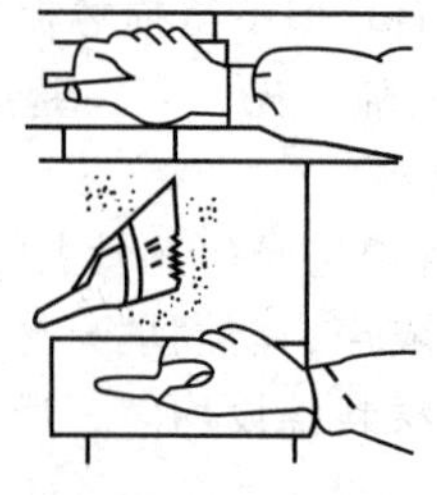

用宽为150mm的刮刀将石膏腻子填满楔形边的部分

(b)

再用宽为300mm的刮刀，补一遍石膏腻子，宽约300mm，其厚度不超过石膏板面2mm

待腻子完全干燥后用手动或电动打磨器、2号砂布将嵌缝腻子磨平

(c)

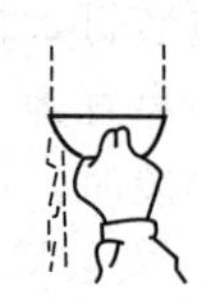

用刨将平缝边缘刨成坡口，以刨刀将嵌缝腻子均匀饱满地嵌入板缝，并在接缝处刮上宽约60mm、厚约1mm的腻子，随即贴上穿孔纸带，用宽60mm的刮刀，顺着穿孔纸带内的嵌缝腻子挤出穿孔纸带

(d)

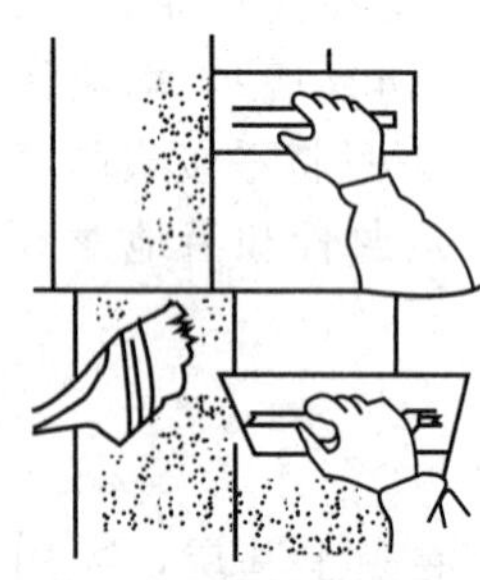

用150mm宽的刮刀在穿孔纸带上覆盖一薄层腻子

(e)

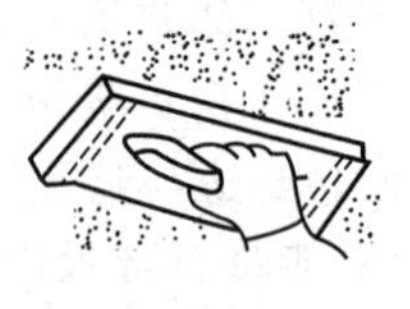

用300mm宽的刮刀再补一遍腻子，其厚度不超过石膏板面2mm，用抹刀将边缘拉薄，待腻子完全干燥后，用手动或电动打磨器、2号砂布或砂纸打磨，嵌完的接缝平滑，中部略向两边倾斜

(f)

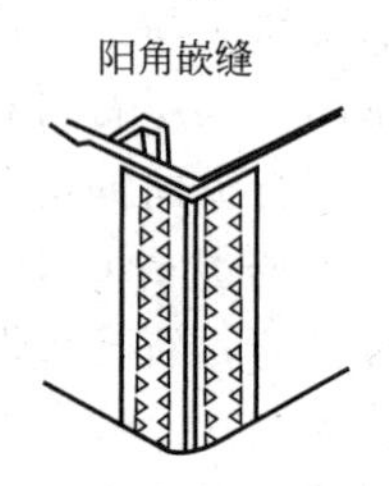

将金属护角按所需长度切断，用12mm圆钉或阳角护角器固定在石膏板上

(g)

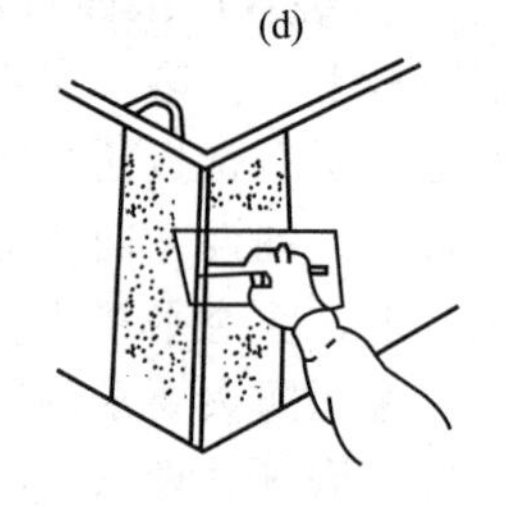

用嵌缝腻子将金属护角埋入腻子中，待完全干燥后(12h)，用装有2号砂布的磨光器磨光即可

(h)

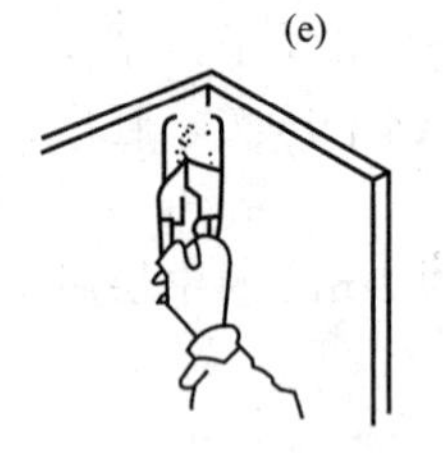

先将角缝填满嵌缝腻子，然后在内角两侧刮上腻子，贴上穿孔纸带，用滚抹压实纸带

(i)

用阴角抹子再加一薄层石膏腻子

(j)

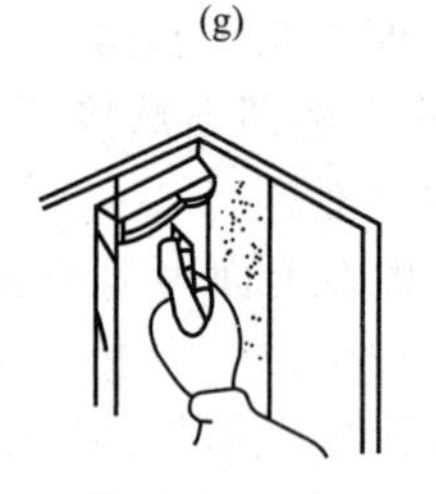

干燥后用2号砂纸磨平

(k)

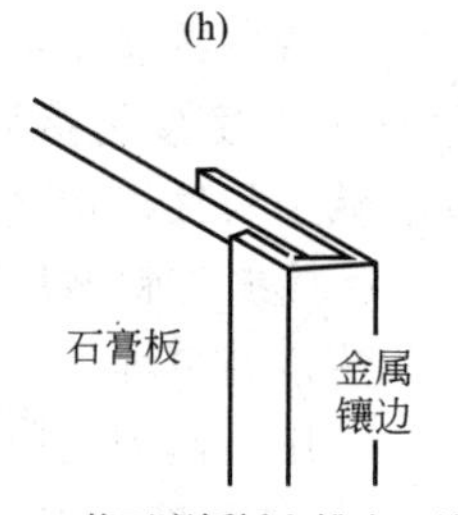

将石膏板插入槽内，并用镶边的短脚紧紧钳住，边上不需要再加钉

(l)

图 6-31　与接缝纸带配合的操作工艺

① 首先在地面和楼板底面上弹出圆弧形隔墙的位置边线。弹线要清晰，位置要准确。

② 将沿地龙骨和沿顶龙骨切割成锯齿形，弯曲成所需弧形，沿弹好的位置边线就位，用射钉固定在地面和顶棚上，如图 6-32 所示。

③ 将竖向龙骨用自攻螺钉或抽芯铆钉与沿地龙骨和沿顶龙骨连接牢固。竖向龙骨间距依据圆弧半径确定，圆弧半径为 5～15mm 时，竖向龙骨间距可为 300mm；圆弧半径为 1～2m 时，竖向龙骨间距一般为 150mm。

④ 安装纸面石膏板时，应先将石膏板背面等距离割出宽度 2～3mm、深度 2/5 板厚的切口。切口间距依圆弧半径确定，半径越小，切口间距越小。安装时，将切口面靠在龙骨上，从一边开始逐渐弯曲石膏板，使其紧贴龙骨的弧面，然后用自攻螺钉将其固定。在做曲面墙时，应考虑其表面曲率一般不宜过大，否则容易使石膏组织遭到损伤，可能会使隔墙墙面产生断裂。其安装操作应注意如下几个方面。

a. 将沿顶龙骨和沿地龙骨沿其背面的中心部位断开，剪成齿状，就可以使其弯曲。

b. 竖龙骨的间距不宜过大，对于半径为6m～15m的曲面墙，其竖龙骨的间距为300mm左右；当半径为1mm时，竖龙骨的间距应为150mm。

c. 装板时，在曲面的一端加以固定，然后轻轻地逐渐向板的另一端，向骨架方向推动，直到完成曲面为止（石膏板宜横铺）。

d. 当做曲面半径为350mm左右时，在装板前应将石膏板的面纸和背纸提前洒水湿透，应注意均匀洒水，然后放置数小时方可安装，当石膏板完全干燥时可恢复并保护原有硬度。

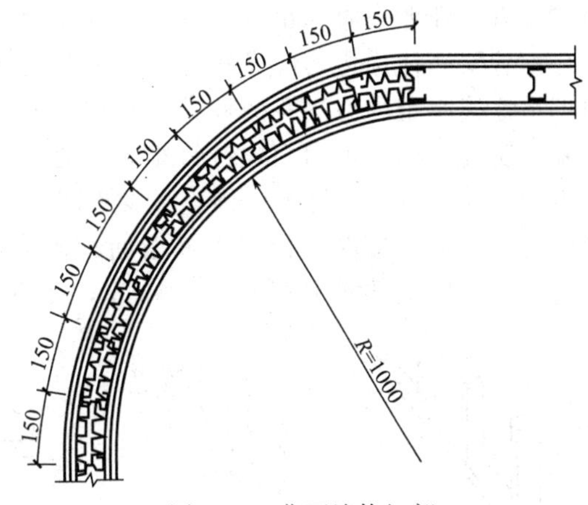

图 6-32 曲面墙体细部

e. 如若有特殊需要增大隔墙的曲率而缩小半径，如呈圆柱构造，应注意每隔25mm距离划开石膏板背面纸，使之柔软易弯，但要先将石膏板按拱圈宽度及长度割好。

⑤ 其他安装步骤同一般轻钢龙骨纸面石膏板隔墙。

6.2.2.4 施工注意事项

① 通贯（横撑）龙骨必须与竖向龙骨中孔保持在同一水平线上，并牢牢卡紧，不得松动。这样才能将竖向龙骨撑牢，使整片隔墙骨架有足够刚度和强度。

② 罩面板接缝应与门口立缝错开半块板尺寸，采用刀把形板，以免门口上角出现裂缝。

③ 两侧的纸面石膏板应错缝排列，纸面石膏板与龙骨采用十字头自攻螺钉固定时，螺钉长度：一层纸面石膏板为25mm，两层纸面石膏板为35mm。

④ 与墙体、顶板接缝处应粘贴50mm宽玻璃纤维带再分层刮腻子，可避免出现裂缝。

⑤ 隔墙下端的石膏板不应直接与地面接触，应留10～15mm的缝隙，并用密封膏嵌严。

⑥ 施工现场应避免穿堂风，否则接缝容易产生裂缝。

⑦ 嵌缝时，每次拌和的腻子不宜太多，以在初凝前用完为好。

6.2.2.5 安全注意事项

① 进入现场必须戴安全帽，不准在操作现场吸烟，注意防火。

② 脚手架搭设应符合建筑施工安全标准，检查合格后才能使用。

③ 机电设备应持证安装，必须安装触电保护装置，使用中发现问题要立即断电修理。

④ 机具使用应遵守操作规程，非操作人员不准乱动。

6.3 木龙骨架隔墙施工

木质隔墙是以木龙骨为骨架，以胶合板等板材为罩面板的分隔墙。它厚度薄，重量轻，施工速度快，拆装方便，但防火、防潮、隔声性能较差，使用有一定局限性。

6.3.1 木龙骨架隔墙的基本构造

6.3.1.1 木骨架构造做法

隔墙木骨架有单排木骨架和双排木骨架两种形式，如图6-33所示。

木骨架一般由边框（上下槛、边立柱）和立柱组成。木龙骨宜竖向布置，也可适当加设横撑，有特殊要求时，也可水平布置木龙骨。

木骨架墙体周边均应设置边框，一般先将上下槛、边立柱与主体结构连接固定形成隔墙边框，连接固定的方法有两种：一是在主体结构施工时已预埋防腐木砖，或用电钻打孔，孔内塞入防腐木楔，可用木螺钉钉牢；二是用金属膨胀螺栓固定，如图 6-34 所示。连接点间距不大于 1200mm，每个连接边不少于四个连接点。固定前应先在木边框龙骨上钻导孔，孔径应为 0.8 倍连接件直径。当隔墙面积不大时，也可采用射钉连接，间距不大于 600mm，射钉与木边框末端间距不小于 100mm，并应沿木边框中心线布置。

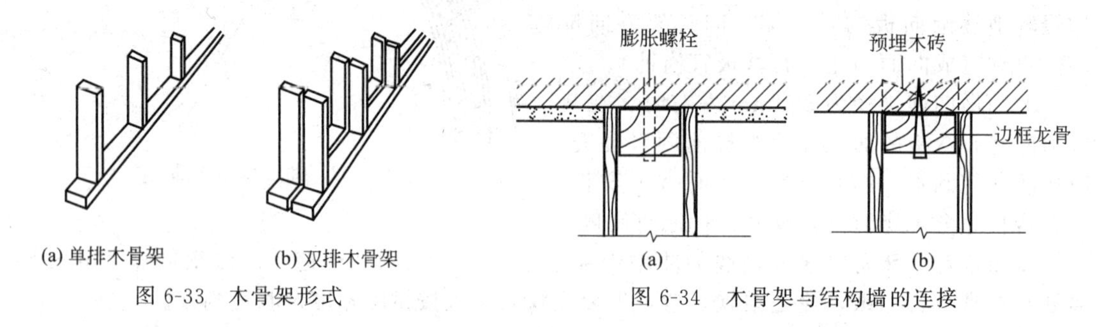

(a) 单排木骨架　(b) 双排木骨架

图 6-33　木骨架形式

(a)　(b)

图 6-34　木骨架与结构墙的连接

在上下槛之间撑立柱，立柱间距应与罩面板的规格尺寸相配合，宜为 600mm、400mm 和 450mm。墙体上有洞口时，应在洞口边缘布置立柱，当洞口宽度大于 1500mm 时，洞口两侧均应设双根立柱。立柱与木边框之间应采用直钉或斜钉连接，钉直径不应小于 3mm，采用直钉连接时，每个连接节点不得少于 2 颗钉，钉长应大于 80mm，钉入深度不得小于 12 倍钉直径。采用斜钉连接时，每个连接节点不得少于 3 颗钉，钉长应大于 80mm，钉入深度不得小于 12 倍钉直径，斜钉应与木龙骨成 30°角，从距构件端 1/3 钉长位置钉入，如图 6-35 所示。立柱之间可加设横撑顶紧并用圆钉斜向钉牢。

门窗洞口或特殊节点处，应使用附加龙骨，以增加骨架的强度，保证在门窗开启使用或受力时隔墙的稳定。门框两侧应各设一根通天立柱，通天立柱下端应与楼地面或踢脚台连接牢固，如图 6-36 所示。门窗框上部应加设人字撑。凡与罩面板接触的龙骨表面都应刨平刨直，横竖龙骨接头处必须平整。

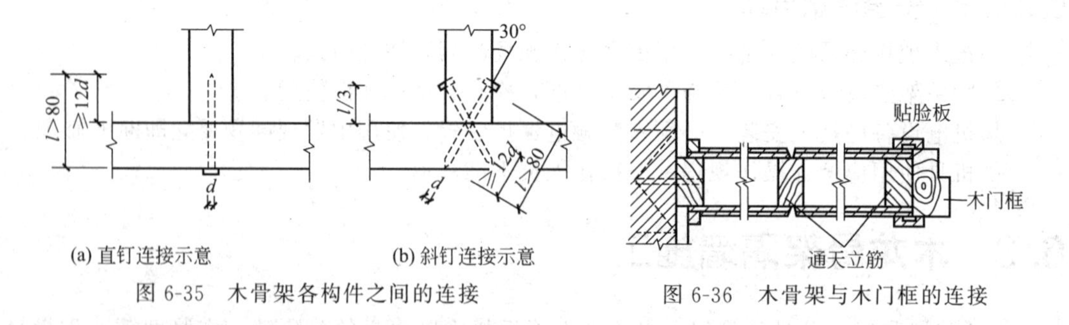

(a) 直钉连接示意　(b) 斜钉连接示意

图 6-35　木骨架各构件之间的连接

图 6-36　木骨架与木门框的连接

6.3.1.2　木骨架与罩面板的连接构造

当立柱间距为 600mm 和 400mm 时，宜选用宽度为 1200mm 的罩面板，当立柱间距为 450mm 时，宜选用宽度为 900mm 的罩面板。

罩面板以竖向铺钉为宜，接头缝隙以 5～8mm 为宜，拼缝要在立筋或横撑上。常见的拼缝形式有明缝、暗缝、压缝、嵌缝等，如图 6-37 所示。

胶合板用长 25～35mm 的圆钉固定，钉距 80～150mm，钉帽要砸扁，冲入板面

0.5～1mm 或采用打钉枪固定，钉距为 80～100mm。纤维板用长 20～30mm 的圆钉固定，钉距为 80～120mm，打扁的钉帽冲入板面 0.5mm。钉眼用油性腻子抹平。胶合板、纤维板也可以用木压条固定，钉距不应大于 200mm，钉帽打扁后进入木压条 0.5～1mm，木压条应干燥、无裂缝。在门窗洞口和墙面阳角处，应做木贴脸或护角，以防板边棱角损坏，并能增加装饰效果。

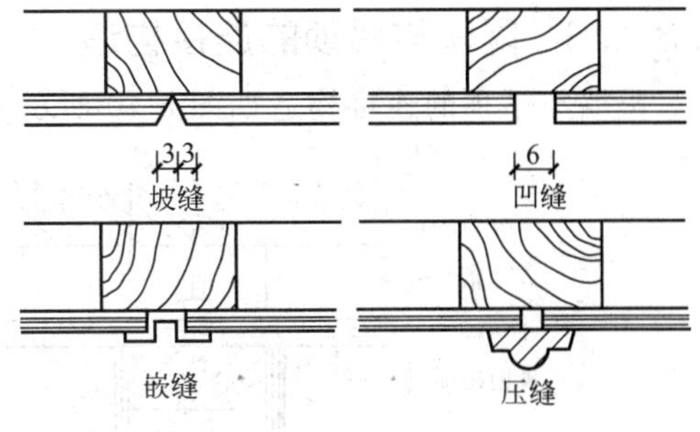

图 6-37　罩面板拼缝形式

6.3.1.3　木质隔墙的转角和丁字形连接构造

木质隔墙转角处，应用直径不小于 3mm 的螺钉或圆钉将相接墙体的木骨架钉接牢固，钉距不应大于 0.75mm，且不少于四个连接点，钉长应不小于 80mm，阳角处可用 5 号等边角钢护角，阴角接缝处应用密封胶封闭，如图 6-38(a) 所示。

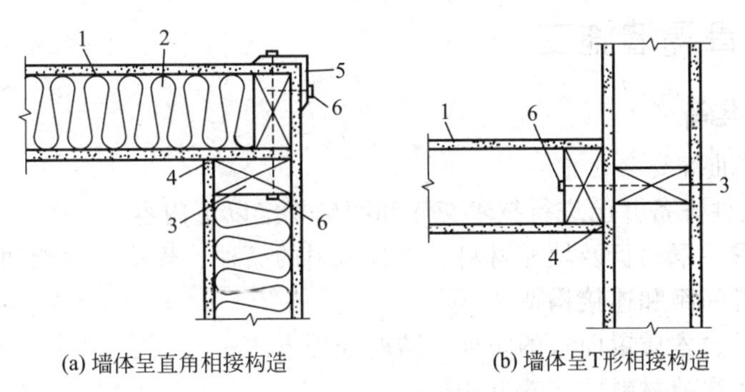

图 6-38　墙体相接构造示意

1—罩面板；2—矿棉；3—木骨架；4—密封胶；5—角侧；6—钉

木质隔墙与隔墙 T 形连接时，应用直径不小于 3mm 的螺钉或圆钉将相接墙体的木骨架钉接牢固，钉距不应大于 0.75mm，且不少于四个连接点，钉长应不小于 80mm，阴角接缝处应用密封胶封闭，如图 6-38(b) 所示。

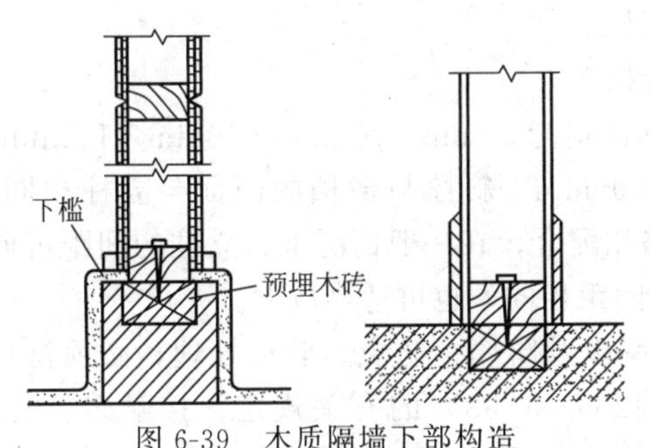

图 6-39　木质隔墙下部构造

6.3.1.4　木质隔墙下部构造

木质隔墙可以直接安装在楼地面上，也可以在隔墙下部设踢脚台，踢脚台构造是用 1∶2 的水泥砂浆砌二皮砖，边砌边放入防腐木砖，以便固定下槛，表面用水泥砂浆抹平，如图 6-39 所示。如采用木踢脚板，隔墙的罩面板下端应离地面 20～30mm；如采用大理石、陶瓷砖踢脚时，罩面板的下端应与踢脚台台面齐平。

6.3.1.5　木质隔墙的隔声与保温隔热

当隔墙隔声、保温隔热要求较高时，可在木骨架内填充隔声或保温隔热材料。保温隔热材料宜采用岩棉、矿棉和玻璃棉等，且采用刚性、半刚性成型材料，固定在木龙骨上，不得松动，以确保填满所需填充的厚度。不得采用松散的材料松填墙体。一般隔声填充材料采用玻璃棉、岩棉、矿棉和纸面石膏板，或者其他适宜的板材。

6.3.1.6 隔墙与吊顶的连接构造

隔墙与吊顶的连接构造如图 6-40 所示。

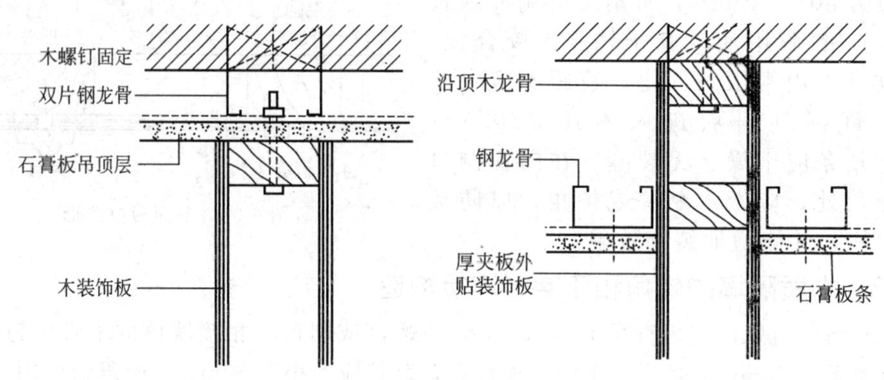

图 6-40 隔墙与吊顶的连接构造

6.3.2 木龙骨隔墙施工

6.3.2.1 施工准备

（1）施工技术准备

施工图设计文件齐备并已进行技术交底和明确规定以下内容。

① 规定木龙骨、罩面板及填充材料、嵌缝材料的品种、规格、性能和木材的含水率。

② 明确木龙骨间距和连接构造。

③ 规定木龙骨、木质罩面板的防火、防腐处理方法。

④ 罩面板所用嵌缝材料的接缝方法。

⑤ 填充材料的设置方法。

（2）施工现场条件

① 室内楼地面、墙面、顶棚粗装修已完成。

② 设计要求隔墙下部设踢脚台时，应待踢脚台施工完毕，并达到设计强度后，方可进行下槛安装。

③ 各种系统的管、线安装的前期准备工作已到位。

④ 施工图规定的材料已全部进场，并已验收合格。

（3）材料准备　木骨架中，上、下槛与立柱的断面多为 50mm×70mm 或 50mm×100mm，有时也用 45mm×45mm、40mm×60mm 或 45mm×90mm。斜撑与横档的断面与立柱相同，也可稍小一些。立柱与横档的间距要与罩面板的规格相配合，在一般情况下，立柱的间距可取 400mm、450mm 或 455mm，横档的间距可与立柱的间距相同，也可适当放大。

隔墙木骨架所用木材的树种、材质等级、含水率以及防腐、防虫、防火处理，必须符合设计要求和《木结构工程施工及验收规范》（GB J206—1983）的有关规定。接触砖、石、混凝土的骨架和预埋木砖，应经防腐处理，所用钉件必须镀锌，如采用市售成品木龙骨，应附产品合格证。

6.3.2.2 施工工艺流程

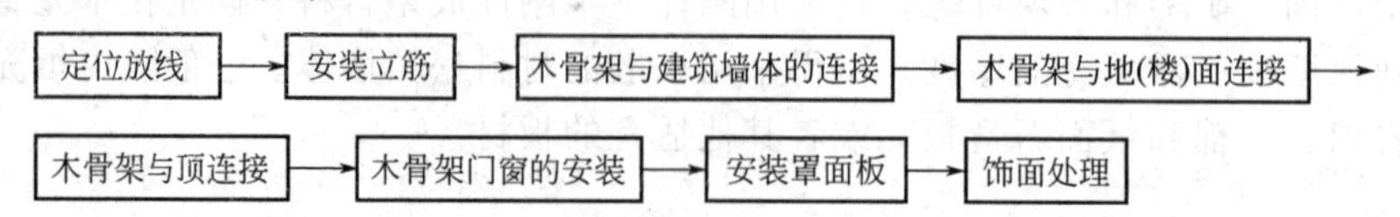

6.3.2.3　施工技术要点

（1）定位放线，确定木龙骨固定点　先在楼地面上弹出隔墙的边线，并用线坠将边线引到两端墙上，引到楼板或过梁的底部。根据所弹的位置线，检查墙上预埋木砖，检查楼板或梁底部预留钢丝的位置和数量是否正确，如有问题应及时修理。然后钉靠墙立筋，将立筋靠墙立直，钉牢于墙内防腐木砖上。再将上槛托到楼板或梁的底部，用预埋钢丝绑牢，两端顶住靠墙立筋钉固。将下槛对准地面事先弹出的隔墙边线，两端撑紧于靠墙立筋底部，而后，在下槛上划出其他立筋的位置线。

（2）安装立筋　立筋要垂直，其上下端要顶紧上下槛，分别用钉斜向钉牢。然后在立筋之间钉横撑，横撑可不与立筋垂直，将其两端头按相反方向稍锯成斜面，以便楔紧和钉钉。横撑的垂直间距宜为1.2～1.5m。在门樑边的立筋应加大断面或者是双根并用，门樑上方加设人字撑固定。

目前室内轻型的隔墙木质骨架，多是选用市场上广泛出售的截面为25mm×30mm的成品木方龙骨，龙骨上带有凹槽，可于施工现场的地面上进行纵横咬口拼装，组成方格框架，方格中至中的规格为300mm×300mm或400mm×400mm。对于面积较小的隔墙龙骨，可一次拼装好木骨架后与墙体及顶、地固定；对于大面积的隔墙，则是将木骨架先作分片组装拼合，而后分片拼联安装（见吊顶施工木骨架安装的有关介绍），但其缺点是构成的隔墙体型较薄，往往不能满足使用要求。为此，常需要做成双层构架，两层木框架之间以方木横杆相连接，隔墙体内所形成的空腔可以暗穿管线及设置隔声保温层。

（3）木骨架与建筑墙体连接　当前隔墙木龙骨骨架的靠墙或靠建筑柱体安装，较普遍的做法是采用木楔圆钉固定法，即使用16～20mm的冲击钻头的墙（柱）面打孔，孔深不小于60mm，孔距600mm左右，孔内打入木楔（潮湿地区或墙体易受潮部位塞入木楔前应对木楔刷涂桐油或其他防腐剂待其干燥），安装靠墙竖龙骨时将龙骨与木楔用圆钉连接固定。对于墙面平整度误差在10mm以内的基层，可重新抹灰找平；如果墙体表面平整偏差大于10mm，可不修正墙体，而是在龙骨与墙面之间加设木垫块进行调平。对于大木方组成的隔墙骨架，在建筑结构内无预埋的，龙骨与墙体的连接也可采用塞入木楔的方法，但木楔较大容易在凿洞过程中损伤墙体，所以多是采用胀铆螺栓连接固定。固定木骨架前，应按对应地面和顶面的墙面固定点的位置，在木骨架上画线，标出固定的连接点位置，进而在固定点打孔，打孔的直径略大于胀铆螺栓的直径。

（4）木骨架与地（楼）面连接　常采用的做法是ϕ7.8或ϕ10.8的钻头按300～400mm的间距于地（楼）打孔，孔深为45mm左右，利用M6或M8的胀铆螺栓将沿地面的龙骨固定。对于面积不大的隔墙木骨架，也可采用木楔圆钉固定法，在楼地面打ϕ20左右的孔，孔深50mm左右，孔距300～400mm，孔内打入木楔，将隔墙木骨架的沿地龙骨用圆钉固定于木楔。对于较简易的隔墙木骨架，还有的采用高强水泥钉，将木框架的沿地面龙骨钉牢于混凝土地、楼面，如图6-41所示。

（5）木骨架与顶连接　一般情况下，隔墙木骨架的顶部与建筑楼板底的连接可有多种选择，采用射钉固定连接件，采用胀铆螺栓，或是采用木楔圆钉等做法均可。若隔墙上部的顶端不是建筑结构，而是与装饰吊顶相接触时，其处理方法需根据吊顶结构而择定。对于不设开启门扇的隔墙，当其与铝合金或轻钢龙骨吊顶接触时，只要求与吊顶面间的缝隙要小而平直，隔墙木骨架可独自通入吊顶内与建筑楼板以木楔圆钉固定。当其与吊顶的木龙骨接触时，应将吊顶木龙骨与隔墙木龙骨的沿顶龙骨钉接起来，如果两者之间有接缝，还应垫实接缝后再钉钉子。对于设有开启门扇的木隔墙，考虑到门的启闭振动及人的往来碰撞。其顶端应采取较牢靠的固定措施，一般做法是其竖向龙骨穿过吊顶面与建筑楼板底面固定，需采用

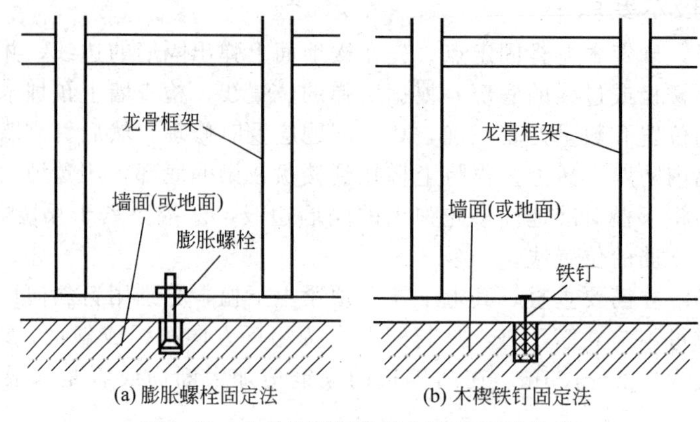

图 6-41 木龙骨隔断骨架与墙地面的连接

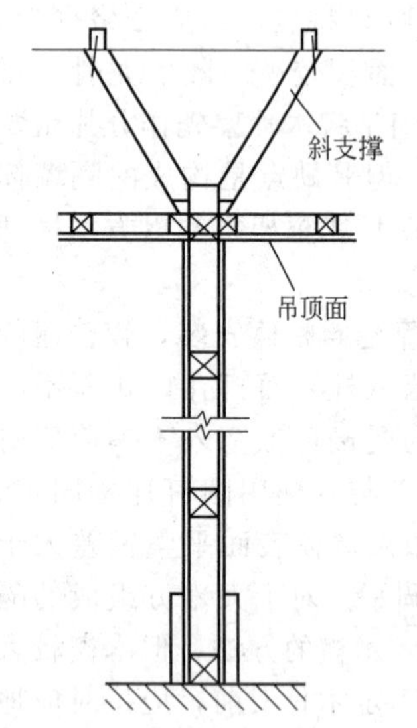

图 6-42 带木门隔墙与建筑顶面的连接固定

斜角支撑。斜角支撑的材料可以是方木，也可以用角钢，斜角支撑杆件与楼板底面的夹角以 60°为宜。斜角支撑与基体的固定方法，可用木楔铁钉或胀铆螺栓，如图 6-42 所示。

（6）木隔墙门窗的安装　木隔墙的门框是以门洞口两侧的竖向木龙骨为基体，配以挡位框、饰边板或饰边线组合而成的。传统的大木方骨架的隔墙门洞竖龙骨断面大，其挡位框的木方可直接固定于竖向木龙骨上。对于小木方双层构架的隔墙，由于其方木断面较小，应该先在门洞内侧钉固 12mm 厚的胶合板或实木板之后，才可在其上固定挡位框。若对木隔墙门的设置要求较高，其门框的竖向方木应具有较大断面，并须采取铁件加固法，如图 6-43 所示，这样做可以保证不会由于门的频繁启闭振动而造成隔墙颤动或松动。

木质隔墙门框在设置挡位框的同时，为了收边、封口和装饰美观，一般都采用包框饰边的结构形式，常见的有厚胶合板加木线条包边、阶梯式包边、大木线条压边等。安装固定时可用胶粘钉合，装设牢固，注意铁钉应冲入面层。

在制作木隔墙时应预留出窗洞口，待罩面施工时用胶合板和装饰木线进行压边和定位。木隔墙的窗式可以是固定的，也可以是带有活动窗扇的，其固定式是用木压条将玻璃板固定于窗框中；其活动窗扇式与普通活动窗基本相同。

整个木龙骨安装结束后，应用 1∶2 的水泥砂浆将墙地面的凿錾孔空隙填补密实。填补时要仔细，不得损污木构件。

（7）安装罩面板

① 安装罩面板前，应对木龙骨进行防火、防蛀处理。隔墙内设管、线时，应按设计要求安装牢固。通过隐蔽工程验收后方可铺装罩面板。

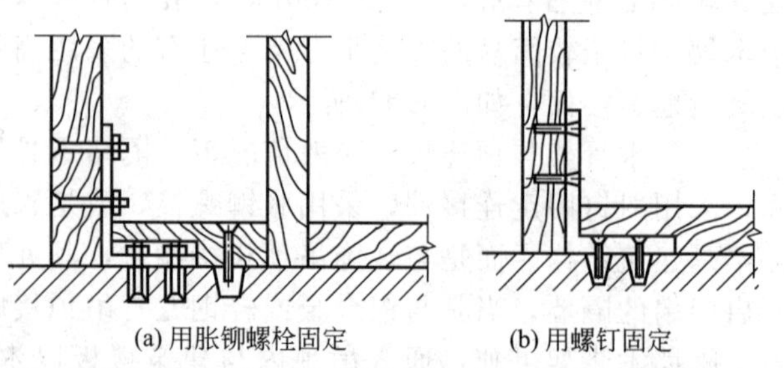

图 6-43 木隔墙门框采用铁件加固的构造做法

② 安装罩面板前应先按分块尺寸弹线，板材规格与立筋间距不合适时，应按线锯裁加工，所锯板材要边角整齐方正。

③ 安装时从骨架下边角向上逐块铺钉，拼缝要在立筋或横撑上，接头缝隙为5～8mm。胶合板用圆钉固定时，钉距为80～150mm，钉帽砸扁冲入板面0.75mm；采用钉枪固定时，钉距为80～100mm。纤维板用圆钉固定时钉距为80～120mm，打扁的钉帽冲入板面0.5mm。

④ 胶合板、纤维板用木压条固定时，钉距不应大于200mm，钉帽打扁后进入木压条0.5～1mm。木压条应干燥无裂缝。

⑤ 面板与墙面、梁底面各交接处用木线条压缝，面板与地面交接处用同质胶合板加钉一层作为踢脚板。门框与面板交接处，用门贴脸覆盖压缝。木线条、门贴脸安装时应采用45°对角，接缝严密，无高低。

6.3.2.4 施工注意事项

① 凡接触砖石、混凝土的木龙骨、木砖、木楔，均应做好防腐处理。

② 湿度较大的房间，不得使用未经防水处理的胶合板、纤维板。

③ 基层需做防潮层时，应在安装立筋之前进行。用油毡或油纸做防潮层时，要铺设平整，搭接严密，不得有皱褶、裂缝、透孔等弊病；用沥青做防潮层时，应待基层干燥后，再刷沥青，要涂刷均匀，不得漏刷。铺涂防潮层时，要先在预埋木砖上钉好标记。

④ 胶合板表面做清漆时，施工前应仔细挑选板材，相邻板面的木纹、颜色应近似，以保证装饰效果。

⑤ 硬质纤维板使用前应用水浸透，自然阴干后再安装，以防止安装后吸潮产生膨胀、翘曲等弊病。为防止潮气由边部浸入隔墙内引起边缘翘起，应在板材四周接缝处加钉盖口条将缝盖严，也可采取四周留缝的做法，缝宽一般以10mm为宜。

6.3.2.5 安全注意事项

① 进入现场应戴安全帽，不准在操作现场吸烟，注意防火。

② 脚手架搭设应符合建筑施工安全标准，检查合格后才能使用。

③ 机电设备应由持证电工安装，必须安装触电保护装置，使用中发现问题要立即修理。

④ 机具使用应遵守操作规程，非操作人员不准乱动。

⑤ 现场应保持良好通风。

6.4 玻璃隔墙施工

玻璃隔墙包括玻璃砖隔墙和玻璃板隔墙。用于玻璃砖隔墙的玻璃砖分为空心和实心两种；从外观上又可分为正方形、矩形和各种异型等。玻璃砖以砌筑局部墙面为主，其特色是可以提供自然采光，能起到隔热、隔声和装饰作用，多用于透光墙壁、淋浴隔断、门厅、通道等装饰，特别适合高级建筑中控制透光、眩光和太阳光的场合。

6.4.1 空心玻璃砖隔墙施工

玻璃砖隔墙是指用木材、铝合金型材等做边框，在边框内，将玻璃砖四周的凹槽内灌注黏结砂浆，把单个玻璃砖拼装到一起而形成的隔墙。玻璃砖隔墙既有分隔作用，又有采光不穿透视线的作用，具有很强的装饰效果。它既可用于全部墙体，又可局部点缀。空心玻璃砖墙可用水清洗，清洁工作极为方便。

6.4.1.1 玻璃砖隔墙的基本构造

玻璃砖或称特厚玻璃，有实心砖和空心砖之分。用于室内整体式轻质隔墙的应为空心玻璃砖，砖块四周有5mm深的凹槽，按其透光及透过视线效果的不同，可分为透光透明玻璃砖、透光不透明玻璃砖、透射光线定向性玻璃砖以及热反射玻璃砖等。在实际工程中，常根据室内艺术格调及装饰造型的需要，选择不同的玻璃砖品种进行组合，构造做法如图 6-44 所示。

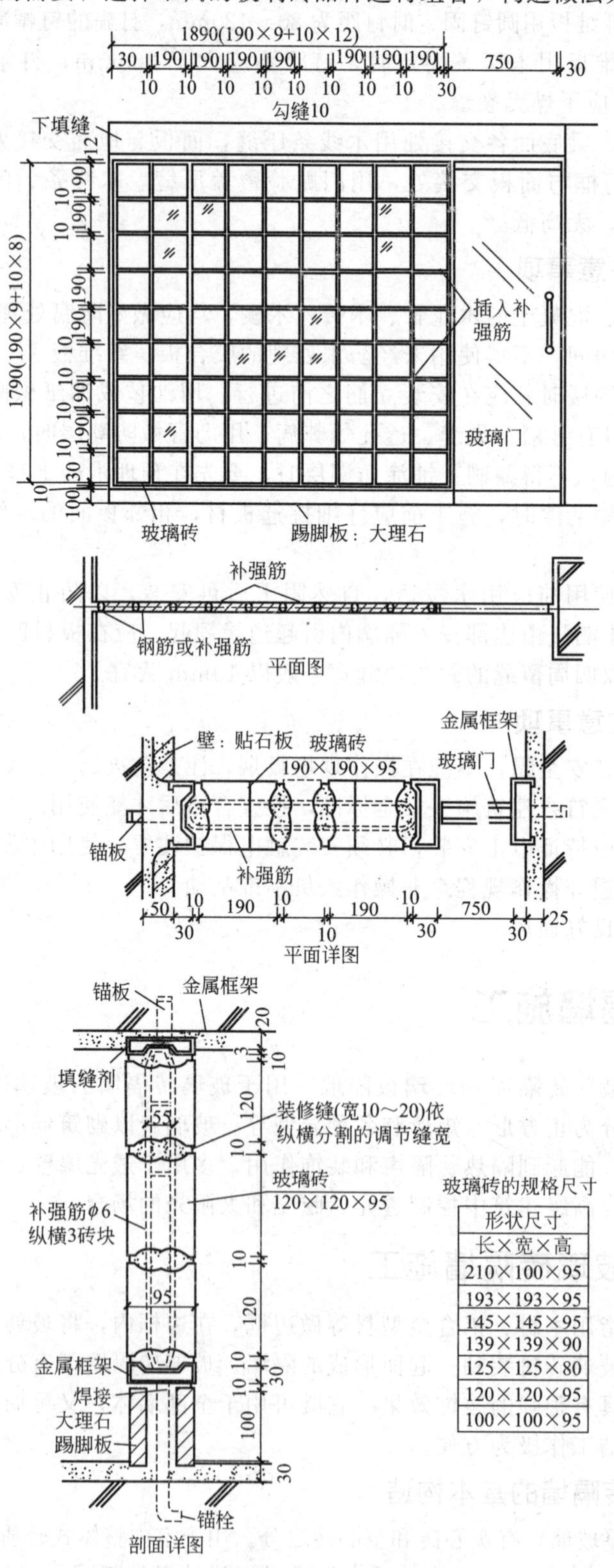

形状尺寸
长×宽×高
210×100×95
193×193×95
145×145×95
139×139×90
125×125×80
120×120×95
100×100×95

图 6-44 玻璃砖隔墙的基本结构

① 空心玻璃砖隔墙的基础，其承载力应满足荷载的要求。

② 空心玻璃砖墙体，应砌筑在用2根 $\phi 6$ 或 $\phi 8$ 钢筋增强的基础（或称墙垫）上，基础高度不得大于150mm。采用80mm厚的空心玻璃砖砌筑墙体时，其基础宽度不得小于100mm；采用100mm厚的空心玻璃砖砌筑墙体时，其基础宽度不得小于120mm。

③ 不采取增强措施的空心玻璃砖隔墙尺寸，应符合表6-3的规定。

表6-3　非增强的室内空心玻璃砖隔墙尺寸

砌筑方式	隔墙体尺寸	
	高度/m	长度/m
砖缝贯通	≤1.5	≤1.5
砖缝错开	≤1.5	≤6.0

④ 当隔墙体尺寸超过表6-3的规定时，应采用 $\phi 6$ 或 $\phi 8$ 钢筋予以增强。

当只有隔墙的高度超过规定时，应在垂直方向上每两层空心砖水平设置1根钢筋；当只有隔墙体的长度超过规定时，应在水平方向上每隔3个灰缝至少设置1根钢筋。当高度和长度都超过规定时，应在垂直方向上每隔2层空心玻璃砖水平设置2根钢筋，在水平方向上每隔3个灰缝至少垂直布置1根钢筋。增强钢筋每端伸入金属型材框的尺寸，不得小于35mm。钢筋增强的空心玻璃砖隔墙的高度，不得超过4mm，玻璃砖隔墙配筋示意如图6-45所示。

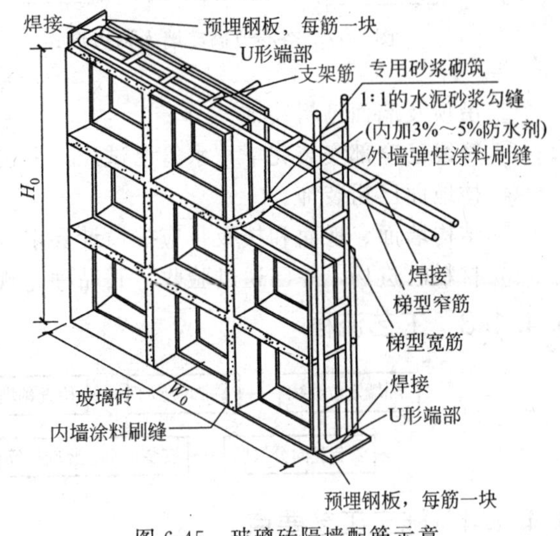

图6-45　玻璃砖隔墙配筋示意

⑤ 空心玻璃砖隔墙与建筑结构连接时，隔墙与金属型材框两翼接触的部位应留有滑缝，缝宽不得小于4mm；与金属型材框腹面接触的部位应留有胀缝，胀缝宽度不得小于10mm。滑缝应用沥青毡填充，胀缝应用硬质泡沫塑料填充。

⑥ 最上层的空心玻璃砖应深入顶部金属型材框中，深入尺寸不得小于10mm，且不得大于25mm。空心玻璃砖与顶部金属型材框的腹面之间，应用木楔固定。

⑦ 空心玻璃砖之间的接缝不得小于10mm，且不得大于30mm。

⑧ 固定金属型材框的镀锌钢膨胀螺栓，固定时的间距不得大于500mm。

⑨ 金属型材框与建筑墙体的结合部，以及空心玻璃砖砌体与金属型材框翼端的结合部，均应采用弹性密封剂进行密封，如图6-46所示。

⑩ 饰边处理：如果空心玻璃砖隔墙没有外框，就需要进行饰边处理。饰边通常有木饰边和不锈钢饰边等。

木饰边的式样较多，常用的有厚木板饰边、阶梯饰边、半圆饰边等，如图6-47所示。常用的不锈钢饰边有不锈钢单柱饰边、双柱饰边、不锈钢板饰边等，如图6-48所示。

6.4.1.2　施工准备

① 主体结构已完工，并已通过验收。

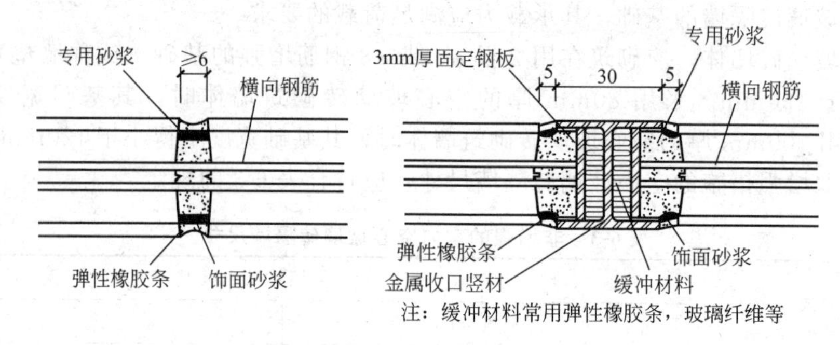

图 6-46 玻璃砖隔墙弹性封口

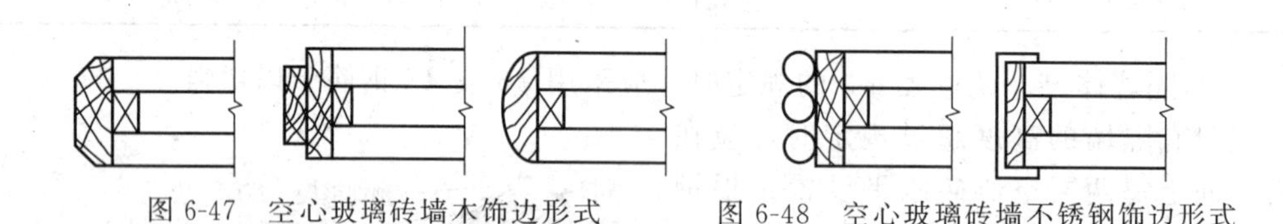

图 6-47 空心玻璃砖墙木饰边形式　　图 6-48 空心玻璃砖墙不锈钢饰边形式

② 吊顶及墙面已粗装饰。

③ 管线已全部安装完毕，水管已试压，并已验收合格。

④ 楼地面已粗装饰。

⑤ 结构墙面、地面和楼板，应按设计要求预埋防腐木砖或预埋铁件。

⑥ 材料已进场，并已通过验收，其品种、规格、品质均应符合设计要求。

6.4.1.3 工艺流程

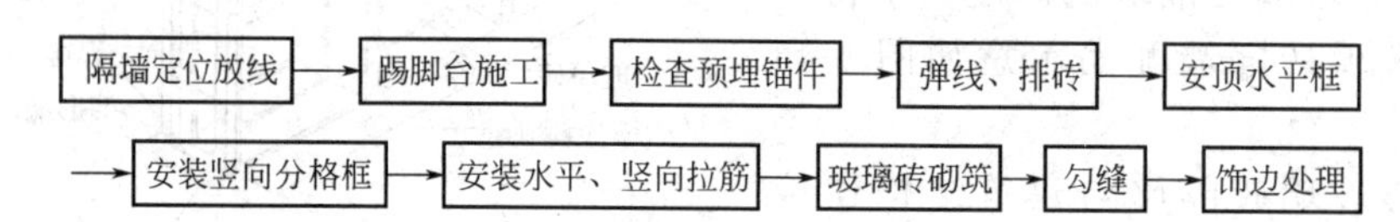

6.4.1.4 施工工艺要点

（1）隔墙定位放线　根据建筑设计图，在室内楼地面上弹出隔墙位置的中心线，然后引测到两侧结构墙面和楼板底面。当设计有踢脚台时，应按踢脚台宽度，弹出边线。

（2）踢脚台施工　按线位置放置两侧模板，内放通长 $\phi6$ 或 $\phi8$ 钢筋，根数及截面符合设计要求。然后浇筑 C20 细石混凝土，上表面必须平整，两侧要垂直，并根据设计决定是否预埋铁连接件，或将竖向 $\phi6$ 加强筋直接插入混凝土基础内，要严格控制间距及上标高平整。

（3）检查预埋锚件　隔墙位置线弹好后，应检查两侧墙面及楼底面上预埋木砖或铁件的数量及位置。如预埋木砖或铁件偏离中心线很大，则应按隔墙的中心线和锚件设计间距钻膨胀螺栓孔。

（4）弹线、排砖　基础混凝土强度达到 1.2MPa 以上（预留混凝土同条件试件；或拆模时，混凝土构件没有缺棱掉角现象即可）可以拆模，清理表面水泥浆后，弹空心玻璃砖隔墙实线。然后根据隔墙总长度、每块玻璃砖长及缝隙进行排列，看模数是否合适，如果不符合，可调整墙两端框材宽度或在中间适当加立框。根据玻璃砖厚度及隔墙总高度计算总层数（包括水平缝及 $\phi6$ 水平筋位置），并将层数标记在隔墙两端竖框上（或立皮数杆）。

（5）安顶水平框　用线坠将地面隔墙线吊到结构顶上，弹线，然后将水平框材（或铝合金或槽钢）用镀锌膨胀螺栓固定，间距不大于 500mm，注意平整度必须牢固地与顶板混凝土结合。

（6）安装竖向分格框　根据设计要求并兼顾排列砖模数需要，隔墙总长度内增设竖向分格框。竖框底端与混凝土墙基上表面预埋件焊接，或通过连接件用镀锌膨胀螺栓固定。上端与顶层水平框通过连接螺栓相连接。

（7）安装水平、竖向拉筋　纵横加强拉筋布置：为增强空心玻璃隔墙的稳定性，在砌体的水平和垂直方向布置 $\phi 6$ 钢筋。当隔墙高度和长度都超过规定时（玻璃砖隔墙长大于4600mm，高大于3000mm），在垂直方向上每2层空心玻璃砖水平布2根钢筋，在水平方向每3个缝至少布1根钢筋（垂直立筋插入空心玻璃砖齿槽内），水平钢筋每端伸入金属框材尺寸不得少于35mm。随砌体高度每砌2层放2根，纵向钢筋应在隔墙砌筑之前预先安放好，根据隔墙弹线每隔3块条砖安放1根纵向钢筋，两端头要连接牢固。钢筋根数应符合设计要求。

（8）空心玻璃砖砌筑　空心玻璃砖传统的砌筑方法：按照砌筑形状与面积、空心玻璃砖的尺寸和砌缝间距，计算使用砖数。常用玻璃砖尺寸为250mm×50mm、200mm×80mm（边长×厚度），砌缝为5～10mm。

依据空心玻璃砖的排列，在踢脚台上画线，立好皮数杆。如采用框架，则应先做金属框架，并应按施工图的要求安装好。同时，将两侧墙面进行清理，使表面垂直平整，与空心玻璃砖墙能相接良好。

按白水泥：细砂＝1：1的比例配制水泥浆，或按白水泥：108胶＝100：7的比例调好水泥浆。配制的水泥浆要有良好的和易性和稠度，砌筑时不产生流淌。搭好施工脚手架。空心玻璃砖按上、下对缝（因玻璃空心砖无错缝砖）的方式，自下而上拉通线砌筑。为了保证砌筑方便和空心玻璃砖的平整度，每砌完一层砖，都要放置木垫块，如图6-49所示，每块砖上放2～3块。厚50mm的空心玻璃砖，用长35mm的木垫块；厚80mm的空心玻璃砖，用长60mm的木垫块。摆放木垫块时其底面应涂少许万能胶，使其粘贴在空心玻璃砖的凹槽内。

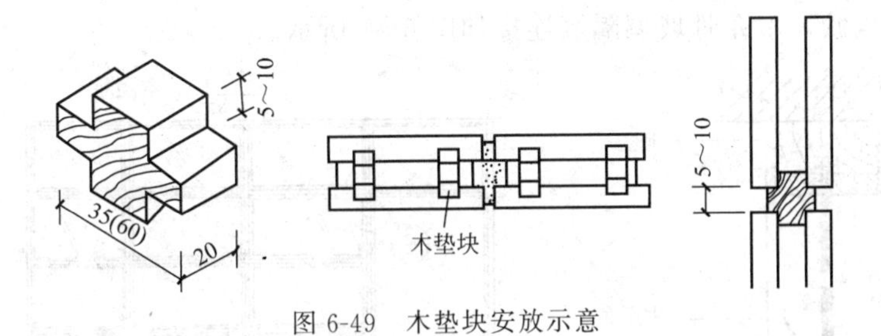

图6-49　木垫块安放示意

面积较大的空心玻璃砖墙砌筑时，应在每条空心玻璃砖中心两边，安放2@6mm或1@6mm水平通长钢筋，钢筋应与四周框架焊牢，竖向钢筋与横向钢筋应绑扎或焊接牢固，以增加墙体的刚度。

空心玻璃砖墙宜以1.5m左右高度为一个施工段，待下部施工段胶结材料达到设计强度后再进行上部施工。在金属框架内砌空心玻璃砖时，要先在金属框架内侧涂刷防腐涂料。每砌完一层玻璃砖，要用湿布将空心玻璃砖面附着的水泥抹干净。

（9）勾缝　玻璃砖砌完后，即进行表面勾缝，先勾水平缝，再勾竖直缝，勾缝深浅应一致，表面要平滑，如要求做平缝，可用抹缝的方法将其抹平。勾缝和抹缝之后，应用抹布或棉纱将砖表面擦抹明亮。

（10）饰边处理　当玻璃砖墙没有外框时，需要进行饰边处理。饰边通常有木饰边和不锈钢饰边等，其饰边式样和做法应符合设计要求。

此外，空心玻璃砖还有一种简便砌法，即每砌一层空心玻璃砖，用水泥：细砂：水玻璃=1：1：0.06（质量比）的砂浆，按水平、竖直灰缝10mm，拉通线砌筑，灰缝砂浆应满铺、满挤。在每一层中，将2@6mm钢筋放置在玻璃空心砖中心的两边，压入砂浆的中央，钢筋两端与边框电焊牢固。如此分层砌筑，不用木垫块，也能取得相同效果。

6.4.2 平面玻璃板隔墙

平面玻璃板隔墙从外观上看主要有有框落地玻璃隔墙、无框玻璃隔墙和半截玻璃隔墙。

6.4.2.1 平面玻璃板隔墙构造

平板玻璃隔墙的构造做法，基本上与玻璃门窗相同。单块玻璃面积较大时，必须确保使用安全，对涉及安全部位和节点应突出其施工质量检测。

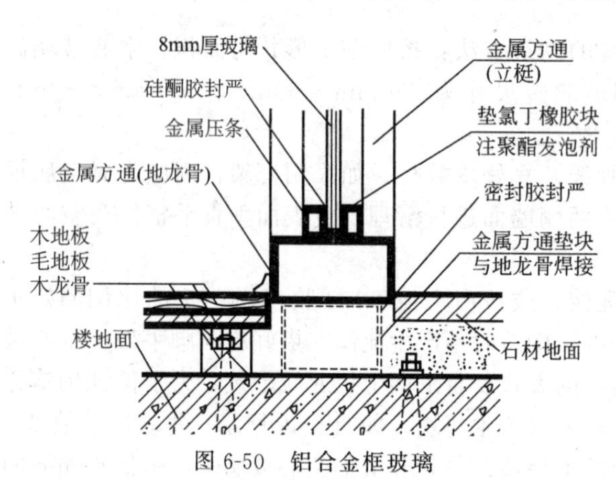

图6-50 铝合金框玻璃

玻璃板隔墙按构造不同，可分为有框玻璃板隔墙、无竖框玻璃板隔墙及吊挂式玻璃板隔墙等。有框玻璃板隔墙的框架一般采用铝合金型材，也可采用木框架。框架与主体结构的连接方法有三种：一是主体结构上设有预埋铁件时，通过铝合金框上的镀锌铁脚与预埋铁件直接用电焊焊牢；二是将铝合金框的连接铁件用射钉钉固到主体结构上，连接铁件应事先用镀锌螺钉铆固在铝合金框上，如图6-50所示；三是用膨胀螺栓紧固连接件。安装玻璃时，应在框架槽口内垫好防振橡胶垫块，玻璃就位后，在槽两侧嵌橡胶压条，从两边挤紧玻璃，然后注入硅酮（聚硅氧烷）结构胶，木龙骨玻璃隔墙连接如图6-51所示。

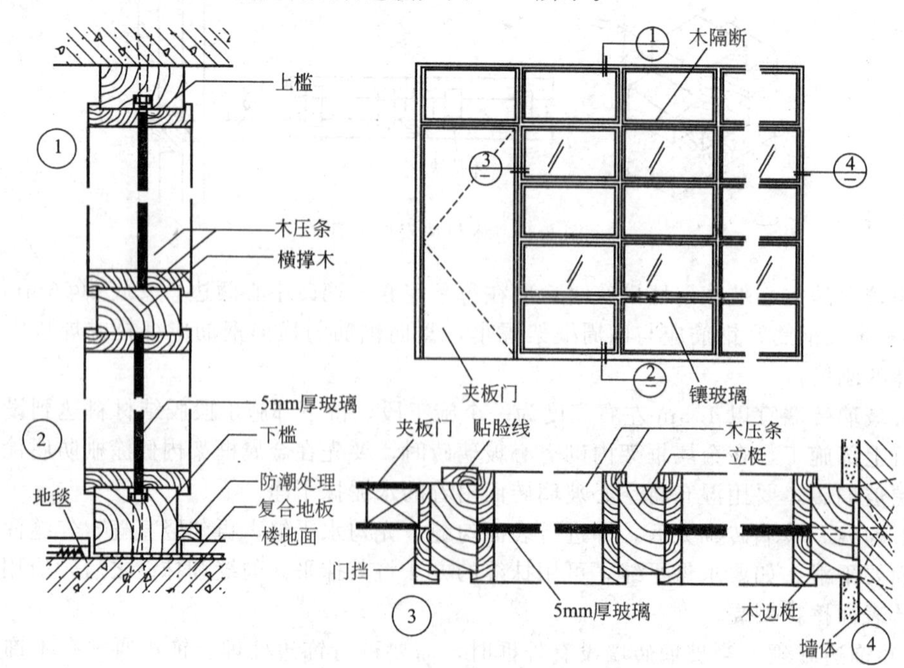

图6-51 木龙骨玻璃隔墙连接

无竖框玻璃板隔墙一般采用型钢或铝合金边框，型钢边框与主体结构的连接方法及玻璃与型钢边框的连接同有框玻璃板隔墙。玻璃板之间的立缝应用硅酮（聚硅氧烷）结构胶嵌固，隔墙面积大时，可在板缝处加玻璃肋，以加强墙面刚度。型钢可嵌入墙地面中，也可以外露，外露时表面加木衬板，再粘贴不锈钢板或钛金板等使其美观。

吊挂式玻璃板隔墙是在主体结构的楼板或梁下安装吊挂玻璃的支撑架和上框。利用专业吊挂夹具将整片玻璃吊挂于结构梁或楼板下，这样可使玻璃自然下垂，不宜弯曲变形。吊挂夹具一般由玻璃生产厂家整套提供，吊夹的规格、数量、安装间距应根据大玻璃的质量和尺寸确定。

6.4.2.2 有框落地玻璃板隔墙的工艺流程

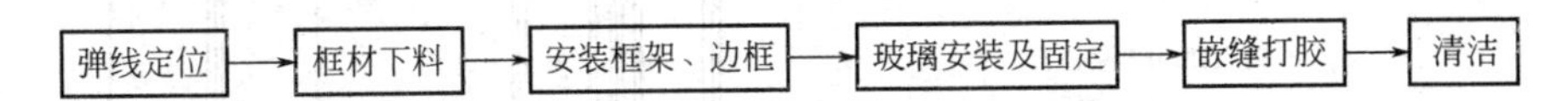

6.4.2.3 有框落地玻璃板隔墙施工要点

（1）弹线定位　先弹出地面位置线，再用垂直线法弹出墙、柱上的位置线、高度线和沿顶位置线。有框玻璃隔墙标出竖框间隔位置和固定点位置。无竖框玻璃隔墙应核对已做好的预埋铁件位置是否正确或划出金属膨胀螺栓位置。

（2）框材下料　有框玻璃隔墙型材料划线下料时先复核现场实际尺寸，如果实际尺寸与施工图尺寸误差大于5mm时，应按实际尺寸下料。如果有水平横档，则应以竖框的一个端头为准，划出横档位置线，包括连接部位的宽度，以保证连接件安装位置准确和横档在同一水平线上。下料应使用专用工具（型材切割机），保证切口光滑、整齐。

（3）安装框架、边框

① 组装铝合金玻璃隔墙的框架有两种方式：一是隔墙面积较小时，先在平坦的地面上预制组装成形，然后再整体安装固定；二是隔墙面积较大时，则直接将隔墙的沿地、沿顶型材，靠墙及中间位置的竖向型材，按控制线位置固定在墙、地、顶上。用第二种方式施工时，一般从隔墙框架的一端开始安装，先将靠墙的竖向型材与角铝固定，再将横向型材通过角铝件与竖向型材连接。角铝件安装方法：先在角铝件打出两个孔，孔径按设计要求确定，设计无要求时，按选用的铆钉孔径确定，一般不得小于3mm。孔中心距角铝件边缘10mm，然后用一小截型材（截面形状及尺寸与横向型材相同）放在竖向型材划线位置，将已钻孔的铁铝件放入这一小截型材内，握稳小截型材，固定位置准确后，用手电钻按角铝件上的孔位在竖向型材上打出相同的孔，并用自攻螺钉或拉铆钉将角铝件固定在竖向型材上。铝合金框架与墙、地面固定可通过铁件来完成。

② 当玻璃板隔断的框为型钢外包饰面板时，将边框型钢（角钢或薄壁槽钢）按已弹好的位置线进行试安装，检查无误后与预埋铁件或金属膨胀螺栓焊接牢固，再将框内分格型材与边框焊接。型钢材料在安装前应做好防腐处理，焊接后经检查合格，补做防腐。

③ 当面积较大的玻璃隔墙采用吊挂式安装时，应先在建筑结构梁或板下做出吊挂玻璃的支撑架，并安装吊挂玻璃的夹具及上框。夹具距玻璃两个侧边的距离为玻璃宽度的1/4（或根据设计要求）。要求上框的底面与吊顶标高应保持平齐。

④ 对于无竖框玻璃隔墙，当结构施工没有预埋铁件，或预埋铁件位置已不符合要求时，则应首先设置金属膨胀螺栓，然后将型钢（角钢或薄壁槽钢）按已弹好的位置线安装好，在检查无误后随即与预埋铁件或金属膨胀螺栓焊牢。型钢材料在安装前应刷好防腐涂料，焊好以后在焊接处应再补刷防锈漆。

（4）玻璃安装及固定　把已裁好的玻璃按部位编号，并分别竖向堆放待用。安装玻璃前，应对骨架、边框的牢固程度、变形程度进行检查，如有不牢固，应予以加固。玻璃与基架框的结合不宜太紧密，玻璃放入框内后，与框的上部和侧边应留有 3～5mm 的缝隙，防止玻璃由于热胀冷缩而开裂。

① 玻璃板与木基架的安装

a. 用木框安装玻璃时，在木框上要裁口或挖槽，校正好木框内侧后定出玻璃安装的位置线，并固定好玻璃板靠位线条。

b. 把玻璃装入木框内，其两侧距木框的缝隙应相等，并在缝隙中注入玻璃胶，然后钉上固定压条，固定压条宜用钉枪钉。安装玻璃以及压条形式如图 6-52 所示。

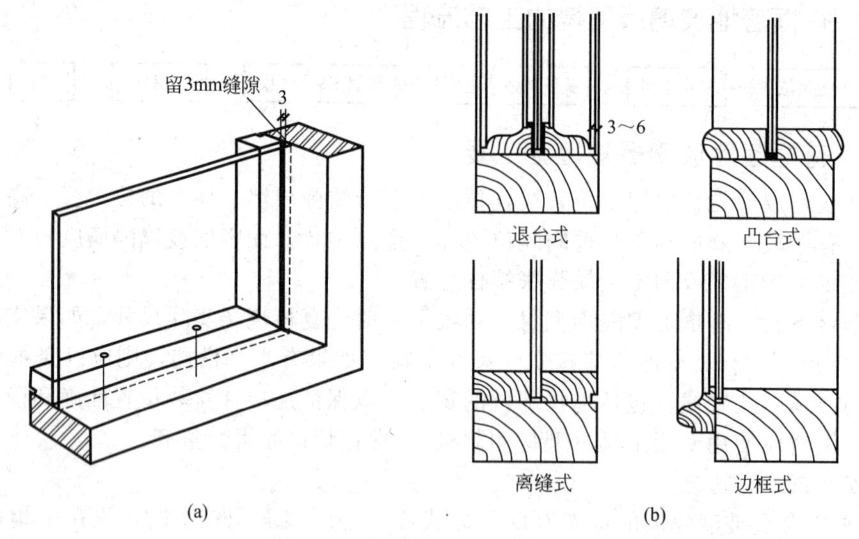

图 6-52 安装玻璃以及压条形式

② 玻璃与金属方框架的固定

a. 玻璃与金属方框架安装时，先要安装玻璃靠住线条，玻璃靠住线条可以是金属角线或是金属槽线。固定靠住线条通常是用自攻螺钉。

b. 根据金属框架的尺寸裁割玻璃，玻璃与框架的结合不宜太紧密，应该按小于框架 3～5mm 的尺寸裁割玻璃。

图 6-53 吸盘器安装玻璃

c. 安装玻璃前，应在框架下部的玻璃放置面上涂一层厚 2mm 的玻璃胶。玻璃安装后，玻璃的底边就压在玻璃胶层上。也可放置一层橡胶垫，玻璃安装后，底边压在橡胶垫上。

d. 把玻璃放入框内，并靠在玻璃靠位线条上。如果玻璃面积较大，应用玻璃吸盘器安装，如图 6-53 所示。玻璃板距金属框两侧的缝隙应相等，并在缝隙中注入玻璃胶，然后安装封边压条。

如果封边压条是金属槽条，且要求不得直接用自攻螺钉固定时，可先在金属框上固定木条，然后在木条上涂环氧树脂胶（万能胶），把不锈钢槽条或铝合金槽条卡在木条上。如无特殊要求，可用自攻螺钉直接将压条槽固定在框架上，常用的自攻螺钉为 M4 或 M5。

安装时，先在槽条上打孔，然后通过此孔在框架上打孔。打孔钻头要小于自攻螺钉直径 0.8mm，当全部槽条的安装孔位都打好后，再进行玻璃的安装。金属框架上的玻璃安装如图 6-54 所示。

（5）嵌缝打胶 玻璃全部就位后，校正平整度、垂直度，同时用聚苯乙烯泡沫嵌入槽口内使玻璃与金属槽接合平伏、紧密，然后打硅酮（聚硅氧烷）结构胶。注胶顺序应从缝隙的端头开始，一只手托住注胶枪，另一只手均匀用力握挤，同时顺着缝隙移动的速度也要均匀，将结构胶均匀地注入缝隙中，注满后随即用塑料片在玻璃的两面刮平玻璃胶，并清洁溢到玻璃表面的胶迹。

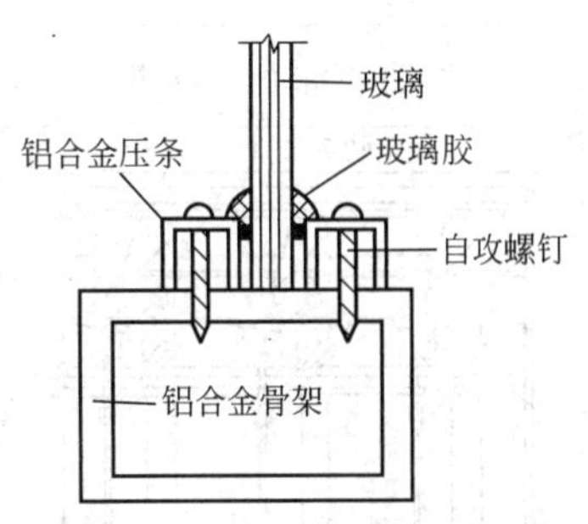

图6-54 金属框架上的玻璃安装

（6）清洁 玻璃板隔墙安装后，应将玻璃面和边框的胶迹、污痕等清洗干净。对于普通玻璃，一般情况下可用清水清洗。如有油污，可用液体洗涤剂先将油污洗掉，然后再用清水擦洗。镀膜玻璃可用水清洗，污垢严重时，应先用中性液体洗涤剂或酒精等将污垢洗净，然后再用清水洗净。玻璃清洁时不能用质地太硬的清洁工具，也不能采用含有磨料或酸、碱性较强的洗涤剂。其他饰面用专用清洁剂清洗时，不要让专用清洁剂溅落到镀膜玻璃上。

6.4.2.4 无竖框玻璃隔墙施工工艺

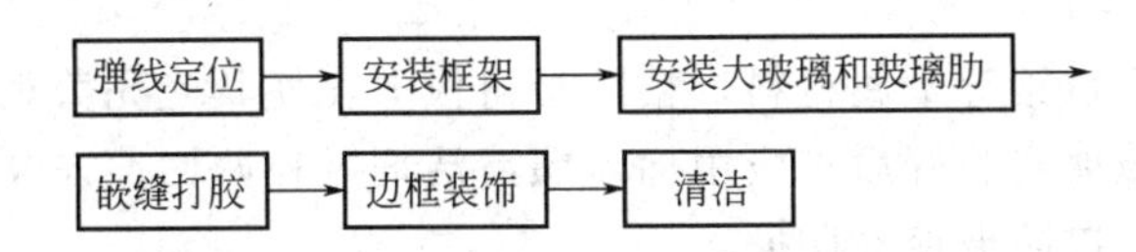

6.4.2.5 无竖框玻璃隔墙施工要点

（1）弹定位线 根据施工图，在室内先弹楼地面位置线，再弹结构墙面（或柱）上的位置线及顶部吊顶标高。线弹好后，要核对位置线上的预埋铁件的位置是否正确。如果没有预埋铁件，则应划出金属膨胀螺栓钻孔的孔位。落地无竖框玻璃隔墙还应留出楼地面的饰面层的厚度。如果有踢脚线，还应考虑踢脚线和其饰面层的厚度。

（2）安装框架 如果结构面上没有预埋铁件，或预埋铁件位置不符合要求，则按位置中线钻孔，埋入膨胀螺栓。然后，将型钢按已弹好位置安放好，检查水平度、垂直度合格后，将框格的连接件与预埋铁件或金属膨胀螺栓焊牢。型钢在安装前应刷好防腐涂料，焊好后在焊接处再做防锈漆。

当大面积玻璃隔墙采用吊挂式安装时，则应在主体结构的楼板或梁下安装吊挂玻璃的支撑架和上框，用大玻璃生产厂家提供的一套吊挂夹具，按配套吊夹的规格和数量以及大玻璃的重量和尺寸，安装吊夹，如图6-55所示。吊挂夹具的夹紧力随重量的增加而加强。

（3）安装大玻璃和玻璃肋 大玻璃安装，应按设计大样图节点施工。一般方法是将大玻璃按隔墙框架的水平尺寸和垂直高度进行分块排布。先安装靠边结构墙边框的玻璃。将槽口清理干净，垫好防震橡胶垫块，用玻璃吸盘把玻璃吸牢，由2～3人手握吸盘同时抬起玻璃，将玻璃竖着插入上框槽口内，然后轻轻垂直落下，放入下框槽口内，并推移到边槽槽口内，然后安装中间部位的玻璃。玻璃之间应留2～3mm的缝隙或留出与玻璃肋厚度相同的缝，以便安装玻璃肋和打胶。吊挂玻璃安装就位后用夹具固定每块玻璃。

（4）嵌缝打胶 玻璃板全部就位后，校正平整度和垂直度，同时在两侧嵌橡胶压条，从两边挤紧玻璃，然后打硅酮（聚硅氧烷）结构胶，应均匀地将胶注入缝隙中，并用塑料刮刀在玻璃的两面刮平玻璃胶，随即清洁玻璃表面的胶迹。

（5）边框装饰 如果边框嵌入地面和墙（柱）面的饰面层中，则在做墙（柱）面和地面饰面时，沿接缝应精细操作，使其美观。如果边框没有嵌入墙（柱）面和地面时，则应另用

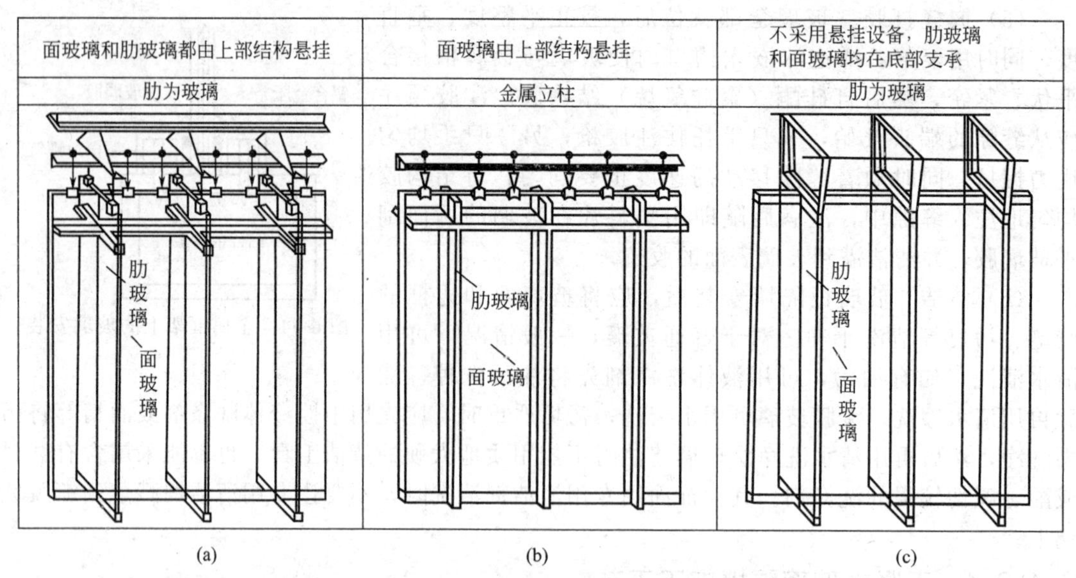

图 6-55 无框式玻璃的固定方法

胶合板做底衬板，用不锈钢等金属材料，粘贴于衬板上，使其光亮美观。

(6) 清洁 无框玻璃安装好后，应用棉纱蘸清洁剂，在两面擦去胶迹和污染物，再在玻璃上粘贴不干胶纸带，以防玻璃被碰撞。

6.4.2.6 半截玻璃隔墙施工

半截玻璃隔墙，一般下半部为饰面板材，高度为 900～1000mm，上半部为玻璃隔墙。

① 施工时，先按图纸尺寸，在楼地面上、顶上和墙上弹出隔墙的中心线和边线。

② 根据设计要求，进行下半部的结构施工。

③ 下半部的隔墙，如设计未规定时，可按下列做法施工。

a. 砌筑 120mm 实心砖墙，双面抹灰后贴饰面板。

b. 采用铝合金骨架，装铝合金波纹板。

c. 做木骨架，双面装罩面板。

④ 上部玻璃板隔墙，参见有框落地隔墙的施工方法操作。

6.4.2.7 玻璃隔墙安全施工措施

① 施工机具严禁非持证人员接电源。

② 施工机具要设专人使用和保管，电锯设备必须有防护罩。

③ 射钉枪应装上专用防护罩，操作人员向上射钉时，必须戴好保护目镜，弹药要妥善保管，防止丢失。向楼板底钻孔时，钻工应戴防护目镜。

④ 安装较高隔墙使用人字架梯时，腿底应钉防滑橡胶皮，两腿应设拉索。靠近外窗作业时，必须关闭窗扇。安装大玻璃时，应事先搭好脚手架。

⑤ 使用手持玻璃吸盘和玻璃吸盘机时，应事先检查吸附重量和吸附时间。玻璃周边应用机械倒角机倒角并磨光，并擦除表面灰尘。安装玻璃时，玻璃下方不准站人。

⑥ 安装玻璃前，应对骨架和边框的牢固度进行检查，如有不牢，应进行加固。安装玻璃时，铝合金框槽口内的橡胶压条应与框边贴紧，不得弯棱凸鼓。

⑦ 空心玻璃隔墙的玻璃安装完毕，应在玻璃上粘胶带做醒目标记，以引起行人注意，防止发生安全事故。

6.5 泰柏板隔墙施工

板材式隔墙是指不需要设置隔墙龙骨，由隔墙板材自承重，将预制或现制的隔墙板材直接固定于建筑主体结构上的隔墙工程。

板材式隔墙自重轻、构造简单、安装方便、工序少、工效高、工业化程度高，广泛应用于工业与民用建筑的装修工程中，是各类轻质隔墙中应用范围最广的一种。

隔墙板材按材料与构造不同通常分为复合板材、单一材料板材、空心板材等类型。常见的隔墙板材有金属夹芯板、预制或现制的钢丝网水泥板、石膏夹芯板、石膏水泥板、石膏空心板、泰柏板、GRC 板、加气混凝土条板、水泥陶粒板等。随着建材行业的技术进步，轻质隔墙板材的性能不断提高，板材的种类也不断变化。

6.5.1 泰柏板隔墙的构造与做法

泰柏板是由焊接高强镀锌低碳钢丝网笼和自熄型聚苯乙烯泡沫塑料芯料组成的多功能复合墙板。泰柏板的构造如图 6-56 所示，其具有自重轻，强度高，保温隔热、防火性能好，隔声，防潮，防震，可加工性能好，安装方便等特点。

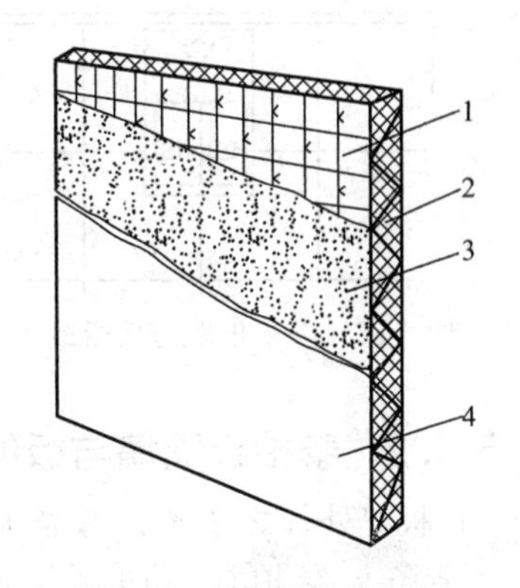

图 6-56 泰柏板的构造
1—14 号镀锌钢丝桁条网龙骨架；2—厚 57mm 的聚苯乙烯泡沫塑料；3—砂浆层；4—外饰面

泰柏板的常规厚度为 76mm，它是由 14 号钢丝桁条以中心间距为 50.8mm 排列组成。板的宽度为 1.22m，高度以 50.8mm 为档次增减。墙板的各桁条之间装配断面为 50mm×57mm 的长条轻质保温、隔声材料（聚苯乙烯或聚氯酯泡沫），然后将钢丝桁条和长条轻质材料压至所要求的墙板宽度，经此处理，使得长条轻质材料之间相邻的表面贴紧。然后在宽 1.22m 的墙体两个表面上，再用 14 号钢丝横向按中心距为 50.8mm 焊接于 14 号钢丝桁条上，使墙板成为一个牢固的钢丝网笼，泰柏板的规格尺寸见表 6-4。

表 6-4 泰柏板的规格尺寸

名称	公称长度/mm	实际尺寸/mm			聚苯乙烯泡沫塑料内芯厚度/mm
		长	宽	厚	
短板	2.2	2140	1220	76	50
标准板	2.5	2440	1220	76	50
长板	2.8	2750	1220	76	50
加长板	3.0	2950	1220	76	50

注：其他规格可根据用户要求协商确定。

6.5.1.1 泰柏板与主体结构的连接

泰柏板与主体结构的连接方法是通过 U 码或钢筋码连接件连接。在主体结构墙面、楼板顶面和地面上钻孔，用膨胀螺栓固定 U 码或用射钉固定，U 码与泰柏板用箍码连接；或者在泰柏板两侧用钢筋码夹紧，并用镀锌铁丝将两侧钢筋码与泰柏板横向钢丝绑扎牢固，其构造如图 6-57 和图 6-58 所示。

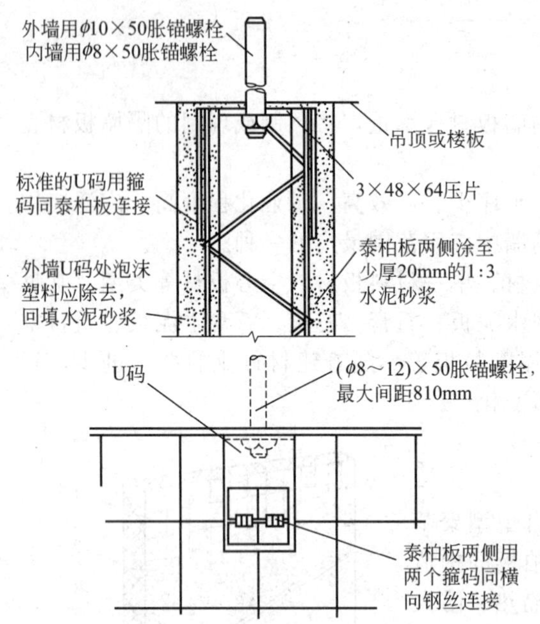

图 6-57 泰柏板墙与楼板或吊顶的连接

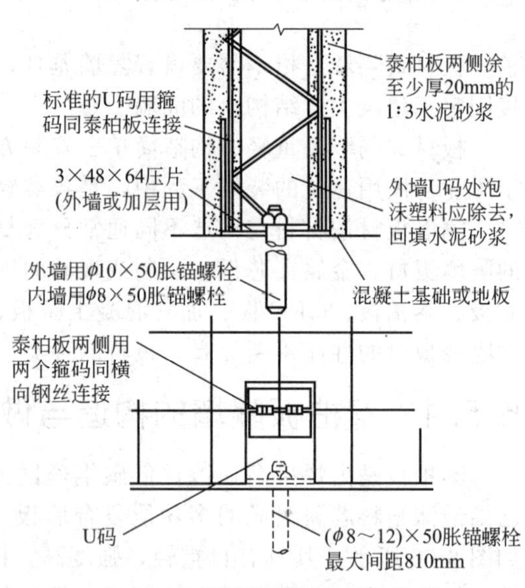

图 6-58 泰柏板墙与地板的连接

6.5.1.2 泰柏板隔墙与板的连接

在板缝处补之字条，每隔 150mm 用箍码将之字条与泰柏板横向钢丝连接牢固，如图 6-59 所示。

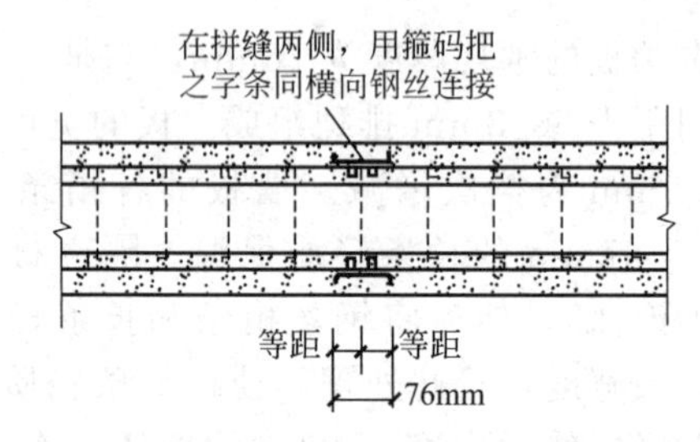

图 6-59 泰柏板隔墙与板的连接

6.5.1.3 泰柏板隔墙转角、丁字墙构造

泰柏板隔墙转角、丁字墙构造如图 6-60 和图 6-61 所示。

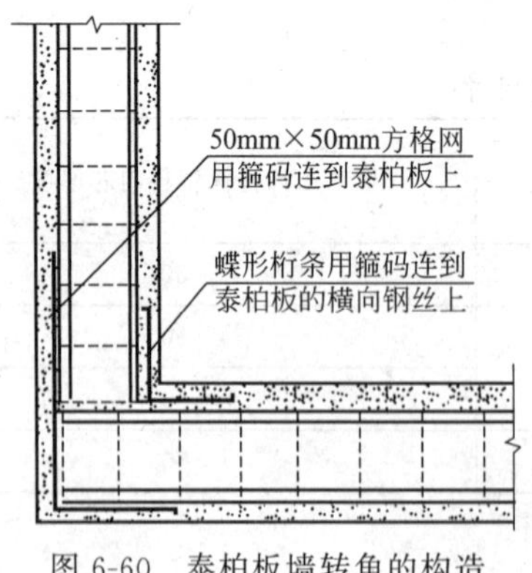

图 6-60 泰柏板墙转角的构造

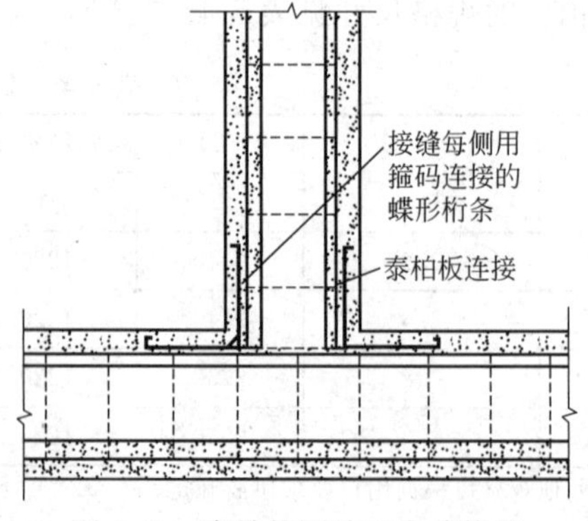

图 6-61 泰柏板隔墙丁字墙构造

6.5.1.4 泰柏板隔墙与门窗框连接构造

泰柏板隔墙与木门窗框的连接构造如图 6-62 所示。

泰柏板隔墙与铝合金门窗框的连接构造如图 6-63 所示。门窗洞口应用之字条补强。

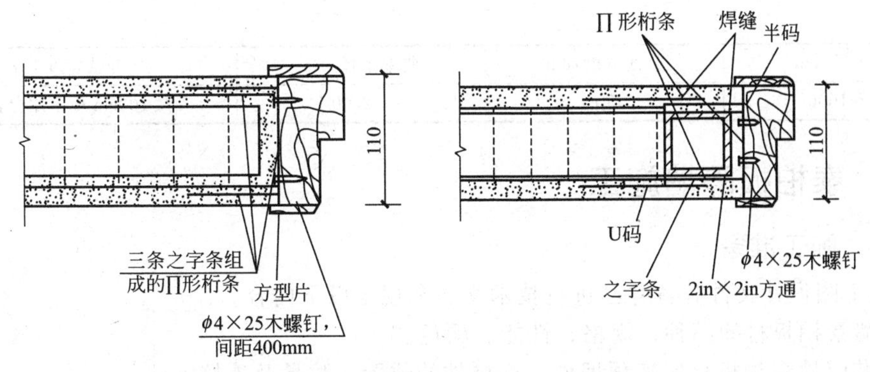

图 6-62　泰柏板隔墙与木门窗框的连接构造

1in＝2.54cm

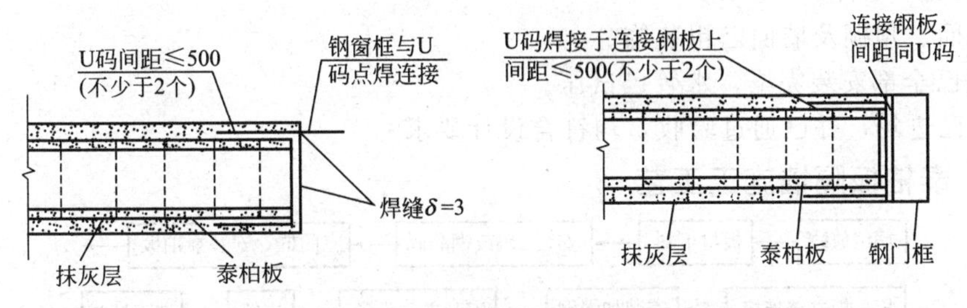

图 6-63　泰柏板隔墙与铝合金门窗框的连接构造

6.5.1.5　泰柏板曲面墙的构造

首先按所需圆弧曲率半径对照表 6-5 进行分裁，即按一定的间距将泰柏板一面的横向钢丝剪断。板材分裁后，按既定曲率进行弯曲，然后对分裁部位的钢丝网进行补强。当间距小于 400mm 时，沿横向用之字条配件补强。当间距大于 400mm 时，则用之字条沿纵向将分裁板缝进行补强，如图 6-64 和图 6-65 所示。

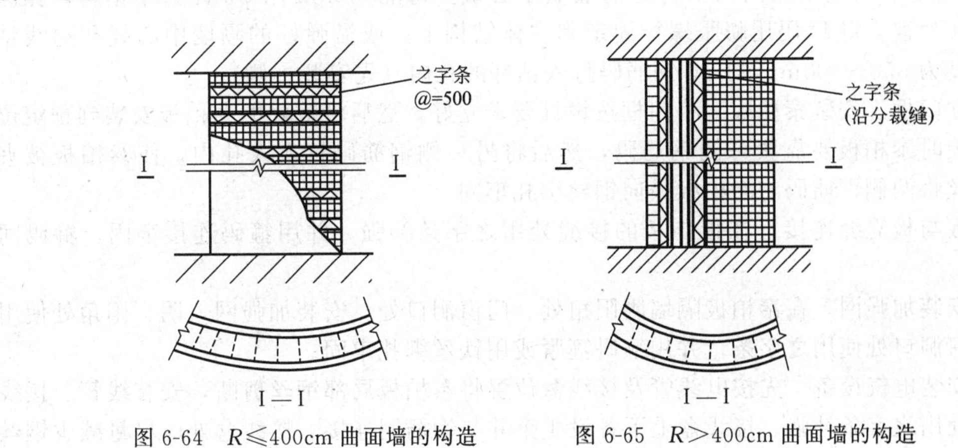

图 6-64　$R \leqslant 400$cm 曲面墙的构造　　图 6-65　$R > 400$cm 曲面墙的构造

表 6-5　泰柏板曲面墙的板材分裁

曲率半径/cm	分裁宽度/cm	曲率半径/cm	分裁宽度/cm
50～100	15	1000～1500	70
100～300	20	1500～2000	90
300～500	40	2000～2500	100

续表

曲率半径/cm	分裁宽度/cm	曲率半径/cm	分裁宽度/cm
500～1000	50	＞2500	100cm 板不用分裁

6.5.2 泰柏板隔墙施工

6.5.2.1 施工准备

① 施工图设计文件齐备并已进行技术交底和规定以下内容。

a. 隔墙泰柏板材的品种、规格、性能、颜色。

b. 安装隔墙泰柏板材所需预埋件、连接件的位置、数量及连接方法。

c. 隔墙板材所用接缝材料的品种及接缝方法。

② 施工现场条件。

a. 楼地面、顶棚及墙面已粗装饰。

b. 管线已全部安装完毕，水管已试压。

c. 材料已进场，并已通过验收，均符合设计要求。

6.5.2.2 泰柏板隔墙施工工艺

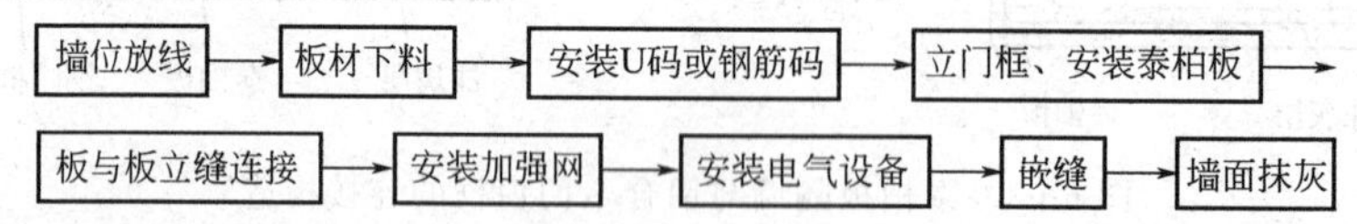

6.5.2.3 施工技术要点

(1) 墙位放线　按施工图设计要求，在楼地面上弹出隔墙中心线和两侧边线，并引测至楼板底面和两端墙面上，弹线要清晰，位置要准确。如墙面已抹灰，应剔去抹灰层。

(2) 板材下料　现场测量隔墙的净高、净宽尺寸和门口的宽、高尺寸，将泰柏板平放在楼地面上进行预拼装排列，定出板材安装尺寸，弹线，按线切割。

(3) 安装 U 码或钢筋码　沿弹好的隔墙中心线，每隔 50mm 用 $\phi 6$ 冲击钻钻孔，孔深 50～70mm 为宜，将 U 码用膨胀螺栓固定到主体结构上。或沿弹好的隔墙中心线和边线钻孔，将长度为 350～400mm 的 $\phi 6$ 钢筋码打入钻好的孔内（先安装一侧）。

(4) 立门框、安装泰柏板　将门框按设计要求立好，然后将裁好的泰柏板安装到预定位置上。安装时泰柏板要靠紧一侧钢筋码，然后将另一侧钢筋码打入人孔内，使泰柏板被夹紧，用铁丝将两侧钢筋码与泰柏板横向钢丝绑扎牢固。

(5) 板与板立缝连接　在板与板的接缝处用之字条补强，并用箍码连接牢固。箍码间距 150mm。

(6) 安装加强网　在泰柏板隔墙阴阳角处、门窗洞口处，安装加强网，阴、阳角处使用角网，门窗洞口处使用之字条，并用箍码箍紧或用铁丝绑扎牢固。

(7) 安装电气设备　先按电线管及接线盒位置将泰柏板局部钢丝剪断，安装线管、接线盒，线管处用之字条补强，接线盒上下各设 1 个并与钢筋网连接。接线盒处应尽量减少钢丝网的切割。

(8) 嵌缝　可用质量比为水泥：108 胶：水＝100：(80～100) 适量的水泥素浆胶黏剂涂抹泰柏板嵌缝。

(9) 墙面抹灰　先在隔墙上用 1：2.5 的水泥砂浆打底，要求全部覆盖钢丝网，表面平整，抹实；48h 后用 1：3 的水泥砂浆罩面、压光成活。抹灰层总厚度不应大于 20mm。应先进行一面隔墙抹灰，48h 后再抹另一面。

6.5.2.4　施工注意事项

① 安装泰柏板隔墙时，宜使用简易支架。

② 安装泰柏板隔墙所使用的金属件应进行防腐处理。连接用膨胀螺栓、钢筋码、U码等配件表面严禁有氧化铁皮和油污等。

③ 在泰柏板隔墙上开槽、打孔应用云石切割机切割或用电钻钻孔，不得直接开凿和用力敲击。

④ 泰柏板隔墙的踢脚线部位应做防潮处理。

6.6　隔墙工程常见质量通病及防治措施

（1）胶合板、纤维板隔断工程常见质量通病及防治措施（表6-6）

表6-6　胶合板、纤维板隔断工程常见质量通病及防治措施

质量通病	原因	防治措施
饰面锈斑（当采用涂料或壁纸墙布作饰面时，出现锈斑）	①板材铺钉的钉件质量不合格 ②罩面完成后未批抹钉眼	①板材铺钉的钉件必须选用镀锌防锈合格制品 ②罩面完成后必须以油性腻子封盖钉头部位
罩面板的裂缝和墙体变形	①龙骨、板材质量不合格，断面尺寸过小，或在运输、存放时受损 ②骨架安装偏差过大 ③罩面板板缝处理不当 ④罩面板安装处理不当 ⑤隔断构造处理不当	①龙骨应为质量合格的锯材，需有足够的断面尺寸，重要部位应采取增强措施，龙骨接触混凝土及砖砌结构面应做防腐处理。材料在运输，存放时注意保护 ②骨架施工完成后，在罩面板安装前应通过中间验收 ③罩面木质板板缝处理方法，根据设计规定可以在龙骨处保留凹缝，或做压条缝以及局部罩面的阶梯缝等。凡属密缝（无缝）处理，需再做表层饰面的板块对接处理，宜采用粘贴接缝带（纸带或玻璃纤维网格胶带）的方法，以保证板缝处的固结强度及罩面的平整度 ④罩面板应保证边角完整，锯割板应保证规矩，板块拼装时要使板缝严密但不应强压就位。板块的周边应确保铺钉子立筋及横撑上，不得空置浮搁。装钉应保证钉入木龙骨深度及钉距密度并不得漏钉，不合格的钉件不得使用 ⑤隔断构造必须按设计要求严格装配。各连接紧固点应确保固结质量；为有效防止隔断变形和开裂现象，木隔断与建筑结构体表面接触部位，宜加垫氯丁橡胶条或泡沫塑料条，而不是与楼地面（或踢脚台面）、楼板（或梁）底及墙柱面顶紧。缝隙表层注入弹性密封膏，各阴角可采用柔性接缝纸带封闭，或以装饰线脚（角条）收边

（2）木龙骨板材隔墙施工工程常见质量通病及防治措施（表6-7）

表6-7　木龙骨板材隔墙施工工程常见质量通病及防治措施

质量通病	原因	防治措施
固定不牢	①上下槛和主体结构固定不牢靠 ②龙骨料尺寸过小或材质太差 ③安装时，先安装了竖向龙骨，并将上下槛断开 ④门口处下槛被断开，两侧立筋的断面尺寸未加大，门窗框上部未加钉人字撑	①上下槛要与主体结构连接牢固 ②选材要严格，凡有腐朽、劈裂、扭曲、多节疤等瑕病的木材不得使用。用料尺寸应不小于40mm×70mm ③龙骨固定顺序应先下槛，后上槛，再立筋，最后钉水平横撑。立筋要求垂直，两端顶紧上下槛，用钉斜向钉牢。靠墙立筋与预留木砖的空隙应用木垫垫实并钉牢，以加强隔墙的整体性 ④遇有门口时，因下槛在门口处被断开，其两侧应用通天立筋，下脚卧入楼板内嵌实。门窗框上部宜加人字撑

续表

质量通病	原因	防治措施
隔墙与结构或门架固定不牢	①上下槛和立体结构固定不牢 ②龙骨不符合设计要求 ③安装时，施工顺序不正确 ④门口处下槛被断开后未采取加强措施	①横撑不宜与隔墙立筋垂直，而应倾斜一些，以便调节松紧和钉钉子。其长度应比立筋净空大10～15mm，两端头按相反方向锯成斜面，以便与立筋连接紧密，增强墙身的整体性和刚度 ②立筋间距应根据进场板条长度考虑，量材使用，但最大间距不超过500mm ③上下槛要与主体结构连接牢固。能伸入结构的部分应伸入嵌牢 ④选材符合要求，不得有影响使用的疾病，断面应不小于40mm×70mm ⑤正确按施工顺序安装 ⑥门口等处应按实际补强，加大用料断面，通天立筋卧入楼板锚固等

（3）石膏板隔墙（断）工程施工常见质量通病及防治措施（表6-8）。

表6-8 石膏板隔墙（断）工程施常见质量通病及防治措施

质量通病	原因	防治措施
墙板与结构连接不牢（裂缝或松动）	①条板头不方正，或采用下楔法施工，仅在一面下楔，而与楼顶板接缝不严 ②条板与墙板（或柱子）黏结不牢，出现裂隙，使黏结剂流淌 ③在预制楼板上，没有做好凿毛和清扫工作；另外，填塞的细石混凝土坍落度大，造成墙板与地面联接不密实	①切锯板材时，一定要找方正 ②使用下楔法立板时，要在板宽各1/3处设两组木楔，使条板垂直向上挤严粘实 ③隔墙下楼板的光滑表面必须事先凿毛，在填塞细石混凝土前，应把杂物及碎屑块清扫干净，并用干硬性细石混凝土填塞严实；最好用微膨胀混凝土填实
板材受潮，强度降低	①板材在制造厂露天堆放，运输途中或施工现场堆放等环节上受潮 ②施工工序安排不当，造成板材受潮	①板材在露天堆放时应采取防雨措施，在运输途中应加盖毡布，以防受潮；应组织好板材进场时间，减少露天堆放时间或尽量避免露天堆放；堆放板材的场地应有排水措施，并应垫平，架空、遮盖好 ②应安排好施工顺序，防止施工中水分浸入条板
结构裂缝	①轻钢龙骨有的出现变形，有的通贯横撑龙骨、支撑卡装得不够，致使整片隔墙骨架没有足够的刚度和强度，受外力碰撞而出现裂缝 ②隔墙与侧面墙体及顶板相接处，没有黏结50mm宽玻璃纤维带，只用接缝腻子找平	①将边框龙骨即沿地龙骨、沿顶龙骨、沿墙（柱）龙骨与主体结构固定，固定前先铺垫一层橡胶条或沥青泡沫塑料条。边框龙骨与主体结构连接采用射钉或电钻打眼安膨胀螺栓 ②根据设置要求，在沿顶、沿地龙骨上分档划线，按分档位置安装竖龙骨，竖龙骨上端、下端插入沿顶龙骨和沿地龙骨的凹槽内，翼缘朝向拟安装罩面板的方向 ③安装门窗洞口的加强龙骨后，再安装通贯横撑龙骨和支撑卡。通贯横撑龙骨必须与竖向龙骨的冲孔保持在同一水平上，并卡紧牢固，不得松动，从而将竖向龙骨撑牢，使整片隔墙骨架有足够的刚度和强度 ④石膏板的安装：两侧面的石膏板应错缝排列，石膏板与龙骨采用十字头自攻螺钉固定。螺钉长度：一层石膏板用25mm，两层石膏板用35mm ⑤与墙体、顶板接缝处黏结50mm宽玻璃纤维带，再分层刮腻子，以避免出现裂缝 ⑥隔墙下端的石膏板不应直接与地面接触，应留有10～15mm的缝隙，用密封膏嵌严
墙面不平整	①板材厚薄不一致或板材翘曲变形 ②安装方法不当	①合理选配板材，将厚度误差大或因受潮变形的条板挑出，在门口上或窗口下作短板使用 ②安装时宜采用简易支架

续表

质量通病	原因	防治措施
板缝开裂	勾缝材料选用不当，如使用混合砂浆勾缝，因两种材料收缩性不同而出现发丝裂缝	勾缝材料必须与板材本身成分相同，以珍珠岩石膏板为例，其勾缝材料采用石膏与珍珠岩按1∶0.5(体积比)比例拌和均匀，用稀释107胶(15%～20%)溶液搅拌成浆状，抹在板缝凹下处，勾缝料可略高出板面，待石膏凝固后立即用刨刀刮平
门框固定不牢(松动或灰缝脱落)	①板侧凹槽杂物未清除干净，板槽内黏结料下坠 ②采取后塞口时预留门洞口过大 ③水泥砂浆勾缝不实或砂浆较稀而干后收缩大	①门框安装前，应将槽内杂物、浮砂清除干净，刷107胶稀释溶液1～2道。槽内放小木条(可间断)。以防止黏结材料下坠。安装门口后，沿门框高度钉2～3个钉子，以防外力碰撞门口发生错位 ②将后塞口做法改为随立板随立口的工艺，即板材顺序安装至门口位置时，将门框立好、挤严，然后再按顺序安装门框另一侧条板
墙裙空鼓	因石膏板强度较低，用普通水泥砂浆直接抹面将会出现大面积空鼓或剥落	采用水泥砂浆抹面时，应清除石膏板表面浮砂和杂物，刷稀释的107胶溶液，抹107胶水泥砂浆薄层(厚度不超过4mm)作为黏结层，待黏结层初凝时，用水泥砂浆抹实压光

6.7　隔断工程构造设计与施工实训

(1) 实训目的　通过构造设计、施工操作系列实训项目，充分理解隔断工程中玻璃工程的构造、施工工艺和验收方法，使学生在今后的设计和施工实践中能够更好地把握玻璃工程的构造、施工、验收的主要技术关键。

(2) 实训内容　根据实际条件，选择本任务书两个选项的其中之一进行实训，见表6-9和表6-10。

表6-9　玻璃橱窗构造设计实训项目任务书（选项一）

任务名称	玻璃橱窗构造设计实训
任务要求	为本校教学成果展示室设计一款玻璃橱窗
实训目的	理解玻璃橱窗的构造原理
行动描述	①了解所设计玻璃橱窗的使用要求及档次 ②设计出结构牢固、工艺简洁、造型美观的玻璃橱窗 ③设计图表现符合国家制图标准
工作岗位	本工作属于设计部，岗位为设计员
工作过程	①到现场实地考察，查找相关资料，理解所设计构造的使用要求及档次 ②画出构思草图和结构分析图 ③分别画出平面、立面、主要节点大样图 ④标注材料与尺寸 ⑤编写设计说明 ⑥填写设计图图框并签字
工作工具	笔、纸、计算机
工作方法	①先查找资料、征询要求 ②明确设计要求 ③熟悉制图标准和线型要求 ④构思草图可进行发散性思维，设计多款方案，然后选择最佳方案进行深入设计 ⑤结构设计要求达到最简洁、最牢固的效果 ⑥图面表达尽量做到美观清晰

表 6-10 玻璃砖墙的装配训练项目任务书（选项二）

任务名称	玻璃砖墙的装配
任务要求	为本校教学成果展示室设计一款玻璃砖墙
实训目的	通过实践操作掌握玻璃砖墙施工工艺和验收方法，为今后走上工作岗位做好知识和能力方面的准备
行动描述	教师根据授课内容提出实训要求。学生实训团队根据设计方案和实训施工现场，按玻璃砖墙的施工工艺装配 $6\sim8m^2$ 的玻璃砖墙，并按玻璃砖墙的工程验收标准和验收方法对实训工程进行验收，各项资料按行业要求进行整理。实训完成以后，学生进行自评，教师进行点评
工作岗位	本工作涉及设计部设计员岗位和工程部材料员、施工员、资料员、质检员岗位
工作过程	详见教材相关内容
工作要求	按国家标准装配玻璃砖墙，并按行业规定准备各项验收资料
工作工具	记录本、合页纸、笔、照相机、卷尺等
工作团队	①分组。6人为一组，选1名项目组长，确定1名见习设计员、1名见习材料员、1名见习施工员、1名见习资料员、1名见习质检员 ②各成员分头进行各项准备，做好资料、材料、设计方案、施工工具等准备工作
工作方法	①项目组长制订计划及工作流程，为各成员分配任务 ②见习设计员准备图纸，向其他成员进行方案说明和技术交底 ③见习材料员准备材料，并主导材料验收工作 ④见习施工员带领其他成员进行放线，放线完成后进行核查 ⑤按施工工艺进行装配、清理现场并准备验收 ⑥由见习质检员主导进行质量检验 ⑦见习资料员记录各项数据，整理各种资料 ⑧项目组长主导进行实训评估和总结 ⑨指导教师核查实训情况，并进行点评

（3）实训要求

① 选择选项一者，需按逻辑顺序将所绘图纸装订成册，并制作目录和封面。

② 选择选项二者，以团队为单位写出实训报告（实训报告示例参照墙柱面施工章“内墙贴面砖实训报告”，但部分内容需按项目要求进行替换）。

③ 在实训报告封面上要有实训考核内容、方法及成绩评定标准，并按要求进行自我评价。

（4）特别关照　实训过程中要注意安全。

（5）综合考核　隔断工程实训考核内容、方法及成绩评定标准见表 6-11 和表 6-12。

表 6-11 玻璃橱窗构造设计实训考核内容、方法及成绩评定标准

考核内容	评价项目	指标/分	自我评分	教师评分
设计合理美观	材料标注正确	20		
	构造设计工艺简洁、构造合理、结构牢固	20		
	造型美观	20		
设计符合规范	线型正确、符合规范	10		
	构图美观、布局合理	10		
	表达清晰、标注全面	10		
图面效果	图面整洁	5		
设计时间	按时完成任务	5		
任务完成的整体水平		100		

表 6-12 玻璃砖墙装配实训考核内容、方法及成绩评定标准

项目	考核内容	考核方法	要求达到的水平	指标/分	小组评分	教师评分
对基本知识的理解	对玻璃砖墙理论的掌握	编写施工工艺	正确编制施工工艺	30		
		理解质量标准和验收方法	正确理解质量标准和验收方法	10		
实际工作能力	在校内实训室场所进行实际动手操作，完成装配任务	检测各项能力	技术交底的能力	8		
			材料验收的能力	8		
			放样弹线的能力	8		
			玻璃砖墙安装的能力	8		
			质量检验的能力	8		
职业能力	团队精神、组织能力	个人和团队评分相结合	计划的周密性	5		
			人员调配的合理性	5		
验收能力	根据实训结果评估	实训结果和资料核对	验收资料完备	10		
任务完成的整体水平				100		

(6) 总结汇报

① 实训情况概述（任务、要求、团队组成等）。

② 实训任务完成情况。

③ 实训的主要收获。

④ 存在的主要问题。

⑤ 团队合作情况（个人在团队中的作用、团队的整体表现、团队的竞争力等）。

⑥ 对实训安排的建议。

第7章

门窗工程

7.1 门窗的基本知识

门窗是建筑物的重要组成部分，它们不仅是建筑物的主要维护构件，也是建筑物立面的组成要素。门窗在建筑物中各自起着不同的作用，除了满足人们的正常使用要求外，同时还具有一定的装饰性，因此，门窗工程也是建筑装饰工程中的一个重要组成部分。

7.1.1 门窗的构成

7.1.1.1 门的基本构成及基本构造

(1) 门的基本构成　门一般由门框（门樘）、门扇、五金件及其他附件组成。门框一般是由边框和上框组成，当其高度大于2400mm时，在上部可加设亮子，需增加中横框。当门宽度大于2100mm时，需增设一根中竖框。有保温、防水、防风、防沙和隔声要求的门应设下槛。门扇一般由上冒头、中冒头、下冒头、边梃、门芯板、玻璃、百叶等组成。门的基本构成可如图7-1所示。

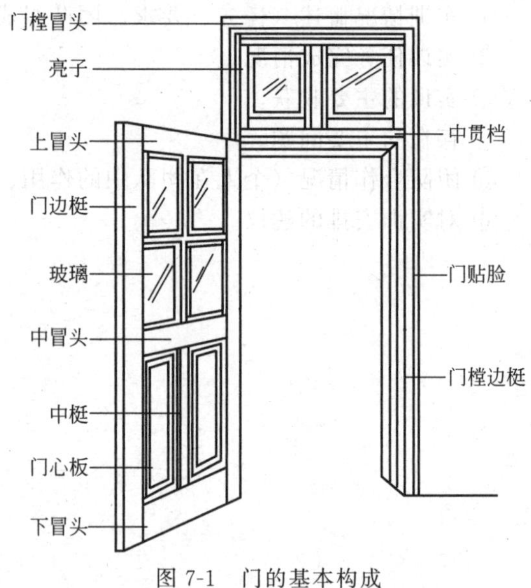

图7-1　门的基本构成

① 门框—门框由上槛、边框、中横框、中竖框、门亮子组成。

② 门扇—门扇由上冒头、中冒头、下冒头、边梃、门芯板、玻璃、门上五金件组成。

(2) 现代门的基本构造　与传统门相比，现代门的构成内容和形式都发生了较大的变化，总体讲现代门的造型较为简洁，并简化了许多构件。木扇的构造如图7-2所示。

7.1.1.2 窗的组成及基本构造

(1) 窗的组成　窗是由窗框（窗樘）、窗扇、五金件等组成，如图7-3所示。

(2) 窗的基本构造　窗由边框、上框、中横框、中竖框等组成，窗扇由上冒头、下冒头、边梃、窗芯子、玻璃等组成。木窗的构造如图7-4所示。

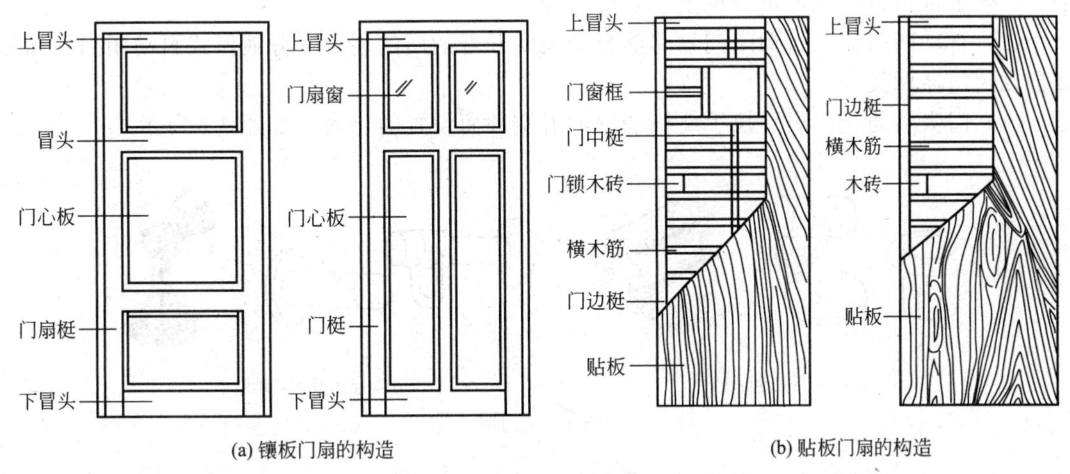

(a) 镶板门扇的构造　　(b) 贴板门扇的构造

图 7-2　木扇的构造

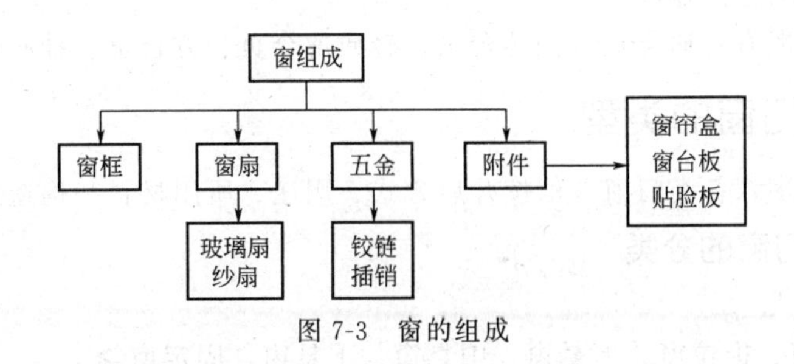

图 7-3　窗的组成

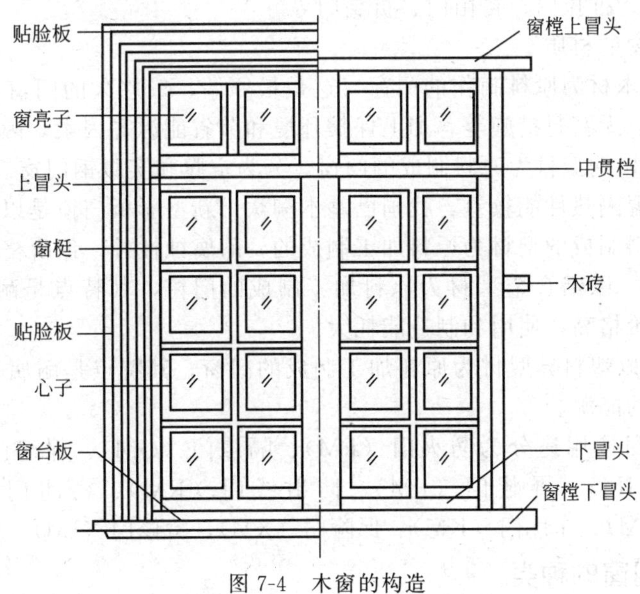

图 7-4　木窗的构造

7.1.1.3　门窗五金件

门窗五金件主要有：拉手、合页、插销、锁具、滑轮、滑轨、自动闭门器、门档等。

(1) 拉手和门锁　拉手安装在门上，是便于开启操作的器具，一般有普通拉手、底板拉手、管子拉手、铜管拉手、不锈钢双管拉手、方形大门拉手、双排（三排、四排）铝合金拉手、铝合金推板拉手等，可根据造型需要选用。

（2）自动闭门器　自动闭门器是能自动关闭开着的门的装置，分液压式自动闭门器和弹簧自动闭门器两类。

（3）门吸　防止门扇、拉手碰撞墙壁的五金件而设置的装置，如图 7-5 所示。

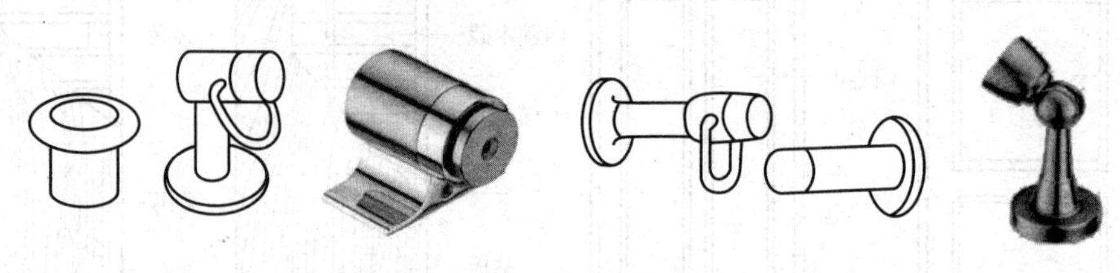

(a) 安装在地面上　　(b) 安装在宽木或墙壁上

图 7-5　门吸

（4）门窗定位器　门窗定位器一般装于门窗扇的中部或下部，用于固定门窗扇的有风钩、脚踏门吸和磁力定门器等。

（5）合页　一般有普通合页、插芯合页、轻质薄合页、方合页、抽心合页等。

7.1.2　常见门窗的类型

门窗的种类很多，各类门窗一般按开启方式、用途、所用材料和构造进行分类。

7.1.2.1　常见门窗的分类

（1）按开启方式

① 窗　平开窗、推拉窗、上悬窗、中悬窗、下悬窗、固定窗等。

② 门　平开门、推拉门、自由门、折叠门等。

（2）按制作门窗的材质

① 木门窗　以木材为原料制作的门窗，这是最原始、最悠久的门窗。其特点是易腐蚀变形、维修费用高、无密封措施等，加上保护环境和节省能源等因素，因此用量逐渐减少。

② 钢制门窗　以钢型材为原料制成的门窗，分为空腹和实腹钢门窗。其使用功能较差，易锈蚀，密封和保温隔热性能较差，我国已基本淘汰。新型彩板门窗是以镀锌或渗锌钢板经过表面喷涂有机材料制成的型材为原料加工制成的，耐腐蚀性好，但价格较高，能耗大。

③ 铝合金门窗　以铝合金型材为原料加工制成的门窗，其特点是耐腐蚀，不易变形，密封性能较好，但价格高，使用和制造能耗大。

④ 塑料门窗　以塑料异型材为原料加工制成的门窗，其特点是耐腐蚀、不变形、密封性好、保温隔热节约能源。

（3）按用途　门按用途分为防火门（FM）、隔声门（GM）、保温门（BM）、安全门（AM）、防护门（HM）、屏蔽门（PM）、防射线门（RM）、密闭门（MM）、壁橱门（CM）、围墙门（QM）、车库门（KM）、保险门（XM）、检修门（JM）。

7.1.2.2　常见门窗的种类

现代门窗的构造与门窗的开启形式和用材有关，常见的门窗包括木质门窗、金属门窗、镶板门、镶嵌玻璃门、胶合板门、铝合金门窗、玻璃自动门以及防火门、隔声门等。

（1）镶板门　镶板门是指在门扇上镶门芯板的门。门芯板可用实木板，也可用细木工板、中密度板、多层胶合板或其他材料。镶板门可在面板上饰以不同的纹路、色彩进行拼接，以增加装饰效果。这类门构造简单，普通的加工条件就可以制作，适用于民用建筑的内门及外门。

（2）胶合板门　胶合板门的构造通常是选用一定数量的木筋，做成木门骨架，然后用胶合板双面胶合而成，其特点是用材量少，门扇自重轻，但保温隔声性能较差。胶合板门适用于民用建筑内门。

（3）铝合金门窗　铝合金门窗的型材用料是薄壁结构，型材断面中留有不同形状的槽口和孔。它们分别具有空气对流、排水、密封等作用，不同部位、不同开启方式的铝合金门窗，其壁厚均有规定。普通铝合金门窗型材壁厚不得小于0.8mm；地弹簧门型材壁厚不得小于2mm；用于多层建筑室外的铝合金门窗型材壁厚一般在1.0～1.2mm；高层建筑室外铝合金门窗型材壁厚不应小于1.2mm。铝合金门窗框料的系列名称是以门窗框的厚度构造尺寸来区分的。如窗框厚度构造尺寸为50mm的推拉窗，就称为50系列铝合金推拉窗，如图7-6所示。

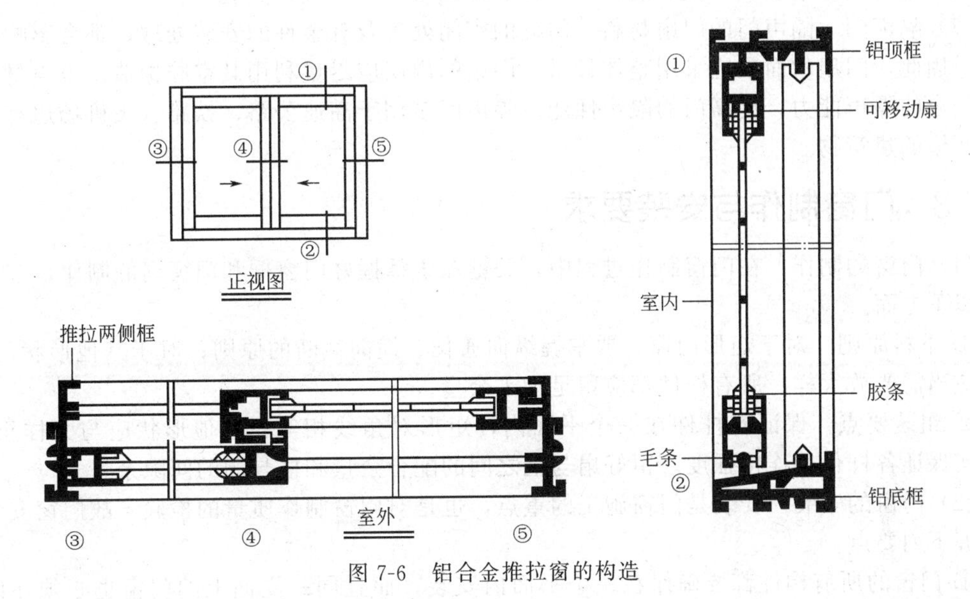

图7-6　铝合金推拉窗的构造

（4）镶嵌玻璃门　它与镶板门的构造特点基本相同。这种门在板材与玻璃连接处都采用木压条，如采用通长的玻璃，玻璃厚度须达到6mm以上，镶嵌玻璃门对木材及制作工艺要求较高，适用于公共建筑的入口大门或大型房间内门。采用木格镶玻璃门适用于民用建筑的内外门及阳台门等。

（5）玻璃自动门　玻璃自动门广泛应用于现代建筑的入口。玻璃门扇具有弧形门和直线门之分，门扇以自动感应形式开启，常见的有脚踏感应方式和探头感应方式两类。

（6）防火门　钢质防火门由槽钢组成门扇骨架，内填防火材料，如矿棉毡等，根据防火材料的厚度不同，确定防火门的等级，外包薄钢板或镀锌铁皮。

防火卷帘门具有防火、隔烟、阻止火势蔓延的作用和良好的抗风压和气密性能。重型钢卷帘门的自重大，且洞口宽度不宜大于4.50m，洞口高度不宜大于4.80m，并不适用于要求较高的大型建筑。纤维卷帘门是新型的防火卷帘门，其自重小，多用于跨度及高度较大的建筑，其防火性能优良。

木质防火门一般以木板、木骨架、石棉板做门芯，外包薄钢板或镀锌铁皮，最薄用26号镀锌钢板。常见木质防火门如图7-7所示。为了防止火灾时因木板产生的蒸汽而破坏外包薄钢板，常在薄钢板上穿泄气孔。

玻璃防火门是采用冷轧钢板作门扇的骨架，镶设透明防火安全玻璃或夹丝安全玻璃，其

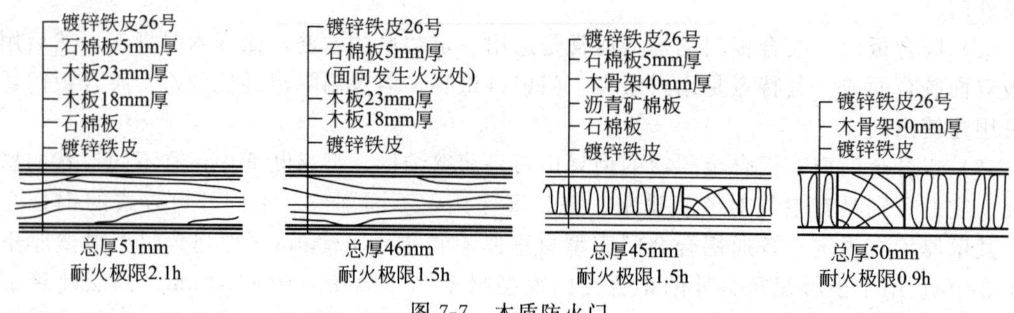

图 7-7 木质防火门

玻璃面积可达门扇面积的 80%，但它的安装精确度较高。此外，透明防火安全玻璃还可以加工成茶色或其他彩色或压花、磨砂成各种装饰图案等，形式较美观。

(7) 隔声门 隔声门的门扇材料、门缝的密闭处理及五金件的安装处理，都会影响隔声效果。因此，门扇的面层应采用整体板材，门扇的内层应尽量利用其空腔构造及吸声材料来增加门扇的隔声能力，提高门的隔声性能。隔声门多用于高速公路、铁路、飞机场边有严重噪声污染的建筑物。

7.1.3 门窗制作与安装要求

(1) 门窗的制作 在门窗制作过程中，关键在于掌握好门窗框和门窗扇的制作，应当把握好以下方面。

① 下料原则 对于矩形门窗，要掌握纵向通长、横向截断的原则；对于其他形状门窗，一般应当需要放大样，所有杆件都应留足加工余量。

② 组装要点 保证各杆件在一个平面内，矩形对角线相等，其他形状应与大样重合。要确实保证各杆件的连接强度，留好扇与框之间的配合余量和框与洞的间隙余量。

(2) 门窗的安装 安装是门窗施工的重点，也是对门窗制作质量的检验。故门窗安装必须把握下列要点。

① 门窗的所有构件都要确保在一个平面内安装，而且同一立面上的门窗也必须在同一个平面内，特别是外立面，如果不在同一个平面内，则会导致出进不一，影响立面美观效果。

② 确保连接要求。框与洞口墙体之间的连接必须牢固，且框不得产生变形，这也是密封的保证。框与扇之间连接必须保证开启灵活、密封，搭接量不小于设计的 80%。

(3) 防水处理 门窗的防水处理，应先加强缝隙的密封，然后再打防水胶防水，阻断渗水的通路；同时做好排水通路，以防在长期静水的渗透压力作用下而破坏密封防水材料。门窗框与墙体是两种不同材料的连接，必须做好缓冲防变形的处理，以免产生裂缝而渗水。一般须在门窗框与墙体之间填充缓冲材料，材料要做好防腐蚀处理。

(4) 注意事项 门窗的制作与安装除应满足以上要求外，安装时还应注意以下方面。

① 在门窗安装前，应根据设计和厂方提供的门窗节点图、结构图进行全面检查。主要核对门窗的品种、规格与开启形式是否符合设计要求，零件、附件、组合杆件是否齐全，所有部件是否有出厂合格证书等，五金件的连接。

② 门窗在运输和存放时，底部均需垫 200mm×200mm 的方枕木，其间距为 500mm，同时枕木应保持水平、表面光洁，并应有可靠的刚性支撑，以保证门窗在运输和存放过程中不受损伤和变形。

③ 金属门窗的存放处不得有酸碱等腐蚀物质，特别不得有易挥发性的酸，如盐酸、硝

酸等，并要求有良好的通风条件，以防止门窗被酸碱等物质腐蚀。

④ 门窗在设计和生产时，由于未考虑作为受力构件使用，仅考虑了门窗本身和使用过程中的承载能力。如果在门窗框和扇上安放脚手架或悬挂重物，轻者会引起门窗的变形，重者可能引起门窗的损坏。因此，金属门窗与塑料门窗在安装过程中，都不得作为受力构件使用，不得在门窗框和扇上安放脚手架或悬挂重物。

⑤ 要切实注意保护铝合金门窗和涂色镀锌钢板门窗的表面。铝合金表面的氧化膜、彩色镀锌钢板表面的涂膜，都有保护金属不受腐蚀的作用，一旦薄膜被破坏，就失去了保护作用，使金属产生锈蚀，不仅影响门窗的装饰效果，而且影响门窗的使用寿命。

⑥ 为了保证门窗的安装质量和使用效果，对金属门窗的安装，必须采用预留洞口后安装的方法，严禁采用边安装边砌洞口或先安装后砌洞口的做法。金属门窗表面都有一层保护装饰膜或防锈涂层，如果这层薄膜被磨损，是很难修复的。防锈层磨损后不及时修补，也会失去防锈的作用。

⑦ 门窗固定可以采用焊接、膨胀螺栓或射钉通过铁脚与门窗框连接固定等方式，如图7-8所示。但砖墙不能用射钉，因砖受到冲击力后易碎。在门窗的固定中，普遍对地脚的固定重视不够，而是将门窗直接卡在洞口内，用砂浆挤压密实就算固定，这种做法非常错误，十分危险。门窗安装固定工作十分重要，是关系到在使用中是否安全的大问题，必须要有安装隐蔽工程记录，并应进行手扳检查，以确保安装质量。

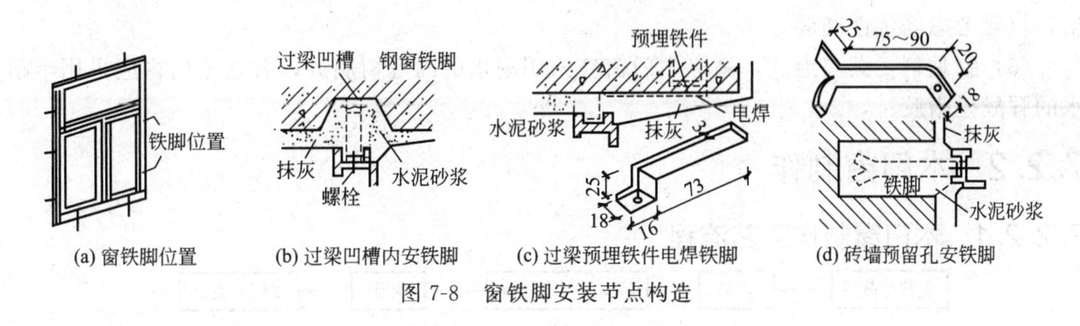

(a) 窗铁脚位置　(b) 过梁凹槽内安铁脚　(c) 过梁预埋铁件电焊铁脚　(d) 砖墙预留孔安铁脚

图7-8 窗铁脚安装节点构造

⑧ 门窗在安装过程中，应及时用布或棉丝清理粘在门窗表面的砂浆和密封膏液，以免其凝固干燥后黏附在门窗的表面，影响门窗的表面美观。

7.2 装饰木门窗施工

7.2.1 装饰木门窗施工准备

7.2.1.1 施工作业条件

① 门窗框和扇进场后，应及时组织油漆工将框靠墙靠地的一面涂刷防腐涂料，其他各面均应刷清油一道，然后分类水平堆放；底层应搁置在垫木上，垫木离地面高度不小于200mm。每层间也要垫木板，使其能自然通风。注意不能日晒雨淋。

② 预先安装的门窗框，应在楼、地面基层标高或墙砌到窗台标高时安装。后装的门窗框，应在主体结构验收合格、门窗洞口防腐木砖埋设齐备后进行。

③ 门窗框安装应在抹灰前进行，门扇和窗扇的安装宜在抹灰后进行。如必须先安装时，应注意对成品的保护，防止碰撞和污染。

④ 门窗框进入施工现场必须检查验收。门窗框和扇安装前应先检查型号、尺寸是否符

合要求，有无窜角、翘扭、弯曲、劈裂、榫槽间结合处松散等情况，如有以上情况，应先进行修理。

⑤ 安装外窗前应从上往下吊好垂直，找出窗框位置，上下不对者应先进行处理。窗安装的高度，应根据室内 500mm 的平线，返出窗安装的标高尺寸，弹好平线进行控制。

7.2.1.2 材料准备及要求

（1）木门窗的选材　木门窗由于其材质的缺陷较多，五金配件品种多，所以在选材时要特别注意，精心挑选。一般应采用窑干法干燥木材，且木材的含水率不应大于 12%。若受条件限制，除东北落叶松、马尾松、云南松、桦木等易变形的树种外，可采用气干法干燥木材，材料在制作时的含水率不应大于当地的平衡含水率，并应刷涂　遍底漆（干性油），防止受潮变形。这类门窗与基层接触部位及预埋木砖，都应进行防腐处理，并应设置防潮层。当采用杨木、桦木、马尾松、木麻黄等易腐朽和易虫蛀的木材时，整个构件均应进行防腐、防蛀处理。

在装修要求较高的建筑中，对于木门窗的选材应严格要求，不但要符合上述标准，还应按设计要求选取一些质地细致、纹理美观的硬木，如水曲柳、柞木、柚木、榉木、橡木、黄菠萝、楸木等，以增强木门窗的装饰效果和使用质量。

（2）木门窗的五金配件　木门窗常用的五金配件有合叶、插销、把手、门锁、铁三角、窗开等。这些五金配件在使用过程中容易损坏，所以在选择时要保证质量，既要注重装饰效果，也要考虑经济性问题。

（3）胶黏剂　潮湿地区，高级木门窗应采用耐水的酚醛树脂胶，普通木门窗应采用半耐水的脲醛树脂胶。

7.2.2 木门窗制作

7.2.2.1 木门窗制作工艺流程

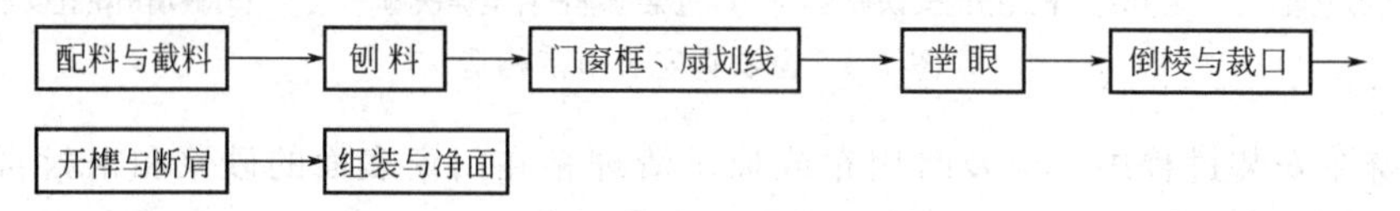

7.2.2.2 木门窗制作要点

（1）配料与截料　配料前要熟悉图纸，了解门窗的构造、各部分尺寸、制作数量和质量要求。计算出各部件的尺寸和数量，列出配料单，按配料单进行配料。配料时，对木方材料要进行选择。同时要先配长料后配短料，先配框料后配扇料，使木料得到充分、合理的使用。

采用马尾松、木麻黄、桦木、杨木易腐朽、虫蛀的树种时，整个构件应做防腐、防虫药剂处理。制作门窗时，往往需要大量刨削，拼装时也会有损耗。所以，配料必须加大尺寸，即各种部件的毛料尺寸要比其净料尺寸加大些，最后才能达到图纸上规定的尺寸。门窗料的断面，如要两面刨光，其毛料要比净料加大 4～5mm；如只是单面刨光，要加大 2～3mm。在选配的木料上按毛料尺寸划出截断、锯开线，考虑到锯解木料时的损耗，一般留出 2～3mm 的损耗量。如长度在 500mm 以下的构件，加工余量可留 3～4mm。门窗构件长度方向的加工余量，见表 7-1。

表 7-1　门窗构件长度方向的加工余量

构件名称	加工余量
门框立梃	按图纸规格放长 70mm

续表

构件名称	加工余量
门窗框冒头	按图纸规格放长200mm,无走头时放长40mm
门窗框中冒头、窗框中竖梃	按图纸规格放长10mm
门窗扇梃	按图纸规格放长40mm
门窗扇冒头、玻璃棂子	按图纸规格放长10mm
门窗中冒头	在五根以上者,有一根可考虑做半榫
门心板	按图纸冒头及扇梃内净距放长各50mm

门窗框料有顺弯时，其弯度一般不应超过4mm。扭弯者一般不准使用。青皮、倒棱如在正面，裁口时能裁完者，方可使用。如在背面超过木料厚1/6和长1/5，一般不准使用。

（2）刨料　刨料前，宜选择纹理清晰、无节疤和毛病较少的材面作为正面。对于框料，任选一个窄面为正面；对于扇料，任选一个宽面为正面。刨料时，应看清木料的顺纹和逆纹，应当顺着木纹刨削，以免戗槎。

正面刨平直以后，要打上记号，再刨垂直的一面，两个面的夹角必须是90°，一面刨料，一面用角尺测量。然后以这两个面为准，用勒子在料上画出所需要的厚度和宽度线。整根料刨好后，这两根线也不能刨掉。门、窗的框料，靠墙的一面可以不刨光，但要刨出两道灰线。扇料必须四面刨光，划线时才能准确。

（3）门窗框、扇划线　划线前应检查已刨好的木材，合格后，将料放到划线机或划线架上，准备划线。划线时应仔细看清图纸要求，弄清楚榫、眼的尺寸和形式，榫和凿眼的位置。与样板样式、尺寸、规格必须完全一致，并先做样品，经审查合格后再正式划线。

划线顺序，应先划外皮横线，再划分格线，最后划顺线，同时用方尺划两端头线、冒头线、棂子线等。对于成批的料，应选出两根刨好的料，大面相对放在一起，划上榫、眼的位置。划的线经检查无误后，以这两根料为样板再成批划线。

门窗框及厚度大于50mm的门窗扇应采用双夹榫连接。冒头料宽度大于180mm时，一般划上下双榫。榫眼厚度一般为料厚的1/5～1/3，中冒头大面宽度大于100mm者，榫头必须大进小出。门窗棂子榫头厚度为料厚的1/3。半榫眼深度一般不大于料宽度的1/3，冒头拉肩应和榫吻合。门窗框的宽度超过120mm时，背面应推凹槽，以防卷曲。

（4）凿眼　凿眼时，先凿透眼后凿半眼，凿透眼时先凿背面，凿到1/2眼深，最多不能超过2/3眼深，然后把木料翻过来凿正面，直到把眼凿透。另外，眼的正面边线要凿去半条线，留下半条线，榫头开榫时也留半条线，榫、眼合起来成一条线，这样榫、眼的结合才紧密。眼的背面按线凿，不留线，使眼比面略宽，这样的眼装榫头时，可避免挤裂眼口四周。手工凿眼时，眼内上下端中部宜稍微突出些，以便拼装时加楔打紧，半眼深度应一致，并比半榫深2mm。成批生产时，要经常核对，检查眼的位置尺寸，以免发生误差。

凿好的眼要求方正，顺木纹两侧要直，不得错岔。眼内要清洁，不留木渣。凹的眼加楔时，不能夹紧，榫头很容易松动，这是门窗出现松动、关不上、下垂等质量问题的原因。

（5）倒棱与裁口　倒棱与裁口在门框梃上做出，倒棱起装饰作用，门扇在关闭时裁口起限位作用。倒棱时应加导板，以使线条平直，操作时应一次推完线条而宽度均匀；裁口要方正、平直，不能有戗槎、起毛、凹凸不平的现象，遇有节疤时，不准用斧砍，要用凿剔平然后刨光，阴角处不清时要用单线刨清理。最忌讳口根有台，即裁口的角上木料没有刨净。也有的不在门框梃木方上做裁口，而是用一根小木条粘钉在门框梃木方上。

（6）开榫与断肩　开榫也叫倒卯，就是按榫的纵向线锯开，锯到榫的根部时，要把锯立起来锯几下，但不要过线。开榫时要留半线，其半榫长为木料宽度的 1/2，应比半眼深少 1～2mm，以备榫头因受潮而伸长。开榫要用锯小料的细齿锯。

断肩就是把榫两边的肩膀断掉。断肩时也要留线，快锯掉时要慢些，防止伤了榫根。断肩时要用小锯。

锯成的榫要方正、平直，与眼的宽、窄、厚、薄一致，不能歪歪扭扭，不能伤榫根。如果榫头不方正、不平直，会直接影响到门窗能不能组装得方正、结实。

（7）组装与净面　组装门窗框、扇前，应选出各部件的正面，以便使组装后正面在同一面。拼装前对部件应进行检查，要求部件方正、平直，线脚整齐分明，表面光滑，尺寸、规格、式样符合设计要求，并用砂纸将遗留墨线打掉。拼装时，下面用木棱垫平，放好各部件，榫眼对正，用斧轻轻敲击打入。所有榫头均需加楔。楔宽和榫宽一样，一般门窗框每个榫加两个楔，木楔打入前应粘白乳胶。紧榫时应用木垫板，并注意随紧随找平，随规方。

门窗的组装，是把一根边梃平放，将中贯档、上冒头（窗框还有下冒头）的榫插入梃的眼里，再装上另一边的梃，如图 7-9 所示。用锤轻轻敲打拼合，敲打时要垫木块，防止打坏榫头或留下敲打的痕迹。待整个门窗框拼好归方以后，再将所有的榫头敲实，锯断露出的榫头。

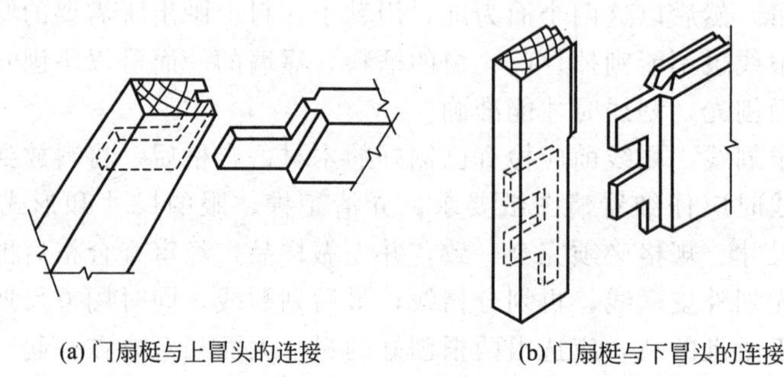

(a) 门扇梃与上冒头的连接　　(b) 门扇梃与下冒头的连接

图 7-9　门扇梃与下冒头的连接

门窗扇的组装方法与门窗框基本相同，但门扇中有门板，须先把门芯按尺寸裁好。一般情况下，门芯板应比在门扇边上量得的尺寸小 3～5mm，门芯板的四边去棱、刨光。然后，先把一根门梃平放，将冒头逐个装入，门芯板嵌入冒头与门梃的凹槽内，再将另一根门梃的眼对准榫装入，并用锤将木块敲紧。

窗扇拼装完毕，构件的裁口应在同一平面上。镶门心板的凹槽深度应于镶入后尚余 2～3mm 的间隙。

制作胶合板门（包括纤维板门）时，边框和横棱必须在同一平面上，面层与边框及横棱应加压胶结。应在横棱和上、下冒头各钻两个以上的透气孔，以防受潮脱胶或起鼓。

普通双扇门窗，刨光后应平放，刻刮错口（打叠），刨平后成对做记号。门窗框靠墙面应刷防腐涂料。拼装好的成品，应在明显处编写号码，用棱木将四角垫起，离地 20～300mm，水平放置，加以覆盖。

7.2.3 木门窗安装

7.2.3.1 门窗框安装方法

门窗框的安装方式如图 7-10 所示。

（1）立口法　立口法，即在砌墙前把门窗框按施工图纸立直、找正，并固定好。这种施工方法必须在施工前把门窗框做好，运至施工现场。

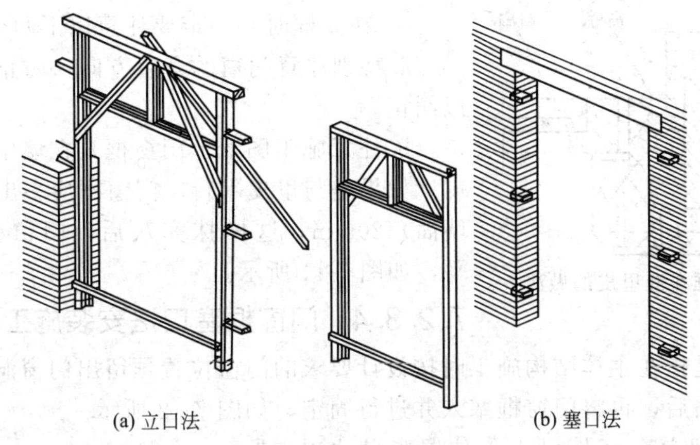

图 7-10　门窗框的安装方式

（2）塞口法　即在砌筑墙体时预先按门窗尺寸留好洞口，在洞口两边预埋木砖，然后将门窗框塞入洞口内，在木砖处垫好木片，并用钉子钉牢（预埋木砖的位置应避开门窗扇安装铰链处）。

7.2.3.2　施工工艺流程

（1）立口法

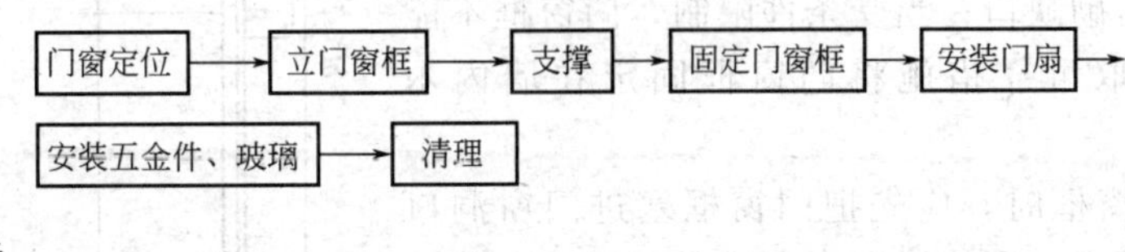

（2）塞口法

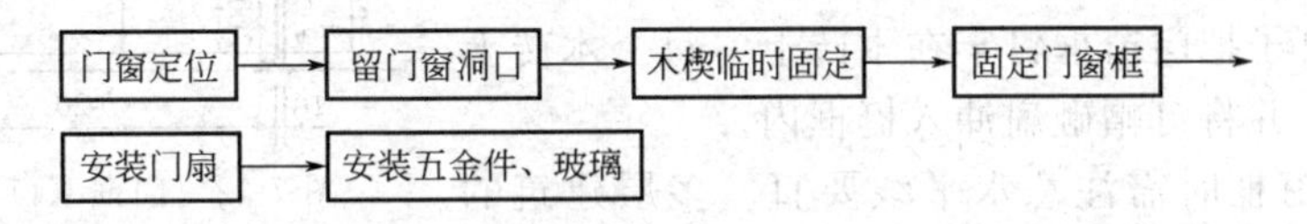

7.2.3.3　门窗框立口法安装施工要点

立口法安装是指将加工合格的门窗框先立在墙体的设计位置上，再砌两侧的墙体，这种方法多用于砖结构或砖混结构的主体。立门窗框前须对成品加以检查，进行校正规方，钉好斜拉条（不得少于两根），无下槛的门框应加钉水平拉条，以防在运输和安装中变形。

① 当砌墙砌到室内地坪时，应当立门框；当砌到窗台时，应当立窗框。

② 立口之前，要事先准备好撑杆、木橛子、木砖或倒刺钉，并在门窗框上钉好护角条；按照施工图纸上门窗的位置、标高、型号、门窗框规格、门扇开启方向，以及门窗框是里平、外平或是立在墙中等，把门窗的中线和边线划到地面或墙面上。然后，把窗框立在相应的位置，用支撑临时支撑固定，用线锤和水平尺找平找直，并检查框的标高是否正确，如有不平不直之处应随即纠正。不垂直可挪动支撑加以调整，不平处可垫木片或用砂浆调整。支撑不要过早拆除，在墙身砌完后拆除比较适宜。

③ 在砌墙施工过程中，千万不要碰动支撑，并应随时对门窗框进行校正，防止门窗框出现位移和歪斜等现象。砌到放木砖的位置时，要校核是否垂直并随时纠正。

④ 木门窗安装是否整齐，对建筑物的装饰效果有很大影响。同一面墙的木门窗框应安装整齐，并在同一个平、立面上。可先立两端的门窗框，然后拉一条通线，其他的框按通线进行竖立；立框子时要用线坠找直吊正，这样可以保证门框的位置和窗框的标高一致。

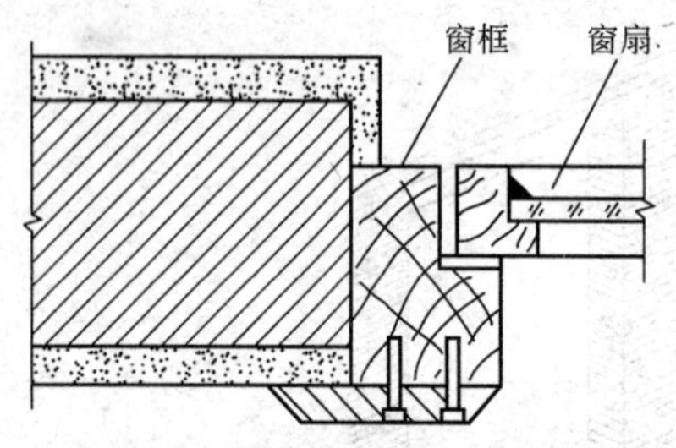

图 7-11 门窗框在墙里皮的做法

⑤ 在立框时，一定要注意以下两个方面。

a. 特别注意门窗的开启方向，防止一旦出现错误难以纠正。

b. 注意施工图纸上门窗框是在墙中，还是靠墙的里皮。如果是与里皮平行，门窗框应多出里皮墙面（即内墙面）20mm，这样抹完灰后，门窗框正好和墙面相平，如图 7-11 所示。

7.2.3.4 门窗框塞口法安装施工要点

塞口法安装是指在主体结构施工时按设计要求的门窗位置预留出门窗洞口，主体结构施工完毕经验收合格后，再将门窗框塞入并进行固定，如图 7-12 所示。

① 门窗洞口要按施工图纸上的位置和尺寸预先留出。洞口应比窗口大 30～40mm（即每边大 15～20mm）。

② 在砌墙时，洞口两侧按规定砌入木砖，木砖大小约为半砖，间距不大于 1.2m，每边 2～3 块。

③ 在预留门窗洞口的同时，应留出门窗框走头（门窗框上、下槛两端伸出口外部分）的缺口，在门窗框调整就位后，封砌缺口；当受条件限制，门窗框不能留走头时，应采取可靠措施将门窗框固定在墙内木砖上。

④ 在安装门窗框时，应先把门窗框塞进门窗洞口内，用木楔临时固定，用线锤和水平尺进行校正。待校正无误后，用钉子把门窗框钉牢在木砖上，每个木砖上应钉两颗钉子，并将钉帽砸扁冲入梃框内。

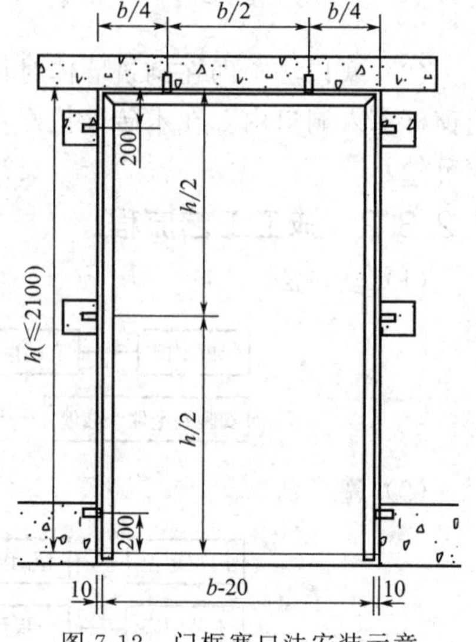

图 7-12 门框塞口法安装示意

⑤ 后塞门窗框时需注意水平线要直。多层建筑的门窗在墙中的位置，应在一条直线上。安装时，横竖均拉通线。当门窗框的一面需镶贴脸板，则门窗框应凸出墙面，凸出的厚度等于抹灰层的厚度。

⑥ 寒冷地区门窗框与外墙间的空隙，应填塞保温材料。

7.2.3.5 门窗扇的安装

（1）施工准备

① 在安装门窗扇前，先要检查门窗框上、中、下三个部分是否一样宽，如果相差超过 5mm，就应当进行修整。

② 核对门窗的开启方向是否正确，并打上记号，以免将扇安错。

③ 安装扇前，预先量出门窗框口的净尺寸，考虑风缝（松动）的大小，再进一步确定扇的宽度和高度，并进行修刨。应将门扇固定于门窗框中，并检查与门窗框配合的松紧度。由于木材有干缩湿胀的性质，而且门窗扇、门窗框上都需要有油漆及打底层的厚度，所以在安装时要留缝。一般门扇对口处竖缝留 1.5～2.5mm，窗的竖缝留 2.0mm，并按此尺寸进行修整刨光。

（2）施工要点

① 将修刨好的门窗扇用木楔临时立于门窗框中，排好缝隙后画出铰链位置。铰链位置

距上、下边的距离，一般宜为门扇宽度的1/10，这个位置对铰链受力比较有利，又可以避开榫头。然后把扇取下来，用扇铲剔出铰链页槽。铰链页槽应外边较浅、里边较深，其深度应当是把铰链合上后与框、扇平正为准。剔好铰链槽后，将铰链放入，上下铰链各拧一颗螺钉钉把扇挂上，检查缝隙是否符合要求，扇与框是否齐平，扇能否关住。检查合格后，再将剩余螺钉钉全部上齐。

② 双扇门窗扇的安装方法与单扇的安装方法基本相同，只是增加一道“错口”的工序。对于双扇，按开启方向看，右手是门盖口，左手是门等口。

③ 门窗扇安装好后要试开，其达到的标准是：以开到哪里就能停到哪里为合格，不能存在自开或自关现象。如果发现门窗扇在高、宽上有短缺的情况，高度上应补钉的板条钉在下冒头下面，宽度上应在安装铰链一边的梃上补钉板条。

④ 为了开关方便，平开扇的上冒头、下冒头，最好刨成斜面。

7.2.3.6　木门窗小五金件安装

有木节处或已填补的木节处，均不得安装小五金件。

① 安装合页、插销、L铁、T铁等小五金件时，先用锤将木螺钉打入长度的1/3，然后用螺钉旋具将木螺钉拧紧、拧平，不得歪扭、倾斜。严禁打入全部深度。采用硬木时，应先钻2/3深度的孔，孔径为木螺钉直径的9/10，然后再将木螺钉由孔中拧入。

② 合叶距门窗上、下端宜取立梃高度的1/10，并避开上、下冒头，安装后应开关灵活。门窗拉手应位于门窗高度中点以下，窗拉手距地面1500～1600mm为宜，门拉手距地面900～1050mm为宜，门拉手应里外一致，如图7-13所示。

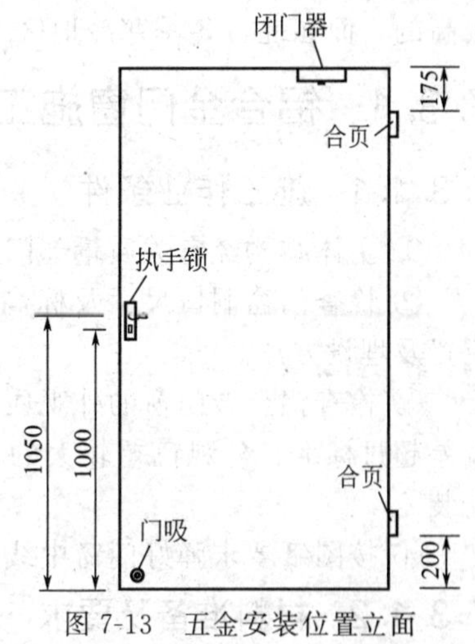

图7-13　五金安装位置立面

③ 门锁不宜安装在中冒头与立梃的结合处，以防伤榫。门锁位置一般宜高出地面900～950mm。门窗扇嵌L铁、T铁时应加以隐蔽，做凹槽，安完后应低于表面1mm左右。门窗扇为外开时。L铁、T铁安在内面；内开时，安在外面。

④ 上、下插销要安在梃宽的中间；如采用暗插销，则应在外梃上剔槽。

7.2.3.7　玻璃安装

① 清理裁口：玻璃安装前，必须将门窗的裁口（玻璃槽）清扫干净。清除木屑、灰渣、胶渍与尘土等，以使油灰与槽口黏结牢固。

② 涂抹底灰：在玻璃底面与裁口之间、沿裁口的全长涂抹1～3mm厚的抹灰，要达到均匀饱满而不间断，随后用双手把玻璃推铺平正，轻按压实并使部分油灰挤出槽口，待油灰初凝有一定强度时，顺槽口方向将多余的底灰刮平，遗留的灰渣应清除干净。

③ 嵌钉固定：在玻璃四边分别钉上钉子，木门窗一般使用1/2～3/4in(1in＝2.54cm)的小圆钉，钉圆钉时钉冒要靠紧玻璃，但钉身不得靠玻璃，否则钉身容易把玻璃挤碎。所用圆钉的数量每边不少于一颗，如边长超过400mm，则每边需钉两颗，钉距不宜大于200mm。嵌钉完毕，用手轻敲玻璃，听声音鉴别是否平直，如底灰不饱满，应立即重新安装。

④ 如果采用木压条固定木门窗玻璃，也须先刮抹底灰后再装玻璃。木压条选用优质木

材，不应使用黄花松等易劈裂、易变形的木材。木压条的大小尺寸应一致，光滑顺直，先涂干性油，采用割角连接（端部做成45°斜面），卡入槽口内。使用的钉子应将钉帽锤扁后才可斜向钉入木压条中，钉时要使木压条贴紧玻璃。每根木压条用钉不少于2～3枚。木压条与玻璃之间涂抹上油灰，不得有缝隙。

7.3 铝合金门窗施工

铝合金材料是由纯铝加入锰、镁等金属元素合成，具有质轻、高强、耐蚀、耐磨、韧性大等特点。经氧化着色表面处理后，可得到银白色、金色、青铜色和古铜色等几种颜色。铝合金门窗是将经过表面处理的型材，通过下料、打孔、铣槽、攻螺纹、制作等加工工艺而成的门窗框料构件，然后再与连接件、密封件、开闭五金件一起组合装配而成。它与普通木门窗、钢门窗相比，具有质轻高强、密闭性能好、使用中变形小、耐久性好、施工速度快、使用维修方便、立面美观、能成批定型生产等优点。但是，在装饰工程中，特别是对于高层建筑、高档次的装饰工程，如果从装饰效果、年久维修等方面考虑，铝合金门窗的使用价值是较高的，而在北方冬季寒冷地区，应考虑其热导率大的缺点。

7.3.1 铝合金门窗施工准备

7.3.1.1 施工作业条件

① 主体结构经有关质量部门验收合格，工种之间已办好交接手续。

② 检查门窗洞口尺寸及标高是否符合设计要求；有预埋件的还应检查预埋件的数量、位置及埋设方法。

③ 检查铝合金门窗的外观质量，如有劈裂、窜角、翘曲不平、表面损伤、变形及松动、偏差超过标准、外观色差较大的，应与有关人员协商解决，经认真处理，验收合格后才能安装。

④ 按图纸要求弹好门窗中线，并弹好室内+500mm的水平基准线。

7.3.1.2 材料准备及要求

（1）型材　型材表面质量应满足下列要求。

① 型材表面应清洁，无裂纹、起皮和腐蚀存在，装饰面不允许有气泡。

② 普通精度型材装饰面上碰伤、擦伤和划伤，其深度不得超过0.2mm；由模具造成的纵向挤压痕深度不得超过0.1mm。对于高精度型材的表面缺陷深度，装饰面应不大于0.1mm，非装饰面应不大于0.25mm。

③ 型材经表面处理后，其氧化膜厚度应不小于10μm，并着银白色、金黄色、青铜色、古铜色和黄黑色等颜色，色泽应均匀一致；其面层不允许有腐蚀斑点和氧化膜脱落等缺陷。铝合金型材常用截面尺寸见表7-2。

表7-2　铝合金型材常用截面尺寸　　单位：mm

代号	型材截面系列	代号	型材截面系列
38	38系列(框料截面宽度38)	70	70系列(框料截面宽度70)
42	40系列(框料截面宽度40)	80	80系列(框料截面宽度80)
50	50系列(框料截面宽度50)	90	90系列(框料截面宽度90)
60	60系列(框料截面宽度60)	100	100系列(框料截面宽度100)

(2) 密封材料　密封材料种类很多，如聚氨酯密封膏，是高档密封膏的一种，适用于±25%接缝变形部位的密封，价格较便宜，只有硅酮密（聚硅氧烷）封膏的一半；硅酮（聚硅氧烷）密封膏也是高档密封膏的一种，性能全面，变形能力达50%，高强度、耐高温；水膨胀密封膏遇水后膨胀能将缝隙填满。另外还有密封带、密封垫、底衬泡沫条和防污纸质胶带等。

(3) 五金配件　双头通用门锁配有暗藏式弹子锁，可以内外启闭，适用于铝合金平开门；扳动插锁适用于铝合金弹簧门（双扇）及平开门（双扇）；推拉式门锁作为推拉式门窗的拉手和锁闭器用；铝合金窗执手适用于平开式、上悬式铝合金窗的启闭；地弹簧是装置于门窗下部的一种缓速自动闭门器；半月形执手适用于推拉窗的扣紧，有左、右两种形式等。

总之，铝合金门窗选材时，规格、型号应符合设计或用户的要求，五金配件配套齐全，并有产品出厂合格证。辅材，如防腐材料、保温材料、水泥、砂、镀锌连接件、膨胀螺栓、防水密封膏、嵌缝材料、橡胶垫块、防锈漆、电焊条等应按要求选定。

7.3.2 铝合金门扇的制作

7.3.2.1 铝合金门扇的制作工艺流程

铝合金门扇的制作工艺比较简单，其工艺如下。

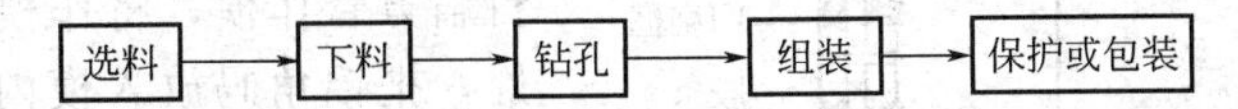

7.3.2.2 门扇的制作要点

(1) 选料与下料　在进行选料与下料时，应当注意以下几个问题。

① 选料时要充分考虑铝合金型材的表面色彩、壁的厚度等因素，保证符合设计要求的刚度、强度和装饰性。

② 每一种铝合金型材都有其特点和使用部位，如推拉、开启、自动门等所用的型材规格是不相同的。在确认材料规格及其使用部位后，要按设计的尺寸进行下料。

③ 在一般建筑装饰工程中，铝合金门扇无详图设计，仅仅给出洞口尺寸和门扇划分尺寸。在门扇下料时，要注意在门洞口尺寸中减去安装缝、门框尺寸。要先计算，画简图，然后再按图下料。

④ 切割时，切割机安装合金锯片，严格按下料尺寸切割。

(2) 门扇的组装　在组装门扇时，应当按照以下工序进行。

① 竖梃钻孔　在上竖梃拟安装横档部位用手电钻进行钻孔，用钢筋螺栓连接钻孔，孔径应大于钢筋的直径。角铝连接部位靠上或下视角铝规格而定，角铝规格可用22mm×22mm，钻孔可在上下10mm处，钻孔直径小于自攻螺栓的直径。两边框的钻孔部位应一致，否则会使横档不平。

② 门扇节点的固定　门扇框的连接也是用铝角码的固定方法，具体做法与门框连接相同。当门扇框较宽时（超过900mm），在门扇框下横料中穿入一条两头都有螺纹的钢条进行加固。紧固钢条时，应先紧固两头外侧的螺母，并用内侧螺母进行锁紧。钢条的长度只要比门扇内尺寸长25mm即可。安装钢条前先在门扇边框料下端内侧钻孔，再将钢条穿入固紧。并要注意加固钢条应在地弹簧连杆与下横安装完毕后再装，也不得妨碍地弹簧连杆与地弹簧座的对接。

③ 锁孔和拉手的安装　在拟安装的门锁部位用手电钻钻孔，再伸入曲线锯切割成锁孔形状。在门边梃上，门锁两侧要对正，为了保证安装精度，一般在门扇安装后再装门锁。

7.3.2.3 门框的制作要点

(1) 开料　在砖墙中的铝合金门框多选用 70mm×44mm 和 100mm×44mm 截面尺寸的扁方铝管材。裁料时，门框竖材长度为门扇高度尺寸加上亮高度尺寸之和，即门框竖材的高度略小于门洞高度。门洞高度以原地面为准（在地面铺贴地砖、大理石等饰面之前）。横材的长度为门框宽尺寸减去两边门竖杆的厚度尺寸。

门上亮玻璃用 12mm×12mm 的小铝槽分两面夹住。该铝槽竖杆的裁切按上亮内框高尺寸，铝槽横杆按上亮内框长减 24mm 裁切。门框横竖框材的连接用厚 3mm 的角铝条。每个铝角的裁切长度按门框料截面的内框长度确定。

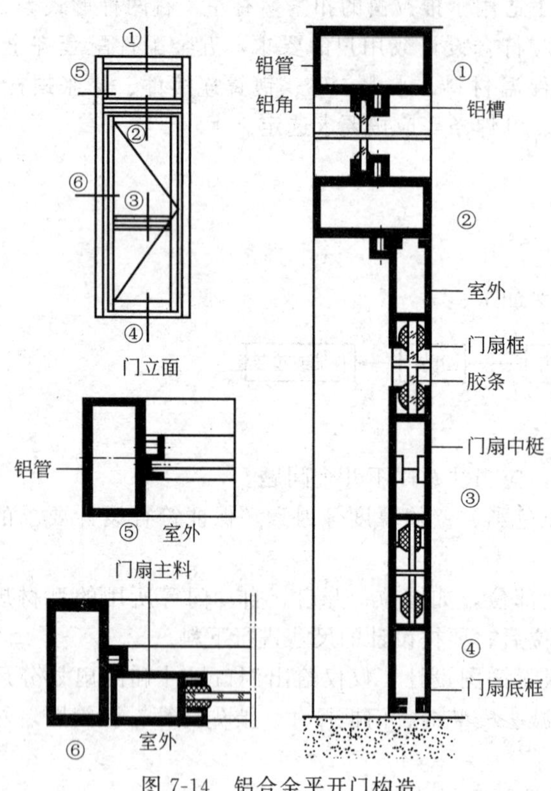

图 7-14　铝合金平开门构造

(2) 门框钻孔组装　铝合金门常用于铝合金隔墙和砖墙中，如是在铝合金隔墙中，只要在制作隔墙时留出门框的位置即可，而在砖墙中的铝合金门则需专门制作门框。

门框横竖框料用铝角码连接，连接前先将两个竖门框料固定在一起，并在与横框料连接处划线。然后用一小截同样的框料扁方管作模，将作模的扁方管放在划线处，把铝角码放入模内靠紧，用手电钻把铝角码和竖框料一并钻孔，再用自攻螺钉将铝角码紧固在框料上。

在横向框料的端头插入固定在竖向框料上的铝角码，用直角尺检查横、竖框料对接的直角度。然后在横向框料的端头钻孔，钻孔时，将横向框料与插入其内的铝角码一并钻通，用自攻螺钉紧固，这样就可将横竖框料连接起来，如图 7-14 所示。

(3) 设置连接件　在门框上，左右设置扁铁连接件，扁铁连接件与门框用自攻螺栓拧紧，安装间距为 150～200mm，视门料情况与墙体的间距而定。扁铁连接件做成平的，一般为“⌒”形，连接方法视墙体内埋件情况而定。

7.3.3 铝合金窗制作

7.3.3.1 铝合金推拉窗制作

铝合金窗推拉窗有带上窗及不带上窗之分。

(1) 开料　开料是铝合金窗制作的第一道工序，也是很关键的工序。如果下料不准，会造成尺寸误差、组装困难或无法安装。下料误差或下料错误也会造成铝材的浪费。所以开料尺寸必须准确，其误差值应控制在 2mm 范围内。开料时，用铝合金切割机切割型材，切割机的刀口位置应在划线以外，并留出划线痕迹。

① 上亮部分的开料　窗的上亮通常是用 25.4mm×90mm 的扁方管做成“口”字形。“口”字形的上、下两条扁方管长度为窗框的宽度，“口”字形两边的竖扁方管长度，为上亮

高度减去两个扁方管的厚度。

② 窗框的开料 窗框的开料是切割两条边封铝型材和上、下滑道铝型材各一条。两条边封的长度等于全窗高减去上亮部分的高度。上、下滑道的长度等于窗框宽度减去两个边封铝型材的厚度。

③ 窗扇的开料 因为窗扇在装配后既要在上、下滑道内滑动，又要进入边料的槽内，需通过挂钩把窗扇销住。窗扇销定时，两窗扇的带钩边框的钩边刚好相碰，但又要能封口。所以窗扇开料要十分小心，使窗扇与窗框配合恰当。

窗扇的边框和带钩边框为同一长度，其长度为窗框边封的长度再减 45～50mm。窗扇的上、下横为同一长度，其长度为窗框宽度的一半再加 5～8mm。

(2) 窗框的组装

① 上亮部分的连接组装 上亮部分的扁方管型材，通常采用铝角码和自攻螺钉进行连接（图 7-15)。这种方法既可隐藏连接件，又不影响外表美观，衔接牢固、简单实用，铝角码多采用厚为 2mm 左右的直角铝角条，每个角需要多长就切割多长。角码的长度最好能同扁方管内宽相符，以免发生接口松动现象。

两条扁方管在用铝角码固定连接时，应先用一小截同规格的扁方管做模子（长 20mm 左右)。在横向扁方管上要衔接的部位用模子定好位，将角码放在模子内并用手捏紧，用手电钻将角码与横向扁方管一并钻孔，再用自攻螺钉或抽芯铝铆钉固定，如图 7-16 所示。然后取下模子，再将另一条竖向扁方管放到模子的位置上，在角码的另一个方向上打孔，固定便成。一般角码的每个面上需要打两个孔。

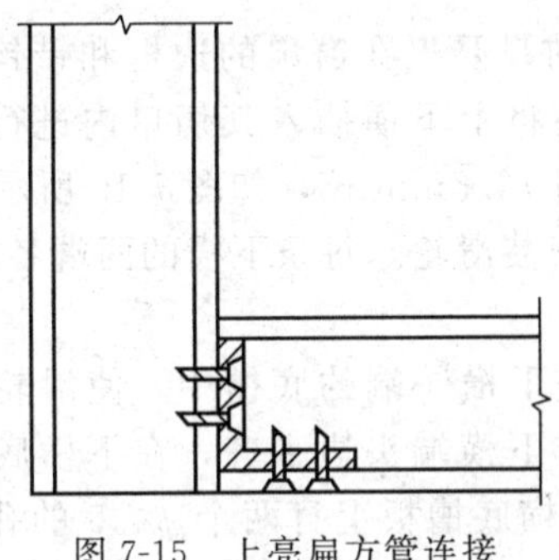

图 7-15 上亮扁方管连接

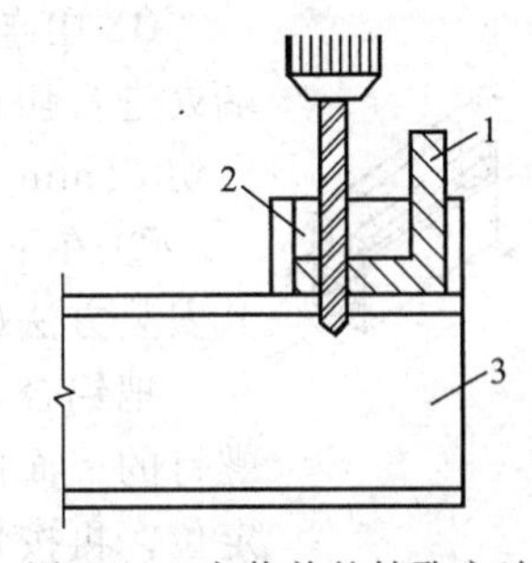

图 7-16 安装前的钻孔方法

1—角码；2—模子；3—横向扁方管

上亮的铝型材在四个角位处衔接固定后，再用截面尺寸为 12mm×12mm 的铝槽作固定玻璃的压条。安装压条前，先在扁方管的宽度上画出中心线，再按上亮内侧长度割切四条铝槽条。按上亮内侧高度减去两条铝槽截面高的尺寸，切割四条铝槽条。安装压条时，先用自攻螺钉把铝槽紧固在中线外侧，然后再离大于玻璃厚度 0.5mm 的距离处安装内侧铝槽，但自攻螺钉不需上紧，等最后装上玻璃时再紧固。

② 窗框的连接 首先测量出在上滑道上面两条固紧槽孔距侧边的距离和高低位置尺寸，然后按这两个尺寸在窗框边封上部衔接处划线打孔，孔径在 $\phi5$ 左右。钻好孔后，用专用的碰口胶垫，放在边封的槽口处，再将 M4×35mm 的自攻螺钉穿过边封上打出的孔和碰口胶垫上的孔，旋进上滑道上面的固紧槽孔内，如图 7-17 所示。在旋紧螺钉的同时，要注意上滑道与边封对齐，各槽对正，然后再上紧螺钉，最后在边封内装毛条。

按同样方法先测量出下滑道下面的固紧槽孔距、侧边距离和其距上边的高低位置尺寸，然后按这两个尺寸在窗框边封下部衔接处划线打孔，孔径也是 $\phi5$ 左右。钻好孔后，用专用的碰口胶垫，放在边封的槽口内，再将 M4×35mm 的自攻螺钉穿过边封上的孔和碰口胶垫上的孔，旋进下滑道下面的固紧槽孔内，如图 7-18 所示。注意固定时不得将下滑道的位置装反，下滑道的滑轨面一定要与上滑道相对应才能使窗扇在上下滑道上滑动。

窗框的四个角衔接起来后，用直角尺测量并校正一下窗框的直角度，最后上紧各角上的衔接自攻螺钉。将校正并紧固好的窗框立放在墙边，防止碰撞损坏。

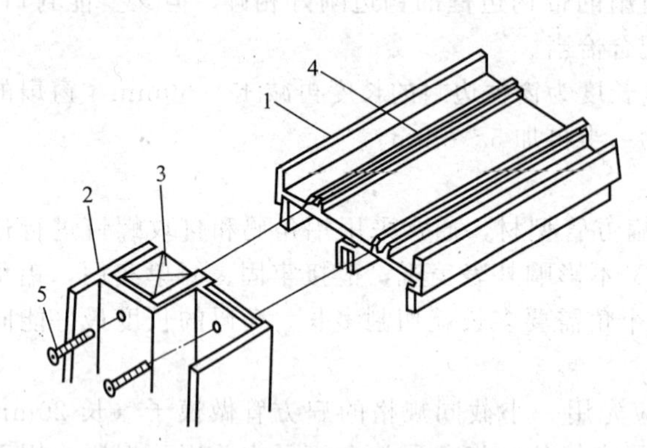

图 7-17 窗框上滑部分的连接组装

1—上滑道；2—边封；3—碰口胶垫；4—上滑道上的固紧槽；5—自攻螺钉

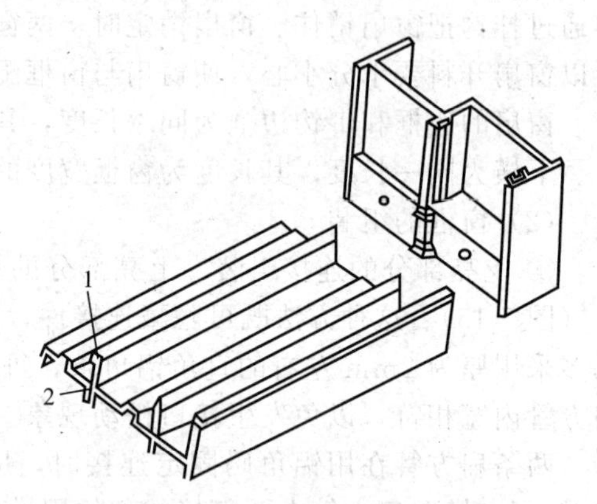

图 7-18 窗框下滑部分的连接组装

1—下滑道的滑轨；2—下滑道下的固紧槽孔

(3) 窗扇的组装

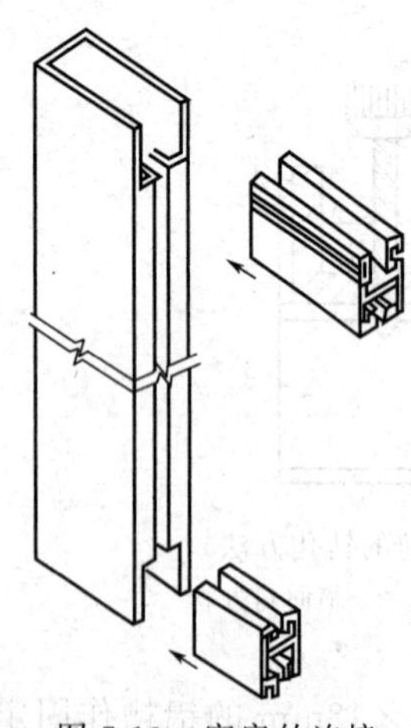

图 7-19 窗扇的连接

① 在连接装拼窗扇前，要先在窗扇的边框和带钩边框上下两端处进行切口处理，以便将上下横插入其切口内进行固定。上端开切 51mm 长，下端开切 76.5mm 长，如图 7-19 所示。

② 在下横的底槽中安装滑轮，每条下横的两端各装一个滑轮。其安装方法如下。

把铝合金窗滑轮放进下横一端的底槽中，使滑轮框上有调节螺钉的一面向外，该面与下横端头边平齐，在下横底槽板上划线定位，再按划线位置在下横底槽板上打两个 $\phi4.5$ 的孔，然后用滑轮配套螺钉，将滑轮固定在下横内。

③ 在窗扇边框和带钩边框与下横衔接端划线打孔。打三个孔，上、下两个是连接固定孔，中间一个是留出进行调节滑轮框上调整螺钉的工艺孔。这三个孔的位置，要根据固定在下横内的滑轮框上孔位置来划线，然后打孔，并要求固定后边框下端要与下横底边平齐。边框下端固定孔为 $\phi4.5$ 并要用 $\phi6 \sim \phi7$ 的钻头划窝，以便使固定螺钉与侧面基本水平。工艺孔为 $\phi8$ 左右。钻好孔后，再用圆锉在边框和带钩边框固定孔位置下边的中线处，锉出一个直径为 8mm 的半圆凹槽。此半圆凹槽是为了防止边框与窗框下滑道上的滑轨相碰撞。窗扇下横与窗扇边框的连接组装可参见图 7-20。

需要说明的是，旋动滑轮上的调节螺钉，能改变滑轮从下横槽中外伸的高低尺寸，而且也能改变下横内两个滑轮之间的距离。

④ 安装上横角码和窗扇钩锁。其方法为：截取两个铝角码，将角码放入上横的两头，使之一个面与上横端头面平齐，并钻两个孔（角码与上横一并钻通），用 M4 自攻螺钉将角码固定在上横内。再在角码的另一个面上（与上横端头平齐的那个面）的中间打一

个孔。

根据此孔的上下左右尺寸位置，在扇的边框和带钩边框上打孔并划窝，以便用螺钉将边框与上横固定。其安装方式如图7-21所示。注意所打的孔一定要与自攻螺钉相配，如螺钉是M4自攻螺钉，打孔钻头应为$\phi3$～$\phi3.2$。

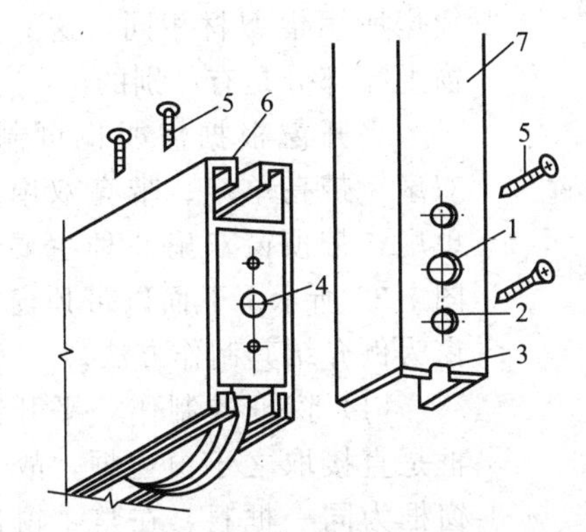

图7-20 窗扇下横与窗扇边框的连接组装

1—调节滑；2—固定孔；3—半圆槽；4—调节螺钉；5—滑轮固定螺钉；6—下横；7—边框

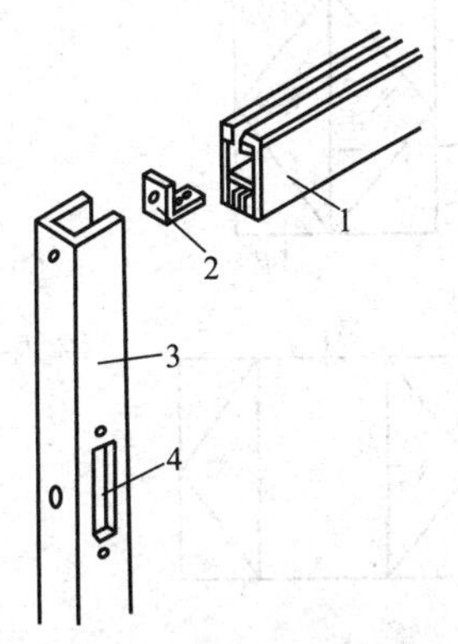

图7-21 窗扇上横的安装

1—上横；2—角码；3—窗扇边框；4—窗锁洞

安装窗钩锁前，先要在窗扇边框上开锁口，开口的一面必须是窗扇安装后面向室内的面。而且窗扇有左、右之分，所以开口位置要特别注意不要开错，窗钩锁通常是装于窗扇边框的中间高度，如窗扇高大于1.5m，装窗钩锁的位置也可适当降低些。开窗钩锁长条形锁口的尺寸，要根据钩锁可装入边框的尺寸来定。开锁口的方法，一般是先按钩锁可装入部分的尺寸，在边框上划线，用手电钻在划线框内的角位打孔，或在划线框内沿线打孔。再把多余的部分取下，用平锉修平即可。然后在边框侧面再挖一个直径为$\phi5$左右的锁钩插入孔，孔的位置正对锁内钩之处，最后把锁身放入长形口内。通过侧边的锁钩插入孔，检查锁内钩是否正对圆插入孔的中线，内钩向上提起后，钩尖是否在圆插入孔的中心位置上。如果完全对正后，用手按紧锁身，再用手电钻，通过钩锁上下两个固定螺钉孔，在窗扇边框的另一面上打孔，以便用窗锁固定螺杆贯穿边框厚度来固定窗钩锁。

⑤ 上密封毛条以及安装窗扇玻璃　窗扇上的密封毛条有两种，一种是长毛条，一种是短毛条。长毛条装于上横顶边的槽内，以及下横底边的槽内。而短毛条则装于带钩边框的钩部槽内。另外，窗框边封的凹槽两侧也需装短毛条，可在安装毛条工序中与窗扇毛条一并装好。有时短毛条与安装槽会有松脱现象，可用万能胶或玻璃胶局部粘贴。

⑥ 上亮与窗框的组装　先切两小块12mm厚的木板，将其放在窗框上滑的顶面。再将口字形上亮框放在上滑的顶面，并将两者前后、左右的边对正。然后从上滑下向上打孔，把两者一并钻通，用自攻螺钉将上滑与上亮框扇方管连接起来。

⑦ 窗钩锁挂钩的安装　窗钩锁的挂钩安装于窗框的边封凹槽内。挂钩的安装位置尺寸要与窗扇上挂钩锁洞的位置相对应。挂钩的钩平面一般可位于锁洞孔的中心线处。根据这个对应位置，在窗框边封凹槽内划线打孔。钻孔直径是用M5的自攻螺钉将锁钩紧固，然后移动窗扇到窗框边封槽内，检查窗扇锁可否与锁钩相接将窗锁定。如果不行，则需检查是否是锁钩位置高低的问题，或锁钩左右偏斜的问题。高低问题，只要将锁钩螺钉拧松，向上或向下调整好再紧固螺钉即可。偏斜问题，则需测一下偏斜量，再重新打孔固定，直至能将窗扇锁定。

7.3.3.2 铝合金平开窗制作

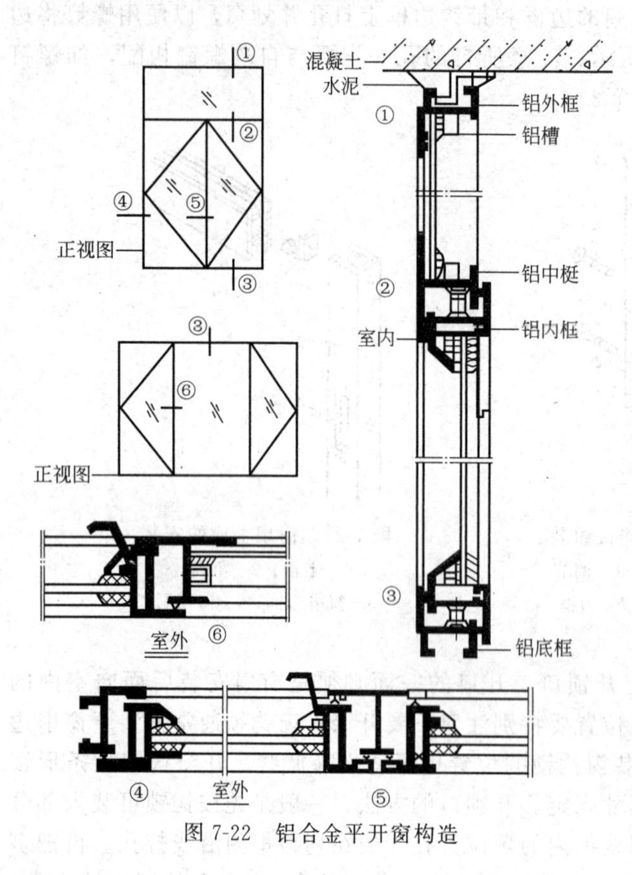

图 7-22 铝合金平开窗构造

平开窗主要由窗框和窗扇组成。如果有上亮部分，可以是固定玻璃和顶窗扇。但上亮部分的材料应与窗框、窗扇所用铝型材相同，这一点与推拉窗上亮部分是有区别的。

平开窗根据需要也可制成单扇、双扇、带亮单扇、带亮双扇、带顶窗单扇、带顶窗双扇 6 种主要形式，如图 7-22 所示。下面以带顶窗双扇平开窗为例介绍其制作方法。

(1) 窗框的制作　平开窗的上窗框是直接取之于窗边框，故上窗框和窗框为同一框料，在整个窗边上部适当位置（1m 左右），横加一根窗工字料，即构成上窗的框架。而横窗工字料以下部分就构成了平开窗的窗框。

① 按图开料　窗框加工的尺寸应比已留好的砖墙窗洞略小 20～30mm。按照这个尺寸将窗框的宽与高方向材料裁切好。窗框四个角是按 45°角对接方式，故在裁切时四条框料的端头应裁成 45°角。然后，再按窗框宽尺寸，将横向窗工料裁下来。竖窗工字料的尺寸，应按窗扇高度加上 20mm 左右榫头尺寸截取。

开料前，先在型材上划线。窗扇横向框料尺寸，要按窗框中心竖向工字料中间至窗框的边框料外边的宽度尺寸来切割。窗扇竖向框料要按窗框上部横向工字料中间，至窗框边框料外边的高度尺寸来切割，使得窗扇组装后，其侧边的密封胶条能压在窗框架的外边。

横、竖窗扇料裁切下来后，还要将两端再切成 45°角的斜口，并用细锉修正飞边和毛刺。连接铝角采用比窗框铝角小一些的窗扇铝角，其裁切方法与窗框铝角相同。窗压线条按窗扇框尺寸裁割，端头也是切成 45°角，并修整好切口。

② 窗框的组装　平开窗的上亮边框直接取之于窗边框，故上亮边框和窗边框为同一框料，在整个窗边上部适当的位置（1m 左右）横加一条窗工字料，就构成上亮的框架，而横窗工字料以下部位，就构成了平开窗的窗框。

窗框的连接采用 45°角拼接，窗框的内部插入铝角，然后每边钻两个孔，用自攻螺钉上紧，并注意对角要对正对平。还有一种连接方法称为撞角法，即是利用铝材较软的特点，在连接铝角的表面冲压成几个较深的毛刺。因所用铝角是采用专用型材，铝角的长度又按窗框内腔宽度裁割，能使其几何形状与窗框内腔相吻合，故能使窗框和铝角挤紧，进而使窗框对角处连接。

横窗工字料与竖窗工字料之间的连接，采用榫接方式。榫接方式有两种：一种是平榫肩方式；另一种是斜角榫肩方式。这两种榫结构均是在竖向的窗中间工字料上做榫，在横向的窗工字料上做榫眼，如图 7-23 所示。横窗工字料与竖窗工字料连接前，先在横窗工字料的长度中间处开一个长条形榫眼孔，其长度为 20mm 左右，宽度略大于工字料的壁厚。如果是斜角榫肩结合，需在榫眼所对的工字上横和下横的一侧开裁出90°角的缺口。

竖窗工字料的端头应先裁出凸字形榫头，榫头长度为8～10mm，宽度比榫眼长度大0.5～1mm，并在凸字形榫头两侧倒出一点儿斜口，在掉头顶端中间开一个5mm深的槽口，如图7-24所示。然后再裁切出与横窗工字料上相对的榫肩部分，并用细锉将榫肩部分修平整。需要注意的是，榫头、榫眼、榫肩这三者间的尺寸应准确，加工要细致。

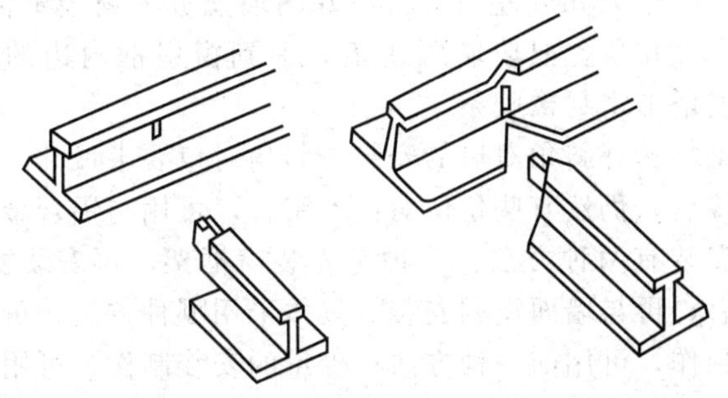

图7-23 横竖窗工字料的连接

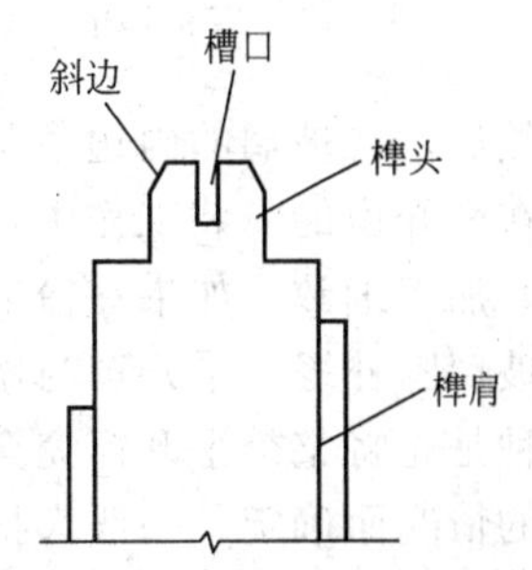

图7-24 竖窗工字料凸字形榫头做法

榫头、榫眼部分加工完毕后，将榫头插进榫眼，把榫头的伸出部分，以开槽口为界分别向两个方向拧歪，使榫结构部分锁紧，将横向工字料与竖向工字料连接起来。

横向窗工字料与窗边框的连接也用榫接方式，其方法与前述竖向、横向窗工字料榫接方式相同。但榫接时是以横向窗工字料两端为榫头，窗框料上做榫眼。

在窗框料上所有榫头、榫眼加工完毕后，先将窗框料上的密封胶条上好，再进行窗框的组装连接，最后在各对口处上玻璃胶封口。至此，平开窗的窗框和上亮框均制作完成。

(2) 窗扇的组装

① 上亮安装　如果上亮是固定的，可将玻璃直接安放在窗框的横向工字形铝合金上，然后用玻璃压线条固定玻璃，并用塔形胶条或玻璃胶密封。如果上亮是可开启的一扇窗，可按窗扇的安装方法先装好窗扇，再在上亮窗顶部装两个合页，下部装一个风撑和一个拉手即可。

② 装执手和风撑基座　执手是用于将窗扇关闭时的扣紧装置，风撑则是窗扇的铰链和决定窗扇开闭角度的重要配件。风撑有90°和60°两种规格。

执手的把柄装在窗框中间竖向工字形铝合金料的室内一侧，两扇窗需装两个执手。执手的安装位置一般在扇高度的中间，执手与窗框竖向工字料的连接用螺钉固定。与执手相配的扣件装于窗扇的侧边，扣件用螺钉与窗扇框固定。在扣紧扇时，执手连动杆上的钩头，可将装在窗扇框边相应位置上的扣件钩住，窗扇便能扣锁住了。

风撑的基座装于窗框架上，使风撑藏在窗框架和窗扇框架之间的空位中。风撑基座用抽芯铝铆钉与窗框内边固定，每个窗扇的上下边都需装一个风撑，所以与窗扇对应窗框上下都要装好风撑。安装风撑的操作应在窗框架连接完毕后，即在窗框架与墙面窗洞安装前进行。

安装风撑基座时，先将基座放在窗框下边的靠墙的角位上，用手电钻通过风撑基座上的固定孔在窗框上钻孔，再用与风撑基座固定孔相同直径的铝抽芯铆钉将风撑基座固定。

③ 窗扇与风撑的连接安装　窗扇与风撑的连接有两处：一处是风撑的小滑块；一处是风撑的支杆。这两处定位在一个连杆上，与窗扇框固定连接。该连杆与窗扇固定时，先要移动连杆，使风撑开启到最大位置，然后将窗扇框与连杆固定。

④ 窗钩锁的安装　窗钩锁安装于窗框的边封凹槽内，如图7-25所示。

⑤ 装拉手及玻璃　拉手安装在窗扇框的竖向边框中部，窗扇关闭后，拉手的位置与执

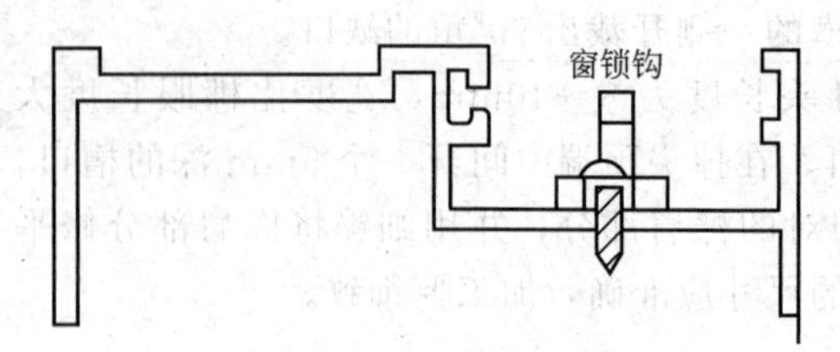

图 7-25　窗锁钩的安装位置

手靠近。装拉手前先在窗扇竖向边框中部用锉刀或铣刀把边框上压线条的槽锉一个缺口，再把装在该处的玻璃压线条切一个缺口，缺口大小按拉手尺寸而定。然后，钻孔用自攻螺钉将把手固定在窗扇边框上。玻璃的尺寸应小于窗扇框内边尺寸 15mm 左右，将裁好的玻璃放入窗扇框内边，并马上把玻璃压线条装卡到窗扇框内边的卡槽上。然后，在玻璃的内边各压上一周边的塔形密封橡胶条。

在平开窗的安装工作中，最主要的是掌握好斜角对口的安装。斜角对口要求尺寸、角度准确，加工细致。如果在窗框、扇框连接后，仍然有些角位对口不密合，可用与铝合金相同色的玻璃胶补缝。平开窗与墙面窗洞的安装有两种方法：一种是先装窗框架，再安装窗扇；另一种是先将整个平开窗完全装配好之后，再与墙面窗洞安装。具体采用哪种方法，可根据不同的情况而确定。一般大批量的安装制作，可用前一种方法；少量的安装制作，可用后一种方法。

7.3.4 铝合金门窗安装施工

7.3.4.1 铝合金门窗安装工艺流程

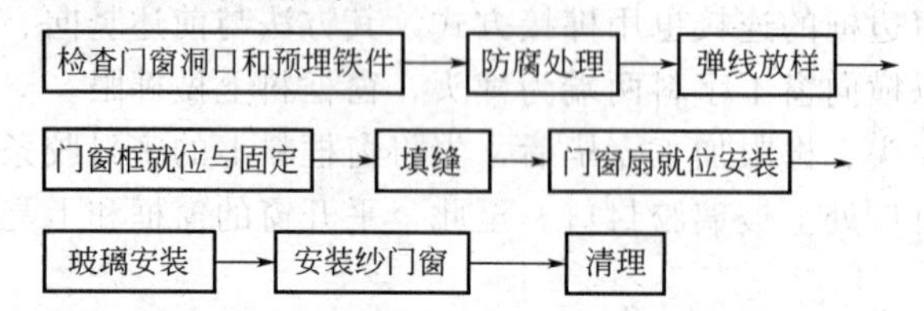

不同类型的铝合金门窗在安装的具体构造上略有差别，但其基本的安装程序大致符合上面的安装施工工艺流程，如图 7-26 所示。

7.3.4.2 铝合金门窗安装工艺要点

(1) 检查门窗洞口和预埋铁件　铝合金门窗的安装必须采用后塞口的方法，严禁边安装边砌口或是先安装后砌口。当设计有预埋铁件时，门窗安装前应复查预留洞口尺寸及预埋铁件的埋设位置，如与设计不符，应予以纠正。门窗洞口的允许偏差：高度和宽度为 5mm；对角线长度为 5mm；洞下口面水平标高为 5mm；垂直度不超过 1.5/1000；洞口的中心线与建筑物基准轴线不大于 5mm。洞口预埋铁件的间距必须与门窗框上连接件的位置配套，门窗框上的连接件间距一般为 500mm，但转角部位的连接件位置距转角边缘应为 100～200mm。门窗洞口墙体厚度方向的预埋铁件中心线，如设计无规定时，其位置距内墙面：38～60 系列为 100mm；90～100 系列为 150mm。

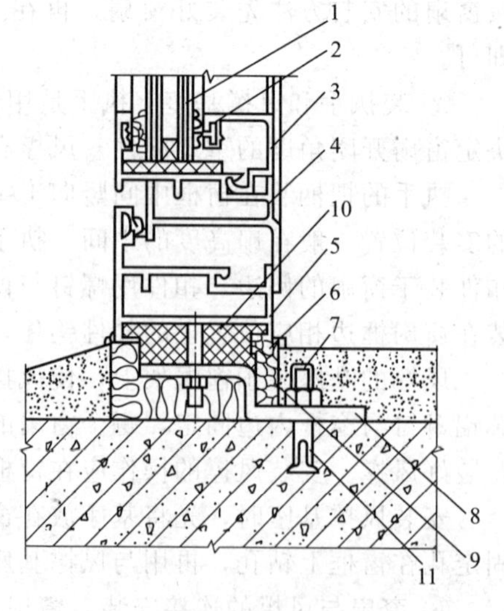

图 7-26　铝合金窗安装节点及缝隙处理示意

1—玻璃；2—橡胶条；3—压条；4—内扇；5—外框；6—密封膏；7—砂浆；8—地脚；9—软填料；10—塑料垫；11—膨胀螺栓

(2) 防腐处理

① 门窗框四周外表面的防腐处理设计有要求时，按设计要求进行；如设计无要求，可涂刷防腐涂料或粘贴薄膜进行保护，以免水泥砂浆直接与铝合金门窗

表面接触，产生电化学反应，腐蚀铝合金门窗。

② 安装铝合金门窗时，如果采用连接铁件固定，则连接铁件、固定件等安装用金属零件，最好采用不锈钢件，否则必须进行防腐处理。

（3）弹线放样

① 铝合金门窗框一般采用后塞口施工法。门窗框的制作尺寸比预留洞口尺寸略小。具体收缩尺寸视饰面的材料不同而有所不同，对于一般抹灰外檐尺寸每一侧收缩20mm，对于面层饰面采用大理石、花岗石等块板装饰，每一侧收缩尺寸约为50mm，不可让饰面层盖住门窗框，如图7-27所示。

② 在最高层找出门窗口边线，用大线坠将门窗口边线下引，并在每层门窗口处划线标记，对个别不直的口边应剔凿处理。高层建筑可用经纬仪找垂直线。

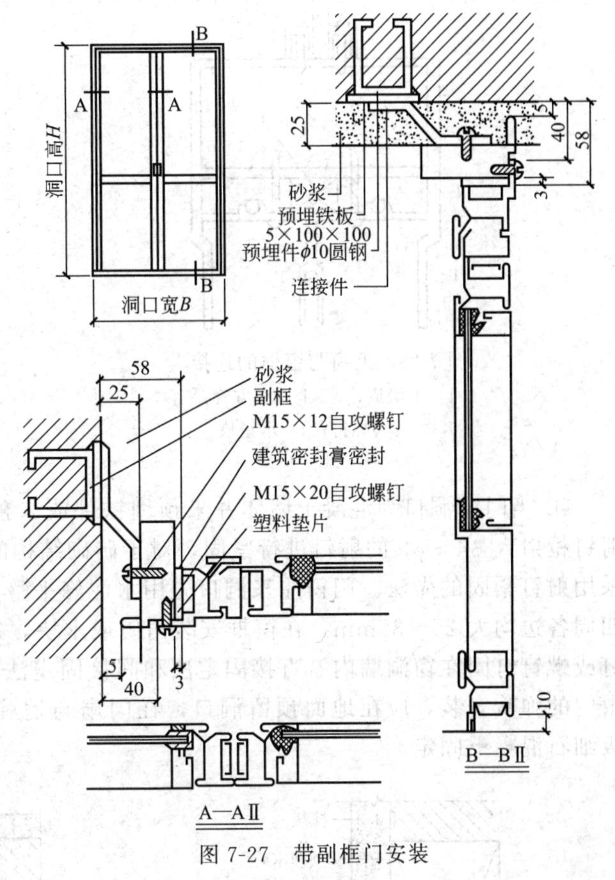

图7-27 带副框门安装

门窗口的水平位置应以楼层+500mm水平线为准，往上反并量出窗下皮标高，弹线找直，每层窗下皮（若标高相同）则应在同一水平线上。门窗可以立于墙的中心线部位，也可将门窗立于内侧，使门窗框表面与饰面齐平。但在实际工程中，采用将门窗立于洞口中心的做法较为普遍。因为这样做便于室内装饰的收口处理，特别是有内窗台板时。

③ 门的安装，须注意室内地面的标高。地弹簧表面应该与室内地面饰面的标高相一致。

（4）门窗框就位与固定

① 对于面积较大的铝合金门窗框，应事先按设计要求进行预拼装。先安装通长的拼樘料，然后安装分段拼樘料，最后安装基本单元门窗框，如图7-28所示。门窗框横向及竖向组合应采取套插的方式；如采用搭接，应形成曲面组合，搭接量一般不少于8mm，以免因门窗冷热伸缩及建筑物变形而产生裂缝；框间拼接缝隙用密封胶条密封。组合门窗框拼樘料如需采取加强措施时，其加固型材应经防锈处理，连接部位应采用镀锌螺钉固定。

② 按照弹线位置将门窗框立于洞内，将正面及侧面垂直度、水平度和对角线调整合格后，用对拔木楔做临时固定。木楔应垫在边、横框能够受力的部位，以防铝合金框料由于被挤压而变形。

③ 当门窗的设计要求为采用预埋铁件进行安装时，铝合金门窗框上预先加工的连接件为镀锌铁脚（或称镀锌锚固板、铆固头），可直接用电焊将其与洞口内预埋铁件焊接。采用焊接操作时，严禁在铝合金框上接地打火，并应用石棉布保护好窗框。还可以在门窗洞口上事先预留槽口，安装时将门窗框上的镀锌铁脚插埋于槽口内，用螺钉固定后，再用C25级细石混凝土或1∶2的水泥砂浆嵌堵密实，如图7-29所示。

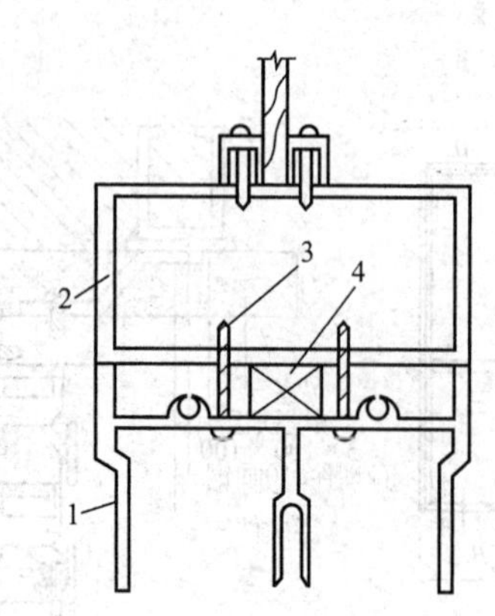

图 7-28 上窗与窗框的连接
1—上滑道；2—上窗扇方管；
3—自攻螺钉；4—木垫块

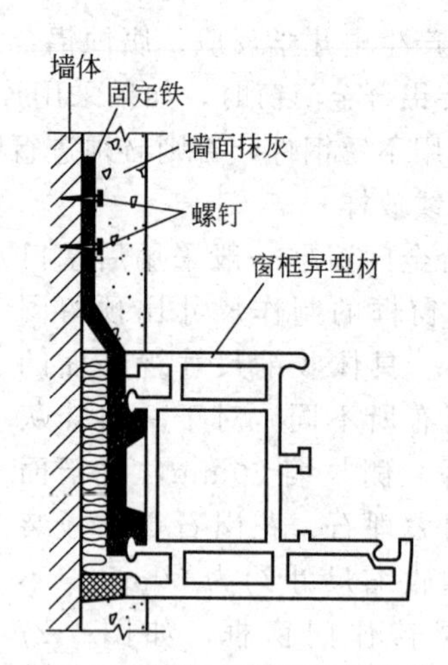

图 7-29 窗框与墙的连接安装

④ 当门窗洞口为混凝土墙体并未预埋铁件或未预留槽口时，其门窗框连接锚固板可用射钉枪射入 $\phi4\sim\phi5$ 的射钉进行紧固，对于砖砌结构的门窗洞墙体，门窗框连接铆固板不宜采用射钉紧固的做法。门窗原来洞口先用水泥修平整，窗洞尺寸要比窗框尺寸稍大些，一般四周各边均大 25～35mm。在窗框安装角码或木块，每条边上各安装两个，角码需要用水泥钉或螺钉钉固在窗洞墙内。直接固定法和间接固定法如图 7-30 及图 7-31 所示。如果属于自由门的弹簧安装，应在地面预留洞口，在门扇与地弹簧安装尺寸调整准确后，要浇筑 C25 级细石混凝土固定。

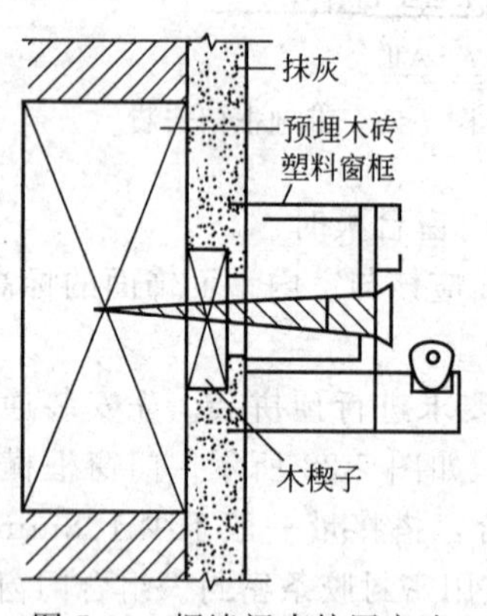

图 7-30 框墙间直接固定法

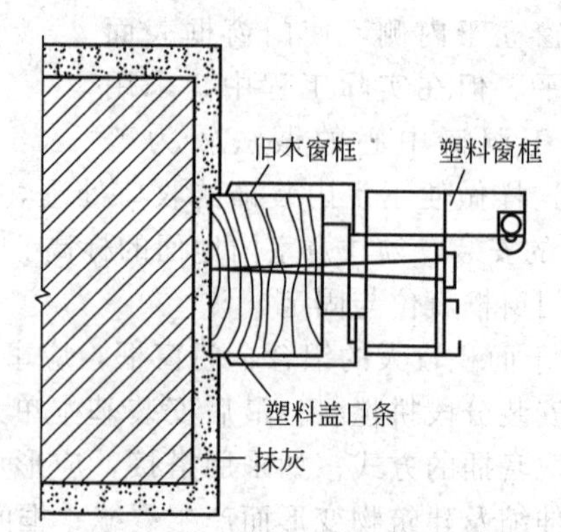

图 7-31 框墙间间接固定法

铝合金门边框和中竖框，应埋入地面以下 20～50mm；组合窗框间立柱的上、下端应各嵌入框顶和框底墙体（或梁）内 25mm 以上；转角处的主要立柱嵌固长度应在 35mm 以上。

当采用上述射钉、金属胀铆螺栓或是采用钢钉紧固铝合金门窗框连接件时，其紧固点位置距离柱、梁边缘不得小于 50mm，且应注意错开墙体缝隙，以防紧固失效。不论采用哪种方法固定，铁脚至窗角的距离都不应大于 180mm，铁脚间距应小于 500mm，如图 7-32 所示。

（5）填缝　铝合金门窗固定好后，应及时处理门窗框与墙体缝隙。如设计未规定填塞材

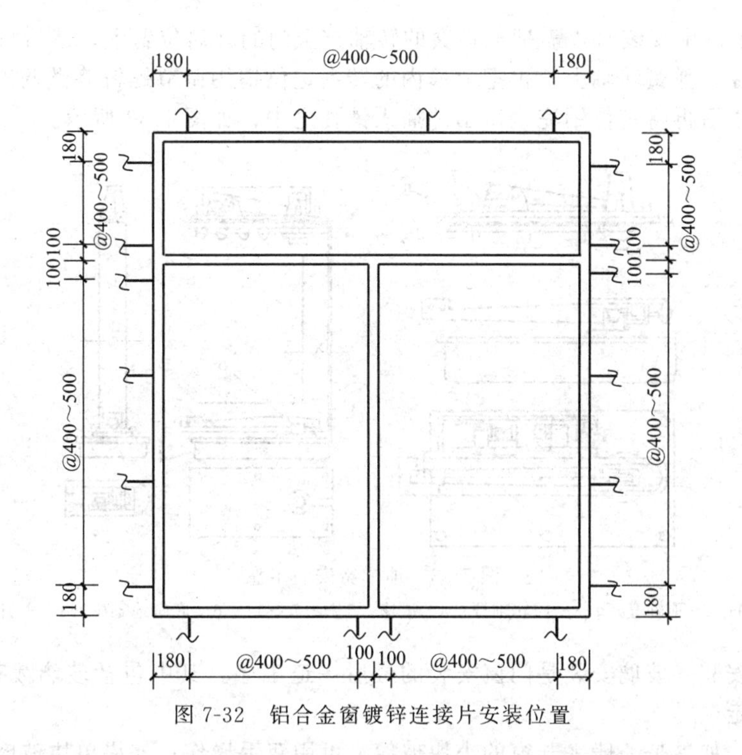

图7-32 铝合金窗镀锌连接片安装位置

料品种时，应采用矿棉或玻璃棉毡条分层填塞缝隙，外表面留5～8mm深槽口填嵌嵌缝膏，严禁用水泥砂浆填塞。在门窗框两侧进行防腐处理后，可填嵌设计指定保温材料和密封材料。待铝合金窗和窗台板安装后，将窗框四周的缝隙同时填嵌，填嵌时用力不应过大，防止窗框受力后变形。

（6）门窗扇就位安装　门窗扇的安装，需要在土建施工基本完成的情况下方准进行，这样可以保护型材免遭破损。框装扇必须保证框扇立面在同一平面内，就位准确，启闭灵活。平开窗窗扇安装前，先固定窗铰，然后再将窗铰与窗扇固定。推拉窗扇安装前，先检查一下窗扇上的各条密封毛条，是否少装或脱落现象。如果有脱落现象，应用玻璃胶或其他橡胶类胶水黏结，然后用螺丝刀拧旋边框侧的滑轮调节螺钉，使滑轮向下横槽内回缩。这样就可托起窗扇，使其顶部插入窗框的上滑槽中，使滑轮卡在下滑的滑轮轨道上，然后拧旋滑轮调节螺钉，使滑轮从下横内外伸。外伸量通常以下横内的长毛条刚好能与窗框下滑面相接触为准，以便使下横上的毛条起到较好的防尘效果，同时窗扇在滑轨上也可移动通畅。

弹簧门门扇转动配件的安装有其特殊之处，门扇的上部转动定位轴销应安装于门框的上横料内。定位轴销为地弹簧的配件，与地弹簧同盒包装。安装时先在门框上横料端头划出横料宽度方中心线，然后按定位销组件上的定位销直径调整螺钉直径、两固定螺钉直径以及在中心线上的相距尺寸，进行划线钻孔。定位销的轴心距门框上横料端头尺寸应小于100mm，定位销组件与门框上横料以螺钉固定。把定位销从所钻好的销孔中伸出，再用螺钉将定位销组件固定在门框上横料内。

地弹簧座的安装：根据地弹簧安装位置，将地弹簧装入提前剔好的洞内，用水泥砂浆固定。

地弹簧安装必须保证质量，地弹簧座的上皮一定与室内地坪一致；地弹簧的转轴轴线一定与门框横料的定位销轴心线一致。即按门框上横料中的转轴销轴线距竖料内边的距离尺寸为定位依据，使转动和地弹簧处于同一轴线。一般情况下，这条轴线与门扇框外侧边的距离为 96～98mm。门扇安装时，需把地弹簧的转轴拧至门的开启位置上，然后将门扇下横内的地弹簧连杆套在地弹簧转轴上，再把上横内的转动定位销用调节螺钉略做调出，待定位销孔与定位销相对以后再将定位销完全调出并插入销孔之中，如图 7-33 所示。

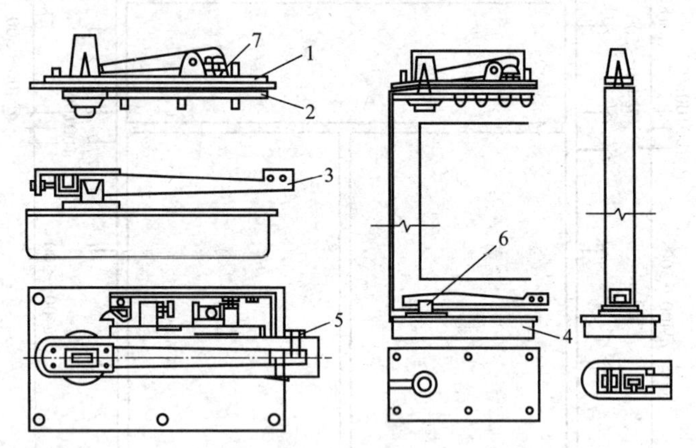

图 7-33 地弹簧安装示意

1—顶轴；2—顶轴套板；3—回转轴杆；4—底座；5—调节螺钉；6—底座地轴中心；7—升降螺钉

（7）玻璃安装 玻璃安装是门窗安装的最后一道工序，其中包括玻璃裁割、玻璃就位、玻璃密封与固定。

玻璃就位：如果是一般平开窗的小块玻璃，可用双手操作；如果单块玻璃尺寸较大，可用玻璃吸盘操作。玻璃就位后，应及时用橡胶条固定。型材装嵌在玻璃的凹槽内，一般有三种做法。第一种做法是用橡胶条挤紧，然后再在橡胶条上面注入硅酮（聚硅氧烷）系列密封胶。第二种做法是用长 10mm 左右的橡胶块，将玻璃挤住，然后注入密封胶。硅酮密封胶的色彩宜与型材氧化膜的色彩相同，用胶枪（打胶筒）沿缝隙注胶，注入深度不宜小于 5mm，应均匀光滑。第三种做法是用塔形密封胶条压卡于玻璃内外挤紧，表面不再注胶。具体选择哪一种做法，应根据材料类型、安装环境及玻璃的面积和重量等情况综合考虑。对于一般的铝合金窗玻璃安装，采用较多的是第三种方式。玻璃摆置于型材凹槽中间，随即把玻璃压线条装卡到窗扇框内边的卡槽上；然后在玻璃的内外边各压上一周边的塔形密封胶条。其中推拉窗的窗扇玻璃，其尺寸的长宽方向均比窗扇内侧长宽尺寸大出 25mm，玻璃的就位方式是从窗扇一侧将玻璃装入窗扇内侧的槽，如图 7-34 所示。然后再紧固连接好边框，最后在玻璃与窗扇槽之间用塔形橡胶条或玻璃胶固定，如图 7-35 所示。

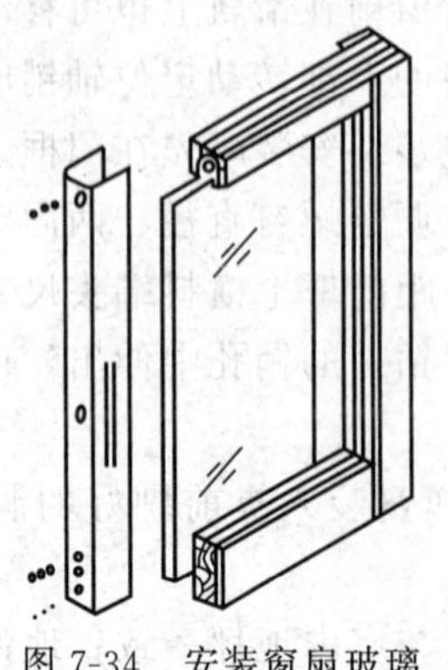

图 7-34 安装窗扇玻璃

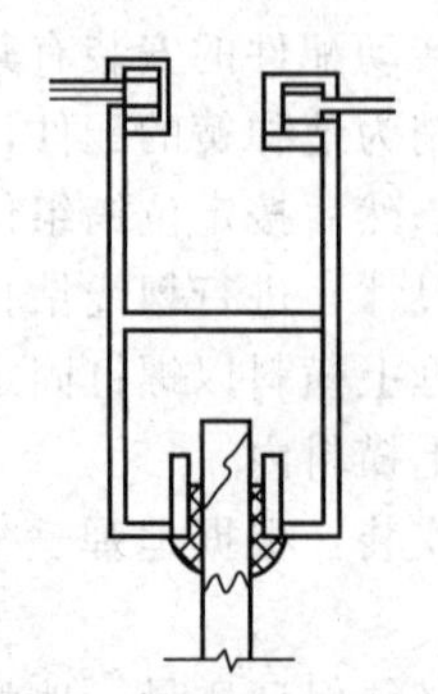

图 7-35 玻璃与窗扇槽的密封

玻璃下部不能直接坐落在金属面上，而应用氯丁橡胶垫块将玻璃垫起。氯丁橡胶垫块厚

3mm左右。玻璃的侧边及上部，都应脱开金属面一小段距离，避免玻璃胀缩发生变形。

(8) 安装纱门窗 先对纱门窗扇进行检查，如有变形，应及时校正。高、宽大于1400mm的纱扇，在装纱前要将纱扇中部用木条做临时支撑，以防扇纱凹陷，影响使用。在检查压纱条和纱扇配套后，将纱裁割且比实际尺寸长出50mm，即可以绷纱。绷纱时先用机螺钉拧入上、下压纱条，再装两侧压纱条，切除多余纱头，再将机螺钉的丝扣剔平并用钢板锉锉平。待纱门窗扇装纱完成后，于交工前再将纱门窗扇安装在钢门窗框上。最后，在纱门上安装护纱条和拉手。

(9) 清理 铝合金门窗交工前，应将型材表面的塑料胶纸撕掉。如果发现塑料胶纸在型材表面留有胶痕，宜用香蕉水清理干净，玻璃应进行擦洗，全部清理干净；待定位销孔与销对上后，再将定位销完全调出，并插入定位销孔中；最后用双头螺杆将门拉手装在门扇边框两侧。安装铝合金门的关键是要保持上下两个转动部分在同一条轴线上。

7.3.4.3 铝合金门窗施工注意事项

① 应选用合适的型材系列，要满足强度、刚度、耐腐蚀及密封性要求，减重低价。

② 铝合金门窗尺寸一定要准确，尤其是框扇之间的尺寸关系，并保证框与洞口的安装缝隙。

③ 门窗框与结构应为弹性连接，至少填充20mm厚的保温软质材料，避免门窗框四周形成冷热交换区；粉刷门窗套时，应在门窗框内外框边嵌条留5～8mm深槽口；槽口内用密封胶嵌填密封，胶体表面应压平、光洁；严禁水泥砂浆直接同门窗框接触，以防腐蚀。

④ 制作窗框的型材表面不能有沾污、碰伤的痕迹，不能使用扭曲变形的型材；室内外粉刷未完成前切勿撕掉门窗框保护胶带，粉刷门窗套时应用塑料膜遮掩门窗框；门窗框上沾上灰浆应及时用软布抹除，切忌用硬物刨刮。

⑤ 铝合金门窗安装后要平整方正，安装门窗框时一定要吊垂线和对角线卡方；塞缝前要检查平整垂直度；塞缝过程中，有一定强度后再拔去木楔；安框时要考虑窗头线（贴脸）及滴水板与框的连接。

⑥ 横向及竖向带形门窗之间组合杆件必须同相邻门窗套插、搭接，形成曲面组合，其搭接时应大于8mm，并用密封胶密封，防止窗因受冷热而产生裂缝。

⑦ 推拉窗下框、外框和轨道根部应钻排水孔，横竖框相交丝缝注硅酮胶封严；窗台应放流水坡，切忌用密封胶掩埋框边，避免槽口积水无法外流。

⑧ 门窗框固定一定要牢固可靠，洞口为砖砌体时，应用钻孔或凿洞的方法固定铁脚，不宜用射钉直接固定。

⑨ 门窗锁与拉手等小五金件可在门窗扇入框后再组装，这样有利于对正位置，所有使用的五金件都要配套，保证开闭灵活。安装时，先用木楔在门窗框四角或梃端能受力的部位临时塞住，然后用水平尺或线锤校验水平及垂直度，并调整使其各方向完全一致，各边缝隙不大于1mm，且开关灵活，无阻滞和回弹现象。窗框立好后，将铁脚埋入预留孔中，用1∶2的水泥砂浆填平，硬化72h后，可将四周埋设的木楔取出，并用砂浆把缝隙嵌填密实。窗框的组合应按一个方向顺序逐框进行，拼合要紧密，缝隙嵌填油灰。组合构件上下端必须伸入砌体50mm，凡是两个组合构件的交接处必须用电焊焊牢。

7.3.4.4 铝合金门窗安装成品保护

铝合金门窗装入洞口临时固定后，应检查四周边框和中间框架是否用规定的保护胶纸和塑料薄膜封贴包扎好，再进行门窗框与墙体之间缝隙的填嵌和洞口墙体表面装饰施工，以防水泥砂浆、灰水、喷涂材料等污染损坏铝合金门窗表面。在室内外湿作业未完成前，不能破

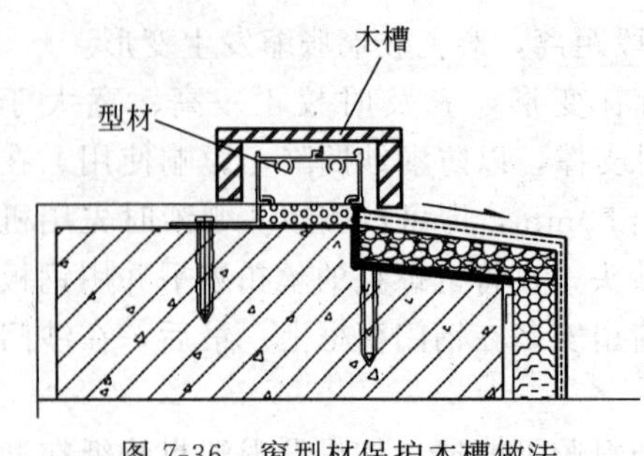

图 7-36 窗型材保护木槽做法

坏门窗表面的保护材料。

应采取措施防止焊接作业时，电焊火花损坏周围的铝合金门窗型材、玻璃等材料。

严禁在安装好的铝合金门窗上安放脚手架，悬挂重物。经常出入的门洞口，应及时保护好门框，严禁施工人员踩踏和碰擦铝合金门窗，如图 7-36 所示。

交工前撕去保护胶纸时，要轻轻剥离，不得划破、剥花铝合金表面氧化膜。

7.4 全玻璃装饰门施工

全玻璃门按开启功能分为手动门和自动门两种，按开启方式分为平开门和推拉门两种。全玻璃门由固定玻璃和活动门扇两部分组成，其形式如图 7-37 所示。固定玻璃与活动玻璃门扇连接有两种方法：一种是直接用玻璃门夹具进行连接；另一种是通过横框或小门框连接。

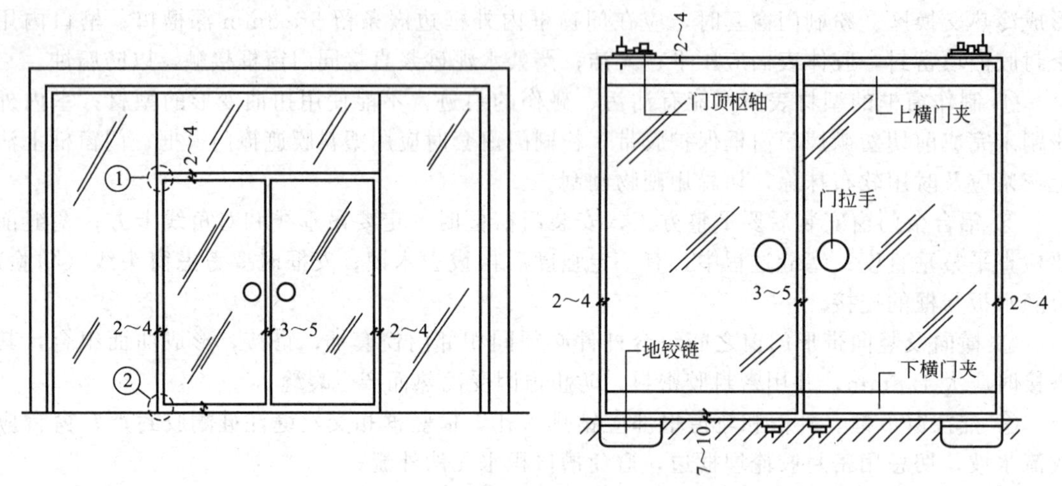

图 7-37 全玻璃装饰门的形式示例

7.4.1 工艺流程

（1）固定部分安装

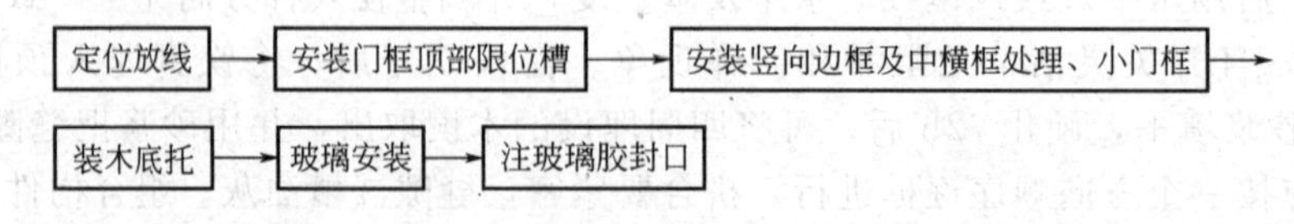

（2）活动玻璃门扇安装

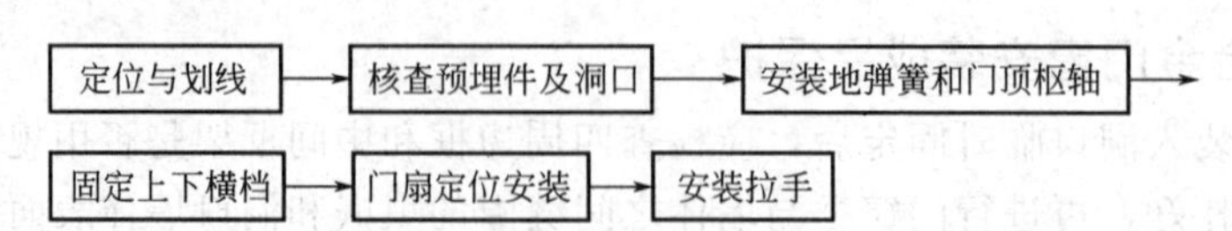

7.4.2　施工要点

（1）定位放线　根据图纸设计要求，弹出全玻璃门的安装位置中心线以及固定玻璃部分、活动门扇的位置线。准确测出室内、外地面标高和门框顶部及中横框的标高，做好标记。

（2）安装门框顶部限位槽　限位槽的宽度应大于玻璃厚度 2～4mm，槽深为 10～20mm。顶部门框玻璃限位槽构造如图 7-38 所示。安装时先由全玻璃门的安装位置线引出门框的两条边线，沿边线各装一根定位方木条。校正水平度，合格后用钢钉或螺钉将方木固定在门框顶部过梁上。然后通过胶合板垫板，调整槽口深度，用 1.5mm 厚的钢板或铝合金限位槽衬里与定位方木条通过自攻螺钉固定。最后在其表面粘上压制成型的不锈钢面板。

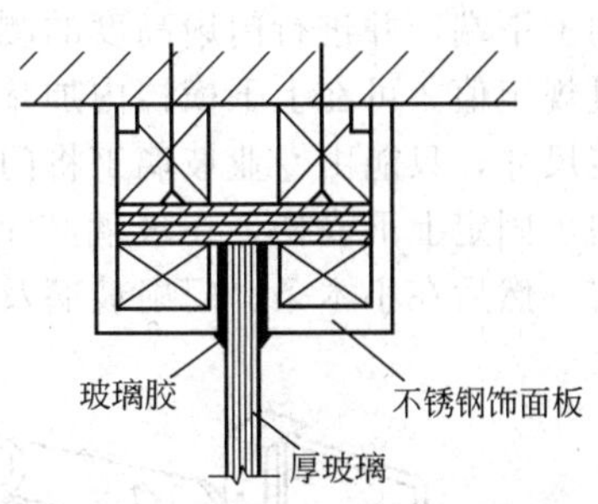

图 7-38　顶部门框玻璃限位槽构造

（3）安装竖向边框及中横框、小门框　按弹好的中心线和门框边线，钉竖框方木。竖框方木上部抵至顶部限位槽方木，下部埋入地面 30～40mm，并与墙体预埋木砖钉牢。骨架安装完工后，钉胶合板包框，表面粘贴不锈钢饰面板。竖框与顶部横门框的饰面板按 45°角斜接对缝。

当有中横框或小门框时，先按设计要求弹出其位置线，再将骨架安装牢固，并用胶合板包衬，表面粘贴不锈钢饰面板。粘贴饰面不锈钢板时，要把接缝位置留在安装玻璃的两侧中间位置，接缝位置要保证准确并垂直。

（4）装木底托　按放线位置，先将方木条固定在地面上，方木条两端抵住门洞口竖向边框，用钢钉或膨胀螺栓将方木条直接钉在地上。如地面已预埋防腐木砖，则用圆钉或木螺钉将其固定在木砖上，如图 7-39 所示。

（5）玻璃安装　安装时使用玻璃吸盘进行玻璃的搬运和移位。先将裁割好的玻璃上部插入门框顶部的限位槽，然后把玻璃板的下部放在底托上。玻璃下部对准中心线，侧边对准竖向边框的中心线。有小门框时，玻璃侧边对准小门框的竖框不锈钢饰面板接缝处。固定玻璃扇与框柱的配合如图 7-40 所示。

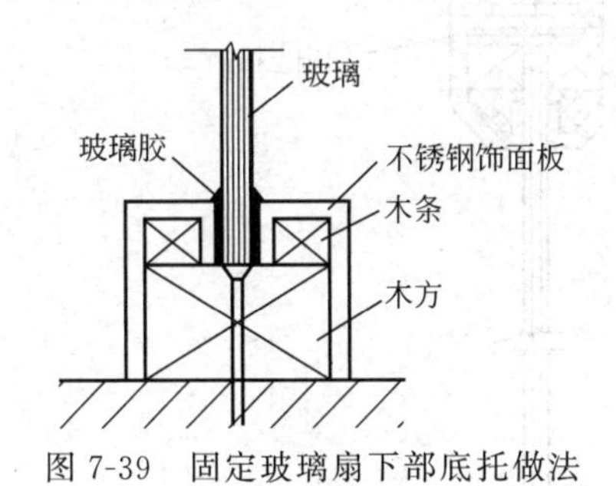

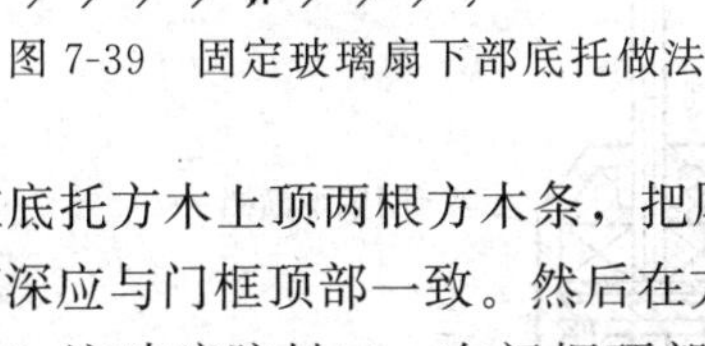

图 7-39　固定玻璃扇下部底托做法

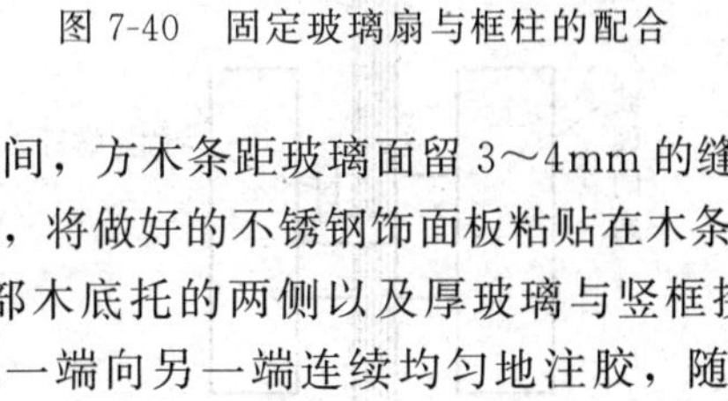

固定部分玻璃板
框柱不锈钢板饰面

图 7-40　固定玻璃扇与框柱的配合

在底托方木上顶两根方木条，把厚玻璃夹在中间，方木条距玻璃面留 3～4mm 的缝隙，缝宽及槽深应与门框顶部一致。然后在方木条上涂胶，将做好的不锈钢饰面板粘贴在木条上。

（6）注玻璃胶封口　在门框顶部限位槽和底部木底托的两侧以及厚玻璃与竖框接缝处，注入玻璃胶封口，如图 7-41 所示。注胶时，应从一端向另一端连续均匀地注胶，随时擦去多余的胶迹。当固定玻璃部位面积过大，玻璃需要拼接时，玻璃板之间留 2～3mm 的接缝宽度。玻璃板固定后，将玻璃胶注入接缝内，用塑料刮刀将胶刮平，使缝隙均匀洁净。

（7）安装地弹簧和门顶枢轴　先安装门顶枢轴，轴心通常固定在距门边框 70～73mm

处，然后从轴心向下吊线坠，定出地弹簧的转轴位置，之后在地面上开槽安装地弹簧。安装时必须反复校正，确保地弹簧转轴与门顶枢轴的轴心处于同一条垂直线上。复核无误后，用水泥砂浆灌缝，表面抹平。

（8）固定上下横档　把上、下横档（多采用镜面不锈钢成型材料）分别装在厚玻璃门扇的上下端，并进行门扇高度的测量。如果门扇高度不足，即其上下边距门横及地面的缝隙超过规定值，可在上下横档内加垫胶合板条进行调节，如图 7-42 所示。如果门扇高度超过安装尺寸，只能由专业玻璃工将门扇多余部分切割去，但要特别小心加工。门扇高度确定后，即可固定上下横档，在玻璃与金属横档内的两侧空隙处，由两边同时插入小木条，轻敲稳实，然后在小木条、门扇玻璃及横档之间形成的缝隙中注入玻璃胶，如图 7-43 所示。

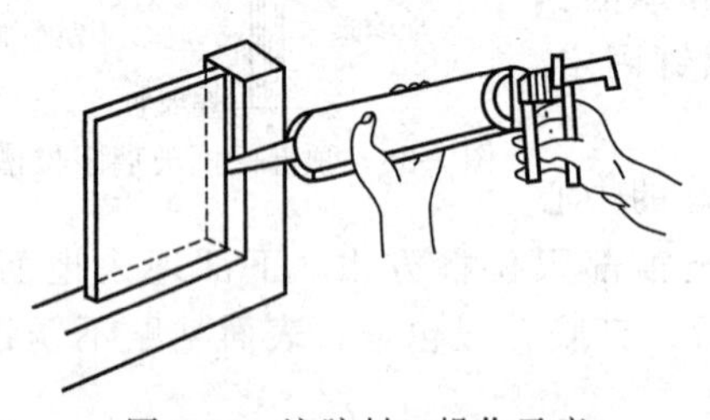
图 7-41　注胶封口操作示意

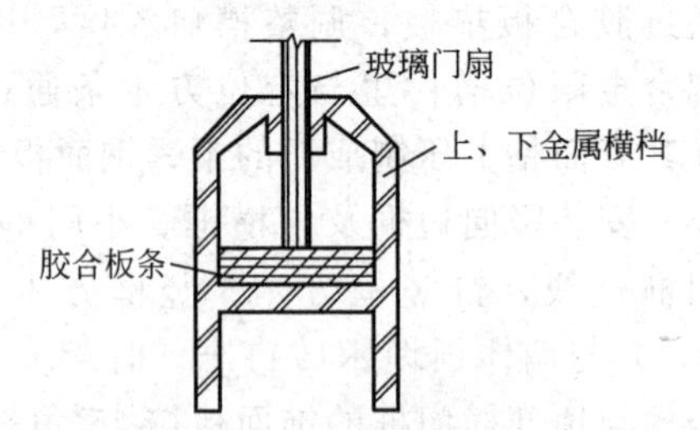

图 7-42　加垫胶合板条调节玻璃门扇高度尺寸

（9）门扇定位安装　把上下金属门夹分别装在玻璃门扇上下两端，然后将玻璃门扇竖起，把门扇下门夹的转动销连接件对准地弹簧的转动轴，并转动门扇将孔位套在销轴上；然后把门扇转动 90°，与门框成直角，再把门扇上门夹的转动连接件的孔对准门框枢轴的轴销，调节枢轴的调节螺钉，将枢轴的轴销插入孔内 15mm 左右。门扇的定位安装如图 7-44 所示。

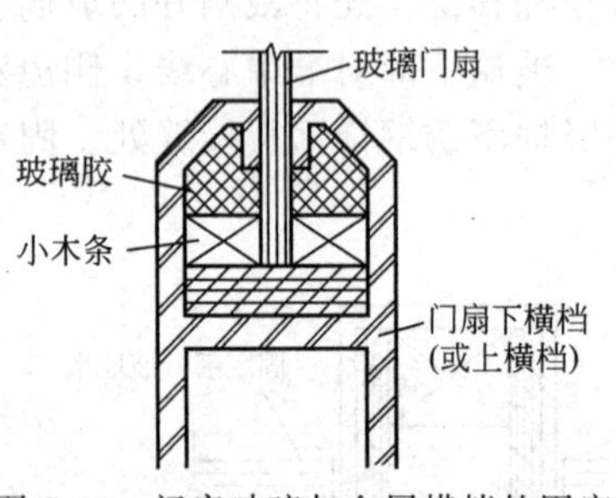

图 7-43　门扇玻璃与金属横档的固定

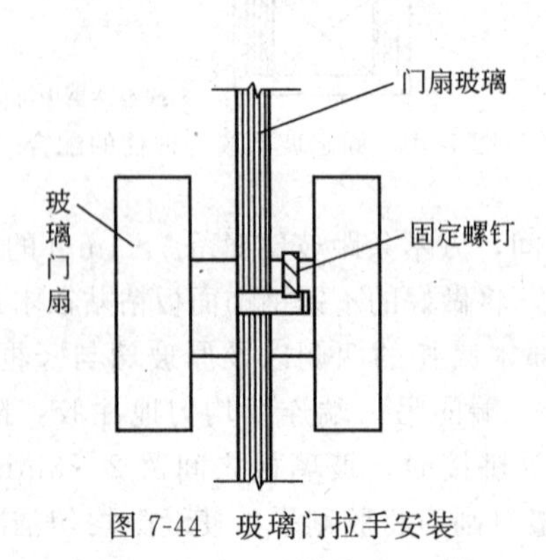

图 7-44　玻璃门拉手安装

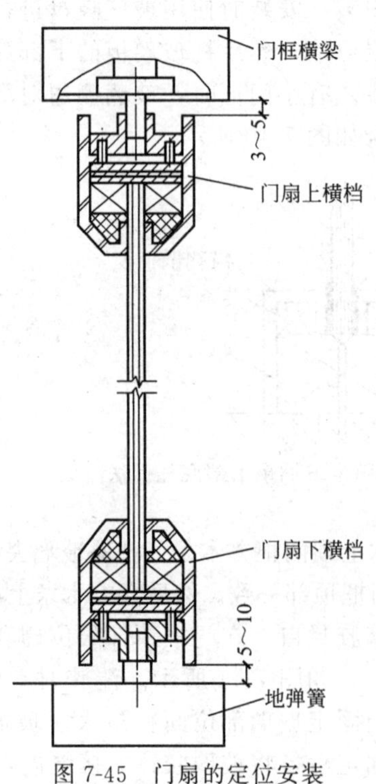

图 7-45　门扇的定位安装

(10) 安装拉手 全玻璃门扇上固定拉手的孔洞，一般在裁割玻璃时加工完成。拉手连接部分插入孔洞中不能过紧，应略松动。如过松，可在插入螺杆上缠软质胶带。安装前在孔洞的孔隙内涂少许玻璃胶，拉手根部与玻璃板紧密结合后再拧紧固定螺钉，以保证拉手无松动。玻璃门拉手安装如图 7-45 所示。

7.5 木门窗套的制作与安装

门窗套作为室内门窗洞口处的包封装饰，传统上被称为“筒子板”“贴脸板”，为建筑室内装修的细木工程项目之一。门窗套常用的材料有木材、石材、人造板材、不锈钢等。门窗套的式样很多，尺寸各异，应按照设计图纸施工。制作与安装的重点是洞口、骨架、面板、贴脸和装饰线条。这里主要讲述木门窗套的制作与安装，当室内装修工程有要求时，门窗套可与木质护墙板配合施工。

7.5.1 木门窗套的构造做法

7.5.1.1 木门窗套的构造

门窗套通常由筒子板和贴脸板两部分组成。木门窗套用于镶包木门窗洞口，或用于镶包钢、铝合金、塑钢等门窗洞口，木门窗套与门框之间的结合用平缝平榫。贴脸板与筒子板转角处连接，常用合角榫接。贴脸板的宽度可根据设计要求确定，其构造如图 7-46 所示。

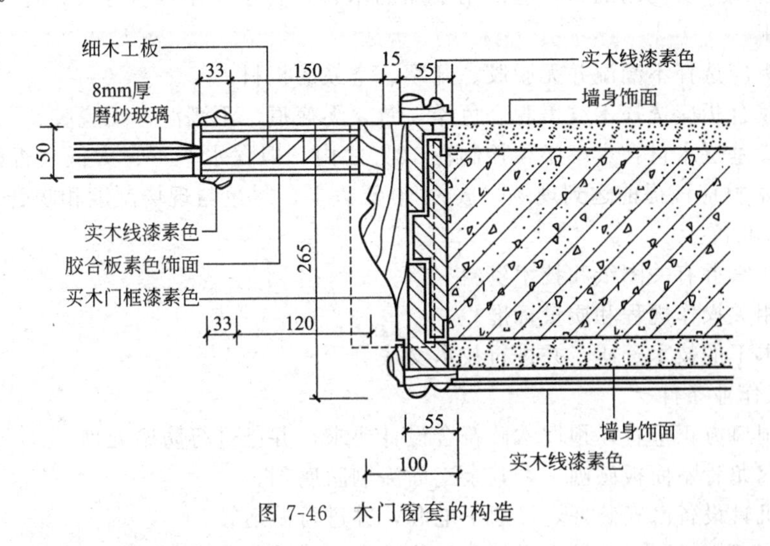

图 7-46 木门窗套的构造

7.5.1.2 木贴脸板的构造

木贴脸板多用于木门窗框一侧与墙平齐的位置，将室内抹灰层与木门窗框接触处的缝口盖住，使其美观整齐。贴脸料要进行挑选，花纹、颜色要与框料、筒子板面料近似，贴脸尺寸、宽窄、厚度要一致。常用木贴脸板的形式、尺寸及构造如图 7-47 所示。

7.5.1.3 木筒子板的构造

木筒子板用于镶包门窗洞口，或用于镶包钢、木、铝合金窗口，常用五层胶合板或带花纹的硬木板制作。一些门窗洞口常用筒子板和贴脸板进行镶包，筒子板可用木板或胶合板，贴脸板一般用木板。既可保护门窗框和墙角不被碰伤，又可起到装饰美化的作用。木筒子板的构造如图 7-48 所示。

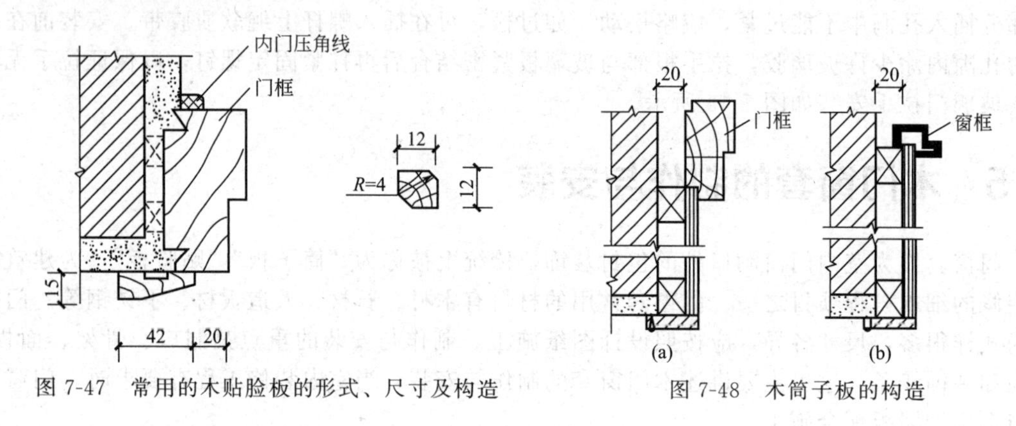

图 7-47 常用的木贴脸板的形式、尺寸及构造

图 7-48 木筒子板的构造

7.5.2 木门窗套的制作与安装

7.5.2.1 施工准备

（1）材料准备

① 门窗套制作与安装所使用材料的材质、规格、花纹和颜色、木材的燃烧性能等级和含水率、人造木板的甲醛含量应符合设计要求及国家现行标准的有关规定。

② 门窗套制作所使用的木材应采用干燥的木材，含水率不应大于 12%。腐朽、虫蛀的木材不能使用。

③ 胶合板应选择不潮湿并无脱胶、开裂、空鼓的板材。

④ 饰面胶合板应选择木纹美观、色泽一致、无疤痕、不潮湿、无脱胶、无空鼓的板材。

⑤ 木龙骨基层木材含水率必须控制在 12%之内，但含水率不宜太低（否则吸水后也会变形），一般木材应该提前运到现场，放置 10 天以上，尽量与现场湿度相吻合。

（2）技术准备

① 熟悉、掌握有关图纸和技术资料。

② 了解相关操作规程和质量标准。

③ 审查木工的技术资质，并进行技术交底。

（3）施工作业条件

① 门窗洞口方正垂直，预埋木砖符合设计要求，并已进行防腐处理。

② 门窗套龙骨贴面板已刨平，其余三面涂刷防腐剂。

③ 施工机具设备已安装好，接通了电源，并进行试运转。

④ 绘制施工大样图，并做出样板，经检验合格，可进行大面积作业。

7.5.2.2 木门窗套制作安装施工工艺流程

木门窗套的做法：采用木龙骨（方木条）按洞口和罩面板尺寸固定竖向及格栅骨架，要求安装牢固，纵横龙骨设置正确，骨架外表面平齐一致，然后在格栅骨架上铺钉罩面板；罩面板的接缝及板边必须坐落在格栅骨架上。

室内门窗洞口装饰边框（套）制作安装的重点是：洞口、面板、骨架、贴脸和装饰线条，应按设计要求采用方木条格栅骨架（木龙骨），竖向格栅一般设置两条（门窗套较宽时可适当增加），其横撑需根据面板厚度情况确定其间距尺寸；格栅骨架与洞口墙体内的预埋防腐木砖（或防腐木楔）固定，面板钉固于格栅骨架上；然后用装饰木线镶嵌贴脸，进行封边收口，并形成一定的立体造型效果，再做必要的油漆涂饰处理。

7.5.2.3 木门窗套的制作安装技术要求

① 门窗洞口应方正垂直，预埋木砖应符合设计要求，并应做防腐处理。

② 根据洞1：1尺寸、位置线和门窗中心线，用木方制成格栅骨架并做防腐处理；横撑必须与预埋件位置重合。

③ 格栅骨架表面应刨平，平整牢固。安装格栅骨架应方正，除预留出面板厚度外，格栅骨架与木砖之间的间隙应加设木垫，连接牢固。安装洞口格栅骨架时，一般先上端后两侧，洞1：1上部骨架应与紧固件连接牢固。

④ 与墙体对应的基层板板面应做防腐处理，基层板安装应牢固。

⑤ 饰面板颜色、花纹应谐调；板面应略大于格栅骨架，大面应净光，小面应刮直。木纹根部应向下，长度方向需要对接时，整体木纹应通顺，其接头位置应避开视线平视范围，宜在室内地面1.2m以下或2m以上，接头应固定在格栅横撑上。

⑥ 贴脸、线条的品种、花纹、颜色，应与饰面板谐调；贴脸的转角接头应为45°角对接，贴脸与门窗套板面的结合应紧密、平整，贴脸或线条盖住抹灰墙面不应小于10mm。

7.5.2.4 木门窗套安装施工要点

（1）定位与划线　木门窗套安装前，应根据设计图要求，先找好标高、平面位置、竖向尺寸进行弹线。

（2）核查预埋件及洞口　先检查门窗洞口尺寸是否符合设计要求，是否方正垂直，检查预埋木砖或连接件是否齐全，是否符合设计及安装的要求，主要检查排列间距、尺寸、位置是否满足钉装龙骨的要求；位置是否正确，如发现问题，必须修理或校正。然后再检查材料的规格、数量及质量是否符合设计要求，按图纸尺寸裁料。

（3）涂防潮层　设计有防潮要求的，在钉装龙骨前进行涂刷防潮层的施工。

（4）龙骨制作　根据洞口实际尺寸、门窗中心线和位置线，用方木制成格栅龙骨架并做防腐处理，横撑位置必须与预埋件位置重合。一般骨架分三片，洞口上部一片，两侧各一片。格栅龙骨架应平整牢固，表面刨平。

（5）龙骨架安装　安装格栅龙骨架应方正，除留出板面厚度外，格栅龙骨架与木砖间的间隙应垫以木垫，连接牢固。安装洞口格栅龙骨架时，一般先上端后两侧，洞口上部骨架应与紧固件连接牢固。与墙体对应的基层板板面应进行防腐处理，基层板安装应牢固。

（6）钉装面板

① 面板选色配纹　全部进场的机板材，使用前按同房间、临近部位的用量进行挑选，使安装后从观感上木纹、颜色近似一致。

② 裁板配制　按龙骨排尺，在板上划线裁板，板面应略大于格栅龙骨架。原木材板面应刨净；胶合板、贴面板的板面严禁刨光，小面皆须刮直。木纹根部应向下，长度方向需要对接时，花纹应通顺，其接头位置应避开视线平视范围，宜在室内地面2m以上或1.2m以下，接头应位于横龙骨处。

原木材的面板背面应做卸力槽，一般卸力槽间距为100mm，槽宽10mm，槽深4～6mm，以防板面扭曲变形。

③ 面板安装　面板安装方法如图7-49所示。

a. 面板安装前，对龙骨位置、平直度、钉设牢固情况、防潮构造要求等进行检查，合格后进行安装。

b. 面板配好后进行试装，面板尺寸、接缝、接头处构造完全合适，在木纹方向、颜色

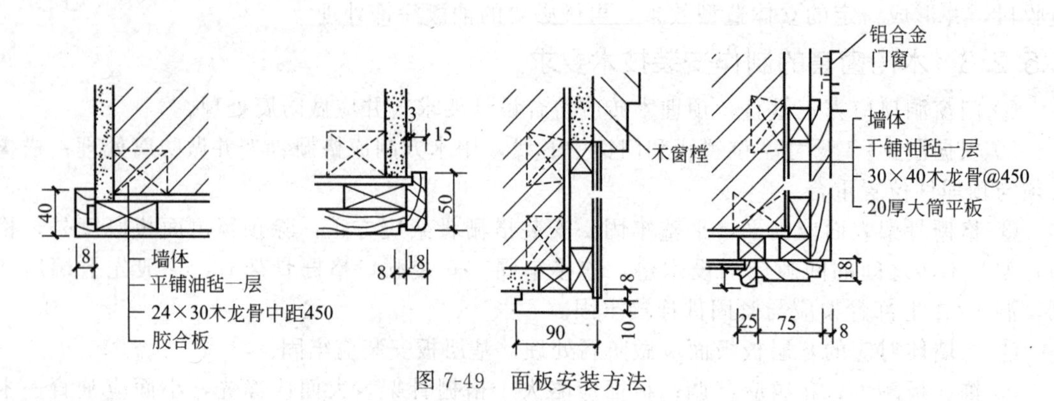

图 7-49 面板安装方法

观感尚可的情况下，才能进行正式安装。

c. 面板接头处应涂胶与龙骨钉牢，钉固面板的钉子规格应适宜，钉长约为面板厚度的 2～2.5 倍，钉距一般为 10mm，钉帽砸扁，用尖冲子将钉帽顺木纹方向冲入面板表面下 1～2mm。

d. 固定门套线：应进行挑选，花纹、颜色应与框料、面板近似。贴脸接头应成 45°角，贴脸与门窗套面板结合应紧密、平整，贴脸或线条盖住抹灰墙面应不小于 10mm。贴脸规格尺寸、宽窄、厚度应一致，接槎应顺平无错槎。

7.5.2.5 成品保护

① 木材或制品进场后，应贮存在室内仓库或料棚中，保持干燥、通风，按种类、规格搁置在垫木上水平堆放。

② 配料时窗台板上应铺垫保护层，不得直接在没有保护措施的地面上操作。

③ 操作时窗台板上应铺垫保护层，不得直接站在板上操作。

④ 门窗套、贴脸板安装后，及时刷一道底漆以防干裂和污染。

⑤ 为保护成品，防止碰坏或污染，尤其出入口处应加保护措施，如装设保护条、护角板、塑料贴膜，并设专人看管等。

7.6 门窗工程施工质量通病和防治措施

门窗工程施工质量通病和防治措施见表 7-3～表 7-14。

表 7-3 木门窗安装缺陷

质量通病	原因分析	预防措施
安装好的门窗框有高低差，不垂直，进出不一，或倾斜或颠倒，影响门窗的安装和观感	①施工失控，立框前没有测好水平线，没有弹好垂直控制线 ②安装门窗框前没有统一标准，致使门窗框有进有出，造成外墙门窗侧壁的面砖有宽有窄，增加施工难度 ③事前没有交底，操作人员不熟悉设计图纸，因此出现次将门窗框装反等差错	①加强施工管理，如核对设计图纸和门窗的型号、开向，确定安装位置，写书面交底资料向操作班组交代清楚 ②测好水平控制线（一般为 500mm）并画在柱上和墙上；吊好垂直线，作为安装门窗横平竖直的标准 ③检查进场的门窗靠墙的接触面，看是否满涂防腐剂，核对门窗框规格、型号、尺寸，如有翘曲及不方正等缺陷，须修整后再安装 ④安装门窗框时，先检查预留洞的尺寸，修整木砖面和门窗框走头预留洞，符合要求后再安装；在校正完门窗框的垂直、对角线后，用圆钉或螺栓将门窗框固定；门窗框走头与预留洞的间隙用水泥砂浆或细石混凝土塞紧填满；门窗框与墙面的空隙，每边应控制在 20mm 左右，并用水泥砂浆嵌好 ⑤当受条件限制门窗不能用走头时，应采取可靠措施将门窗框固定在墙内的木砖上

表 7-4 木门窗制作质量达不到要求

质量通病	原因分析	预防措施
进场的门窗框扇创痕多，起线不顺直，拼缝及榫结合不严密，常有松动、脱榫、开裂等缺陷，门窗框与触面不做防腐、防潮等处理	①施工管理失控，有的企业不严格按设计要求、规范和工艺标准施工，常违章作业，致使制作的门窗质量低劣 ②有的企业无质量保证体系，每道工序无人负责把关，让上道无序的不合格品流到下道工序继续施工，造成出厂的门窗不合格 ③操作木工技艺不精，工作不认真，不是在提高质量上下功夫，而是粗制滥造，把质量低劣的产品送到工地，如门窗木料用机刨后就不再细加工刨光 ④当拼板门的干缩缝隙小于 2mm 时，宜用柔性密封嵌补。嵌补前要将缝隙清理干净，嵌补时由下往上嵌，硬化后再刷油漆。如缝隙大于 2mm 时，应拆除重行拼装密实，然后安装	①选料和断料时，检查材质、曲度、毛料刨光预加断面尺寸等，必须符合要求 ②刨料：成品料的宽、厚、薄处应多留 0.5mm，以备净面 ③框料的宽度在 95mm 以上时，一般均须做双夹榫。框挺和冒头结合处做大割角 ④每个榫头的榫、眼、铲口的厚度标准，都应符合图纸要求。线条棱角应平直光滑，纹路清楚一致，不得有戗槎起毛现象 ⑤拼装时应认真检查边梃、冒头、芯板等各类构件的质量、规格，应符合图纸要求。每个榫头内打入 1～2 个木榫。在加楔时，先要使成品平直、方正、不翘曲，然后再加楔楔紧，并另用胶料胶结 ⑥门窗拼装完成后，与砖墙接触的一面须涂刷柏油或其他防腐剂

表 7-5 木门窗安装质量达不到要求

质量通病	原因分析	预防措施
①安装好门窗扇后发现风缝大小不一，开关不灵活，回弹，倒翘等 ②有的小五金件位置不标准，有的没有装齐，有的螺钉没有全部拧进去或钉进去，使装好的门窗容易松动和下坠，或门窗关不上、不能锁，或门扇和地面摩擦 ③细木不细，线条粗糙，拼装不割角，不平整，窗台板翘曲变形	①施工管理不善，以包代管，事前没有交底，中途没有检查，违章作业不纠正，质量标准不明确，安装后检查不细，发现缺陷没有及时返修 ②操作工不懂操作规程，不熟悉操作技巧和质量标准，在气候干燥季节安装的门窗扇留的风缝小，遇到阴雨天受潮则膨胀关不上 ③没有做出统一的规定，各装各的，造成小五金件的位置不标准或没有装齐全	①安装门窗扇时，先要检查作业条件。检查安装好的门窗框，应符合下列规定：a. 同一层、同一高度的窗下框，必须在同一水平线上；b. 各层上下垂直的门窗边框，必须在同一垂直线上；c. 在同一墙面上的门窗框，必须与墙面保持同一距离 ②要检查门窗的型号、规格，质量必须符合设计要求，如发现有不符之处，要纠正合格后方可安装 ③安装双扇或多扇木门扇时，必须使左右扇的上、中、下梃以及横芯平齐。门窗扇四周和中缝的间隙应符合规定 ④安装好的门窗扇必须开关灵活，不得反翘；门窗扇的梃面与外框框面应相平

表 7-6 门窗翘曲变形

质量通病	原因分析	预防措施
门窗安装后产生翘曲变形	①制作门窗的木材材质差，如使用水曲柳、桦木等杂木制作的门窗，在使用过程容易翘裂。门窗扇的外面受阳光照射，而内面阴凉、潮湿，则产生翘曲 ②制作门窗的木材没有先进行干燥处理，含水率大于 18%，导致门窗在使用过程中产生干缩变形。有的木材长期受雨淋、日晒，在潮湿环境中，因潮胀干缩而翘曲 ③不掌握木材的材性，制作配料时，未将木材的心材向外	①对已翘曲变形的门窗扇拆卸后进行平放加压，在门窗四角的榫接合处，会有不同缝隙。可用硬木片做成楔子，在榫的缝隙中注入木胶，然后打下木楔楔紧，经检查平整合格后再安装。有的因门梃和上梃变形过大而必须更换后重新拼装，经检验合后再安装 ②将变形的门窗拆下平放加压。在四角各用一块直角扁铁，用木螺丝拧紧固定。这是防止门窗变形的方法之一

表 7-7 铝合金门窗框同墙体连接不当

质量通病	原因分析	预防措施
①门窗框四周同墙体间的缝隙，用水泥砂浆填嵌，水泥砂浆直接与铝合金门窗接触，日久产生裂缝 ②门窗框与墙体的连接件用料太薄，连接件间距大，连接点少，与墙体的固定方法不当，固定不牢固，造成框体松动	①门窗框与墙体的缝隙，未填嵌软质材料进行弹性连接，在温度影响下，框体受挤压，周边产生裂缝 ②随意选择连接件，未按规定设置连接点 ③连接件与墙体的固定，未根据不同的墙体材料，选择相应的固定方法，因固定方法选择不当，不能达到固定牢固的目的	①门窗外框同墙体应进行弹性连接。框与墙体间的缝隙应用软件材料如矿棉条或玻璃棉毡条分层填嵌密实，用密封胶密封。用弹性接头是为了保证在振动、建筑物沉降或温度影响下，铝合金门受到挤压不致损坏，延长使用寿命，确保隔声、保温性能的重要措施 嵌填软质材料时，应分层嵌填，使其饱满密实。目前采用的棉毡条、矿棉条等填嵌物，不易填嵌饱满，采用 PU 发泡剂作安装填缝材料，因其能发泡膨胀，快速地填充缝隙，操作方便，且具有防水止漏作用，使用效果良好 ②门窗框同墙体的连接件应用厚度不小于 1.5mm 的钢板制作，表面做镀锌处理。连接件两端应伸出铝框，进行内外锚固 ③连接件距框边角的距离应不大于 180mm，连接件的间距应不大于 500mm，并进行均匀布置，以保证连接牢固 ④连接件同墙体的连接，应视不同的墙体结构，采用不同的连接方法。在混凝土墙上可用射钉或膨胀螺栓固定；砖砌墙体可用预埋件或开叉铁件嵌固在墙中固定。在砖墙上不准用钢钉或射钉固定，宜在砌筑墙时，预先砌入预制混凝土块，以便连接固定

表 7-8 铝合金门窗安装后出现晃动

质量通病	原因分析	预防措施
推拉或启闭窗门时，框、扇抖动，在大风或用手推压时，变形大、摇动，给人以不安全感	铝合金门窗设计无力学计算	①组合条件，选择型材的截面。一般平开窗不应小于 55 系列；推拉窗不应小于 75 系列。窗框型材的壁厚应符合设计要求，一般窗型材壁厚不应小于 55 系列；推拉窗不应小于 75 系列。窗框型材的壁厚应符合设计要求，一般窗型材壁厚不应小于 1.4mm，门的型材厚不应小于 2.0mm ②组合条窗的拼装应进行力学计算，合理布置中梃中档，确保拼接杆件及门窗的整体刚度。连接螺钉、铆钉的规格、间距应符合要求，并应连接紧密。如发现摇动或挠度大于 $L/200$，应经设计采取加固处理，以保证安装后有充分的安全感和可靠的抗风性

表 7-9 铝合金门窗渗漏

质量通病	原因分析	预防措施
①门窗框四周与墙体连接处渗漏，室内墙面出现水渍，尤以窗下角较为多见 ②组合窗拼接处渗漏 ③推拉窗下滑槽槽口内积水，在风压作用下，槽口内的积水渗入室内，造成窗盘内积水	①铝合金门窗框直接埋入墙体，经撞击或温度影响，铝合金型材同砂浆接触而产生裂缝，形成渗漏通道 ②门窗框与墙体连接处内未注密胶，或注胶不实，密封失效 ③门窗的组合杆件，未采用套插或搭接连接，且无密封措施 ④外露的连接螺钉未做密封处理 ⑤窗下框未开设排水孔，或排水孔阻塞，槽口内积水不能及时排出	①铝合金门窗框与墙体应做弹性连接，框外侧应留设 5mm×8mm 的槽口，防止水泥砂浆与铝合金窗框直接接触。槽口内注密封胶至槽口平齐。注胶前应仔细清除砂浆颗粒、木屑及浮灰，保证密封胶黏结牢固，注胶应自下而上连续进行。注胶后应检查是否有遗漏、脱胶、黏结不牢固等情况 ②组合门窗的竖向或横向杆件，不得采用同平面组合的做法，应采用套搭接形成曲面组合，搭接长度应大于 10mm，连接处应用密封胶做可靠的密封处理 ③尽量减少外露的连接螺钉，如有处露连接螺钉时，应用密封材料掩埋密封 ④铝合金推拉窗下滑槽距两端头约 80mm 处开设排水孔，排水孔尺寸宜为 4mm×30mm，间距为 500～600mm，安装时应检查排水孔有无砂浆等杂物堵塞，确保排水顺畅

表7-10 铝合金门窗污染氧化、涂膜层腐蚀脱落

质量通病	原因分析	预防措施
①安装好的门窗框受到碰撞,造成杆件弯曲,表面出现凹陷、划痕等 ②门窗框被砂浆沾污,氧化涂膜层腐蚀,出现斑点胶皮等	①施工时成品保护意识差,门窗框安装后任意踩踏,或搁置脚手板,悬吊重物,运输小车碰撞门框等,使框体受损变形 ②门窗框安装后不粘贴保护胶带,粉刷或刷浆时又无遮盖措施	①铝合金门窗安装应遵照先湿后干的工艺程序,即在墙面湿作业完成后,再进行铝合金门窗安装。在粉刷前,不得撕掉保护胶带 ②门窗框沾水泥砂浆等,应及时用软质布擦净,切忌在砂浆结硬后,再用硬物刮铲,以免损伤铝型材表面 ③加强对成品的保护,施工中不得踩踏门窗框,或碰撞划伤门窗框

表7-11 门窗框四周边裂缝渗水

质量通病	原因分析	预防措施
门窗框四周出现渗水点,尤其是窗下角,导致室内涂料起皮,墙底出现霉点,护壁板或空台板发黑等	①塑料异型材的线胀系数大,在温度影响下,门窗框与墙体接触界面出现裂缝,且未用密封材料嵌填,形成渗水通道 ②窗框与拼樘料间的坚固连接间距偏大,紧固螺钉松紧不一,使窗框与拼樘料间的连接不严密,形成缝隙,且未用密封材料密封 ③推拉窗下滑槽未开设排水孔,或排水孔被砂浆等堵塞	①塑料型材的线膨胀系数较大,因温差造成的胀缩值最大可达10mm。为了保证塑料门窗安装后能自由胀缩,在窗框与墙体内应填嵌弹性材料,如闭孔泡沫塑料、发泡聚苯乙烯等,形成伸缩缝。同时门窗框内外侧若单用水泥砂浆密封,因两种材料的热胀系数不同,日久会产生裂缝,影响窗的水密性、气密性和隔声性能,故而在窗框的内外侧用密封材料填嵌 ②在窗框四周内的侧边应留设槽口,槽口内嵌注密封膏进行密封处理。嵌注密封材料时,应注意清除浮灰砂浆等,使密封材料与窗框、墙体黏结牢固,同时要检查密封材料是否连续,有无缺漏等情况 ③窗框与拼樘料应卡接,再用螺栓双向拧紧,其间距应小于或等于600mm,拧紧程度要基本一致,避免框体翘曲变形,产生缝隙,拼接处及紧固螺栓应用密封材料进行可靠密封 ④窗下挡及推拉窗的下滑槽必须开设排水孔。排水孔设在距窗框拐角20～140mm处,孔为4mm×35mm,间距宜为600mm。开孔时应注意避开设有增强型钢的型腔。安装后应检查排水孔是否有堵塞的情况,保证槽口内的积水能顺畅排出

表7-12 门窗框安装后变形

质量通病	原因分析	预防措施
门窗框安装后出现扭曲、弯曲等变形,造成推拉不灵,密封性能不良	①安装时门窗框四周用水泥砂浆等硬质材料填嵌,塑料型材在温度变化时无伸缩余地,造成挤压变形 ②门窗框与墙体间的缝隙填嵌弹性材料时,填塞不紧,使框体变形 ③安装连接螺钉时,螺钉拧得松紧不一,或者连接螺钉直接锤入门窗框内,造成薄壁型材变形 ④在已安装的门窗框上安装脚手架,悬挂重物,或将门窗框作脚手架拉结点,导致门窗框变形损坏	①门窗框与墙体间应填嵌软质材料,形成伸缩缝,使塑料门窗在膨胀时,能自由胀缩。填嵌软质材料时,则分层填塞,不能边填塞边紧,使窗框受挤压变形 ②连接螺钉不能直接锤击拧入,因塑料型材是中空多腔薄壁,材质较脆。应预先钻孔,钻孔直径比所选用的螺钉小0.5～1.0mm。控紧螺钉时,应控制松紧基本一致,防止门窗框受力不均而变形,或出现局部凹陷断裂等情况 ③施工时严禁在安装后的门窗上铺设脚手架,随意踩踏,或将门窗框作为脚手架的临时拉结点

表 7-13　表面污染外表划痕等损伤

质量通病	原因分析	预防措施
门窗扇被砂浆、涂料沾污，表面被尖锐物刮划受损	①未严格按施工程序施工，门窗框安装时未贴保护膜 ②已安装门窗框扇的洞口，作为运输通道，运输小车或重物碰撞框体，出现擦痕等损伤 ③不重视成品保护，在进行其他作业时未采取有效的遮挡措施	①门窗框安装前应先做好内外粉刷，在粉刷窗台及窗套时，保护膜不得撕掉 ②已安装门窗框扇的洞口，不得作为运料通道 ③在刷浆或进行电焊气割工作时，应做有效的遮挡措施，严防渣火等飞溅到窗框扇上损坏塑料型材 ④门窗框扇上若沾砂浆或涂料，应在其硬化前用湿布擦拭干净，不得用硬质材料刮铲窗框扇表面，也不得用砂纸打磨，以防塑料型材受损伤

表 7-14　门窗套制作与安装

质量通病	原因分析	预防措施
①门窗套与门窗框根部迎面不方正 ②对头缝不严，有黑纹 ③对头缝花纹颜色不近似 ④钉子眼较大	①操作时，根部不便使用方尺，只凭眼睛观察，容易出现不方正；经过抹灰工序因受潮或碰撞而变形，钉面层时又没有认真修理 ②胶黏剂刷得过厚，又未用力将胶挤出，使缝内有余胶，产生黑纹 ③施工前未认真选料；表面未用细刨进行净面刨光而显得很粗糙 ④钉帽未打扁，又未顺着木纹向里冲，铁冲子太粗	①门窗套迎面根部操作时应注意与门框平行套方 ②洞口角边要钉牢，钉面层以前要认真检查一次，发现不方正时应及时修理，然后进行面层加工，以确保其方正 ③接对头缝，正面与背面的缝要严，背后不能出现虚缝 ④接头缝的胶不能太厚且应稍稀些，将胶刷匀，接缝时用力挤出余胶，以防拼缝不严和出现黑纹 ⑤施工前应选择好面层板，接头处对好花纹，颜色要一致 ⑥板的木纹根部向下，顶部向上，不得倒头使用 ⑦使用前用细刨进行净面刨光 ⑧钉帽要锤扁一些，顺木纹钉入，将铁冲子磨成扁圆形和钉帽一般粗细

7.7　门窗构造设计与施工实训

（1）实训目的　通过构造设计、施工操作系列实训项目，充分理解门窗工程的构造、施工工艺和验收方法，使学生在今后的设计和施工实践中能够更好地把握门窗工程的构造、施工、验收的主要技术关键。

（2）实训内容　根据本校的实际条件，选择本任务书中表 7-15 和表 7-16 中两个选项之一进行实训。

表 7-15　木门窗设计实训项目任务书（项目一）

任务名称	木门窗设计实训
任务要求	为本校教师会议室设计一款木门窗
实训目的	理解木门窗的构造原理
行动描述	①了解所设计木门窗的使用要求及档次 ②设计出结构牢固、工艺简洁、造型美观的木门窗 ③设计图表符合国家制图标准
工作岗位	本工作属于设计部，岗位为设计员
工作过程	①到现场实地考察，或查找相关资料，理解所设计木门窗的使用要求及档次 ②画出构思草图和结构分析图 ③分别画出平面、立面、主要节点大样图 ④标注材料与尺寸 ⑤编写设计说明 ⑥填写设计图图框并签字

续表

任务名称	木门窗设计实训
工作工具	笔、纸、计算机
工作方法	①查找资料、征询要求 ②明确设计要求 ③熟悉制图标准和线型要求 ④构思草图可进行发散性思维，设计多款方案，然后选择最佳方案进行深入设计 ⑤结构设计要求达到最简洁、最牢固的效果 ⑥图面表达尽量做到美观清晰

表 7-16 铝合金窗的装配训练项目任务书（项目二）

任务名称	铝合金窗的装配训练
任务要求	按铝合金窗的施工工艺装配一组铝合金窗
实训目的	通过实践操作，掌握铝合金窗施工工艺和验收方法，为今后走上工作岗位做好知识和能力方面的准备
行动描述	教师根据授课内容提出实训要求。学生实训团队根据设计方案和实训施工现场，按铝合金窗的施工工艺装配一组铝合金窗，并按铝合金窗的工程验收标准和验收方法对实训工程进行验收，各项资料按行业要求进行整理。实训完成以后，学生进行自评，教师进行点评
工作岗位	本工作涉及设计部设计员岗位和工程部材料员、施工员、资料员、质检员岗位
工作过程	详见教材相关内容
工作要求	按国家标准装配铝合金窗，并按行业规定准备各项验收资料
工作工具	铝合金窗工程施工工具及记录本、合页纸、笔等
工作团队	①分组。6人为一组，选1名项目组长，确定1名见习设计员、1名见习材料员、1名见习施工员、1名见习资料员、1名见习质检员 ②各成员分头进行各项准备，做好资料、材料、设计方案、施工工具等准备工作
工作方法	①项目组长制订计划及工作流程，为各成员分配任务 ②见习设计员准备图纸，向其他成员进行方案说明和技术交底 ③见习材料员准备材料，并主导材料验收工作 ④见习施工员带领其他成员进行划线定位，完成后进行核查 ⑤按铝合金门窗的施工工艺进行安装、清理现场并准备验收 ⑥由见习质检员主导进行质量检验 ⑦见习资料员记录各项数据，整理各种资料 ⑧项目组长主导进行实训评估和总结 ⑨指导教师核查实训情况，并进行点评

（3）实训要求

① 选择选项一者，需按逻辑顺序将所绘图纸装订成册，并制作目录和封面。

② 选择选项二者，以团队为单位写出实训报告（实训报告示例参照墙柱面工程章“内墙贴面砖实训报告”，但部分内容需按项目要求进行内容替换）。

③ 在实训报告封面上要有实训考核内容、方法及成绩评定标准，并按要求进行自我评价。

（4）特别关照　实训过程中要注意安全。

（5）测评考核　木门窗工程构造设计实训考核内容、方法及成绩评定标准见表7-17，铝合金窗安装实训考核内容、方法及成绩评定标准见表7-18。

表 7-17 木门窗工程构造设计实训考核内容、方法及成绩评定标准

考核内容	评价项目	指标/分	自我评分	教师评分
设计合理美观	材料标注正确	20		
	构造设计工艺简洁、构造合理、结构牢固	20		
	造型美观	20		
设计符合规范	线型正确、符合规范	10		
	构图美观、布局合理	10		
	表达清晰、标注全面	10		
图面效果	图面整洁	5		
设计时间	按时完成任务	5		
任务完成的整体水平		100		

表 7-18 铝合金窗安装实训考核内容、方法及成绩评定标准

项目	考核内容	考核方法	要求达到的水平	指标/分	小组评分	教师评分
对基本知识的理解	对铝合金窗理论的掌握	编写施工工艺	正确编制施工工艺	30		
		理解质量标准和验收方法	正确理解质量标准和验收方法	10		
实际工作能力	在校内实训室场所进行实际动手操作，完成装配任务	检测各项能力	技术交底的能力	8		
			材料验收的能力	8		
			放线定位的能力	8		
			铝合金窗框架安装的能力	8		
			质量检验的能力	8		
职业能力	团队精神、组织能力	个人和团队评分相结合	计划的周密性	5		
			人员调配的合理性	5		
验收能力	根据实训结果评估	实训结果和资料核对	验收资料完备	10		
任务完成的整体水平				100		

(6) 总结汇报

① 实训情况概述（任务、要求、团队组成等）。

② 实训任务完成情况。

③ 实训的主要收获。

④ 存在的主要问题。

⑤ 团队合作情况（个人在团队中的作用、团队的整体表现、团队的竞争力等）。

⑥ 对实训安排的建议。

第8章

涂饰工程

装修装饰用涂料，我国传统上称为油漆。它可以采用不同的施工方法涂覆在物件表面上，形成黏附牢固、具有一定强度、连续的固态薄膜。这样形成的膜通称为涂膜。涂料对所形成的涂膜而言，是涂层的“半成品”。涂料对被涂物件的保护作用、装饰作用以及特殊功能作用是通过它在物件表面形成的涂膜来体现的。使涂料在被涂物件表面形成所需要的涂膜的过程叫做涂料施工，也叫涂装。涂料只有通过施工过程在被涂物件表面形成涂膜，才能发挥其作用，体现其使用价值。

涂膜的质量直接影响被涂物件的装饰效果和使用价值，而涂膜的质量取决于涂料和涂装的质量。涂料性能的优劣通常由涂膜性能的优劣来评定，涂料的质量或品种选用不当就不能得到优质的涂膜。优质的涂料如果施工不当、操作失误也不可能得到性能优异的涂膜，因此，对涂料而言，涂装是能否得到优质涂膜从而使其充分发挥作用的关键过程。

8.1 涂饰工程的基本知识

8.1.1 材料准备及要求

8.1.1.1 涂料的选择原则

选择涂料要考虑建筑的装饰效果、合理的耐久性和经济性。

（1）建筑的装饰效果　建筑装饰效果由质感、线型和色彩三方面决定。其中，线型由建筑结构及饰面设计方案决定，而质感和色彩则由涂料的装饰效果来决定。因此，在选用涂料时，应考虑所选用的涂料与建筑整体的协调性以及对建筑外形设计的补充效果。

（2）合理的耐久性　耐久性包括两个方面的含义，即对建筑物的保护效果和对建筑物的装饰效果。涂膜的变色、沾污、剥落与装饰效果直接有关，而粉化、龟裂、剥落则与保护效果不可分离。

（3）经济性　涂料饰面装饰比较经济，但影响到其造价标准时又不能不考虑其费用。

因此，必须综合考虑，衡量其经济性，对不同建筑墙面选择不同的涂料。

8.1.1.2 涂料的选择方法

（1）根据装饰部位的不同来选择涂料　外墙因长年处于风吹日晒、雨淋之中，所使用的涂料必须具有良好的耐久性、抗沾污性和抗冻融性，才能保证有较好的装饰效果。内墙涂料除了对色彩、平整度、丰满度等具有一定的要求外，还应具有较好的耐干、湿擦洗性能及硬度要求。地面涂料除改变水泥地面硬、冷、易起灰等弊病外，还应具有较好的隔声作用。

（2）根据结构材料的不同来选择涂料　用于建筑结构的材料很多，如混凝土、水泥砂浆、石灰砂浆、砖、木材、钢铁和塑料等。各种涂料所适用的基层材料是不同的，例如，混凝土和水泥砂浆等无机硅酸盐基层用的涂料，必须具有较好的耐碱性，并能防止底材的碱分析出涂膜表面，造成盐析现象而影响装饰效果；钢铁和塑料基层应选用溶剂型或其他有机高分子涂料来装饰，而不能用无机涂料。

（3）根据建筑物所处的地理位置来选择涂料　建筑物所处的地理位置不同，其饰面所经受的气候条件也不同。例如，在炎热多雨的南方，所用的涂料不仅要求具有较好的耐水性，而且要求具有较好的防霉性，否则霉菌的繁殖同样会使涂料饰面失去装饰效果；在严寒的北方，则对涂料的耐冻性有较高的要求。

（4）根据建筑物施工季节的不同来选择涂料　建筑物涂料饰面施工季节的不同，其耐久性也不同。雨期施工时，应选择干燥迅速并具有较好初期耐水性的涂料；冬期施工时，应特别注意涂料的最低成膜温度，应选择成膜温度低的涂料。

（5）根据建筑标准和造价的不同来选择涂料　对于高级建筑，可选择高档涂料，施工时可采用三道成活的施工工艺，即底层为封闭层，中间层形成具有较好质感的花纹和凹凸状，面层则使涂膜具有较好的耐水性、耐沾污性和耐久性，从而达到最佳装饰效果。一般的建筑，可采用中档和低档涂料，采用一道或二道成活的施工工艺。

总之，在选用涂料时，应对建筑的装饰效果、耐久性和经济性三方面综合分析考虑，充分发挥不同涂料的不同性能。选用的涂料确定后，一定要对该涂料的施工要求和注意事项进行全面了解，并严格按照操作工序进行施工，以达到预期的效果。

8.1.1.3　涂料使用要求

① 一般涂料在使用前须进行充分搅拌，使之均匀。在使用过程中通常也要不断地进行搅拌，以防止涂料厚薄不匀、填料结块或饰面色泽不一致。

② 涂料的工作黏度或稠度必须加以严格控制，使涂料在施涂时不流坠、不显涂刷的痕迹；但在施涂的过程中不得任意稀释。应根据具体的涂料产品种类，按其使用说明进行稠度调整。

③ 根据规定的施工方法（喷涂、滚涂、弹涂和刷涂等），选用设计要求的品种及相应稠度或颗粒状的涂料，并应按工程的施涂面积将同一批号的产品一次备足。应注意涂料的贮存时间不宜过长，根据涂料不同品种的具体要求，正常条件下的贮存时间一般不得超过出厂日期的3～6个月。涂料密闭封存的温度以5～35℃为宜，最低不得低于0℃，最高不得高于40℃。

④ 对于双组分或多组分的涂料产品，施涂之前应按使用说明规定的配合比分批混合，并在规定的时间内用完。

8.1.2　基层处理要求

基层处理是涂饰工程中非常重要的一个环节。基层的干燥程度、基底的碱性、油迹以及黏附杂物的清除、孔洞填补等情况处理得好坏，均会给涂饰施工质量带来很大影响。

（1）表面平整度　基层表面应平整，不得有大的孔洞、裂缝等缺陷，否则会影响涂层装饰质量。

（2）基层碱性　新浇混凝土或新抹的水泥砂浆，它的pH值都很高，随着水分的蒸发和碳化，其碱性将逐渐降低，但其降低速度一般很慢。基层中的碱性成分与水分一起蒸发出来会对表面的涂料带来影响，因此碱性基层上的涂料施工，一般pH值宜小于10。

（3）含水率　涂料涂饰的基层，必须尽可能干燥，这对涂层质量有利，一般含水率小于

10%（即基层表面泛白）时，才能进行涂料施工；木基层的含水率不得大于12%。当然，不同涂料对基层含水率的要求也不一样，溶剂型涂料要求含水率低些，应小于8%；水溶性和乳液型涂料则要适当高些，应小于10%。

（4）基层表面沾污　当基层被沾污后会影响涂料对基层的黏附力。如钢制模板，常用油质材料作为脱模剂，脱模后的基层表面会沾上油质材料，使乳胶类涂料黏附不好。

8.1.3 涂饰工程的施工方法

涂饰工程常用的施工方法有刷涂、滚涂、喷涂、抹涂等，每种施工方法都是在做好基层后施涂，不同的基层对涂料施工有不同的要求。

8.1.3.1 刷涂

刷涂是指采用鬃刷或毛刷进行施涂。

（1）施工方法　刷涂时，头遍横涂走刷要平直，有流坠马上刷开，回刷一次；蘸涂料要少，一刷一蘸，不宜蘸得太多，防止流淌；由上向下一刷紧挨一刷，不得留缝；第一遍干后刷第二遍，第二遍一般为竖涂。

（2）施工注意事项

① 上道涂层干燥后，再进行下道涂层施工，间隔时间依涂料性能而定。

② 涂料挥发快的和流平性差的，不可过多重复回刷，注意每层厚薄一致。

③ 刷罩面层时，走刷速度要均匀，涂层要匀。

④ 第一道深层涂料稠度不宜过大，深层要薄，使基层快速吸收为佳。

8.1.3.2 滚涂

滚涂是指利用滚涂辊子进行涂饰。

（1）施工方法　先把涂料搅匀调至施工黏度，少量倒入平漆盘中摊开。用辊筒均匀蘸涂料后在墙面或其他被涂物上滚涂。

（2）施工注意事项

① 平面涂饰时，要求使用流平性好、黏度低的涂料；立面滚涂时，要求使用流平性小、黏度高的涂料。

② 不要用力压滚，以保证涂料厚薄均匀。不要让辊中的涂料全部挤压出后才蘸料，应使辊内保持一定数量的涂料。

③ 接茬部位或滚涂一定数量时，应用空辊子滚压两遍，以保护滚涂饰面的均匀和完整，不留痕迹。

（3）施工质量要求　滚涂的涂膜应厚薄均匀，平整光滑，不流挂，不漏底，表面图案清晰均匀，颜色和谐。

8.1.3.3 喷涂

喷涂是指利用压力将涂料喷涂于物面或墙面上的施工方法。

（1）施工方法

① 将涂料调至施工所需稠度，装入贮料罐或压力供料筒中，关闭所有开关。

② 打开空气压缩机进行调节，使其压力达到施工压力。施工喷涂压力一般在0.4～0.8MPa范围内。

③ 喷涂作业时，手握喷枪要稳，涂料出口应与被涂面垂直；喷枪移动时应与被喷面保持平行；喷枪运行速度一般为40～60cm/s，如图8-1所示。

④ 喷涂时，喷嘴与被涂面的距离一般控制在40～60cm。

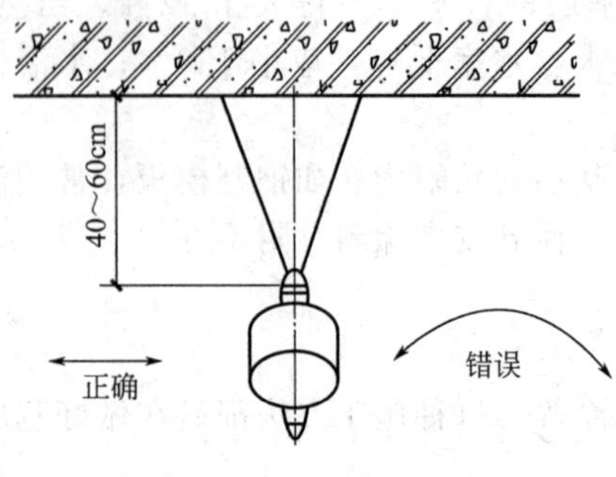

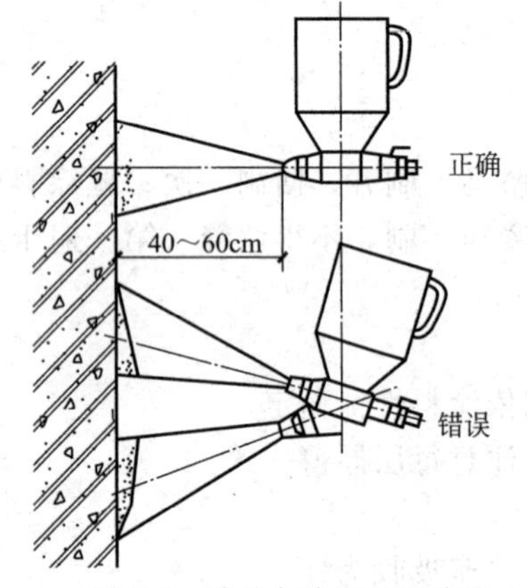

图 8-1 喷枪与涂层相对位置

⑤ 喷枪移动范围不能太大，一般直线喷涂 70～80cm 后下移折返喷涂下一行，选择横向或竖向往返喷涂。

⑥ 喷涂面的上下或左右搭接宽度为喷涂宽度的 1/2～1/3。

⑦ 喷涂时应先喷门、窗附近，涂层一般要求两遍成活（横一竖一）。

⑧ 喷枪喷不到的地方应用油刷、排笔填补。

（2）施工注意事项

① 涂料稠度要适中。

② 喷涂压力过高或过低都会影响涂膜的质感。

③ 涂料开桶后要充分搅拌均匀，有杂质要过滤。

④ 涂层接茬须留在分格缝处，以免出现明显的搭接痕迹。

（3）施工质量要求　涂膜厚度均匀，颜色一致，平整光滑，不得出现露底、皱纹、流挂、针孔、气泡和失光等现象。

8.1.3.4 抹涂

抹涂是指用钢抹子将涂料抹压到各类物面上的施工方法。

（1）施工方法

① 抹涂底层涂料　用刷涂、滚涂方法先刷一层底层涂料做结合层。

② 抹涂面层涂料　底层涂料涂饰后 2h 左右，即可用不锈钢抹压工具涂抹面层涂料，涂层厚度为 2～3mm；抹完后，间隔 1h 左右，用不锈钢抹子拍抹饰面压光，使涂料中的黏结剂在表面形成一层光亮膜；涂层干燥时间一般为 48h 以上，期间如未干燥，应注意保护。

（2）施工注意事项

① 抹涂饰面涂料时，不得回收落地灰，不得反复抹压。

② 涂抹层的厚度为 2～3mm。

③ 工具和涂料应及时检查，如发现不干净或掺入杂物时，应清除或不用。

（3）施工质量要求

① 饰面涂层表面平整光滑，色泽一致，无缺损、抹痕。

② 饰面涂层与基层结合牢固，无空鼓，无开裂。

③ 阴阳角方正垂直，分格缝整齐顺直。

8.1.4 对涂层的基本要求

为确实保证涂施涂层的质量，在施工过程中应满足以下两个方面的要求。

① 同一墙面或同一装饰部位应采用同一批号的涂料；施涂操作的每遍涂料根据涂料产品特点一般不宜施涂过厚，而且涂层要均匀，颜色要一致。

② 在施涂操作过程中，应注意涂层施涂的间隔时间控制，以保证涂膜的质量。施涂溶剂型涂料时，后一遍涂料必须在前一遍涂料干燥后进行；施涂水性和乳液涂料时，后一遍涂料也必须在前一遍涂料表面干燥后进行。每一遍涂料都应施涂均匀，各层必须结合牢固。

8.1.5　涂料施工常用工具

8.1.5.1　辊筒

辊筒是最常用的涂饰工具，滚涂操作省力，效率比刷涂高2倍，对面积大的天花板或墙面等既可提高效率，又方便施工。辊筒通常由手柄、支架、筒芯与筒套构成。辊筒的规格很多，通常以9in、6in（1in＝2.54cm）两种最常使用。此外，涂狭窄或角隅处均可用小型辊筒或边缘辊筒等来施涂。拉毛辊筒是用来进行拉毛漆施工的工具，结构和普通辊筒的结构一样，区别在于拉毛辊筒的筒套是用带有网孔的塑料网做成，而不是羊毛或者合成纤维。

8.1.5.2　毛刷

毛刷种类繁多、性能各异。按毛的种类不同，常用的有猪鬃毛刷和羊毛刷。猪鬃毛刷材质硬，羊毛刷材质软。

8.1.5.3　喷枪

按涂料的供给方式分类，可以分为重力式、吸入式、压送式和泵送式。

重力式喷枪的涂料罐在喷嘴上方，涂料靠自身重力进入喷枪，用于砂壁状涂料和复层主涂料喷涂。吸入式喷枪的涂料罐在喷嘴下方，靠压缩空气产生的负压把涂料吸入喷枪，用于低黏度溶剂型涂料、乳胶漆喷涂。压力式喷枪的涂料罐在喷嘴下方或将大型涂料罐与喷枪用软管连接，压缩空气将罐内的涂料压入喷枪，用于多彩涂料喷涂。这种喷枪与吸入式喷枪的不同之处在于，来自空气压缩机的压缩空气除了形成负压把涂料带进喷枪外，还直接从吸料管周围的孔隙进入涂料罐，把涂料从吸料管中压进喷枪，使涂料粒子基本不变形，不被高速喷出的空气流吹散，从而保证多彩花纹的稳定性。泵送式喷枪即平常称的无气喷涂喷枪，靠活塞泵等泵类将涂料压送至喷枪口，通过空气压缩机的高压空气喷出，用于低黏度溶剂型涂料、乳胶漆喷涂。高压无气喷涂与空气喷涂相比，最大的优势就是效率高。

8.2　溶剂型涂料施工

通常，被涂物件表面的涂层是由多道作用不同的涂膜组成的。被涂物件经过漆前表面处理以后，首先要根据不同的用途和需要，选用涂料品种和确定涂装方案。之后进行施工。

施工工序为：

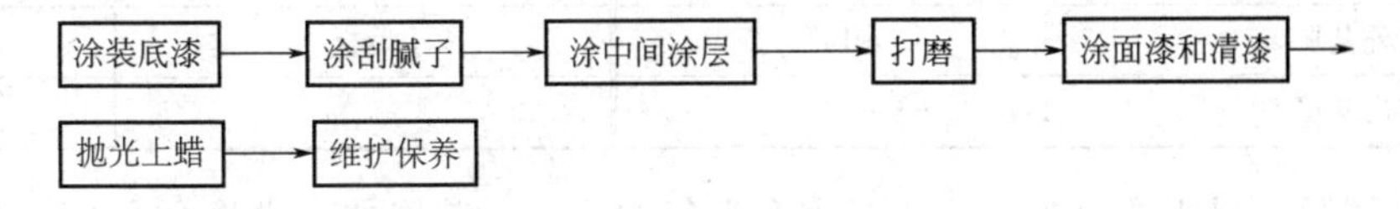

每道工序的繁简情况，要根据实际需要而定。

8.2.1　被涂物件表面处理

8.2.1.1　表面处理的重要性

表面处理就是清除被涂物件表面上对涂层质量或饰面使用寿命有影响的氧化皮、锈蚀、油污、灰尘、水分、酸、碱等杂物，减轻或根除表面的缺陷，涂上适宜的底漆，为涂刷面漆提供良好的基础。

表面处理是涂饰施工的基础，是施工中极为重要的一环。它直接影响着涂膜的附着力、装饰性和使用寿命，应对它予以足够的重视，否则会使涂膜达不到预期的效果，影响工程质量，在经济、人力和时间上造成损失。

8.2.1.2 表面处理的目的

① 清除被涂物件表面的污垢，使涂膜与被涂物件表面很好地附着，并保证涂膜具有优良的性能。污垢可分为无机污垢和有机污垢两类，它们的存在不仅影响涂膜外观，严重的会使涂膜成片脱落。

② 修整被涂物件表面，去除存在的缺陷，创造涂装所需要的表面粗糙度，使涂装时有良好的附着基础。

③ 对被涂物件表面进行各种化学处理，以提高涂膜的附着力和防腐能力。

8.2.1.3 表面处理的方法

表面处理的方法多种多样，应根据所需要得到的涂膜的标准类型进行选择，同时要依据被涂物件表面加工后的清洁和粗糙程度、污垢的类型和特性以及污染程度等来选择。

① 用钢丝刷、钢錾、刮刀、砂纸、刷子、扫帚等工具清除掉原本不属于底材上的松散物质，如灰尘、锈蚀、旧漆膜等。

② 用动力设备或化学方法清除底材上的紧固或不易处理的物质，如油脂、化学物质、树胶及其他一些以后会自行或随涂层一起掉落、影响涂层黏附的物质。

③ 通过化学侵蚀、喷砂及其他一些方法对底材进行加工处理使其变糙，提高对涂膜的附着力。

④ 当原有底材不宜涂饰时，可用化学方法改善底材的性能，使其适宜涂饰。

8.2.1.4 木制品的表面处理

木材的性质和结构随树种而有所不同，当涂饰木材表面时应注意木材的硬度、纹理、干湿程度、颜色以及是否含有树脂等物质。木质复合材料如胶合板、刨花板、纤维板等的性能及表面特征也不尽相同，涂装时应予以注意。

（1）木质制品的干燥　木质制品如果在比较潮湿时就进行涂装，则容易产生涂膜开裂、起泡回黏等弊病。因此，对木质基层含水量必须严格控制，在涂刷底漆或封闭基层前，应用湿度计核实基层的含水量是否符合规定的标准。木质基层的含水量一般不得大于15%，各部位木质基层的安全含水量见表8-1。

表 8-1　各部位木质基层的安全含水量

建筑部位	安全含水量/%	建筑部位	安全含水量/%
室外基层	9～14	地板	6～9
室内基层	5～10		

木质基层隔夜暴露在室外后，由于雾和潮气的侵入，基层的含水量会上升，不宜立即涂刷底漆，一般应在阳光下吹晒4h以上，如遭受雨水的浸淋，吹晒的时间还要延长。

（2）表面刨平及打磨　用机械或手工进行刨平，然后开始打磨。首先将两块新砂纸的表面相互摩擦，以除去偶然存在的粗砂粒，然后再进行打磨，打磨的工具可用一小块长软木板（200mm×50mm×200mm）制成，板面胶粘上软的法兰绒、羊毛毡、软橡胶、泡沫塑料之类的材料，然后裹上砂纸，打磨时用力要均匀一致。打磨完毕后用抹布擦净木屑等杂质。

（3）去除木毛　木制品表面虽经打磨，但仔细观察，尚存在许多木毛，要想把这些木毛除去，应先用温水湿润木制品表面，再用棉布先逆着纤维纹擦拭木材表面，使木毛竖起，并使之干燥变硬，然后再用120～140号砂纸把它磨掉，如果需要抛光或精细加工的木制品，去除木毛的作业要重复两次。

（4）清除木脂　由于树种不同，某些木材常黏附或分泌出木脂、木浆等物质，如果不把它清除掉，在温度稍高的情况下，这种分泌物就会溢出，影响涂膜的装饰外观。有时木制品表面需要染色时，会使涂膜表面出现花斑、浮色等缺点。清除木脂的方法是：先用铲刀将析出的木脂铲除清洁，然后用下列任何一种方法处理。

① 用热肥皂水加以洗涤、干燥。

② 用稀碳酸钠溶液使木脂皂化，然后用泡沫塑料或海绵蘸热水擦拭洗涤，并进行干燥。

③ 用有机溶剂如苯、甲苯、丙酮等擦拭，使木脂溶解，然后再用于布擦拭清洁。

（5）防霉　为了避免木材长时间受潮而出现霉菌，可在未涂饰前，先薄薄地涂一层防霉剂，待干透以后再涂装。

（6）漂白　如果要求得到浅色的木制品表面，除选用优质木材外，也可用化学漂白方法来处理，如用漂白粉、过氧化氢、草酸、高锰酸钾溶液等漂白剂进行涂抹、擦拭，直到木材表面漂白为止。

（7）染色　有些木质材料本身表面颜色深浅不一，需要进行染色，仿造成各种贵重木材的颜色或纹理。染色时可用水性、油溶性、醇溶性等着色剂。

8.2.1.5　混凝土及砂浆制品的表面处理

混凝土砂浆等含水泥材料都是强碱性的，必须彻底固化、干燥、消除碱性后才能涂刷普通的溶剂型涂料，否则会对油性涂料起破坏作用。但这类制品往往是表面干燥而内部并不干燥，并且有很高的碱性，因此，必须经过至少 2 个月的干燥固化，外部的干燥厚度不少于 1.5mm 时才可以涂刷耐碱涂料。对涂刷含干油性的普通油基涂料，需至少搁置 6 个月；对高度潮湿、空气流通差的环境或厚混凝土制品，放置的时间应更长。

（1）清除污垢　混凝土及砂浆制品表面的污垢包括油污（模板隔离剂等）及其他脏物。用洗涤液擦洗污垢处的基层即可。如达不到要求，可用洗涤剂、溶剂与水的混合液刷洗：这一工序要在手工处理、机械打磨前进行，以免使污垢渗进内部。

（2）清除水泥浆、泛碱物及其他松散物质的处理方法

① 钢丝刷刷除　用钢丝刷将表面沉积物及其他松散物质刷除干净，然后用湿海绵擦去痕迹。

② 酸洗液清洗　先用清水将表面润湿。然后用 5% 的盐酸溶液刷洗，对泛碱严重或水泥浮浆多的部位，可用 10% 的盐酸液刷洗。刷洗时酸液在表面的存留时间不宜超过 5min，以免形成不易清除的盐类。刷洗完毕立即用海绵蘸清水擦拭或用清水漂洗。每次刷洗面积不宜过大，一般 $1m^2$ 左右为宜。

③ 酸蚀　用 1 份浓度为 30% 的盐酸与 2 份水混合后涂刷在表面，酸液在表面存留时间不宜超过 3min。擦洗后用清水漂洗。泛碱物清除后应注意观察数日，如再次出现应推迟涂刷任何非渗透涂层，直至泛碱物消失。在泛碱物停止出现前，如必须涂饰，只能使用水溶性涂料，但涂料中不可含防潮剂。

（3）消除表面光泽　混凝土或砂浆制品，经压光后，底材表面密实，光泽度高，不利于涂料的渗透和黏附，须经处理。

检查基层表面吸收性的方法很简单，将几滴水滴在表面，如果不能很快吸收，表面就须处理。处理方法可采用酸蚀。酸蚀如达不到要求时，可采用打磨、喷砂或让其风化 6～12 个月的方法。

（4）混凝土表面气穴及孔隙的处理　气穴宜打开填平，否则空气会拱破跑出，毁坏涂层。手工和机械打磨对清除气穴的效果均不理想，一般须采用喷砂处理。混凝土表面的孔隙

及打开的气穴要填平。室外和潮湿环境要用水泥或有机黏结剂的腻子填平。室内干燥环境可使用普通的石膏或聚合物腻子。对粉化或多孔隙表面，为黏附住松散物质和封闭住表面，可先涂刷一层耐碱的渗透性底漆，如乳胶漆等。

8.2.1.6 旧涂饰基层的处理

当对原有涂饰面层进行更新或修复时，就需要进行旧涂饰基层的处理，如果涂层局部出现污染、起皮、膨鼓、剥落、损坏等现象时，可对饰面局部进行修复和处理。

（1）饰面更新　一种情况是由于装修装饰或特殊的美化要求需进行饰面更新；另一种情况是原涂层表面光泽降低，多处出现粉化、变色、褪色、污染、起皮、膨鼓、剥落、裂缝、损坏等现象时应进行饰面更新。饰面更新时一般应将旧涂层全部清除干净，然后按新基层处理。对饰面进行局部修复和处理时，可按下列程序只处理局部旧涂层。

① 用3%的磷酸三钠水溶液或其他刷洗剂除去油迹或污垢。肥皂粉易遗留沉积在表面，不宜采用。

② 打磨表面，除去因涂膜风化产生的粉尘物，使表面变糙，后续涂层易于黏附。在不了解旧涂层的涂料种类是否含铅涂料时，应采取湿磨的方式。

③ 将疏松的涂膜刮掉，露出坚实的边缘。基层露出的部位应清除干净，打磨并点涂底漆。

④ 修补、填充表面的孔穴、裂缝及其他不平部位。在涂刷后续涂层时，要考虑新旧涂层的相容性，避免出现涂膜开裂、起皱、渗色等现象。

更新涂层时，可按表8-2中任何一种方法将旧涂层清除干净。

表8-2　常用旧涂层清除方法及特点

清除方法	操作方法及特点	安全措施
刷洗法	用于胶质涂料涂层，用水刷洗涂层后，涂刷耐脏底漆或用封闭涂料封闭处理残存涂料	
烧涂法	是清除涂层的最快方法，主要用于木质基层上的油漆涂层	(1)喷灯内燃料不宜过量 (2)准备好防火设备，室内作业应通风良好 (3)用金属板等遮挡易燃物
脱漆剂清除	软化涂层后用铲刀清除 (1)溶剂型：①极易燃型，如丙酮，加蜡可降低蒸发速率，并变稠；②非易燃型，如氯化碳氢化合物，加甲基纤维素，可降低蒸发速率并变稠；③不易损伤基层，易损伤油刷，可除掉大多数空气干燥型的涂层 (2)强碱型：①成本低，不易燃，用浸泡方法，特别有效；②对有色金属有害	溶剂型 (1)避免引起火花或接触火焰 (2)注意保护易受损伤的塑料、油毡等物 (3)保证通风良好 (4)戴防护眼镜、手套和橡胶围裙，以防溅沫烧伤。为防止伤害，应戴呼吸面罩
机械打磨	多数涂层都可用打磨器清除	

（2）木质旧饰面基层的处理　处理前应首先检查确定哪儿有涂膜变松、发黏、起皱、起泡及脱落的部位，哪儿是因反复涂刷而使涂膜过厚的部位。这种类型的旧涂膜要先用烧除或脱漆剂除去漆膜，然后按新基层处理，只是底漆的含油量不宜过高（油和稀释剂各一半）。如果表面无以上缺陷，只是失去光泽或轻微的粉化，就只需轻轻地打磨刷洗。当涂膜由于过度风化完全毁坏时，打磨清除掉涂层，松散物质处理完毕后即可涂刷。湿磨易使潮气存留在表面被后续涂层封闭，这种情况基层所涂底漆应与新木质面相同。

① 洞眼或塌陷处理　对木质面因机械损伤、天然毛病或腐朽产生的洞眼或塌陷，应将松软物质挖除，涂刷底漆后填充与后续涂层相容的腻子。如填充塑性木粉浆可不涂刷底漆。

② 恶化的木质面处理　当木质面风化褪色变黑时，须完全打磨清除掉风化面，露出硬

实的底面，否则会严重影响涂膜寿命。严重损坏或腐朽的部位应切除掉，换上事先各面都涂有底漆的新木材。对可引起腐朽的潮湿面应清除潮湿源。

③ 锈钉处理　钉子锈蚀不仅影响机械强度，并会污染周围，使涂膜出现渗色，特别是沿海地区和潮湿环境——当锈钉松动凸起后应打进去，并在附近重新钉上新钉，钉帽应打进基层、涂上底漆，然后再嵌补腻子。

④ 涂膜严重损坏处理　当涂膜出现开裂、脱落等时，应将涂膜清除，然后按新基层处理。

⑤ 树节处理　当涂膜因树节而出现起泡或渗色时，应将涂膜刮掉露出树节，然后涂一层虫胶漆或将树节挖去填上腻子，干燥、打磨后涂刷。

对室外基层上因含树脂或木节过多长期出现起泡的情况，仅靠火焰清除或采用低含油量涂料，往往解决不了问题，须涂刷油溶型水性涂料。具体做法是先将表面用火焰处理，要尽量将基层内的树脂烤出刮掉，但要避免将木质烧焦。打磨后涂刷一层水性涂料。要涂刷均匀，收刷时要小心，不要出现刷痕或露底。要选择好天气涂刷，以便能尽快地涂刷后续的油性涂料。水性涂料干燥打磨后即可涂刷油性涂料。油性涂料的含油量要低，只要能封闭住孔隙、黏结住颜料即可。

⑥ 用防腐油处理过的木质基层处理　用沥青、杂酚油等木材防腐油涂刷过的木材在涂层未老化变硬、失去弹性前不能涂刷，以免性脆的虫胶漆封闭层开裂。

⑦ 霉菌污染处理　长期处于潮湿、空气不流通的使用环境，木质基层上的涂膜容易受到霉菌的影响，遇有这种情况应将漆膜用火焰处理，仔细检查有无干腐情况，如有，应挖除并修补。涂刷前，表面应进行杀菌处理。底漆要选用石脑油稀释，不要使用松节油或松香水，因为它渗透性好并且有杀菌作用。石脑油不可用在后续涂层中，它可使下面的涂层变软。在霉菌反复出现的环境中，要选用专用的灭菌涂料。

（3）金属旧饰面基层的处理　金属饰面现有涂膜对下面的底漆已不具有保护作用，或涂膜已损坏到不能做新涂膜的基层时，需对金属旧饰面基层进行处理，常用以下几种形式。

① 小型动力机械工具及手工清除。

② 火焰清除。

③ 喷砂清除。

（4）砂浆抹灰旧饰面基层的处理　处理抹灰面旧涂层所遇到的情况，要比木质面复杂。应根据抹灰面的种类、旧涂料的类型、新涂料的类型等因素确定处理方法和工序。

① 污染痕迹处理　刮除污染痕迹，以确定污染是在涂层表面，还是在涂层内部，或是来自基层内部。

处理来自基层内部的污染要比涂层表面的污染困难。如因潮湿、渗漏引起的泛碱则属基层内部污染。当查清和根除根源后，污染物对后续涂层就不再起破坏作用。对通过细缝渗透到油漆底面的烟迹污染，刷洗掉沉积的污物后，应涂刷两遍专用的封闭底漆。因霉菌产生的污染，应采用专门的处理措施。

② 图形污染处理　抹灰顶棚上有时会出现与顶棚龙骨或背面结构物形状一样的图形污染。这是由于顶棚背后有木质龙骨等导热差的材料，顶棚表面温度存在区域性的差异。使烟灰或灰尘沉积在温度较低的区域。暖气管或散热器的上部墙面，有时也常常因沉积一些被热空气流带来的灰尘而形成黑斑。

消除污染的办法是，在龙骨间放置矿棉等保温材料或在顶棚下部粘贴灰泥板或泡沫塑料，使顶棚的温度保持一致，将暖气散热器加罩可避免因热空气流使灰尘沉积形成的污染。

（5）砖、石、混凝土旧饰面基层处理方法

① 清除表面松散物质、砂浆、水浆涂料及污垢，也可用磷酸清洗表面。破坏严重的部位要用水泥砂浆修补，待干燥并涂刷耐碱底漆后，方可涂刷油性涂料。

② 当涂层普遍开裂，厚度超过 3mm，或中间夹有水浆涂料层时，应将旧涂层清除。清除时要根据基层实际情况，选用一种或多种方法相互配合。采用脱漆剂效果好，但成本高。

(6) 壁纸基层处理　如果将壁纸更新成涂料面层，最好将壁纸清除掉再涂刷，原因如下。

① 涂料的湿润性容易引起壁纸起泡，导致剥落。

② 如壁纸表面含有易渗色颜料，容易污染涂层表面。

③ 壁纸表面涂刷涂料后，壁纸剥除便十分困难。

④ 有的壁纸，特别是一些旧式壁纸，表面没有保护层或保护层很差，清洗壁纸时，壁纸下面的胶黏剂已经变软或失去作用，致使壁纸和基层黏结不牢固，所以必须将其清除掉。

如果必须在壁纸上涂刷，应先将壁纸表面用清水清洗干净，然后用适宜的封闭底漆将表面封闭。正式涂刷前应做小面积的试涂。

8.2.2 涂装底漆

制品经过表面处理以后，涂装的第一道工序是涂底漆，这是涂料施工过程中最基础、也是较重要的工序。底漆一般由粘结剂、体质颜料（或防锈颜料）、稀释剂或其他辅助材料组成。

8.2.2.1 涂底漆的目的

涂底漆的目的是在被涂物件表面与随后的涂层之间创造良好的结合力，为后面的涂层形成坚实的基础，并且提高整个涂层的保护性能。有时底漆本身就有一定的保护作用，最有代表性的是防锈底漆。另外有的底漆还具有封闭作用，有时称为封闭底漆，如常用的虫胶漆。涂底漆是紧接着漆前表面处理进行的，两工序之间的间隔时间应尽可能地缩短。

8.2.2.2 底漆的性能及选用

(1) 底漆的性能　对底漆的性能有以下几方面的要求。

① 应与底材有良好的附着力。

② 底漆本身有极好的机械强度。

③ 对底材具有良好的保护性能并且无副作用。

④ 能为以后的涂层创造良好的基础，不含有可渗入上层涂膜引起弊病的成分。

⑤ 有良好的可涂饰性、干燥性和打磨性。

(2) 底漆的选用　底漆是涂料中一类重要产品。其品种繁多，依据被涂物件表面材质、涂饰要求条件以及与中间涂层和面漆的配套性，涂料生产厂家开发出多种不同性能的底漆，以满足不同的需要。常用的底漆有油基底漆、挥发性底漆和双组分底漆。

① 混凝土、砂浆基层　基层上的碱性物质常因潮湿的影响而反复出现，为保险起见，对这类基层还是涂刷耐碱底漆为好。底漆稠度要适中，涂刷时要刷透、刷开。基础上的孔隙和吸收性的差异，在涂刷时常能感觉到，当基层吸收性过强时，涂刷两遍稀底漆要比涂刷一遍稠底漆效果好。

② 木质基层　铝粉漆由于其特有的封闭性，是一种性能良好的底漆，特别适宜做门、窗框等与砖、石、水泥等部位接触而需要有一定防潮性的制品的底漆。为防止内部潮气散不出去而在内部引起腐朽，铝粉漆只适宜涂刷在已干燥的木质基层上。

一些质量差的底漆的体质颜料，因其吸油率低，在涂饰吸收性强的木质基层时，油料被吸收后，颜料易浮在基层表面，不利于后续涂层的附着，在底漆选用时要注意这一点。

③ 金属基层　金属基层上的底漆要在基层表面处理完毕后立即涂刷，尤其是采用火焰清除表面的情况下更应如此。

当金属表面采用沥青涂料时应选用防锈底漆，在暖气的散热器等受热部位（直接与火焰接触除外）涂刷底漆，除使用专用的耐热底漆外，还可将红丹用等量的金胶和松节油稀释涂刷。铝粉和铜粉虽耐高温，但因其有封闭性，热辐射损失大而不宜采用。

8.2.2.3　底漆的施工方法

装修装饰工程中涂底漆的方法通常有刷涂、滚涂、喷涂等方法。

木质基层最好采用刷涂法，以利于涂料的附着和渗透。涂刷时摊油要摊得厚些，并要给基层留有足够的吸收时间后再理油，以便除满足基层的需要外，还能在表面留有一定厚度的涂层，为涂刷后续涂层提供一个良好的基础。走刷要灵活有力，要将缝隙、孔洞的底部刷到，以免填补的腻子因油料被吸收而引起开裂和脱落。同时也要避免涂料摊得过多引起淤边或流挂。门、窗的端部应涂刷两遍底漆，也可使用铝粉底漆。

金属基层，由于刷涂时刷子对金属表面具有摩擦作用，涂料能紧密地与表面结合，所以最好选用刷涂，其次是滚涂，也可采用喷涂。但应注意，在室内禁止喷涂含铅涂料；在室外喷涂时，某些情况下大气中的湿气会随同漆雾一起沉积在金属表面，喷涂时应注意。

砖、石、砂浆基层，一般面积较大，适宜选用喷涂或滚涂，一些边、角部位则用刷涂。

8.2.3　涂刮腻子

8.2.3.1　目的

涂过底漆的制品表面，不一定很均匀平整，往往留有细孔、裂缝、针眼以及其他凹凸不平的地方，涂刮腻子可将基层修饰均匀平整并达到涂装施工要求，从而达到改善整个涂膜外观的目的。

8.2.3.2　腻子的性能及选用

（1）腻子的性能　腻子一般由大量的体质颜料与胶黏剂、着色颜料、水或溶剂、催干剂等组成。常用的体质颜料有大白粉、石膏粉、滑石粉、重晶石粉等。胶黏剂一般有猪血、熟桐油、清漆、合成树脂溶液、乳液等。

腻子除了必须具有与底漆良好的附着性和必要的机械强度外，更重要的是要具有良好的施工性能，主要是要有良好的涂刮性和填平性，适宜的干燥性，收缩性要小，对上层涂料有较小的吸收性，打磨性能良好（既坚固又易打磨）。同时腻子还要有相应的耐久性能。

（2）腻子的选用　腻子对基层的附着力、腻子强度及耐老化性能往往会影响到整个涂层的质量。因此应根据基层、底漆、面漆的性质选用腻子，最好配套使用。

① 石膏油腻子　使用方便、干燥快、硬度好、涂刮性好、易打磨，适用于金属、木质、砂浆抹灰面基层。

② 血料腻子　操作简便、易涂刮填平、易打磨、干燥快，适用于木质、砂浆抹灰面基层。

③ 羧甲基纤维素腻子　易填嵌、干燥快、强度高、易打磨，适用于砂浆抹灰面。

④ 乳胶腻子　易施工、强度好、不易脱落、嵌补刮涂性好，适用于砂浆抹灰面。

腻子按使用要求可以分为填坑、找平和满涂等不同类型。

填坑使用的腻子要求收缩性小、干透性好、涂刮性好；找平用腻子用于填平砂眼和细纹；满涂用腻子应稠度较小、机械强度要高。

8.2.3.3 施工方法

涂刮腻子的施工方法分为嵌和批两种。嵌就是用腻子填坑或找平，即用适当工具将被涂物件表面的局部缺陷填平。批就是满涂腻子，即在被涂物件表面涂刮平整连续的腻子层。

（1）嵌　用于嵌补的工具大小应视局部缺陷的大小而定，一般不宜过大。操作时手持工具的姿势要正确，手腕要灵活，嵌补时要用力将工具上的腻子压进缺陷内，要填满、填实，将四周的腻子收刮干净，使腻子的痕迹尽量减少。对较大的洞眼、裂缝和缺损，可在拌好的腻子中加入少量的填充料重新拌匀。提高腻子的硬度后再嵌补，嵌腻子一般以三道为准。为防止腻子干燥收缩形成凹陷，还要复嵌，嵌补的腻子应比物件表面略高一些。嵌补用腻子一般要比批刮用腻子硬一些。嵌补用工具一般为嵌刀、牛角腻板、椴木腻板等。

（2）批　批刮腻子要从上至下、从左至右，先平面后棱角。以高处为准，一次刮下。手要用力向下按住腻板使腻板和物件表面成60°～80°倾角，用力要均匀，这样可以使腻子饱满又结实。清水显木纹要顺纹批刮，收刮腻子时只准一两个来回，不能多刮，防止腻子起卷或将腻子内部的漆料挤出，封住表面，不易干燥。

精细的工程要涂刮多道腻子，每刮完一道均要求充分干燥，并用砂纸进行干或湿打磨。腻子层一次涂刮不宜过厚，一般应在0.5mm以下，否则不容易干或收缩开裂。批头道腻子主要考虑与基层的结合，要刮实。二道腻子要刮平，略有麻眼也无妨，但不应有气泡。最后一道腻子是刮光和填平麻眼，为打磨创造有利条件。批刮用的工具为牛角腻板、椴木腻板、橡胶腻板和钢板腻板等。

8.2.4 涂中间层

（1）中间层的类别　中间层是在底漆与面漆之间的涂层。腻子层属于中间层，目前还广泛应用二道底漆、封底漆或喷用腻子作为中间层。

二道底漆含颜料量比底漆多，比腻子少，它的作用既有底漆性能，又有一定的填平能力。喷用腻子具有腻子和二道底漆的作用，颜料含量较二道底漆高，可喷涂在底漆上。封底漆综合腻子与二道底漆的性能，是现代大量流水生产线广泛推行的中间涂层的品种。

（2）中间层的作用　涂中间层的作用是保护底漆和腻子层，以免被面漆咬起，增加底漆与面漆的层间结合力，消除底涂层的缺陷和过分的粗糙度，增加涂层的丰满度，提高涂层的保护性和装饰性。中间层用于对装饰性能要求较高的涂层。

中间层用的涂料应与底漆和面漆配套，具有良好的附着力和可打磨性，耐久性应与面漆相适应。

（3）施工方法　涂中间层的方法基本与涂底漆相同。

封底漆现在较多地应用于表面经过细致加工的被涂物件，代替腻子层。封底漆有一定光泽，可显现出被涂底层的划伤等小缺陷，既能充填小孔，又比二道底漆减少对面漆的吸收性，能提高涂层丰满度，它具有与面漆相仿的耐久性，又比面漆容易打磨。现在用的封底漆多采用与面漆相接近的颜色和光泽，可减少面漆的道数和用量，对有些被涂物件的内腔可以省去涂面漆的工序。封底漆通常用与面漆相同的漆基制成，涂两道时可采用“湿碰湿”喷涂工艺。

中间层的厚度应根据需要而定，一般情况下，干膜厚度为35～40μm。中间层干燥后经过打磨再涂面漆。

8.2.5 打磨

打磨是指用研磨材料对被涂物件表面进行研磨的过程。它在涂饰工艺中占有极其重要的位置，它对涂层的光滑、附着力及被涂物的棱角、线条、外观和木纹的清晰都有很大影响。

打磨的目的是清除被涂物件表面的毛刺及杂物，清除涂层表面的粗颗粒及杂质，从而获得一定的平整度，对平滑的涂层或底材表面打磨得到所需要的粗糙度，以增强涂层间的附着力。原则上每一层涂膜都应当进行打磨。

打磨有手工打磨和机械打磨两种方式，它们又分别包括干磨和湿磨。所谓干磨是指用木砂纸、铁砂布、浮石等对表面进行研磨。湿磨是为了卫生防护的需要及为防止漆膜打磨受热变软，漆尘黏附在磨粒间影响打磨效率和质量，而将水砂纸或浮石蘸上水或润滑剂进行打磨。硬质涂料或含铅涂料一般采用湿磨。当湿磨易吸收性基层或环境不利于干燥时，可用松香水和生亚麻油（3∶1）的混合物做润滑剂打磨。

8.2.5.1　手工打磨

（1）打磨方法　将砂纸或砂布的1/2或1/4张对折或三折，包在垫块上，右手抓住垫块，手心压住垫块上方，手臂和手腕同时均匀用力打磨；如不用垫块，可用大拇指、小拇指和其他三个手指夹住，不能只用一两个手指压着砂纸打磨，以免影响打磨的平整度。打磨一段时间后停下来，将砂纸在硬处磕几下，除去堆积在磨料缝隙中的粉尘。打磨完毕要用抹布将表面的粉尘擦去。

（2）木毛等的处理　木质面上不易打磨的硬刺、木丝、木毛等可采用下面方法处理：

① 用排笔刷上一些酒精后用火点燃，木毛经火燎后变脆、变硬，易于打磨；

② 刷一层稀虫胶漆［虫胶∶酒精＝1∶(7～8)］，干后打磨；

③ 用湿布擦拭表面，使木毛吸收水分膨胀竖起，干后打磨。

（3）木质面的打磨　粗磨可与木纹成一定角度打磨，细磨要顺木纹打磨。打磨异形表面时，砂纸要与表面形状一致。

8.2.5.2　机械打磨

机械打磨主要使用风动打磨器和滚筒打磨器，用于打磨木地板或大面积平面。圆盘式打磨器常用于打磨金属面和抹灰面。

（1）风动打磨器　使用风动打磨器时，首先检查砂纸是否已被夹子夹牢，并开动打磨器检查各活动部位是否灵活，运行是否平稳。打磨器工作的风压应在0.5～0.7MPa之间。操作时双手向前推动打磨器，不得重压。使用完毕，用压缩空气将各部位积尘吹掉。

（2）滚筒打磨器　由电动机带动包有砂布的滚筒工作，主要打磨地板，每次打磨厚度为1.5mm。打磨器工作时会将机器自动带走，下压或上抬手柄可控制打磨器的速度和深度。

8.2.5.3　打磨过程

在整个涂饰过程中，按照对打磨的不同要求作用，打磨可大致分为三个阶段，即基层打磨、层间打磨和面层打磨。

（1）基层打磨　可采用干磨，用$1\sim1\frac{1}{2}$号砂纸打磨。线角处要用对折砂纸的边角打磨。边缘棱角要打磨光滑，去其锐角以利涂料的黏附，在纸面石膏板上打磨，不要使纸面起毛。

（2）层间打磨　可采用干磨或湿磨，用0号、1号旧砂纸或280～320号水砂纸。木质面上的透明涂层应在木纹方向直磨，遇有凹凸线角部位可适当运用直磨、横磨交叉方法进行打磨。

（3）面层打磨　可采用湿磨，用400号以上水砂纸蘸清水或肥皂水打磨。磨至从正面看上去是暗光，但从水平侧面看上去如同镜面。此工序仅适用硬质涂层，打磨边缘、棱角、曲面时不可使用垫块，要轻磨并随时查看，以免磨透、磨穿。

打磨所用的砂纸应根据不同工序阶段、涂膜的软硬等具体情况正确选用砂纸的型号，见

表 8-3。

表 8-3 砂纸型号的选用

打磨阶段	填补腻子层和白坯基层表面	封闭底漆满刮腻子	满刮腻子封闭底漆	面漆
砂纸型号	120～240 号	240～400 号	240～400 号	600～800 号

8.2.5.4 注意事项

① 打磨必须要在基层或涂膜干实后进行，以免磨料进入基层或涂膜内。

② 水腻子或不易沾水的基层不能湿磨，而含铅涂料又必须湿磨。

③ 涂膜坚硬不平或软硬相差大时，须选用磨料锋利的磨具打磨，否则会越磨越不平。

④ 打磨后应除净表面的灰尘，以利下道工序的进行。

8.2.6 涂面漆

（1）涂面漆的目的　制品经表面处理、涂底漆、刮腻子、涂中间层、打磨修平后，涂装面漆。这是整个涂装工艺的一道关键工序。涂装面漆可以使整个涂膜的平整度、光亮度、丰满度等装饰性能及保护性能满足要求。

（2）涂面漆的施工方法　涂面漆要根据表面的大小和形状选定施工方法，一般要求涂得薄而均匀。除厚涂层外，涂层遮盖力差的涂膜不应以增加涂层厚度来弥补，而是应当分几次来涂装。涂层的总厚度要根据涂料的层次和具体要求来决定。

面漆涂布和干燥方法要依据被涂物件的条件和涂料品种而定。应涂在确认无缺陷和干透的中间层或底漆上。原则上应在第一道漆干透后方可涂第二道面漆。

涂面漆时，有时为了增强涂层的光泽、丰满度，可在涂层最后一道面漆中加入一定数量的同类型的清漆。有时再涂一层清漆罩光加以保护。

为提高表面装饰性，对于热塑性面漆（如硝基磁漆）可采用“溶剂咬平”技术，即在喷完最后一道面漆干燥之后，用 400 号或 500 号水砂纸打磨，擦洗干净后，喷涂一道用溶解力强而挥发慢的溶剂调配的极稀的面漆，晾干后，可得到更为平整光滑的涂层。

8.2.7 抛光上蜡

（1）抛光上蜡目的　抛光上蜡的目的是为了增强最后一道涂层的光泽和保护性，若经常抛光上蜡，可使涂层光亮而且耐水，能延长涂膜的使用寿命。抛光上蜡一般适用于装饰性涂层，如家具、饰品等制品的涂装。抛光上蜡仅适用于硬度较高的涂层。

（2）抛光上蜡施工方法　抛光上蜡首先是将涂层表面用棉布、呢绒、海绵等浸润砂蜡（磨光剂），进行磨光，然后擦净。大面积时可用机械方法，例如用旋转的擦亮圆盘来抛光。磨光以后，再用上光蜡进行抛光，使之表面更富有均匀的光泽。

砂蜡专供各种涂层磨光和擦平表面高低不平之用，可消除涂层的皱皮、污染、泛白、粗粒等弊病。砂蜡的组成大部分为一种不流动性蜡浆状物，在选择磨料时，不能含有磨损打磨表面的粗大粒子，而且在使用过程中不应使涂层着色。使用砂蜡以后，涂层表面基本上平坦光滑，但光泽还不太亮，如再涂上光蜡进行擦亮抛光后，则能保护涂层的耐久性能。上光蜡的质量主要取决于蜡的性能，应合理选择。

8.2.8 装饰和保养

（1）装饰　涂层的装饰可采用印花和划条：印花（又称贴花），是利刚用石印法将带有图案或说明的胶纸印在制品的表面。光抹一薄层颜色较浅的罩光清漆（如酯胶清漆），待表面略感发黏时，将印花的胶纸贴上，然后用海绵在纸片背面轻轻地摩擦，使印花的图案胶展在酯胶清漆的表面，并用清水充分润湿纸片背面，待一段时间后小心地把纸片撕下即可。如发现表面有气泡时，可用细针刺穿小孔，并用湿棉花团轻轻研磨表面，使之平坦。为了使印上的图案固定下来不再脱落，可在器材表面喷涂上一层罩光清漆加以保护。

某些装饰性制品，需要绘画各种图案或直线的彩色线条，可采用长毛的细画笔进行人工描绘，或用可移动的划线器进行涂饰。

（2）保养　制品表面涂装完毕后，必须注意涂膜的保养，绝对避免摩擦、撞击以及沾染灰尘、油腻、水迹等，应根据涂膜的性质和气候条件在3～15天之后方可使用。

8.2.9 涂膜质量控制与检测

在被涂物件的施工过程中，不同的涂料和施工方案均有相应的质量标准。所以，在每一道工序完成以后，都要严格进行质量检查和控制，以免影响下一道工序的施工和质量。

（1）表面处理的质量控制

① 木质基层表面处理后应达到表面光滑平整、干燥、干净无污物、无毛刺等。

② 金属基层表面处理后应达到表面平整干燥、除锈彻底、无油污、无脏物等。

③ 砂浆及混凝土基层表面处理后应达到表面平整干燥、无泛碱、无污物等。

（2）涂中间层的质量控制

① 涂底漆时要求薄而均匀，要按工艺规程的规定彻底干燥后才能涂其他面漆。漆膜不应有露底、针孔、粗粒或气泡。

② 刮腻子每次应刮得较薄，按工艺规程中规定的干燥时间，待彻底干燥后才能打磨和涂后面的涂层。

③ 干燥后的腻子不允许有收缩、脱落、裂痕、气泡、起鼓、发黏或不易打磨等缺点，打磨后不应有粗糙的打磨纹。

④ 检查涂膜表面时，要在涂膜完全干燥后进行，烘漆应冷却至常温下再进行检查。

⑤ 漆膜表面应光滑平整，不允许有肉眼能看到的机械杂质、刷痕及色调不匀等缺点。光泽应符合工艺规程中规定的标准要求。

⑥ 在涂漆施工前，应测定涂漆现场的空气温度及相对湿度，测定结果符合涂漆工艺要求后方可施工。

⑦ 为了保证施工质量，应检测每一阶段的涂膜厚度。

（3）最后涂层的控制　涂料施工工艺全部完成后，要根据预定标准进行全面检测。

① 检查最后所涂面漆的干燥程度。按照规定的干燥期限检查涂膜厚度、硬度和附着性。

② 检查最后涂层的颜色、光泽和表面状态。颜色和光泽应符合标准要求。面漆表面应无黏附沙粒或灰尘、皱纹、气泡、裂痕、脱皮、流挂、斑点、针孔或缩孔等现象，表面颜色要均匀。

最后涂层的检查方法一般是目测或采用仪器检测，不破坏表面涂层。应在物件连续施工过程中进行全面检查测定。

8.3 水性涂料墙面涂装

水性涂料墙面涂装具体工艺过程如图8-2所示。

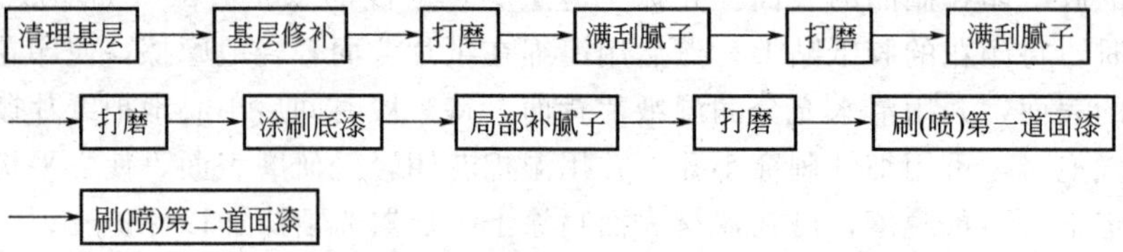

清理基层 → 基层修补 → 打磨 → 满刮腻子 → 打磨 → 满刮腻子 → 打磨 → 涂刷底漆 → 局部补腻子 → 打磨 → 刷(喷)第一道面漆 → 刷(喷)第二道面漆

图 8-2　水性涂料墙面涂装具体工艺过程

8.3.1　墙面条件及其对涂装质量的影响

8.3.1.1　墙面基层种类

建筑墙面涂料施工中常见的基层材料有混凝土、水泥砂浆、混合砂浆等。其共同特点是吸水率高，碱性大。表 8-4 列出了常见墙面基层种类及其特征。

表 8-4　常见墙面基层种类及其特征

基层种类	特征
混凝土(包括轻混凝土、加气混凝土、预制混凝土等)	表面多孔、粗糙、吸水率大，碱性较大，经长时间才能中和，内部渗出的水分也呈碱性；干燥较慢，并受厚度影响；强度高、坚固
水泥砂浆	层厚在 10～25mm 不等，表面状态有粗糙的，有干整光滑的，以及不规则的；碱性比混凝土更强，内部渗出的水分也呈现碱性；表面干燥快，内部的含水率受主体结构的影响，强度高，坚固
混合砂浆	碱性比水泥砂浆更强，强度不如水泥砂浆高，其他同水泥砂浆

8.3.1.2　墙面基层涂装技术条件

国家建工行业标准《建筑涂饰工程施工及验收规程》(JGJ/T 29—2003) 规定，在涂装涂料前应对基层进行验收，合格后方可进行涂饰施工，并规定基层质量应符合下列要求。

① 基层应牢固，不开裂、不掉粉、不起砂、不空鼓、无剥离、无石灰爆裂点和无附着力不良的旧涂层等。基层是否牢固，可以通过敲打和刻划检查。

② 基层应表面平而不光，立面平直，阴阳角垂直、方正和无缺棱掉角，分隔缝深浅一致且横平竖直。基层表面是否平整可用 2m 靠尺检查；立面是否平直可用质量检查尺检查；阴阳角是否垂直可用 2m 托线板和方尺检查；阴阳角是否方正可用 200mm 方尺检查；有无缺棱掉角可目视检查；分阳缝是否深浅一致和横平竖直，可用小线和量尺检查。

③ 基层应清洁，表面无灰尘、无浮浆、无油迹、无锈斑、无霉点、无盐类析出物和无青苔等杂物。是否清洁，可目测检查。

④ 基层应干燥，涂刷溶剂型涂料时，基层含水率不得大于 8%；涂刷乳液型涂料时，基层含水率不得大于 10%。基层含水率的要求，根据经验，抹灰基层养护 14～21d，混凝土基层养护 21～28d，一般能够达到此要求。含水率可用砂浆表面水分测定仪测定，也可用塑料膜覆盖法粗略判断。

⑤ 基层的 pH 值应小于 10。pH 值可用 pH 试纸或 pH 试笔通过湿棉测定，也可直接测定。

⑥ 国家标准《建筑装饰装修工程质量验收规范》(GB 5028—2001) 中，规定了基层的处理和应达到的要求。

a. 新建筑物的混凝土或抹灰基层在涂装涂料前应涂刷抗碱封闭底漆。

b. 旧墙面在涂装涂料前应清除酥松的旧装修层，并应涂刷界面剂。

c. 混凝土或抹灰基层涂装溶剂型涂料时，含水率不得大于 8%，涂装乳液型涂料时含水率不得大于 10%；木材基层的含水率不得大于 12%。

d. 基层腻子应平整、坚实、牢固，无粉化、起皮和裂缝；内墙腻子的黏结强度应符合《建筑室内用腻子》（JGJ/T 3049—1998）的规定。

e. 厨房、卫生间墙面必须使用耐水型腻子。

8.3.1.3　墙面条件对涂装质量的影响

从表 8-4 中可以看出，墙体结构主要是混凝土类（包括水泥砂浆）结构。从根本上讲，墙体结构是砌体结构，例如普通黏土砖、多孔砖、混凝土砌块、粉煤灰砌块和加气混凝土砌块等，但这些墙面在土建施工结束后已经用水泥砂浆或混合砂浆找平，因而墙面涂装时所面对并需要进行处理的仍是混凝土和水泥砂浆基层。影响墙面涂料涂装质量的墙面条件因素主要是墙面的平整度、墙面的含水率和墙面的 pH 值。

（1）墙面平整度

① 对涂装质量的影响　墙面平整度常见的质量问题为水泥砂浆层平整度差和抹灰层砂浆质量差，而使抹灰层的孔隙率较大，表面粗糙多孔。这些抹灰层出现的质量问题如果不加处理就直接进行涂装作业，都会造成涂装的质量问题。水泥砂浆层不平整，会导致涂装时墙面吸收水分的性能差别，涂膜易产生色泽不均匀现象，而对于高光泽型和溶剂型涂料会造成喷涂不均匀，且发花现象更为明显。抹灰层表面粗糙多孔，对涂料中基料组分吸收量大，造成涂膜的粉化变色加快，涂料的耐候性变差。

② 处理措施　对混凝土基层的不平整，可使用磨光机进行打磨，然后使用合成树脂乳液改性的水泥砂浆进行找平处理，修补平整。找平时，每次施工的找平层的厚度不宜过厚。经过养护确认无空鼓现象后再进行涂料施工。

对墙面出现直径大于 2.5mm 以上的气泡、砂孔，也应使用合成树脂乳液改性的水泥砂浆进行嵌填。脆弱部分应使用磨光机和钢丝刷进行清除，然后使用合成树脂乳液改性的水泥砂浆修补平整。对于粗糙多孔的墙面，应先使用封闭底漆进行封闭处理，然后使用黏结强度高的外墙腻子进行满批 1～2 遍，使墙面平整光滑。经过处理的基层应达到表面平整，阴阳角垂直、方正，在符合允许偏差后进行涂料施工。

（2）墙面含水率

① 对涂装质量的影响　墙面的含水率过高，对涂装质量的最直接影响就是使涂料干燥缓慢，并可能因此而带来一些涂装质量问题。对于合成树脂乳液涂料和以溶剂挥发凝聚成膜的单组分溶剂型涂料，墙体的含水率过高，水分挥发慢，使涂膜干燥缓慢，在气温较低时尤其如此。对于致密性涂膜，当气温升高时由于涂膜的透气性差，水蒸气无法通过涂膜逸出而使涂膜被顶起，导致涂膜出现气泡。对于双组分聚氨酯涂料来说，涂料中的异氰酸酯组分会和基层中的水分反应放出二氧化碳而使涂膜产生气泡，同时，由于异氰酸酯基和羟基的反应不能够进行完全，涂膜硬度降低，附着力变差。据试验研究，在墙面基层含水率不同时进行涂装所得到的涂膜性能如表 8-5 所示。

表 8-5　在墙面基层含水率不同时进行涂装所得到的涂膜的性能

涂料种类	墙面含水率/%			
	20	15	10	5
合成树脂乳液型涂料	涂膜干燥缓慢，泛白	涂膜轻微泛白	无异常现象	无异常现象
溶剂型涂料	涂膜成膜速度缓慢，涂膜硬度降低，轻微变色、鼓泡	涂膜成膜速度缓慢，涂膜硬度降低低，轻微变色	涂膜成膜速度缓慢，涂膜硬度降低	无异常现象

② 涂装时基层的合适含水率　基层在过于湿润时涂装，会对涂装质量产生不良影响，因而涂装时基层应处于合适的含水率状态。涂料种类不同，适宜于涂装的基层含水率不一样，如表 8-6 所示。

表 8-6　适宜于涂装的基层含水率

涂料种类	含水率要求/%	基层施工后的干燥时间/d	
		冬季	夏季
合成树脂乳液类涂料	≤10	≥14	≥10
溶剂型涂料	≤8	≥21	≥14

（3）墙面的 pH 值

① 对涂装质量的影响　混凝土墙体或使用水泥砂浆抹灰的基层因氢氧化钙的存在而呈现很强的碱性。这会对涂料基料产生破坏作用，使涂料的附着力降低；氢氧化钙还会对涂料中的颜料产生破坏作用，使涂膜颜色变浅、发花；此外，氢氧化钙溶解于水后会随着水分的迁移而透过涂膜。水分蒸发后白色的氢氧化钙留在涂膜表面，使涂膜发花、变色，即常见的“泛碱”。在不同 pH 值时，涂装涂料所得到的涂膜效果如表 8-7 所示，从中可以看出基层 pH 值不同对涂料施工所产生的影响。

表 8-7　不同 pH 值时涂装涂料所得到的涂膜效果

涂料品种	涂装涂料时基层的 pH 值			
	14	12	10	9
合成树脂乳液类涂料	涂膜干燥缓慢，涂膜表面的 pH 值＝14	涂膜干燥缓慢，涂膜表面的 pH 值＝12	无异常现象	无异常现象
溶剂型涂料	泛碱，涂膜表面的 pH 值＝10	泛碱，涂膜表面的 pH 值＝8	无异常现象	无异常现象

② 预防和处理措施　混凝土和砂浆等材料以水泥为胶凝材料，水泥是一种遇水凝结硬化的水硬性胶凝材，水泥遇水后，会发生水化反应，生成相应的水化产物和氢氧化钙。混凝土和水泥砂浆宜掺入减水剂，以减少氢氧化钙析出。

8.3.2　墙面基层处理

8.3.2.1　基层处理的重要性

涂料是一种依附性材料，其使用性是通过涂装在其他物件上所形成的涂膜来体现的。涂膜质量反映涂料的质量和使用效果。显然，劣质涂料是得不到优质涂膜的。同样，优质涂料如果施工不当也得不到优质涂膜，发挥不出涂料的良好性能。因而，对于形成最终产物涂膜而使之具有使用价值来说，涂料施工是非常重要的。

涂料施工并不是简单地在被涂物件表面刷涂涂料，而是包括很多方面。一般认为，涂料涂装至少包括对被涂物件表面的预处理、涂料涂装和涂膜干燥三个过程。对被涂物件表面的预处理在建筑涂装中一般称为基层的处理。也就是说，基层处理是涂装的第一道工序，是涂料涂装的基础。若第一步没有做好，不可能得到优质的涂膜。

8.3.2.2　基层处理的目的

墙面基层处理的目的有三个：一是清除被涂装物件表面的污迹，使涂膜能够很好地附着于基层上；二是修整基层表面，去除各种表面缺陷，使之具有涂装涂料所需要的平整度，使涂料具有良好的附着基础；三是对基层进行处理，以增强涂料与基层的黏结力。

8.3.2.3 墙面基层处理的基本工序

墙面基层处理分基层检查、基层清理和基层缺陷修补等工序，如表8-8所示。

表8-8 基层处理的基本工序

工序名称	主要内容
基层检查	检查基层的状况时，应注意：①检查基层的表面有无裂缝、麻面、气孔、脱壳、分离等缺陷；②检查基层表面有无粉化、硬化不良、浮浆以及有无隔离剂、油类物质等；③检查基层的含水率及碱性状况
基层清理	对基层表面进行清理主要是清理去除表面附着物和不符合要求的疏松部分、粉化层、旧涂层、油迹、隔离剂、密封材料沾染物、锈迹、霉斑等缺陷
基层缺陷修补	对基层进行检查、清理后，对所发现的各种缺陷应根据具体的基层情况和种类，采取相应的措施进行修补

8.3.2.4 墙面基层常见缺陷及其处理

基层处理的情况和涂料施工前基层表面状态的好坏对于涂料的涂装质量以及耐久性等影响很大，必须认真对待与处理。

(1) 混凝土基层表面状态的处理　混凝土基层的表面状态因浇筑时使用的模板材料不同而有很大差别。使用表面为合成树脂材料的模板以及钢模板、铝合金模板等浇筑的混凝土基层，表面除了有一些气泡外，一般比较平整光滑。使用一般胶合板模板并于施工现场涂刷隔离剂所浇筑的混凝土表面比较粗糙。清水混凝土表面由于使用平整度不好的模板而产生的表面不平整、模板接缝部分连接错位、突起以及黏附混凝土和水泥砂浆等情况，必须于涂料施工前进行处理。对于薄质涂层，必须将接缝连接错位、突起等部分的基层处理至平整光滑；对于厚度大于5mm的厚涂层，因其受基层的影响不大，则不必进行细致的处理，只要不影响找平即可。

对于影响涂料施工的钢筋、定位卡具、绑扎钢丝和木片等物件必须进行彻底清除。基层表面露出的钢筋类铁件，即使不影响涂饰工程，由于竣工后铁件生锈，也会使饰面涂层剥落或污染装饰表面，因而必须进行防锈处理，例如涂饰防锈漆或者涂布环氧树脂或聚合物水泥砂浆等措施。清除木片等杂物后形成的孔洞经过认真清扫后，使用掺有合成树脂乳液的水泥砂浆抹补平整。

(2) 穿墙螺栓孔洞的处理　穿墙螺栓的顶帽孔洞应在模板拆除后填充合成树脂乳液改性水泥砂浆，但由于拆除室内一侧的穿墙螺栓拉杆时的振动，常常会使填充的水泥砂浆剥落，成为漏雨渗水的原因，因而必须先拆除室内一侧的穿墙螺栓拉杆，再填充砂浆。处理方法如图8-3所示。填充的砂浆可以与基层表面相平，也可以低2～3mm，以了解模板所留孔洞的位置和间距。

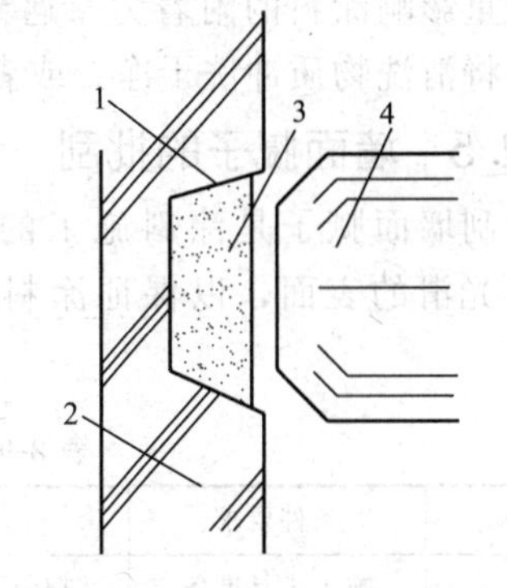

图8-3 穿墙螺栓孔洞的处理
1—穿墙螺栓木质顶帽的孔洞；2—混凝土；3—掺合成树脂乳液的水泥砂浆填充层；4—木模具

(3) 蜂窝麻面、门窗洞口、空洞和施工缝等的修补　模板拆除后，对于混凝土表面出现的蜂窝麻面、门窗洞口、底部空洞和施工缝等部位缺陷以及新旧混凝土连接部分的接缝附近，应在下雨时检查有无漏雨渗水等情况。对于漏雨的部位和门窗洞口周围等处的裂缝，以及由于干燥收缩而产生的裂缝和在竣工后常常成为漏水原因的临时施工缝等，均应进行适当的处理。

① 蜂窝麻面　处理蜂窝麻面时，应首先将蜂窝麻面及砂、石疏松的部分剔凿干净，并用合成树脂乳液改性水泥砂浆仔细填嵌密实。范围较大的蜂窝麻面和混凝土硬化不良的部位，应剔凿干净，在需要修补的结合面上涂布合成树脂乳液改性水泥砂浆，然后补灌混凝土。填充时，应根据不同的情况采取相应的措施填充密实，避免竣工后的开裂漏水。

② 门窗洞口底部空洞　处理洞口部位的底部出现的空洞时，应彻底清扫干净。在两侧安装模板，然后补灌混凝土，拆除模板后，用合成树脂乳液改性水泥砂浆或水泥浆将新旧混凝土补抹平整。其后安装门窗框时，应在门窗框的周围嵌填水泥砂浆，然后取出底框下面的衬垫楔块，用合成树脂乳液改性水泥砂浆仔细填补密实。

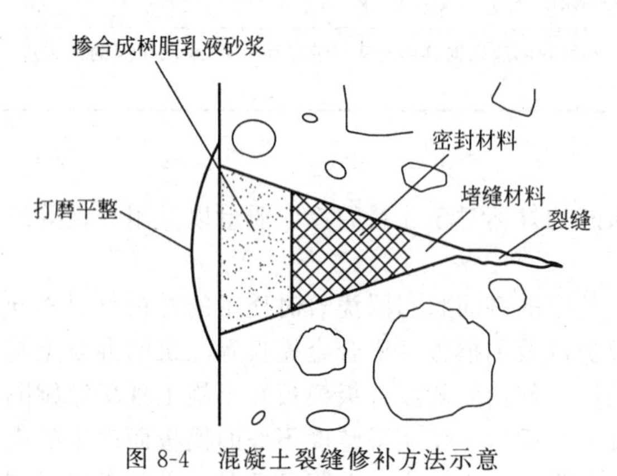

图 8-4　混凝土裂缝修补方法示意

③ 施工缝干缩裂缝　由于混凝土干燥收缩的原因，在外墙等处的临时施工缝周围易于产生裂缝。修补这类裂缝时，用手持砂轮机等将缝隙修磨成“V”形，然后嵌填密封材料，再用合成树脂乳液改性水泥砂浆补抹，硬化后用磨光机等磨平，如图 8-4 所示。

④ 干缩裂缝　当基层混凝土达到一定的干燥程度后用砂轮机将裂缝修磨成“V”形缝，并彻底清理干净，沿着嵌填密封材料的缝隙涂刷底层涂料或用嵌缝枪沿着缝隙嵌填密封材料，然后压抹平整。抹补材料为合成树脂乳液改性水泥砂浆。使用配比为：水泥：细砂：合成树脂乳液＝1：2.5：(1.1～1.4) 的砂浆，将缝隙补抹平整。待砂浆硬化后，用磨光机磨平。

(4) 其他缺陷的修补

① 混凝土面层强度低　有时候，冬季浇筑的混凝土由于受冻，形成强度较低面层。在这种基层上涂装涂料时，由于基层表面产生凝聚破坏，饰面涂层可能会出现剥落现象，因而必须预先进行认真的检查，用钢丝刷和磨光机等将强度较低的部分清除掉，再以合成树脂乳液改性水泥浆进行基层处理。

② 隔离剂的影响　使用模板隔离剂在混凝土脱模后，会有部分隔离剂残留在混凝土表面而严重影响涂料的附着力。遇到这种情况，应采用淡碱液、弱酸液或者洗涤剂等进行清洗，并将清洗物质冲洗干净。或者用钢丝刷将表面彻底清理干净。

8.3.2.5　墙面腻子的批刮

批刮墙面腻子是涂料施工的重要工序，其目的是使墙体涂膜饰面有个坚固、均匀、平整、光滑的表面，以保证涂料的涂装质量。墙面腻子的施工程序和技术要点如表 8-9 所示。

表 8-9　墙面腻子的施工程序和技术要点

名称	条件要求	实施细则
施工准备	施工工具准备	扫帚、铲刀、砂纸、盛料桶、钢制刮刀等
	材料准备	检查腻子是否有出厂合格证；是否有法定检测机构的检测合格报告（复制件）以及腻子是否有结皮、结块、霉变和异味等；如果是粉状腻子，还应加水拌和检查是否易于批刮等

续表

名称	条件要求	实施细则
施工准备	基层检查	基层表面是否牢固,表面是否有残留沾染物,是否有裂缝或起壳现象,旧基层是否有粉化、风化现象,并做相应处理
基层处理	清理污物	彻底清理基层上的沾污、油污、无机酸和有机酸等杂物的污染
	局部找平	填补凹坑,磨平凸部、棱,以及蜂窝、麻面的预处理等
	保持基层	基层必须干燥才能批刮腻子
批刮腻子	批刮操作要点	批刮腻子时,要尽量刮得少、刮得薄,并做好两遍腻子之间的填补、打磨等处理
	注意事项	批刮两遍腻子之间的间隔时间不可太短,要待前一遍腻子膜彻底干燥并修整后再批刮一遍;腻子层不能批太厚,太厚易发生龟裂、剥落和削弱涂膜系统的强度,降低涂膜的质量
其他几个特殊问题	白灰墙面	如表面已经平整,可不必满批腻子,只需用0~2号砂纸打磨即可。打磨时要注意不要破坏原基层。如不平整,仍需要批嵌腻子进行找平处理
	石膏板墙面	需先用腻子批嵌石膏板的对缝处和钉眼处。因石膏吸水率大,如不加处理地直接在其面上涂装涂料,则会影响流平性,造成涂装质量问题。因而,在批嵌腻子以后,应刷一道合成树脂乳酸封闭剂进行封闭处理
	木夹板表面	木夹板随温度变化会出题较大的胀缩,常常造成涂膜开裂。为此,可先用聚乙酸乙烯乳液将木夹板接缝的表面黏结1~2层白平布,然后再用腻子(最好是溶剂型腻子)批嵌钉眼及对缝处黏结布的周围。第二遍批嵌要注意找平大面,最后用0~2号砂纸打磨处理
	旧墙面	应先清除浮灰,不能铲除的应用洗涤剂彻底清洗干净。墙面清理好以后再用腻子批嵌两遍。第一遍用稠腻子批嵌缝洞,第二遍用稀腻子找平大面,最后用0~2号砂纸打磨处理

8.3.3 墙面涂料涂装施工

墙面涂料涂装施工前应检查基层表面是否牢固，表面是否有残留沾染物，是否有裂缝和起壳现象；根据使用涂料品种的要求检查基层含水率≤8%（溶剂型涂料），或≤10%（乳液型涂料）；基层pH值应≤10（偏碱盐）。

8.3.3.1 滚涂施涂乳胶漆

乳胶漆施涂，大面积时采用滚涂，小面积时采用刷涂。施涂顺序是先刷顶板后刷墙面，刷墙面时应先上后下。

（1）滚筒的选用　滚筒的宽度一般为7~9in（1in=2.54cm）。滚筒外面的筒套材料采用羊毛或化纤的中长度绒毛。

（2）滚涂前的准备　为有利于滚筒对涂料的吸附和清洗，必须先清除影响涂膜质量的浮毛、灰尘、杂物。滚涂前应用稀料清洗滚筒，或将滚筒浸湿后在废纸上滚去多余的稀料后再蘸取涂料。

（3）涂料的蘸取　涂料滚涂时必须用托盘盛放，蘸取油料时只需浸入筒径1/3即可，然后在托盘内的瓦棱斜板上来回滚动几下，使筒套被涂料均匀浸透，如果油料吸附不够可再蘸一下。

（4）滚涂要点

① 滚刷涂料时，当滚筒压附在被涂物表面初期，压附用力要轻，随后逐渐加大压附用力，使滚筒所黏附的涂料均匀地转移、附着到被涂物的表面。

② 滚涂时其滚筒通常应按W形轨迹运行，如图8-5所示；滚动轨迹纵横交错，相互重

叠，使漆膜厚度均匀，滚涂快干型涂料或被涂物表面涂料浸渗强的场合，滚筒应按直线形轨迹运行，如图 8-6 所示。

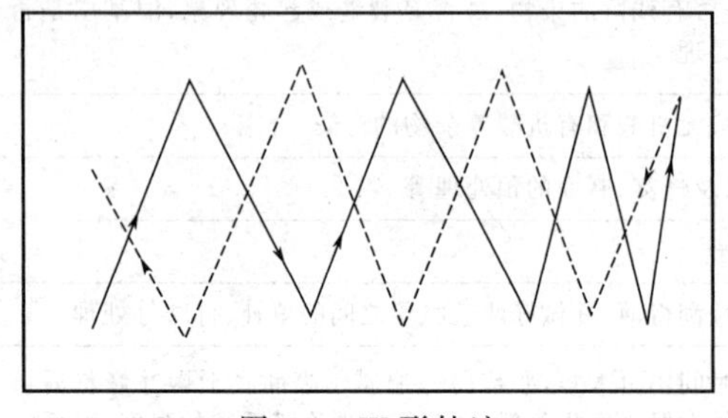
图 8-5　W 形轨迹

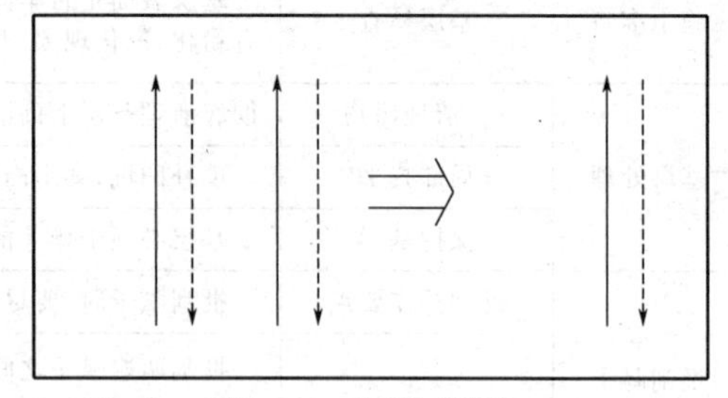
图 8-6　直线形轨迹

③ 在墙面上最初滚涂时，为使涂层厚薄一致，阻止涂料滴落，滚筒要从下向上，再从上向下或“M”形滚动几下，当滚筒已比较干燥，再将刚滚涂的表面轻轻理一下，然后就可以水平或垂直地一直滚下去。

④ 顶棚的滚涂方法与墙面的滚涂方法基本相同，即沿着房间的宽度滚刷，顶棚过高时，可使用加长手柄。

⑤ 滚筒经过初步的滚动后，筒套上的绒毛会向一个方向倒伏，顺着倒伏方向进行滚涂，形成的涂膜最为平整，为此滚涂几下后，应查看一下滚筒的端部，确定一下绒毛倒伏的方向，用滚筒理油时也最好顺着这个方向滚动。

⑥ 滚筒使用完毕后，应刮除残附涂料，然后用相应稀释剂清洗干净，晾干后妥为保存。

（5）施涂第一遍乳胶漆　先将墙面清扫干净，再用布将墙面粉尘擦净。乳胶漆使用前应搅拌均匀，适当加水稀释，防止头遍涂料施涂不开。干燥后复补腻子，待复补腻子干燥后用 0 号砂纸磨光，并清扫干净。

（6）施涂第二遍乳胶漆　操作要求同第一遍，使用前要充分搅拌，如不很稠，不宜加水或尽量少加水，以防露底。漆膜干燥后，用 0 号砂纸将墙面小疙瘩和排笔毛打磨掉，磨光滑后清扫干净。

（7）施涂第三遍乳胶漆　操作要求同第二遍。由于乳胶漆膜干燥较快，应连续、迅速操作，涂刷时从一头开始，逐渐涂刷向另一头，要注意上下顺刷互相衔接，避免出现干燥后再处理接头。每遍乳胶漆施工后必须将装饰线槽、踢脚线上口、门窗框、电气面板清理干净。

8.3.3.2　滚涂施涂乳胶漆

（1）底层涂料　施工应在干燥、清洁、牢固的层表面上进行，喷涂一遍，涂层需均匀，不得漏涂。

（2）中层涂料施工　涂刷第一遍中层涂料前如发现有不平整之处，应用腻子补平磨光。涂料在使用前应用手提电动搅拌枪充分搅拌均匀。如稠度较大，可适当加清水稀释，但每次加水量需一致，不得稀稠不一。然后将涂料倒入托盘，用涂料滚子醮料涂刷第一遍。滚子应横向涂刷，然后再纵向滚压，将涂料赶开，涂平。滚涂顺序一般为从上到下，从左到右，先远后近，先边角棱角、小面后大面。要求厚薄均匀，防止涂料过多流坠。滚子涂不到的阴角处，需用毛刷补充，不得漏涂。要随时剔除粘在墙上的滚子毛。一面墙要一气呵成，避免接槎刷迹重叠现象，沾污到其他部位的涂料要及时用清水擦净。第一遍中层涂料施工后，一般需干燥 4h 以上，才能进行下道磨光工序。如遇天气潮湿，应适当延长间隔时间。然后，用细砂纸进行打磨，打磨时用力要轻而匀，并不得磨穿涂层，磨后将表面清扫干净；第二遍中层涂刷与第一遍相同，但不再磨光。涂刷后，应达到一般乳胶漆高级刷浆的要求（如果前面腻子和涂料底层处理得好，可以不进行本层的深刷）。

(3) 乳胶漆面层喷涂　由于基层材质、齿期、碱性、干燥程度不同，应预先在局部墙面上进行试喷，以确定基层与涂料的相容情况，并同时确定合适的涂布量；乳胶漆在使用前要充分摇动容器，使其充分混合均匀，然后打开容器，用木棍充分搅拌；喷涂时，嘴应始终保持与装饰表垂直（尤其在阴角处），距离为 0.3～0.5m（根据装修面大小调整），喷嘴压力为 0.2～0.3MPa，喷枪呈 Z 字形向前推进，横纵交叉进行。喷枪移动要平衡，涂布量要一致，不得时停时移，跳跃前进，以免发生堆料、流挂或漏喷现象；为提高喷涂效率和质量，喷涂顺序应按：墙面部位→柱面部位→顶面部位→门窗部位，该顺序应灵活掌握，以不增重复遮挡和不影响已完成的饰面为准。

8.4　旧墙面翻新涂装技术

旧墙面种类较多，例如水刷石类、干粘石类、水泥砂浆装饰墙面类、清水砖墙类、旧涂料类、各种贴面材料（例如面砖、陶瓷锦砖等）等，这类墙面都可以进行翻新涂装。本节仅介绍对旧涂料饰面翻新涂装。

8.4.1　旧基层的检测与评估

(1) 可以使用的检测方法　旧基层（指原有外墙面的装饰层，如面砖、陶瓷锦砖贴面饰面、旧涂层等）的评估方法有人工目测、红外线检测、人工敲击检测等方法。红外线检测是一种比较先进的无损检测技术，该技术运用红外线温度感应的原理，能够远距离、大面积、非接触式地快速检测出墙面的空鼓部位和状况，具有检测报告清晰，灵敏度高，准确、便捷等特点。使用红外线检测技术对面砖饰面的旧墙面进行探测，能够快速记录出墙面空鼓部位和状况，再结合人工敲击检查，就能够准确摸清墙面情况。

(2) 旧基层的检测　可以根据旧饰面的种类选用上述方法中的一种或几种对基层进行检测。检测内容一般包括现场勘察，确认旧饰面层的种类及质量劣化程度，检查出旧基层所存在的各种问题。对面砖、陶瓷锦砖旧饰面的检测，可以通过人工敲击并辅助红外线检测技术进行检测，记录出空鼓、剥落的部位；旧基层缺陷部位的黏结可靠性可在现场参照《建筑工程饰面面砖黏结强度检验标准》(JGJ/T 110) 进行检测和判断。

墙面大面积空鼓、开裂和渗水，参照《超声法检测混凝土缺陷技术规程》(CECS 21)，可模拟对基底内部空洞和不密实区的位置，浅裂纹、深裂纹的深度，表面损伤层厚度进行检测。

对于旧墙体表面的粉化、疏松、褪色、表面裂纹、剥落、泛碱、发霉、污染、钢筋锈蚀等情况，现场通过目测观察、手触摸和敲击等方法进行判断。

(3) 旧基层的评估　根据检测结果对旧墙面的粉化、褪色、空鼓、开裂、脱落、泛碱、疏松、渗水、表面裂纹、剥落、发霉、污染等分类进行评估判定；根据检测结果对旧墙面基底的老化进行评定。在评估结果中应写出评估报告并附上完整的原始检测记录；报告内容包括旧墙面的原始状况、缺陷种类、程度和分布等情况。

8.4.2　旧墙面主要劣化原因分析

8.4.2.1　墙面渗漏原因分析

墙面的种类不同，可能导致渗漏的原因也不相同，下面分析不同墙体的渗漏原因。

(1) 砌体　砌体设计选材不当和砌筑质量差是形成渗漏的主要原因。框架结构的填充外墙，多采用石渣混凝土空心砌块、多孔砖、粉煤灰加气混凝土砌块。由于空心砖的结构特点，砖缝中的砂浆质量往往难以保证，水平缝的砂浆容易掉到空心砖或空心砌块的空腔内，使砌体砂浆不饱满；竖缝由于砖身较高，砌筑时砂浆难以满灰，因而在缝内存在大量空隙，水渗入后因压差和毛细孔作用而导致渗漏。砌体的另外一个薄弱地方是与梁柱和外砌空调板之间的连接部位，由于砌体收缩而引起开裂。采取斜砌砖、外挂钢丝网后再抹灰时，则可能产生斜砖缝砂浆难以饱满而导致开裂，产生渗漏，钢丝网少挂或不挂则更容易开裂，产生渗漏。

(2) 抹灰层　抹灰层过厚，抹灰时不浇水湿润墙面，砂浆缺乏养护导致空鼓，干缩裂缝严重；在应加挂钢丝网抹灰的部位未采取相应措施，也容易引发空鼓、开裂；旧外堵抹灰没有在砂浆内加防水剂，或没有在抹灰层做防水层，起不到防水作用而引起渗漏。

(3) 饰面层　陶瓷锦砖、面砖、大理石饰面较涂料饰面更容易渗水，因为这些饰面砖粘贴采用水泥砂浆，为了调整平整度，饰面砖周边 10mm 内往往无砂浆，形成大量纵横缝隙，勾缝砂浆容易干缩开裂，造成渗漏。

(4) 窗户　窗框四周缝隙填堵不密实，滴水线不规范，窗台坡度不够，封边胶条老化，易形成渗漏。

(5) 其他　外装的空调、防盗网、管道等后打洞安装，破坏了墙面的整体性，支架固定部位易形成渗漏。空调管穿墙洞坡向不对，也易引起雨水渗入。

8.4.2.2 墙面污损原因分析

不同的墙面污损其原因不同。下面分析常见的墙面污损原因。

(1) 长霉　有效使用期限已过或防霉性不好，长期缺乏维护等。

(2) 积污　空气中粉尘黏附于饰面上，不能得到及时清理而长期积累，饰面自洁功能不好，缺乏清理、维护。

(3) 挂锈　防盗网、空调支架、结构固定件等铁件锈蚀后铁锈流挂于饰面上所致。

(4) 泛碱发花　水通过饰面裂缝渗入抹灰砂浆和基层内，并溶解砂浆内的游离碱或硫酸盐，空气湿度变化时，这些水分又通过裂缝逸出并向空气中散发，溶解的游离碱和硫酸盐等留在饰面表面，造成泛碱发花。

(5) 损坏　建筑物在长期使用过程中，受外界各种因素的影响，导致一些局部破损，例如基础的不均匀沉降导致墙体开裂，墙体因温度差产生的各种裂缝等。

8.4.3 旧基层的维修处理

对旧基层进行系统、全面地检测后，根据检测结果选择适当的方法进行维修处理。维修处理完成后应进行相关的检查或验收，合格后才能进行下道工序。

(1) 旧涂层的清理　旧涂层的清理可采用钢丝刷、电动打磨机、高压水枪或专用工具进行清理。对于基层黏结强度高的旧涂层，可以采用脱漆剂或溶剂，使之溶胀后进行铲除。

(2) 旧墙面清洗与杀菌　可以采用高压水枪和专用清洗剂对旧墙面进行清洗以清除墙面的浮灰和污渍；对重度污染，可以采用化学清洗剂或溶剂进行清洗，但所选用的化学清洗剂应不会损伤建筑物的其他构件；对特殊的污垢可根据现场情况采用相应的方法处理。墙面的霉斑、藻类可以采用铲刀铲除或高压水枪清洗，然后用杀菌剂进行杀菌处理。

(3) 旧墙面空鼓维修　可以采用灌注低黏度结构胶黏剂对旧墙面空鼓进行维修加固处理，也可以通过切割的方法进行修补。采用灌注胶黏剂方法时，应先清理裂缝表面疏松的涂层和浮灰，然后用密封材料密封裂缝。灌注应从上至下进行。采用切割修补方法时，先用砂轮切割机切除空鼓部位，将基层凿毛并除去浮灰，用清水充分湿润基层表面，然后涂刷一道界面处理剂，再用聚合物水泥砂浆将缺陷处修补平整。必要时可以在涂刷界面处理剂后加挂一层钢丝网，再用聚合物水泥砂浆将缺陷修补平整，再进行适当时间的养护。选用的聚合物水泥砂浆的收缩要小，强度应略高于原基层。聚合物水泥砂浆一次的填补厚度应按产品说明书的规定，不能太厚。

（4）旧基层的裂缝修补　裂缝也可以采用灌注低强度结构胶黏剂的方法或使用切割方法进行修补，方法与空鼓修补方法相同。用切割法补缝时，需用切割机将裂缝切成V形缝后再进行修补。

（5）内部钢筋和铁件锈蚀的处理　处理时，先除去锈蚀部位的砂浆或混凝土，露出的钢筋或铁件的未锈蚀部位不得少于2.5cm。除去钢筋或铁件表面的锈蚀，在规定的时间内涂刷防锈涂料。也可以将锈蚀的钢筋或铁件切除，但不得对结构强度造成影响。最后将除去的砂浆或混凝土部位，用聚合物水泥砂浆或环氧胶泥填补。用聚合物水泥砂浆填补时，填补厚度不得小于2cm；用环氧胶泥填补时，填补厚度不得小于0.5cm。

（6）渗水的处理　对因结构变形、防水层设计和施工缺陷以及防水层损坏造成的渗漏，以及厨、卫间对应的墙部位渗漏，应由专业防水施工公司进行处理。对于窗与墙面连接处的渗漏，在室内部分使用聚氨酯泡沫填缝剂或类似产品进行密封处理，室外用密封胶密封；对于裂缝引起的渗水，可以采用低黏度结构胶黏剂灌注处理。

8.4.4 涂料系统的选择

翻新涂料系统的选择应能够满足功能性、装饰性、经济性和涂层使用寿命的要求。

8.4.4.1 腻子的选择

旧墙面翻新使用的腻子包括弹性腻子、找平腻子等，这些腻子的作用、适用的基层情况和技术性能要求等见表8-10。应根据旧墙面的情况选择合适的腻子系统。

表8-10　应用于旧墙面翻新的腻子性能要求和所适用的基层情况

腻子种类	作用	性能要求	适用基层情况
弹性腻子	适用于各种需要预防或解决裂缝的墙面，其抗裂可靠性高，能够独立承受基层龟裂，可与多种涂料配套。腻子应有足够的厚度，以确保抗裂性能	主要技术性能应满足建筑工程行业标准JGJ/T 157—2004中R（柔性）型腻子的质量指标，且断裂伸长率应不小于60%	有大量龟裂纹的旧墙面系统
找平腻子	主要作用是找平基层	主要性能指标除应符合建筑行业标准JGJ/T 157—2004中P（普通型）型腻子质量指标外，还应具有较高的黏结强度，即黏结强度应不小1.0MPa	凹凸不平的旧外墙面

8.4.4.2 涂料的选用

（1）根据涂料性能和耐久性选用涂料　翻新涂料的选择应与基层相适应，能够满足与基层附着牢固，装饰效果好，与建筑物的风格和建筑物周围的环境相协调，以及经济性能合理的涂料。涂料的经济性能除了要从单位面积材料成本和单位面积施工成本等方面进行考虑外，还应考虑涂层的有效装饰寿命（一般根据预期两次装修的时间间隔）以及环境对涂料性能的要求等因素，见表8-11。此外，选择的涂料系统中的每种材料都应该符合现行有关国家标准或国家行业标准的规定和要求。

表 8-11 根据有效装饰寿命和环境对涂料系统性能的要求选择涂料

涂料品种与类别		性能特征	可保持间隔/年
种类	品种		
无机类	碱金属硅酸盐涂料	涂膜硬度高,耐沾污性好	3
	硅溶胶涂料	涂膜硬度高,耐沾污性好,耐水性优良	5
有机-无机复合涂料	聚合物水泥涂料	涂膜硬度高,耐水性优良	5
	硅溶胶-丙烯酸涂料	耐沾污性好,耐水性优良,耐黄变性能好	10
合成树脂乳液涂料	苯丙乳胶漆	耐水性优良	5
	纯丙乳胶漆	耐水性优良,耐黄变性能好	5
	硅丙乳胶漆	耐水性优良,耐沾污、耐热、耐黄变性能好	10
溶剂型涂料	丙烯酸酯涂料	耐水性优良,耐沾污、耐黄变性能好	10
	有机硅-丙烯酸酯涂料	耐水性优良,耐沾污、耐热、耐黄变性能好	10
	聚氨酯-丙烯酸酯涂料	耐水性优良,耐沾污、耐热、耐黄变性能好	10
	氟树脂涂料	耐水性优异,耐沾污、耐热、耐黄变性能极好	15

（2）根据旧墙面基层的处理情况选择涂料系统　选择翻新涂装使用的涂料系统时，还应根据旧墙面基层及其处理过程中所取得的情况进行选择。这里提出一些选择的原则供参考。

① 基层的黏结力不高时，宜选用渗透性强的溶剂型封闭底漆封闭处理基层。

② 对于龟裂纹较多的基层宜采用弹性腻子或厚质型弹性涂料系统。

③ 旧装饰层的裂缝若采用涂料系统解决，应采用腻子层加筋的处理系统。

④ 对于含水率高的基层，宜采用合成树脂乳液封闭底漆。

⑤ 基层的平整度不好时，应采用无光的面涂料，因涂膜的光泽高会使基层不平的缺陷显露无遗。

⑥ 基层的碱性较高（pH 值高）时应采用溶剂型封闭底漆。

⑦ 基层处理之前开裂严重时，宜采用弹性合成树脂乳液型复层涂料系统。

8.4.5 旧墙面翻新施工技术要点

8.4.5.1 翻新涂装程序

一般旧墙面维修翻新涂装程序如下所示。

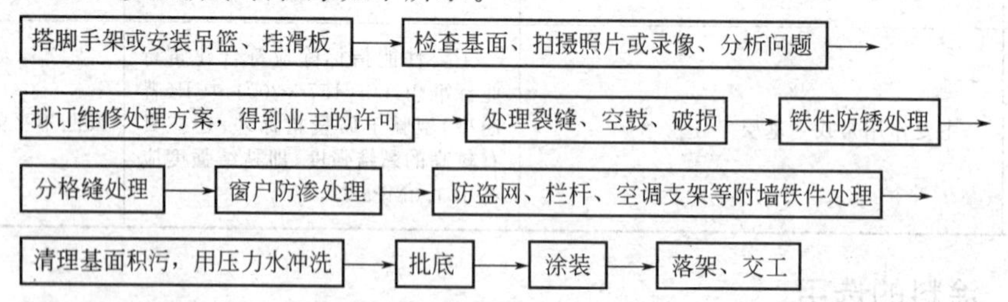

8.4.5.2 旧墙面翻新涂装实施要点

对旧墙面维修处理好以后，往往还需要重新涂装，应选择业主满意、规划设计部门批准的外墙涂装设计方案，包括涂料品种、色彩搭配、涂层道数、分格缝和表面装饰效果等，应在涂装之前做好详细的计划，然后再进行涂装。原墙面为涂料饰面的要进行界面处理。

（1）界面处理　在原涂料饰面上重涂，可在冲洗干净后进行，如对墙面喷涂效果不满意，也可在上面批刮 1～2 道聚合物水泥防水腻子，然后再按要求涂装。

水泥砂浆墙面应在修补裂缝后，用防水水泥砂浆或防水剂处理，再喷憎水剂两道，即可进行涂装。对旧陶瓷锦砖和花岗石饰面进行涂料翻新，可以将旧饰面层用钢凿凿掉，然后用水泥砂浆抹面，再进行涂料涂装。

（2）涂装材料　可根据业主要求和建筑特点选择乳液建筑涂料、溶剂型建筑涂料、无机涂料、高装饰性涂料（复层涂料、砂壁状涂料、拉毛涂料或弹性涂料等）以及相应的配套底涂料。

（3）涂装施工

① 材料　施工中使用的所有材料都应有合格证或相关的质量证明；所有进场材料均应在有效使用期内，严禁使用过期产品，材料的品种和类型应符合设计的要求，不得随意更换；材料的堆放应符合相关的规定，材料的使用应做好使用记录；双组分材料在拌和后应在其规定的时间内用完；同一立面应使用相同批号的面涂料，或做混合均化处理，以防止出现色差。

② 墙面检查　墙面检查应按照设计要求按步骤、按部位进行，防止遗漏，墙面检查的结果应以书面的形式进行记录，必要时采用图片作为辅助手段，记录的内容应包括：发生部位、问题类型、发生范围和原因分析等。

③ 基层清理和清洗　基层清理和清洗时，对于一般的污迹、疏松和霉藻，可以用高压水枪清洗，水压在10MPa以内。清洗时，应注意窗边、分格缝的密封胶，防止水压过大造成破坏。清洗完毕应检查密封胶，对老化和损坏的部位进行维修；采用化学清洗时应符合化学药品使用相关规定。

④ 涂料施工　涂料施工时应按照要求达到规定的涂膜厚度或材料用量，并保证涂装均匀；根据设计要求对基层进行平整度的检查；腻子选用时应根据不同的基面选择适合的品种，批刮时一次不可批刮得过厚，以不超过1mm为宜。两道腻子之间应有足够间隔时间，腻子批刮完成后应有一定的养护期，在随后腻子的打磨中，应根据不同的腻子品种选用合适的砂纸或砂轮打磨。

8.5 涂料工程施工中常见问题成因及解决措施

涂料工程施工质量通病及防治措施见表8-12。

表8-12　涂料工程施工质量通病及防治措施

质量通病	产生原因	防治措施
流坠、流挂、流淌	①涂料施工黏度过低；每遍涂膜太厚 ②漆刷蘸涂料太多，喷枪的孔径太大 ③施工场温度太低，涂料干燥较慢，在成膜中流动性较大 ④喷涂施工中喷涂压力大小不均，喷枪与施涂面距离不一致 ⑤涂饰面凹凸不平，在凹处积油太多 ⑥选用挥发性太快或太慢的稀释剂	①调整涂料的施工黏度，每遍涂料的厚度应控制合理 ②漆刷蘸涂料应勤蘸，蘸少；调整喷嘴孔径 ③加强施工场所通风，选用干燥稍快的涂料 ④调整空气压缩机，使压力均匀，气压一般为0.4～0.6MPa。喷枪嘴与施涂面距离调到足以消除此项疵病，并应均匀移动 ⑤在施工中，应尽量使基层平整，磨去棱角。刷涂料时，用力刷匀 ⑥应选择各种涂料配套的稀释剂；注意稀释剂的挥发速率和涂料干燥时间的平衡
刷纹	①涂料中的填料吸油性大，或涂料中混进了水分，使涂料的流平性变差 ②涂料的施工黏度过高，而稀释剂的挥发速率又太快 ③选用的漆刷过小、刷毛过硬或漆刷保管不善而使刷毛不齐或干硬 ④在木制品刷涂中，没有顺木纹方向平行操作 ⑤被涂物面对涂料的吸收能力过强，涂刷困难	①刷涂所选用的涂料应具有较好的流平性、挥发速率适宜。若涂料中混入水，应用滤纸吸除 ②调整涂料施工黏度，选用配套的稀释剂 ③涂刷瓷漆时，要用较软的漆刷，理油动作要轻巧。漆刷用完后，应用稀释剂洗净，妥善保管，刷毛不齐的漆刷应尽量不用 ④应顺木纹的方向进行施工 ⑤先用黏度低的涂料封底，然后进行正常涂刷 ⑥刷纹处理：应用水砂纸轻轻打磨平整，并用湿布擦净，然后再涂刷一遍涂料

续表

质量通病	产生原因	防治措施
涂膜粗糙	①涂料在制造过程中，研磨不够，颜料过粗，用油不足 ②涂料调制时搅拌不匀，或有杂物混入涂料 ③误将两种或两种以上不同性质的涂料进行混合 ④基层面不光滑或灰尘、沙粒等未清除干净 ⑤施工环境不洁，有灰尘、沙粒落于涂料中，或漆刷等施涂工具不洁，粘有杂物 ⑥喷涂时，喷嘴口径小、气压大，喷枪与物面的距离太远，温度较高，涂料颗粒未到达物面即已干结或将灰尘带入涂料中	①选用优良的涂料，贮存时间长的、材料性能不明的涂料，应做样板或试验后再用 ②涂料必须调制搅拌均匀，并过筛除净杂物 ③应注意涂料的混容性，一般应用同种性质的涂料混合 ④基层不平处应用腻子填平，用砂纸打磨光滑，擦去粉尘后再涂刷涂料 ⑤刮风或有灰尘的环境不宜进行涂饰施工，施涂工具应注意清洗，使之保持干净 ⑥选择合适的喷嘴口径、气压和喷涂距离，熟练掌握喷涂施工方法 ⑦粗糙处理：涂膜表面已粗糙，可用砂纸打磨光滑，然后再刷一遍面层涂料。对于高级装修，可用水砂纸或砂蜡打磨平整，最后打上光蜡，抛光、抛亮
皱纹	①涂料中桐油含量过多，熬制时聚合度控制不均；挥发快的溶剂含量过多 ②刷涂时或刷涂后遇高温或太阳暴晒，以及催干剂加得过多 ③底漆过厚，未干透或黏度太大，涂膜表面先干而里面不易干	①尽量多用亚麻子油和其他油代替桐油，并应控制挥发快的溶剂的用量。在涂料熬炼时应掌握其聚合度的均匀性 ②高温，日光暴晒及寒冷、大风的气候不宜涂刷涂料；涂料中加催干剂应适量 ③对于黏度大的涂料，可以适当加入稀释剂，使涂料易涂，或用刷毛短而硬的漆刷刷涂。刷涂时应纵横展开，使涂膜厚薄适宜并一致
橘皮(涂膜表面呈现出许多半圆形突起，形似橘皮斑纹状)	①喷涂压力太大，喷枪口径太小；涂料黏度过大；喷枪与物面间距不当 ②低沸点的溶剂用量太多，挥发速率太快，在静止的液态涂膜中产生强烈的对流电流，使涂层四周凸起、中部凹入，呈半圆形突起橘纹状，未等流平，表面已干燥形成橘皮 ③施工温度过高或过低	①应熟练掌握喷涂工技术，调好涂料的施工黏度，选好喷嘴口径，调好喷涂施工压力 ②应注意稀释剂中高低沸点溶剂的搭配。高沸点溶剂可适当增多 ③施工温度过高或过低时不宜施工 ④橘皮状处理：若出现橘皮状，应用水砂纸将凸起部分磨平，凹陷部分抹补腻子，再涂饰一遍面层涂料
咬底	①在一般底层涂料上刷涂强溶剂型面层涂料 ②底层涂料未完全干燥就涂刷面层涂料 ③涂刷面层涂料时，动作不迅速，反复涂刷次数过多	①底层涂料和面层涂料应配套使用 ②应待底层涂料完全干透后，再刷面层涂料 ③涂刷强溶剂型涂料，应技术熟练、操作准确，迅速，反复次数不宜多 ④咬底处理：应将涂层全部铲除洁净，待干燥后，再进行一次涂饰施工
针孔	①涂料施工黏度过大，施工场所温度较低；涂料搅拌后，气泡未消就被使用 ②溶剂搭配不当，低沸点挥发性溶剂用量过多，造成涂膜表面迅速干燥，而底部的溶剂不易逸出 ③在30℃以上温度下喷涂或刷涂含有低沸点、挥发快溶剂的涂料 ④喷涂施工中喷枪压力过大，喷嘴直径过小，喷枪和被涂面距离太远 ⑤涂料中有水分，空气中有灰尘	①施工黏度不宜过大，施工温度不宜过低。涂料搅拌后，应停一段时间后再用 ②注意溶剂的搭配，应控制低沸点溶剂的用量 ③应在较低的温度下进行施工，酯胶清漆可加入质量分数为3%～5%松节油来改善 ④应掌握好喷涂技术 ⑤配制使用涂料时，应防止水分混入。风沙天、大风天不宜施工
起泡	①木材、水泥等基层含水率过高 ②耐水性低的涂料用于浸水物体的涂饰。油性腻子未完全干燥或底层涂料未干时涂饰面层涂料 ③金属表面处理不佳，凹陷处积聚潮气或包含铁锈，使涂膜附着不良而产生气泡 ④喷涂时，压缩空气中有水蒸气，与涂料混在一起；涂料的黏度较大，刷涂时易夹带空气进入涂层 ⑤施工环境温度太高或日光强烈照射，使底层涂料未干透；遇雨水后又涂上面漆，底层涂料干结时产生气体将面漆顶起	①应在基层充分干燥后，再进行涂饰施工 ②在潮湿处选用耐水涂料。应在腻子、底层涂料充分干燥后，再刷面漆 ③金属表面涂饰前，必须将铁锈清除干净 ④涂料黏度不宜过大，一次涂膜不宜过厚，喷涂前，检查油水分离器，防止水汽混入 ⑤应在底层涂料完全干透、表面水分除净后再涂面漆

续表

质量通病	产生原因	防治措施
失光(倒光)	①涂刷施工时,空气湿度过大或有水蒸气凝聚 ②涂料施工未干时遇烟熏 ③喷涂工具中有水分带入涂料 ④木材基层含有吸水的碱性植物胶;金属表面有油渍,喷涂硝基漆后,产生白雾	①阴雨、严寒天气或潮湿环境,不宜进行施工;若要施工,应适当提高环境温度和加防潮剂 ②涂料未干时避免烟熏 ③压缩空气必须过滤,并应装防水装置,防止水分进入涂料中 ④在木材、金属表面涂饰前,应将基层处理干净,不得有污物 ⑤失光现象的处理:出现倒光,可用远红外线照射,或薄涂一层加有防潮剂的涂料
涂膜开裂	①涂膜干后,硬度过高,柔韧性较差 ②催干剂用量过多或各种催干剂搭配不当 ③涂层过厚,表干里不干 ④受有害气体侵蚀,如二氧化硫、氨气等 ⑤木材的松脂未除净,在高温下易渗出,使涂膜产生龟裂 ⑥混色涂料在使用前未搅匀 ⑦面漆中的挥发成分太多,影响成膜的结合力	①面层涂料的硬度不宜过高,应选用柔韧性较好的面层涂料 ②应注意催干剂的用量和搭配 ③施工中每遍涂膜不能过厚 ④施工中应避免有害气体的侵蚀 ⑤木材中的松脂应除净,并用封底涂料封底后再涂面漆 ⑥施工前应将涂料搅匀 ⑦面层涂料的挥发成分不宜过多
涂膜脱落	①基层处理不当,表面有油污、锈垢、水汽、灰尘或化学药品等 ②潮湿或有霉的砖、石基层与涂料黏结不良 ③每遍涂膜太厚 ④底层涂料的硬度过大,涂膜表面光滑,使底层涂料和面层涂料的结合力较差	①施涂前,应将基层处理干净 ②基面应当干燥,除去霉染物后再涂刷涂料 ③控制每遍涂料的涂膜厚度 ④注意底层涂料和面层涂料的配套,应选用附着力和润湿性较好的底层涂料
回黏(涂料的表层涂膜形成后,经过一段时间仍有发黏感)	①在氧化型的底漆、腻子没干之前就涂第二遍涂料 ②涂料中混入了干性油或不干性油,使用了高沸点的溶剂 ③干料加入量过多或过少,干料的配合比不合适 ④基层处理不干净,有蜡、油、盐等。如木材的脂肪酸和松脂、钢铁表面的油脂等未处理干净 ⑤涂膜太厚,施工后又在烈日下暴晒 ⑥涂料在施工中遇到冰冻、雨淋和霜打	①应在头遍涂料完全干燥后,再涂第二遍涂料 ②应注意涂料的成分和溶剂的性质。合理选用涂料和溶剂 ③应按试验和经验来确定干料的用量和配比 ④基体表面的油脂等污染物均应处理干净。木材还应用封底涂料进行封底 ⑤每遍涂膜不宜太厚,施涂后不能在烈日下暴晒 ⑥施工时,应采取相应的保护措施,以防冰冻、雨淋和霜打
木纹浑浊	①存放时间较长,颜料下沉,造成上浅下深。操作时未搅匀,颜色较深处,覆盖了木纹而显浑浊 ②木材质地不均,着色不均匀,一般软木易着色,硬木不易着色 ③刷毛太硬或太软;操作不熟练,重刷处色深	①木材染色颜料宜选用酒色和水色,尽量不用油色。用密度较大的颜料配制的染色材料,使用时应经常搅拌,以保证颜色均匀 ②对于不同材质的基层,应选用不同的施工方法染色,以求达到一致 ③使用的漆刷应软硬适宜。操作应熟练、迅速,不可反复涂刷,个别部位可进行修色处理
渗色	①在底层涂料未充分干透的情况下涂刷面层涂料 ②底层涂料上涂刷强溶剂的面层涂料 ③底层涂料中使用了某些有机颜料、沥青、杂酚油等 ④木材中含有某些有机染料,木脂等,如不涂封底漆,日久或在高温情况下,易出现渗色 ⑤底层涂料颜色深,而面层涂料颜色浅	①底层涂料充分干后,再涂刷面漆 ②底层涂料和面漆应配套使用 ③底漆中最好选用无机颜料或抗渗色性好的有机颜料,避免沥青、杂酚油等混入涂料 ④木材中的染料、木脂应尽量清除干净,并用虫胶漆(漆片)进行封底,待干后再施涂面漆 ⑤面漆的颜色一般应比底层涂料深

续表

质量通病	产生原因	防治措施
泛白	①在喷涂中，由于油水分离器失效，而把水分带进涂料中 ②快干涂料施工中使用大量低沸点的稀释剂，涂膜不但会发白，有时也会出现多孔状和细裂纹 ③快干挥发性涂料在低温、高湿度(80%)的条件下施工，使部分水汽凝结在涂膜表面形成白雾状 ④凝结在湿涂膜上的水汽，使涂膜中的树脂或高分子聚合物部分析出，而引起涂料的涂胶发白 ⑤基层潮湿或工具内带有大量水分	①喷涂前，应检查油水分离器，不能漏水 ②快干涂料施工中应选用配套的稀释剂，而且稀释剂的用量也不宜过多 ③快干挥发性涂料不宜在低温、高湿度的场所中施工 ④在涂料中加入适量防潮剂(防白剂)或丁醇类憎水剂 ⑤基层应干燥，清除工具内的水分
涂膜生锈	①涂饰出现针孔弊病或因漏有空白点，涂膜太薄，水汽或有害气体透过膜层，产生针蚀而发展到大面积锈蚀 ②基层表面有铁锈、酸液、盐水、水分等，未清理干净	①钢铁表面涂普通防锈涂料时，涂膜应略厚一些，最好涂两遍 ②涂刷前，必须把钢铁表面的锈斑、酸液、盐水等清除干净，并应尽快涂一遍防锈涂料 ③涂膜生锈处理：若出现锈斑，应铲除涂层，进行防锈处理后，再重新做底层防锈涂料

第9章

室内细木制作工程

9.1 细木制作工程概述

细部工程指室内的窗帘盒和窗台板、护栏和扶手、橱柜和吊柜、室内线饰、花饰等。在现代建筑室内装饰工程中，其制作与安装质量对整个工程的装饰效果有很大的影响，正所谓“细节决定成败”。为此，施工时应优选材料、精心制作、仔细安装，使工程质量达到国家标准的规定。

9.1.1 木构件制作加工原理

（1）选择木料 根据所制作构件的形式和作用以及木材的性能，正确选择木料是木构件制作的一个基本要求。首先是选择硬木还是软木。硬木因为变形大不宜作为重要的承重构件，但其有美丽的花纹，因此是饰面的好材料。硬木可作为小型构件的骨架。软木变形小，强度较高，特别是顺纹强度，可作承重构件，也可作各类龙骨，但花纹平淡。其次，根据构件在结构中所在位置以及受力情况来选择使用边材还是心材（木材在树中横截面的位置不同，其变形、强度均不一致），是用树根部还是树中、树头处。总之认真、正确选材是非常重要的。

（2）构件的位置、受力分析 构件在结构中位置不同受力也不同，所以要分清构件的受力情况，是轴心受压、受拉，还是偏心受压、受拉等。常见的木构件有龙骨类、板材类，龙骨分为隐蔽的和非隐蔽的。板材多数是作为面层或基层，受弯较多。通过受力分析可进一步正确选材和用材，从而与木材的变形情况相协调，充分利用其性能。

（3）配料下料 根据选好的材料，进行配料和下料。

① 充分利用，配套下料，不得大材小用，长材短用。

② 留有合理余量。木构件制作下料尺寸要大于设计尺寸，这是留有加工余量所致，但余量的多少，应视加工构件的种类以及连接形式的不同，如单面刨光留 3mm，双面刨光留 5mm。

③ 矩形框料纵向通长，横向截断，其他形状与图样要吻合，但要注意受力分析。

（4）连接形式 连接的关键是要注意搭接长度满足受力要求。形式有钉接、榫接、胶接、专用连接件。

（5）组装与就位 当构件加工好后进行装配，装配的顺序应先里后外，先分部后总体，先临时固定调整准确后再固结。

9.1.2 施工准备与材料选用

9.1.2.1 施工准备

细木制品的安装工序并不十分复杂，其主要安装工序一般是：窗框安装后进行窗台板安装；无吊顶采用明窗帘盒的房间，明窗帘盒的安装应在安装好窗框、完成室内抹灰标筋后进行；有吊顶的暗窗帘盒的房间，窗帘盒安装与吊顶施工可同时进行，挂镜线、贴脸板的安装应在门窗框安装完、地面和墙面施工完毕后再进行；筒子板、木墙裙的龙骨安装，应在安装好门窗框与窗台板后进行。细木制品在施工时，应当注意以下事项。

① 细木制品制成后，应当立即刷一遍底油（干性油），以防止细木制品受潮或干燥发生变形。

② 细木制品及配件在包装、运输、堆放和安装时，一定要轻拿轻放，不得暴晒和受潮，防止变形和开裂。

③ 细木制品必须按照设计要求，预埋好防腐木砖及配件，保证安装牢固。

④ 细木制品与砖石砌体、混凝土或抹灰层的接触处，埋入砌体或混凝土中的木砖应进行防腐处理。除木砖外，其他接触处应设置防潮层，金属配件应涂刷防锈漆。

⑤ 施工中所用的机具，应在使用前安装好并进行认真检查，确认机具完好后，接好电源并进行试运转。

9.1.2.2 材料选用

（1）木制材料选用

① 细木制品所用木材要进行认真挑选，保证所用木材的树种、材质、规格符合设计要求。在施工中应避免大材小用、长材短用和优质劣用的现象。

② 由木材加工厂制作的细木制品，在出厂时，应配套供应，并附有合格证明；进入现场后应验收，施工时要使用符合质量标准的成品或半成品。

③ 细木制品露明部位要选用优质材料，当制作清漆油饰显露木纹时，应注意同一房间或同一部位要选用颜色、木纹近似的相同树种。细木制品不得有腐朽、节疤、扭曲和劈裂等质量弊病。

④ 细木制品用材必须干燥，应提前进行干燥处理。重要工程，应根据设计要求进行含水率的检测。

（2）胶黏剂与配件

① 细木制品的拼接、连接处，必须加胶。可采用动物胶（鱼鳔、猪皮胶等），还可用聚乙酸乙烯（乳胶）、脲醛树脂等化学胶。

② 细木制品所用的金属配件、钉子、木螺钉的品种、规格、尺寸等应符合设计要求。

（3）防腐与防虫　采用马尾松、木麻黄、桦木、杨木等易腐朽、虫蛀的树种木材制作细木制品时，整个构件应用防腐、防虫药剂处理。

9.2 窗帘盒、窗台板的制作与安装

按窗帘盒的外观效果，窗帘盒分为明式、暗式两种。明窗帘盒整个露明，多为成品或半成品在现场安装；暗窗帘盒与室内吊顶相结合，常见的有内藏式和外接式两种。在吊顶时预留并一体装饰完成，适用于有吊顶的房间。窗帘盒里安装帘轨并悬挂窗帘，成品窗帘轨道分为单轨、双轨或三轨。窗帘又有手动和电动之分。在当前的室内装饰装修工程中，多数手动窗帘工程不再采用明窗帘盒，而选用装饰效果好的金属或木质窗帘杆件，直接悬挂装饰窗帘。

9.2.1 窗帘盒的构造与类型

9.2.1.1 窗帘盒的构造

窗帘盒设置在窗的上口，主要作用是吊挂窗帘，并可以遮挡窗帘导轨等构件，因而它也

具有美化居室的作用。窗帘盒的长度以窗帘拉开后不影响采光面积为准，明窗帘盒的宽度尺寸应符合设计要求，设计无要求时，窗帘盒易伸出窗口两侧200～360mm，窗帘盒中线应对准窗口中线，并使左右两端伸出窗口的长度相同。窗帘盒的下沿与窗口应平齐或略低，深度（即出挑尺寸）与所选用窗帘材料的厚薄和窗帘的层数有关，一般为120～200mm，保证在拉扯每层窗帘时互不牵动。

窗帘盒由面板、端板、盖板及支架组成。窗帘盒的支架应固定在窗过梁或其他结构构件上。当层高较低或者窗过梁下沿与顶棚在同一标高时，窗帘盒可以隐蔽安装在顶棚上，其支架固定在顶棚格栅上。另外，窗帘盒还可以与照明灯具、灯槽结合成一体。木窗帘盒分为单轨木窗帘盒、双轨木窗帘盒两种，单轨木窗帘盒用于吊单层窗帘，双轨木窗帘盒用于吊双层窗帘。单轨窗帘盒的构造，如图9-1所示。

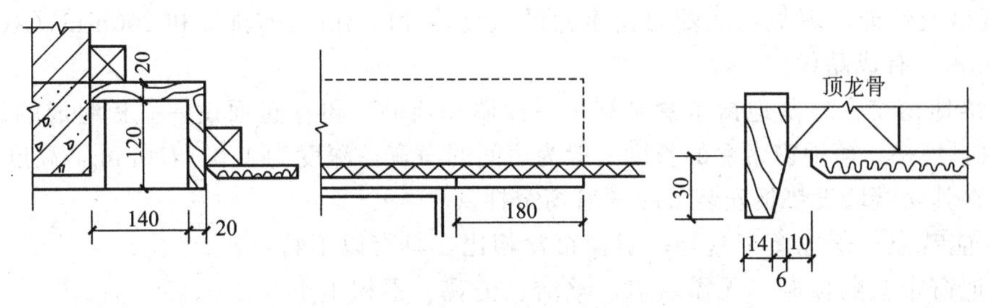

图9-1　单轨窗帘盒的构造

9.2.1.2　窗台板的构造做法

窗台板的制作材料通常有木制窗台板、天然或人工石材窗台板、金属窗台板等。其中木制窗台板以现场制作为主，其构造如图9-2所示。

9.2.1.3　窗帘盒的类型

窗帘盒常见类型有下列几种。

（1）木窗帘盒　木窗帘盒有明、暗两种，明窗帘盒整个露明，一般是先加工成半成品，后在施工现场安装；暗窗帘盒的仰视部分露明，适用于有吊顶的房间。窗帘盒里悬挂窗帘，窗帘杆可采用钢筋棍或木棍，普遍采用窗帘轨道，轨道分为单轨、双轨或三轨。窗帘的启闭有电动和手动之分。普通常用的明、暗窗帘盒做法如图9-3和图9-4所示。

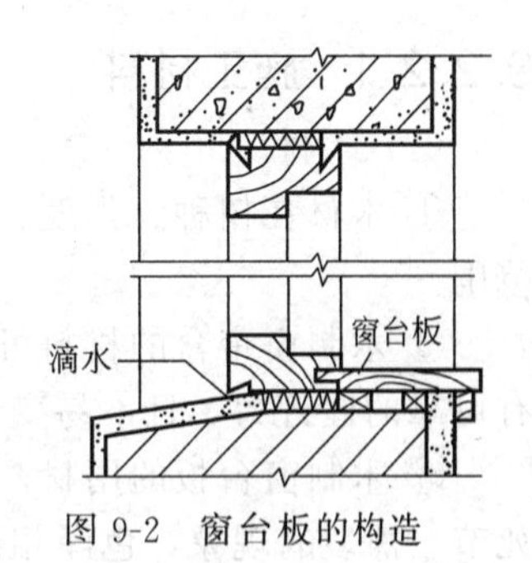

图9-2　窗台板的构造

（2）聚氯乙烯塑料窗帘盒　聚氯乙烯塑料窗帘盒是以聚氯乙烯树脂为主要原料，加入适当的增塑剂、稳定剂、填料、着色剂等辅助料，经捏合、选料、挤出成型而制成。

① 特点　聚氯乙烯塑料窗帘盒具有施工简便、外形美观、防水防蛀、清洗方便、难燃、

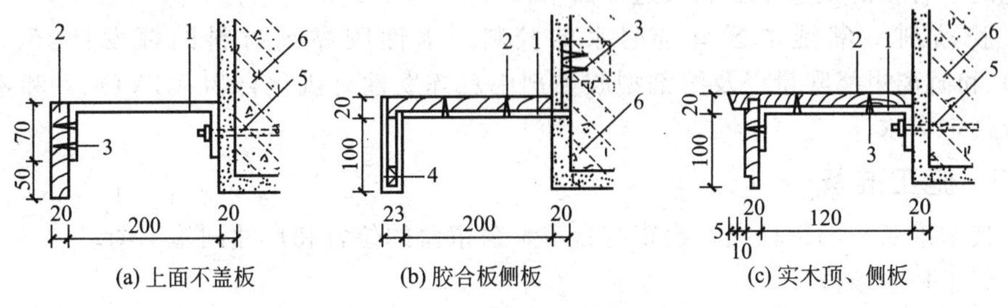

图9-3　明设窗帘盒3种做法

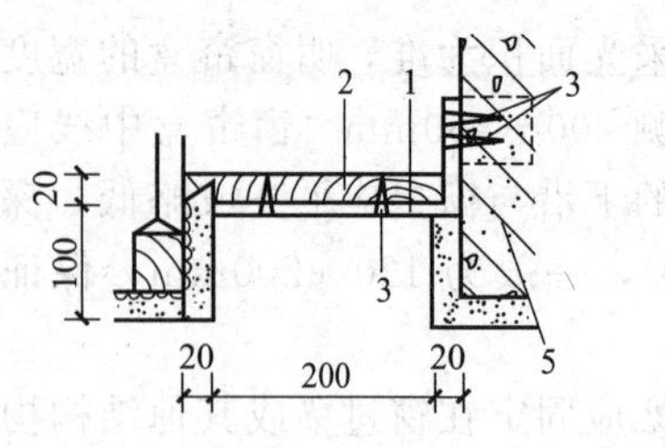

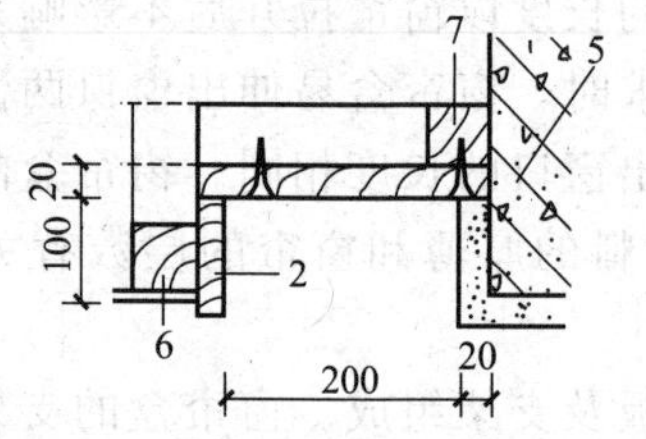

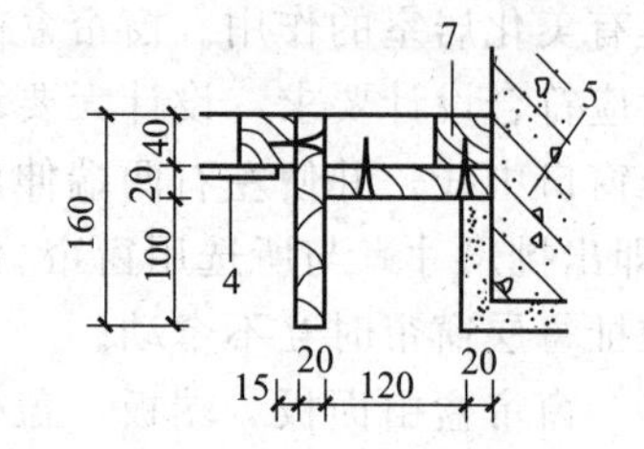

图 9-4　暗设窗帘盒 3 种做法

不需油漆、空腹并可铺设电线等特点。

② 用途　聚氯乙烯塑料窗帘盒可替代传统木材制品、金属制品，适用于住宅、办公楼、饭店、展览馆、人防工程等低档装饰工程。

③ 规格及性能　聚氯乙烯塑料窗帘盒的宽度为 140mm（单轨）和 200mm（双轨），净高为 120mm，有成品供应。

(3) 落地窗帘盒　落地窗帘盒是利用三面墙和顶棚，再在正面设一立板组成的。

① 材料规格　落地窗帘盒的长度一般为房间的净宽，深度为 120～150mm，高度为 180～200mm，在其两端墙设垫板安装 $\phi 12$ 薄管窗帘杆。

② 性能特点　落地窗帘盒与一般窗帘盒相比，具有以下特点。

a. 落地窗帘盒贴顶棚，无需盒盖，整洁、美观、不积尘土。

b. 落地窗帘盒只由一块 3cm 厚的骨架和立板组成，采用预埋木楔和铁钉固定，制作简单。

c. 窗帘盒与顶棚结合，便于统一装饰材料和色彩。

9.2.2　木窗帘盒的制作与安装

9.2.2.1　施工材料

(1) 木材

① 木材在树种、强度、色泽、纹理方面没有限制时，应注意木材树种的性能及适用范围。

② 木制窗帘盒的材料可选用质地较软的树种，气干密度应在 $0.3 \sim 0.5 g/cm^3$ 之间，具有可靠的握钉力，且不易变形，易于干燥处理。

③ 木制窗台板的用材，可选用质地较硬的树种，材质要求无腐蚀变质，表面无虫蛀及死节、豁裂的现象，色泽相似、纹理相同（似）的为首选材质（如刷混油时可不限纹理、色泽的要求）。

④ 人造板材料进入现场应有出厂质量保证书，品种与设计要求相符，具有性能检测报告，对进场的人造木板应按有关规定进行复验。复验达不到规定标准的不得使用。严禁使用受水浸泡的不合格的人造木板和人造饰面木板。

(2) 胶黏剂　潮湿地区首选耐水的胶料。水性胶黏剂材料的挥发性有机化合物（TVOC）和游离甲醛限量以及溶剂型胶黏剂中总挥发性有机化合物（TVOC）和苯限量应符合国家规定要求。

9.2.2.2　施工准备

(1) 技术准备　图纸已通过会审与自审，窗帘盒的位置和尺寸同施工图。

(2) 施工作业条件

① 如果是明窗帘盒，则先将窗帘盒加工成半成品，再在施工现场安装。

② 无吊顶采用明窗帘盒的房间，安装窗帘前，顶棚、墙面、地面、门窗的装饰已做完；有吊顶采用暗窗帘的房间，窗帘盒安装应与吊顶施工同时进行。

③ 安装窗台板的墙，在结构施工时已根据选用窗台板的品种，预埋木砖或铁件。

④ 窗台板长超过1500mm时，除靠窗台两端下木砖或铁件外，中间宜每500mm间距增埋木砖或铁件；跨空窗台板已按设计要求的构造设固定支架。

9.2.2.3 木窗帘盒的制作

木窗帘盒可做成各种式样，其制作要点如下。

① 木窗帘盒制作时，根据施工图或标准图的要求，进行选料、配料，先加工成半成品，再细致加工成形。

② 木窗帘盒加工时，多层胶合板按设计施工图要求下料，细刨净面。需要起线时，多采用粘贴木线的方法。线条应光滑顺直、深浅一致，线型要清秀。

③ 然后根据图纸进行组装。组装时，先抹胶，再用钉条钉牢，及时擦净溢胶。不得有明榫，不得露钉帽。

④ 如采用木棍、金属管、钢筋棍作为窗帘杆时，在窗帘盒两端头板上钻孔，孔径大小应与木棍、金属管、钢筋棍的直径一致。镀锌铁丝不能用于悬挂窗帘。

⑤ 目前，窗帘盒常在工厂用机械加工成半成品，在现场组装即可。

9.2.2.4 检查窗帘盒的预埋件

为使窗帘盒安装牢固，位置正确，应先检查预埋件。

木窗帘盒与墙固定，多数预埋铁件，少数在墙内砌入木砖。预埋铁件的位置、尺寸及数量应符合设计要求。如果出现差错，应采取及时补救措施，如预埋铁件不在同一标高时，应进行调整使其高度一致；如预制过梁上漏放预埋铁件，可利用胀管螺栓或射钉枪将铁件补充固定，或者将铁件焊在过梁的箍筋上。预埋铁件示意如图9-5所示。

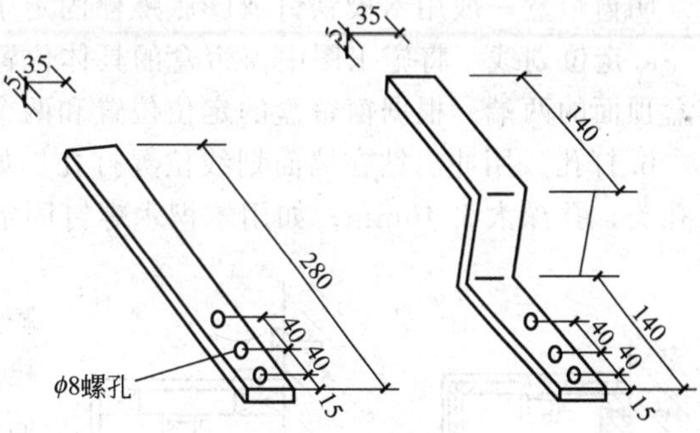

图9-5 预埋铁件示意

9.2.2.5 木窗帘盒安装施工

① 窗帘轨道在安装前，先检查是否平直，若有弯曲应调直后再安装，使其在一条直线上，以便使用。明窗帘盒宜先安装轨道，暗窗帘盒可后安装轨道。当窗宽大于1.2m时，窗帘轨中间应断开，断头处煨弯错开，弯曲度应平缓，搭接长度不应小于200mm。窗帘轨道安装及构造如图9-6所示。

② 根据室内50cm高的标准水平线向上量，确定窗帘盒安装的标高。在同一墙面上有几个窗帘盒，安装时应拉通线，确保高度一致。将窗帘盒的中线对准窗洞口中线，使其两端伸出洞口的长度尺寸相等。用水平尺检查，使其两端高度一致。窗帘盒靠墙部分应与墙面紧贴，无缝隙。如果墙面局部不平，应刨盖板加以调整。根据预埋铁件的位置，在盖板上钻孔，用平头机螺栓加垫圈拧紧。如果挂较重的窗帘时，明装窗帘盒安装轨道采用平头机螺钉；暗装窗帘盒安装轨道时，小角应加密，木螺钉应不小于31.25mm。

③ 窗帘盒的尺寸包括净高度和净宽度，在安装前，根据施工图中对窗帘层次的要求来检查这两个净尺寸。如果宽度不足，会造成布窗帘过紧，不易拉动启闭；反之，宽度过大，窗帘与窗帘盒间因空隙过大会影响美观。如果净高度不足时，不能起到遮挡窗帘上结构的作

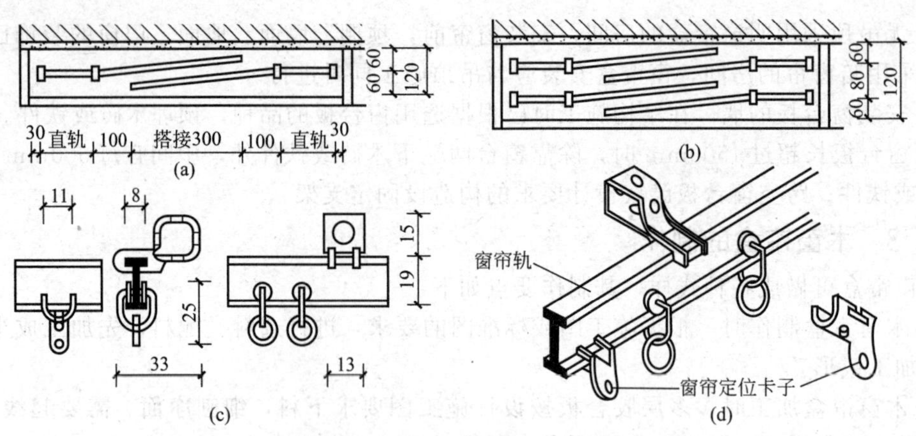

图 9-6 窗帘轨道安装及构造

用；反之，净高度过高时，会造成窗帘盒的下坠感。

④ 下料时，单层窗帘的窗帘盒的净宽度一般为 100～120mm，双层窗帘的窗帘盒净宽度一般为 140～160mm。窗帘盒的净高度应根据不同的窗帘来确定。一般布料窗帘，其窗帘盒的净高为 120mm 左右，铝合金百叶窗帘和垂直百叶窗帘的窗帘盒净高度一般为 150mm 左右。窗帘盒的长度由窗洞口的宽度来确定。一般窗帘盒的长度比窗洞口的宽度大 300mm 或 360mm。

⑤ 明窗帘盒（单体窗帘盒）安装：明窗帘盒大多数为木制品，也有用塑料、铝合金制品。明窗帘盒一般用木楔铁钉或膨胀螺栓固定于墙面上，其安装要点如下。

a. 定位划线　将施工图中窗帘盒的具体位置画在墙面上，用木螺钉把两个铁脚固定在窗帘盒顶面的两端。根据窗帘盒的定位位置和两个铁脚的间距，画出墙面固定铁脚的孔位。

b. 打孔　用冲击钻在墙面划线位置打孔。如用 M6 膨胀螺钉固定窗帘盒，需用 $\phi8.5$ 冲击孔头，孔深大于 40mm；如用木楔木螺钉固定，其孔直径大于 $\phi18$mm，孔深大于 50mm。

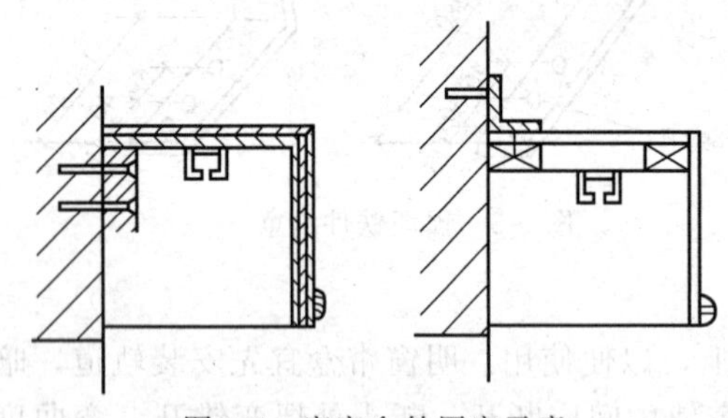
图 9-7 窗帘盒的固定示意

c. 固定窗帘盒　常用固定窗帘盒的方法有膨胀螺栓或木楔配木螺钉固定法两种。膨胀螺栓是将连接于窗帘盒上面的铁脚固定在墙面上，而铁脚又用木螺钉连接在窗帘盒的木结构上。一般情况下，铝合金窗帘盒、塑料窗帘盒都自身具有固定耳，可通过固定耳将窗帘盒用膨胀螺栓或木螺钉固定在墙面上。窗帘盒的固定示意如图 9-7 所示。

⑥ 暗装窗帘盒安装：暗装窗帘盒的主要特点是与吊顶部分结合在一起。常见的有内藏式和外接式两种。

a. 暗装内藏式窗帘盒　窗帘盒需要在吊顶施工时一并做好，其主要形式是在窗顶部位的吊顶处做出一条凹槽，以便在此安装窗帘导轨，如图 9-8 所示。

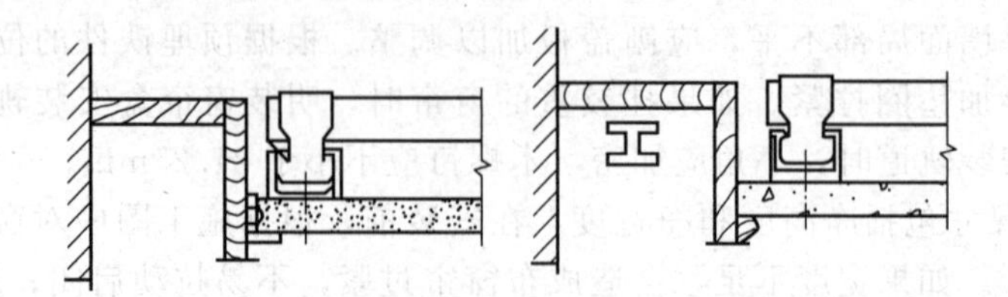
图 9-8 暗装内藏式窗帘盒示意

b.暗装外接式窗帘盒 外接式是在平面吊顶上做出一条通贯墙面长度的遮挡板，窗帘就安装在吊顶平面上。但由于施工质量难以控制，目前较少采用这种形式。

9.2.2.6 落地窗帘盒安装

落地窗帘盒长度一般为房间的净宽，高度为1800～2000mm，深度为120～150mm，在其两端墙设垫板安装ϕ12薄管窗帘杆。它同一般的窗帘盒相比，具有以下特点：落地窗帘盒贴顶棚，无需盒盖，美观、整洁、不积尘，它只由一块30mm厚的立板和骨架组成，采用预埋木楔和铁钉固定，制作简单经济。

(1) 窗帘盒安装施工工序

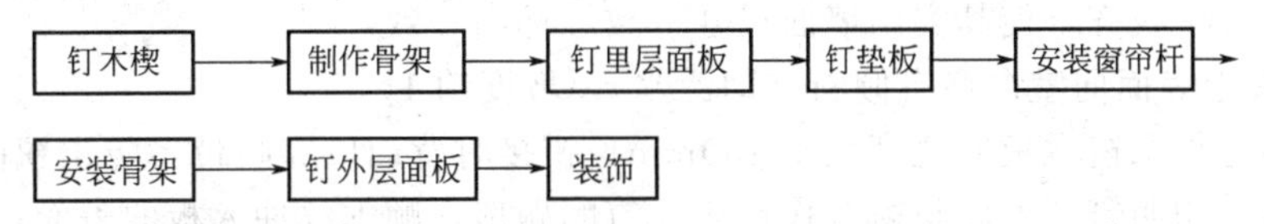

(2) 安装施工过程质量监控要点

① 钉木楔 沿立板与墙、顶棚中心线每隔500mm做一个标记，在标记处用电钻钻孔，孔径14mm，深50mm，再打入直径16mm的木楔，用刀切平表面。

② 制作骨架 木骨架由24mm×24mm上下横方和立方组成，制作时横方与立方用65mm钢钉结合。骨架表面要刨光，不允许有毛刺，应互相垂直，对角线偏差不大于5mm。

③ 钉里层面板 骨架面层分里、外两层，选用三层胶合板。根据已完工的骨架尺寸下料，用净刨将板的四周刨光，接着可上胶贴板。为方便安装，先贴里层面板，安装过程如下：清除骨架、面层板表面的木屑、尘土，随后各刷上一层白乳胶，再把里层面板贴上，贴板后沿四边用10mm钢钉临时固定，钢钉间距为120mm，以避免上胶后面板翘曲、开裂。

④ 钉垫板 垫板为10mm×100mm×20mm木方，主要用作安装窗帘杆，同样采用墙上预埋木楔钢钉固定的做法，每块垫板下两个木楔即可。

⑤ 安装窗帘杆 窗帘杆可到市场购买成品。可装单轨式或双轨式，单轨式比较实用。窗帘杆安装简便，用户一看即明白。如房间净宽大于3.0m时，为保持轨道平面，窗帘轨中心处需增设一个支点。

⑥ 安装骨架 先检查骨架里层面板，如粘贴牢固，即可拆除临时固定钢钉，起钉时要小心，不能硬拔。再检查预留木楔位置是否准确，然后拉通线安装，骨架与预埋木楔用75mm钢钉固定。先固定顶棚部分，然后固定两侧。安装后，骨架立面应平整，并垂直顶棚面，不允许倾斜，误差不大于3mm，做到随时安装随时修正。

⑦ 钉外层面板 外层面板与骨架四周应吻合，保持整齐、规正。操作方法同钉里层面板。

⑧ 装饰 只需对落地窗帘盒立板进行装饰。可采用与室内顶棚和墙面相同的做法，使窗帘盒成为顶棚、墙面的延续，如贴壁纸、墙布或进行多彩喷涂。但也可根据自己的爱好，室内家具、顶棚和墙面的色彩做油漆涂饰。

9.2.3 窗台板的制作与安装

窗台板常用木材、水泥、大理石、水磨石、磨光花岗石等制作。窗台板宽度为100～200mm，厚度为20～50mm不等。若带暖气槽窗，其洞口宽常为900～1800mm，窗台板净跨比洞口少10mm，板厚为40mm。

9.2.3.1 木窗台板安装

木窗台板的构造尺寸、截面形状应按施工图施工，如图9-9所示。

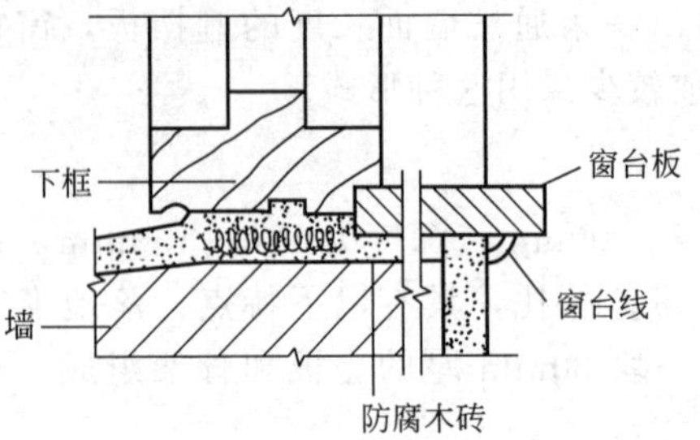

（1）定位　在窗台墙上，预先砌入防腐木砖，木砖间距为500mm左右，每樘窗不少于两块。

① 在窗框的下框打槽或裁口，槽宽10mm、深12mm。

② 将窗台板刨光起线后，放在窗台墙顶上居中，里边嵌入下框槽内。

③ 窗台板的长度一般比窗樘宽度长120mm左右，两端伸出长度应一致；在同一房间内同标高的窗台板应拉线找平找齐，使其突出墙面尺寸一致，标高一致。

图9-9　木窗台板装订示意

④ 窗台板上表面向室内略有倾斜（即泛水），坡度约1%。

（2）拼接　如果窗台板的宽度大于150mm，拼接时背面应穿暗带，防止翘曲。

（3）固定　用明钉把木砖与窗台板钉牢，钉帽砸扁，顺木纹冲入板的表面，在窗台板的下面与墙交角处，要钉窗台线（三角压条）。窗台线预先刨光，按窗台长度，两端刨成弧形线角，用明钉与窗台板斜向钉牢，钉帽砸扁，冲入板内。

（4）防腐　木窗台板的厚度为25mm，表面应刷油漆，垫木和木砖均应做防腐处理。

9.2.3.2　大理石、花岗石窗台板的安装

① 水磨石窗台板应用范围为600～2400mm，窗台板净跨比洞口少10mm，板厚为40mm。用于240mm墙时，窗台板宽为140mm；用于360mm墙时，窗台板宽为200mm或260mm；用于490mm墙时，窗台板宽为330mm。

② 水磨石窗台板的安装采用角钢支架，其中距为500mm，混凝土窗台梁端部应伸入墙120mm，若端部为钢筋混凝土柱时，应留插铁。

③ 窗台板的露明部分均应打蜡。

④ 磨光花岗石或大理石窗台板的厚度为35mm，采用1∶3的水泥砂浆固定，如图9-10所示。

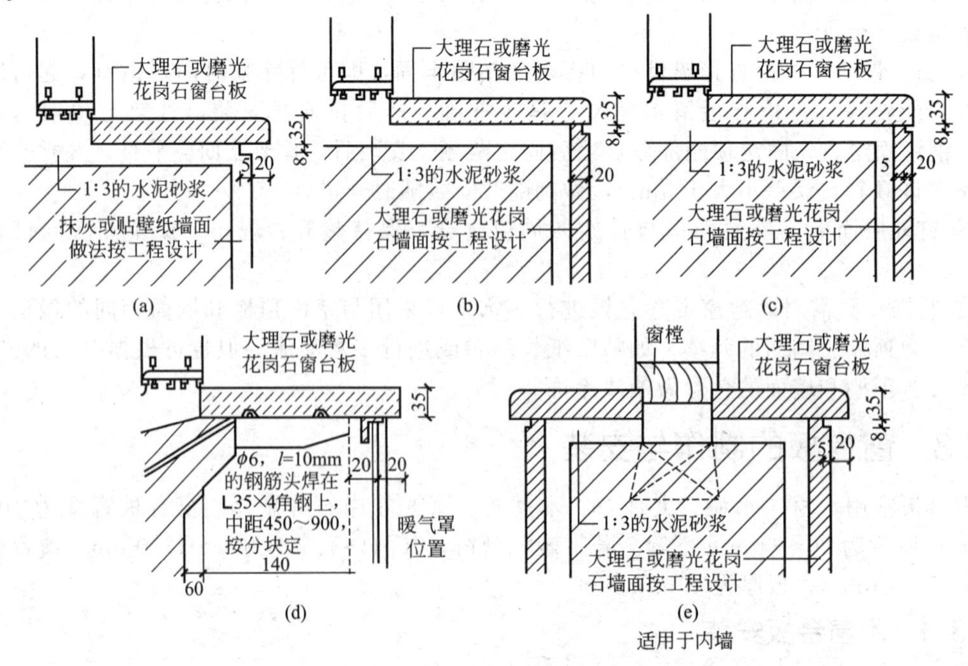

图9-10　大理石、花岗石窗台细部做法示意

9.2.3.3　成品保护

① 窗帘盒安装后，因进行装饰施工，安装好的成品应有保护措施，防止污染和损坏。

② 安装窗帘盒和窗台板时，应保护已完成的工程项目，不得因操作损坏地面、窗洞、墙角等成品。

③ 窗台板应妥善保管，做到木制品不受潮，金属品不生锈，石料、块材不损坏棱角，不受污染。

④ 安装窗帘盒时不得踩踏窗台板，严禁在窗台板上敲击、撞碰，以防损坏。

⑤ 安装窗帘及轨道时，应注意对窗帘盒的保护，避免对窗帘盒碰伤、划伤等。

9.3　木楼梯、木扶手的制作与安装

楼梯是建筑中起通行、疏散作用的交通设施，又是装饰设计施工中的重要内容。楼梯的构造类型有多种，形式非常丰富，按楼梯材料组成分为钢筋混凝土楼梯、木结构楼梯和钢结构楼梯三种类型。楼梯的选用，一般与其使用功能和建筑环境要求有关。这里着重介绍木楼梯的细部构造处理。

9.3.1　木质楼梯组成与构造

9.3.1.1　木质楼梯组成

木质楼梯由踏脚板、踢脚板、平台、斜梁、楼梯柱、栏杆和扶手等几部分组成。其中楼梯斜梁是支撑楼梯踏步的大梁；楼梯柱是装置扶手的立柱；栏杆和扶手装置在梯级和平台临空的一边，高度一般为 900～1100mm。

9.3.1.2　木楼梯的构造

（1）明步楼梯　明步楼梯主要是指其侧面外观由脚踏板和踢脚板所形成的齿状阶梯属外露型的楼梯。它的宽度以 800mm 为限，超过 1000mm 时，中间需加一根斜梁，在斜梁上钉三角木。三角木可根据楼梯坡度及踏步尺寸预制，在其上铺钉脚踏板和踢脚板。踏脚板的厚度为 30～40mm，踢脚板的厚度为 25～30mm，踏脚板和踢脚板用开槽方法结合。如果设计无挑口线，踏脚板应挑出踢脚板 20～25mm；如果有挑口线，则应挑出 30～40mm。为了防滑和耐磨，可在踏脚板上口加钉金属板。踏步靠墙处的墙面也需做踢脚板，以保护墙面并遮盖竖缝。

在斜梁上镶钉外护板，用以遮斜梁和三角木的接缝且使楼梯外侧立面美观。斜梁的上下两端做肩榫与楼格栅（或平台梁）及地格栅相结合，并用铁件进一步加固。在底层斜梁的下端也可做凹槽，压在垫木上。明步楼梯构造如图 9-11 所示。

（2）暗步楼梯　是指其踏步被斜梁遮掩，其侧立面外观不露梯级的楼梯。暗步楼梯的宽度一般可达 1200mm，其结构特点是在安装踏脚板一面的斜梁上开凿凹槽，将踏脚板和踢脚板逐块镶入，然后与另一根斜梁合拢敲实。踏脚板的挑口线做法与明步楼梯相同，但踏脚板应比斜梁稍有缩进。楼梯背面可做板条抹灰或铺钉纤维板等，再进行其他饰面处理。暗步楼梯构造如图 9-12 所示。

（3）栏杆与扶手

① 栏杆　栏杆既是安全构件，又是装饰性很强的装饰构件，故多是加工为方圆多变的断面。在明步楼梯的构造中，木栏杆的上端做凹榫插入扶手，下部凸榫插入踏脚板；在暗步楼梯中，木栏杆的上端凸榫也是插入木扶手，其下端凸榫则是插入斜梁上的压条中，如果斜

梁不设压条则直接插入斜梁。木栏杆之间的距离，一般不超过150mm，有的还在立杆之间加设横档连接。在传统的木楼梯中，还有一种不露立杆的栏杆构造，称为实心栏杆，实际上是栏板。其构造做法是将板墙木筋钉在楼梯斜梁上，再用横撑加固，然后在骨架两边铺钉胶合板或纤维板，以装饰线脚盖缝，最后做油漆涂饰。

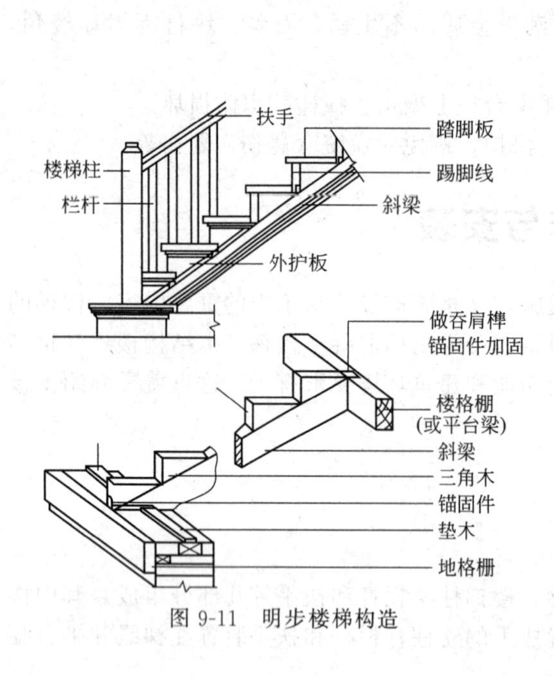

图 9-11 明步楼梯构造

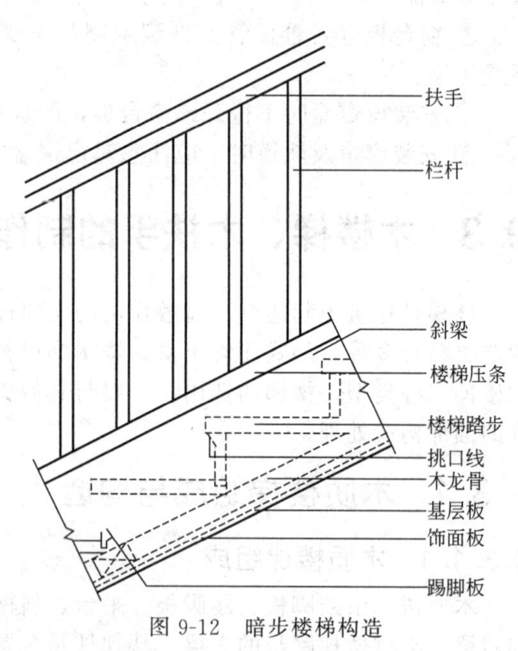

图 9-12 暗步楼梯构造

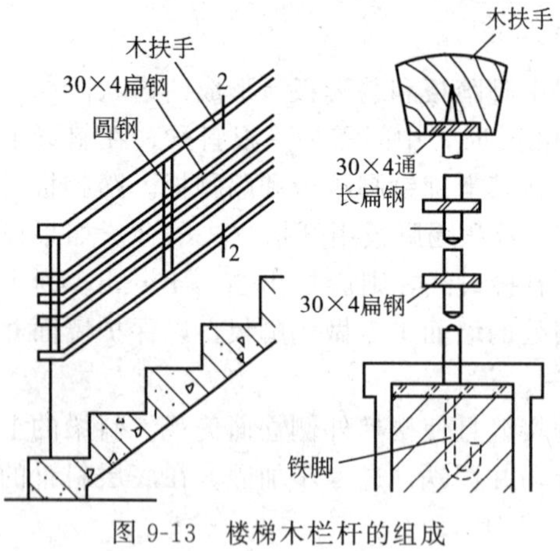

图 9-13 楼梯木栏杆的组成

② 扶手 楼梯木栏杆由木扶手、立柱、梯帮三部分组成，形成木楼梯的整体护栏，起安全维护和装饰作用，如图 9-13 所示。立柱上端与扶手、立柱下端与梯帮均采用木方中榫连接。木扶手的转角木（弯头）依据转向栏杆间的距离大小，来确定转角木是整个连接还是分段连接。通常情况下，栏杆为直角转向时，多采用整个转角木连接，栏杆为180°转向且栏杆间的距离大于200mm时，一般采用断开做的转角木进行分段连接。

楼梯木扶手的类型主要有两种：一种是与木楼梯组合安装的栏杆扶手；另一种是不设楼梯栏杆的靠墙扶手。

9.3.1.3 施工材料和施工准备

（1）木栏杆和木扶手 木栏杆和木扶手，除考虑外形设计的实用和美观外，还应能承受规定的水平荷载，以保证楼梯的通行安全。所以，木栏杆和木扶手通常都用材质密实的硬木制作。由于现在已很少采用木结构楼梯，所以，木栏杆已基本被各种金属栏杆所取代，但由于木扶手具有加工和安装简便，手扶感良好和价格适宜等优点，仍在许多工程中被采用。常用的木材树种有水曲柳、红松、红榉、白榉、泰柚木等。近几年我国的木材机械加工设备能力和水平有了很大的提高，可向市场供应定型和非定型的各种木栏杆及木扶手。所以木栏杆和木扶手一般均由专业工厂加工制作，而不再在现场用手工制作。

① 木制扶手其树种、规格、尺寸、形状应符合设计要求。木材质量均应纹理顺直、无大的色差，不得有腐朽、爆裂、扭曲和疖疤等缺陷，含水率不大于 12%。木踏板一般使用 25～35mm 厚的硬杂木板，宽度、长度及用量取决于现场实际情况，一般楼梯踏步宽度为 300mm，阶梯高度为 150～170mm。弯头料一般采用扶手料，断面特殊的木扶手按设计要求备弯头料。

② 胶黏剂：一般多用聚乙酸乙烯（乳胶）等胶黏剂。

③ 其他材料：预埋件一般用金属膨胀螺栓和型材，以及木螺钉、木砂纸、加工配件等。

（2）玻璃栏板

① 玻璃　目前多使用钢化玻璃，单层钢化玻璃一般采用 12mm 厚的品种。因钢化玻璃不能在现场裁割，所以应根据尺寸到厂家订制。须注意玻璃的排块合理，尺寸精确。

楼梯玻璃栏板的单块尺寸一般采用 1.5m 宽，楼梯水平部位及跑马廊所用玻璃单块宽度多为 2m 左右。

② 扶手材料　扶手是玻璃栏板收口和稳固连接构件，其材质影响到使用功能和栏板的整体装饰效果。栏板扶手也常采用木扶手，木扶手的主要优点是可以加大宽度，在特殊需要的场合较方便人们凭栏休息。

（3）作业条件

① 楼梯间墙面、楼梯踏步等抹灰铺装已全部完成，并已进行了隐蔽工作验收。

② 预埋件已安装完毕。

③ 楼梯踏步、回马廊的地平等抹灰均已完成，预埋件已留好。

9.3.2 木质楼梯的制作与安装

9.3.2.1 木扶手制作

① 首先应按设计图纸要求将金属栏杆就位和固定，安装好固定木扶手的扁钢，检查栏杆构件安装的位置和高度，扁钢安装要平顺和牢固。

② 按照螺旋楼梯扶手内外环不同的弧度和坡度，制作木扶手的分段木坯。木坯可在厚木板上裁切出近似弧线段，但比较浪费木材，而且木纹不通顺。最好将木材锯成可弯曲的薄木条并双面刨平，按照近似圆弧做成模具，将薄木条涂胶后逐片放入模具内，形成组合木坯段。将木坯段的底部刨平按顺序编号和拼缝，在栏杆上试装和划出底部线。将木坯段的底部按划线铣刨出螺旋曲面和槽口，按照编号由下部开始逐段安装固定，同时要再仔细修整拼缝，使接头的斜面拼缝紧密。

③ 用预制好的模板在木坯扶手上划出扶手的中线，根据扶手断面的设计尺寸，用手刨由粗至细将扶手逐次成型。

④ 对扶手的拐点弯头应根据设计要求和现场实际尺寸在整料上划线，用窄锯条锯出毛坯，毛坯的尺寸约比实际尺寸大 10mm，然后用持工锯和刨逐渐加工成型。一般拐点弯头要由拐点伸出 100～150mm。

⑤ 用抛光机、细木锉和手砂纸将整个扶手打磨砂光。然后刮油漆腻子和补色，喷刷油漆。

9.3.2.2 木质楼梯安装施工工艺流程

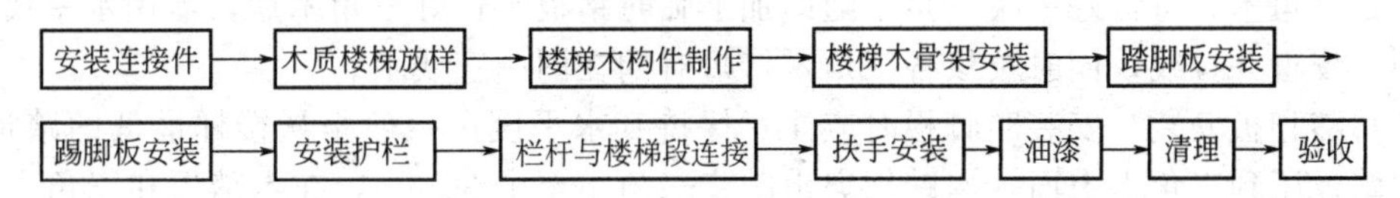

9.3.2.3 木质楼梯施工要点

（1）安装连接件　用冲击电锤在每级台阶的踏板两侧和踏步立板两侧各钻两个直径10mm、深40～50mm的孔，分别打入木楔，木楔做成方的梯形，高出平面的部分用凿刀处理平整。如果没有预埋件的工程，通常采用金属膨胀螺栓与钢板来制作后置连接件。具体的做法是：首先在建筑水泥基层上弹线定位，确定栏杆立柱固定点的位置；然后在地面上用冲击电锤钻孔，安装金属膨胀螺栓时要保证金属膨胀螺栓有足够长度，在螺母与螺栓套之间加设钢板。不锈钢立柱的下端通常带有底盘，底盘要保证把钢板和螺栓罩扣住，起到装饰作用。钢板与螺栓定位以后，在将螺母拧紧的同时，最好将螺母与钢板焊死，防止螺母与钢板之间产生松动。扶手与墙体间的固定最好采用这种方法做预埋件。无论采用哪种方法，钢板都要保证水平位置的方正。

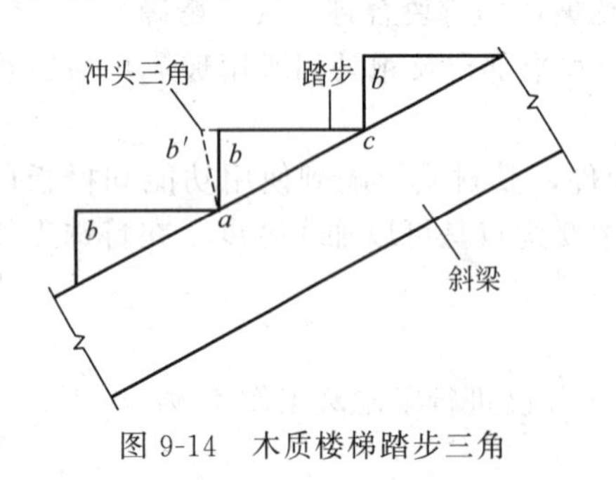

图 9-14　木质楼梯踏步三角

（2）木质楼梯放样　木质楼梯制作前，应根据施工图样板、楼梯踏步高度、宽度、级数及平台尺寸放出大样；或者按图样计算出各种部分构件的构造尺寸，制出样板。其中踏步三角一般都是画成直三角形，如图 9-14 中虚线所示。但在实际制作时必须将 b 点移出 10～20mm 至 b' 点（见图中虚线部分）。

按 $ab'c$ 套取的样板称为冲头三角板；按 $ab'c$ 套取的样板称为扶梯三角板，其坡度与楼梯坡度一致。

（3）楼梯木构件制作　木质楼梯构件包含楼梯斜梁、三角木（若是水泥砂浆梁则没有这两个构件）、木踏板、踢脚板、栏杆、扶手及其弯头等构件，按设计要求和实际情况进行构件制作，一般多采用木工工具。构件制作前要进行配料，若采用榫结合楼梯斜梁，楼梯斜梁长度必须将其两端的榫头尺寸计算在内。踏脚板应用整块木板，如果采用拼板时，需有防止错缝开裂的措施。

木扶手在制作前，应按设计要求做出扶手横断面的样板。加工时先将扶手木料的底部刨平，然后画出中线，在木料两端对好样板画出断面轮廓，刨除底部凹槽，再用线脚刨依照断面轮廓线刨削成型，刨制时注意留出半线的余量。若采用机械操作，应事先磨出适应木扶手形状的刨刀，在铲口车上刨出线条。

木扶手弯头的制作。在弯头制作前应做足尺样板，一般分为水平式和鹅颈式两种弯头形式。当楼梯栏板与栏板之间距离不超过200mm时，可以整个做；当超过200mm时可以断开做，一般弯头伸出的长度为半个踏步。做弯头时先整料斜纹出方，然后放线，再用小锯锯成毛坯雏形，毛坯料一般比实际尺寸大10mm左右，而后用斧具斩出木扶手弯头的基本形状，把样板套在顶头处划线，刨平成型，并注意留出半线的余量。弯头与扶手连接之处应设在第一步踏步的上半步或下半步之外。设在弯头内的接头，应是在扶手或弯头的顶弯头朝里50mm处，凿眼钻孔进行连接，可采用8mm×(130～150)mm（直径×长度）的双头螺钉将弯头连接固定，最后将接头处修平磨光。

（4）楼梯木骨架安装　木质楼梯安装时，先确定楼格栅和地格栅的中心线及标高，安装好楼格栅和地格栅之后再安装楼梯斜梁。三角木按设计要求摆放到位，由下而上一次铺钉，它与楼梯间的结合处应将钉子打入楼梯斜梁内60mm或者用50mm的气钉顺木纹方向钉入木楔固定三角木，每钉好一块三角木随即加上临时踏板。钉好三角木后，需用水平尺把三角木的顶面校正并拉线，同时校核各三角木钉短时期在同一直线上。

（5）踏脚板安装　安装踏脚板时应注意保持其水平度。一般是从楼梯最低的踏板开始，再将木踏板压到三角木上面，木踏板突出踏步三角木至少30mm，在木踏板和三角木的结合部位刷上白乳胶，然后用 50mm 的气钉顺木纹方向钉入木楔固定踏板，还要在木踏板和三角木的结合部位用 50mm 的气钉顺木纹方向将木踏板和三角木固定在一起。如果楼梯框架为水泥砂浆预制结构，可应用新型地板胶黏剂（丙烯酸类）专用胶，直接将踏步板和踏步立板粘在水泥面上。

通常楼梯使用的材料是花岗岩、大理石、地砖和油漆木板。由于楼梯存在着高低差，安全问题就显得尤为重要，对踏步的防滑处理要着重考虑。通常的做法是在踏步的踏面上做防滑条，在选用楼梯防滑做法时，应结合楼梯面装修一起考虑。楼梯踏步的防滑结构如图 9-15 所示。

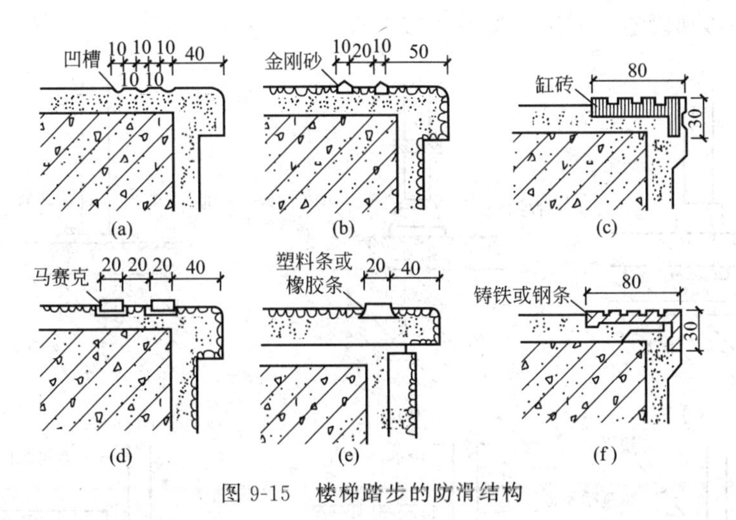

图 9-15　楼梯踏步的防滑结构

（6）踢脚板安装　安装踢脚板时应按图 $ab'c$ 实线的要求，即上端向外倾出 10～20mm。踏脚板与踏脚板、踢脚板和踢脚板之间，均应互相平行。在安装靠楼梯的墙面踢脚板时，应将其锯割成踏步形状，或者按踏脚步形状进行拼板，安装时应保证与楼梯踏步结合紧密，封住沿墙的踏步边缘缝隙。

（7）安装护栏　当采用木质护栏时，把木护栏立杆开了燕尾榫头的一端对准踏板上的燕尾槽并打进去，同时涂抹白乳胶。再用靠尺和吊线坠在两个方向校正垂直度，确保木护栏立杆的垂直，然后用气钉横向与踏步板连接固定好。

当采用木扶手构造的玻璃栏河（栏板或扶手）时，固定点应该是不发生变形的牢固部位，如墙体、柱体或金属附加体等。对于墙体或结构柱体，可预先在主体结构上埋设铁件，然后将扶手底部的扁铁与预埋铁件焊接或用螺栓连接；也可采用膨胀螺栓铆固铁件或用射钉打入基体进行连接，再将扶手与连接件紧固。木扶手与栏板的连接构造如图 9-16 所示。

当采用铁艺产品做护栏时，安装方法更为简单，只是用木螺钉上、下固定。

当采用不锈钢扶手或铜管制作扶手时，不锈钢管在接长时一定要采用焊接方法。安装前要求把焊口打磨平整，使

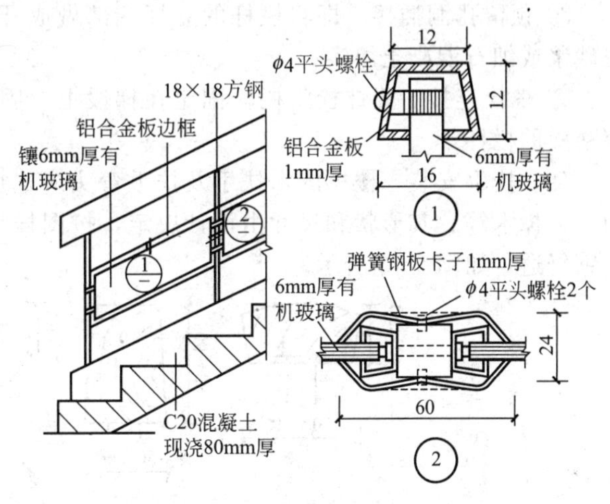

图 9-16　木扶手与栏板的连接构造

金属的外径圆度一致，并进行初步抛光。为了进一步提高扶手的刚度及安装玻璃栏板的需要，通常在圆管内加设型钢，型钢与钢管外表焊成整体。管内加设的型钢要加工出比玻璃厚度大 3～5mm 的槽口，型钢进入管内深度要大于管的半径，最好等于管的直径长度。

安装时，把玻璃小心地插入扶手槽内，安装时必须要有空隙，留有余量，玻璃不能直接接触管壁。每隔 500mm 左右用橡胶垫片垫好，使玻璃有弹性缓冲作用。安装玻璃时，要让玻璃进入管内的深度大于半径为好；如果安装的玻璃是加厚玻璃，玻璃进入的深度可以小于半径。待玻璃的下口与基座（地面）固定后，再用硅酮（聚硅氧烷）密封胶（玻璃胶）把玻璃上口与扶手槽封固。

（8）栏杆与楼梯段连接方法　如图 9-17 所示。

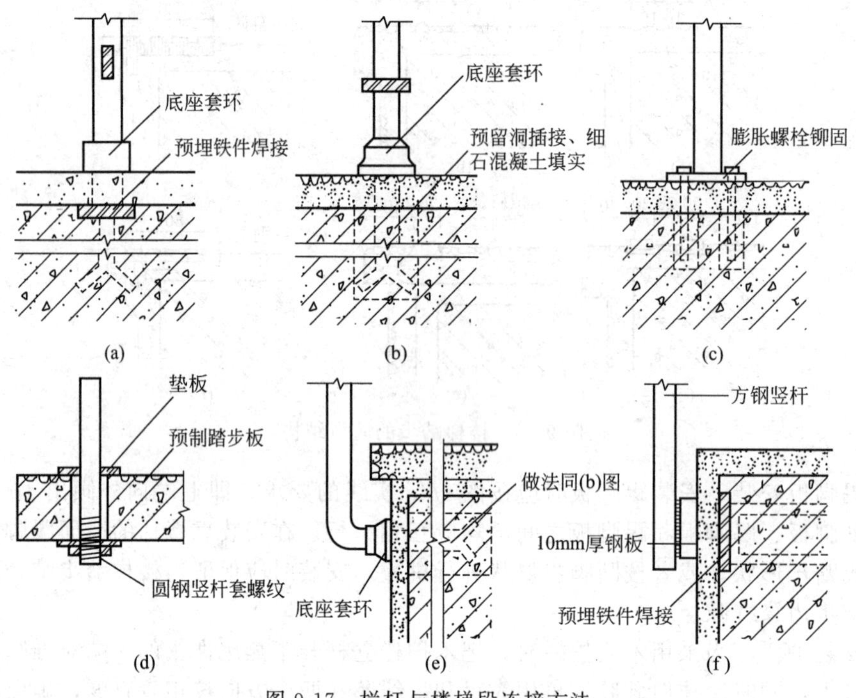

图 9-17　栏杆与楼梯段连接方法

① 埋铁件焊接　即将栏杆的立杆与楼梯段中预埋的钢板或套管焊接在一起。

② 预留孔洞插接　即将栏杆的立杆端部做成开脚或倒刺插入楼梯段预留的孔洞，用水泥砂浆或细石混凝土填实。

③ 螺栓连接　用螺栓将栏杆固定在梯段上，固定方法有若干种，如用板底螺母栓紧贯穿踏板的栏杆等。

（9）扶手安装　楼梯的木扶手及扶手弯头应选用经干燥处理的硬木，如水曲柳、柳桉、柚木、樟木等。其形状和尺寸由设计决定，按图样加工。扶手样式多变，用料及制作考究，手感舒适，如图 9-18 所示。

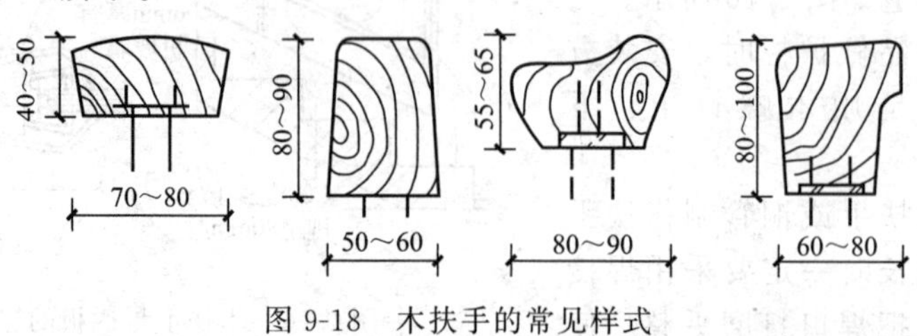

图 9-18　木扶手的常见样式

扶手在连接前要试拼，试拼到完全吻合、达到设计要求、外观看不出问题后才能进行扶手与栏杆（栏板）的固定，如图 9-19 所示。对于采用金属栏杆的楼梯，其木扶手底部应开槽，槽深 3～4mm，嵌入扁铁，扁铁宽度一般不应大于 40mm，在扁铁上每隔 300mm 钻孔，用木螺钉与木扶手固定；在全玻璃栏板（栏河）上安装木扶手，通常的做法是在木扶手内开槽嵌入槽钢与角钢（两者焊接），插入钢化玻璃栏板后用玻璃胶密封。

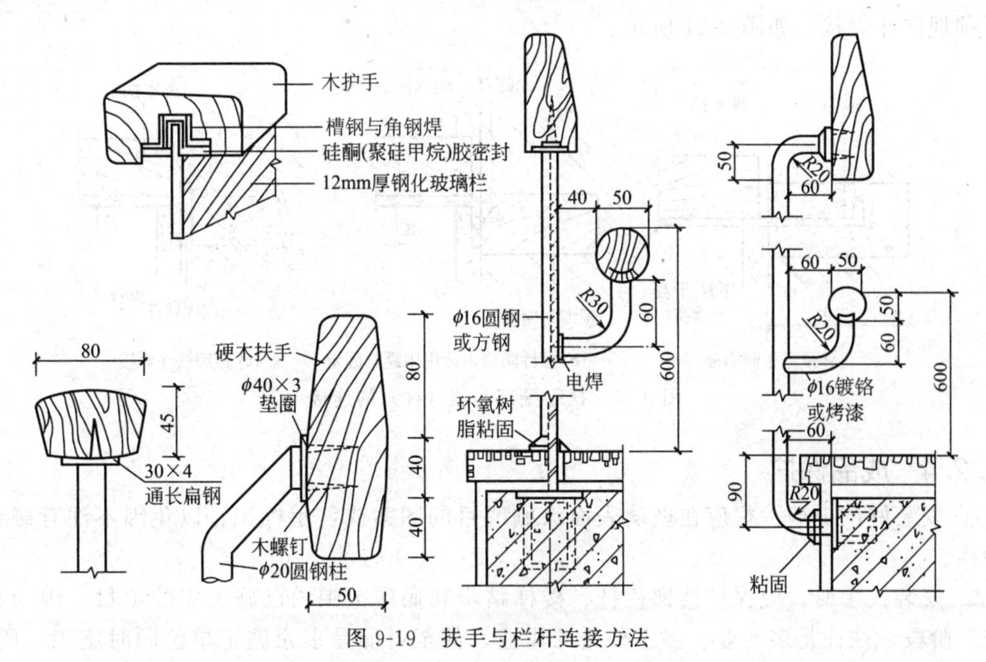

图 9-19　扶手与栏杆连接方法

扶手与弯头的接头在下边做暗榫，或用铁件铆固，用胶粘接。与铁栏杆连接用高强度自攻螺钉拧紧，螺母不得外露，固定间距不超过 400mm。木扶手的厚度或宽度超过 70mm 时，其接头必须做暗榫。安装靠墙扶手时，要按图样要求的标高弹出坡度线。在墙内埋入木砖或是预留 60mm×60mm×120mm 的洞，在木砖处固定法兰盘，在预留洞内灌填 1∶3 的水泥砂浆，用以固定靠墙木扶手的支承件，如图 9-20 所示。木质扶手全部安装完毕后，要对接

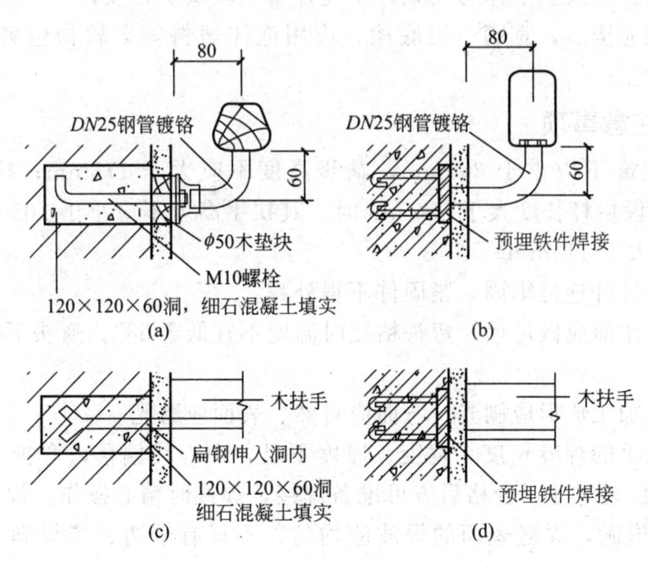

图 9-20　靠墙扶手安装示意

头处进行修整。根据木扶手的坡度、形状，用扁铲将弯头进一步细致加工成型，再用小刨子（或轴刨）刨光，有些刨子刨不到的地方，要用细木锉修整顺直，使其坡度合适、弯曲自然、断面平顺一致，最后用砂纸全面打磨。

顶层平台上的水平扶手端部与墙体的连接一般是在墙上预留孔洞，用细石混凝土或水泥砂浆填实；也可将扁钢用木螺钉固定在墙内预埋的防腐木砖上；当为钢筋混凝土墙或柱时，则可预埋铁件焊接，如图 9-21 所示。

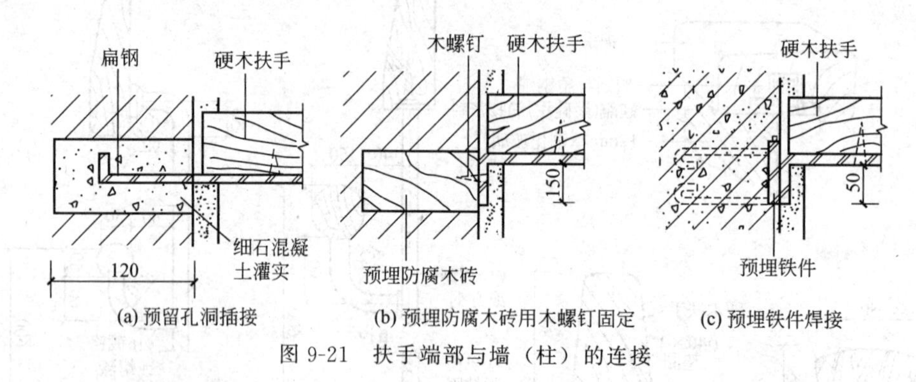

图 9-21 扶手端部与墙（柱）的连接

9.3.2.4 成品保护

① 安装好的玻璃护栏应在玻璃表面涂刷醒目的图案或警示标识，以免因不注意碰到玻璃护栏。

② 安装扶手时，应保护楼梯栏杆、楼梯踏步和操作范围内已施工完的项目。因为在装饰施工阶段，往往是多专业、多工种交叉作业，甚至可能是多家施工单位同时施工。所以，在扶手和栏板施工过程中及完工后，特别要注意防止成品表面受到碰击破损和变形。除加强施工现场管理外，在交通来往频繁和凸出部位应有必要的保护遮挡措施。

③ 注意玻璃防热炸裂。在玻璃面积较大且受到阳光照射外需格外注意。玻璃栏板安装时一定要注意不要在玻璃周边造成破损或缺陷，或因某个边缘是埋入嵌固而忽视对这边玻璃的裁割质量。由于这些周边上玻璃缺陷的存在，在不均匀日光温度作用下，很可能发生炸裂。

④ 禁止以玻璃护栏及扶手作为支架，不允许攀登玻璃护栏及扶手。

⑤ 木扶手安装完毕后，宜刷一道底漆，应用泡沫塑料等柔软物包裹，以免撞击损坏、划伤表面和受潮变色。

9.3.2.5 施工注意事项

① 楼梯踏步宽度不应小于 260mm，踏步高度不应大于 175mm；扶手高度不宜小于 900mm；楼梯水平段栏杆长度大于 500mm 时，其扶手高度不应小于 1050mm；楼梯栏杆垂直杆件间净空不应大于 110mm。

② 扶手与垂直杆件连接牢固，紧固件不得外露。

③ 整体弯头制作前应做足尺，弯头粘接时温度不宜低于 5℃，弯头下部应与栏杆扁钢结合紧密牢固。

④ 木扶手弯头加工成形应刨光，弯曲应自然、表面应磨光。

⑤ 对于金属扶手的焊缝长度、宽度、厚度不足，中心线偏移，弯折等偏差，应严格控制焊接部位的相对位置尺寸，合格后方可准备焊接，焊接时精心操作。焊接时管件之间的焊点应牢固，焊缝应饱满，焊缝表面的焊波应均匀，不得有咬边、未焊满、裂纹、渣滓、焊瘤、烧穿、电弧擦伤、弧坑和针状气孔等缺陷。

⑥ 护栏垂直杆件与预埋件连接应牢固、垂直，如焊接，则表面应打磨抛光。

⑦ 玻璃栏板应使用夹层玻璃或安全玻璃。

9.4　橱柜制作与安装工程

9.4.1　橱柜制作与安装工程概述

9.4.1.1　橱柜的构造

壁橱、吊柜、窗台柜均有活动门扇，有平开、推拉、翻转、单扇、双扇等形式，可根据周围环境进行选择。吊柜的下皮标高应在 2000mm 以上，三种柜的深度一般不宜超过 650mm。橱柜的拼装配料如图 9-22 所示。

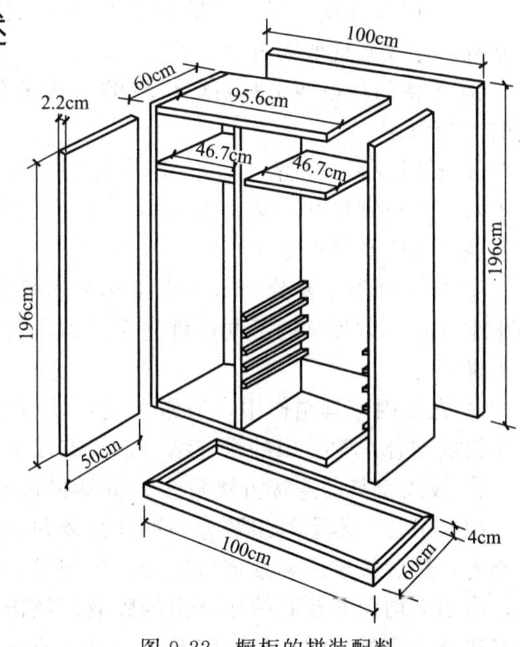

图 9-22　橱柜的拼装配料

9.4.1.2　橱柜制作与安装材料要求

① 橱柜制作与安装所用材料的材质和规格、木材的燃烧性能等级和含水率、花岗石的放射性及人造木板的甲醛含量应符合设计要求及国家现行标准的有关规定。

② 木方料。木方料是用于制作骨架的基本材料，应选用木质较好、无腐朽、无扭曲变形、不潮湿的合格材料，其含水率应控制在 12%以内。

③ 胶合板。胶合板应选择不潮湿并无脱胶开裂的板材；饰面胶合板应选择木纹流畅、色泽纹理一致、无疤痕、无脱胶空鼓的板材。

④ 配件。根据家具的连接方式选择五金配件，如铰链、拉手、镶边条等。并按家具的造型与色彩选择五金配件，以适应各种彩色的家具使用。

9.4.2　橱柜制作与安装施工

9.4.2.1　橱柜制作与安装工艺流程

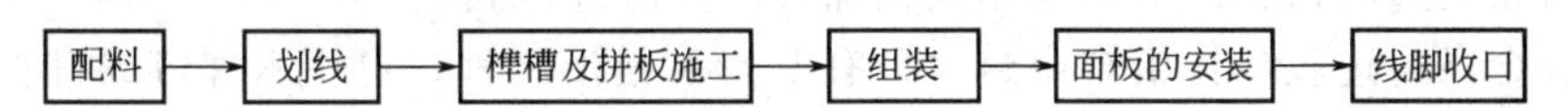

9.4.2.2　橱柜制作与安装施工技术要点

（1）配料　配料应根据家具结构与木料的使用方法进行安排，主要分为木方料的选配和胶合板下料布置两个方面。应先配宽料和长料，后配小料；先配长板材，后配短板材，按顺序搭配安排。对于木方料的选配，应先测量木方料的长度，然后再按家具的竖框、横档和腿料的长度尺寸要求放长 30～50mm 截取。木方料的截面尺寸在开料时应按实际尺寸的厚、宽各放大 3～5mm，以便刨削加工。

对于木方料进行刨削加工时，应首先识别木纹。不论是手工刨削还是机械刨削，均应顺木纹方向。先刨大面，再刨小面，两个相临的面刨成 90°角。

（2）划线　划线前应备好量尺（卷尺和不锈钢直尺等）、角尺、木工铅笔等，应认真看图纸，清楚理解规格尺寸、工艺结构和数量等技术要求。划线基本操作步骤如下。

① 首先检查加工件的规格、数量，并根据各工件的表面颜色、纹理、节疤等因素确定其正反面，并做好临时标记。

② 在需要对接的端头留出加工余量，用直角尺和木工铅笔画一条基准线。若端头平直，又属做开榫一端，即可不划此线。

③ 根据基准线，用量尺量划出所需的总长尺寸线或榫肩线，再以总长尺寸线和榫肩线为基准，完成其他所需的榫眼线。

④ 可将两块或两根相对应位置的木料拼合在一起进行划线，划好一面后，用直角尺把线引向侧面。

⑤ 所划线条必须清楚、准确。划线之后，应将空格相等的两根或两块木料颠倒并列进行校对，检查划线和空格是否准确相符，如有差别，即说明其中有错，应及时检查校正。

（3）榫槽及拼板施工

① 榫的种类主要分为木方连接榫和木板连接榫两大类，但其具体形式有多种，分别适用于木方和木质板材的不同构件连接。如木方边榫、木方中榫、燕尾榫、扣合榫、大小榫、双头榫等。

② 在室内家具制作中，通常采用木质板材，如台面板、橱面板、抽屉板、搁板等，都需要拼缝结合。常采用的拼缝结合形式有以下几种：平缝、高低缝、拉拼缝、马牙缝。

③ 板式家具的连接方法较多，主要有固定式结构连接与拆装式结构连接两种。

（4）组装　木家具组装分为部件组装和整体组装两种。组装前，应将所有的结构件用细刨刨光，然后按顺序逐渐进行装配，装配时，应注意构件的部位和正反面。衔接部位需涂胶时，应刷涂均匀并及时擦净挤出的胶液。锤击装拼时，应将锤击部位垫上木板，不可猛击；如有拼合不严处，应查找原因并采取修整或补救措施，不可硬敲硬装而使其就位。各种五金配件的安装位置应定位准确，安装严密、方正牢靠，结合处不得歪扭、崩搓、松动，不得缺件、漏装和漏钉。

（5）面板的安装　如果家具的表面做油漆涂饰，其框架的外封板一般同时是面板；如果家具表面是用装饰细木夹板来进行饰面，或是用塑料板做贴面，那么家具框架外封板就是其饰面的基层板。饰面板与基层板之间多采用胶黏剂黏合。饰面板与基层黏合后，需在其侧边使用封边木条、塑料条、木线等材料进行封边收口，其原则是凡直观的边部，都应封堵严密且美观。

（6）线脚收口

① 实木封边收口：常用钉胶结合的方法，黏结剂可采用立时得、白乳胶、木胶粉等。

② 塑料条封边收口：一般是采用嵌槽加胶的方法进行固定。

③ 铝合金条封边收口：铝合金封口条有L形和槽形两种，可用木螺钉或钉直接固定。

④ 薄木单片和塑料带封边收口。

先用砂纸磨除封边处的木渣、胶迹等，并清理干净，在封口边刷一道稀甲醛作为填缝封闭层，然后在封边薄木片或塑料带上涂万能胶，对齐边口贴放。用干净的抹布擦净胶迹后再用熨斗烫压，固化后切除毛边和多余处即可。对于微薄木封边条，可以直接用白乳胶粘贴；对于硬质封边木片，也可采用镶装或加胶加钉安装的方法。

9.5 木竹花格制作与安装

木竹花格是装饰性极强的一种室内隔断，造型有现代式和传统式两大类。使用材料以木竹材为主，局部也结合使用玻璃或石材。木竹花格这种空透式隔断自重小、加工方便，可以雕刻成各种花纹，做得轻巧、纤细，常用于室内隔断、博古架等。木竹花格空透式隔墙轻巧玲珑剔透，容易与绿化相配合，一般用于古典建筑、住宅、旅馆中，如图 9-23 所示。

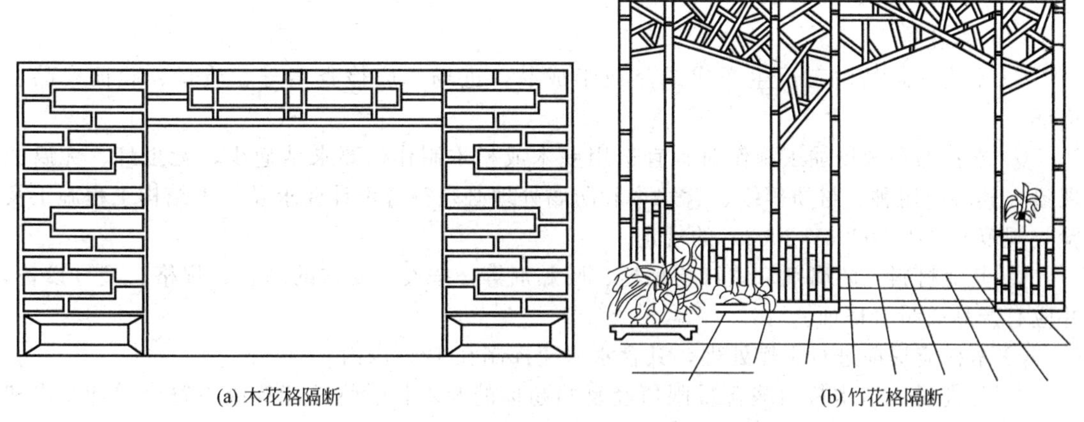

(a) 木花格隔断　　(b) 竹花格隔断

图 9-23　木竹花格空透式隔断示例

9.5.1　木花格的构造做法

木竹花格的种类很多，一般用条板和花饰组合。用于木花格（空透式木隔断）的木料多为硬杂木，也可以根据造型需要涂漆或雕刻；常用的花饰用硬杂木、金属或有机玻璃制成，花饰镶嵌在木条板的裁口中，外边钉有木压条。为保证整个隔断具有足够的刚度，隔断中应有一定数量的条板贯穿隔断的全高和全长，其两端与槛墙、梁等应有牢固的连接。木材的结合方式以榫接为主，另外还有胶结、钉接、销接、螺栓连接等方法。竹花格和木花格的连接方法如图 9-24 和图 9-25 所示。

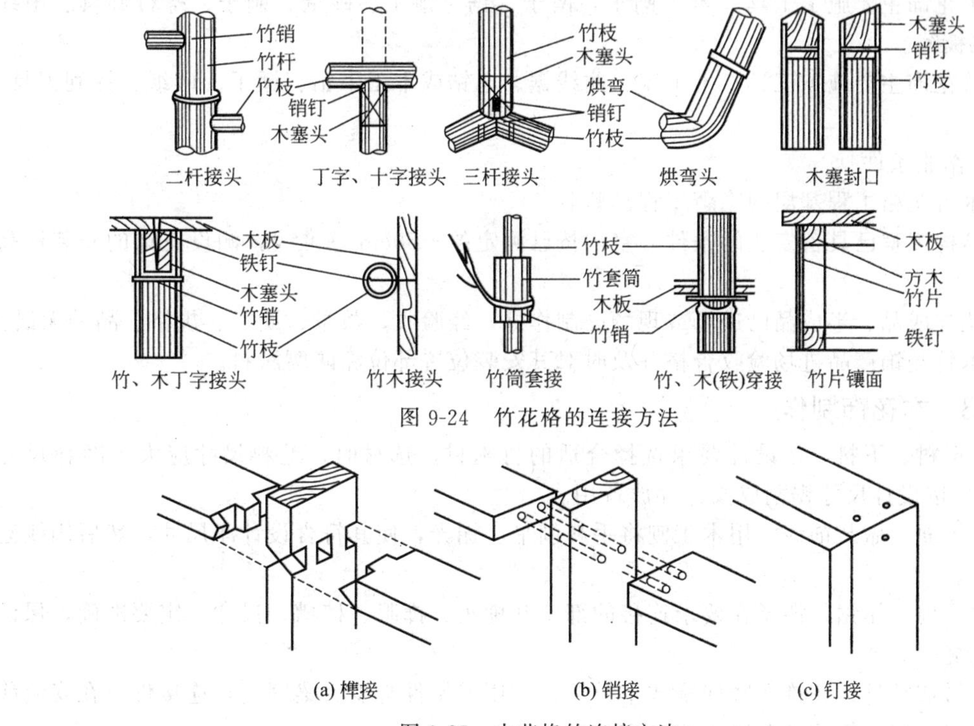

图 9-24　竹花格的连接方法

(a) 榫接　　(b) 销接　　(c) 钉接

图 9-25　木花格的连接方法

9.5.2 木花饰的制作与安装

9.5.2.1 施工材料准备

（1）木花饰

① 木花饰制品由工厂生产成成品或半成品，进场时应检查型号、质量、验证产品合格证。

② 木花饰在现场加工制作时，宜选用硬木或杉木制作，要求结疤少，无虫蛀、无腐蚀现象；其所用树种、材质等级、含水率和防腐处理必须符合设计要求及《木结构工程施工及验收规范》（GB 50206—2002）的规定。

③ 其他材料：防腐剂、铁钉、螺栓、胶黏剂等，按设计要求的品种、规格、型号设备，并应有产品质量合格证。

④ 木材应提前进行干燥处理，其含水率应控制在12%以内。

⑤ 凡进场人造木板甲醛含量限值经复验超标的及木材燃烧性能等级不符合设计要求和规范（GB 50325—2001）规定的，不得使用。

（2）竹花饰

① 应选用质地坚硬、直径均匀、挺直、竹身光洁的竹子，一般整枝使用，使用前需做防腐、防蛀处理，如用石灰水浸泡。表面是否涂清漆，按设计要求确定。

② 销钉可用竹销钉或铁销钉。螺栓、胶黏剂等符合设计要求。

（3）其他材料　竹、木花格中可嵌有少量其他材料饰件，如金属、有机玻璃饰件，按设计要求选定。

9.5.2.2 施工准备

（1）工具、机具准备

① 木花饰主要施工工具　木工刨子、凿子、锯、锤子、砂纸、刷子、螺钉旋具、吊线坠、曲线板等。

② 竹花饰主要施工工具　木工锯、曲线锯、电钻或木工手钻、锤子、砂纸、锋利刀具、尺等。

（2）作业条件

① 木竹花格工程基层的隐蔽工程已验收。

② 结构工程已具备安装的条件，室内按已测定的+50cm基准线，测设花饰的安装标高和位置。

③ 花饰成品、半成品已进场或现场已制作好，经验收，数量、质量、规格、品种无误。

④ 木竹花饰产品进场验收合格并及时对其安装位置部位涂防腐涂料。

9.5.2.3 木花饰制作

（1）选料、下料　按设计要求选择合适的竹木材。选材时，毛料尺寸应大于净料尺寸3～5mm，按设计尺寸锯割成段，存放备用。

（2）刨面、做装饰线　用木工刨将手料刨平、镅光，使其符合设计净尺寸，然后用线刨做装饰线。

（3）开榫　用锯、凿子在要求连接的部位开榫头、榫眼、榫槽，尺寸一定要准确，保证组装后无缝隙。

（4）做连接件、花饰　竖向板式木竹花饰常用连接件与墙、梁固定，连接件应在安装前按设计做好，竖向板间的花饰也应做好。

9.5.2.4 安装

木竹花饰一定要安装牢固，因此，必须严格地按下述要求施工。

（1）预埋铁件或留凹槽　在拟安装的墙、梁、柱上预埋铁件或预留凹槽。

（2）安装花饰　分小花饰和竖向板式花饰两种情况。

① 小面种木竹花饰可像制作木窗一样，先制作好，再安装到位。

② 竖向板式花饰则应将竖向饰件逐一定装安装，先用尺量出每一构件位置，检查是否与预埋件相对应，并做出标记。将竖板立正吊直，并与连接件拧紧，随立竖板随安装木竹花饰。

9.5.2.5 木竹花格的施工做法

① 先在楼地面上弹出隔墙的边线，并用线坠将线引至两端的墙上，引到楼板或过梁的底部。根据所弹的位置线，检查墙上预埋木砖，检查楼板或梁底部预留钢丝的位置和数量是否正确。

② 弹线后，钉靠墙立筋，将立筋靠墙立直，钉牢于墙内防腐木砖上。再将上槛托到楼板或梁的底部，用预埋钢丝绑牢，两端顶住靠墙立筋钉固。

③ 将下槛对准地面事先弹出的隔墙边线，两端撑紧于靠墙立筋底部，而后，在下槛上划出其他立筋的位置线。安装立筋时，立筋要垂直，其上下端要顶紧上下槛，分别用钉斜向钉牢，如图 9-26 所示。

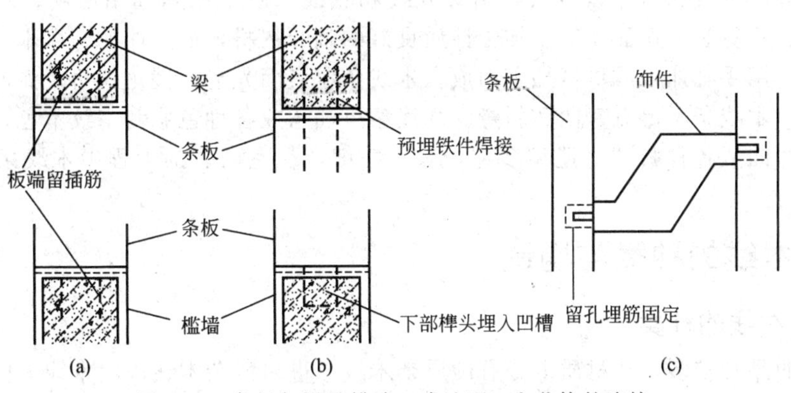

图 9-26　条板与梁及槛墙（或地面）和花饰的连接

④ 在立筋之间钉横撑，横撑可不与立筋垂直，将其两端头按相反方向稍锯成斜面，以便楔紧和钉钉。横撑的垂直间距应为 1.2～1.5m。在门樘间的立筋应加大断面或者是双根并用，门樘上方加设人字钉固定。

⑤ 制作木隔断的木料，采用红松和杉木为宜，含水率不得超过 12%。按设计图纸规定的木隔断的位置，须预埋经过防腐处理的木砖，通常每六层安设一个。

⑥ 安装完成后，隔墙木骨架应平直、稳定、连接完整、牢固。对所有露明木材，需刷底漆一道，罩面漆两道。

9.5.2.6 施工注意事项

① 木竹花格制作前应认真选料，并预先进行干燥、防虫、防腐等处理。

② 原材料和成品、半成品都要防止暴晒，并避免潮湿。

③ 堆放时，要防止翘曲变形，要分层纵横交叉堆垛，便于通风干燥。堆放时，要离地 30cm 以上，不可直接接触泥土。

④ 木竹花格半成品饰件未涂油饰前，要严格保持坯料表面干净，以免造成正式涂饰油漆时的困难。

⑤ 有吊顶时，木竹花格和顶棚的连接可直接固定在龙骨上；无吊顶时，木竹花格可直接固定在混凝土板下。

⑥ 在木竹花格中可装饰彩色有机玻璃或茶色镜面玻璃，用铝合金、不锈钢和铜包边，并将其固定于木竹花格中的立木上。

⑦ 木竹花格的宽、高尺寸，花格的深度尺寸均应按设计要求施工。

⑧ 木竹花格应保证安装质量，不得有松动、胶落现象。

9.5.2.7 成品保护

① 安装木竹花格时，应保护已施工完的项目。

② 木竹花格安装完毕后，宜刷一道底漆。

9.6 木装饰线的安装施工

在镶钉类墙面的装饰工程中，大量使用各种线条，主要作用是遮盖装饰中的构造缝和材料缝，再者就是使装饰面造型丰富多变，尽显华丽。装饰线条有多种，最常用的是木线条。

木线条分硬木线和软木线两种，俗称硬线和软线。硬木线是选用质硬、木质较细、耐磨、耐腐蚀、不劈裂、切面光滑、加工性质良好的阔叶树材，如水曲柳、榉木、橡木等。经干燥处理后，用手工加工或机械加工而成。木线条应表面光滑，棱角棱边及弧面弧线既挺直又轮廓分明，木线条不得有弯曲和斜弯。木线条可油漆成各种色彩和木纹本色，可进行对接拼接，以及弯曲成各种弧线。造型多样，做工精细，在室内装饰工程中木线条的用途十分广泛。

9.6.1 木线的种类与构造

9.6.1.1 木线的种类

木线条的品种较多，从材质上分有硬质杂木线、进口洋杂木线、白木线、白圆木线、水曲柳木线、山樟木线、核桃木线、柚木线；从功能上分有压边线、柱角线、压角线、挂镜线、墙腰线、上楣线、覆盖线、封边线、镜框线等；从外形上分有半圆线、直角线、斜角线、指甲线等多种；从结构上分有外凸式、内凹式、凸凹结合式和嵌槽式等。木线的规格一般是指其截面的最大宽度和最大高度，其长度通常为 2～5m 不等。装修常用木线条样图如图 9-27 所示，顶棚的装饰线如图 9-28 所示。

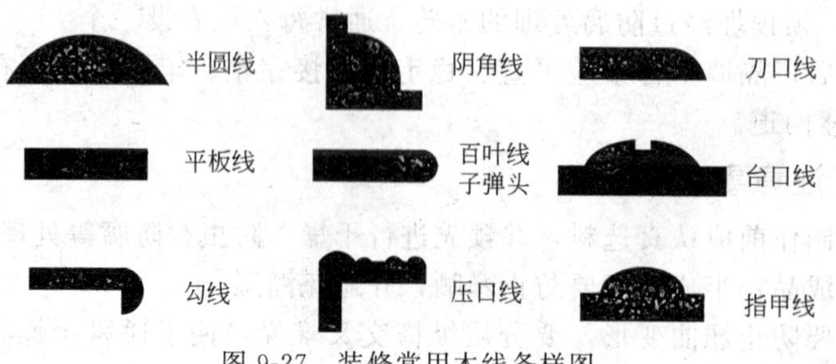

图 9-27 装修常用木线条样图

9.6.1.2　木线的用途和构造

（1）天花线和天花角线

① 天花线　天花上不同层次面的交界处的封边，天花上不同材料面的对接处封口，天花平面上的造型线，天花上设备的封边收口。

② 天花角线　天花与墙面，天花与柱面的交界处封边收口。天花线和天花角线的连接构造如图 9-29 所示。

（2）墙面线和封边线

① 墙面线　墙面不同层次交接处封边，墙面饰面材料压线，墙面装饰造型线，墙面上每个不同材料面的对接处封口。

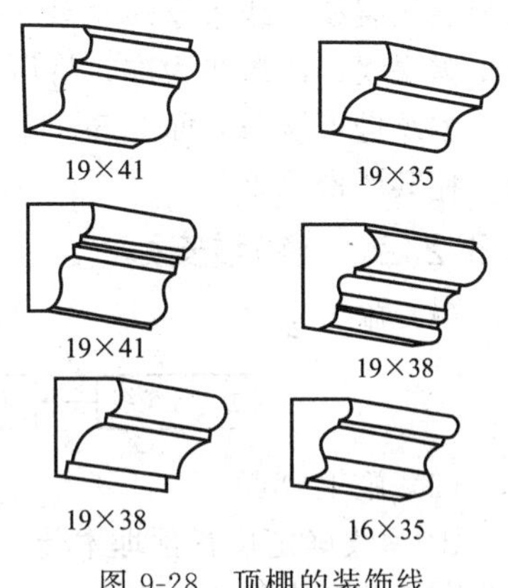

图 9-28　顶棚的装饰线

② 封边（压角）线　墙裙压边、踢脚板压边、设备的封边，造型体、装饰隔墙、屏风上的收口线和装饰线以及各种家具上的收边线装饰线。

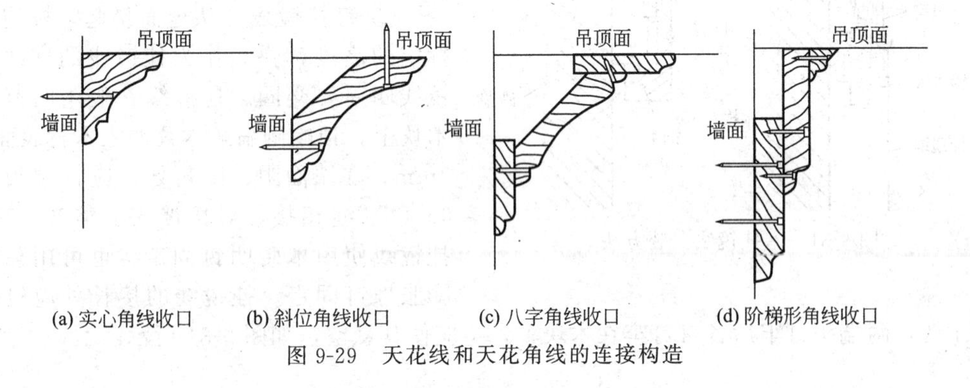

图 9-29　天花线和天花角线的连接构造

（3）挂镜线　在室内装饰中，常常在墙的上部钉一圈带形木条，是为了室内悬挂镜框、画幅或起一定的装饰作用而装设的，所以称为挂镜线，木线脚檐板及挂镜线如图 9-30 所示。

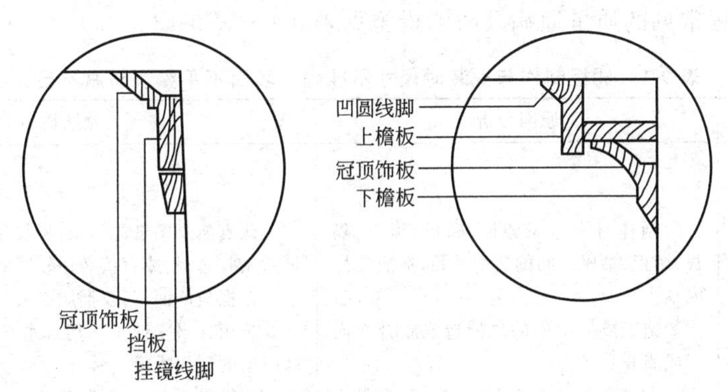

图 9-30　木线脚檐板及挂镜线

9.6.2　木线条的钉装方法

9.6.2.1　标准线脚安装

木线的钉装主要是在饰面工序完成后，一般是在钉装饰面板后进行。线条用料应干燥、无结疤、无裂纹；线条厚薄宽窄一致，表面平整光滑，起线顺直清秀。钉装木线条干燥、无结疤、无裂纹；线条厚薄宽窄一致，表面平整光滑，起线时，先按图纸要求的间距尺寸在板面上弹墨线，以墨线为准，将压条钉子左右交错钉牢，钉距不应大于200mm，钉帽应打扁顺着木纹进入压条表面0.5～1.0mm，钉眼用油性腻子抹平。木压条的接头处，用小齿锯割角，使其严密完整。

9.6.2.2 挂镜线安装

（1）施工工序

（2）施工要点

① 弹线确定位置预埋木砖　按室内50cm的标准水平线，向上量出挂镜线的准确位置，预先砌入防腐木砖或预埋金属件，其间局部大于500mm，阴、阳角两侧均应有木砖或金属件。在木砖或金属件外面再钉上防腐木块。在墙面粉刷做好后，即可钉挂镜线。

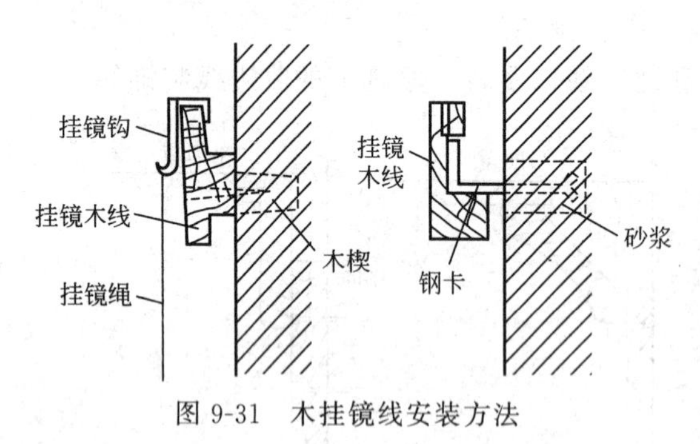

图9-31　木挂镜线安装方法

② 钉挂镜线　从地面量起，按施工图标定的高度，弹线作为挂镜线的准线，挂镜线四周要交圈。挂镜线一般用明钉钉在木块上，顶帽砸扁顺木纹冲入木材表面1～3mm，在墙面阴、阳角处，应将端头锯成45°角平缝相接，对接严密、整齐、牢固。挂镜线使用木砖明钉固定。也可用黏结或膨胀螺钉固定。挂镜线的接长处应钉两块防腐木砖，两端头钉牢后各自钉牢在木块上，不应使其悬空，如图9-31所示。

9.7 细木制作工程质量预控项目及措施

细木制作工程常见的质量通病及防治措施见表9-1～表9-13。

表9-1　橱柜制作与安装时尺寸不准确、表面不平整、防腐不当

质量通病	原因分析	预防措施
①框板内木档间距错误 ②罩面板、胶合板崩裂 ③门扇翘曲；橱柜腐烂；抽屉开启不灵	①制作时未考虑旁板、底板、顶板、隔板、搁板、抽屉之间的装配关系，造成装配困难 ②施工或使用中的碰撞造成胶合面崩裂或撕开 ③木材含水率超过了规定数值，选料不当，制作质量低劣，粘贴胶合板施压不均匀 ④橱柜施工时防潮、防腐处理不当 ⑤抽屉滑道安装不在同一水平面上，抽屉上、下、左、右接合处的间隙过小或不均匀	①认真熟悉图纸二框架，拼装完成经检查无误后方可粘贴胶合板，或直接选用较厚的胶合板做框板 ②在框板侧面、门及抽屉面板四周胶钉木压条 ③选用含水率低于平均含水率、变形小的木材；提高门扇的制作质量 ④如打眼要方正，两侧要平整；开榫要平整，榫肩方正，拼装方法得当；粘贴胶合板时，应避免漏涂胶液，并施压均匀 ⑤要注重防水、通风方面的构造设计，铺贴防水纸、油毡，接触处的木材涂刷沥青防腐 ⑥要严格控制抽屉滑道的宽度和平整度，确保抽屉上、下、左、右接合处的间隙均匀(约为0.5mm)

表 9-2 窗帘盒安装不平、不严

质量通病	原因分析	预防措施
①单个窗帘盒高低不平，一头高一头低；同一墙面若干个窗帘盒不在一个水平上 ②窗帘盒与墙面接触不严，有缝隙 ③窗帘盒两端伸出窗口的长度不一	①预留窗洞位置有偏差 ②连接窗帘盒的预埋铁件位置不准 ③安装窗帘盒时，标高未从基本平线（室内＋500mm线）统一往上量。有的从顶板往下量，由于顶板不平而使窗帘盒高低不一 ④一面墙上有若干个窗帘盒，安装时未接通线，而是安一个量一个，不能保证水平一致 ⑤窗口上部抹灰不平，以致墙面与窗帘盒接触不严 ⑥窗帘盒安装前，未画出两端伸出窗框的尺寸，安装时仅凭目测估计，使两端不一致	①窗帘盒的标高不得从顶板往下量，更不得按预留洞的实际位置安装，必须以基本平线为标准 ②同一墙面上有若干个窗帘盒时，要拉通线找平 ③洞口或预埋件位置不准时，应先予以调整，使预埋连接铁件处于同一水平上 ④安装窗帘盒前，先将窗框的边线用方尺引到墙面上；再在窗帘盒上画好窗框的位置线，安装时使两者重合 ⑤窗口上部抹灰应设标筋，并用大杠横向刮平。安装窗帘盒时，盖板要与墙面贴紧。如墙面局部不平，可将盖板稍刨调整，不得凿墙面

表 9-3 窗帘轨安装不平、不牢

质量通病	原因分析	预防措施
窗帘轨不直，滚轮滑动困难，或安装不牢，窗帘轨脱落	①窗帘轨不直或对接的两根轨道不在一条直线上，致使滚轮滑动困难 ②窗帘轨搭接长度不够，使窗帘闭合不拢	①窗帘轨安装前先调直，安装时在盖板上画线，多层窗帘轨的挡距要均匀 ②窗宽大于1200mm时，轨道应分两段，断开处要揻弯错开，弯度要平缓，搭接长度不少于200mm ③盖板不宜太薄，以免螺钉拧进太少不牢。盖板厚度一般不小于200mm，有多层窗帘轨时要加厚

表 9-4 窗台板高低不同

质量通病	原因分析	预防措施
单个窗台板一头高一头低，或同一房间内若干个窗台板不在同一水平上	①安装窗台板时，未从室内基本平线量出窗台标高线，而是根据窗口位置安窗台板，或是根据地面往上量标高，都可能产生较大误差 ②一面墙有多个窗台板，安装时未拉通线，使窗台板之间高低不致	①安装窗台板时，其顶面标高必须由基本平线统一往上量，多个窗台板应拉通线找平 ②如几个窗框的高低有出入时，应经过测量做适当调整。一般就低不就高，窗框偏低时可将窗台板稍截去一些，盖过窗框下冒头

表 9-5 窗台板活动翘曲、泛水不一致，甚至出现倒泛水

质量通病	原因分析	预防措施
窗台板固定不牢固，泛水不准	①窗台板材料不干燥或施工中受潮而翘曲 ②窗台板与木砖钉结不牢或两端未压稳造成活动 ③安装窗台板未用水平尺找平，泛水不一，甚至出现倒泛水	①窗台板要用干燥料，并在其下面做变形槽 ②窗台板下的墙体内要预留木砖，窗台板要与木砖钉牢，并拉通线找平 ③安窗台板时要用水平尺找平，允许顺泛水1mm

表 9-6 栏杆排列不在同一直线上，晃动不牢固

质量通病	原因分析	预防措施
立柱不垂直，扶手不通顺；栏杆与埋件结合不牢，预埋件松动	①弹线不准，定位不精确，安装方法不当 ②加工技术不高，立柱间距尺寸不准 ③栏杆铁件安装未调直，造成尺寸偏差 ④固定立柱底座用的膨胀螺栓太短 ⑤饰面石材下的水泥砂浆层不饱满	①施工时必须精确弹线，先用水平尺校正两端基准立柱和固定，然后拉通线按各立柱定位将各立柱固定 ②加强每道施工工序的质量检查，以便及时纠正质量问题 ③固定栏杆的预埋钢配件的制作和安装要牢固和平齐 ④应派有经验的人员进行施工，严格按照操作规程施工，采用专业工厂按施工放样详图专门加工 ⑤对已完工的栏杆扶手成品应进行必要的隔离和保护，防止异物碰撞和划伤

表 9-7 楼梯扶手安装不牢固

质量通病	原因分析	预防措施
扶手与栏杆结合不牢；栏杆与预埋件结合不牢；扶手接头不严、扶手端头入墙部分深度不足、嵌填料强度低	①扶手活动，木螺钉歪斜不平、拧得不紧或扶手的引孔过深，导致木螺钉拧不牢；扶手底部的扁钢不平整，使螺母不能卧入扁铁内 ②金属扶手焊接点的焊缝虚焊，焊接不牢固 ③栏杆与埋设件的边焊接不合格、焊缝强度低，产生脱焊或者松动，酿成扶手晃动 ④木质扶手材料含水率大、安装后因风干在头处出现收缩开裂，金属和塑料扶手接头处的焊肉不饱满、焊缝的强度低而导致开焊	①木结构扶手底部的扁钢必须平整，螺钉孔深度要适宜、平整，扶手的引孔直径应小于螺钉标准直径，其深度应以螺钉长度的2/3为宜；孔的中心距不应大于400mm；紧固时螺钉必须保持垂直，不得歪斜，每个螺钉必须拧紧卧入平整 ②扶手的接头处必须加工平整，木结构扶手应严格控制木材含水率为12%或者是本地区的木材最低含水率；其接头处应做成暗榫，加工要精确，锚固时要加胶，涂胶要均匀，接头胶结要严密，严禁焊缝产生裂纹和凹凸不平 ③接头的接触面必须平整，端头入墙的锚固长度不应小于10mm，并应加锚固件，填嵌砂浆应采用水泥砂浆，其强度等级为M7.5，填嵌应密实牢固

表 9-8 楼梯扶手不顺直

质量通病	原因分析	预防措施
扶手弯头不平顺，弯头拐弯生硬、高低不平；扶手弯曲不直	①扶手安装时，施工工艺不当，导致扶手弯曲变形 ②加工时没有控制下料的几何尺寸，造成弯头的弯度不顺 ③栏杆安装时没有控制好高低，栏杆标高不在同一水平线上，扁钢不直，焊接处表面有焊包 ④扁槽的深浅不一致 ⑤木扶手制作加工粗糙，加工后的成品放置不当，造成扶手变形、弯曲	①安装扶手时，应对加工好的扶手几何尺寸、弯曲处的几何形体、弯曲率、平整度和扶手垂直度做严格检查验收，合格后方可组装，组装前应进行试装，试装的扶手应达到扶手弯头平顺、扶手顺直，方可安装 ②整体弯头下料应严格控制划线和下料的几何尺寸，将主坯加工成基本形状后，再进行二次加工，加工时先控制弯头底面准确精度，然后与扶手找平、找顺 ③安装栏杆时，一要控制铁栏杆的标高，二要防止铁栏杆变形，并应有加固措施 ④安装扶手要控制扶手的平整度、垂直度和斜度，确保整体性和稳定性 ⑤栏杆连接带的扁钢表面必须保证光滑平整，不得有凹凸不平的缺陷 ⑥安装扶手位置正确，表面平整光滑，棱角方正整齐，接缝严密，平直通顺 ⑦加工成形的木扶手应达到圆弧正确，表面光滑，起槽整齐，并加强产品的保护，避免曝晒或受潮

表 9-9 木制花格变形

质量通病	原因分析	预防措施
已安装的木制花格外框、立梃发生变形弯曲	①木材含水率偏高，不符合规定要求 ②选用树种、材质不适当 ③构造设计不合理 ④堆放放置不平，露天堆放未遮盖	①选用符合规定含水率的木材 ②选用不易变形的优质木材(硬木、杉木等)加工制作 ③事先进行构造设计，保证花格刚度和连接牢固 ④堆放时，底面应支承在一个平面内，并应采用防晒、防雨及防潮等措施

表 9-10 木制花格加工粗糙、缝隙不匀

质量通病	原因分析	预防措施
加工的木花格表面明显凹痕，手感不光滑而且粗糙；安装的花格与建筑物洞口缝隙过大或过小	①木材加工参数，如进给速度、转速、刀轴半径等选用不当 ②洞口尺寸偏大或花格尺寸偏小 ③安装时未根据实际尺寸偏差情况调整	①调整加工参数，必要时可改用手工工具重新精加工 ②安装前，检查洞口尺寸和花格尺寸偏差情况，并予以调整 ③减少误差积累，不要将误差叠加，集中于一处

表 9-11 木制花格连接松动，不牢固

质量通病	原因分析	预防措施
木花格安装、连接后，连接处松动，不牢固	①榫接连接部位榫头、榫眼、榫槽尺寸不准，组装缝隙较大 ②采用木螺钉或螺栓连接的，木花格连接件与预埋件连接不牢固，有松动	①榫接要求连接部位榫头、榫眼、榫槽尺寸应准确，组装后无缝隙 ②木花格连接件与预埋件连接木螺钉或螺栓要拧紧

表 9-12 竹制品花格干裂变形、连接不牢固

质量通病	原因分析	预防措施
安装连接的竹制品发生干裂变形，竹花格安装、连接后，连接处有松动、不牢固现象。	①选用竹子未经挑选 ②室内空气干燥 ③竹竿上挖孔孔径偏大。竹销、木塞等连接构件尺寸有偏差 ④竹花格安装、连接方法、顺序不符合要求	①制作花格的竹子要经过挑选，使用前应进行防潮处理 ②制品表面涂刷防护涂料 ③竹竿上挖孔孔径宜小不宜大。竹销、木塞等连接构件尺寸应准确 ④小面积带边框花格可拼装成形后，再安装到位；大面积花格则现场安装，安装应从一侧开始，先立竖向竹竿，在竖向竹竿中插入横向竹竿后，再安装下一个竖向竹竿。竖向竹竿要吊直固定，依次安装

表 9-13 花饰不平整、安装不牢固或饰面污染

质量通病	原因分析	预防措施
①安装时花饰的接缝高低不平，缝隙粗细不匀，整体饰面表面不平整 ②水泥花饰安装完成后，连接部位松动 ③已安装的石膏花饰表面被污染	①花饰板块本身厚薄不一，有翘曲变形，拼装时未挑选 ②用木螺钉或螺栓固定前未按规定找平 ③在抹灰层上安装花饰时，抹灰层未硬化，或水泥砂浆凝结前已碰动 ④基层未处理干净，粘贴的水泥砂浆配合比不准确 ⑤预埋件不牢固，有松动或花饰与埋件连接不牢固，焊接处焊缝不符合要求 ⑥安装完毕时石膏花饰因未及时进行成品保护而造成	①花饰板应事先认真分类筛选，选择误差相近的组合一起进行板块调整，并逐件编号 ②紧固木螺钉或螺栓前，要详细检查纵横饰面整体平整度 ③基层应清理干净。水泥砂浆应按经试验合格提供的配合比进行计量配制，计量设备应标定合格 ④基层预埋件应正确牢固，花饰与预埋件连接应牢固，焊接处焊缝应符合设计和规程规定 ⑤在抹灰层上安装花饰时，必须待抹灰层硬化后进行 ⑥制定严格的成品保护制度，安装固定结束时，应及时进行成品保护

9.8 楼梯构造设计与施工实训

（1）实训目的　通过构造设计、施工操作系列实训项目，充分理解楼梯工程的构造、施工工艺和验收方法，使学生在今后的设计和施工实践中能够更好地把握楼梯工程的构造、施工、验收的主要技术关键。

（2）实训内容　根据本校的实际条件，选择本任务书两个选项的其中之一进行实训，见表9-14和表9-15。

表9-14　楼梯构造设计实训项目任务书（选项一）

任务名称	楼梯构造设计实训
任务要求	为某复式家居设计一款楼梯(楼板层高2.3m)
实训目的	理解楼梯的构造原理
行动描述	①了解所设计楼梯的使用要求及档次 ②设计出结构牢固、工艺简洁、造型美观的楼梯 ③设计图表现符合国家制图标准
工作岗位	本工作属于设计部,岗位为设计员
工作过程	①到现场实地考察,查找相关资料,理解所设计楼梯的使用要求及档次 ②画出构思草图和结构分析图 ③分别画出平面、立面、主要节点大样图 ④标注材料与尺寸 ⑤编写设计说明 ⑥填写设计图图框并签字
工作工具	笔、纸、计算机
工作方法	①先查找资料、征询要求 ②明确设计要求 ③熟悉制图标准和线型要求 ④构思草图可进行发散性思维,设计多款方案,然后选择最佳方案进行深入设计 ⑤结构设计要求达到最简洁、最牢固的效果 ⑥图面表达尽量做到美观清晰

表9-15　组合式楼梯装配训练项目任务书（选项二）

任务名称	组合式楼梯的装配
任务要求	装配一款组合式楼梯
实训目的	通过实践操作掌握组合式楼梯的施工工艺和验收方法,为今后走上工作岗位做好知识和能力方面的准备
行动描述	教师根据授课内容提出实训要求。学生实训团队根据设计方案和实训施工现场,按组合式楼梯的施工工艺进行装配,并按组合式楼梯的工程验收标准和验收方法对实训工程进行验收,各项资料按行业要求进行整理。实训完成以后,学生进行自评,教师进行点评
工作岗位	本工作涉及设计部设计员岗位和工程部材料员、施工员、资料员、质检员岗位
工作过程	详见教材相关内容

续表

任务名称	组合式楼梯的装配
工作要求	按国家标准装配组合式楼梯，并按行业规定准备各项验收资料
工作工具	记录本、合页纸、笔、照相机、卷尺等
工作团队	①分组。6人为一组，选1名项目组长，确定1名见习设计员、1名见习材料员、1名见习施工员、1名见习资料员、1名见习质检员 ②各成员分头进行各项准备，做好资料、材料、设计方案、施工工具等准备工作
工作方法	①项目组长制订计划及工作流程，为各成员分配任务 ②见习设计员准备图纸，向其他成员进行方案说明和技术交底 ③见习材料员准备材料，并主导材料验收工作 ④见习施工员带领其他成员进行放线，放线完成后进行核查 ⑤按施工工艺进行装配、安装、清理现场并准备验收 ⑥由见习质检员主导进行质量检验 ⑦见习资料员记录各项数据，整理各种资料 ⑧项目组长主导进行实训评估和总结 ⑨指导教师核查实训情况，并进行点评

(3) 实训要求

① 选择选项一者，需按逻辑顺序将所绘图纸装订成册，并制作目录和封面。

② 选择选项二者，以团队为单位写出实训报告（实训报告示例参照墙柱面工程章节“内墙贴面砖实训报告”，但部分内容需按项目要求进行内容替换）。

③ 在实训报告封面上要有实训考核内容、方法及成绩评定标准，并按要求进行自我评价。

(4) 特别关照　实训过程中要注意安全。

(5) 测评考核　楼梯工程构造设计实训考核内容、方法及成绩评定标准见表9-16。组合式楼梯装配实训考核内容、方法及成绩评定标准见表9-17。

表9-16　楼梯工程构造设计实训考核内容、方法及成绩评定标准

考核内容	评价项目	指标/分	自我评分	教师评分
设计合理美观	材料标注正确	20		
	构造设计工艺简洁、构造合理、结构牢固	20		
	造型美观	20		
设计符合规范	线型正确、符合规范	10		
	构图美观、布局合理	10		
	表达清晰、标注全面	10		
图面效果	图面整洁	5		
设计时间	按时完成任务	5		
任务完成的整体水平		100		

表 9-17 组合式楼梯装配实训考核内容、方法及成绩评定标准

项目	考核内容	考核方法	要求达到的水平	指标/分	小组评分	教师评分
对基本知识的理解	对楼梯理论知识的掌握	编写施工工艺	正确编制施工工艺	30		
		理解质量标准和验收方法	正确理解质量标准和验收方法	10		
实际工作能力	在校内实训室场所进行实际动手操作，完成装配任务	检测各项能力	技术交底的能力	8		
			材料验收的能力	8		
			放样弹线的能力	8		
			组合式楼梯构件安装的能力	8		
			质量检验的能力	8		
职业能力	团队精神、组织能力	个人和团队评分相结合	计划的周密性	5		
			人员调配的合理性	5		
验收能力	根据实训结果评估	实训结果和资料核对	验收资料完备	10		
任务完成的整体水平				100		

（6）总结汇报

① 实训情况概述（任务、要求、团队组成等）。

② 实训任务完成情况。

③ 实训的主要收获。

④ 存在的主要问题。

⑤ 团队合作情况（个人在团队中的作用、团队的整体表现、团队的竞争力等）。

⑥ 对实训安排的建议。

参考文献

[1] 郑万友主编.装饰工程施工 [M].北京：中国林业出版社，2003.

[2] 李伟主编.建筑与装饰工程施工工艺 [M].北京：中国建筑工业出版社，2001.

[3] 易军，周雄鹰主编.建筑装饰工程施工 [M].武汉：中国地质大学出版社，2006.

[4] 周聪编著.建筑装饰工程施工图集　家居室内设计 [M].广州：广东科技出版社，2003.

[5] 吴继伟主编.建筑装饰工程施工与组织 [M].杭州：浙江大学出版社，2013.

[6] 陈连生编著.电气装饰工程施工技术 [M].沈阳：辽宁科学技术出版社，1997.

[7] 张豫.建筑与装饰工程施工工艺 [M].第2版.北京：北京理工大学出版社，2016.

[8] 滕道社编.建筑装饰工程施工 [M].北京：中国水利水电出版社，2011.

[9] 严金楼编著.建筑装饰工程施工 [M].北京：高等教育出版社，2003.

[10] 霍瑞琴主编，山西建筑工程（集团）总公司编.建筑装饰装修工程施工工艺标准 [M].太原：山西科学技术出版社，2007.

[11] 阳小群，童腊云，曾梦炜主编.装饰装修工程施工 [M].北京：北京理工大学出版社，2016.

[12] 纪士斌，李建华编.建筑装饰装修工程施工 [M].北京：中国建筑工业出版社，2003.

[13] 孙波，刘宇主编.装饰装修工程施工技巧与常见问题分析处理 [M].长沙：湖南大学出版社，2013.

[14] 赵亚军编著.建筑装饰装修工程施工图 [M].北京：清华大学出版社，2013.

[15] 张豫.建筑与装饰工程施工工艺 [M].第2版.北京：北京理工大学出版社，2016.

[16] 王亚芳主编.建筑装饰工程施工 [M].北京：北京理工大学出版社，2016.

[17] 刘美英，蔺敬跃主编.装饰工程施工组织与管理 [M].武汉：华中科技大学出版社，2016.

[18] 罗意云，杨光主编.装饰工程施工技术 [M].北京：北京理工大学出版社，2016.

[19] 赵秀峰.建筑装饰工程施工 [M].北京：高等教育出版社，2016.

[20] 刘鑫，王斌主编.建筑与装饰工程施工工艺 [M].北京：机械工业出版社，2016.

[21] 邵元纯，邱海燕，董伟主编.装饰装修工程施工 [M].重庆：重庆大学出版社，2016.

[22] 阳小群，童腊云，曾梦炜主编.装饰装修工程施工 [M].北京：北京理工大学出版社，2016.

[23] 纪婕.装饰装修工程施工 [M].北京：高等教育出版社，2016.

[24] 魏文智主编.图表全解装饰装修工程施工技术规程 [M].北京：化学工业出版社，2016.

[25] 俞宾辉编.建筑抹灰工程施工手册 [M].济南：山东科学技术出版社，2004.

[26] 王春堂主编.装饰抹灰工程 [M].北京：化学工业出版社，2008.

[27] 邱仁宗主编.建筑装饰工程施工 [M].厦门：厦门大学出版社，2015.

[28] 李远林，李翔宇主编.建筑装饰工程施工 [M].上海：上海交通大学出版社，2015.

[29] 陈亚尊主编.建筑装饰工程施工技术 [M].北京：机械工业出版社，2015.

[30] 陈定璠编著.建筑装饰工程施工安装手册 [M].北京：中国电力出版社，2015.

[31] 杜鹏主编.建筑装饰装修工程施工 [M].北京：人民邮电出版社，2015.

[32] 张朝晖著.装饰装修工程施工与组织 [M].北京：中国水利水电出版社，2015.

[33] 张亚英，甄进平.建筑装饰工程施工 [M].北京：机械工业出版社，2014.

[34] 程桦，游育敏，刘冉.室内装饰工程施工工艺 [M].武汉：中国地质大学出版社，2014.

[35] 刘玉，祁大泉.建筑装饰工程施工技术 [M].北京：中国建材工业出版社，2014.

[36] 蔡红.墙面装饰工程施工技术 [M].北京：高等教育出版社，2007.

[37] 姜秀丽.墙面装饰构造与施工工艺 [M].北京：机械工业出版社，2006.

[38] 唐丽娟，刘东华.墙面及轻质隔墙装饰构造与施工工艺 [M].武汉：武汉理工大学出版社，2016.

[39] 张晓丹.地面装饰施工技术 [M].北京：高等教育出版社，2005.

[40] 李书田.现代建筑地面装饰材料与施工 [M].北京：中国电力出版社，2012.

[41] 孙沛平.建筑装饰、楼地面及门窗等工程的施工 [M].上海：同济大学出版社，1999.

[42] 樊秋生.地面装饰工程施工技术 [M].北京：中国标准出版社，2004.

[43] 娄开伦.顶棚装饰施工 [M].北京：科学出版社，2015.

[44] 杨晓东.顶棚装饰工程施工技术 [M].北京：中国劳动社会保障出版社，2013.

[45] 高淑英.建筑装修装饰涂料与施工技术 [M].北京：金盾出版社，2002.

[46] 丛钢等.建筑涂料漆料及其装饰施工技术 [M].成都：四川科学技术出版社，1999.

[47] 刘念华.装饰裱糊与软包工程 [M].北京：化学工业出版社，2009.

[48] 徐兴云.论装饰墙面裱糊工程的施工工艺 [J].企业科技与发展，2012 (8)：55-57.
[49] 陈嘉逊.裱糊工程施工工艺（墙纸）[J].广东建材，2008 (2)：86-88.
[50] 冯诗斌.浅谈涂饰和裱糊工程施工的技术要点 [J]，中华民居，2011 (1).
[51] 贾翠锦，商春福.建筑涂料及裱糊工程施工技术探讨 [J].世界家苑，2011 (9).
[52] 李志明，张凯.涂料、裱糊工程在装饰工程中的应用 [J].河南科技，2012 (18)：87.
[53] 刘太阁，袁中君，李广辉.浅谈裱糊工程施工工程质量程序 [J].河南建材，2009 (3)：21-22.
[54] 孙占旺.装饰裱糊工程常见质量通病与防治 [J].天津港口，2008：36-38.
[55] 尤旭.地面工程装饰施工工艺探讨 [J].建材发展导向（下），2013 (1).
[56] 叶左忠.浅谈地面装饰工程施工技术 [J].城市建设理论研究，2013 (13).
[57] 刘希怀.探析顶棚装饰工程抹灰和吊顶施工技术 [J].全文版（工程技术），2015 (15)：152.
[58] 周永建.论顶棚装饰工程抹灰和吊顶施工技术 [J].建材发展导向（下），2013 (1).
[59] 王兵，刘晓.浅谈室内装饰工程顶棚的形式与构造 [J].沈阳建筑，2001 (1)：7-9.
[60] 马贻.建筑内隔墙材料特性与墙面装饰工程项目的分析 [J].安徽建筑，2012 (5)：90-91.
[61] 石磊.浅谈装饰装修工程墙面裂缝的预防及控制 [J].装饰装修天地，2016 (7).
[62] 张彭新.装饰墙面墙纸糊裱工程施工工艺探讨 [J].江西建材，2016 (12)：116.
[63] 原巧珍.浅谈装饰装修工程墙面裂缝的预防与控制 [J].居业，2015 (22)：114-115.
[64] 陆军.墙面腻子机械喷涂及打磨技术在室内装饰工程的应用 [J].江西建材，2015 (10).
[65] 方红贤.探究建筑工程墙面装饰结构的要求以及设计 [J].工业，2014 (9)：235.
[66] DB11/T 1197—2015.
[67] DB21/T 2585—2016.
[68] DB31/ 30—2003.
[69] DB31/T 5000—2012.
[70] GB 18580—2001.
[71] GB 50210—2001.
[72] GB 50222—1995.
[73] GB 50327—2001.
[74] GB 50354—2005.
[75] JC/T 2223—2014.
[76] JC/T 2316—2015.
[77] JC/T 2350—2016.
[78] JGJ/T 244—2011.
[79] JGJ/T 304—2013.
[80] JGJ/T 315—2016.
[81] JGJ 367—2015.
[82] LY/T 2057—2012.